HANSJÖRG HAAS

Das große GU PraxisHandbuch

Pflanzenschnitt

HANSJÖRG HAAS

Das große GU PraxisHandbuch

Pflanzenschnitt

Einführung in die Grundlagen

S. 8 • Die botanischen Grundlagen des Schnitts

- S. 10 • Wie Gehölze wachsen: Wurzel, Krone, Kambium
- S. 12 • Die Wurzel bestimmt die Größe eines Gehölzes
- S. 14 • Der Saftdruck steuert das Wachstum
- S. 16 • Die verschiedenen Triebformen
- S. 20 • Wuchsformen: vom Strauch zum Baum
- S. 24 • Wie Klima und Winterhärte den Schnitt beeinflussen

S. 26 • Die technischen Grundlagen des Schnitts

- S. 28 • Die wichtigsten Werkzeuge: von der Schere bis zur Leiter
- S. 32 • Werkzeugpflege und Sicherheit
- S. 34 • Der richtige Zeitpunkt für den Schnitt
- S. 36 • Für jedes Alter der richtige Schnitt
- S. 38 • Die vier grundlegenden Schnittformen
- S. 40 • Schnitttechnik und Wundpflege
- S. 42 • Der Schnitt unterstützt die Funktion der Gehölze
- S. 44 • Wie der Schnitt typische Merkmale fördert
- S. 46 • Wuchs- und Kronenformen bei Obstgehölzen
- S. 48 • Der Schnitt hält Gehölze gesund
- S. 50 • Schnittfehler bei Ziergehölzen erkennen und korrigieren
- S. 52 • Schnittfehler bei Obstgehölzen erkennen und korrigieren

Ziergehölze – fit durch den richtigen Schnitt

S. 56 • Frühjahrsblüher: erst die Blüte, dann der Schnitt

Ranunkelstrauch • Zierhimbeere • Spiräen • Geißklee Ginster • Mandelbäumchen • Rispen-Sommerflieder Zierquitte • Schneebeere • Forsythie • Deutzie • Weigelie • Berberitze • Schönfrucht • Ball- und Tellerhortensie • Strauchpfingstrose • Gewürzstrauch Heckenkirsche • Pfeifenstrauch • Blutjohannisbeere • Winter-Schneeball • Etagen-Schneeball • Gefüllter Schneeball • Blasenspiere • Liguster • Kolkwitzie • Samt- und Riesenblatthortensie • Eichblatthortensie • Blüten-Hartriegel • Pagoden-Hartriegel • Felsenbirne Gartenflieder • Holunder • Vogelbeere • Zierkirsche • Zierapfel • Zaubernuss • Scheinhasel • Ahorn • Korkspindelstrauch

S. 104 • Halbsträucher und Sommerblüher

Lavendel • Gewürzsalbei • Thymian • Bartblume • Heiligenkraut • Hibiskus • Sommerflieder • Mönchspfeffer • Indigostrauch • Sommerblühende Hortensien Sommerblühende Spiräe • Sommerblühende Erika

S. 122 • Immergrüne und bodendeckende Laubgehölze

Rhododendron • Buchs • Lorbeerkirsche • Stechpalme • Mahonie • Teppich-Zwergmispel • Immergrüne Heckenkirsche

S. 132 • Nadelgehölze: gut in Form fast ohne Schnitt

Kiefer • Wacholder • Scheinzypresse • Thuja • Fichte • Tanne • Eibe

S. 142 • Laubbäume: Solisten im Gartenensemble

- S. 144 • Laubbäume aufbauen und erziehen
- S. 146 • So bleiben Laubbäume über Jahre attraktiv
- S. 148 • Spezielle Kronen: Kugel-, Hänge-, Säulenform

S. 150 • Rosen: Schönheit in vielfältiger Form

- S. 152 • Gute Pflege hält Rosen fit und gesund

Zwergrosen • Hochstammrosen • Beet- und Flächenrosen • Edelrosen • Öfterblühende Strauchrosen • Einmalblühende Strauchrosen • Wildrosen • Climber: öfterblühende Kletterrosen • Rambler: einmalblühende Kletterrosen

S. 166 • **Kletterpflanzen: Grün für Wände und Rankgerüste**
Frühblühende Clematis • Sommerblühende Clematis • Frühsommerblühende Clematis • Blauregen • Trompetenwinde • Kletterhortensie • Efeu • Wilder Wein • Pfeifenwinde • Schlingknöterich • Geißblatt • Winter-Jasmin

S. 182 • **Hecken und Formschnittgehölze**
S. 184 • Laubgehölzhecken: lebendige Strukturen
S. 186 • Nadelgehölzhecken: dicht und immergrün
S. 188 • Frei wachsende Hecken: Blüten, Blätter, Früchte
S. 190 • Einfache, runde Formen: Kugeln und Kegel
S. 192 • Eckige Formen: Pyramiden und Quader
S. 194 • Spezielle Formen: Spiralen und Co.

S. 196 • **Ziergehölze: Kurzporträts**

Obstgehölze – reiche Ernte durch den richtigen Schnitt

S. 218 • **Obstbäume: von Rundkrone bis Spalier**
S. 220 Rundkrone • Apfel und Birne: Rundkrone erziehen • Rundkrone erhalten • Rundkrone verjüngen • Schnittfehler bei Rundkronen beheben • Süßkirsche • Zwetschge & Co. • Walnuss • Quitte • Pfirsich & Nektarine • Sauerkirsche Mons
S. 236 Spindel • Apfel und Birne: Spindel erziehen • Spindel erhalten • Spindel verjüngen und korrigieren • Süßkirsche und Zwetschge
S. 244 Spalier • Grundregeln der Erziehung • Spaliere pflegen und erhalten • Spalierformen: akkurat in Form oder frei
S. 250 Säulenbäume • Obst auf kleinstem Raum

S. 252 • **Beerensträucher und exotische Gäste**
Rote Johannisbeere und Stachelbeere • Schwarze Johannisbeere und Josta • Spindel, Spalier und Hochstämmchen • Himbeere • Brombeere • Heidelbeere • Erdbeere • Weinrebe • Kiwi • Feige • Kaki

S. 270 • **Obstgehölze: Kurzporträts**

Stauden, Kübel- und Zimmerpflanzen richtig schneiden

S. 276 • **Stauden, Gräser, Farne: Blütenschmuck und Blattstruktur**
S. 278 • Sommergrüne Stauden: Blütenstars im Beet
S. 280 • Wintergrüne und immergrüne Stauden
S. 282 • Gräser: Anmut, Charme und Eleganz

S. 284 • **Stauden: Kurzporträts**

S. 290 • **Kübelpflanzen: Gehölze aus dem Süden**
S. 292 • Sommergrüne Kübelpflanzen
S. 294 • Immergrüne Kübelpflanzen

S. 296 • **Kübelpflanzen: Kurzporträts**

S. 302 • **Zimmerpflanzen: Gäste aus den Tropen**
S. 304 • Blattschmuck: Birkenfeige, Palmlilie & Co.
S. 306 • Blüher und Kletterer: Monstera & Co.

S. 308 • **Zimmerpflanzen: Kurzporträts**

Service

S. 312 • Schnittkalender
S. 322 • Glossar: wichtige Fachbegriffe
S. 326 • Register
S. 333 • Adressen und Literatur
S. 334 • Karten: Winterhärtezonen
S. 336 • Impressum

Einführung in die Grundlagen des Pflanzenschnitts

Gehölze, Kübelpflanzen und Stauden sind die Hauptdarsteller im Garten. Manche brauchen Jahre, um ihre Rolle auszufüllen, andere wachsen schnell über sich hinaus. Der richtige Schnitt hilft ihnen, sich von ihrer besten Seite zu zeigen, und bringt sie in Topform.

Die botanischen Grundlagen des Schnitts

Vor allem Bäume und Sträucher, aber auch andere Gartenpflanzen profitieren von einem zielgerichteten Schnitt: Er fördert die Blütenfülle oder die Entwicklung leckerer Früchte, betont ihre natürliche Gestalt oder hält sie kunstvoll in Form.

Gartenpflanzen unterliegen, sofern sie nicht einjährig sind, einer stetigen Veränderung. Gehölze nehmen im Lauf der Zeit an Größe zu, bis sie schließlich altern und kaum noch blühen oder Früchte tragen. Dieser Entwicklungs- und Alterungsprozess dauert bei Sträuchern oft nur wenige Jahre, bei manchen Bäumen erstreckt er sich dagegen über viele Jahrzehnte. Kübelpflanzen zählen ebenfalls zu den Gehölzen. Meist handelt es sich um subtropische oder tropische Arten. Sie sind daher in Mitteleuropa nicht winterhart und müssen im Winter an einen frostfreien Standort umziehen. Auch sie entwickeln und verändern sich über Jahre hinweg. Stauden hingegen erlangen oft schon im zweiten Standjahr ihre endgültige Größe. Über Winter verdorren ihre oberirdischen Pflanzenteile meist, aber der Wurzelstock überlebt und treibt im nächsten Frühjahr wieder aus.

Fast alle diese Pflanzen müssen irgendwann geschnitten werden – sei es, um sie zu verjüngen, sie in Form zu bringen, die Bildung von Blüten oder Früchten anzuregen oder um störende Triebe zu entfernen. Manche Bäume und Sträucher benötigen einen jährlichen Schnitt, andere brauchen dagegen nur alle paar Jahre eine Behandlung mit der Schere oder Säge.

Was der Schnitt bewirkt

Der Pflanzenschnitt gehört zu den anspruchsvollsten Arbeiten im Garten. Viele Hobbygärtner sind im Umgang mit der Schere oder Säge deshalb zunächst unsicher. Doch mit etwas botanischem Know-how wird der Schnitt von Bäumen, Sträuchern und Stauden schließlich zur Routine: Wenn Sie verstehen, wie Pflanzen wachsen und wie sie auf einen Schnitt reagieren, wissen Sie, welchen Schnitt Ihre Gehölze brauchen und zu welchem Zeitpunkt Sie sie schneiden sollten.

Mit dem Schnitt die Entwicklung steuern

Jeder Schnitt ist ein aktiver Eingriff in das Wachstum einer Pflanze. Je nachdem, wann und wie er ausgeführt wird, ruft er in einem Baum oder Strauch eine ganz bestimmte Reaktion hervor.

> Ein Schnitt kann ein Gehölz zu starkem Wachstum anregen oder es in seinem Wuchs bremsen.

> Bei Ziergehölzen können Sie mit einem Schnitt die Entwicklung von Blütentrieben anregen. Bei Obstgehölzen sorgt der richtige Schnitt zum einen für eine reiche Ernte, zum anderen für die Bildung von stabilen Trieben, die die oft gewaltige Last der Früchte tragen können.

> Bei manchen Gehölzen – beispielsweise Rosen – fördert der Schnitt nicht nur das Wachstum und eine reiche zweite Blüte, sondern auch die Gesundheit der Pflanzen.

> Ein gekonnter Schnitt regt bei einigen Gehölzen die Bildung junger Triebe an, die – wie beim Hartriegel – eine schön gefärbte Rinde oder – wie beim Perückenstrauch – attraktives buntes Laub tragen.

> Bei Stauden entfernt der Schnitt im Frühjahr vertrocknete Stiele, im Sommer führt er zu einer zweiten Blüte.

Mit dem Schnitt gestalten

Der Schnitt kann auch dazu dienen, eine Pflanze zu einer ganz bestimmten Wuchsform zu erziehen.

> Bei Gehölzen wie Pagoden-Hartriegel oder Ahorn steht die markante Gestalt im Vordergrund. Ein zurückhaltender Schnitt unterstützt ihren Charakter.

> Bei Hecken sorgen mehrere Schnitte im Jahr dafür, dass die Pflanzen dicht und ihre Konturen exakt bleiben.

> Formschnittgehölze – ob Eiben in einfacher Säulenform oder kunstvolle Buchsfiguren – behalten nur durch regelmäßigen Schnitt ihre Gestalt.

> Kletterpflanzen wachsen mithilfe des Schnitts in der gewünschten Form an Rankgittern und Bögen empor.

Strukturgehölze benötigen kaum einen Schnitt und werden trotzdem immer charaktervoller.

Wie Gehölze wachsen: Wurzel, Krone, Kambium

Jede Pflanze besteht aus mehreren Organen mit unterschiedlichen Funktionen, die jedoch alle voneinander abhängig sind. Während die Krone mit ihren Trieben, Blättern, Blüten und

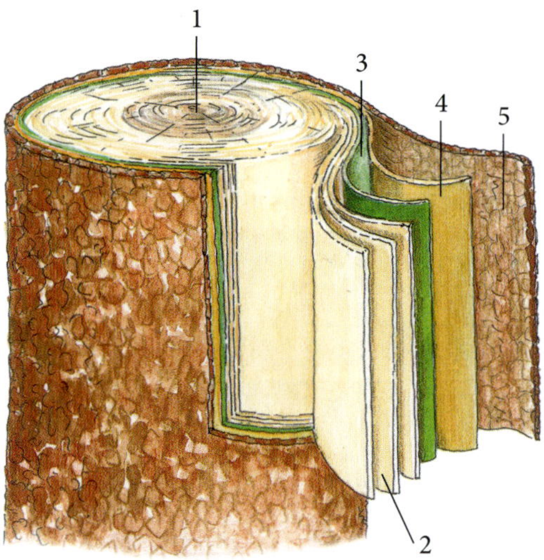

Querschnitt durch einen Trieb: 1 Kernholz, 2 Splintholz, 3 Kambium, 4 Bastteil, 5 Rinde. Das Kambium bildet nach innen Splintholz, nach außen Bast sowie Wundgewebe.

Früchten ins Auge fällt, wird die in der Erde liegende Wurzel oft vergessen. Ihr Wohl und Wachstum ist jedoch die Basis für das Gedeihen jeder Pflanze.

Die Funktion von Wurzel und Krone

Die Wurzel steht in direkter Beziehung zur Krone. Die in den Blättern gebildeten Reservestoffe – Stärke und Zucker – werden im Herbst in den Trieben und in der Wurzel eingelagert. Umgekehrt nimmt die Wurzel Wasser und Nährstoffe aus dem Boden auf und leitet sie nach oben. Im Frühjahr, wenn die Pflanze noch blattlos ist, werden Wasser und Nährstoffe als sogenannter Saftstrom aus der Wurzel nach oben in die Triebe gedrückt. Die Triebe beginnen nun wieder zu wachsen. Wenn Sie ein Gehölz jetzt schneiden, tropfen die Schnittstellen. Man sagt, sie »bluten«. Sobald sich die ersten Blätter bilden, lässt der Saftstrom nach. Da die Blätter aber Wasser verdunsten, entsteht ein Sog, mit dem Wasser und Nährstoffe in der Pflanze nach oben gezogen werden. Entfernt man jetzt Triebe mit Blättern, versiegt dieser Sog, die Schnittstellen »bluten« deshalb nicht. Die in der Wurzel eingelagerten Nährstoffe fließen im Frühjahr gleichmäßig in die Triebe und verteilen sich auf alle Knospen. Wenn man jetzt Triebe zurückschneidet, verteilt sich dieselbe Menge von Nährstoffen auf die wenigen verbliebenen Knospen und bewirkt ein starkes Wachstum. Ein Schnitt im Frühjahr regt die Pflanze also zu einem kräftigen Austrieb an. Bei einem zu starken Rückschnitt gerät das Gleichgewicht von Wurzel und Krone jedoch aus den Fugen. Es dauert oft Jahre, bis es wiederhergestellt ist. Solange bildet die Pflanze viele dünne lange Triebe, sogenannte Schosse. Schneidet man dagegen im Sommer, verbleiben weniger Blätter am Baum, die Reserven bilden. Die Wurzel und der im nächsten Frühjahr folgende Austrieb sind schwächer. Ob Sie das Wachstum eines Gehölzes anregen oder beruhigen, hängt also unter anderem vom Schnittzeitpunkt ab.

Das Blatt als Kraftwerk

In den Blättern findet die Fotosynthese statt. Mithilfe von Sonnenlicht produzieren sie Zucker und Stärke. Diese Reservestoffe ermöglichen die Bildung von Trieben, Wurzeln und Knospen. Manche Pflanzen brauchen für die Fotosynthese viel Sonnenlicht, andere, wie Farn, Efeu oder Eibe, kommen mit wenig Licht aus. Doch alle Pflanzen richten ihre Blätter nach dem Licht aus, um möglichst viel Energie einzufangen. Bedrängt eine Pflanze die andere, wächst diese so lange in die entgegengesetzte Richtung, bis ihre Blättern wieder genügend Licht erhalten. Aus diesem Grund bildet ein dichtes Gehölz im schattigen Innern kaum neue Triebe und Blätter. Es wächst in den äußeren und oberen Bereichen der

Bei der Kirsche sind spitze Blatt- und runde Blütenknospen gut zu unterscheiden.

Krone, wo es am meisten Licht gibt. So nutzen Pflanzen die zur Verfügung stehende Energie optimal aus.

Knospen und Wachstum

Im Frühjahr treiben die Knospen aus, die im Vorjahr gebildet wurden. Bei vielen Gehölzen wird im Sommer zuvor schon festgelegt, welche Knospe zur Blüte und welche zum Trieb wird.

Was von diesem Strauch zu sehen ist, ist nur ein Teil der Pflanze. Im Boden bildet er ein Geflecht aus Wurzeln aus, das fast ebenso groß ist wie der oberirdische Teil.

Allgemein gilt, dass alle Frühjahrsblüher, die blühen, bevor sie wachsen, ihre Blütenknospen schon im Vorjahr anlegen. Sommerblüher haben im Vorjahr dagegen nur Triebknospen gebildet. Sie entwickeln ihre Blütenanlagen erst, während ihre Triebe wachsen. Die Triebknospen wachsen zu Trieben heran, an denen sich Blätter und neue Knospen bilden. Dieses Längenwachstum erfolgt nur im ersten Jahr. Ab dem zweiten Jahr wachsen die Triebe in die Dicke und bilden Seitentriebe.
Manche Gehölze, wie Sommerflieder oder Rosen, bilden bis in den Herbst neue Triebe. Andere, wie Apfel oder Flieder, stellen das Längenwachstum bereits im Frühsommer ein und nutzen ihre Energie zur Kräftigung der neuen Knospenanlagen.

Das Kambium als Jungbrunnen

In den verholzten Pflanzenteilen fließen die Saftströme. Die von unten nach oben und umgekehrt fließenden Ströme begegnen sich aber nicht, denn sie fließen in zwei unterschiedlichen Gewebeschichten. Diese werden vom Kambium gebildet, einem dünnen Gewebering zwischen der Rinde und dem Holz. Es ist für das Dickenwachstum und die Bildung von Wundgewebe zuständig.

> Das Kambium gibt nach innen Zellen ab, die das Splintholz bilden. In ihm fließt der Saftstrom von unten nach oben. Durch die Einlagerung von Gerbstoffen wird es zu Kernholz, das ausschließlich Gerüstfunktion hat. Die Gerbstoffe machen das Kernholz widerstandsfähig gegen Pilze und Schädlinge.

> Nach außen gibt das Kambium Zellen ab, die den sogenannten Bast bilden. In diesem Gewebe strömen Reservestoffe von den Blättern in die Wurzel. Die äußeren, alten Bastschichten wandeln sich zur Rinde um, die Triebe und Stamm schützt.

Wird das Gehölz verwundet, bildet das Kambium an den Wundrändern vermehrt Gewebe, das die Wunde nach und nach überwallt. Es entsteht ein kreisförmiger Wulst, der langsam nach innen wächst. Große Wunden brauchen Jahre, um sich zu schließen. Je glatter der Wundrand, umso schneller geht dies vonstatten (→ Seite 40/41).

1 GUTE WUNDHEILUNG
Das Kambium bildet Wundgewebe, das von den Rändern her die Wunde überwallt. Das Holz selbst kann kein neues Gewebe bilden. Ein sauberer, glatter Wundrand fördert die Heilung.

2 SCHLECHTE WUNDHEILUNG
Große Wunden oder Verletzungen am Stamm heilen schlecht, man sollte sie vermeiden. Oft kann das Gehölz die Wunde nicht mehr verschließen. Pilze dringen ins Holz ein, und es entsteht Fäulnis.

Die Wurzel bestimmt die Größe eines Gehölzes

Die Wurzel bildet das unterirdische Fundament jedes Gehölzes. Von ihr hängt ab, wie stark ein Gehölz wächst.

Wie Wurzeln wachsen

Jede Pflanze besitzt ein für ihre Art typisches Wurzelwachstum. Manche Gehölze, wie Thujen, bleiben mit ihren Wurzeln eher an der Oberfläche. Andere, wie Eiben, wurzeln sehr tief, sofern der Boden gut durchlüftet ist. In schweren, nassen und damit luftarmen Böden bleiben die Wurzeln vieler Gehölze jedoch nahe an der Oberfläche.
Jeder Hauptwurzelstrang versorgt einen bestimmten Teil der Krone mit Wasser und Nährstoffen und wird von diesem mit Reservestoffen beliefert. Wird dieses Wurzelstück verletzt oder gar entfernt, kümmert der entsprechende Kronenteil. Ist der Verlust gering, übernehmen mit der Zeit andere Wurzeln seine Funktion. Ist er groß, kann der Kronenteil absterben.
Eine verletzte Wurzel ist immer eine Angriffsfläche für Pilzkrankheiten. Das verkürzt die Lebensdauer des Baumes und beeinträchtigt langfristig auch seine Standsicherheit.

Von zweien das Beste: Veredlungen

Viele Zier- und Obstgehölze bestehen aus zwei Sorten der gleichen Art, seltener aus zwei verschiedenen Arten. Der oberirdische Teil stammt von der sogenannten Edelsorte, die bestimmte Wuchsformen beziehungsweise Blüheigenschaften besitzt oder – bei Obstgehölzen – besonders hochwertige, aromatische Früchte liefert.
Der Wurzelstock, die sogenannte Unterlage, stammt dagegen von einer Sorte, die zum Beispiel besonders widerstandsfähig gegenüber Krankheiten und sehr standfest ist. Auf sie wird eine Knospe oder ein Triebstück der Edelsorte aufgesetzt und damit »veredelt«. So verhilft der Gärtner Sorten, die zum Beispiel keine starken Wurzeln bilden, zu einem kräftigen Wurzelstock. Dessen Wuchsstärke reguliert das Wachstum der oberirdischen Edelsorte.

Wichtig: nahe Verwandtschaft

Damit eine Veredlung gelingt, müssen beide Partner nahe miteinander verwandt sein. So sind Zierapfel oder -kirsche immer auf Apfel oder Kirsche veredelt, Schneeball auf Schneeball und Flieder auf Flieder. Gleiches gilt für Obstgehölze, doch bei ihnen sind auch Veredlungen verschiedener Arten üblich. Schwachwüchsige Birnen sind zum Beispiel auf Quitten veredelt.
Damit beide Pflanzen zusammenwachsen, müssen ihre Kambien exakt übereinanderliegen. Die Veredlungsstelle bleibt das ganze Gehölzleben lang als Naht oder Wulst sichtbar. Sie ist oft der schwächste Punkt der Pflanze. Bei Rosen- oder Beerenstämmchen bricht sie leicht unter dem Gewicht der Edelkrone ab.
Die Veredlungsstelle muss immer über der Erde liegen. Setzen Sie Gehölze deshalb nur so tief in den Boden, wie sie in der Baumschule oder im Topf standen. Liegt die Veredlungsstelle im Boden, kümmert die Pflanze, oder die Edelsorte bildet Wurzeln und die Qualitäten der Unterlage gehen verloren.

VEREDELTE BÄUME *Die Veredlungsstelle ist oft noch nach Jahrzehnten am Stamm als Wulst zu sehen. Hier sind beide Partner verwachsen. Die Veredlungsstelle liegt oft nahe am Boden, darf aber nie eingegraben werden.*

HOCHSTÄMMCHEN *Manche Edelsorten von Beerenobst und Rosen bilden keinen stabilen Stamm und sind deshalb in Kronenhöhe auf Unterlagen veredelt, die den Stamm liefern. Damit die Krone nicht ausbricht, bindet man sie an.*

Baumkrone und Wurzel stehen im Gleichgewicht zueinander. Die Wurzel gibt immer die mögliche Wuchsstärke vor. Daher werden viele Gehölze veredelt.

Nur bei Rosen wird die Veredlungsstelle 5 cm tief in den Boden eingesenkt. So ist sie vor Austrocknung und Frost geschützt.

Die richtige Unterlage

Ziergehölze sind meist auf eine bestimmte Unterlage veredelt. Bei Baumobstgehölzen können Sie hingegen in guten Fachbetrieben nicht nur zwischen vielen Edelsorten wählen, auch die Unterlagen umfassen ein breites Spektrum. Je nach Unterlage ist der Baum als Hochstamm, Busch oder Spindelbaum (→ Seite 218) geeignet.

> Schwach wachsende Unterlagen kommen mit 4 m^2 Standraum aus. Sie brauchen lebenslang einen Stützpfahl, haben einen kleinen Wurzelstock und vertragen deshalb keine Wurzelkonkurrenz durch andere Pflanzen. Sie erfordern intensive Bodenpflege und Düngung sowie einen jährlichen Schnitt. Ihr Lebensalter beträgt 15–25 Jahre. Nach etwa 2 Jahren liefern sie die ersten Früchte.

> Stark wachsende Unterlagen bedecken als Hochstamm einen Standraum von 25–100 m^2. Sie sind langlebig, entwickeln einen großen Wurzelstock und erfordern 5–10 Jahre Erziehung. Nach 4–8 Jahren tragen sie die ersten Früchte. Als erwachsene Bäume brauchen sie keinen jährlichen Schnitt.

Die Wuchskraft der Unterlage entscheidet bei Obstgehölzen auch über den gesetzlich vorgeschriebenen Grenzabstand, verankert in den Nachbarschaftsrechtgesetzen (NRG) der Bundesländer. Bei Ziergehölzen gibt es Tabellen über die Wüchsigkeit der Art oder Sorte. Informieren Sie sich vor dem Gehölz-Kauf bei Ihrer Kommune über den einzuhaltenden Abstand.

Wildtriebe entfernen

Wächst eine Unterlage stärker als die Edelsorte oder ist die Veredlungsstelle ungenügend verwachsen, bildet die Unterlage unterhalb der Veredlungsstelle oder direkt aus der Wurzel Wildtriebe, die die überschüssige Energie aufnehmen. Entfernen Sie diese Wildtriebe frühzeitig, sonst verkümmert die Edelsorte und stirbt schließlich ab. Wildtriebe, die aus der Erde kommen, reißen Sie im Sommer ihrer Entstehung direkt an der Wurzel aus. Wenn nötig, graben Sie sie dazu bis zur Wurzel frei. Schneiden Sie Wildtriebe niemals nur bodeneben ab, ihr Wachstum wird sonst noch mehr angeregt.

UNTERLAGEN FÜR OBSTGEHÖLZE

Obstart	Erziehung	Unterlage	Endhöhe	Ertrag nach	Lebensalter
Apfel	Spindel	M 9	2,5 m	2 Jahren	15–20 Jahre
	Busch	M 26	3,5 m	3–4 Jahren	20–25 Jahre
	Hochstamm	Sämling	8 m	6 Jahren	80 Jahre
Birne	Spindel	Quitte	4 m	3 Jahren	25 Jahre
	Hochstamm	Sämling	12 m	6 Jahren	100 Jahre
Süßkirsche	Spindel	Gisela 5	3 m	3 Jahren	25 Jahre
	Hochstamm	F12/1	8 m	5 Jahren	60 Jahre
Zwetschge	Spindel	Ferely	4 m	3 Jahren	25 Jahre
	Hochstamm	Myrobalane	6 m	4 Jahren	50 Jahre

Der Saftdruck steuert das Wachstum

Die Säfte in einem Gehölz streben grundsätzlich nach oben. Dieser sogenannte Saftdruck fördert die Stärke des Austriebs an den Triebspitzen. Außerdem erhält die Pflanze an den oberen und äußeren Trieben mehr Licht und wächst dort stärker als im Innern oder an der Basis.

Wie der Saftdruck wirkt

Nicht nur in der ganzen Pflanze, auch in jedem einzelnen Trieb strebt der Saftdruck nach oben.

Steil stehende Triebe

In einem aufrecht wachsenden Trieb (→ Abb. 1) werden die Spitzenknospen deshalb stärker gefördert als tiefer liegende Knospen. Dies hat einen wichtigen Vorteil: Die Pflanze kann sich so die beste Lichtausbeute sichern. Zusätzlich wird in jeder Triebspitze ein Hormon gebildet, das den Austrieb der unteren Knospen hemmt. Dies und der höhere Saftdruck am Triebende bewirken, dass nur die obersten zwei bis drei Knospen stark austreiben. Weiter unten stehende treiben schwächer oder gar nicht aus. Bei vielen Gehölzen bilden solche schwach austreibenden Knospen im Lauf des Sommers Blütenanlagen für das kommende Jahr.

Schräg wachsende Triebe

In einem schräg stehenden Trieb (→ Abb. 2) drückt der Saft zwar auch nach oben, die oberste Knospe bekommt aber nicht mehr den gesamten Saftdruck wie bei einem steil stehenden Trieb zu spüren. Weil sich der Druck gleichmäßiger verteilt, treiben alle Knospen der Oberseite fast auf ganzer Trieblänge aus. Jeder einzelne Neuaustrieb bleibt jedoch schwächer als bei einem steil stehenden Trieb. Umgekehrt wird die Triebunterseite benachteiligt. Hier entstehen nur kurze oder gar keine Neutriebe. Je flacher der Trieb, umso stärker ist der Saftdruck auf der Oberseite und umso schwächer auf der Unterseite. Deshalb binden Gärtner die steilen Triebe von Kletterrosen oder Obstbäumen schräg an, um mehr Knospen zum Austrieb anzuregen. Dadurch wird die Blütenfülle erhöht oder der Fruchtertrag gesteigert.

Überhängende Triebe

Nach einigen Jahren verzweigen sich durch den natürlichen Alterungsprozess bei vielen Gehölzen – etwa bei der Spiräe – die Triebspitzen immer mehr, es entstehen sogenannte Besen. Diese werden immer schwerer und hängen schließlich über (→ Abb. 3). Dasselbe geschieht bei Obstbäumen durch das Gewicht der Früchte. Durch den nachlassenden Saftdruck vergreisen die nach unten hängenden Triebspitzen. Der Saftdruck kommt in der Folge vor allem den Knospen am Scheitelpunkt zugute. Weil der Druck des Safts aber weiter nach oben strebt, treiben die Knospen auf dem Scheitelpunkt am stärksten aus. Diese Neutriebe sind ideal, um überhängende, vergreiste Triebe zu ersetzen. Je nach Gehölzart wird diese Verjüngung jährlich – etwa bei Spiräe und Johannisbeere – oder alle paar Jahre – bei Zierapfel oder Süßkirsche – durchgeführt. Bei Obstgehölzen wartet man, bis der Trieb Blütenknospen angesetzt hat. Das ist bei Apfel, Birne oder Kirsche ab dem zweiten Jahr der Fall. So ist garantiert, dass das Wachstum der neuen Triebe nicht übermäßig angeregt wird.

Ungeschnittene Triebe treiben gleichmäßig aus – die obersten Knospen jedoch stärker als die unteren (A). Je stärker Sie schneiden, umso stärker ist der Neuaustrieb (B, C).

Den Austrieb regulieren

Mit einem kräftigen oder schwachen Rückschnitt bestimmen Sie, ob ein Trieb stark oder schwach austreibt. (→ Seite 14, Abb.). Denn mit dem Schnitt verändern Sie den Saftdruck an und unterhalb der Schnittstelle. Ein ungeschnittener Trieb verjüngt sich gleichmäßig zur Spitze hin (A). An jeder Knospe verengt sich der Trieb etwas. Der Saft staut sich vor jeder Verengung ein wenig und versorgt die jeweilige Knospe. Der Hauptstrom fließt nach vorn zur Triebspitze und sorgt dort für einen starken Austrieb. Die Stärke des Austriebs nimmt nach unten zur Basis des Triebs ab.

Deutlich ist hier zu sehen, dass die oberste Knospe am stärksten austreibt.

Wenn Sie einen Trieb einkürzen (B), staut sich der Saftstrom an der Schnittstelle, die nun zur neuen Triebspitze wird. Der Saftdruck ist an dieser Stelle entsprechend größer. Außerdem fehlt die den Austrieb hemmende Wirkung des Pflanzenhormons aus der entfernten Triebspitze. Die Folge: Es kommt zu einem starken Neuaustrieb. Zugleich sind weniger Knospen übrig, die den Saftstrom aufnehmen. Dies fördert zusätzlich die Stärke des Austriebs.
Ein sehr kräftiger Schnitt (C) verstärkt diese Wirkung. Der Durchmesser am Triebende ist nun noch größer, und nur wenige Knospen verbleiben, um den Saftstau zu verarbeiten. Die Folge ist ein sehr starker Austrieb mit wenigen kräftigen und langen Trieben.
Wenn Sie ein Gehölz mehrmals stark einkürzen, erzeugen Sie ein Ungleichgewicht zwischen der ungeschnittenen Wurzel und der geschnittenen Krone. Das Wachstum wird stark angeregt, und es entstehen jedes Frühjahr überlange Schosse. Es kann Jahre dauern, bis Sie dieses Gleichgewicht durch einen maßvollen Frühjahrsschnitt oder, noch besser, einen Sommerschnitt wiederherstellen.

Der Schnittzeitpunkt

Auch der Schnittzeitpunkt hat Einfluss auf die Stärke des Austriebs. Je später Sie im Frühjahr schneiden, umso mehr Reservestoffe wurden bereits aus der Wurzel in die Triebe »ausgeschüttet«. Der beim Einkürzen entstehende Saftdruck ist dann geringer, der Neuaustrieb fällt schwächer aus.
Je früher Sie dagegen schneiden – etwa ab Februar –, umso stärker wird das Wachstum angeregt. Gerade wenig vitale Gehölze reagieren auf einen frühen Schnitt deutlich mit einem verstärkten Wachstum.
Allerdings besteht zu einem frühen Schnitttermin bei vielen Gehölzen die Gefahr, dass sie Frostschäden erleiden oder an der Schnittstelle eintrocknen. Je empfindlicher ein Gehölz ist, umso später sollten Sie deshalb schneiden. So kann sich der Schnitt bei Lavendel oder Salbei bis in den April hinziehen.

1 STEIL STEHENDE TRIEBE *An aufrecht stehenden Trieben sind die obersten Knospen begünstigt. Sie treiben am stärksten aus. Nach unten hin wird der Austrieb immer schwächer.*

2 SCHRÄGE TRIEBE *In schräg nach oben wachsenden Trieben verteilt sich der Saftdruck auf den ganzen Trieb. Knospen auf der Oberseite treiben stärker aus als unten liegende.*

3 ÜBERHÄNGENDE TRIEBE *Hängen Triebe nach unten über, wird die Triebspitze nicht mehr begünstigt. Die obersten Knospen am Scheitelpunkt treiben am stärksten aus.*

Die verschiedenen Triebformen

Etliche Gehölze entwickeln ihre Blütenknospen im Jahr vor der Blüte und blühen im zeitigen Frühjahr. Andere bilden sie direkt vor der Blüte im Sommer. Manche blühen an jungen Trieben, andere an älterem Holz, einige an Kurztrieben, andere an Langtrieben. Alle diese Eigenarten haben Einfluss auf den Schnitt eines Gehölzes.

Das Alter und die Art der Triebe bestimmen

Um den Wert eines Triebs für die Blüte oder den Fruchtertrag einschätzen zu können, sollten Sie das Alter der einzelnen Triebe in einem Strauch oder Baum beurteilen können.

> **Dies- und einjährige Triebe** Solange ein junger Trieb den ersten Sommer in die Länge wächst, spricht man von einem diesjährigen Trieb (→ Abb. 1). Ist im Herbst sein Wachstum beendet, gilt er bereits als einjährig (→ Abb. 2 und 3). Obwohl er noch kein ganzes Jahr alt ist, ist er doch schon eine Wachstumsperiode alt. Ein solcher Trieb ist unverzweigt und wächst meist im äußeren Bereich des Gehölzes (→ Seite 17, Abb. oben). Die Knospen entlang des Triebs sind vollständig entwickelt und gut sichtbar. Sie treiben im nächsten Frühjahr aus, auch dann gilt der Trieb noch als einjährig.

> **Zweijährige Triebe** Am Ende des zweiten Sommers ist der Trieb zweijährig und besitzt mehrere einjährige, meist kürzere Seitenverzweigungen (→ Abb. 4). Diese verzweigen sich in den folgenden Jahren weiter, der Haupttrieb altert.

> **Altes Holz** Sagt man, ein Gehölz blüht am alten Holz, meint man Triebe, die 3 Jahre und älter sind (→ Abb. 5).

Kurz- und Langtriebe

Bei Gehölzen bezeichnet man Triebe über 10 cm Länge als Langtriebe und solche unter 10 cm als Kurztriebe.

> **Diesjährige Langtriebe** Sommerblüher wie Hibiskus oder Sommerflieder blühen vor allem an diesjährigen Langtrieben (→ Abb. 1). Nur solange im Sommer neue Triebe gebildet werden, entstehen auch weiterhin Blüten.

> **Einjährige Langtriebe** Viele Frühjahrsblüher, die kein langlebiges Gerüst bilden, blühen dagegen vor allem an einjährigen Langtrieben (→ Abb. 2). Beipiele sind Spiräen und Mandelbäumchen. Bei Obstgehölzen sind einjährige Langtriebe bei Pfirsich, Sauerkirsche, Himbeere und Schwarzer Johannisbeere das vitalste Fruchtholz. Bei Sträuchern ohne stabiles Gerüst vergreisen die Triebe nach einigen Jahren, hängen zu Boden und bilden

1 DIESJÄHRIGER TRIEB *Bei Sommerblühern wie dem Sommerflieder entwickeln sich die Blüten am diesjährigen Trieb. Nur ein jährlicher Schnitt liefert Triebe, die bis in den Herbst blühen.*

2 EINJÄHRIGER LANGTRIEB *Bei Spiräen und einigen anderen Frühjahrsblühern sind einjährige Langtriebe das ergiebigste Blütenholz. Sie vergreisen schnell und werden jährlich geschnitten.*

3 EINJÄHRIGER KURZTRIEB *Viele Schneeball-Arten blühen an einjährigen Kurztrieben, Langtriebe blühen kaum. Die Kurztriebe wachsen an zweijährigen Trieben oder aus altem Holz.*

dann Kurztriebe mit nur noch wenigen Blüten. Im Innern des Strauchs wachsen jedoch direkt aus der Erde neue Langtriebe. Diese neu gebildeten Langtriebe lässt man stehen und entfernt die älteren bodeneben. Dadurch wird die Pflanze ständig verjüngt und blüht reich.

> **Unerwünschte Langtriebe** Auch an Ziersträuchern, die ein stabiles Gerüst aufbauen, und bei Obstbäumen entwickeln sich steile oder nach innen wachsende Langtriebe. Diese blühen jedoch kaum und konkurrieren nach einigen Jahren mit den Gerüsttrieben. Sie sind unerwünscht und werden entfernt.

> **Kurztriebe** Bei etlichen Ziergehölzen und Baumobst sind einjährige Kurztriebe das wertvollste Blüten- oder Fruchtholz (→ Abb. 3). Diese Kurztriebe wachsen an einjährigen Langtrieben oder, wenn diese bereits zweijährig sind, an deren Seitenverzweigungen. Mehrjährige Kurztriebe spielen bei der Blütenbildung dagegen eine geringere Rolle.

Blatt- und Blütenknospen

An der Form der Knospen können Sie ablesen, ob sich an einem Trieb Blüten entwickeln. Bei vielen Gehölzen sind die Blütenknospen rundlich, die Blatt- oder Triebknospen dagegen eher spitz und meist kleiner. Bei Arten wie Zwetschgen, Pflaumen oder Johannisbeeren ist diese Unterscheidung jedoch schwieriger. Bei ihnen erkennt man die Blütenknospen erst beim Aufbrechen.

Zeit und Ort der Blütenbildung

Das Alter der Triebe verrät Ihnen, an welchen Trieben ein Gehölz blüht. Dies ist entscheidend dafür, zu welchem Termin und wie stark man schneidet.

Frühjahrsblüher

Die meisten Zier- und Obstgehölze blühen im Frühjahr, bevor das Triebwachstum einsetzt. Sie haben ihre Blütenknospen bereits im Sommer zuvor ausgebildet und ruhend überwintert. Diese frühjahrsblühenden Ziergehölze

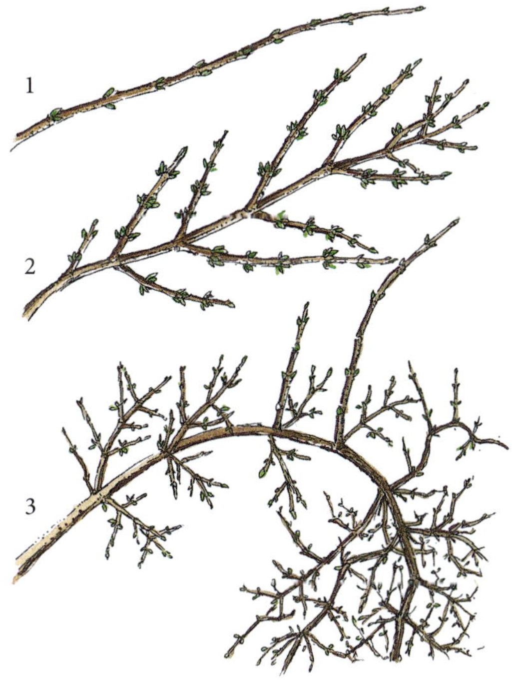

Einjährige Triebe sind noch unverzweigt (1), mit zunehmendem Alter verzweigen sie sich.

schneidet man nach der Blüte. Dadurch haben Sie den größtmöglichen Blütengenuss. Wenn Sie sie vor der Blüte schneiden, würden Sie die meisten Blütentriebe entfernen.

Nach dem Schnitt bilden die Pflanzen neue Triebe mit Blütenknospen für das folgende Jahr. Schneiden Sie unmittelbar nach der Blüte, damit die Gehölze den Sommer über genügend Zeit zum Wachsen und Ausreifen haben.

Obstgehölze schneidet man meist vor der Blüte, sonst entfernt man beim Schnitt befruchtete Blüten. Ausnahmen sind Pfirsich und Aprikose, für sie ist es verträglicher, wenn man sie während bzw. nach der Blüte schneidet.

> Eine Gruppe von Frühjahrsblühern bildet ihre ergiebigsten Blüten an einjährigen Trieben (→ Abb. 2). Dazu gehören Spiräen, Mandelbäumchen, Pfirsich und Sauerkirsche. Ihre Blüten entwickeln sich nur entlang der äu-

4 ZWEIJÄHRIGER TRIEB *Bei der Kirsche trägt der einjährige Trieb nur Blattknospen. Blütenknospen finden sich an der Basis des einjährigen und vor allem am zweijährigen Trieb.*

5 ALTES HOLZ *Die Zaubernuss legt im Vorsommer Blütenknospen an. Sie blüht sehr früh, und ihr Blütenholz ist sehr langlebig. Auch an Kurztrieben und altem Holz erscheinen Blüten.*

ßersten, unverzweigten Triebe. Ohne Schnitt bleiben diese Jungtriebe kurz, und das Gehölz blüht oder fruchtet nur wenig. Je länger die einjährigen Triebe werden, umso reicher blühen sie. Dies erreicht man nur durch einen kräftigen, jährlichen Schnitt.

> Bei einer zweiten Gruppe findet sich das ergiebigste Blütenholz an zweijährigen Trieben, die bereits einjährige Seitenverzweigungen haben (→ Seite 16, Abb. 3). Dazu gehören Forsythie, Schneeball, Scheinquitte, Blut- und Rote Johannisbeere. Diese Gehölze altern zwar langsamer als Spiräe und Co. Aber für eine reiche Blüte oder einen hochwertigen Ertrag sollte man sie ebenfalls regelmäßig schneiden.

> Gehölze wie Goldregen, Zierapfel, Apfel, Birne und Süßkirsche blühen an zweijährigen und älteren Trieben (→ Seite 17, Abb. 4). Im Gegensatz zu den vorher genannten Gehölzen bilden sie ein stabiles Triebgerüst, das dauerhaft besteht. Ihr Blütenholz vergreist erst nach Jahren. Bei der Zaubernuss treiben sogar aus altem Holz kurze Blütentriebe (→ Seite 17, Abb. 5). Ziergehölze dieser Gruppe brauchen kaum einen Schnitt. Trotzdem sollte man jedes Frühjahr störende Triebe mit kleinen Schnitten korrigieren.

Sommerblüher

Sommerflieder, Hibiskus, sommerblühende Spiräen oder Heiligenkraut (→ Abb. 1) bereichern den sommerlichen Garten bis in den Herbst mit ihren Blüten. Gemeinsam ist ihnen, dass sie an diesjährigen Trieben blühen. Manche Sommerblüher, wie Sommerflieder, wachsen zuerst und bilden ihre Blüten erst im Hochsommer an den Triebspitzen und deren Seitenverzweigungen. Andere, wie Hibiskus oder Indigostrauch, bilden ihre Blüten in den Blattachseln des wachsenden Triebs. Die Blütenfülle der Sommerblüher steigt mit der Stärke des Neuaustriebs. Im Gegensatz zu Frühjahrsblühern benötigen sie jedes Frühjahr vor der Blüte einen kräftigen Schnitt, um das Wachstum neuer Triebe anzuregen. Manche Vertreter dieser Gruppe wie Lavendel darf man sogar fast bis zum Boden zurückschneiden. Dies sollte man jedoch schon bei der jungen Pflanze regelmäßig tun (→ Seite 104). Etliche Sommerblüher stammen aus wärmeren Regionen. Ihr Holz ist nur eingeschränkt frosthart. Je älter ein Trieb wird, umso größer ist die Gefahr, dass er zurückfriert. Entfernen Sie deshalb regelmäßig ältere Triebe und regen Sie damit die Verjüngung aus dem Boden an. Da die geschnittenen Triebe leicht zum Eintrocknen neigen, schneiden Sie erst kurz vor dem Austrieb im späten Frühjahr (→ Seite 34). Zu den Sommerblühern gehören auch die meisten Kübelpflanzen.

1 HEILIGENKRAUT *Die mediterrane Pflanze treibt im Frühjahr aus und entwickelt im Frühsommer leuchtend gelbe Blütenknöpfchen. Diese stehen ausschließlich an diesjährigen Trieben.*

2 ÖFTERBLÜHENDE ROSEN *Diese Rosen blühen alle zuerst aus Knospen an einjährigen Trieben, im Sommer blühen sie dann zusätzlich aus Knospen an diesjährigen Trieben.*

Rosen und Clematis

Rosen und Clematis sind in drei Gruppen unterteilt.

> Frühblühende Clematis und einmalblühende Rosen blühen an einjährigen Trieben und werden daher nach der Blüte geschnitten.

> Frühsommerblühende Clematis und öfterblühende Rosen blühen an ein- und diesjährigen Trieben. Man schneidet sie im Frühjahr vor dem Austrieb (→ Abb. 2).

> Sommerblühende Clematis blühen nur an diesjährigen Trieben. Auch sie schneidet man im Frühjahr vor dem Austrieb kräftig zurück.

Bei den beiden letzten Gruppen führt dieser Schnitt zu einer langen Blüte oder mehreren Folgeblüten.

Spezialfall Obstgehölze

Bei Obstgehölzen ist das Ziel ein hochwertiger Ertrag. Auch soll der Schnitt die Entwicklung starker Triebe fördern, die das Fruchtgewicht tragen können.

Junges Fruchtholz Je jünger die Triebe sein müssen, um hochwertiges Obst zu liefern, umso schneller vergreist das Fruchtholz und umso wichtiger ist ein regelmäßiger, kräftiger Schnitt.

Von oben links im Uhrzeigersinn: Das Blütenholz der Spiräen sitzt an einjährigen Langtrieben. Blut-Johannisbeeren blühen an zweijährigen Trieben, Apfel und Judasbaum dagegen auch am alten Holz.

> Spätsommertragende Himbeeren fruchten an diesjährigen Trieben, die meist im nächsten, sicher aber im übernächsten Jahr absterben. Ein jährlicher Schnitt ist zwingend, um die Bildung neuer Triebe anzuregen. Man entfernt im Frühjahr den ganzen oberirdischen Teil der Pflanze.

> Auch Pfirsich und Sauerkirsche, die an einjährigen Langtrieben fruchten, vergreisen sehr schnell. Sie werden jährlich und sehr kräftig geschnitten. Bei einem vitalen Pfirsichbaum enfernt man jährlich die Hälfte der Fruchttriebe. Die Fruchtqualität zeigt dann, dass der radikale Schnitt richtig war.

Älteres Fruchtholz Tragen die älteren Triebe Früchte, schneidet man weniger und seltener.

> Mehrere Jahre vitales Fruchtholz, das aus Kurztrieben besteht, besitzen zum Beispiel Süßkirsche oder Apfel. Hier schneidet man zurückhaltender und – bei ausgewachsenen Bäumen – nur alle 1–2 Jahre. Voraussetzung ist, dass in den ersten 5 Jahren ein stabiles Gerüst aufgebaut wurde.

> Über Jahrzehnte vital ist das Fruchtholz von Walnuss und Esskastanie, auch wenn sie nur noch sehr kurze Triebe bilden. Sind solche Bäume erst einmal erzogen, ist kaum noch ein Schnitt nötig.

Wuchsformen: vom Strauch zum Baum

Neben Zeit und Ort der Blütenbildung ist für die Stärke des Schnitts auch die Wuchsform der Gehölze entscheidend. Manche Sträucher bilden nur kurzlebige Schösslinge, andere entwickeln ein dauerhaftes Gerüst und verzweigen sich. Wiederum andere bilden sehr langlebige Stämme aus und entwickeln mächtige Kronen. Kletterpflanzen können ebenfalls ein Gerüst ausbilden. Sie benötigen jedoch immer eine Rankhilfe, um in die Höhe wachsen zu können.

Schösslingssträucher: kurzlebige Triebe

Zu dieser Gruppe zählen zum Beispiel Ranunkelstrauch (Kerrie), Bauernhortensie, Scheinquitte, Brombeere und Himbeere (→ Abb. 1 und 2). Diese Sträucher bauen kaum ein Gerüst auf, bilden aber jedes Jahr aus dem Boden neue Triebe, sogenannte Schösslinge. Diese langen einjährigen Triebe sind unverzweigt und tragen teilweise Blüten. Die meisten Blüten befinden sich jedoch an den einjährigen Seitentrieben der zweijährigen Langtriebe.
Der einzelne Trieb ist bei Schösslingssträuchern kurzlebig und vergreist sehr schnell. Der Wuchsschwerpunkt dieser Sträucher liegt sozusagen direkt am Wurzelstock. Ohne Schnitt bilden sie in kurzer Zeit ein dichtes Gewirr aus lebenden und toten Ruten. Um die Bildung neuer Triebe anzuregen, schneidet man Schösslingssträucher regelmäßig und entfernt dabei konsequent bodennah alle Schösslinge, die älter als 2 oder 3 Jahre sind.

1 SCHÖSSLINGSSTRÄUCHER *Sie entwickeln jährlich Bodentriebe, die wenig stabil sind und oft überhängen.*

2 BEISPIEL KERRIE *Sie bildet nach einigen Jahren ein Gewirr aus Bodentrieben, einige sterben ab dem dritten Jahr ab.*

Spiräen & Co.: ein schwaches Gerüst

Diese Gruppe mit Spiräen, Deutzien, Forsythie, Johannisbeere und Stachelbeere entwickelt ebenfalls beständig Neutriebe aus dem Boden, bildet jedoch bereits ein Gerüst aus (→ Abb. 3 und 4). Sie blühen vorwiegend an einjährigen Langtrieben oder deren Seitentrieben. Der einzelne Bodentrieb kann bereits einige Jahre alt werden und wird im Lauf der Zeit immer dicker. Im oberen Bereich des Strauchs entstehen besenartige Verzweigungen. Diese blühen kaum und hängen schließlich über. An den entstehenden Scheitelpunkten bilden sich kräftige Jungtriebe. Nur ein regelmäßiger Schnitt erhält diese Gehölz-Gruppe vital. Bei diesem Schnitt entfernt man ältere Triebe am Boden und ersetzt sie durch Jungtriebe. Überhängende Verzweigungen werden auf einen weiter hinten am Trieb stehenden Jungtrieb zurückgeschnitten.

Felsenbirne & Co.: ein stabiles Gerüst

Gehölze wie Felsenbirne, Schneeball, Hibiskus oder Holunder bauen ein stabiles Gerüst auf (→ Abb. 5 und 6). Meist wachsen vier bis sechs kräftige Triebe aus dem Boden. Gerüst und Blütenholz sind langlebiger, und es bilden sich weniger bodenbürtige Neutriebe. Der Wuchsschwerpunkt liegt weiter oben im Gehölz als bei der vorherigen Gruppe. Die einzelnen Triebe verzweigen sich im Lauf der Jahre an den Enden zu besenartigen Köpfen. Die unteren Bereiche des Strauchs werden schattiert und verkahlen.

Solche Sträucher schneidet man im Rhythmus von 3–4 Jahren. Dabei lichtet man verzweigte Köpfe aus, damit wieder Licht in das Strauchinnere gelangt. Gleichzeitig geben die schlanken Triebenden dem Strauch ein natürliches Aussehen. Soll das Gehölz klein bleiben, kann man die stärksten Gerüsttriebe nach einigen Jahren durch bodenbürtige Jungtriebe ersetzen. Bei einigen Vertretern dieser Gruppe kann man Gerüsttriebe aber auch so pflegen, dass sie 10 Jahre und älter werden. Um dies zu erreichen, entfernt man regelmäßig im Sommer junge Bodentriebe in noch grünem Zustand.

Zaubernuss & Co.: Übergang zum Baum

Zu dieser Gruppe gehören unter anderem Zierapfel, Flieder, Kornelkirsche und Ahorn-Arten. Ihr aus mehreren starken Trieben bestehendes Gerüst und das Blütenholz sind sehr langlebig (→ Seite 22, Abb. 1). Der Wuchsschwerpunkt der Pflanze liegt noch weiter oben im Gehölz. Die Gerüsttriebe verzweigen sich gleichmäßig. Ältere Pflanzen treiben kaum noch Jungtriebe aus dem Boden. Es entsteht der Eindruck eines stammlosen oder eines kleinen mehrstämmigen Baums. Solche Gehölze entwickeln ihre volle Schönheit erst nach Jahren. Sie benötigen einen maßvollen Erziehungsschnitt (→ Seite 36/37), der eine gleichmäßige Verteilung der Gerüsttriebe fördert und ihre Anzahl begrenzt. Später ist ein regelmäßiger Schnitt nicht mehr notwendig. Er würde den Charakter dieser Gehölze mehr zerstören als fördern. Man lichtet solche Sträucher lediglich zurückhaltend aus, wenn sie zu dicht werden oder wenn sich Triebe kreuzen oder nach innen wachsen.

3 SPIRÄEN & CO. *Obwohl diese Sträucher schon stärkere Bodentriebe entwickeln, vergreisen diese meist nach 2–3 Jahren. Die Triebspitzen hängen über und werden nicht mehr ausreichend mit Nährstoffen versorgt. An ihren Scheitelpunkten und aus dem Boden treiben jedoch vitale Jungtriebe aus.*

4 BEISPIEL SPIRÄE *Neben älteren Bodentrieben sind auch Jungtriebe zu sehen. Sie besitzen eine hellbraune Rinde. Mit zunehmendem Alter werden sie eher grau und sind stärker mit Algen besetzt. Gleichzeitig hängt der Gesamttrieb immer mehr zum Boden über. Entfernen Sie solche Triebe regelmäßig zugunsten von Jungtrieben.*

5 FELSENBIRNE & CO. *Felsenbirne und ähnlich wachsende Gehölze entwickeln stabile Bodentriebe. Bei Flieder oder Zierapfel können diese stammartig ausgebildet sein. Nach einigen Jahren wachsen nur noch wenige neue Bodentriebe nach. Im oberen Bereich entstehen hingegen Verzweigungen, die von Zeit zu Zeit ausgelichtet werden.*

6 BEISPIEL FELSENBIRNE *Jungtriebe im Schatten älterer Triebe bleiben unverzweigt, bis sie Licht bekommen. Soll ein Strauch klein bleiben, dienen sie als Ersatz für ältere Triebe. Soll er eine markante Gestalt haben, lässt man ältere Triebe stehen und entfernt nur Jungtriebe.*

Sonderfall Halbsträucher

Bei sogenannten Halbsträuchern handelt es sich meist um bei uns frostempfindliche Pflanzen, die in ihren wärmeren Ursprungsländern kleine Gehölze ausbilden und oft Jahrzehnte alt werden. Hierzu zählen Heiligenkraut, Lavendel, Rosmarin, Salbei und Blauraute. In unserem Klima würden sie zwar auch verholzen, aber dann oft unter Frostschäden leiden. Daher kürzt man sie schon als Jungpflanzen jährlich stark ein, damit sie auch nach Jahren noch junge Bodentriebe bilden. Frieren dann Triebe im Winter zurück, verbleiben trotzdem noch ausreichend bodennahe Knospen, die wieder austreiben. Nur bei Rosmarin, der an einjährigen Trieben blüht, gehen bei einem Frostschaden die Blüten verloren.

Sonderfall Rosen

Rosen besitzen je nach Art und Sorte ganz unterschiedliche Wuchsformen. Viele bauen ein stabiles Gerüst auf, vergreisen aber schon nach kurzer Zeit.

> Grundsätzlich sind einmalblühende Rosen meist starkwüchsiger als öfterblühende. Man schneidet sie nach der Blüte. Sie stecken dann ihre ganze Kraft in das neue Wachstum. Dies gilt im Prinzip auch für einmalblühende Ramblerrosen. Da sie jedoch sehr starke Gerüsttriebe entwickeln, ist ein regelmäßiger Schnitt zu aufwendig. Man schneidet sie deshalb nur, wenn sie vergreisen oder zu groß werden.

> Öfterblühende Rosen – auch öfterblühende Kletterrosen – erschöpfen sich dagegen ohne Schnitt schon in der ersten Blühphase und blühen kaum nach. Man schneidet sie deshalb jährlich vor dem Austrieb kräftig zurück. Dies regt sie zu einem starken Neuaustrieb an und gibt Kraft für eine zweite Sommerblüte.

Bäume

Als Bäume bezeichnet man Gehölze mit einem Stamm und einer Krone aus einem Mitteltrieb und mehreren Seitentrieben (→ Abb. 2 und 3). Bäume können aber auch mehrere Stämme besitzen. Entscheidend ist, dass bei ihnen der Wuchsschwerpunkt weit oben im Gehölz liegt. Der einzelne Stammtrieb strebt in den ersten Jahren dominant nach oben, die Seitentriebe bleiben dem jeweiligen Mitteltrieb untergeordnet. Erst wenn die arten- oder sortentypische Höhe erreicht ist, gibt der Mitteltrieb seine Vorrangstellung auf und verzweigt sich.

Ein- oder mehrstämmige Bäume entwickeln ihre volle Schönheit frühestens nach 10 Jahren, wachsen aber stetig weiter. Machen Sie sich also vor dem Kauf klar, welche Größe der gewählte Baum nach 20–30 Jahren erreicht. Wählen Sie für den gegebenen Standort eine Baumart aus, die sich dort frei entfalten kann. Wenn man Bäume aufgrund von Platzmangel ständig schneiden muss, büßen sie ihre natürliche Form ein. Zudem wird die Krone oft instabil, Äste können abbrechen. Obstbäume werden intensiver geschnitten, damit sich stabile Gerüst-

1 BAUMARTIGE STRÄUCHER *Starkwüchsige Sträucher können baumartig werden, so wie diese Zierkirsche. Sie bilden Gerüsttriebe, die Jahrzehnte alt werden. Man pflanzt sie deshalb mit genügend Abstand.*

2 BÄUME *Ein typischer Baum besitzt einen Stamm, der in die Krone mit Mitteltrieb und Seitengerüsttrieben übergeht. Der Wuchsschwerpunkt liegt in der Krone, und das Gerüst ist sehr langlebig.*

3 ALTE BÄUME *Ausgewachsene Bäume, wie dieses Exemplar, entwickeln mit den Jahrzehnten mächtige Kronen, die 300 m^2 überspannen können. Ein Schnitt ist erst nötig, wenn einzelne Triebe absterben.*

triebe entwickeln, die das Gewicht der Früchte tragen können, und um die Fruchtqualität zu erhalten.
Noch wichtiger als bei Sträuchern ist bei Bäumen die Einhaltung des gesetzlichen Grenzabstands, denn große Baumkronen können auch das Nachbargrundstück ganz erheblich beeinflussen (→ Seite 13).

Klettergehölze

Klettergehölze benötigen immer eine Stütze, um in die Höhe wachsen zu können. In der Natur dienen dazu andere Sträucher oder Bäume. Auch im Garten kann man sie an einem anderen Gehölz ziehen, oder man gibt ihnen eine Rankhilfe, die frei steht oder an einer Hauswand befestigt ist.
Kletterpflanzen haben unterschiedliche Methoden entwickelt, um in luftige Höhe zu gelangen.
> Spreizklimmer wie Winterjasmin, Kletterrose oder Brombeere wachsen mit überlangen Trieben nach oben in die Kronen anderer Gehölze. Mit ihren Seitentrieben verzahnen sie sich in den Trieben ihrer »Kletterhilfe«. Sie verankern sich nicht aktiv, sondern halten sich passiv fest.
> Selbsthafter wie Efeu und Kletterhortensie entwickeln Haftwurzeln, mit denen sie sich am Untergrund festhalten. Diese Wurzeln haben nichts mit den Bodenwurzeln gemeinsam. Wilder Wein hingegen entwickelt Haftscheiben am Ende kleiner Seitensprosse. Sowohl Haftwurzeln als auch Haftscheiben leben nur einige Wochen und verholzen dann, ohne jedoch ihre Funktion zu verlieren.
> Schlinger wie Blauregen, Geißblatt Pfeifenwinde, Schlangenwein, Kiwi oder Schlingknöterich winden ihre Triebe um die Unterlage und halten sich so fest. Die Rankhilfe sollte nicht zu dick sein. Regenrohre beispielsweise sind zu mächtig, die Pflanze kann sie nicht umwachsen. Während bei den meisten Schlingern die Stütze das Gewicht der Kletterpflanze auffangen muss, bilden einige wie der Blauregen dicke Gerüsttriebe und tragen so einen Teil ihres Gewichts selbst. Wickeln Sie die Triebe solcher Schlinger regelmäßig von der Halterung ab und binden Sie sie anschließend daran an. Der Aufwand lohnt sich, denn so können Sie die Pflanze jederzeit problemlos lösen, um zum Beispiel an der Hauswand oder der Pergola Reparaturarbeiten zu verrichten.
> Ranker sind beispielsweise Clematis und Weinrebe. Sie entwickeln an den Enden ihrer Triebe oder Blätter feine Ranken, mit denen sie sich an der Kletterhilfe festhalten. Die Rankgerüste sollten möglichst dünn sein. Nur junge Ranken können »greifen«. Später verholzen sie und können sich, wenn sie einmal von der Unterlage losgelöst wurden, nicht mehr an ihr verankern.

Gehölze haben verschiedene Methoden zum Klettern: 1 Haftwurzeln (Efeu), 2 Haftscheiben (Wilder Wein), 3 Blattranken (Clematis), 4 Spreizklimmer (Rose), 5 Schlinger (Blauregen) und 6 Triebranken (Weinrebe)

Wie Klima und Winterhärte den Schnitt beeinflussen

Jede Pflanze trägt die Grundinformation in sich, welche Temperaturen sie ausgepflanzt ohne Winterschutz schadlos überstehen kann. Allerdings beeinflussen verschiedene Faktoren diesen Temperaturbereich positiv oder negativ. Deshalb sollten Sie diese Faktoren prüfen, bevor Sie eine Pflanze in Ihren Garten setzen.
Wie empfindlich eine Pflanze ist, hat auch Auswirkung auf Art und Zeitpunkt des Schnitts.

Die Winterhärtezonen

Auf der Grundlage einer Einteilung aus den Vereinigten Staaten gibt es auch für Europa eine Gliederung in sogenannte Winterhärtezonen (WHZ). Diese Einteilung basiert auf Schritten von 10° Fahrenheit – dies entspricht 5,5 °C. Daher werden die Werte für Europa immer mit einer Stelle hinter dem Komma angegeben. Die Einteilung dieser Zonen richtet sich nach der durchschnittlich kältesten Temperatur eines Jahres. Diese Werte sind jedoch nur eine Orientierung, in manchen Wintern kann es durchaus kälter werden oder wärmer bleiben.
In Mitteleuropa (→ Karte Seite 334) kommen die Zonen 5 bis 8 vor, bereits Zone 9 entspricht einem mediterranen Klima. Um die in Mitteleuropa sehr unterschiedlichen Klimaregionen genauer zu erfassen, wurden diese Zonen in Halbzonen – a und b – unterteilt.

Hier ist der empfindliche Rosmarin vor austrocknender Wintersonne geschützt.

Geeignete Pflanzen wählen

In vielen Katalogen und Pflanzenbeschreibungen werden diese Winterhärtezonen angegeben. Dies gibt Ihnen einen ersten Anhaltspunkt dafür, ob eine Pflanze in Ihrer Region gedeiht oder ob sie vielleicht zusätzlichen Winterschutz benötigt oder als Kübelpflanze besser im Haus überwintert. Von vielen Pflanzenarten gibt es verschiedene Gartensorten. Nicht alle sind gleich winterhart. Wählen Sie robuste Sorten aus. Vor allem bei Rosen gibt es Sorten und Wildarten, die empfindlicher sind, bei Kamelien ebenso. Auch bei Halbsträuchern finden Sie unterschiedlich harte Sorten – etwa bei Lavendel, Rosmarin oder Salbei.

Kleinklima

Die Lage eines Grundstücks hat ebenfalls einen Einfluss darauf, wie tief die Temperatur absinkt. In einer Senke etwa, in der Kaltluft nicht abfließen kann, wird es kälter als an einem Hang. Ist ein Grundstück gegen kalte

Bei Rosen sind vitale Triebe und Pflanzen gegenüber Frost robuster als vergreiste.

Nord- und Ostwinde geschützt, bleiben die Temperaturen dort ebenfalls höher, als wenn es den Winden frei ausgesetzt ist – ebenso in einer Ebene, in der nachts regelmäßig Nebel auftritt, der eine starke Abkühlung verhindert. Eine Schneedecke isoliert den Boden sehr gut und verhindert, dass er durchfriert. Über der Schneedecke kann es jedoch sehr kalt werden, sodass empfindliche Pflanzen oft bis zur Schneedecke zurückfrieren.

Die Frosthärte verbessern

Im Garten selbst sind weitere große Klima-Unterschiede möglich. Geschützte Standorte in Hausnähe sowie

Ist der Boden für Lavendel zu schwer, vermischen Sie ihn großzügig mit Sand.

Gehölze oder Mauern und Steine, die Wärme speichern, tragen ganz wesentlich dazu bei, dass die laut Winterhärtezone üblichen Tiefsttemperaturen nicht erreicht werden. Diese Faktoren können Sie so stark beeinflussen, dass ein Standort der nächstwärmeren Klimazone entspricht.

Boden und Frosthärte

Je eher der Boden die Ansprüche einer Pflanze erfüllt, umso besser kann sie sich entfalten und umso eher übersteht sie den Winter. Pflanzen, die aus mediterranen Regionen stammen, wie Lavendel, Thymian und Co., lieben meist einen wasserdurchlässigen Boden. Ist er zu schwer, treten bei tiefen Temperaturen Wurzelschäden auf. Dem kann man entgegenwirken, indem man schwere Böden großzügig mit gebrochenem Sand aufbessert. So ist auch in regenreichen Wintern ein guter Wasserabzug garantiert.
Immergrüne Gehölze und Stauden leiden im Winter dagegen immer wieder an Wassermangel. Das kann an einem trockenen Standort liegen, oft aber auch daran, dass die Pflanzen aus dem gefrorenen Boden kein Wasser aufnehmen können. An einem sonnigen Wintertag verdunsten Immergrüne jedoch Wasser. Hier sorgt eine Mulchschicht dafür, dass der Boden weniger stark durchfriert. Wenn nötig, sollte man die Pflanzen sogar gießen.
Wenn Sie nach einer Neupflanzung Ihre Gehölze mit regelmäßigen, aber kleinen Wassergaben verwöhnen, bleiben deren Wurzeln in den obersten, feuchten Bodenschichten – sie müssen nicht in tieferen Schichten nach Wasser suchen. Je tiefer jedoch eine Wurzel wächst, umso eher ist sie vor Frösten geschützt. Gießen Sie deshalb lieber seltener und dafür durchdringend.

Richtig düngen

Stark oder im Hochsommer gedüngte Pflanzen wachsen bis in den Spätherbst. Ihre Triebe reifen nicht aus und erfrieren oft. Nach Ende Juni sollte man Gehölze daher nicht mehr düngen.
Einige Halbsträucher und mehrjährige Kräuter wünschen magere Standorte.

Ohne Winterschutz erfrieren Feigentriebe, nur einige jüngere sind noch vital.

Düngen Sie diese sehr zurückhaltend. Nährstoffreiche Böden können Sie mit Sand abmagern.

Temperatur und Schnitt

Vermeiden Sie es, von Oktober bis Januar zu schneiden. Die Schnittstellen können bei tiefen Temperaturen zurückfrieren oder eintrocknen. Frostempfindliche Pflanzen, ob Halbsträucher, Aprikose oder Pfirsich, schneiden Sie erst im späten Frühjahr. Lavendel und Co. schneiden Sie erst, wenn Sie sehen, dass er beginnt auszutreiben. Die Gefahr des Zurücktrocknens wird damit minimiert. Pfirsich und Aprikose schneiden Sie während der Blüte oder – noch besser – im Sommer. Dieser sogenannte Sommerschnitt ist für schnittempfindliche Gehölze der beste Zeitpunkt (→ Seite 34). Den Schnitt von Hecken und Formgehölzen sollten Sie spätestens bis Ende Juli abschließen. So können Neuaustriebe bis zum Herbst noch ausreifen.

Die technischen Grundlagen des Schnitts

Das Wissen um die botanischen Grundlagen ist die Basis für einen gelungenen Gehölzschnitt. Doch erst hochwertiges Werkzeug, der passende Schnitttermin, die geeignete Schnittform sowie -technik lassen den Schnitt zum Erfolg werden.

Je besser Sie sich auf den Pflanzenschnitt vorbereiten und mit den verschiedenen Schnitttechniken vertraut machen, umso leichter wird er Ihnen von der Hand gehen und umso erfolgreicher werden Sie Ihre Gehölze in die gewünschte Richtung lenken. Grundsätzlich ist es vorteilhaft, wenn Sie Ihre Gehölze jedes Jahr kontrollieren und bei Bedarf auch schneiden. Sie müssen dann in der Regel wenig schneiden und verursachen nur kleine Wunden. Die Säge wird nur selten zum Einsatz kommen. Ihre Sträucher oder Bäume bleiben übersichtlich und behalten eine attraktive Form. Zudem bleibt bei Ziergehölzen das Blütenholz vital und bei Obstgehölzen das Fruchtholz. Setzen Sie dagegen einige Jahre mit dem Schnitt aus, lassen Blüte oder Fruchtqualität nach. Es bilden sich starke Triebe, die Gehölze werden sehr dicht. Nun ist ein sehr viel massiverer Schnitt notwendig. Die Pflanzen reagieren darauf mit starkem Wachstum. Der regelmäßige Schnitt sorgt bei allen Gehölzen also für weniger Arbeit.

So gelingt der Pflanzenschnitt

Wenn Sie die folgenden Punkte beachten, werden Sie rasch lernen, worauf Sie beim Schneiden achten müssen.

Gutes Werkzeug

Hochwertiges Schnittwerkzeug ist eine Investition, die sich lohnt. Es erleichtert den Schnitt erheblich, ist bei guter Pflege viele Jahre im Einsatz, und Sie erhalten auch noch nach Jahren Ersatzteile im Fachhandel.
Auch bei Leitern sollten Sie nicht sparen – sie sind für den Schnitt größerer Gehölze wichtige Helfer.

Die richtige Schnittzeit

Die Wahl des besten Schnittzeitpunkts hängt in erster Linie davon ab, wie früh oder spät eine Pflanze austreibt.
> Prinzipiell regt ein Schnitt im späten Winter oder Frühjahr das Wachstum der Pflanzen an, während ein Sommerschnitt beruhigend wirkt.
> Beachten Sie beim Schnitt auch die Eigenheiten der einzelnen Arten. Für schnittempfindliche Gehölze etwa ist ein Schnitt ab der Laubentfaltung bis September sehr viel verträglicher als ein Schnitt im Frühjahr.
> Notieren Sie, wann Sie welche Gehölze schneiden wollen, und planen Sie genug Zeit dafür ein. Kontrollieren Sie nach einigen Wochen, wie Ihre Gehölze auf den Schnitt reagieren. So sehen Sie, ob der Schnitt erfolgreich war, und bekommen Anregungen für zukünftige Schnittmaßnahmen.

Schnittformen und -techniken

Mit den verschiedenen Schnittformen können Sie die Stärke des Neuaustriebs steuern. Man unterscheidet zwischen Einkürzen, Umlenken, Verschlanken und Auslichten. Das klassische Einkürzen regt das Wachstum, verbunden mit einem kräftigen Neuaustrieb, am stärksten an. Das Umlenken führt zu einer kompakten oder verjüngten Pflanze, das Wachstum wird schwächer angeregt als beim Einkürzen. Vereinzeln von Triebspitzen, Verschlanken genannt, regt das Wachstum am geringsten an. Das Auslichten ganzer Triebe am Boden fördert Jungtriebe direkt aus der Wurzel und verhindert, dass die Pflanze zu groß wird.
Schließlich sorgt die richtige Schnitttechnik dafür, dass die Pflanzen den Schnitt gut vertragen und nur kleine, rasch heilende Wunden entstehen.
Doch bevor Sie mit dem Schneiden beginnen, sollten Sie das Ziel des Schnitts bedenken: Möchten Sie das Wachstum anregen, Blüten und Früchte oder Triebe mit farbiger Rinde fördern? Möchten Sie ein Gehölz als Hecke schneiden oder zu einem Solitär erziehen? Oder möchten Sie einfach kranke Triebe ausschneiden? Erst wenn Sie sich über diese Schnittziele im Klaren sind, können Sie die richtige Schnittart für das gewünschte Ergebnis wählen.

Mit hochwertigem und scharfem Werkzeug geht der Schnitt kraftsparend vonstatten.

Die wichtigsten Werkzeuge: von der Schere bis zur Leiter

Der Erfolg beim Schnitt steht und fällt mit dem geeigneten Werkzeug. Gleich, ob Sie nur wenige dünne Zweige oder massive Äste zu schneiden haben – für jeden Zweck hält der Fachhandel das richtige Werkzeug bereit.
Sparen Sie beim Kauf von Schnittwerkzeugen oder Leitern auf keinen Fall, sondern achten Sie auf Qualität. Hochwertiges Werkzeug erleichtert die Schnittarbeit im Garten enorm. Gute Scheren sind nicht nur bequem zu handhaben, sondern lassen sich auch einfach auseinandernehmen und reinigen sowie schleifen (→ Abb. Seite 32 links). Obendrein sind für hochwertige Produkte Ersatzteile erhältlich.
Auch bei Leitern ist gute Qualität unverzichtbar, schließlich müssen sie sicher sein, wenn Sie in über 2 m Höhe arbeiten müssen. Außerdem können Sie sie viele Jahrzehnte verwenden.

Für jeden Schnitt das richtige Werkzeug

Um ohne Mühe schneiden zu können, sollten Sie für jede Triebstärke und Schnittform das passende Werkzeug einsetzen. Statt beispielsweise mit einer Astschere einen dicken Trieb abzuschneiden, wählen Sie besser eine Säge. Verschiedene Heckenscheren helfen beim Schnitt von Hecken und Formschnittgehölzen. Spezielle Messer erleichtern die Wundpflege, mit einigen lassen sich Gehölze auch veredeln. Bevor Sie neu gekaufte Werkzeuge an den harten Trieben Ihrer Ziergehölze einsetzen, sollten Sie die Handhabung an weichen Trieben wie Holunder oder Weide üben. So bekommen Sie ein Gefühl für das Gerät und mindern die Gefahr, sich zu verletzen.

Bypassschere (hier für Linkshänder): Die Klinge zeigt zum verbleibenden Triebstück.

Hand- und Astscheren

Die Vielzahl der im Handel angebotenen Scheren mag zunächst verwirren. Lassen Sie sich Zeit bei der Auswahl und fragen Sie, wenn nötig, um Rat. Handscheren sind Scheren mit kurzen Griffen, solche mit langen Griffen bezeichnet man als Astscheren. Mit Handscheren entfernen Sie Triebe bis 2 cm Dicke, Astscheren sind für Triebe bis 4 cm Dicke geeignet.
Sowohl Hand- als auch Astscheren sind im Handel als Bypass- und Ambossscheren erhältlich.
> Bei Ambossscheren trifft die Klinge auf einen Amboss. Deshalb entstehen am Trieb an beiden Schnittseiten Quetschungen. Diese Scheren eignen sich daher nur für weiche Triebe.
> Für den Schnitt von Gehölzen sind Bypassscheren besser geeignet. Bei ihnen läuft die Klinge am Amboss vorbei, deshalb wird der Trieb auf der Klingenseite nicht gequetscht. Bypassscheren gibt es für Rechts- und Linkshänder (→ Abb. links). Wenn Sie die Schere in der richtigen Hand halten, ist die Klinge jeweils außen.
> Astscheren erleichtern das Auslichten von bodennahen Trieben und solchen über Kopfhöhe. Die langen Griffe sollen stabil und nicht zu schwer sein. Halten Sie beim Kauf einige Zeit die Astschere mit gestreckten Armen von sich. Sie werden merken, ob Ihnen das Gewicht unangenehm wird oder nicht. Wählen Sie Modelle mit großer Klinge und einem schnabelförmigen, gezähnten Amboss. Wenn Sie solche Scheren am Trieb ansetzen, wird dieser durch

Von oben links im Uhrzeigersinn: Handscheren eignen sich für bis zu 2 cm dicke Triebe, Astscheren für 2–4 cm dicke, Schwert- und Bügelsägen für über 4 cm dicke Triebe, Auszugscheren für Arbeiten bis 4 m Höhe.

leichtes Zudrücken fixiert und kann beim Schnitt nicht abgleiten.
> Manche Astscheren besitzen eine Übersetzung, die Kraft spart. Lassen Sie sich aber nicht dazu verführen, zu dicke Triebe damit zu schneiden. Dafür eignen sich Sägen besser.

Schwert- und Bügelsägen

Für starke Triebe über 4 cm Durchmesser wählen Sie eine Säge.
> Schwertsägen garantieren saubere, glatte Wundränder. Bei diesem Typ wird nur auf Zug geschnitten. Kleinere Modelle lassen sich zusammenklappen und in die Tasche stecken, größere bindet man mit einem Köcher um.
> Bügelsägen eignen sich für größere Schnitte, da das Sägeblatt verstellbar ist und Sie auf Zug und Druck sägen.
> Motorsägen sind nur sinnvoll, wenn Sie jedes Jahr viele starke Triebe zu sägen haben. Wenn Sie Ihre Gehölze regelmäßig schneiden, tritt dieser Fall jedoch kaum ein. Achten Sie beim Kauf einer Motorsäge darauf, dass sie über eine Sicherheitskupplung verfügt. Die Säge stoppt dann, sobald Sie eine Hand vom Griff nehmen.
Bevor Sie eine Motorsäge verwenden, sollten Sie unbedingt an einer Schulung teilnehmen. Arbeiten Sie außerdem nie ohne Sicherheitskleidung!

Auszugscheren und -sägen

Diese Werkzeuge sitzen an einem Stiel, der sich ausziehen lässt. Sie können mit ihnen bis zu 4 m über Kopfhöhe arbeiten, ohne auf eine Leiter steigen zu müssen. Es gibt auch kleine Motorsägen mit ausziehbarer Stange. Diese Werkzeuge sind für das Entfernen einzelner abgebrochener Triebe geeignet oder zum leichten Auslichten vergreister hochstämmiger Obstbäume. Es ist jedoch kraftraubend, mit diesen Geräten länger zu arbeiten. Zudem sind exakte Schnitte mit einem langen Hebel sehr schwierig auszuführen. Wenn Sie viel schneiden müssen, sollten Sie eine Leiter zu Hilfe nehmen. Große Bäume lassen Sie besser durch professionelle Baumkletterer schneiden.

Geeignete Heckenscheren

Die Wahl der Heckenschere hängt von der Anzahl und Größe, der Gehölze ab, die Sie zu schneiden haben. Für kleine Hecken reichen Handheckenscheren mit kurzem Griff aus. Mit ihnen lassen sich auch zierliche Formen gut herausarbeiten. Sogenannte Buchsheckenscheren sind sehr leicht und haben ergonomisch geformte Griffe (→ Abb. Seite 31). Klassische Heckenscheren mit Holzgriffen sind dagegen deutlich schwerer.

Heckenscheren mit Motor

Für große Hecken empfehlen sich Heckenscheren mit Benzin- oder Elektromotor. Elektroscheren sind leiser und leichter, allerdings müssen Sie darauf achten, das Kabel nicht zu zerschneiden. Je nachdem, wo Sie im Garten schneiden, können lange Kabel die Arbeit behindern. Dann ist eine Schere mit Benzinmotor besser.
Wichtig: Alle Motorheckenscheren müssen eine Sicherung besitzen. Sie stoppt die Schere, sobald eine Hand den Griff loslässt. Arbeiten Sie immer, auch im Sommer, mit fester Kleidung.

Links: Messer und Hippen dienen zum Glätten von Wundrändern.
Unten (von links): Obstbaumleiter, Mehrzweckleiter, Anlegeleiter, Tiroler Steigtanne

Messer zum Glätten

Mit einem scharfen Messer lassen sich Wundränder glatt schneiden – sie heilen dann besser.
Messer mit gerader Klinge sind unter dem Namen »Veredlungsmesser« im Handel. Sie eignen sich nicht nur zum Veredeln, sondern auch zum Glätten von Wunden. Achten Sie auf eine stabile Klinge mit hartem Stahl.
Zur Versorgung größerer Wunden oder Stammverletzungen gibt es Messer mit gekrümmter Spitze, sogenannte Hippen. Durch die Krümmung lassen sich Wundränder glatt schneiden, ohne dass Sie Druck nach außen zur Rinde ausüben müssen. Dabei kann sich das Kambium (→ Seite 11) ablösen, und der Nährstoff- und Wassertransport wird gestört. Wundränder glättet man immer mit einem ziehenden Schnitt im rechten Winkel zum Kambium hin.

Die richtige Leiter

Zum Schnitt von größeren Gehölzen und zur Ernte von Baumobst sind sichere und komfortable Leitern wichtige Helfer. Gut gewählt, begleitet Sie eine Leiter Ihr ganzes Gärtnerleben lang. Die Wahl des Leiter-Typs hängt davon ab, ob Sie auf befestigtem oder unbefestigtem Boden und auf ebenen Flächen oder an einem Hang schneiden müssen. Für einen sicheren Stand auf befestigtem Boden müssen alle

Handheckenscheren eignen sich für kleine Hecken oder Formschnitt. Kleine Modelle sind für feinere Arbeiten geeignet.

Achten Sie bei Motorheckenscheren auf sicheren Stand und schneiden Sie nie im Gehen. Die Schere sollte immer eine Sicherung besitzen.

Leitern mit Gummikappen ausgerüstet sein, auf unbefestigtem Boden sind Metallspitzen notwendig (→ Seite 32).

Anlege- und Klappleitern

Sogenannte Anlegeleitern, die nur einen Schenkel besitzen, und Stehleitern mit zwei auseinanderklappbaren Schenkeln sind meist in jedem Haushalt zu finden. Anlegeleitern bestehen oft aus mehreren Teilstücken, man nennt sie dann Schiebeleitern. Sie sind für den Schnitt nur geeignet, wenn sie stabil an einen Ast angelehnt werden können. Zur Sicherheit sollten Sie einen Holm an einem Ast festbinden. Steh- oder Klappleitern stehen dagegen auf ebenen Flächen frei, wenn die Schenkel auseinandergeklappt sind.
In Mehrzweckleitern sind beide Varianten vorteilhaft kombiniert. Einerseits lassen sich zwei Schenkel auseinanderklappen, andererseits kann ein dritter Schenkel als Verlängerung nach oben geschoben werden.

Für Hänge: Obstbaumleitern

Eine Obstbaumleiter besitzt nur einen Schenkel und kann einteilig oder, als Schiebeleiter, mehrteilig sein. Diese Leitern sind besonders leicht und ausschließlich für die Pflege und Ernte an Bäumen auf unbefestigtem Untergrund bestimmt. An den Füßen haben sie Metallspitzen, die die Leiter fest im Boden verankern. Um sicher zu stehen, besitzen viele Obstbaumleitern ein oder zwei Stützen. Solche Leitern können frei stehen. Sind zwei Stützen vorhanden, können diese unabhängig voneinander im Boden fixiert werden. So lassen sich leichte Hanglagen ausgleichen.
Wichtig: Unterlegen Sie in steilerem Gelände eine Seite der Leiter nie mit Holz oder Steinen. Der Stand ist nicht stabil. Für diesen Fall bietet der Handel Leitern mit längenverstellbaren Stützen und Holmen.
Die Einholmleiter oder »Tiroler Steigtanne« besitzt in der Mitte nur einen Holm, an dem rechts und links Sprossen auf gleicher Höhe angebracht sind. Dies erlaubt es, sich mit den Beinen so zu sichern, dass beide Hände frei sind. Der Holm wird an Astgabeln angelehnt, sodass er nicht abrutschen kann. Die Einholmleiter besitzt einen beweglichen Fuß und eignet sich deshalb auch für unebenes Gelände.

Holz oder Aluminium?

Ob man Leitern aus Holz oder Aluminium wählt, ist Geschmackssache. Holzleitern besitzen eine lange Tradition, sind aber schwerer als Aluminiumleitern. Holzleitern dürfen nicht längere Zeit im Freien stehen, sondern sollten immer trocken aufbewahrt werden. Das Festhalten an den Holmen ist angenehmer, da Holz weniger kalt ist als Metall. Leitern aus Aluminium sind dagegen leichter, da ihre Holme hohl sind. Weil ihnen Regen wenig anhaben kann, dürfen sie außerdem im Freien bleiben.

Werkzeugpflege und Sicherheit

Zum Schleifen ziehen Sie die Klinge mit Druck kreisförmig über den Schleifstein.

Grundsätzlich gilt: Reinigen Sie alle Arbeitsgeräte nach dem Gebrauch. Feuchte Geräte legen Sie in die Sonne oder an einen warmen Ort, damit sie vor dem Einlagern besser trocknen – Klappsägen und Scheren am besten mit geöffneter Klinge, sodass auch die sich überschneidenden Flächen trocknen. Werden Scheren oder Messer länger nicht benötigt, wischen Sie sie mit etwas Öl ab. Das schützt vor Rost.

Kleine Scherenpflege

Achten Sie bei Scheren darauf, dass Klinge und Amboss kein Spiel haben – sonst schneidet die Schere schlecht und verhakt sich im Trieb. Gute Scheren lassen sich mit einer Feststellschraube nachstellen.
Klingen können Sie in Fachgeschäften schleifen lassen – mit etwas Übung gelingt es Ihnen jedoch auch selbst. Sie benötigen dazu einen feinen Schleifstein. Grobe, wie für Sensen angebotene, eignen sich nicht. Es gibt auch kombinierte Schleifsteine, die eine etwas gröbere Seite für Scheren und stumpfe Messer besitzen und eine feine für den Endschliff.
Gehen Sie beim Schleifen wie folgt vor: Die ausgebaute Klinge besitzt auf der einen Seite eine abgeschrägte Kante, den Schliff. Legen Sie nur die Schliff-Fläche – aber auf ganzer Breite – auf den mit Wasser benetzten Stein auf. Führen Sie die Klinge mit Druck kreisförmig über den Schleifstein. Die andere, glatte Seite der Klinge ziehen Sie anschließend nur einmal über den Schleifstein, um entstandene Metallsplitter abzustreifen. Ansonsten schleifen Sie diese Seite nie, damit kein Zwischenraum zum Amboss entsteht. Zum Schluss säubern Sie den Amboss bei Bedarf mit etwas Stahlwolle. Vor dem Einbau träufeln Sie einen Tropfen Öl auf Nabe und Feder. Achten Sie beim Zusammenbau darauf, dass Klinge und Amboss kein Spiel haben, sich die Schere jedoch noch ohne Probleme bewegen lässt.
Wenn Sie nicht schleifen möchten, kaufen Sie eine Ersatzklinge als Reserve. Wird die eingebaute Klinge unscharf, können Sie sie ausbauen und schleifen lassen und die Schere in der Zwischenzeit mit der Ersatzklinge nutzen.
Die großen Klingen von Astscheren sind sehr unhandlich. Es ist angenehmer, sie zum Schleifen in ein Fachgeschäft zu bringen.

Messer schärfen

Nach dem gleichen Prinzip wie Scheren schärfen Sie Messer. Meist ist auch hier nur eine Klingenseite schräg angeschliffen. Diese Seite setzen Sie auf den Schleifstein auf. Ist ein Messer, auch durch unsachgemäßen Gebrauch, völlig abgestumpft, benötigen Sie bis zu 10 Minuten, um es wieder zu schärfen. Trocknen Sie die Klinge nach dem Schleifen ab und lassen Sie das Messer noch eine Weile geöffnet liegen, damit es auch in der Klappstelle gut trocknet. Soll ein Messer auch zum Veredeln verwendet werden, können Sie es nach dem Schleifen über einen glatten Ledergürtel ziehen. Es bekommt dann eine zusätzliche Schärfe, die jedoch schnell verloren geht, wenn Sie zum Beispiel in trockenes Holz schneiden.

Blätter von Schwertsägen lassen sich nicht nachschleifen, man tauscht sie aus.

Sägeblätter austauschen

Sägeblätter kann man nicht nachschärfen. Deshalb empfiehlt es sich, immer ein Reserveblatt vorrätig zu haben.
Bei Schwertsägen lösen Sie zum Austauschen die Feststellschraube, die das Blatt im Griff hält. Arbeiten Sie dabei immer über einem Tisch, damit die

Auf unbefestigten Flächen sorgen Metallspitzen an den Holmen für sicheren Stand.

kleinen Schrauben und Muttern nicht verloren gehen. Haben Sie bei einer Klappsäge das neue Blatt eingelegt, ziehen Sie die Schraube wieder so fest, dass sich das Blatt nur mit etwas Widerstand aus dem Griff herausklappen lässt. Bei feststehenden Schwertsägen drehen Sie die Schraube gut an, damit sie sich nicht löst.
Bei Bügelsägen können Sie mit einem Hebel die Spannung vom Sägeblatt nehmen. Die Schrauben, die das lockere Blatt halten, lassen sich bequem öffnen und nach dem Tausch wieder aufsetzen. Zum Schluss rasten Sie den Hebel wieder ein. Das Blatt sollte dann unter Spannung stehen. Zu lockere Blätter verkanten sich beim Sägen.
Sägen haben, je nach Marke und Modell, unterschiedlich lange Sägeblätter. Nehmen Sie daher die Säge beim Kauf eines Sägeblatts immer mit.
Motorheckenscheren müssen mindestens einmal jährlich gewartet und geschliffen werden. Dies sollten Sie nur selbst durchführen, wenn Sie entsprechende Kenntnisse haben. Ansonsten ist es sicherer, die Wartung und das Schärfen der Sägeblätter in einem Fachgeschäft durchführen zu lassen.

Sicher auf der Leiter

Achten Sie beim Kauf darauf, die Leiter nach dem geplanten Verwendungszweck auszuwählen. Außerdem sollte die Leiter die Kennzeichnung »GS« für »Geprüfte Sicherheit« tragen.
> Leitern müssen sicher stehen! Anlehnleitern können sich verdrehen oder, wenn Äste und Triebe nass sind, wegrutschen. Im Zweifel fixieren Sie sie mit einem Seil am Baum oder Ast.
> Verwenden Sie immer eine standortgerechte Leiter. Gummikappen an den Holmen sind für den Einsatz auf einer befestigten Fläche gedacht.
> Auf unbefestigten Flächen wie Rasen oder Wiesen sorgen Metallspitzen für eine feste Verankerung im Boden. Die Leiter kann dann nicht absinken oder seitlich wegrutschen (→ Seite 33, Abb. links). Hat Ihre Leiter keine solchen Spitzen, können Sie sie nachkaufen und die Leiter umrüsten.
> Tragen Sie bei der Arbeit auf einer Leiter immer feste Schuhe mit griffigen Sohlen. Steigen Sie bei Anlehn- oder Mehrzweckleitern höchstens bis auf die viertoberste Sprosse, sodass Sie sich immer festhalten können.
> Haben Sie eine Anlegeleiter auf der Mitte ihrer Länge an einem Ast angelehnt, kann der Ast als Hebel wirken. Verlagern Sie Ihr Gewicht nicht zu weit nach oben, sonst gibt die Leiter wie bei einer Wippe nach.
> Verzichten Sie bei nassem Wetter auf einen Schnitt: Leitern und Sie selbst haben auf der nassen Baumrinde keinen Halt. Außerdem wird nasser Boden im Beet durch Ihr Gewicht verdichtet, und Sie müssen ihn anschließend aufwendig lockern.

Auf befestigten Flächen müssen Leitern immer rutschfest stehen. Steigen Sie bei Klappleitern nie auf die obersten drei Sprossen – Sie können sich sonst nicht mehr festhalten.

Der richtige Zeitpunkt für den Schnitt

Einen gemeinsamen Schnittzeitpunkt für alle Gehölze gibt es nicht. Jedes Gehölz wächst und blüht nach seinem eigenen Rhythmus. Danach richtet sich der optimale Schnittzeitraum.

Die meisten Obstgehölze schneidet man vor der Blüte, um die Knospen zu erhalten.

Im Winter

Von Oktober bis Ende Januar befinden sich die meisten Gehölze in der Ruhephase. In dieser Zeit sollten Sie nur in Ausnahmefällen schneiden – etwa bei Astbruch –, nie jedoch bei Temperaturen unter −5 °C.
In der Ruheperiode geschnittene Gehölze sind Frost gegenüber empfindlich, weil sie jetzt nicht wachsen und die Wunden deshalb nicht schließen können. Die geschnittenen Triebe trocknen zudem oft zurück. Schlimmstenfalls stirbt das Gehölz ab. Bis Mai sind die Pflanzen auch gegenüber eindringenden Krankheiten wehrlos.

Spätwinter und Frühjahr

Mit steigenden Temperaturen baut sich ab Ende Januar langsam der Saftdruck in den Gehölzen auf. Längere Frostperioden sind unwahrscheinlicher. Die Gefahr des Erfrierens oder Eintrocknens nach dem Schnitt ist geringer.
In kälteren Regionen warten Sie besser bis Mitte Februar oder Anfang März. Je früher Sie in dieser Zeit schneiden, umso mehr wird das Wachstum angeregt. Ab Spätwinter bis zum Frühjahr schneidet man die meisten Obstgehölze (→ ab Seite 218), sommerblühende Gehölze (→ ab Seite 104) und etliche Stauden (→ ab Seite 274). Der Schnitt muss vor dem Austrieb beendet sein.

Spätes Frühjahr

Frühjahrsblüher oder sehr schnittempfindliche Gehölze schneidet man im April oder Mai. Frühjahrsblüher (→ ab Seite 56) bilden ihre Blütenknospen bereits im Sommer des Vorjahrs. Ein Schnitt vor der Blüte würde die meisten Blütenknospen entfernen. Deshalb schneidet man nach der Blüte ab Ende April. Je früher der Schnitt erfolgt, umso mehr Zeit hat das Gehölz für die Bildung neuer Triebe mit Blütenknospen.
Lavendel (→ ab Seite 106) und andere Halbsträucher zählen zu den mediterranen Gehölzen. Schneidet man sie im Februar oder früher, können Triebe oder die ganze Pflanze eintrocknen. Der Schnitt erfolgt deshalb erst zwischen Anfang April und Anfang Mai, wenn sie beginnen auszutreiben.

Der Sommerschnitt

Im Frühsommer versiegt der Saftdruck in der Pflanze nahezu. Ab Juni ausgeführte Schnitte bluten deshalb nicht, und die Wunden bleiben trocken.
Vor allem schnittempfindliche Gehölze wie Ahorn, Zierkirsche, Blutpflaume,

Wurde Lavendel im Herbst oder Winter geschnitten, friert er meist vollständig zurück. Man schneidet ihn besser erst ab April.

Die meisten mehrjährigen Kräuter sind frostempfindlich. Sie werden daher erst bei beginnendem Austrieb und im Sommer geschnitten.

Pfirsich und Walnuss sollten Sie nur im Sommer schneiden. Doch auch für unempfindliche Gehölze kann ein Sommerschnitt sinnvoll sein:

> Mit ihm entfernen Sie Blätter, die dann für die Energieproduktion der Pflanze nicht mehr zur Verfügung stehen. Es werden weniger Reservestoffe in die Wurzel eingelagert, und der Austrieb im nächsten Frühjahr ist schwächer. Der Sommerschnitt beruhigt also zu stark wachsende Gehölze.

> Werden im Sommer größere Äste entfernt oder empfindliche Gehölze geschnitten, wird die Wunde sofort von innen abgeschottet. Gleichzeitig bildet sich oft noch Wundgewebe an den Rändern der Schnittstelle. Das Kambium kann in der Folge nicht mehr zurücktrocknen. Achten Sie aber stets auf glatte Wundränder.

> Lichten Sie in jedem Fall mit dem späten Sommerschnitt steile Triebe aus, die Sie im nächsten Frühjahr sowieso entfernen würden. Sie stärken damit erwünschte Triebe oder Früchte.

> Frühjahrsblühende Gehölze bilden die Blatt- und Blütenknospen für das nächste Jahr bereits im Vorsommer. Dieser Prozess ist Ende Juli abgeschlossen. Bei diesen Gehölzen fördert ein früher Sommerschnitt von Anfang Juni bis Anfang Juli die Bildung von Blütenknospen unterhalb der Schnittstelle. Dabei kürzt man lange diesjährige Triebe auf 5–10 cm lange Zapfen ein. Diese Zapfen treiben anschließend aus, die Triebe bleiben aber deutlich kürzer. Durch den Schnitt werden diese Langtriebe zu Kurztrieben, an denen sich Blütenknospen bilden, die sich an ungeschnittenen Langtrieben nicht entwickeln würden.

> Bei Blauregen, Weinrebe und Kiwi sorgt der Sommerschnitt für einen übersichtlichen Aufbau der Pflanze.

Der Sommerschnitt erfordert ein genaues Hinsehen, denn durch die Blätter ist der Kronenaufbau verdeckt. Versuchen Sie sich möglichst genau vorzustellen, welche Lücke entsteht, wenn Sie einen bestimmten Ast entfernen. Beginnen Sie mit dem Schnitt von oben und außen. Biegen Sie die Triebe, die Sie schneiden wollen, zur Seite, um zu sehen, wie sich der Schnitt auswirkt. Meiden Sie beim Sommerschnitt heiße oder trockene Perioden. Durch den plötzlichen Lichteinfall ins Kroneninnere kann sonst an der Rinde und an den Blättern Sonnenbrand entstehen. Erfolgt der Sommerschnitt nach Ende Juli, treiben die Pflanzen nur noch in Ausnahmefällen aus. Bis Mitte September sollte der Sommerschnitt abgeschlossen sein.

Nicht schneiden

Ab März brüten Vögel in Sträuchern und Hecken. Um sie nicht zu stören, untersagen Naturschutzgesetze Rodung und massiven Gehölzschnitt zwischen März und Oktober. Pflegeschnitte sind jedoch erlaubt. Ihre Gemeinde gibt Ihnen Auskunft, welche Regelung in Ihrer Region gilt.

Der Sommerschnitt ist verträglich und beruhigt das Wachstum. Dabei entfernt man auch steile und nach innen weisende Triebe.

Für jedes Alter der richtige Schnitt

Sowohl Schnittstärke als auch Schnittform (→ Seite 38/39) hängen von der Wuchsform sowie dem Ort und der Zeit der Blütenbildung ab. Doch auch das Alter des Gehölzes hat einen großen Einfluss auf die Art des Schnitts. Je nach Alter eines Gehölzes empfiehlt sich einer der folgenden Schnitte: Der Pflanzschnitt fördert das Anwachsen. Der Erziehungsschnitt sorgt für einen schönen, zweckmäßigen Aufbau. Der Erhaltungsschnitt bewahrt eine dauerhafte Form. Der Verjüngungsschnitt revitalisiert ein überaltertes Gehölz.

Pflanzschnitt

Gehölze werden entweder als wurzelnackte Gehölze ohne Erdballen oder mit Ballen im Topf oder im Container angeboten. Der Pflanzschnitt garantiert, dass die Gehölze sicher anwachsen und sich gut entwickeln.

Wurzelnackte Gehölze

Solche Gehölze pflanzt man in der Ruhephase zwischen Herbst und Frühjahr. Bei diesen Pflanzen werden beim Ausgraben in der Baumschule Teile der Wurzeln entfernt. Um das Gleichgewicht zwischen Wurzel und Krone wiederherzustellen, schneiden Sie diese Gehölze nach dem Pflanzen zurück. Entfernen Sie nach innen weisende und verkümmerte Triebe. Lassen Sie einen Mitteltrieb und kräftige, nach außen weisende Seitentriebe stehen. Schneiden Sie diese um ein Drittel, schwache Triebe um die Hälfte zurück.

Regelmäßig maßvoll geschnittene Gehölze bleiben dauerhaft vital und charaktervoll.

Im Topf oder Container

Solche Gehölze können Sie ganzjährig pflanzen. Die heißen Sommermonate sind jedoch weniger geeignet, da der Wasserbedarf der Pflanzen bei Hitze sehr groß ist.
Fasern Sie beim Einpflanzen die Außenseite des Wurzelballens etwas auf, damit die Wurzeln leichter den Weg in das umliegende Erdreich finden. Wurzeln, die sich kreisförmig um den Ballen schlingen, schneiden Sie zurück. Lichten Sie quer oder schwach wachsende Triebe aus. Die verbleibenden kräftigen und langen Triebe kürzen Sie nicht ein. Sie verzweigen sich im folgenden Sommer gleichmäßig.

Obstgehölze

Bei Obstgehölzen legt der Pflanzschnitt die Grundlage für die spätere Erziehung. Dabei werden die Gerüsttriebe definiert und eingekürzt. Mit den Gerüsttrieben konkurrierende Triebe und schwache Triebe entfernt man. Bei größeren Obstgehölzen mit Wurzelballen lässt man die Fruchttriebe stehen, kürzt sie aber nicht ein.

Erziehungsschnitt

Durch den Erziehungsschnitt erhält ein Gehölz seine optimale Form. Entfernen Sie, je nach Wuchscharakter, in den ersten 1–5 Jahren Triebe, die ins Gehölzinnere wachsen. Dann verschlanken Sie die Triebspitzen. So bekommt das Gehölz eine lockere, natürliche Gestalt (→ ab Seite 38).
Bei Gehölzen mit kurzlebigen Trieben ist die Erziehungsphase nur kurz. Ab dem dritten Jahr entfernt man ein Viertel der älteren Triebe. Sie werden durch bodenbürtige Jungtriebe ersetzt. Je langlebiger der einzelne Trieb und je dauerhafter das Gerüst ist, umso länger dauert die Erziehungsphase. Bei

solchen Gehölzen nehmen Sie regelmäßig die jungen Bodentriebe heraus. Bei Obstbäumen mit Rundkrone werden die Gerüsttriebe in den ersten 5–7 Jahren jährlich eingekürzt, um sie zu stärken. Die Triebspitzen werden verschlankt, Steiltriebe entfernt.

Erhaltungsschnitt

Als Erhaltungsschnitt bezeichnet man regelmäßige Schnittmaßnahmen an einem voll entwickelten Gehölz. Ziel ist, die Vitalität des Gehölzes zu bewahren, sodass es reichlich Blüten bildet, Früchte trägt oder seine Struktur behält. Je nach Wuchsform will man junge Triebe erhalten und fördern, zum Beispiel bei Spiräe und Johannisbeere aus dem Boden, bei Zierapfel und Baumobst im Gerüstbereich. Die jungen Triebe ersetzen vergreisende Bodentriebe oder besenartig verzweigte Triebenden. Der Erhaltungsschnitt regt also eine Erneuerung der Pflanze an. Der Alterungsprozess wird verzögert oder sogar unterbrochen. Obst- und Ziergehölze mit kurzlebigen Trieben schneiden Sie jährlich, solche mit langlebigen alle 2–3 Jahre. Doch auch hier ist eine jährliche Kontrolle vorteilhaft, um kleine Schnittmaßnahmen effizient durchzuführen.

Verjüngungsschnitt

Ohne regelmäßigen Erhaltungsschnitt altert Ihr Gehölz schneller. Es entstehen kaum noch Jungtriebe aus dem Boden, oder es bilden sich starke Verzweigungen außen am Gerüst. Blütenfülle und Fruchtqualität lassen merklich nach. Mit einem Verjüngungsschnitt, der erheblich stärker ausfällt als ein Erhaltungsschnitt, können Sie solche Gehölze revitalisieren. Entfernen Sie bei Sträuchern mit kurzlebigem Holz überalterte Triebe bodennah und belassen Sie junge Bodentriebe als Ersatz.

Bei Gehölzen mit einem stabilen Gerüst schneiden Sie vergreiste Triebteile sowie überhängende Besen auf junge vitale Triebe zurück. Verschlanken Sie die neuen Triebspitzen.

Ein Verjüngungsschnitt erfordert unbedingt eine Nachpflege der Gehölze in den kommenden Jahren. Lichten Sie die im Jahr nach der Verjüngung entstehenden Neutriebe aus. Entfernen Sie dabei nach innen, sehr dicht oder steil wachsende Jungtriebe. Verschlanken Sie wiederum die Triebspitzen.

Nach Abschluss der Verjüngungsmaßnahmen gehen Sie zu einem regelmäßigen Erhaltungsschnitt über.

1 PFLANZSCHNITT *Beim Pflanzschnitt kürzen Sie bei wurzelnackten Gehölzen einjährige kräftige Triebe um ein Drittel ein, schwache um die Hälfte.*

2 ERZIEHUNGSSCHNITT *Entfernen Sie bei Ziergehölzen nach innen oder steil wachsende Triebe und verschlanken Sie Triebspitzen.*

3 ERHALTUNGSSCHNITT *Er erhält die Vitalität von Blüten- oder Fruchttrieben. Je nach Art lenkt man vergreiste Triebe am Boden oder im Gerüst um.*

4 VERJÜNGUNGSSCHNITT *Ohne Erhaltungsschnitt vergreisen Gehölze. Eine Revitalisierung ist dann nur mit einem stärkeren Verjüngungsschnitt möglich.*

Die vier grundlegenden Schnittformen

Ein richtig geschnittener Zierapfel bleibt auch nach Jahren locker und jugendlich.

Gehölze reagieren nicht auf jeden Schnitt gleich. Neben dem Zeitpunkt spielt auch die Schnittstärke und die Schnittstelle eine große Rolle. Beides hat direkten Einfluss darauf, wie stark und an welcher Stelle ein Gehölz nach dem Schnitt austreibt.

Man unterscheidet vier verschiedene Schnittformen: Einkürzen, Umlenken, Verschlanken und Auslichten. Wenn Sie diese verschiedenen Schnittformen zielgerichtet einsetzen, können Sie das Wachstum klug steuern.

Einkürzen

Einkürzen ist die am häufigsten verbreitete Schnittform (→ Abb. 1). Darunter versteht man das Zurückschneiden vor allem einjähriger Triebe im äußeren Gehölzbereich. Gerade diese Triebe tragen jedoch bei vielen Gehölzen die Blütenknospen. Oft ist das Einkürzen daher für das beabsichtigte Ziel – zum Beispiel das Verjüngen – die falsche Schnittform. Eine wahre Verjüngung findet beim Einkürzen nicht statt.

Auf der anderen Seite wird bei dieser Schnittform das Wachstum am stärksten angeregt, weil die verbleibenden jungen Knospen am verkürzten Trieb den vollen Saftdruck erhalten (→ Seite 14, 15). Wenn Sie das Einkürzen über mehrere Jahre wiederholen, wird der Neuaustrieb von Jahr zu Jahr verstärkt angeregt. Kürzen Sie deshalb einjährige Triebe nur nach der Pflanzung und beim Gerüstaufbau von Obstbäumen ein. Lediglich bei Gehölzen wie Hibiskus, Sommerflieder oder Fuchsie, die am diesjährigen Trieb blühen, wird diese Praktik über Jahre beibehalten. In allen anderen Fällen bleiben einjährige Triebe ungeschnitten oder werden ganz entfernt.

Anders verhält es sich bei einem frühen Sommerschnitt. Im Juni lassen sich überlange Triebe um die Hälfte bis drei Viertel ihrer Länge einkürzen. Sie treiben anschließend noch einmal aus und fügen sich dann in die Gesamterscheinung des Gehölzes besser ein.

Umlenken

Beim Umlenken entfernen Sie steile oder überhängende Triebe (→ Abb. 2). Ein bisher weiter innen ansetzender Seitentrieb bildet nach dem Entfernen des Haupttriebs die neue Triebfortsetzung. Dadurch reduzieren Sie die Größe des Gehölzes, ohne dass der Eingriff merklich auffällt. Diese neue Triebfortsetzung wirkt wie ein »Blitzableiter«, weil sie auf der ganzen Länge und mit all ihren jungen Knospen den durch den Schnitt erhöhten Saftdruck aufnimmt. Achten Sie darauf, dass sich die neue Triebspitze gut in die Gesamtform des Gehölzes einfügt.

Am zurückgeschnittenen Haupttrieb entsteht ebenfalls ein starker Saftstau, der sich in Neuaustrieben direkt unter der Schnittstelle seinen Weg sucht. Diese Triebe bleiben jedoch schwächer als beim Einkürzen und bilden sich mehr im Strauchinnern. Sind diese Triebe steil, werden sie später entfernt. Flache, die sich einfügen, verbleiben.

Wenn die neue Triebfortsetzung jedoch fast rechtwinklig zum ursprünglichen Haupttrieb nach außen abzweigt, entsteht an dieser Stelle ein enormer, bleibender Saftstau. Dieser entlädt sich über Jahre in kräftigen Jungtrieben. Lässt man sie stehen, vergreist die neue Triebfortsetzung. Hat der Trieb, auf den umgelenkt wurde, dagegen fast dieselbe Wuchsrichtung wie der entfernte Trieb, wird der Saftstau eher abgepuffert. Die Schnittstelle fällt nach einigen Jahren kaum mehr auf. Wird ein nach unten hängender Trieb auf einen schräg nach oben wachsenden umgelenkt, ist die Reaktion schwächer. Denn der neue Trieb steht ideal, um den nach oben strebenden Saftdruck aufzunehmen.

Verschlanken

Verschlanken heißt, dass Sie die mit dem Spitzentrieb konkurrierenden Seitentriebe entfernen (→ Abb. 3). Das können sowohl ein- als auch mehrjährige Triebe sein. Der Strauch

oder Baum bleibt mit dieser Schnittform luftig und locker. Auf diese Weise gelangt weiterhin Licht in das Innere des Gehölzes. Die dort wachsenden Triebe bleiben vital und verbrauchen mehr Energie als Schattentriebe. Da die Pflanze immer nur ein bestimmtes Kraftpotenzial zur Verfügung hat, bleibt weniger Energie für die äußersten Triebe. Sie wächst in der Folge im äußeren Bereich weniger in die Länge, und das gesamte Gehölz bleibt kleiner. Das Verschlanken ist die diskreteste Schnittform, und der Neuzuwachs wird am geringsten angeregt. Denn im Gegensatz zum Umlenken oder Einkürzen haben Sie die eigentliche Triebfortsetzung weder entfernt noch unterbrochen. An den Schnittstellen der entfernten Seitentriebe bilden sich nur kurze Neutriebe. Der ungeschnittene Spitzentrieb treibt ebenfalls nur schwach aus.
Das Verschlanken ist auch die beste Methode, um den Charakter von Strukturgehölzen zu unterstützen. Beispiele sind Ahorn und Etagenschneeball.

Auslichten

Von Auslichten spricht man, wenn man bei Sträuchern ganze Triebe am Boden entfernt (→ Abb. 4). Das Gehölz wird dadurch lockerer, ohne dass der Schnitt auffällt. Mit dieser Schnittform regen Sie das Wachstum neuer Bodentriebe an. Diese sind wertvoll für die Vitalität der Pflanze, weil sie direkt der Wurzel entspringen. Auslichten ist daher ein nachhaltiges Verjüngen von Sträuchern.
Manchmal wird der Begriff »Auslichten« auch für das Entfernen steiler oder nach innen wachsender Triebe verwendet. Oft handelt es sich dabei aber um einen Nebeneffekt, wenn eine Triebspitze verschlankt wird.

1 EINKÜRZEN
Dabei schneiden Sie einjährige Triebe im äußeren Bereich eines Gehölzes zurück. An den vielen Schnittstellen entsteht ein Saftstau, und es erfolgt ein starker Neuaustrieb. Eingekürzt wird vor allem beim Gerüstaufbau von Obstgehölzen und bei Sommerblühern.

2 UMLENKEN
Beim Umlenken schneiden Sie den Haupttrieb auf einen Seitentrieb zurück. Dieser dient als neue Fortsetzung des Haupttriebs. Das Wachstum wird schwächer angeregt als beim Einkürzen, weil die neue Triebspitze mit ihren Knospen den Saftdruck besser aufnehmen und verarbeiten kann.

3 VERSCHLANKEN
Diese Schnittform fällt am wenigsten auf. Die ursprüngliche Triebspitze bleibt erhalten, und Sie entfernen nur Seitentriebe. Es entsteht kaum Saftstau, und der Neuaustrieb bleibt schwach. Durch das Verschlanken bleibt der Charakter eines Gehölzes am besten erhalten.

4 AUSLICHTEN
Entfernt man bei Sträuchern ganze Triebe bodeneben, spricht man von Auslichten. Der Saftstau entsteht direkt an der Wurzel, entstehende Neutriebe sind daher eine echte Verjüngung. So hält man ein Gehölz über Jahre vital, und sein Wuchs bleibt locker.

Schnitttechnik und Wundpflege

Es lohnt sich, beim Gehölzschnitt sorgfältig zu arbeiten. Eine saubere Schnittführung lässt Wunden schneller heilen und vermindert außerdem den Befall mit Krankheiten.

An Knospen schneiden

Beim Einkürzen von einjährigen Trieben schneiden Sie direkt an den jungen Knospen (→ Abb. 1). Führen Sie den Schnitt bei wechselständigen Knospen leicht schräg von der Knospe weg. Bei gegenständigen Knospen schneiden Sie leicht schräg parallel von beiden Knospen weg. Wenn Sie zu dicht an der Knospe schneiden, trocknet sie ein. Es darf aber auch kein zu langer Triebstummel stehen bleiben. Er stirbt meist ab und verhindert, dass sich die Wunde schließt. Totes Gewebe fördert außerdem den Befall mit Pilzkrankheiten. Um den richtigen Abstand zu finden, legen Sie die freie Hand im rechten Winkel an die Knospe und setzen die Schere direkt darüber an.

An Trieben schneiden

Wenn Sie Triebe im Strauchinnern auslichten oder Triebe verschlanken, lassen Sie den kleinen Wulst zwischen Seiten- und Haupttrieb, den sogenannten Astring, stehen. In diesem Astring konzentriert sich teilungsfähiges Gewebe, das Wunden schneller heilen lässt. Setzen Sie die Schere oder Säge auf der oberen Seite des Triebs an dem Wulst an und führen den Schnitt leicht schräg vom Haupttrieb nach unten und außen. Glätten Sie die Wundränder anschließend mit Messer oder Hippe. Nur so bildet sich unverzüglich ein Wall aus Wundgewebe, der die Wunde nach und nach verschließt.

An älteren Trieben sägen

Dickere Äste sägen Sie zuerst 50 cm oberhalb der eigentlichen Schnittstelle von unten her an (→ Abb. 2). Versuchen Sie, ein Drittel des Asts anzusägen. Ziehen Sie aber die Säge heraus, bevor sie unter dem Gewicht des Asts einklemmt. Dann sägen Sie ca. 70 cm über der eigentlichen Schnittstelle von oben in den Ast, bis er reißt. Er bricht unter seinem Gewicht ab, aber nur bis zu der Stelle, an der er von unten eingesägt ist. Der Haupttrieb bleibt unverletzt. Zum Schluss entfernen Sie den Aststumpf am Astring. Halten Sie ihn dabei mit der freien Hand fest.

Pflege ein Jahr später

Durch den Saftstau an der Schnittstelle entwickelt das Gehölz unterhalb der Wunde meist mehrere Jungtriebe. Von diesen entfernen Sie alle steil wachsenden Triebe. Belassen Sie jedoch mindestens einen flach wachsenden Trieb. Dieser nimmt in den kommenden Jahren den Saftdruck auf, es bilden sich weniger Neutriebe. Durch sein Wachstum fördert er gleichzeitig die Bildung von zusätzlichem Wundgewebe. Ist die Wunde verschlossen, entfernen Sie den Trieb. Wenn er sich allerdings gut in den Gesamtaufbau des Gehölzes integriert, können Sie ihn stehen lassen.

GUTE HEILUNG *Bei einem gut ausgeführten Schnitt mit glatten Wundrändern beginnt die Überwallung sofort. Lassen Sie in Wundnähe einen flachen Trieb stehen, er unterstützt die Wundgewebsbildung an dieser Stelle.*

SCHLECHTE HEILUNG *Sind die Ränder einer Wunde ausgefranst oder wurde ein trockener Zapfen nicht entfernt (→ Foto), dauert es erheblich länger, bis sich die Wunde wieder schließt. Arbeiten Sie solche Wunden besser nach.*

Auf Zapfen schneiden

Wenn Sie dickere Triebe auf weiter innen stehende, dünnere umlenken, entstehen große Wunden (→ Abb. 3). Sind sie größer als die Hälfte des Durchmessers der neuen Triebfortsetzung, trocknen sie oft zurück. Lässt sich ein solcher Schnitt nicht vermeiden, lassen Sie 10–20 cm lange Zapfen stehen. Er treibt im nächsten Sommer aus. Lassen Sie dann einige schwache, flache Triebe stehen, damit der Zapfen nicht eintrocknet. Ist die Triebfortsetzung nach 2–3 Jahren dicker geworden, entfernen Sie den Zapfen im Sommer am Astring. Die Wunde wird dann zügiger überwallt.

Ist ein Aststumpf eingetrocknet, kann das Gehölz die Wunde nicht schließen. Entfernen Sie einen solchen Stumpf an der Basis, an der sich inzwischen ein Wundgewebskragen gebildet hat. Er darf dabei leicht verletzt werden. Dies regt die Bildung von Gewebe zusätzlich an. Einen solchen Eingriff verträgt ein Gehölz im Sommer am besten.

Wunden gut versorgen

Vermeiden Sie Wunden, die größer sind als der halbe Triebdurchmesser. Entfernen Sie statt eines großen besser zwei bis drei kleine Triebe.

Wenn Sie im Sommer schneiden und die Wundränder glätten, ist kein Wundverschluss nötig. Der Baum schottet die Wunde von innen her ab. Wenn Sie im Frühjahr schneiden, können größere Wunden zurücktrocknen. Um dies zu verhindern, verstreichen Sie nur die Wundränder dünn mit einem Wundverschlussmittel. Verwenden Sie einen Pinsel oder Spatel – je nach Festigkeit der Paste. Der Holzkern soll frei bleiben, damit er atmen kann. Größere Wunden kontrollieren Sie in den folgenden Jahren regelmäßig.

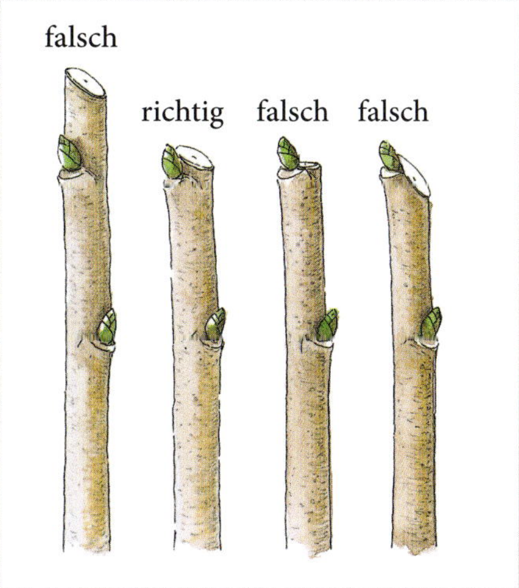

1 AN KNOSPEN SCHNEIDEN *Wenn Sie Triebe über einer Knospe einkürzen, führen Sie den Schnitt schräg von der Knospe weg. Lassen Sie keine langen Stummel stehen und schneiden Sie nicht in die Knospe. Legen Sie die freie Hand an die Knospe und schneiden direkt darüber.*

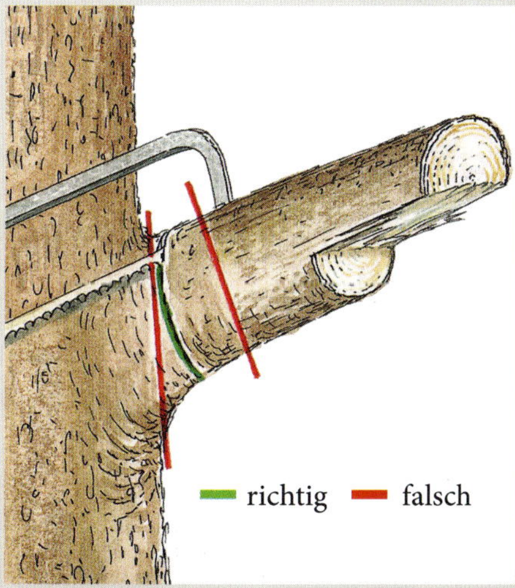

2 ÄSTE SCHNEIDEN *Dickere Triebe entfernen Sie in zwei Stufen. Sägen Sie erst oberhalb der eigentlichen Schnittstelle von unten ein Stück in den Trieb ein. Dann sägen Sie von oben dagegen. Der Ast bricht an dieser Stelle ab. Entfernen Sie ihn dann mit dem dritten Schnitt am Astring.*

3 SCHNITT AUF ZAPFEN *Muss ein dicker Trieb entfernt werden, besteht die Gefahr, dass die Wunde in den Haupttrieb zurücktrocknet. Lassen Sie dann besser einen Zapfen stehen. Damit er nicht eintrocknet, lässt man einige seiner Austriebe stehen. Nach 2–3 Jahren entfernen Sie den Zapfen im Sommer.*

Der Schnitt unterstützt die Funktion der Gehölze

Vor dem Schnitt sollten Sie sich klarmachen, welche Rolle die einzelnen Gehölze in Ihrem Garten spielen. Ob Blütengehölz oder Strukturgehölz – diese unterschiedlichen Funktionen haben einen großen Einfluss darauf, wie ein Gehölz geschnitten wird.

Die Ziele des Schnitts

Der richtige Schnitt verstärkt bei vielen Bäumen und Sträuchern die Merkmale, die ihre besondere Bedeutung im Garten ausmachen.

Üppige Blütenpracht

Ziergehölze wie Forsythien, Spiräen oder Weigelien pflanzt man vor allem wegen ihrer Blüte. Diese Sträucher blühen die ersten 2–3 Jahre überreich, danach jedoch kaum noch. Der Grund dafür ist, dass diese Gehölzgruppe kein langlebiges Gerüst aufbaut. Die Pflanzen entwickeln zwar immer wieder starke und lange Jungtriebe, die älteren Triebe, die den größten Teil der Pflanze ausmachen, vergreisen dagegen und blühen nicht mehr. Ein jährlicher Schnitt hält solche Sträucher jung. Er fördert die Bildung neuer Triebe und die Blühwilligkeit. Ähnliches gilt für öfterblühende Rosensorten.

Attraktiver Wuchs

Viele Gehölze wie Fächerahorn oder Zaubernuss, bilden ein stabiles Gerüst aus dickeren Ästen, an denen sie beständig blühen und die nur langsam altern. Diese Gehölze werden mit zunehmendem Alter immer charaktervoller. Die Qualität dieser Gruppe entfaltet sich nicht in der Jugend, sondern erst nach einigen Jahren. Mit ihrer markanten Gestalt eignen sie sich als einzeln stehende Sträucher – als sogenannte Solitäre. Oft treten die Blüten bei solchen Gehölzen eher in den Hintergrund. Beim Fächerahorn oder Pagodenhartriegel zum Beispiel dominiert die Gestalt, die ganzjährig den Garten prägt. Bei diesen Gehölzen ist kein jährlicher Schnitt nötig. Man beschränkt sich darauf, alle paar Jahre den typischen Wuchs zu unterstützen oder kranke Triebe zu entfernen.

Links: Blütengehölze wirken durch ihre Blüte und durch ihre Gestalt.

Oben: Die Mahagonikirsche wirkt vor allem durch ihre Rindenfarbe.
Links: Gehölze wie die Torfmyrte entwickeln nach der Blüte einen Fruchtschmuck, der sich bis in den Winter hält.

Der Pagoden-Hartriegel wirkt weniger durch seine Blüten, sondern vielmehr durch seinen malerischen Habitus.

Streng in Form gehaltene Pflanzen und Hecken müssen regelmäßig geschnitten werden, damit die Struktur jederzeit klar erkennbar bleibt.

Viele Früchte

Einige Blütengehölze entwickeln im Spätsommer attraktive Früchte. Diese schmücken – wie beim Zierapfel oder Gewöhnlichen Schneeball – den Garten oft bis in den Winter hinein. Neben den Blüten berücksichtigt der Schnitt hier auch die Bildung stabiler Triebe, die die Früchte tragen können. Baum- und Beerenobst besitzen zwar oft ebenfalls hübsche Blüten. Das vorrangige Ziel sind aber schmackhafte Früchte, die teilweise sehr schwer werden. Der Schnitt sorgt hier intensiver als bei reinen Blütengehölzen für gute Belichtung und reduziert Blütentriebe zugunsten eines hochwertigen Ertrags.

Dekorative Rinde

Die Mahagonikirsche sowie einige Birken- und Ahorn-Arten besitzen hübsch gefärbte Rinde, deren Farbe auch im Alter erhalten bleibt. Die Blüten spielen nicht die Hauptrolle. Der zurückhaltende Schnitt unterstützt diese Gehölze bei der Entwicklung ihrer malerischen Gestalt.

Natürliches Aussehen oder künstliche Form?

Der beste Schnitt ist oftmals der, den man auf den ersten Blick kaum sieht, weil er die natürliche Gestalt der Pflanze aufnimmt. Achten Sie bei Blütengehölzen deshalb darauf, dass die Pflanzen nach dem Schnitt eine natürlich wirkende Form behalten. Schneiden Sie nicht zu perfekt, sondern lassen Sie einige kleinere, überhängende Triebe im Strauch, auch wenn diese nicht viel zur nachfolgenden Blüte beitragen. Solche Triebe nennt man »Alibitriebe«. Sie geben dem Gehölz auch in blütenlosen Zeiten eine harmonische Form. Bei formalen Hecken und Formgehölzen ist eine natürliche Gestalt dagegen nicht erwünscht. Sie sind streng gestaltete Kunstgebilde. Ohne Schnitt geht ihre Form in nur einem Sommer verloren. Nur regelmäßig geschnitten, halten sie den ihnen zugewiesenen Platz ein und zeigen ihre typische Gestalt.

Bei Obstgehölzen steht der hochwertige Ertrag an erster Stelle. Sie unterliegen daher anderen Schnittkriterien als Ziergehölze.

Wie der Schnitt typische Merkmale fördert

Ein geköpfter Perückenstrauch treibt den ganzen Sommer mit bunten Blättern aus.

Bei manchen Gehölzen fördert ein spezieller Schnitt für sie typische Merkmale, die sie ungeschnitten nicht so stark ausgeprägt zeigen – seien es außergewöhnliche Wuchsformen wie Säulen oder Hängeformen oder attraktive Laub- und Rindenfarben. Zugunsten dieser Schmuckelemente verzichtet man bei diesen Gehölzen oft auf eine üppige Blütenfülle.

Prächtige Kopfweiden

Die Erziehung von Weiden (*Salix*-Arten) zur sogenannten Kopfform ist nicht auf die Korbweide begrenzt. Diese Erziehungsform entstand einst, um lange Ruten für die Korbflechterei zu gewinnen. Heute dient sie vor allem dazu, die einjährigen Triebe mit ihrer schönen Rindenfarbe zu fördern. Da bei Arten wie der Salweide (*Salix caprea* 'Mas') oder der Reifweide (*Salix daphnoides* 'Praecox') diese Triebe zugleich attraktive Blüten tragen, schneidet man sie nach der Blüte. Die klassischen Korbweiden hingegen werden vor der Blüte geschnitten.

Der Erziehungsschnitt der Kopfweiden dauert mehrere Jahre. Zunächst wird der junge Stammtrieb in der gewünschten Stammhöhe eingekürzt. In den folgenden Jahren kürzen Sie die neuen einjährigen Triebe knapp über der Austriebsstelle ein. Der sich mit den Jahren bildende Kopf wird dadurch immer dicker. Schneiden Sie nie große Wunden im Kopf selbst, sie faulen leicht, und Teile oder sogar der ganze Kopf sterben ab. Die kleinen Schnittstellen der Jungtriebe sind dagegen harmlos und verwachsen im Lauf des Sommers. Triebe, die am Stamm austreiben, entfernen Sie im Sommer der Entstehung vollständig.

Buntrindige Hartriegel

Während die Sorten 'Sibirica' und 'Spaethii' des Tatarischen Hartriegels (*Cornus alba*) eine rot gefärbte Rinde haben, leuchtet die Rinde von Gelbholz-Hartriegel (*Cornus sericea* ssp. *sericea*) hellgrün bis gelb.

Die Färbung der Triebe hält jedoch nur die ersten 3–4 Jahre an. Lichten Sie deshalb im Frühjahr alle Triebe direkt am Boden aus, die älter als 3 Jahre sind. Nur so wachsen ausreichend attraktiv gefärbte Jungtriebe nach. Verbliebene Triebe verschlanken Sie.

Da Hartriegel gern wuchert, reißen Sie zu weit außen stehende Bodentriebe am besten schon im Sommer ihrer Entstehung aus. Führen Sie den Schnitt erst kurz vor dem Austrieb durch. So bleiben die farbigen Triebe der Sträucher vom Winter bis zum späten Frühjahr erhalten und sorgen für lebhafte Farbtupfer im Garten.

Oben: Beim Hartriegel fördert ein starker Schnitt junge, intensiv gefärbte Triebe. Links: Die Hängeform der Weidenblättrigen Birne lichtet man nur leicht aus.

Attraktives, buntes Laub: Perückenstrauch

Einige Sorten des Perückenstrauchs *(Cotinus coggygria)* besitzen auffallend gefärbte Blätter in Rot ('Royal Purple') oder Gelb ('Golden Spirit'). Die Sträucher werden deshalb oft als Begleitgehölze in Staudenrabatten verwendet. Die jungen Blätter sind am intensivsten gefärbt. Ältere, ausgewachsene Blätter verlieren nach einigen Wochen an Leuchtkraft. Mit einem kräftigen Schnitt erreichen Sie, dass die Triebe den ganzen Sommer nachwachsen und sich beständig neue, farbkräftige Blätter entwickeln. Der Zuwachs in einem Jahr kann dann bis zu 1,5 m betragen. Je nachdem, wie hoch der Strauch in der Rabatte sein soll, schneiden Sie die Triebe des jungen Strauchs im späten Frühjahr auf »Stämme« mit 30–100 cm Höhe zurück. In den nächsten Jahren schneiden Sie den Strauch wie eine Kopfweide. Dabei können Sie für einen besseren Effekt drei bis fünf Köpfe stehen lassen. Durch einen jährlichen Schnitt entstehen nur kleine Schnittwunden, die schnell heilen. Stammtriebe entfernen Sie vollständig.

Elegante Hängeformen

Hängeformen gibt es bei etlichen Gehölzarten: Beispiele sind Weidenblättrige Birne (*Pyrus salicifolia* 'Pendula'), Zierkirsche (*Prunus subhirtella* 'Pendula'), Blut-Buche (*Fagus sylvatica* 'Purpurea Pendula') und viele andere. Die überhängende Edelsorte ist meist auf einen Stamm der Wildart veredelt. Deshalb können sich am Stamm oder aus der Wurzel immer wieder Wildtriebe entwickeln. Entfernen Sie solche Wildtriebe im Sommer der Entstehung. Drehen Sie sie am besten aus. Die schirmartige Krone schneiden Sie nur, wenn diese zu weit nach unten hängt, übermäßig vergreist oder von der Mitte aus verkahlt. Kürzen Sie dabei die Triebe nie ein. Lenken Sie vielmehr überlange oder verkahlte Triebe auf weiter im Kroneninnern stehende Seitentriebe um. Zum Schluss verschlanken Sie diese und alle übrigen Triebe. Entfernen Sie, möglichst früh, auch quer im Kroneninnern wachsende Triebe. In den meisten Fällen ist der Schnitt im Sommer vorteilhafter. Zum einen vertragen ihn viele Pflanzen jetzt besser, zum anderen lässt sich dann die Kronendichte besser beurteilen und gleichmäßiger erhalten.
Eine Ausnahme ist die beliebte Hängekätzchenweide (*Salix caprea* 'Mas Pendula'). Sie blüht ausschließlich an einjährigen Trieben. Diese werden, wie bei der Kopfweide, jedes Frühjahr nach der Blüte stark eingekürzt. Lassen Sie dabei kurze Zapfen stehen, dadurch wird der Neuaustrieb angeregt.

Weiden sind wegen ihrer leuchtend gelben Triebe beliebt – ein echter Hingucker.

Eindrucksvolle Säulen

Bekannte Säulenformen finden sich bei Zierkirsche (*Prunus serrulata* 'Amanogava'), Hainbuche (*Carpinus betulus* 'Fastigiata'), Eibe (*Taxus baccata* 'Fastigiata'), Zypresse (*Cupressus sempervirens* 'Stricta') und Wacholder (*Juniperus communis* 'Hibernica'). Meist bestehen diese Säulen aus mehreren aufrechten Gerüsttrieben, die nur auf der äußeren, dem Licht zugewandten Seite mit Seitentrieben besetzt sind. Durch die ungleichmäßige Gewichtsverteilung fallen die Gerüsttriebe im Alter oder unter Schneelast oft auseinander. Stufen Sie deshalb von Anfang an einen Teil der Gerüsttriebe ab, indem Sie auf senkrechte, möglichst innen stehende Seitentriebe umlenken. Die Gerüsttriebe werden dadurch dicker und stabiler. Gleichzeitig erhalten die anderen mehr Licht und bestocken sich gleichmäßiger. Lenken Sie überstehende waagerechte Triebe ebenfalls auf aufrecht wachsende Seitentriebe um. So können Sie die typische Figur auch bei alten Säulen erhalten.

Säulenformen reduziert man in ihrer Jugend auf die steilen Gerüsttriebe. Später lenkt man nur zu lange Seitentriebe um.

Wuchs- und Kronenformen bei Obstgehölzen

Obstgehölze werden, anders als Ziergehölze, systematischer und aufwendiger erzogen und geschnitten. Vorrangiges Ziel dabei ist, dass das Gehölz ein stabiles Gerüst entwickelt, das die schweren Früchte auch nach Jahren tragen kann. Schließlich können zum Beispiel an einem 4 m langen Seitengerüsttrieb eines ausgewachsenen Apfelbaums bis zu 100 kg Früchte hängen. Ein weiteres Augenmerk beim Schneiden liegt darauf, die Vitalität des Fruchtholzes auch bei älteren Bäumen und Sträuchern zu erhalten. Zugunsten einer höheren Fruchtqualität verzichtet man darauf, so viele Früchte wie möglich zu ernten. Denn wenn Obstgehölze überreich tragen, werden die einzelnen Früchte nicht mehr optimal versorgt. Sie bleiben oft klein und entwickeln weniger Aroma und Zucker. Selbst wenn der Baum im Frühjahr geschnitten wurde, kann es hilfreich sein, an überreich tragenden Bäumen im Frühsommer einen Teil der Früchte zu entfernen. Die verbleibenden Früchte entwickeln dann eine bessere Qualität.

Erziehungsformen der Obstgehölze

Bei den meisten Obstarten gibt es verschiedene Möglichkeiten, das Gehölz zu erziehen. Sie reichen vom Baum mit Stamm und runder Krone über eine Spindel in Tannenbaumform bis hin zu einem Spalier, bei dem das Gehölz flächig an einer Wand gezogen wird. Die verschiedenen Kronenformen betreffen vor allem Baumobst, das sein Gerüst über Jahrzehnte behält. Bei Beerenobst, dessen Gerüsttriebe eine kürzere Lebenszeit haben, ist die Erziehungsform weniger wichtig.
Die Form, die Sie einem Obstgehölz geben, hängt auch von der Wuchsstärke der Unterlage ab (→ Seite 13). Sie entscheidet, ob Sie das Gehölz zu einem Hochstamm oder nur zu einer Spindel erziehen können.

Der Klassiker: die Rundkrone

Bei Baumobst ist die gängigste Erziehungsform die Rundkrone, auch Pyramidenkrone genannt (→ ab Seite 218). Die Stammhöhe kann variieren. Man verwendet Bäume, die auf mittel bis stark wachsende Unterlagen veredelt sind. Sie benötigen ausgewachsen einen Standraum von 25–100 m^2.
Die Erziehungsphase (→ Seite 36/37) umfasst die ersten 5–10 Jahre. In dieser Zeit wird aus dem senkrechten Mitteltrieb und drei bis vier gleichmäßig verteilten Seitentrieben das Gerüst aufgebaut. Diese Gerüsttriebe bleiben

1 RUNDKRONE *Rundkronen bestehen aus einem Gerüst mit einem Mitteltrieb und drei bis vier Seitentrieben. Die Erziehung zielt darauf ab, dass alle Gerüsttriebe gleich stark werden.*

2 HOHLKRONE *Bei Hohlkronen wird der Mitteltrieb entfernt, damit mehr Licht ins Bauminnere gelangt. Da der Saftdruck in der Mitte groß bleibt, entstehen Steiltriebe, die man entfernen muss.*

3 SPINDEL *Ihr Gerüst besteht nur aus dem Mitteltrieb. Er trägt ab 60 cm Stammhöhe Seitentriebe, die die Fruchttriebe bilden. Senken sich diese ab und vergreisen, werden sie umgelenkt.*

das ganze Baumleben erhalten und werden nicht ersetzt. Das Einkürzen der einjährigen Verlängerungen in der Erziehungsphase kräftigt diese Triebe, damit sie die Fruchtlast tragen und den gewünschten Standraum ausfüllen können. Vom Gerüst zweigen flache Fruchttriebe ab, die ausschließlich der Blüten- und Fruchtbildung dienen. Sie vergreisen nach einigen Jahren und werden nahe dem Gerüst durch jüngere Triebe ersetzt. Den späteren Erhaltungsschnitt führt man regelmäßig, aber nicht jedes Jahr durch. Doch je regelmäßiger man schneidet, umso geringer ist der Aufwand. Eine Rundkrone trägt nach 4–8 Jahren die ersten Früchte und wird einige Jahrzehnte alt.

Das Gewicht der Früchte kann sehr hoch sein, sodass man im Notfall die Triebe im Herbst stützen muss. Besser ist ein regelmäßiger Schnitt, durch den die Gerüsttriebe kräftig werden.

Für wärme- und lichthungrige Arten: die Hohlkrone

Die Hohlkrone gleicht im Prinzip einer Rundkrone. Bei ihr wird aber nach 2–3 Jahren der Mitteltrieb entfernt. Das Gerüst baut man mit bis zu vier Seitentrieben auf, die gleichmäßig im Kreis angeordnet sind. Die Erziehung zur Hohlkrone empfiehlt sich vor allem für sehr wärme- und lichtbedürftige Arten wie Pfirsich oder Aprikose.

Auf kleinem Raum: Spindeln

Spindelbäume (→ ab Seite 236) wachsen auf schwachen Unterlagen und benötigen nicht mehr als 4 m² Platz. Sie sind deshalb für kleine Gärten geeignet. Da die Unterlage nur eine relativ kleine Wurzel bildet, verträgt der Baum keine Konkurrenz anderer Pflanzen im Wurzelbereich. Als Gerüst besitzen Spindeln nur einen Mitteltrieb, von dem flache Fruchttriebe abzweigen. Der Schnitt erhält die Spindel in einer Kegelform. So bekommen auch die Triebe in den unteren Bereichen genügend Licht und vergreisen nicht. Um die Vitalität zu erhalten, ist ein jährlicher Schnitt nötig. Spindelbäume tragen schon nach 2 Jahren, werden aber oft nur 15 Jahre alt.

Spalier

Das Spalier ist die »künstlichste« aller Erziehungsformen. Man erzieht dabei Obstgehölze flächig an Draht- oder Holzrahmen (→ ab Seite 244). Auch hier differenziert man klar zwischen Gerüst- und Fruchttrieben.

Die Besonderheit bei Spalieren ist, dass man die aus den Gerüsttrieben wachsenden Fruchttriebe im Sommer ein- bis dreimal auf Zapfen einkürzt. Der Frühjahrsschnitt hat nur noch eine regulierende Funktion: Er dient lediglich dazu, vergreiste Triebe zu ersetzen oder das Wachstum anzuregen.

Durch die Erziehung zum Spalier, die jährlich konsequent durchgeführt werden muss, wird die Bildung von Langtrieben unterdrückt. Es entstehen nur kurze Fruchtspieße. Dadurch bleibt die Spalierform über Jahre klar erkennbar. Ein gut erzogenes Spalier kann große Flächen bedecken und bis zu 6 m breit und 5 m hoch werden.

4 SPALIER *Die Erziehung zum Spalier widerspricht der natürlichen Wuchsform von Obstgehölzen am meisten, da das Gehölz dabei in eine strenge Form mit kurzen Fruchttrieben geschnitten wird.*

Der Schnitt hält Gehölze gesund

Mit Pilzen befallener Einfassungsbuchs muss sorgfältigst ausgeschnitten werden.

Der Schnitt fördert nicht nur Blüten- und Fruchtbildung oder die Gestalt von Gehölzen, sondern beugt auch Krankheiten vor. Wenn man zu dicht stehende Triebe auslichtet, kann die Luft im Gehölz besser zirkulieren, das Laub trocknet schneller ab, und die Pflanzen sind weniger anfällig für Pilzkrankheiten. Und bei akutem Befall entfernt ein Schnitt kranke Triebe und bremst so die Ausbreitung der Erreger. Grundsätzlich gilt, dass vitale Pflanzen robuster sind als vergreiste, schlecht ernährte oder an einem falschen Standort wachsende Exemplare. Achten Sie deshalb auf folgende Faktoren:
> Nicht jede Sorte derselben Art ist gegenüber Krankheiten gleich anfällig. Erkundigen Sie sich beim Kauf immer nach widerstandsfähigen Sorten und kaufen Sie nur gute Qualität.
> Setzen Sie Pflanzen nur an Standorte, deren Lichtverhältnisse, Boden, Feuchtigkeit und Klima geeignet sind.
> Achten Sie auf eine angemessene Nährstoffversorgung. Große Gehölze, deren Wurzeln weit reichen, benötigen wenig Düngung. Jüngere Gehölze oder Rosen, die im Sommer nachblühen, brauchen zusätzlich Nährstoffe.

Was tun bei Krankheiten?

Auch bei guter Pflege können Schädlinge, Pilze, Bakterien oder Viren Ihren Gehölzen zusetzen. Oft hilft es, befallene Triebe sofort zu entfernen und zu verbrennen oder in den Hausmüll zu geben. Kompostieren Sie kranke Triebe oder Blätter nicht – Schädlinge oder Krankheiten können sich sonst im Garten weiter ausbreiten.

Schäden an Laubgehölzen

Wenn Sie Ihre Gehölze regelmäßig kontrollieren, entdecken Sie Schäden frühzeitig und können rasch einschreiten.
> **Pilzkrankheiten** Sind die Blätter auf der Oberseite mit einem weißen Belag bedeckt, ist meist der Echte Mehltau die Ursache. Zeigen sich einzelne rostbraune oder gelb-schwarze Punkte, ist das Gehölz von Rostpilzen befallen. Je nach Stärke des Befalls entfernen Sie befallene Blätter oder Triebspitzen. Sind bei Stauden nur einzelne Blätter betroffen, zupfen Sie sie aus. Ist die ganze Pflanze schon im Frühsommer von dem Pilz überzogen, schneiden Sie sie bis zum Boden zurück. Es entwickeln sich neue Triebe, die – je nach Art – meist noch zur Blüte kommen.
> **Triebsterben bei Buchs** Bei Buchs werden vor allem die Sorten 'Suffruticosa' und 'Blauer Heinz' von Pilzkrankheiten heimgesucht. Ursache sind die Erreger Volutella und Cylindrocladium, die sich in den letzten Jahren immer mehr ausbreiten. Junge Blätter zeigen orangebraune Flecken mit dunklem Rand, ältere einheitlich braune Flecken. Infizierte Triebe erkennt man an fast schwarzen Streifen auf der Rinde. Schneiden Sie befallene Triebe umgehend aus und entfernen Sie am Boden liegende Blätter sowie die oberste Erdschicht. Sehr dicht verzweigter und belaubter Formschnitt-Buchs ist besonders gefährdet, da er nur langsam abtrocknet. Lockere Sträucher hingegen trocknen schneller und werden weniger befallen.

Von Echtem Mehltau befallene Staudentriebe schneiden Sie bis zum Boden zurück.

> **Monilia-Spitzendürre** Bei einigen Obstarten kann die Monilia-Spitzendürre trockene Triebspitzen verursachen. Dieser Pilz lässt auch ganze Triebe eintrocknen. Entfernen Sie befallene Triebspitzen bis ins gesunde Holz.
> **Feuerbrand** Gegen diese Bakterienkrankheit gibt es im Hausgarten keine chemischen oder biologischen Pflan-

Vertrocknen Triebe von Thujen, sind meist Pilze oder Prachtkäfer die Verursacher.

zenschutzmittel. Betroffen sind vor allem Quitte, Weißdorn, Apfel, Birne und großblättrige *Cotoneaster*-Arten. Befallene Triebspitzen biegen sich hakenartig um. Die Krankheit ist dann auch mit der Monilia-Spitzendürre zu verwechseln. Im Unterschied zu dieser finden sich hier jedoch manchmal hellbraune Schleimtröpfchen an den befallenen Trieben. Die Blätter verdorren, bleiben aber am Trieb hängen. Wenn Sie sich bei der Diagnose nicht sicher sind, fragen Sie den Fachmann. Von Feuerbrand befallene Triebe sind umgehend zu entfernen. Verbrennen Sie sie am besten oder entsorgen Sie sie in der Mülltonne. Desinfizieren Sie das Werkzeug nach dem Schneiden mit hochprozentigem Alkohol, damit die Erreger nicht übertragen werden.

> **Rosenblattrollwespe** Rollen sich bei Rosen Blätter ein, ist die Ursache die Rosenblattrollwespe. Die winzigen Wespen legen ihre Eier in den Rändern der Rosenblätter ab. Entfernen Sie die Blätter und entsorgen Sie sie.

> **Triebbohrer** Wenn sich an Rosen oder Birnen Triebspitzen diesjähriger Jungtriebe krümmen und welk werden, sind meist Triebbohrer die Ursache. Meist finden Sie unterhalb der welken Spitze winzige Einstiche. Diese stammen von diversen Blattwespen, die ihre Eier in die Triebe legen. Die aus ihnen schlüpfenden Larven fressen Gänge in die Triebe. Entfernen Sie solche Triebspitzen. Sehen Sie an der Schnittstelle, dass im Trieb ein Bohrgang weiterführt, entfernen Sie den Trieb bis ins unbeschädigte Holz.

Schäden an Nadelgehölzen

Kümmernde Triebe sind auch bei Nadelgehölzen ein Alarmzeichen.

> **Pilzkrankheiten** Vor allem bei Thujen, aber auch bei Scheinzypressen und Wacholder verbräunen einzelne Triebe und trocknen ein. Ursachen sind oft verschiedene Pilzkrankheiten. Entfernen Sie abgestorbene Triebe sofort und entsorgen Sie sie. Thujen sind vor allem bei Hitze und längerer Trockenheit anfällig. Bei formalen Hecken begünstigen enger Stand und dichte Benadelung, die das Abtrocknen der Pflanzen verhindern, die Ausbreitung der Pilze.

> **Thuja- oder Wacholderprachtkäfer** Dieser Prachtkäfer kann das Absterben einzelner Triebe verursachen. An deren Basis finden sich, bevorzugt in Triebgabelungen, kleine Bohrlöcher mit Holzmehl und oft auch austretendes Harz. Schneiden Sie Triebe mit solchen Symptomen bis ins gesunde Holz zurück. Sind dicke Triebe oder Gerüsttriebe befallen, müssen Sie unter Umständen die ganze Pflanze entfernen.

Wurzelschäden

Wenn ganze Gehölze im Sommer Zeichen von Welke zeigen, sind oft Wurzelschäden die Ursache. Auslöser können Trockenheit, Staunässe, aber auch Wühlmäuse sein.

Letztere sollten Sie mit speziellen Fallen fangen, bevor sie Unheil anrichten. Sind Wurzeln schon durch Fraß geschädigt, sollten Sie mit kleineren Schnitten die Krone reduzieren, um die Verdunstung zu verringern.

Ist Staunässe die Ursache, sollten Sie zusätzlich den Boden drainieren.

Vergreiste Triebe sind bei Rosen anfälliger für Pilzkrankheiten als vitale.

Schnittfehler bei Ziergehölzen erkennen und korrigieren

TRIEBSTUMPEN

FEHLER: Ein Trieb ist abgebrochen, und Sie haben ihn nicht sauber nachgeschnitten, oder Sie haben einen Trieb nicht am Astring, sondern ein Stück oberhalb entfernt.
FOLGE: Der Aststumpen trocknet ein. Das Wundgewebe bildet einen Kragen aus, kann aber die Wunde nicht verschließen. Die Stelle bildet eine bleibende Angriffsfläche für Krankheiten.
KORREKTUR: Entfernen Sie den trockenen Stumpen an dem bereits entstandenen Wulst. Eine leichte Verletzung des lebendigen Gewebes zugunsten eines tieferen Schnitts ist in diesem Fall erlaubt. Der verträglichste Zeitpunkt für diese Korrektur ist der Frühsommer. Es bleibt dann ausreichend Zeit, sodass das Gehölz den verletzten Wulst noch im selben Sommer heilen kann.

THUJA FALSCH VERJÜNGT

FEHLER: Sie haben versucht, eine Thujahecke zu verjüngen, und dabei im oberen Teil und an den Seiten bis in den unbenadelten Bereich zurückgeschnitten.
FOLGE: Die Thujen treiben aus dem alten, unbenadelten Holz nicht mehr aus. Die entsprechenden Triebe trocknen bis zum nächsten benadelten Haupttrieb zurück.
KORREKTUR: Eine zu stark geschnittene Thujahecke kann nicht mehr korrigiert werden. Schneiden Sie Thujen deshalb unbedingt nur im benadelten Bereich. Ist nur die Oberseite einer Hecke kahl, können Sie grüne Seitentriebe über der kahlen Stelle zusammenbinden, um diese zu kaschieren (→ Seite 186/187).

NIE AUSGELICHTET

FEHLER: Sie haben die Triebe eines Strauchs, der kein langjähriges Blütenholz entwickelt, über Jahre nie am Boden ausgelichtet.
FOLGE: Das Gehölz vergreist nach und nach, äußere Triebe verzweigen sich stark, die Blütenfülle lässt zusehends nach. Aus dem Boden entwickeln sich kaum noch Jungtriebe, die schattierte Strauchbasis verkahlt.
KORREKTUR: Lichten Sie zuerst die ältesten Triebe am Boden aus. Sind die Triebe sehr stark, verteilen Sie den Schnitt auf 2 Jahre. Lenken Sie an den verbliebenen Trieben Besen an den Triebenden auf weiter innen stehende Jungtriebe um. In den kommenden Jahren gehen Sie auf einen regelmäßigen Erhaltungsschnitt über.

ZU HÄUFIGES EINKÜRZEN

FEHLER: Sie haben äußere, einjährige Triebe regelmäßig eingekürzt.
FOLGE: Durch den entstehenden Saftstau an den Schnittstellen treiben nach dem Schnitt überlange Triebe aus. Im äußeren Bereich bilden sich Besen, während die Strauchbasis verkahlt. Jungtriebe aus dem Boden bleiben aus.
KORREKTUR: Entfernen Sie verzweigte Triebe im Strauchinnern oder am Boden. Besen lenken Sie auf weiter innen stehende, ein- oder zweijährige Triebe um. Die übrigen Triebe verschlanken Sie. Kürzen Sie einjährige Triebe nicht ein. In den nächsten Jahren stellen Sie auf den Erhaltungsschnitt um.

BLAUREGEN NICHT FORMIERT

FEHLER: Der Blauregen wurde nicht mit Gerüst- und Seitentrieben erzogen. Jungtriebe sind nicht eingekürzt und schlingen sich in ältere Triebe ein.
FOLGE: Es entsteht ein unübersichtliches Triebgewirr. Eine Unterscheidung von Gerüst- und Seitentrieben ist nicht möglich. Das Gehölz überwuchert die Rankhilfe.
KORREKTUR: Es ist ziemlich aufwendig, einen älteren Blauregen zu korrigieren. Definieren Sie als Erstes ein bis zwei Gerüsttriebe, die sich noch an der Rankhilfe formieren lassen. Alle übrigen Triebe entfernen Sie im späten Frühjahr. Anschließend kürzen Sie Seitentriebe der verbliebenen Triebe auf 10 cm Länge ein.

GEHÖLZE KAPPEN

FEHLER: Sie haben ältere Triebe im mehrjährigen Holz eingekürzt. An der Schnittstelle verbleiben keine Seitentriebe mit jungen Knospen, die den Saftdruck aufnehmen.
FOLGE: An den Schnittstellen bilden sich überlange Triebe, die nicht stabil mit dem Haupttrieb verwachsen sind und oft ausbrechen. Die Schnittstelle selbst trocknet oft in den Haupttrieb zurück und fault.
KORREKTUR: Lassen Sie einen steil wachsenden Trieb als neue Fortsetzung stehen und verschlanken Sie ihn. Einige flache Seitentriebe verbleiben ebenfalls. Diese Triebe werden nicht eingekürzt, alle übrigen Schosse entfernen Sie.

LAUBGEHÖLZECKE VERKAHLT

FEHLER: Sie haben eine Hecke nicht in Stufen aufgebaut, sondern sehr zügig bis zur Endhöhe durchwachsen lassen. Erst dann erfolgte der erste Formschnitt.
FOLGE: Durch fehlende Schnittstellen gibt es im unteren Bereich keine Saftstaustufen. Dort erhalten die Seitentriebe zu wenig Nährstoffe. Sie vergreisen und verkahlen nach und nach.
KORREKTUR: Schneiden Sie die Hecke um die Hälfte zurück. Der dort dauerhaft entstehende Saftstau garantiert eine Revitalisierung der unteren Triebe. Bauen Sie anschließend die Hecke in jährlichen Schritten wieder auf (→ Seite 184).

RADIKALE VERJÜNGUNG

FEHLER: Bei dieser Zierkirsche wurden starke Triebe auf Seitentriebe umgelenkt, die im rechten Winkel abzweigen. Dabei wurde ein Großteil der Krone entfernt.
FOLGE: Das Gleichgewicht zwischen Krone und Wurzel ist gestört. Im Frühjahr treiben überlange Schosse an den Schnittstellen aus, die Wunden trocknen zurück.
KORREKTUR: Lassen Sie eine neue Fortsetzung, die die Richtung des Haupttriebs aufnimmt, stehen und entfernen Sie im Sommer steile Triebe. Flache und schwache Triebe verbleiben, sie verbessern die Wundheilung und beruhigen das Wachstum.

Schnittfehler bei Obstgehölzen erkennen und korrigieren

JUNGTRIEBE EINGEKÜRZT

FEHLER: Sie haben einjährige Triebe im äußeren Bereich des Obstgehölzes regelmäßig eingekürzt.
FOLGE: Die vielen Schnittstellen verursachen einen starken Saftstau. Es entwickeln sich jedes Jahr kräftige Jungtriebe und mit der Zeit Besen. Da die meisten Obstgehölze frühestens an zweijährigen Trieben Blüten tragen, bleibt der Ertrag gering.
KORREKTUR: Lenken Sie Besen auf nach außen weisende Triebe um. Diese werden nicht eingekürzt, sie bilden im zweiten Jahr Blütenknospen. In den folgenden Jahren entfernen Sie steile und überstarke Neutriebe. Flache belassen Sie hingegen und kürzen sie nicht ein. Um das kräftige Wachstum möglichst schnell zu beruhigen, führen Sie die Schnittmaßnahmen bevorzugt im Sommer durch.

FALSCH UMGELENKT

FEHLER: Eine aufrecht wachsende Triebfortsetzung wurde auf einen nach außen und unten wachsenden Seitentrieb umgelenkt. Der entstandene Winkel beträgt etwa 90°.
FOLGE: An der Umlenkstelle entsteht ein bleibender Saftstau. Der Saftdruck will nach oben weiterfließen. Unterhalb der Schnittstelle bilden sich Steiltriebe. Auch wenn man sie jährlich entfernt, wachsen neue nach.
KORREKTUR: Belassen Sie unterhalb der Schnittstelle einen der Jungtriebe, der schräg nach außen und oben wächst. Die übrigen und den nach unten weisenden entfernen Sie. Der Saftdruck fließt nun wieder durch die Umlenkstelle. Es bilden sich kaum noch Neutriebe. Ein bis zwei flache können Sie als Fruchttriebe belassen.

KIWI NICHT GESCHNITTEN

FEHLER: Eine Kiwi wurde nicht eindeutig mit Gerüst- und mit untergeordneten Fruchttrieben erzogen.
FOLGE: Die Triebe schlingen sich ineinander, die ganze Pflanze wird unübersichtlich. Zwar bilden sich zahlreiche Früchte, diese bleiben jedoch klein.
KORREKTUR: Definieren Sie die benötigten Gerüsttriebe und entfernen Sie alle überzähligen. Wählen Sie solche Triebe für das Gerüst aus, die sich noch formieren lassen. Die Seitentriebe des Gerüsts kürzen Sie auf etwa 30 cm ein. Anschließend formieren Sie das Gehölz an der Rankhilfe. Führen Sie diese Korrektur besser im Sommer durch, die Schnittstellen bluten dann weniger stark.

ZU VIELE GERÜSTTRIEBE

FEHLER: Eine Rundkrone hat fünf oder noch mehr Seitengerüsttriebe.
FOLGE: Die Seitengerüsttriebe konkurrieren miteinander. Sie wachsen stark nach außen, um mehr Licht zu erhalten. Haben Sie sie zudem nicht eingekürzt, senken sie sich frühzeitig unter der Fruchtlast ab und vergreisen.
KORREKTUR: Entfernen Sie überzählige Triebe bis auf drei gleichmäßig verteilte. Oberhalb wachsende Starktriebe werden ebenfalls entfernt. Fördern Sie die Stabilität der Seitengerüsttriebe – bei jüngeren Bäumen durch Einkürzen, bei älteren durch Verschlanken.

PFIRSICH NICHT GESCHNITTEN

FEHLER: Ein Pfirsichbaum wurde über mehrere Jahre nicht geschnitten.
FOLGE: Das Fruchtholz vergreist, und die Früchte bleiben klein. Es entwickeln sich kaum noch neue, kräftige Jungtriebe.
KORREKTUR: Verjüngen Sie den Baum im Sommer nach der Ernte. Dann wird das Wachstum zwar weniger angeregt als im Frühjahr, doch dies ist für den Baum verträglicher. Vergreiste Verzweigungen und Besen lenken Sie auf weiter innen stehende, nach oben und außen weisende Jungtriebe um. Vermeiden Sie Wunden über 5 cm Durchmesser. Anschließend schneiden Sie jährlich nach den Prinzipien des Erhaltungsschnitts.

ZU TIEF GEPFLANZT

FEHLER: Ein veredelter Obstbaum wurde tiefer in die Erde gepflanzt, als er in der Baumschule stand.
FOLGE: Zu tief gepflanzte Bäume kümmern, da ein Teil des Stamms im Boden liegt. Liegt zudem die Veredlungsstelle in der Erde, entwickelt die Edelsorte oft eigene Wurzeln. Die Unterlage kümmert oder geht ein, und ihre erwünschten Eigenschaften gehen verloren.
KORREKTUR: Wurde der Baum erst vor wenigen Jahren gepflanzt, gräbt man ihn noch einmal aus und pflanzt ihn in der richtigen Höhe ein. Bei älteren Bäumen sollte man zumindest Stamm und Veredlungsstelle freigraben.

BEERENSTRAUCH VERGREIST

FEHLER: Bei einer Johannis- oder Stachelbeere wurden über Jahre weder Triebe bodeneben entfernt noch vergreiste Triebspitzen ersetzt.
FOLGE: Es bilden sich kaum noch junge Bodentriebe, die Vitalität und der Ertrag lassen nach. Johannisbeertrauben bleiben kurz, Stachelbeerfrüchte klein.
KORREKTUR: Lichten Sie bis zur Hälfte der Gerüsttriebe bodeneben aus. An den verbliebenen lenken Sie vergreiste Triebspitzen auf weiter innen stehende Jungtriebe um. Überalterte Fruchttriebe kürzen Sie auf 2 cm lange Zapfen am Gerüsttrieb ein. Ab dann erfolgt der Neuaufbau mit jungen Bodentrieben.

STEILTRIEBE NICHT ENTFERNT

FEHLER: Auf den schräg oder im Alter flach wachsenden Gerüsttrieben wachsen Steiltriebe. Sie wurden mehrere Jahre nicht entfernt.
FOLGE: Die Steiltriebe profitieren von dem höheren Saftdruck. Erwünschte, flach abzweigende Fruchttriebe vergreisen zusehends.
KORREKTUR: Entfernen Sie steil stehende Triebe regelmäßig. Sind sie schon mehrere Jahre alt, führen Sie dies im Sommer durch. Dann entwickeln sich weniger und schwächere Neutriebe als im Frühjahr. Flach abzweigende und dann senkrecht wachsende Triebe belassen Sie. Sie werden zu Fruchttrieben.

Ziergehölze – fit durch den richtigen Schnitt

Ziergehölze, ob strauch- oder baumartig, sind sehr vielgestaltig. Sie alle brauchen einen individuellen Schnitt – von der filigranen Zierhimbeere über den stattlichen Zierapfel bis zur Eibenhecke. So bleiben sie gesund, blühen reich und machen über Jahre eine gute Figur.

Frühjahrsblüher:
erst die Blüte, dann der Schnitt

Mit den ersten frühjahrsblühenden Gehölzen beginnt das Gartenjahr. Die meisten begeistern mit ihrer Blüte, viele auch noch später im Jahr mit ihrer Herbstfärbung oder ihrem Fruchtschmuck. Einige punkten zusätzlich mit ihrem markanten Wuchs.

Die meisten Gehölze, die im Frühjahr blühen, werden wie die Sommerblüher ihrer Blütenschönheit wegen gepflanzt. Bei Frühjahrsblühern hält die Blüte, je nach Art oder Sorte, bis zu drei Wochen an. Aber auch die übrige Zeit sind frühjahrsblühende Gehölze im Garten präsent: Im Sommer bestechen sie mit attraktiven, vielfältigen Blattformen und -farben, im Winter gibt das Gerüst ihrer Triebe dem Garten Struktur.

Bevor Sie mit dem Schneiden beginnen, sollten Sie sich vergegenwärtigen, welche Funktion bei Ihrem Frühjahrsblüher im Vordergrund steht: Soll er in erster Linie reich blühen, besticht er mit bunter Rinde, oder trägt er mit seinem charaktervollen Wuchs zur Schönheit des Gartens bei? Schließlich haben diese unterschiedlichen Funktionen Auswirkungen auf den Schnitt.

Nach der Blüte schneiden

Viele der ersten Frühjahrsblüher bringen zunächst Blüten aus ihren Knospen hervor und treiben erst dann die

Blätter aus anderen Knospen aus. Dies ist möglich, weil die Blütenknospen schon im Vorjahr angelegt wurden (→ Seite 17). Ein Beispiel ist die Forsythie (→ Seite 68). Um ihre Blütenknospen nicht zu entfernen, schneidet man sie grundsätzlich erst nach der Blüte. Es gibt jedoch auch Ziergehölze, die erst im späten Frühjahr blühen. Beispiele sind der Etagen-Schneeball (→ Seite 81) und der Pfeifenstrauch (→ Seite 78). Sie entwickeln zuerst kurze Seitentriebe, an deren Enden erst ab Mai Blüten stehen. Auf den ersten Blick hat es den Anschein, sie würden an diesjährigen Kurztrieben blühen. Doch auch sie haben ihre Blütenknospen bereits im Vorjahr angelegt und werden deswegen ebenfalls nach der Blüte geschnitten. Durch die späte Blüte ergibt sich bei ihnen ein sehr später Schnittzeitpunkt im Juni.

Frühjahrsblüher unterscheiden

Frühjahrsblüher entwickeln ihre Blüten an unterschiedlich alten Trieben (→ Seite 16, 17). Manche bilden gar kein oder nur ein schwaches Gerüst, dessen Triebe rasch altern, andere bauen ein stabiles Gerüst auf, das auch nach Jahren nicht vergreist. All dies hat Einfluss auf den Schnitt.

> Frühjahrsblüher mit kurzlebigen Trieben bilden ihre Blüten sehr oft an einjährigen Langtrieben. Beispiele sind Spiräe (→ Seite 60/61) und Mandelbäumchen (→ Seite 64). Ohne Schnitt altern diese Gehölze sehr rasch und bilden nur noch kurze Triebe, die nicht mehr blühen. Solche Frühjahrsblüher werden jährlich und stark geschnitten. Beim Schnitt entfernt man alte Triebe und regt damit die Bildung von jungen Langtrieben mit den begehrten Blütenknospen an.

> Andere Frühjahrsblüher wie die Forsythie (→ Seite 68) blühen an einjährigen Langtrieben und deren Seitentrieben. Ihre Triebe vergreisen schon im dritten Jahr und blühen dann kaum noch. Auch bei ihnen regt ein jährlicher Schnitt die Bildung junger, vitaler Triebe an.

> Bei Ziergehölzen mit langlebigem Gerüst bleibt auch das Blütenholz sehr lange vital. Beispiele sind Felsenbirne (→ Seite 90/91) und Zaubernuss (→ Seite 100). Sie vergreisen erst nach mehreren Jahren und blühen auch am alten Holz. Solche Gehölze werden seltener und weniger stark geschnitten. Auf den folgenden Seiten sind die Frühjahrsblüher nach der Langlebigkeit ihres Blütenholzes und ihres Gerüsts aufgeführt. Am Anfang finden Sie Arten mit kurzlebigem Blütenholz und ohne bzw. mit schwachem Gerüst, am Ende solche, die ein langlebiges Gerüst bilden und auch am alten Holz noch zuverlässig blühen. Diese Ordnung gibt Ihnen einen ersten Anhaltspunkt dafür, wie oft und wie stark Sie diese Gehölze schneiden sollten.

Frühjahrsblüher schneiden Sie nach der Blüte, sonst entfernen Sie die Blütenknospen.

Ranunkelstrauch: goldgelbe Blütenbälle

In den Gärten ist meist die gefüllt blühende Sorte des Ranunkelstrauchs zu finden.

Winterliche Triebe in frischem Hellgrün und goldgelbe Blütenbälle sind die Markenzeichen des Ranunkelstrauchs (*Kerria japonica*, WHZ 5b). Dieser auch Kerrie genannte Zierstrauch ist in unseren Gärten fast ausschließlich mit der gefüllten Sorte 'Pleniflora' (WHZ 5a) vertreten. Seine Ansprüche an den Standort sind gering, solange der Boden im Sommer nicht für längere Zeit austrocknet. Selbst im Schatten wächst die Kerrie noch, bildet dort aber weniger Blüten. Sagt dem Ranunkelstrauch der Standort zu, bildet er etliche Bodentriebe. Ein langlebiges Gerüst baut dieses Gehölz nicht auf. Es zählt daher zu den Schösslingssträuchern (→ Seite 20). Sowohl die ungefüllte Art wie auch die gefüllt blühende Sorte werden bis zu 2 m hoch. Leider bilden alle Kerrien Ausläufer. Reißt man sie nicht regelmäßig aus, bedecken sie in wenigen Jahren mehrere Quadratmeter.
Die Blüten erscheinen von April bis Mai. Die Blütenknospen werden bereits im Vorjahr gebildet und sitzen vor allem an einjährigen Seitentrieben zweijähriger Langtriebe. Geschnitten wird nach der Blüte.

Erziehung

Die einzelnen Bodentriebe bleiben nur 3–4 Jahre vital und sterben dann ab. Deshalb entfällt der Aufbau eines Gerüsts. Nur wenn ein diesjähriger Trieb 2 m Länge erreicht, kürzen Sie ihn bis Ende Juli um ein Drittel bis zur Hälfte ein. Er bildet dann noch kurze Seitentriebe, die aber nur in warmen Sommern noch Blütenknospen entwickeln. Kürzen Sie einen solchen Trieb erst im folgenden Frühjahr ein, wird das Wachstum sehr stark angeregt. Es entstehen überlange Schosse, die kaum Blütenknospen ansetzen und bis zum Boden überhängen.

Erhaltung

Entfernen Sie jährlich alle dreijährigen Triebe bodeneben, ebenso schwache überhängende Bodentriebe, auch wenn sie erst 1 Jahr alt sind. An zweijährigen, schon verzweigten Trieben lenken Sie überhängende Köpfe auf weiter innen stehende ein- oder diesjährige Seitentriebe um. Bei einjährigen Trieben, die sich wegen der diesjährigen Verzweigungen neigen, lenken Sie im Juni die obersten Köpfe auf tiefer stehende Triebe um. Zu weit außen stehende Ausläufer reißen Sie aus.

Verjüngung

Überalterte Kerrien bilden oft ein undurchdringliches Triebgewirr. Entfernen Sie alle abgestorbenen und schwachen Triebe sowie solche, die älter als 3 Jahre sind. Bei den übrigen Trieben lenken Sie übermäßige Verzweigungen auf einen einzelnen Seitentrieb um.
Ist das Gewirr zu groß, setzt man den Strauch komplett bodeneben »auf den Stock«. Im folgenden Jahr lichten Sie einjährige Triebe aus und gehen dann zum Erhaltungsschnitt über.

1 ERHALTUNG *Entfernen Sie alle Triebe, die 3 Jahre und älter sind, ebenso schwache Jungtriebe. Verzweigte Köpfe lenken Sie auf tiefer stehende ein- oder diesjährige Seitentriebe um.*

2 VERJÜNGUNG *Ohne Schnitt entsteht schon nach einigen Jahren ein Gewirr aus abgestorbenen und lebenden Trieben. Ist ein ordnender Schnitt nicht möglich, entfernt man alle Triebe bodeneben.*

Zierhimbeere: anmutige Ruten

Zierhimbeeren (*Rubus*) überzeugen mit hübschen Blüten oder farbigen Ruten. Die bekannteste Art ist die Zimt-Himbeere (*Rubus odoratus,* WHZ 4), die von Juni bis August große purpurfarbene Blüten bildet. Sie wird bis zu 2 m hoch. Die Pracht-Himbeere (*Rubus spectabilis,* WHZ 5) erreicht sogar eine Höhe von 4 m. Sie blüht mit großen rosa Blüten von April bis Juni. Die Tangutische Himbeere (*Rubus cockburnianus,* WHZ 6a) und die Tibet-Himbeere (*Rubus thibetanus,* WHZ 6a) öffnen zwar im Juni hübsche rosa Blüten, werden jedoch vor allem wegen ihrer weißlich bereiften Triebe angepflanzt. Sie wirken besonders im Winter als Hintergrund einer Rabatte reizvoll, wenn die Rindenfarbe weithin leuchtet. Auch diese Arten werden bis zu 2 m hoch.

Alle Arten und Sorten bevorzugen einen sommerfeuchten, frischen Boden an einem halbschattigen bis sonnigen Standort. Da sie flach wurzeln, sollten Sie sie nicht hacken, sondern den Boden bei Bedarf nur mit einem Krail lockern und mit Mulch feucht halten. Zierhimbeeren gehören zu den Schösslingssträuchern, bilden also kein Gerüst. Sie blühen an einjährigen Trieben und wachsen meist bogig überhängend zum Licht hin. Deshalb benötigen sie auf dieser Seite mehr Raum.

Wie fruchttragende Himbeeren und Brombeeren bilden auch diese Arten Ausläufer und können nach einigen Jahren eine größere Fläche bedecken.

ERHALTUNG *Bei Zierhimbeeren entfernen Sie im Sommer abgeblühte Triebe bodeneben. Zu weit außen wachsende Jungtriebe reißen Sie aus, ein Schnitt regt ein erneutes Durchtreiben eher an.*

Erziehung

Zierhimbeeren benötigen keine besondere Erziehung, da ihre Triebe kurzlebig sind. Im Frühjahr nach der Pflanzung entfernen Sie ältere Triebe bodeneben. Belassen Sie jedoch einjährige, unverzweigte Triebe. Sie blühen im folgenden Frühsommer und Sommer. Nur wenn ein diesjähriger Trieb überlang wird, kürzen Sie ihn bis Anfang Juli um die Hälfte ein. Er bildet meist noch im selben Sommer Verzweigungen und bleibt stabil aufrecht.

Erhaltung

Im Sommer sterben abgeblühte Triebe teilweise ab. Zumindest lässt ihre Vitalität nach, und sie bieten eine Angriffsfläche für Pilzkrankheiten. Entfernen Sie diese Triebe bodeneben.

Da es bei der Tibet- und Tangutischen Himbeere vor allem auf die Triebe mit der silbrig grauen Rinde ankommt, entfernen Sie letztjährige Ruten bereits im Frühjahr bodeneben. Dann fließt die ganze Kraft in den Neuaustrieb. Die Jungtriebe werden kräftiger, verzweigen sich schon im ersten Sommer und bilden attraktive Ruten für den nächsten Winterschmuck.

Die Tibet-Himbeere besticht vor allem im Winter durch ihre silbrige Rindenfarbe.

Verjüngung

Werden Zierhimbeeren einige Jahre lang nicht geschnitten, bilden sie ein Triebgewirr aus lebenden und abgestorbenen Ruten. Ein Auslichten ist nicht mehr möglich. Setzen Sie in diesem Fall im Frühjahr die Pflanze bodeneben auf den Stock. Im Sommer bilden sich reichlich Neutriebe. Diese lichten Sie aus und gehen im folgenden Jahr zum Erhaltungsschnitt über.

Ausbreitung eindämmen

Wuchern Zierhimbeeren zu stark, weil sie zu viele Ausläufer bilden, reißen Sie diese jährlich aus. Zimt-Himbeeren kann man auch in einen großen Kübel ohne Boden pflanzen. Da sie flach wurzeln und die Ausläufer ebenfalls dicht unter der Oberfläche kriechen, reicht hierfür ein 50 cm hohes Gefäß.

Spiräen: elegante Blütenrispen

Bei Spiräen bilden unzählige Einzelblüten einen richtiggehenden Blütenschleier.

Mit ihren duftigen Blütenrispen sind Spiräen oder Spiersträucher typische Frühlingsboten. Blühen sie erst einmal, ist die kalte Jahreszeit endgültig vorbei. Dank unterschiedlicher Arten und Sorten zieht sich die Blütezeit vom Frühjahr bis zum Sommer hin. Gemeinsam ist ihnen, dass sie alle weiß blühen. Unter den sommerblühenden Arten finden sich jedoch auch rosa Varianten (→ Seite 120). Spiräen stellen an Boden und Klima kaum Ansprüche. Zuverlässig blühen sie jedoch nur an einem sonnigen Standort.

Dekorative Vielfalt

Die Brautspiere (*Spiraea × arguta,* WHZ 5a) gehört zu den am meisten in Gärten verbreiteten Arten und blüht, je nach Standort, von April bis Mai. Sie besitzt feine, hellgrüne Blätter und wird bis zu 2 m hoch. Nur bis 1,5 m hoch wächst die Frühlings-Spieräe (*Spiraea thunbergii,* WHZ 5b). In milden Gegenden blüht sie oft schon im März, ansonsten von April bis Mai. Etwa zur gleichen Zeit blüht der Aschgraue Spierstrauch (*Spiraea × cinerea* 'Grefsheim', WHZ 5a) mit seinem schneeweißen Blütenschleier aus kleinen Dolden, gefolgt von frisch hellgrünem Laub. Diese Sorte wird bis zu 2 m hoch. Die beiden größten sind der Belgische Spierstrauch (*Spiraea × vanhouttei,* WHZ 5b) und der Pflaumen-Spierstrauch (*Spiraea prunifolia,* WHZ 6b), sie erreichen 3 m Höhe. Letzterer kann in strengen Wintern zurückfrieren, treibt aber bereitwillig wieder nach. Runde Blätter besitzt der weniger bekannte Birkenblättrige Spierstrauch (*Spiraea betulifolia,* WHZ 4) mit seinen fast kugeligen Blüten. Er blüht bis Juni, legt aber seine Blütenknospen trotzdem im Vorjahr an. Mit 0,6–1 m Höhe zählt er zu den kleinen Spiersträuchern. Er ist schattenverträglicher als die anderen Arten, genauso wie die Japanische Strauchspiere (*Spiraea nipponica,* WHZ 5b). Sie wird bis zu 2,5 m hoch und blüht überreich im Mai und Juni. Ihre braunen Fruchtstände sind im Herbst ein zusätzlicher Blickfang. Übrigens: Regelmäßig geschnittene Spiräen bleiben ohne Weiteres kleiner als die hier genannten Höhen.

Je jünger, umso schöner

Spiräen bilden nur ein schwaches Gerüst, treiben aber jedes Jahr reichlich aus dem Boden nach. Je jünger der Trieb, umso heller die Rinde. Bei älteren Trieben hat sie schließlich einen dunkelgrauen bis -braunen, matten Ton. Oft ist sie auch mit einem grünen Schleier bedeckt.

Frühjahrsblühende Spiräen blühen vor allem an einjährigen Langtrieben. Je älter der Trieb wird, umso schwächer ist der jährliche Zuwachs und damit die Blütenfülle. Man schneidet sie grundsätzlich nach der Blüte.

ERHALTUNG: VOR SCHNITT
Spiräen blühen an einjährigen Langtrieben. Sie bestehen aus unterschiedlich alten Bodentrieben. Durch einen jährlichen Schnitt bleibt die Pflanze vital.

ERHALTUNG: NACH SCHNITT
Der Schnitt erfolgt bei Spiräen grundsätzlich nach der Blüte. Ein Viertel der ältesten Triebe wurde entfernt, verzweigte Spitzen der übrigen wurden umgelenkt.

Bei den meisten Arten beginnen die einzelnen Bodentriebe schon nach 3 Jahren zu vergreisen. Nur bei starkwüchsigen Arten können die Triebe bis zu 5 Jahre vital bleiben. Sie verkahlen jedoch meist von der Triebbasis aus. Lichten Sie alte Triebe deshalb besser bodeneben aus, als sie im äußeren Bereich nur umzulenken.

Erziehung

Entfernen Sie bei neu gepflanzten Spiräen nach der Blüte schwache Triebe bodeneben. Kräftige, verzweigte lenken Sie auf einen nach außen weisenden Seitentrieb um. Unverzweigte Triebe kürzen Sie nicht ein. Da Spiräen kein langlebiges Gerüst aufbauen, erfolgt auch keine mehrjährige systematische Erziehung von Gerüsttrieben.

Erhaltung

Um bei einer Spiräe vitale Triebe unterschiedlichen Alters zu erhalten, lichten Sie jährlich nach der Blüte mindestens ein Viertel der Triebe aus. Lassen Sie dafür die gleiche Anzahl kräftige, einjährige Bodentriebe stehen. Schwache und überzählige Jungtriebe entfernen Sie dagegen vollständig. Eine Spiräe darf ohne Weiteres 15 Bodentriebe besitzen. Bei einem regelmäßigen Schnitt sind diese 1–3 Jahre alt. Die verbliebenen Triebe haben meist noch Verzweigungen im äußeren Bereich oder hängen schon nach unten über. Lenken Sie ihre verzweigten Spitzen auf einen weiter innen stehenden, aber nach außen wachsenden Seitentrieb um. Weist die Spitze dann immer noch mehrere kräftige Seitentriebe auf, verschlanken Sie diese bis auf einen. So läuft der Strauch schlank aus und bewahrt seinen luftigen Charakter.
Ist ein Trieb stark vergreist, entfernen Sie die ganze Spitze bis zu einem weiter innen stehenden vitalen Jungtrieb. Sind keine vitalen Triebe vorhanden, entfernen Sie den Trieb am Boden. Einjährige Triebe, die sich nach der Blüte bereits zu verzweigen beginnen, kürzen Sie auf keinen Fall ein. Nur wenn sie zu lang aus dem Strauch ragen, lenken Sie sie auf einen tiefer stehenden, diesjährigen Seitentrieb um.

Verjüngung

Versäumen Sie bei Spiräen mehrere Jahre den Schnitt, entwickelt sich ein dichter Strauch. Einige Triebe sind bereits abgestorben, Jungtriebe aus dem Boden werden immer spärlicher. Lichten Sie zuerst abgestorbene und stark vergreiste Triebe bodeneben aus. Erst wenn Sie alle gewünschten Triebe abgeschnitten haben, ziehen Sie diese aus dem Strauch – aber nicht mit Gewalt, sondern leicht rüttelnd, damit sich verhakte Zweige leichter lösen. Noch leichter können Sie solche Triebe entfernen, wenn Sie sie mit der Astschere mehrmals durchtrennen. Anschließend lenken Sie an verbliebenen Trieben überhängende und verzweigte Triebspitzen auf vitale Seitentriebe um. Eine völlig überalterte Spiräe lässt sich kaum noch systematisch schneiden. In einem solchen Fall entfernen Sie alle Triebe am Boden. Trotz des radikalen Schnitts treiben nach kurzer Zeit neue Triebe aus dem Boden nach. Von diesen entfernen Sie im folgenden Frühjahr nach der Blüte die Hälfte bis zwei Drittel. Im dritten Jahr gehen Sie zu einem Erhaltungsschnitt mit jährlichem Schnittrhythmus über.
Bilden sich nach einer solchen Radikalkur keine jungen Bodentriebe mehr, sollte der Strauch ersetzt werden. Bei der Nachpflanzung sollten Sie die ausgelaugte Erde großzügig mit neuer Erde und Humus auffrischen.

1 ERHALTUNG *Entfernen Sie ältere Triebe bodeneben und ersetzen Sie sie durch Jungtriebe. Überhängende, verzweigte Triebspitzen lenken Sie auf weiter innen stehende um.*

2 ERHALTUNG 1 JAHR SPÄTER *Durch das Auslichten am Boden haben sich neue Jungtriebe gebildet, die wiederum ältere Triebe ersetzen. Der Schnitt gleicht dem des Vorjahrs.*

3 VERJÜNGUNG *Ohne einen regelmäßigen Schnitt vergreisen Spiräen schnell. Lichten Sie dann alle überalterten Triebe bodeneben aus, um Neutriebe aus der Wurzel anzuregen.*

Geißklee: spröde Schönheit

Mit gelber oder bunter Blütenpracht wartet der Geißklee *(Cytisus)* auf. Er ist vor allem mit zwei Arten und deren Sorten in unseren Gärten vertreten. Der echte Besen-Ginster (*Cytisus scoparius*, WHZ 6b) kann über 2 m hoch und breit werden. Die Blütezeit reicht, je nach Höhenlage, von Mai bis weit in den Juni. Während die Wildart gelb blüht, gibt es im Handel zahlreiche Sorten mit weiteren Blütenfarben. Das Spektrum reicht von Pastellgelb bis zu tiefem Rot. Oft sind die Blütenblätter – Schiffchen und Flügel genannt – unterschiedlich gefärbt.

Der Elfenbein-Ginster (*Cytisus × praecox*, WHZ 6b) ist eine Zufallskreuzung aus zwei Arten. Er entwickelt dichte Sträucher mit überhängenden Ruten und wird bis zu 2 m hoch. Die rahmgelben Blüten erscheinen von April bis Mai. Die gelbe Sorte 'Allgold' ist mit ca. 1,5 m Höhe etwas schwachwüchsiger. Beide Arten wünschen einen vollsonnigen Standort mit durchlässigem, leicht saurem Boden. Dieser sollte, gerade beim Elfenbein-Ginster mit seinen flachen Wurzeln, im Sommer nicht austrocknen.

Der Besen-Ginster besitzt ein schwaches Gerüst, der Elfenbein-Ginster bildet kaum ein Gerüst aus. Beide blühen an einjährigen Langtrieben. Sie neigen dazu zu verkahlen. Mit einem jährlichen Schnitt direkt nach der Blüte bleiben die Sträucher kompakt und vital.

Erziehung

Gleich im Jahr nach der Pflanzung erfolgt der erste Schnitt. Schneiden Sie direkt nach der Blüte, da der Neuaustrieb sofort beim Ende der Blüte beginnt. Die jungen Triebe kürzen Sie auf 10–20 cm ein, um bodennahe Verzweigungen zu fördern.

Ein echter Hingucker: die rot-gelben Blüten des Besen-Ginsters

Erhaltung

Der Erhaltungsschnitt ist nur dann erfolgreich, wenn Sie von Anfang an und jährlich nach der Blüte schneiden. Beim Besen-Ginster bleiben fünf bis sieben Gerüsttriebe bis zu 3 Jahre stehen. Ältere lichten Sie bodennah aus – aber nur, wenn unterhalb der Schnittstellen junge Triebe oder Bodentriebe vorhanden sind. Die Gerüsttriebe lenken Sie in etwa 50 cm Höhe auf einen jungen Seitentrieb um. Zum Schluss kürzen Sie abgeblühte einjährige Triebe ein.

Elfenbein-Ginster kürzen Sie jährlich nach der Blüte halbkugelig auf etwa 20 cm ein. So bildet er bodennahe Jungtriebe und verkahlt nicht.

Verjüngung

Geißklee lässt sich nur mit bodennahen Jungtrieben verjüngen. Aus altem Holz treibt er meist nicht mehr aus. Ist ein Strauch verkahlt, lenken Sie die besenartige Spitze auf einen tiefer stehenden Jungtrieb um. Durch den Saftdruck können sich aus dem verkahlten Holz neue Triebe bilden, sicher ist dies jedoch nicht. Besser schneiden Sie solche Pflanzen nur noch im Bereich der Jungtriebe oder ersetzen sie.

1 ELFENBEIN-GINSTER *Jährlich geschnitten, bleibt er viele Jahre vital und kompakt. Die diesjährigen Langtriebe, im Herbst bereits einjährig, tragen im nächsten Frühjahr die Blüten.*

2 ERHALTUNG BESEN-GINSTER *Sind ausreichend Jungtriebe vorhanden, entfernen Sie ältere Triebe bodennah. Die übrigen lenken Sie auf tiefer stehende Seitentriebe um und kürzen sie ein.*

Ginster: Blütentrauben in Goldgelb

Leuchtend gelbe Ginster *(Genista)* sind ein Highlight in jedem Garten. Die Blüten gleichen denen des Geißklees *(Cytisus)*, Ginster-Büsche bleiben jedoch kleiner als der Geißklee.
Die beliebteste Art ist der Färber-Ginster (*Genista tinctoria*, WHZ 5a). Er bildet lockere, kleine Sträucher und wird bis zu 80 cm hoch und breit. Die

Regelmäßig geschnitten, blüht Färber-Ginster überreich in goldgelben Trauben.

Blüten erscheinen von Juni bis August an diesjährigen Trieben. Manchmal folgen weitere Blüten im Herbst. Für eine reiche Blüte muss der Standort vollsonnig sein. In kühlen Lagen braucht der Färber-Ginster einen Winterschutz.
Der Goldland-Ginster (*Genista lydia*, WHZ 7a) entwickelt 50 cm hohe und doppelt so breite Polster. Er mag warme, durchlässige Böden und verträgt Trockenheit sehr gut. Goldland-Ginster blüht von Mai bis Juni an einjährigen Trieben und ist dann von goldgelben Blütenschleiern bedeckt.
Nur wenn man beide Arten von Anfang an regelmäßig schneidet, bilden sie kaum ein Gerüst und bleiben in Form. Ohne Schnitt entwickeln sie altes Holz, das verkahlt und mit der Zeit sparrig wird. In diesem Fall sollten Sie nie ins alte Holz schneiden, es würde eintrocknen.

Erziehung

Kürzen Sie beim Färber-Ginster im Frühjahr nach der Pflanzung die jungen Triebe vor der Blüte auf 5–10 cm ein. Geben Sie der Pflanze eine halbkugelige Form. So bleibt sie auch im Sommer kompakt.
Der kleinwüchsige Goldland-Ginster braucht keine Erziehung.

Erhaltung

Kürzen Sie beim Färber-Ginster jedes Frühjahr vor dem Austrieb einjährige Triebe auf etwa 10 cm ein. Sind auch zweijährige Triebe vorhanden, kürzen Sie sie bodennah auf kurze Zapfen ein. Beim Färber-Ginster baut man kein Gerüst auf, sondern regt immer wieder die Bildung von bodenbürtigen oder bodennahen Jungtrieben an.
Beim Goldland-Ginster kürzen Sie nach der Blüte abgeblühte Triebe auf kurze Zapfen ein.

Verjüngung

Wurde ein Färber-Ginster über Jahre nicht geschnitten, sind meist keine bodennahen Jungtriebe mehr vorhanden. Schneidet man jetzt ins alte Holz, wachsen keine Neutriebe nach, der Triebstumpen trocknet ein. Schneiden Sie daher immer nur weiter oben im Strauch im Bereich der jungen Triebe. Sie erkennen sie an ihrer noch grünen Rinde.
Allerdings können auch verkahlte Pflanzen, die über eine Mauer hängen, Charme entwickeln. Bei ihnen pflegen Sie die grünen Köpfchen wie eine eigene Pflanze und belassen die kahlen Triebe. Älteres Holz ist allerdings empfindlicher gegenüber Frost.
Ist der Strauch völlig überaltert, ersetzen Sie ihn durch eine Jungpflanze. Tauschen Sie dabei die verbrauchte Erde gegen ein saures und durchlässiges Humus-Sand Gemisch aus.
Auch ein von der Basis her verkahlter Goldland-Ginster kann nicht mehr verjüngt werden. Erneuern Sie das Gehölz in diesem Fall bei Bedarf.

ERHALTUNG *Vor dem Austrieb kürzen Sie Färber-Ginster auf etwa 10 cm ein. Einen Schnitt ins alte Holz vertragen Ginster-Arten nicht. Schneiden Sie daher jährlich.*

Mandelbäumchen: Frühlingsboten in Rosa

Nur ein jährlicher Schnitt lässt das Mandelbäumchen so attraktiv blühen.

Mit ihrer üppigen Blütenpracht verwandeln diese Sträucher jeden Garten in einen Traum in Rosa. Das Mandelbäumchen (*Prunus triloba*, WHZ 5a) blüht in seiner Wildform einfach. Doch in den Gärten wächst meist die Sorte 'Plena', deren gefüllte Blüten von April bis Anfang Mai erscheinen.
Das Mandelbäumchen bevorzugt frische Böden. Es bildet ein schwaches, 1,5–2 m hohes Gerüst und blüht an einjährigen Langtrieben. Geschnitten wird es jährlich nach der Blüte. Mandelbäumchen sind auf einen robusten Wurzelstock veredelt. Unterhalb der Veredlungsstelle erscheinende Wildtriebe entfernt man gleich im Sommer.

Erziehung

Mandelbäumchen gibt es als kleinen Strauch oder als Hochstämmchen.

Beim Strauch erziehen Sie aus drei bis fünf bodennahen Trieben ein Gerüst. Lassen Sie in den ersten 4–5 Jahren jedes Jahr 10 cm des Neuzuwachses als Gerüsttriebverlängerung stehen. So wird das Gerüst etwa 50 cm hoch. Beim Hochstämmchen lassen Sie einen Mitteltrieb und vier Seitentriebe als Gerüst stehen und verlängern sie wie beim Strauch (→ Abb. 2). Bei beiden Formen kürzen Sie einjährige Seitentriebe am Gerüst auf drei bis fünf Knospen ein.

Erhaltung

Ist das Gerüst nach spätestens 5 Jahren aufgebaut, kürzen Sie die Enden der Gerüsttriebe und die Seitentriebe nach der Blüte auf drei bis fünf Knospen ein. Bilden sich im Lauf der Zeit starke Verzweigungen, lenken Sie solche Köpfe auf einen weiter innen am Gerüsttrieb stehenden Jungtrieb um. Diesen kürzen Sie anschließend ein.

Verjüngung

Ohne Schnitt vergreisen Triebe spätestens nach 3 Jahren und werden anfällig für die Spitzendürre (*Monilia*-Pilz, → Seite 48). Kranke Triebe schneiden Sie bis zur ersten vitalen Verzweigung, mindestens aber 10 cm zurück.
Vor dem Verjüngungsschnitt definieren Sie die neuen Gerüsttriebe und lenken deren Spitzen auf einen kräftigen Jungtrieb um. Dann lenken Sie überhängende Seitentriebe auf gerüstnahe Jungtriebe um. Diese kürzen Sie ein. Bei stark überalterten Sträuchern verteilt man die Verjüngung auf 2 Jahre. So vermeiden Sie große Wunden, die nicht mehr heilen.

1 ERZIEHUNG *Als Strauch erziehen Sie Mandelbäumchen mit drei bis fünf bodennahen Gerüsttrieben. Verlängern Sie diese in den ersten Jahren jährlich um 10 cm. So verzweigen sie sich gleichmäßig. Seitentriebe kürzt man ein.*

2 ERZIEHUNG HOCHSTÄMMCHEN *Als Hochstämmchen erzieht man Mandelbäumchen mit einer Krone aus einem Mitteltrieb und bis zu vier Seitentrieben. Diese verlängert man die ersten Jahre, Seitentriebe kürzt man ein.*

Rispen-Sommerflieder: helllila Blütenkaskaden

Wie Fontänen hängen die üppigen Blütenrispen des Rispen-Sommerflieders über.

Die überhängenden Blütenzweige des Rispen- oder Schmalblättrigen Sommerflieders (*Buddleja alternifolia*, WHZ 6b) ziehen im Sommer alle Blicke auf sich. Der Strauch wird bis zu 3 m hoch, in wintermilden Regionen auch 4 m oder mehr. Er mag durchlässige, warme Böden und bildet ein stabiles Gerüst mit mehreren Bodentrieben. Die hellvioletten, duftenden Blüten erscheinen von Juni bis Juli an einjährigen Trieben.

Erziehung

Erziehen Sie den Strauch mit drei bis sieben Bodentrieben. Kürzen Sie im Frühjahr nach der Pflanzung verblühte Triebe auf 20 cm ein, um bodenbürtige Triebe zu fördern. Dabei verzichtet man zugunsten einer stärkeren Anregung des Wachstums auf Blüten.
In den folgenden Jahren schneiden Sie erst nach der Blüte. Lassen Sie bis zu sieben Bodentriebe stehen, schwache und überzählige entfernen sie. An den verbliebenen verlängern Sie die ersten 3 Jahre die einjährigen Fortsetzungen um jeweils 50 cm. So werden sie kräftiger und bleiben auch in Zukunft stabil. An den Triebspitzen verschlanken Sie bereits vorhandene diesjährige Triebe.

Erhaltung

Überhängende und stark verzweigte Spitzen der Gerüsttriebe lenken Sie auf einzeln stehende diesjährige Triebe um. Lenken Sie zu weit ausladende Seitentriebe auf gerüstnahe diesjährige Triebe um. Schwache Triebe entfernen Sie auf kurze Zapfen am Gerüst.
In schneereichen Gegenden sollten die Triebe nicht zu ausladend werden, damit sie nicht abbrechen.

Verjüngung

Um einen überalterten Strauch zu vitalisieren, schneiden Sie ihn im Frühjahr vor dem Austrieb. Lichten Sie etwa die Hälfte vergreister Gerüsttriebe bodennah aus und verschlanken Sie die Spitzen der verbliebenen. Wächst der Strauch im nächsten Sommer übermäßig, kürzen Sie weit überhängende, diesjährige Triebe bis Mitte Juli um die Hälfte ein. Sie treiben noch einmal aus, bleiben aber schwächer und fügen sich besser in die Gesamtform ein.

Hochstämme

Rispen-Sommerflieder kann man als Hochstämmchen erziehen. Dabei bilden die Mitte und vier Seitentriebe das Gerüst. Diese werden 50–70 cm lang. Die abgeblühten Seitentriebe kürzen Sie jährlich auf kurze Zapfen am Gerüst ein. Die neuen Triebe hängen dann kaskadenartig nach unten. Bilden sich Triebe am Stamm oder aus dem Boden, entfernen Sie sie im Sommer in noch grünem Zustand.

1 ERHALTUNG *Lenken Sie nach der Blüte überhängende Triebspitzen auf weiter innen stehende, diesjährige Seitentriebe um. Weit ausladende Seitentriebe lenken Sie gerüstnah auf diesjährige Triebe um.*

2 AUSTRIEB NACH ERHALTUNG *Ein weit überhängender Seitentrieb wurde beim Erhaltungsschnitt auf einen weiter innen stehenden Jungtrieb umgelenkt. Damit die neue Fortsetzung nicht zu sehr überhängt, wurde sie verschlankt.*

Zierquitte: *Blüten mit Leuchtkraft*

Die Zierquitte mit ihren leuchtend roten Blüten ist ein auffälliger Frühjahrsblüher.

Zierquitten (*Chaenomeles*, WHZ 5a), auch Scheinquitten genannt, bieten doppelten Genuss: Blüten und essbare Früchte, die aromatisch duften.
Die japanische Zierquitte *(C. japonica)* wird 1,5 m hoch, ihre ziegelroten Blüten erscheinen von April bis Mai. Die großen Früchte der Sorte 'Cido' enthalten sehr viel Vitamin C, sie reifen im Oktober. Die Chinesische Scheinquitte *(C. speciosa)* wird bis zu 3 m hoch und breit. Ihre Blüten sind, je nach Sorte, rosa bis dunkelrot und öffnen sich von März bis April. Beide Arten bevorzugen frische, durchlässige Böden in sonnigen bis halbschattigen Lagen.
Sie bilden zahlreiche Bodentriebe. Hybridsorten (*C. × superba*) aus beiden Arten blühen von Weiß bis Tiefrot. Sie sind schwachwüchsiger und treiben weniger stark aus dem Boden nach.
Zierquitten bilden kaum ein stabiles Gerüst. Die Bodentriebe bleiben zwar mehrere Jahre vital, sind jedoch instabil und hängen nach 2–3 Jahren oft über. Zierquitten blühen an den einjährigen Kurztrieben zwei- und mehrjähriger Langtriebe. Sie werden nach der Blüte geschnitten.

Erziehung

Belassen Sie in den ersten Jahren nach der Pflanzung 10–15 Bodentriebe für das Gerüst. Kürzen Sie sie nicht ein. Verzweigen sich die Enden der Gerüsttriebe stark, verschlanken Sie sie. Überzählige oder schwache Bodentriebe entfernen Sie jährlich im Sommer.

Erhaltung

Die einzelnen Bodentriebe bleiben ca. 5 Jahre vital. Lichten Sie daher ältere Gerüsttriebe bodeneben aus. Die verbliebenen Gerüsttriebe lenken Sie bei Bedarf auf weiter innen stehende junge Seitentriebe um. Zum Schluss werden die Triebenden verschlankt.

Verjüngung

Wurde eine Zierquitte über Jahre nicht geschnitten, bildet sich ein Dickicht. Beim Verjüngungsschnitt lichten Sie bis zu 70 Prozent der alten Bodentriebe aus. Verbleibende, oft überlange Triebe lenken Sie auf tiefer stehende Seitentriebe um. Dann bauen Sie den Strauch wie oben beschrieben neu auf.

Spalier

Zierquitten kann man als bis zu 1 m hohes Spalier erziehen. Vier bis fünf Bodentriebe bilden das Gerüst. Diese verlängern Sie jährlich um etwa 50 cm und binden sie mit mindestens 40 cm Abstand zueinander am Spalier an. Seitentriebe lenken Sie alle 2–3 Jahre gerüstnah auf Jungtriebe um. Fehlen Jungtriebe, entfernen Sie die Seitentriebe bis auf 5 cm lange Zapfen.

1 ERHALTUNG *Entfernen Sie ältere Gerüsttriebe am Boden. An den übrigen lenken Sie verzweigte Spitzen auf weiter innen stehende Jungtriebe um. Zum Schluss die neuen Spitzen verschlanken.*

2 VERJÜNGUNG *Wurde eine Zierquitte Jahre nicht geschnitten, muss man oft über die Hälfte der Triebe bodeneben entfernen. Überlange verbleibende Triebe lenkt man um.*

Schneebeere:
Erbsen mit Knalleffekt

Diesen Strauch kennt jedes Kind: Die Schneebeere (*Symphoricarpos*-Arten) hat pralle, weiße Früchte, die herrlich knallen, wenn man darauftritt. Sie wird aus diesem Grund auch Knallerbsenstrauch genannt. Die Blü-

Die weißen Früchte der Schneebeere bleiben bis weit in den Winter am Strauch.

ten sind eher unscheinbar, jedoch eine gute Bienenweide. Die Gewöhnliche Schneebeere (*S. albus* var. *albus*, WHZ 3) wächst als dicht verzweigter Strauch und wird bis zu 2 m hoch. Die Blüten erscheinen im Juli und August. Die Früchte halten weit bis in den Winter. Sie werden als leicht giftig eingestuft. Die von Juni bis Juli blühende Bastard-Korallenbeere (*S. × chenaultii*, WHZ 4) wird vor allem mit der nur 1 m hohen Sorte 'Hancock' als bodendeckendes Gehölz verwendet. Ihre Früchte schimmern von Weiß über Rosa bis hin zu Rot.

Beide Arten haben keine besonderen Ansprüche an den Boden. Sie bilden nur ein schwaches Gerüst und treiben reichlich Ausläufer. Blüten und Früchte sitzen an ein- und diesjährigen Trieben. Letztere liefern, durch ihre spätere Blüte, in erster Linie den winterlichen Fruchtschmuck. Einjährige Langtriebe aus dem Boden blühen dagegen oft erst im zweiten Jahr. Um die Bildung diesjähriger Triebe mit dem begehrten Fruchtschmuck anzuregen, schneidet man jährlich im Frühjahr vor dem Austrieb.

Erziehung

Lichten Sie bei Jungpflanzen schwache Triebe bodeneben aus, kräftige benötigen keinen Schnitt. Da Schneebeeren sehr vieltriebig wachsen, ist ein geordneter Gerüstaufbau nur schwer möglich. Verschlanken Sie einfach die Triebspitzen und entfernen Sie schwache Bodentriebe.

Erhaltung

Reißen Sie zu weit außen stehende Bodentriebe aus. Kürzen Sie sie nicht am Boden ein, das Wachstum wird sonst nur noch mehr angeregt. Dann lichten Sie vergreiste und schwache Triebe bodeneben aus. Stark verzweigte Triebspitzen lenken Sie auf innen stehende Jungtriebe um. Dies fördert den diesjährigen Zuwachs, der den begehrten späten Fruchtschmuck liefert.

Verjüngung

Versäumt man mehrere Jahre den Schnitt, entwickeln Schneebeeren ein

ERHALTUNG *Entfernen Sie zu weit außen stehende Ausläufer und lichten Sie vergreiste und schwache Triebe bodeneben aus. Vergreiste Triebspitzen lenken Sie um.*

dichtes Gewirr aus Bodentrieben. Um den Strauchumfang zu reduzieren, stechen Sie mit dem Spaten die äußeren Triebe ab. Anschließend lichten Sie bis zu drei Viertel der ältesten Triebe bodeneben aus. An den übrigen lenken Sie die vergreisten Triebspitzen auf Jungtriebe um. Die neuen Triebspitzen verschlanken Sie zum Schluss.
Bei der Sorte 'Hancock' setzt man die ganze Pflanze besser auf den Stock. Sie treibt aus der Wurzel wieder aus.

Ausbreitung eingrenzen

Um die Ausbreitung der Schneebeere einzugrenzen, setzen Sie die Pflanze in ein Gefäß ohne Boden und graben es mindestens 50 cm tief ein. Der Rand lässt sich durch eine Mulchschicht verdecken. 'Hancock' bildet jedoch auch an am Boden niederliegenden Trieben eigene Wurzeln. Lenken Sie solche Triebe auf bodenferne Seitentriebe um.

Forsythie: Inbegriff des Frühlings

Wenn ein Strauch den Titel als Botschafter des Frühlings verdient hat, dann ist es die Forsythie (*Forsythia × intermedia*, WHZ 5a). Das auch Goldglöckchen genannte Gehölz ist seinem Standort gegenüber recht anspruchslos, braucht aber einen sonnigen Platz, um willig zu blühen. Dank einer reichen Sortenauswahl stehen Endhöhen von 1–3 m zur Verfügung. Forsythien blühen je nach Sorte zwischen März und Mai in verschiedenen Gelbtönen. Die Blüten von 'Beatrix Farrand' werden, anders als die anderer Sorten, sehr gern von Insekten besucht.
In den Gärten entdeckt man Forsythien leider sehr oft als dichte Sträucher, die nur außen eingekürzt wurden. Das Blütenholz ist dann rar, denn meist wurden die Triebe schon im Herbst oder Winter geschnitten und damit die Blütenknospen entfernt. Schneidet man jedoch jährlich nach der Blüte und führt den Schnitt richtig aus, blüht die Forsythie zuverlässig. Sie bildet ein mittelstarkes Gerüst, dessen Triebe mit 3–4 Jahren vergreisen, und blüht am schönsten an den einjährigen Seitentrieben zweijähriger Langtriebe. Nur in warmen Regionen blüht sie auch an einjährigen Langtrieben.

Erziehung

Die Erziehung erfolgt mit bis zu zwölf Bodentrieben. Kürzen Sie einjährige Bodentriebe auf die Hälfte ein, um sie zu kräftigen. Sie hängen in den kommenden Jahren weniger über. Im Sommer verschlanken Sie die kräftigen Neuaustriebe an der Schnittstelle bis auf eine Fortsetzung. Diese kürzt man im kommenden Frühjahr nicht mehr ein, sondern verschlankt sie nur noch.

Die gelben Glöckchen der Forsythie dürfen in keinem Frühlingsgarten fehlen.

Erhaltung

Einjährige Langtriebe dürfen Sie jetzt nicht mehr einkürzen. Lichten Sie stattdessen einige Triebe, die älter als 3–4 Jahre sind, am Boden aus. Diese vergreisen sonst immer mehr. Dann lenken Sie verzweigte Besen an den Triebspitzen auf tiefer stehende einjährige oder diesjährige Seitentriebe um. Zum Schluss verschlanken Sie zweijährige Triebe im äußeren Bereich. So bleibt der Strauch locker und jung.

Schnitt ein Jahr später

Wo Sie ältere Triebe am Boden entfernt haben, sind an den Schnittstellen junge Triebe entstanden. Diese Bodentriebe kommen direkt aus der Wurzel und sind eine echte Verjüngung. Belassen Sie nur drei kräftige Jungtriebe. Diese sollten gleichmäßig verteilt und belichtet sein, sich aber auch gut in die Gesamtform des Strauchs einfügen. Schwache, überlange oder zu dicht stehende Jungtriebe entfernen Sie. Lichten Sie erneut einige Triebe, die älter als 3–4 Jahre sind, bodeneben aus und lenken Sie Besen auf einjährige Seitentriebe um. Achten Sie darauf, dass der einzelne Seitentrieb in dieselbe Wuchsrichtung nach außen zeigt wie der verbliebene Haupttrieb. Die

ERHALTUNG: VOR SCHNITT
Mit dem Ende der Blüte entstehen diesjährige Triebe. Neben jungen sind auch ältere Bodentriebe zu erkennen. Verzweigte Triebspitzen hängen leicht über.

ERHALTUNG: NACH SCHNITT
Die ältesten Triebe sind bodeneben entfernt, kräftige Jungtriebe bleiben als Ersatz. Verzweigte Triebspitzen sind umgelenkt und verschlankt.

belassenen Triebe sollten gleichmäßig verteilt sein, damit der Strauch im Kern füllig, außen jedoch locker wirkt.

Verjüngung

Überaltert eine Forsythie, muss der Schnitt sehr viel massiver ausfallen. Entfernen Sie zuerst abgestorbene sowie vergreiste Triebe am Boden. Dazu müssen Sie meist eine Schwertsäge verwenden, denn Forsythien entwickeln kräftige Bodentriebe. Wie viel des Strauchs Sie wegnehmen, ist zweitrangig, entfernen Sie aber lieber zu viele Triebe als zu wenige. Teils vergreiste und mit Besen besetzte Triebe, die aber im Innern noch Jungtriebe tragen, lenken Sie auf diese Jungtriebe um. Zum Schluss verschlanken Sie die Triebenden. Schneiden Sie so, dass die Pflanze eine hochovale Form erhält. Bei sehr alten und dichten Sträuchern, die gar keine Jungtriebe mehr besitzen, lichten Sie die Hälfte der Bodentriebe aus. Haben sich im nächsten Frühjahr an den Schnittstellen Jungtriebe gebildet, lichten Sie wieder die Hälfte aus. Die jungen Bodentriebe erziehen Sie wie oben angegeben. Sind keine Neuaustriebe mehr entstanden, ersetzen Sie die Pflanze besser.

Diesjährige Langtriebe einkürzen

Forsythien entwickeln manchmal sehr lange Triebe. Um deren Längenwachstum zu bremsen, kürzen Sie sie mit einem Sommerschnitt bis Ende Juli auf mindestens die Hälfte ein. Sie bilden noch im selben Sommer Seitentriebe. Diese bleiben jedoch deutlich kürzer als der entfernte Teil. Kürzen Sie nicht an der Strauchperipherie ein, sondern im Gehölzinnern. So stehen die neuen Sommertriebe in einem gesunden Längenverhältnis zum Gesamtstrauch.

1 ERHALTUNG *In einem ersten Schritt lichten Sie etwa ein Viertel bis ein Drittel der ältesten Triebe bodeneben aus und belassen Jungtriebe als Ersatz. Anschließend lenken Sie verzweigte Triebspitzen auf weiter innen stehende Seitentriebe um und verschlanken diese.*

2 SCHNITT 1 JAHR SPÄTER *An den letztjährigen Schnittstellen haben sich aus dem Boden Jungtriebe gebildet. Drei kräftige, gleichmäßig verteilte bleiben stehen und werden nicht eingekürzt. Die übrigen entfernen Sie. Die weiteren Schnittmaßnahmen entsprechen denen des Vorjahrs.*

3 VERJÜNGUNG *Bei einer vergreisten Forsythie lichten Sie überalterte Triebe konsequent aus. An noch vitalen Trieben lenken Sie die vergreisten Spitzen auf zweijährige Triebe um. Sind keine jungen Bodentriebe als Ersatz vorhanden, verteilen Sie die Verjüngung besser auf 2 Jahre.*

4 DIESJÄHRIGE LANGTRIEBE KÜRZEN *Entstehen im Sommer überlange Schösslinge, kürzen Sie sie bis spätestens Ende Juli ein. Schneiden Sie im Strauchinnern. Die an den Schnittstellen entstehenden Neuaustriebe bleiben dann kürzer und fügen sich besser in die Gesamtform ein.*

Deutzie: üppige Blütenwolken

Ein dichter weißer oder rosa Blütenflor ist das Markenzeichen der Deutzien.

Mit einem überschäumenden Blütenmeer verzaubert die Deutzie (*Deutzia*), auch Maiblumenstrauch genannt, den Garten. Sie gehört zu den Frühjahrsblühern, die spät – von Mai bis Juni – blühen. Einige Sorten blühen sogar erst ab Juni bis in den Juli hinein.
Die Triebe der Deutzie sind über und über mit weißen oder rosa Blüten besetzt. Die Zierliche Deutzie *(D. gracilis*, WHZ 5b) blüht weiß und wird nur bis zu 0,6 m hoch. *Deutzia* × 'Boule de Neige' (WHZ 5b) blüht ebenfalls weiß und erreicht 1,5 m Höhe. Sie hat einen eher straffen Wuchs und eignet sich auch als Hintergrund für Rabatten.
Die Raue Deutzie (*D. scabra*, WHZ 5a), die Hohe Deutzie (*D. × magnifica* WHZ 6b) sowie verschiedene Hybridsorten werden dagegen bis zu 4 m hoch. Während die meisten weiß blühen, gibt es einige Sorten wie *D. × hybrida* 'Mont Rose' (WHZ 6b), die mit hellrosa Blüten überraschen. Alle Deutzien benötigen einen sonnigen Standort mit sommerfeuchtem Boden. Trocknet der Boden aus, welken die Blätter, oder Blüten fallen ab. Deutzien bilden ein mittelstarkes Gerüst und blühen am schönsten an einjährigen Langtrieben. An diesen bilden sie kurze, beblätterte Triebe, an deren Enden wiederum die Blütentrauben stehen. Die Anlage der Blüten erfolgt jedoch schon im Vorjahr an den einjährigen Trieben. Auch wenn sie spät blühen, sollte man Deutzien deshalb direkt nach der Blüte schneiden.

ERHALTUNG *Lichten Sie ein Viertel der älteren Gerüsttriebe bodeneben aus und lassen Sie einjährige Bodentriebe als Ersatz stehen. Überhängende Besen lenken Sie auf Jungtriebe um.*

Erziehung

Erziehen Sie Deutzien mit einem Gerüst mit sieben bis zwölf Bodentrieben. Kräftige, einjährige Bodentriebe kürzen Sie nicht ein, schwache entfernen Sie vollständig. Achten Sie darauf, dass die Bodentriebe genug Abstand haben und gleichmäßig verteilt sind.

Erhaltung

Gerüsttriebe, die älter als 4 Jahre sind, lichten Sie bodeneben aus. Lassen Sie die gleiche Anzahl kräftiger einjähriger Triebe als Ersatz stehen. An den verbliebenen Gerüsttrieben lenken Sie überhängende oder stark verzweigte Besen auf weiter innen stehende Jungtriebe um. Da die Gehölze zum Schnittzeitpunkt schon austreiben, kann das auch ein diesjähriger Trieb sein. Genauso verfahren Sie mit Seitentrieben am Gerüst. Hängt ein abgeblühter Trieb über und ist am Scheitelpunkt bereits ein diesjähriger Trieb zu sehen, lenken Sie auf diesen um. So wird das Blütenholz intensiver erneuert als bei anderen Frühjahrsblühern. Entwickeln sich im äußeren Bereich bereits diesjährige Steiltriebe, entfernen Sie diese. Zum Schluss verschlanken Sie die Triebenden, damit das Gehölz locker wirkt und Triebe nicht zu sehr überhängen. Für eine harmonische Gestalt lassen Sie in der Mitte ein bis zwei Triebe höher stehen.

Verjüngung

Ist eine Deutzie stark vergreist und erscheinen keine bodenbürtigen Jungtriebe mehr, verjüngen Sie sie im Frühjahr vor dem Austrieb. Man muss dann zwar im folgenden Frühjahr auf Blüten verzichten, aber das Wachstum wird stärker angeregt. Entfernen Sie alle abgestorbenen und vergreisten Triebe vollständig. Ist kein Durchkommen möglich, kann man eine Deutzie auch auf den Stock setzen. Verbleiben einige vitale Gerüsttriebe, lenken Sie deren vergreiste Besen oder überhängende Spitzen auf weiter innen stehende Jungtriebe um.
Bildet das Gehölz nach der Verjüngung im Sommer überlange diesjährige Triebe, kürzen Sie diese bis Ende Juli ein (→ Seite 69). In der Folge gehen Sie zum Erhaltungsschnitt über.

Weigelie: rosa-rote Blütenpower

Weigelien (*Weigela*-Arten, WHZ 6a) setzen mit ihren Trompetenblüten auffällige Akzente. Die Sorten der Lieblichen Weigelie *(W. florida)* werden 1–3 m hoch und blühen rosa bis rot. 'Purpurea' besitzt zusätzlich dunkles Laub und ist mit 1 m Höhe ein idealer Strauch für kleine Gärten. 'Nana Variegata', mit hellrosa Blüten wirkt durch ihre weiß-gelben Blattränder den ganzen Sommer attraktiv. 'Bristol Ruby' und 'Eva Rathke' werden bis zu 3 m hoch. Sie blühen rubin- und blaurot. Weigelien bauen ein stabiles Gerüst auf, die Bodentriebe bleiben bis zu 7 Jahre vital. Die verschiedenen Sorten und Hybriden blühen von Juni bis August, wenn die meisten Frühjahrsblüher schon verblüht sind und die typischen Sommerblüher gerade erst aufblühen. Trotzdem tragen auch Weigelien ihre Blüten an einjährigen Trieben und haben ihre Blütenknospen bereits im Vorjahr gebildet. Da mehrere Sorten im Hochsommer nachblühen, scheint es, dass sie auch an diesjährigen Trieben blühen. Diese jungen Triebe haben sich aber aus älterem Holz entwickelt. Diesjährige Langtriebe oder Bodentriebe blühen nicht. Wegen der späten Blütezeit schneidet man Weigelien nicht nach der Blüte, sondern im Frühjahr vor dem Austrieb.

Erziehung

Weigelien erzieht man mit sieben bis zwölf Gerüsttrieben. Überzählige oder schwache Bodentriebe lichten Sie aus. Entwickeln junge Bodentriebe schon im ersten Jahr Verzweigungen, verschlanken Sie sie an den Triebspitzen.

Erhaltung

Gerüsttriebe, die älter als 4 Jahre sind, entfernen Sie am Boden und lassen Jungtriebe als Ersatz stehen. Die übrigen lenken Sie auf innen stehende einjährige Seitentriebe um. Da der Schnitt vor der Blüte erfolgt, entfernen Sie dabei immer auch Blüten. Deshalb schneidet man Weigelien zurückhaltender als andere Frühjahrsblüher.

Weigelien sind richtige Langzeitblüher. Ihre Blüte kann bis zum Herbst dauern.

Verjüngung

Lichten Sie bei überalterten Weigelien vergreiste Gerüsttriebe bodeneben aus und verfahren Sie dann wie bei der Erhaltung. Wurden Gerüsttriebe nicht am Boden, sondern etwas weiter oben entfernt, bilden sich manchmal Köpfe. Entfernen Sie diese nicht sofort, die Wunde trocknet sonst zu weit in den Wurzelstock ein. Entfernen Sie vergreiste Triebe oberhalb des Kopfs und fördern Sie in den nächsten Jahren direkt aus dem Boden wachsende Jungtriebe. Erst wenn genug junge Bodentriebe vorhanden sind, entfernen Sie den Kopf. Eine echte Verjüngung erfolgt bei Sträuchern nur, wenn man Gerüsttriebe direkt am Boden entfernt.

1 ERHALTUNG *Tauschen Sie alte Triebe gegen bodenbürtige Jungtriebe aus. So bleibt das Gehölz locker und vital. Vergreiste Triebspitzen lenken Sie auf weiter innen stehende Jungtriebe um.*

2 VERJÜNGUNG *Haben überalterte Weigelien Köpfe gebildet, entfernen Sie die vergreisten Gerüsttriebe oberhalb der Köpfe. Auf diese Weise fördern Sie Jungtriebe aus der Wurzel.*

Berberitze: wehrhafte Blattschönheit

Berberitzen haben einen reizvollen Fruchtschmuck und bilden ein stabiles Gerüst aus.

Berberitzen (*Berberis*) öffnen von Mai bis Juni Blüten in verschiedenen Gelbtönen, denen meist rote Früchte folgen. Einige haben buntes Laub, andere glänzende, immergrüne Blätter. Mit ihren Dornen bilden sie wirksame Gartengrenzen. Besondere Ansprüche an den Boden haben sie nicht. Die bekannteste Art ist Thunbergs Berberitze (*B. thunbergii*, WHZ 4), die es in vielen Sorten gibt. 'Atropurpurea' besitzt rote Blätter und wird bis zu 3 m hoch, 'Atropurpurea Nana' (WHZ 5a), ebenfalls mit rotem Laub, nur 0,6 m. Die schwachwüchsige Sorte 'Kobold' und die Buchsbaumblättrige Berberitze (*B. buxifolia* 'Nana', WHZ 5a) eignen sich als Ersatz für von Pilz befallene Buchseinfassungen. Ungeschnitten werden sie nicht höher als 0,5 m. Hookers Berberitze (*B. hookeri*, WHZ 6a), Julianes Berberitze (*B. julianae*, WHZ 6b) und die Schmalblättrige Berberitze (*B. stenophylla*, WHZ 7a) sind wintergrün. Sie vertragen, im Gegensatz zu den sommergrünen Arten, auch Halbschatten. Mit Ausnahme des Sauerdorns (*B. vulgaris*, WHZ 4), dessen Früchte essbar sind, gelten die der meisten anderen Arten als schwach giftig. Berberitzen bilden ein stabiles Gerüst. Die Blüten stehen an ein- und mehrjährigen Trieben, man schneidet am besten nach der Blüte. Wegen der Dornen sollte man regelmäßig schneiden. So bleiben die Sträucher locker – dies erleichtert das Arbeiten sehr.

Erziehung

Erziehen Sie Berberitzen mit zehn bis zwölf Bodentrieben als Gerüst. Diese sollten verschieden alt sein. Entfernt man regelmäßig Bodentriebe, treiben neue Triebe aus der Wurzel. Bei wintergrünen Arten reichen fünf bis sieben Bodentriebe als Gerüst. So fällt genug Licht ins Innere des Strauchs, und er verkahlt nicht von unten her.

Erhaltung

Die einzelnen Gerüsttriebe bleiben bis zu 10 Jahre vital. Ersetzt man sie trotzdem nach 5–7 Jahren durch Jungtriebe, bleibt der Strauch übersichtlicher und besser zugänglich. Überhängende Besen lenken Sie auf weiter innen stehende Jungtriebe um. Die neuen Triebspitzen verschlanken Sie. Wintergrüne Berberitzen lichten Sie zurückhaltender aus, sie entwickeln ein sehr stabiles Gerüst. Hier ist es sinnvoll, überzählige junge Bodentriebe regelmäßig zu entfernen.

Verjüngung

Hat eine über mehrere Jahre ungeschnittene Berberitze ein Dickicht gebildet, ist ein Verjüngungsschnitt nur schwer möglich. Besser setzen Sie die Pflanze im Frühjahr vor dem Austrieb auf den Stock. Im folgenden Jahr lichten Sie die neu entstandenen Bodentriebe aus. In den nächsten Jahren gehen Sie dann zum Erhaltungsschnitt über.

Schnitt für buntes Laub

Berberitzen werden gern für Hecken an Straßen verwendet. Man schneidet sie wie Laubgehölzhecken (→ Seite 184). Rot- oder gelbblättrige Sorten, die als Farbtupfer in Rabatten stehen, setzt man jedes Frühjahr auf den Stock. Der Saftdruck verursacht den ganzen Sommer über ein starkes Wachstum, und es gibt immer reichlich junge, intensiv gefärbte Blätter (→ Seite 45).

ERHALTUNG *Die Gerüsttriebe sind bei Berberitzen bis zu 10 Jahre vital. Ersetzen Sie trotzdem regelmäßig ältere Bodentriebe durch Jungtriebe. So bleibt der Strauch locker und pflegeleichter.*

Schönfrucht: violette Liebesperlen

Von der Schönfrucht (*Callicarpa bodinieri*, WHZ 6a) wird fast ausschließlich die Sorte 'Profusion' in Gärten gepflanzt. Attraktiv ist vor allem der herbstliche Fruchtschmuck, der ab September auffällig rotviolett glänzt.

Kaum ein herbstlicher Fruchtschmuck ist so auffällig wie der des Liebesperlenstrauchs.

Von ihm hat der Strauch seinen zweiten Namen »Liebesperlenstrauch«. Mit den straff aufrechten Trieben wird die Schönfrucht bis zu 3 m hoch, aber nur etwa 2 m breit. Sie wünscht einen sonnigen Standort mit einem vor allem gleichmäßig feuchten Boden. Heiße, sommertrockene Standorte sagen ihr nicht zu. Die Schönfrucht bildet ein schwaches Gerüst. Die unauffälligen Blüten erscheinen im Juli an einjährigen Seitentrieben von zwei- und mehrjährigen Langtrieben. Da der folgende Fruchtschmuck die Hauptattraktion ist, schneidet man diesen Frühjahrsblüher nicht nach, sondern vor der Blüte. Ein regelmäßiger, aber zurückhaltender Schnitt garantiert einerseits eine bleibende Vitalität, andererseits aber auch, dass Sie nicht auf Früchte verzichten müssen.

Erziehung

Für den Aufbau des Gerüsts reichen sieben bis neun Bodentriebe aus. Schwache Jungtriebe entfernen Sie bodeneben. Einjährige Gerüsttriebe kürzen Sie nicht ein. Sonst würde das Wachstum übermäßig angeregt, und Sie müssten im folgenden Jahr die Triebspitzen aufwendig verschlanken.

Erhaltung

Die Gerüsttriebe bleiben bis zu 10 Jahre vital. Allerdings bilden sie nach etwa 5 Jahren an den Spitzen Köpfe und beginnen von unten her zu verkahlen. Lichten Sie daher jedes Jahr ein bis zwei Bodentriebe vollständig aus und belassen Sie kräftige Jungtriebe als Ersatz. So bleibt der Strauch locker.
An den verbleibenden Gerüsttrieben lenken Sie stark verzweigte Spitzen auf tiefer stehende ein- bis zweijährige Jungtriebe um. Die neue Fortsetzung wird verschlankt und sollte immer die Wuchsrichtung des Gesamttriebs harmonisch aufnehmen. Überlange oder stark verzweigte Seitentriebe verschlanken Sie ebenfalls oder lenken sie gerüstnah auf Jungtriebe um.

Verjüngung

Bei überalterten Sträuchern entfernen Sie bis zu 50 Prozent der Gerüsttriebe bodeneben und ersetzen sie durch kräftige Jungtriebe. Im zweiten Jahr führen Sie die Verjüngung fort. Besitzt das Gehölz viele Bodentriebe, wächst aber im oberen Bereich immer noch stark, verjüngen Sie es maßvoll. Verteilen Sie die Verjüngung dann eher auf 3 Jahre, um überstarkes Wachstum mit schlaksigen Jungtrieben zu vermeiden.

ERHALTUNG *Bis zu neun Bodentriebe bilden bei der Schönfrucht das Gerüst. Ersetzen Sie die ältesten davon regelmäßig durch Jungtriebe, so bleibt der Strauch locker.*

Fruchtschmuck ernten

Die Früchte halten sich in Sträußen über Wochen. Auch in Kränzen und Gestecken ohne Wasserzufuhr bewahren sie Form und Farbe.
Wenn Sie Früchte schneiden, sollten Sie aber nicht die Spitze eines gerade erzogenen Gerüsttriebs kappen. Überlegen Sie besser, welchen Bodentrieb Sie sowieso entfernen werden, und »ernten« Sie die Früchte an dessen Seitentrieben. So bleibt die Form des Strauchs gewahrt.

Die klassischen Ballhortensien sind charakteristische Gehölze in ländlichen Gärten.

Ball- und Tellerhortensie: Nostalgie im Garten

Ball- und Tellerhortensien (*Hydrangea macrophylla*, *H. serrata*, WHZ 6b) sind mit ihren vielen Sorten der Inbegriff des romantischen Gartens. Sie blühen zwischen Juni und September in Weiß, Rosa, Rot oder in blauen und violetten Tönen. Einige Sorten blühen in kalkreichen Böden rosa, in kalkfreien blau. Spezielle Dünger unterstützen die Blaufärbung. Die erste Düngung erfolgt Ende Februar, die zweite, wenn die grünen Blütenknospen erscheinen. Hortensien lieben durchlässige, sommerfeuchte Böden und Halbschatten. Sie bilden ein mittelstarkes Gerüst. Die Blütenknospen werden bereits im Vorjahr gebildet und sitzen an einjährigen Langtrieben und an Kurztrieben an älterem Holz. Damit sie in kalten Wintern nicht erfrieren, belassen Sie die alten Blütendolden, sie schützen die darunterliegenden Knospen. Ihrer späten Blüte wegen schneidet man kurz vor dem Austrieb. Schneidet man nach der Blüte, reifen die Jungtriebe nicht mehr aus. Einige neuere Sorten blühen auch an diesjährigen Trieben (→ Seite 118).

Erziehung

Erziehen Sie Ball- und Tellerhortensien mit 10–15 verschieden alten Bodentrieben. Einjährige Bodentriebe, die noch nicht geblüht haben, kürzen Sie nicht ein. Diese tragen an der Spitze eine hochwertige Blütenknospe.

1 ERHALTUNG *Lichten Sie vergreiste Triebe bodeneben aus. Einjährige kräftige Bodentriebe belassen Sie, schwache entfernen Sie ganz. Verzweigungen mehrjähriger Bodentriebe lenken Sie auf kräftige einjährige Triebe um.*

2 VERJÜNGUNG *Bei überalterten Pflanzen entfernen Sie vergreiste oder überhängende Bodentriebe ganz. Jungtriebe belassen Sie. Sind keine vorhanden, reichern Sie den Boden mit Kompost an, um das Wachstum zu fördern.*

Erhaltung

Der einzelne Bodentrieb bleibt bis zu 4 Jahre vital. Dann verzweigt er sich immer mehr, die Blüten bleiben klein, und der Trieb hängt meist zur Erde über. Lichten Sie daher jährlich ein Viertel der ältesten Gerüsttriebe bodeneben aus. Kräftige einjährige Bodentriebe werden nicht eingekürzt, schwache vollständig entfernt. An den verbliebenen mehrjährigen Gerüsttrieben lenken Sie verzweigte Spitzen auf tiefer stehende, kräftige einjährige Seitentriebe um. Zum Schluss entfernen Sie die vorjährigen Blütenköpfe bis zur ersten dicken Knospe. Diese neuen Blütenknospen sind kurz vor dem Austrieb gut zu erkennen.

Verjüngung

Lichten Sie bei überalterten Sträuchern alle vergreisten Triebe bodeneben aus, auch wenn anschließend kaum noch Triebe verbleiben. Anschließend reichern Sie den Boden großzügig mit Kompost an, um das Wachstum zu fördern. Halten Sie den Boden im folgenden Sommer feucht. Im folgenden Jahr gehen Sie zum Erhaltungsschnitt über. Bilden sich keine Jungtriebe mehr, ist das Gehölz erschöpft und sollte ersetzt werden. Ein großzügiger Bodenaustausch erleichtert in diesem Fall den Start der Jungpflanze.

Strauchpfingstrose: sensible Primadonnen

Die zarten Blüten der Strauchpfingstrosen entfalten sich mit seidigem Glanz.

Strauchpfingstrosen (*Paeonia suffruticosa*, WHZ 5b) gibt es in vielen Sorten und Farben. Sie bilden ein dauerhaftes Gerüst und werden bis zu 2 m hoch. Ihre Blüten öffnen sie von April bis Mai, in milden Lagen manchmal schon Ende März. Folglich sagt ihnen ein geschützter Standort zu. Eine Südwand ist aber nicht optimal, da die Wintersonne den frühen Austrieb anregt und die Knospen erfrieren können.
Strauchpfingstrosen wünschen sehr durchlässige, aber nährstoffhaltige Böden. Einen zu hohen Humusgehalt oder Trockenheit vertragen sie jedoch nicht, ebenso wenig Wurzelkonkurrenz.
Strauchpfingstrosen sind meist veredelt. Die Veredlungsunterlage dient als »Amme«, denn die Edelsorte benötigt mehrere Jahre, um genug eigene Wurzeln zu entwickeln. Pflanzen Sie daher die beim Kauf sichtbare Veredlungsstelle mindestens 10 cm tief in die Erde. Nur dann kann sich die Pflanze optimal entwickeln.
Strauchpfingstrosen bilden ein langlebiges Gerüst. Die Blütenknospen werden im Vorjahr an einjährigen Seitentrieben sowie an altem Holz angelegt. Man schneidet direkt nach der Blüte.

ERHALTUNG *Entfernen Sie nach der Blüte verkahlte und abgestorbene Triebe. Verblühtes kürzen Sie bis zur nächsten gut entwickelten und nach außen weisenden Knospe ein. Verkahlte Triebe lenken Sie auf tiefer stehende Seitentriebe um.*

Erziehung

Hat eine Jungpflanze nur einen Trieb, kürzen Sie diesen leicht ein. So fördern Sie eine bodennahe Verzweigung. Haben sich bereits mehrere kräftige Triebe entwickelt, ist dies nicht nötig. Dann entfernen Sie vor der Pflanzung nur schwache oder abgestorbene Triebe. Liegt bei einer bereits gepflanzten Strauchpfingstrose die Veredlungsstelle über dem Boden, graben Sie diese Mitte bis Ende September noch einmal aus und pflanzen sie entsprechend tiefer. Arbeiten Sie dabei mit einer Grabegabel, um keine Wurzeln zu verletzen oder abzustechen. Nach dem Umpflanzen wässern Sie ausgiebig.

Erhaltung

Zu Beginn der Blüte entfernen Sie lediglich abgestorbene Triebe oder Spitzen. Nach der Blüte schneiden Sie Abgeblühtes bis zur ersten kräftigen Knospe zurück. Diese sollte nach außen weisen, um eine gleichmäßige Gestalt zu fördern. Überlange, verkahlende Triebe lenken Sie auf einen tiefer stehenden, vitalen Seitentrieb um. Lassen Sie dabei kurze Zapfen stehen, sie fördern den Neuaustrieb an der Schnittstelle. Trocknen Sie später ein, entfernen Sie sie. Welken ältere Triebe nach der Blüte, entfernen Sie sie bis zu einem gesunden Seitentrieb.
Entwickelt die Unterlage Wildtriebe, graben Sie den Boden vorsichtig auf und entfernen diese an der Wurzel.

Verjüngung

Verkahlen Sträucher, ist eine maßvolle Verjüngung möglich. Sie erfolgt nach der Blüte, wenn das Wachstum beginnt. Dabei kürzen Sie vergreiste oder verkahlte Triebe über einer Gabelung auf 3–5 cm kurze Zapfen ein. Haben sich nach 1–2 Jahren an der Schnittstelle neue Triebe gebildet, können Sie den zweiten Trieb jeder Gabelung einkürzen. Vermeiden Sie jedoch große Wunden. Verteilen Sie die Verjüngung besser auf 2–3 Jahre. In den Sommern nach der Verjüngung achten Sie auf eine ausreichende Wasserversorgung.

Gewürzstrauch: Exotik pur

Gast aus Nordamerika: der Gewürzstrauch mit seinen exotischen, duftenden Blüten

Der Echte Gewürzstrauch (*Calycanthus floridus*, WHZ 6b) ist ein markanter, bis zu 3 m hoher Strauch. Auch im Alter wächst er straff aufrecht. Er bildet ein stabiles Gerüst. In milden Regionen entwickeln sich die Gerüsttriebe, je nach Schnitt, zu kleinen Stämmen, die 10 Jahre und mehr vital bleiben. Der Strauch mag nahrhafte, humusreiche und sommerfeuchte Böden. In kühlen Regionen sollte der Standort vor austrocknenden Winden geschützt sein. Die dunkelrotbraunen, exotischen Blüten erscheinen von Juli bis September. Sie duften – vor allem abends – nach Erdbeere und halten sich lange am Strauch. Sie sitzen an den Enden diesjähriger Kurztriebe, die sich aus den Knospen einjähriger Triebe entwickeln. Wegen der späten Blüte schneidet man im Frühjahr vor dem Austrieb. Aufgrund der gegenständigen Knospen entwickelt das Gehölz, ähnlich wie Flieder, oft Gabelungen aus zwei gleich stark wachsenden Trieben. Entfernen Sie beim Schnitt immer den nach innen oder oben weisenden. So entstehen klare und schlanke Triebspitzen.

Erziehung

Erziehen Sie den Gewürzstrauch mit nur fünf bis sieben gleichmäßig verteilten Bodentrieben. Wählen Sie mehr Triebe für das Gerüst aus, beschattet sich der Strauch und verkahlt nach kurzer Zeit von unten her. Schwache Bodentriebe entfernen Sie vollständig. Die verbliebenen verschlanken Sie an den Spitzen. Achten Sie dabei besonders darauf, Gabelungen zu entfernen.

Erhaltung

Möchten Sie einen Gewürzstrauch als markantes Strukturgehölz erziehen, lichten Sie junge Bodentriebe jährlich aus. Anschließend lenken Sie verzweigte Triebspitzen auf einen einzeln stehenden Trieb um und verschlanken diesen bei Bedarf. Soll der Strauch eher klein bleiben, ersetzen Sie jedes Jahr den ältesten Bodentrieb durch einen einjährigen Jungtrieb. Die übrigen jungen Bodentriebe lichten Sie aus. An mehrjährigen Gerüsttrieben lenken Sie verzweigte Triebspitzen auf einen tiefer stehenden Jungtrieb um. Er sollte die Gesamtwuchsrichtung des Haupttriebes aufnehmen und wird bei Bedarf zusätzlich verschlankt. Mit überlangen oder stark verzweigten Seitentrieben des Gerüsts verfahren Sie ebenso. Um eine lockere Form zu erhalten, verschlanken Sie dabei besser mehr als zu wenig. Die Mitte sollte immer etwas über die Seitentriebe hinausragen, so wirkt das Gehölz natürlicher.

Verjüngung

Vergreiste oder stark verkahlte Gewürzsträucher lassen sich gut verjüngen. Bei sehr starkwüchsigen Gehölzen verteilen Sie die Maßnahme besser auf 2 Jahre, um das Wachstum nicht übermäßig anzuregen. Lichten Sie die ältesten oder dicksten Triebe bodeneben aus. Sind ausreichend Jungtriebe vorhanden, lassen Sie die gewünschte Zahl stehen, ohne sie einzukürzen. Fehlt der bodenbürtige Neuzuwachs, warten Sie bis zum nächsten Jahr, wenn sich an der Schnittstelle Neutriebe entwickelt haben. Bilden sich überlange Triebe, kürzen Sie sie bis Ende Juli um die Hälfte ein. Sie bilden unterhalb der Schnittstelle im selben Sommer Seitentriebe, die sich harmonischer in die Gesamtform einfügen. Im nächsten Frühjahr verschlanken Sie diese, kürzen sie aber nicht mehr ein.

ERHALTUNG *Für den Gerüstaufbau reichen fünf bis sieben Bodentriebe. Nach etwa 7 Jahren ersetzen Sie den ältesten davon durch einen Jungtrieb. Verzweigte Triebspitzen lenken Sie um.*

Die Rote Heckenkirsche ist eine wertvolle Futterquelle für Schmetterlinge und Vögel.

Heckenkirsche: Genuss für Vögel und Insekten

Die Gewöhnliche oder Rote Heckenkirsche (*Lonicera xylosteum*, WHZ 3) zählt zu den Wildgehölzen mit eher unauffälligen Blüten. Sie hat jedoch herausragende Qualitäten, die sich erst auf den zweiten Blick erschließen. Die weißgelben Blüten ähneln denen des verwandten Geißblatts und erscheinen von Mai bis Juni. Die intensiv duftenden Blüten bilden große Mengen Nektar und sind daher eine hervorragende Futterquelle für – auch seltene – Schmetterlingsarten. Da sie auch verschiedene nachtaktive Arten anlocken, lohnt sich das abendliche Beobachten. Die roten Früchte, für Menschen als leicht giftig eingestuft, sind im Herbst eine begehrte Vogelnahrung. Die Heckenkirsche wird bis zu 3 m hoch und ebenso breit, ist anspruchslos und gedeiht im Halbschatten sowie auf fast jedem Boden. Sie ist für frei wachsende Wildgehölzhecken und für formale Hecken geeignet. Heckenkirschen bilden ein stabiles Gerüst. Die Blüten stehen in den Blattachseln diesjähriger Seitentriebe, diese stehen wiederum an einjährigen und mehrjährigen Trieben. Man schneidet nach der Blüte.

ERHALTUNG *Lichten Sie ältere Triebe bodeneben aus. Dann lenken Sie Besen auf weiter innen stehende Jungtriebe um und verschlanken die neuen Spitzen. Quer wachsende Triebe entfernen Sie.*

Erziehung

Erziehen Sie Heckenkirschen mit sieben bis neun Bodentrieben als Gerüst. Verwenden Sie dafür nur kräftige Jungtriebe, schwache entfernen Sie. Für das erste Jahr reichen drei kräftige Bodentriebe. Die übrigen ziehen Sie in den nächsten zwei Jahren nach. Verwendet man schwache Triebe für den Aufbau, hängen diese bald über.

Erhaltung

Lichten Sie jährlich ein Fünftel bis zu einem Viertel der Bodentriebe nach der Blüte aus. Als Ersatz verwenden Sie nur kräftige Bodentriebe, schwache werden vollständig entfernt. Anschließend lenken Sie an den verbliebenen Gerüsttrieben verzweigte Spitzen auf einzeln und weiter innen stehende Jungtriebe um. Heckenkirschen bilden oft lange, quer durch den Strauch wachsende Triebe. Entfernen Sie diese am besten jährlich, so behalten die Sträucher eine übersichtliche Struktur, und die Basis bekommt jederzeit genug Licht. Bilden sich außerhalb der Strauchbasis Ausläufern ähnliche Triebe, reißen Sie diese im Sommer in noch grünem Zustand aus.

Verjüngung

Eine Verjüngung vergreister Heckenkirschen ist ohne Weiteres möglich. Lichten Sie dazu etwa die Hälfte der ältesten Triebe bodeneben aus. Belassen Sie einige Jungtriebe als Ersatz. An den verbliebenen Gerüsttrieben lenken Sie übermäßige Verzweigungen oder Köpfe auf tiefer stehende Jungtriebe um. Die neuen Spitzen verschlanken Sie zum Schluss. Achten Sie darauf, dass Sie in sich verhakte Triebe nicht aus dem Stock reißen. Schneiden Sie solche Triebe besser mehrmals durch und ziehen Sie sie dann leicht rüttelnd heraus. So können sich Verhakungen leichter lösen.

Eine über einen längeren Zeitraum nicht gepflegte Heckenkirsche kann undurchdringlich sein. Wenn Sie eine solche Pflanze auf den Stock setzen, bilden sich überlange und schlaksige Triebe. Kürzen Sie diese bis Ende Juli um mindestens die Hälfte ein. Sie verzweigen sich im selben Sommer maßvoll und werden im folgenden Jahr verschlankt. Überzählige Bodentriebe entfernen Sie. Dieser massive Schritt ist jedoch nur dann sinnvoll, wenn Sie die Nacharbeit in den nächsten Jahren sorgfältig durchführen.

Andere sommergrüne und strauchartige Heckenkirschen-Arten schneiden Sie genauso, die Winterblühende Heckenkirsche finden Sie bei den Kurzporträts (→ Seite 207).

Pfeifenstrauch: **betörender Duftrausch**

Der Pfeifenstrauch entfaltet im Frühsommer ein weißes, oft duftendes Blütenmeer.

Der Pfeifenstrauch (*Philadelphus*-Arten) ist auch als Falscher Jasmin, Bauern- oder Sommerjasmin bekannt. Er wünscht einen nahrhaften, gleichmäßig feuchten Boden in sonniger bis halbschattiger Lage. Fast alle Arten und Sorten wachsen eher aufrecht. Der Pfeifenstrauch ist ein attraktives Gehölz mit weißen Blüten. Er blüht von Mai bis Juli. Einige Sorten duften sehr stark, so die kompakte, bis zu 1, 5 m hohe 'Dame Blanche' (WHZ 5b) und die straff aufrechte, bis zu 2 m hohe 'Erectus' (WHZ 5a). Beide sind Sorten von *P.* × *lemoinei*. Der locker aufrechte Virginische Pfeifenstrauch (*P.* × *virginalis*, WHZ 5a) wird bis zu 3 m hoch und duftet ebenfalls.
Der Pfeifenstrauch bildet ein stabiles Gerüst. Die einzelnen Gerüsttriebe bleiben bis zu 8 Jahre vital, verzweigen sich dann aber an den Spitzen sehr stark. Der Strauch erneuert sich aus dem Boden und blüht an den einjährigen Seitentrieben zwei- oder mehrjähriger Langtriebe. Man schneidet den Strauch unmittelbar nach der Blüte.

Erziehung

Erziehen Sie den Pfeifenstrauch mit sieben bis zwölf kräftigen Gerüsttrieben. Schwache Bodentriebe entfernen Sie vollständig, da sie auch nach Jahren nicht stabil werden. Gerüsttriebe kürzt man niemals ein, da dies die Bildung von Besen fördert. Verzweigte Triebe werden bei Bedarf besser verschlankt.

Erhaltung

Lichten Sie regelmäßig zwei bis drei Gerüsttriebe, die 6 Jahre oder älter sind, bodeneben aus. Belassen Sie dieselbe Anzahl einjähriger Bodentriebe als Ersatz, die übrigen entfernen Sie, ohne dass Zapfen über dem Boden verbleiben. Diese treiben wieder aus und behindern die Bildung junger Triebe aus der Wurzel. An den übrigen Gerüsttrieben lenken Sie Besen auf junge, nach außen weisende Seitentriebe um. Zum Schluss verschlanken Sie die neuen Spitzen und Seitentriebe. Ragen einzelne Triebe lang aus dem Gehölz, kürzen Sie sie nicht ein, sondern entfernen sie besser vollständig. Außerhalb des Strauchs wachsende Bodentriebe reißen Sie im Sommer in noch grünem Zustand aus.

Verjüngung

Die Verjüngung führt man im Frühjahr vor dem Austrieb durch. Auf Blüten muss man in diesem Jahr dann verzichten. Entfernen Sie alle vergreisten Gerüsttriebe, auch wenn fast keine jungen Bodentriebe vorhanden sind. Verbleibende Gerüsttriebe lenken sie auf Jungtriebe um und verschlanken sie.

1 ERHALTUNG *Lichten Sie die ältesten Gerüsttriebe aus. Junge Triebe verbleiben als Ersatz, die übrigen entfernen Sie. An den übrigen Gerüsttrieben lenken Sie Besen auf Jungtriebe um.*

2 VERJÜNGUNG *Vergreiste Sträucher verjüngen Sie am besten im Frühjahr, um das Wachstum stark anzuregen. Lichten Sie vergreiste Bodentriebe aus und erziehen Sie Jungtriebe als Ersatz.*

Blutjohannisbeere: Feuerwerk aus roten Blüten

Die Blütentrauben der Blutjohannisbeere strahlen leuchtend rot.

Mit ihren Blütentrauben entfacht die Blutjohannisbeere (*Ribes sanguineum*, WHZ 5b) ein rotes Frühjahrsfeuerwerk. Die Sorte 'Atrorubens' blüht dunkelrot, 'King Edward VII' mit bis zu 8 cm langen Blütentrauben in einem reinen Rot. Beide blühen von April bis Anfang Mai und werden bis zu 2 m hoch und breit. Sie mögen einen durchlässigen, nicht zu trockenen und nahrhaften Boden. Ein sonniger Standort garantiert eine reiche Blüte. Streift man die Blätter, duften sie zart nach Schwarzer Johannisbeere. Manchmal entwickeln sich nach der Blüte schwarze, ungiftige Früchte.
Die Blutjohannisbeere entwickelt ein stabiles Gerüst und bildet regelmäßig neue Bodentriebe. Sie reagiert aber empfindlich auf große Schnittwunden an den Gerüsttrieben. Oft trocknet der ganze Trieb bis zum Boden zurück. Die Blüten erscheinen an einjährigen, bis 20 cm kurzen Seitentrieben zweijähriger und älterer Langtriebe. Man schneidet sie direkt nach der Blüte.

! WEITERE ARTEN

Die Alpen-Johannisbeere (*R. alpinum*, WHZ 3) blüht gelb, wird bis zu 2 m hoch und gedeiht auch unter Bäumen. Die Gold-Johannisbeere (*R. aureum*, WHZ 3) wird bis zu 3 m hoch und blüht in gelben, duftenden Trauben. Sie dient bei Johannisbeer- und Stachelbeer-Hochstämmchen als Unterlage. Beide Arten schneidet man wie die Blutjohannisbeere.

Erziehung

Lassen Sie bis zu zwölf Gerüsttriebe stehen. Sind bei der Pflanzung weniger Triebe vorhanden, ergänzen Sie diese jedes Jahr um drei Triebe. Wählen Sie kräftige einjährige Bodentriebe für das Gerüst aus, schwache und überzählige entfernen Sie jährlich. Einjährige Gerüsttriebe kürzen Sie nicht ein.

Erhaltung

Vergreiste Gerüsttriebe lichten Sie nach 4–5 Jahren am Boden aus. Entfernen Sie dabei eingetrocknete Zapfen früherer Schnitte. Ersetzen Sie die Gerüsttriebe durch junge bodenbürtige Triebe. Wählen Sie nur kräftige Triebe und entfernen Sie flache vollständig, auch wenn nicht genügend Triebe als Ersatz zur Verfügung stehen. Verzweigte Besen der verbleibenden Gerüsttriebe lenken Sie auf tiefer stehende ein- bis zweijährige Seitentriebe um. Vermeiden Sie dabei große Wunden. Die neuen Triebenden verschlanken Sie bei Bedarf. Stark verzweigte Seitentriebe lenken Sie auf gerüstnahe Jungtriebe um. Fehlen diese, entfernen Sie die Seitentriebe auf 2 cm kurze Zapfen am Gerüst. Der Zapfen trocknet zwar im Sommer ein, bis dahin haben sich aber Jungtriebe nah am Gerüsttrieb gebildet. Ohne Zapfen kann die Wunde in das Gerüst eintrocknen, ohne dass sich ein Neutrieb gebildet hat.

Verjüngung

Vergreiste Gerüsttriebe lichten Sie mit einem sauberen Schnitt bodeneben aus. Verteilen Sie bei stark vergreisten Sträuchern die Verjüngung auf 3 Jahre. Jungtriebe aus dem ersten Jahr können schon im zweiten das Gehölz zusätzlich vitalisieren. Die weiteren Schnitte führen Sie wie bei der Erhaltung durch. Geben Sie bei der Verjüngung eine zusätzliche Kompostgabe und halten Sie das Gehölz im Sommer feucht.

ERHALTUNG *Lichten Sie alte Gerüsttriebe bodeneben aus, junge Triebe dienen als Ersatz. Verzweigte Triebspitzen lenken Sie auf tiefer stehende Jungtriebe um. Vermeiden Sie bei diesen Maßnahmen große Wunden.*

Winter-Schneeball: *duftender Frühjahrsgruß*

Beide Arten des Winter-Schneeballs blühen oft früh im Jahr und duften stark.

Die ansprechende Form und die duftenden Blüten machen Winter-Schneebälle (*Viburnum*-Arten) zu begehrten Ziersträuchern. Unter diesem Namen sind zwei Arten zusammengefasst. Ihre Hauptblüte beginnt in warmen Regionen im Februar und hält bis Ende März an. Der Duft-Schneeball (*V. farreri*, WHZ 6b) besitzt hellrosa Knospen, weiße Blüten und wird bis zu 2 m hoch. Er ist ein Elternteil des Bodnant-Schneeballs (*V. × bodnantense*, WHZ 6b). Dessen Blütenknospen und Blüten sind intensiver rosa, und er wächst etwas stärker. Beide duften sehr intensiv und bevorzugen durchlässige, sommerfeuchte Böden. Sehr heiße Standorte sagen ihnen dagegen weniger zu. Sie entwickeln ein stabiles, langlebiges Gerüst. Die Blüten bilden sich an den Spitzen kurzer Seitentriebe einjähriger und älterer Triebe. Man schneidet immer nach der Blüte.

Erziehung

Erziehen Sie beide Arten mit einem Gerüst aus sieben bis zehn kräftigen Bodentrieben. Überlange Triebe kürzen Sie im ersten Jahr um die Hälfte ein. Im nächsten Jahr verschlanken Sie kräftige Neutriebe.

Erhaltung

Die Bodentriebe können 8 Jahre oder länger vital bleiben. Ab dem fünften Jahr verzweigen sich ältere Triebe jedoch immer mehr. Lichten Sie dann jedes Jahr ein bis zwei der ältesten Bodentriebe aus und ersetzen Sie sie durch junge, kräftige Triebe. An den übrigen Gerüsttrieben lenken Sie verzweigte Spitzen auf einen weiter innen stehenden Jungtrieb um. An Gabelungen entfernen Sie den nach innen weisenden Trieb. Bilden sich lange Steiltriebe im Strauchinnern, entfernen Sie sie, ebenso überzählige bodenbürtige Jungtriebe. Zu weit außen stehende reißen Sie im Sommer aus.

Verjüngung

Winter-Schneeball lässt sich gut verjüngen. Um die Bildung neuer Bodentriebe nicht zu stark anzuregen, verteilen Sie die Verjüngung auf 2 Jahre und gehen dann zur Erhaltung über.

1 ERHALTUNG: VOR SCHNITT *Bisher wurden hier nur im äußeren Bereich Triebe umgelenkt. Die Triebspitzen haben Besen gebildet. Zwar wachsen noch Jungtriebe, doch die Strauchbasis verkahlt.*

2 ERHALTUNG: NACH SCHNITT *Zwei ältere Gerüsttriebe wurden bodeneben entfernt, die übrigen auf Jungtriebe umgelenkt und diese verschlankt. Zwei jüngere Bodentriebe bleiben als Ersatz.*

3 ERHALTUNG *Lichten Sie ältere Gerüsttriebe aus und belassen Sie Jungtriebe als Ersatz. An den übrigen Gerüsttrieben lenken Sie verzweigte Spitzen auf Jungtriebe um, Gabelungen verschlanken Sie.*

Etagen-Schneeball: schwerelose Eleganz

Der Japanische Etagen-Schneeball (*Viburnum plicatum* 'Mariesii', WHZ 5a) ist nicht nur ein reich blühender Strauch, sondern auch ein anmutiges Strukturgehölz. Er bildet ein stabiles Gerüst aus bis zu 2 m hohen, auf-

Die Blüten an den Seitentrieben des Etagen-Schneeballs scheinen fast zu schweben.

rechten Trieben, an denen etagenartig angeordnete Seitentriebe stehen. Die hortensienähnlichen Tellerblüten erscheinen an einjährigen Seitentrieben. Diese dürfen nie eingekürzt werden. Starkwüchsiger ist die Sorte 'St Keverne', sie wird bis zu 4 m hoch. Die Blütezeit erstreckt sich von Mai bis Juni. Nur 'Watanabe' blüht an diesjährigen Trieben ab Mai bis in den Herbst zusätzlich nach und wächst etwas schwächer. Alle Sorten wünschen einen sommerfeuchten, humosen Boden und einen sonnigen, besser halbschattigen Standort. Die Gerüsttriebe vergreisen erst nach Jahren. Der Schnitt erfolgt regelmäßig, aber zurückhaltend direkt nach der Blüte.

Erziehung

Erziehen Sie Etagen-Schneeball mit vier bis höchstens sieben Gerüsttrieben. Je mehr Gerüsttriebe, umso eher schattieren sie sich gegenseitig und verkahlen von unten her. Es muss aber immer genug Licht an die Basis gelangen, damit die typischen flach abstehenden Seitentriebe vital bleiben. Kürzen Sie einjährige Bodentriebe nicht ein, zweijährige verschlanken Sie.

Erhaltung

Die Gerüsttriebe vergreisen erst nach Jahren. Achten Sie lediglich darauf, dass sie genügend Abstand zueinander haben. Wird der Strauch zu groß, entfernen Sie den längsten Gerüsttrieb zugunsten eines jüngeren Bodentriebs. Verschmelzen die Etagen ineinander, entfernen Sie im Strauchinnern einige Triebe gerüstnah. Wird der obere Bereich zu breit, lenken Sie auf einzelne, gut verteilte und nach außen weisende Triebe um. Verschlanken Sie zum Schluss die Enden der flachen Seitentriebe. So betonen Sie die Eleganz des Gehölzes. Bei einem vitalen Schneeball reißen Sie überzählige Jungtriebe regelmäßig bereits im Sommer aus.

ERHALTUNG *Die etagenartig wachsenden Seitentriebe kommen bei wenigen Gerüsttrieben am besten zur Geltung. Verschlanken Sie die Gerüsttriebe nur zurückhaltend.*

! WEITERE ARTEN

Der Koreanische Schneeball (*V. carlesii*, WHZ 5b) und Burkwoods Schneeball (*V. × burkwoodii*, WHZ 6b) blühen am Ende einjähriger Seitentriebe. Man schneidet sie nach der Blüte. Der Wollige Schneeball (*V. lantana*, WHZ 4) bildet langlebige Gerüsttriebe und blüht an einjährigen Trieben. Bei ihm lichtet man nur vergreiste Triebe am Boden aus. Vorsicht: Die Wolle der Blätter verursacht Juckreiz.

Verjüngung

Einen vergreisten Etagen-Schneeball sollte man nur vorsichtig verjüngen. Entfernen Sie ein bis zwei der ältesten Gerüsttriebe bodennah. Sind Jungtriebe vorhanden, belassen Sie die zwei kräftigsten als Ersatz. Sind keine jungen Bodentriebe zu erkennen, fördert das Auslichten Neuaustriebe. In den kommenden Jahren führen Sie die Verjüngung maßvoll fort. Dabei ersetzt man nicht ganze Gerüsttriebe, sondern schneidet immer eher im äußeren Bereich, um die Vitalität zu fördern.

Gefüllter Schneeball: *Schönheit vom Land*

Ein Traum für ländliche Gärten: die Blütenbälle des Gefüllten Schneeballs

Seine großen, duftenden Blütenbälle zeigt der Gefüllte Schneeball (*Viburnum opulus* 'Roseum', WHZ 4) im Mai und Juni. Er wird auch Bauernschneeball genannt, wächst bis zu 4 m hoch und wünscht sommerfeuchte Böden in Sonne bis Halbschatten.
Der Gefüllte Schneeball besitzt ein stabiles Gerüst. Die Blütenknospen sitzen an einjährigen Lang- und Kurztrieben. Überlange einjährige Triebe im Strauch oder aus dem Boden besitzen meist noch keine Blütenknospen. Man schneidet nach der Blüte.

Erziehung

Erziehen Sie den Gefüllten Schneeball mit fünf bis sieben Bodentrieben für das Gerüst. Wenn Sie wurzelnackte Sträucher mit langen, einjährigen Trieben pflanzen, kürzen Sie diese um die Hälfte ein, schwache entfernen Sie. So werden die Gerüsttriebe kräftiger und standfester. Allerdings sollten Sie im folgenden Sommer die neuen Triebspitzen verschlanken. Wenn Sie Sträucher mit Wurzelballen pflanzen, lichten Sie lediglich schwache Triebe aus und kürzen die übrigen nicht ein.

ERHALTUNG *Die stabilen Gerüsttriebe ersetzen Sie durch Jungtriebe, wenn sie nach etwa 6–8 Jahren vergreisen. Überhängende, verzweigte Triebspitzen lenken Sie auf Jungtriebe um.*

Erhaltung

Die Gerüsttriebe dieser Schneeballart bleiben 6–8 Jahre vital, teilweise sogar länger. Mit zunehmendem Alter verzweigen sich die Triebspitzen jedoch immer mehr und hängen oft über. Ersetzen Sie daher jedes Jahr einen der ältesten Gerüsttriebe durch einen bodenbürtigen Jungtrieb. Diesen kürzen Sie nicht ein. An den verbliebenen Gerüsttrieben lenken Sie verzweigte Spitzen auf tiefer stehende Jungtriebe um – und zwar eher auf einjährige als auf diesjährige Triebe. Letztere werden durch eine zu starke Anregung des Wachstums nämlich sehr lang. Verschlanken Sie die neuen Triebspitzen. Zum Schluss lichten Sie quer oder steil wachsende Triebe vollständig aus.

Verjüngung

Damit das Wachstum besser angeregt wird, verjüngen Sie im Frühjahr vor dem Austrieb. Entfernen Sie etwa die Hälfte der Gerüsttriebe bodeneben. Im Sommer bilden sich neue Jungtriebe aus der Wurzel. Sind diese überlang, kürzen Sie sie bis Mitte Juli um die Hälfte ein. So werden sie standfester. Verschlanken Sie diese Neuaustriebe im nächsten Frühjahr, wenn Sie mit der Verjüngung fortfahren und die zweite Hälfte der Gerüsttriebe entfernen.

Anfällig für Schädlinge

Der Gefüllte Schneeball wird oft von Blattläusen befallen – an windgeschützten Standorten eher als an gut durchlüfteten. Auch Sträucher, die durch einen zu kräftigen Schnitt sehr lange, weiche Triebe gebildet haben, sind öfter betroffen als solche mit ausgewogenem und lockerem Wuchs. Die Larven des Schneeballblattkäfers verursachen im Mai löchrig zerfressene Blätter. Bei der geringsten Berührung lassen sie sich zu Boden fallen und sind daher nur schwer abzusammeln. Die Plagegeister lassen sich jedoch mit biologischen Mitteln im Zaum halten.

! WEITERE ARTEN

Der Gewöhnliche Schneeball (*Viburnum opulus*, WHZ 4) ist die Wildart. Im Wuchs und in den Ansprüchen gleicht er 'Roseum', besitzt aber Tellerblüten und rote Beeren, die bis weit in den Winter haften bleiben. Sein Laub hat eine hübsche, rote Herbstfärbung. Man schneidet ihn wie 'Roseum'. Der kompakte Gewöhnliche Schneeball (*V. o.* 'Compactum') entspricht in Blüten und Fruchtschmuck der Wildart. Er ist mit 1,5 m Höhe aber deutlich kleiner und wird zurückhaltender geschnitten.

Blasenspiere: lebhafter Kontrast

Blasenspiere (*Physocarpus opulifolius*, WHZ 4) ist auf den ersten Blick leicht mit dem Gewöhnlichen Schneeball zu verwechseln. Ihre Blätter ähneln sich sehr und färben sich im Herbst gelb bis beige. Beide Sträucher haben straff aufrechte Gerüsttriebe mit im Alter überhängenden Seitentrieben. Die Blüten im Juni ähneln jedoch eher den Dolden einer Spiräe (→ Seite 60). Ihnen folgen exotisch wirkende aufgeblasene Früchte. Anerkennung im Garten erlangt sie vor allem durch zwei Sorten mit attraktiv gefärbten Blättern. 'Diabolo' hat rötliches Laub und cremeweiße Blüten, 'Darts Gold' besticht durch gelbe Blätter und weiße Blüten. Die Blasenspiere bildet bis zu 4 m hohe Sträucher und gedeiht auf den meisten Böden gut. Sie bildet ein stabiles Gerüst. Die Blüten sitzen an einjährigen Trieben, der Schnitt erfolgt daher direkt nach der Blüte.

ERHALTUNG *Ersetzen Sie regelmäßig die ältesten Gerüsttriebe. Bei den übrigen lenken Sie überhängende Triebspitzen auf junge Seitentriebe um und verschlanken diese.*

Erziehung

Die Blasenspiere erziehen Sie mit fünf bis sieben Gerüsttrieben. Einjährige Bodentriebe kürzen Sie in der Regel nicht ein. Sollten doch einmal überlange Triebe entstehen, kürzen Sie diese bis Mitte Juli bis auf die Hälfte ein und verschlanken im selben Sommer die Neuaustriebe. Die dann kürzere neue Triebspitze fügt sich harmonischer in das Gehölz ein.

Erhaltung

Die Gerüsttriebe bleiben 5–7 Jahre vital. Es reicht also, wenn Sie jährlich den ältesten und stärksten Gerüsttrieb durch einen bodenbürtigen Jungtrieb ersetzen. Diesen kürzen Sie nicht ein. Bei überlangen Trieben verfahren Sie, wie bei der Erziehung beschrieben. An den verbliebenen Trieben lenken Sie die verzweigten Spitzen auf einen einjährigen, schräg nach außen wachsenden Seitentrieb um. Steil im Strauch oder quer wachsende Triebe entfernen Sie vollständig. Zum Schluss lichten Sie überzählige junge Bodentriebe aus.

Verjüngung

Blasenspieren vergreisen nicht schnell. Ist dies doch einmal der Fall, entfernen Sie im Frühjahr vor dem Austrieb ein Drittel der vergreisten Triebe bodeneben. In den nächsten beiden Jahren fahren Sie mit der Verjüngung fort. So vermeiden Sie, dass sich überlange und instabile Bodentriebe bilden. Lenkt man Triebspitzen regelmäßig auf Jungtriebe um, kann ein Gerüsttrieb ohne Weiteres 10 Jahre und älter werden, ohne an Vitalität zu verlieren.

Soll ein Strauch nicht höher als 2 m werden, ersetzen Sie die Gerüsttriebe spätestens nach 4 Jahren durch junge Bodentriebe. So bleibt der Strauch kompakt und behält trotzdem eine lockere Gestalt.

Starker Kontrast: 'Diabolo' mit cremeweißen Blüten und dunkelrotem Laub

Buntes Laub durch Köpfen

Wollen Sie bei buntlaubigen Sorten den ganzen Sommer hindurch intensiv gefärbte Blätter genießen, sollten Sie das Gehölz köpfen. Sie bauen also kein Gerüst auf, sondern kürzen von Anfang an die Triebe jedes Frühjahr vor dem Austrieb bis auf 10 cm über dem Boden ein. Der Strauch treibt dann lange Schosse, die den ganzen Sommer hindurch wachsen, blüht jedoch nicht. Da die jungen Blätter am intensivsten gefärbt sind, leuchtet der Strauch die ganze Saison über in Rot oder Gelb. Werden die Triebe im Sommer instabil, kürzen Sie die Hälfte von ihnen bis Mitte Juni um 50 Prozent ein. Sie treiben dann mit mehreren schwächeren Trieben erneut aus und verzweigen sich. Der Strauch wird dadurch stabiler.

Liguster: Grün mit Ausdauer

Die Blüten des Gewöhnlichen Ligusters sind für Insekten hochwillkommen.

Meist wird der Gewöhnliche Liguster (*Ligustrum vulgare*, WHZ 5a) für formale Hecken verwendet. Er ist aber auch als Strauch schön und wird dann bis zu 5 m hoch. Hinsichtlich Boden und Standort ist Liguster anspruchslos. Die weißen Blüten erscheinen von Juni bis Juli, die schwarzen Früchte sind schwach giftig. Gewöhnlicher Liguster ist teilweise wintergrün und verliert seine Blätter erst beim Neuaustrieb. 'Atrovirens' behält seine Blätter zuverlässig den Winter über und wird 3–4 m hoch. 'Lodense' wächst nur 1 m hoch. Liguster ist unverwüstlich und bildet gern Ausläufer. Überhängende oder am Boden aufliegende Triebe bilden schnell Wurzeln. Er bildet ein stabiles Gerüst, die Gerüsttriebe bleiben bis zu 8 Jahre vital. Die Blüten stehen an einjährigen Seitentrieben, Langtriebe blühen meist nicht. Der späten Blüte wegen schneidet man im Frühjahr vor dem Austrieb.

ÄHNLICH ZU SCHNEIDEN

Ovalblättriger Liguster *L. ovalifolium*, WHZ 7a	Blätter teils wintergrün, glänzend, größer als bei *L. vulgare*; junge Pflanzen frostempfindlich; Schnitt wie *L. vulgare*
Gold-Liguster *L. ovalifolium* 'Aureum', WHZ 7a	Blätter wintergrün, glänzend, attraktiv gelb gerandet; für geschützte Lagen; Schnitt wie *L. vulgare*
Kugel-Liguster *L. delavayanum*, WHZ 7b	Blätter immergrün; Verwendung als Kugel-Hochstämmchen; nicht zuverlässig winterhart; Schnitt siehe Formschnitt (→ Seite 190)

Erziehung

Erziehen Sie Liguster mit sieben bis zwölf Gerüsttrieben. Wurzelnackte junge Pflanzen besitzen oft nur ein bis zwei stark eingekürzte Bodentriebe. Aus diesen wachsen fünf bis zehn einjährige Ruten. Die kräftigen kürzen Sie um die Hälfte ein, schwache entfernen Sie. So werden sie stabiler, und Sie regen die Bildung neuer Triebe aus der Wurzel an. Im nächsten Sommer verschlanken Sie die diesjährigen Neuaustriebe und kürzen Sie nicht mehr ein. Verzweigte Pflanzen lichten Sie nach dem Kauf aus. Schwache Triebe entfernen Sie und verschlanken die übrigen.

Erhaltung

Lichten Sie nach 5 Jahren die ältesten Gerüsttriebe bodeneben aus und ersetzen Sie sie durch Jungtriebe. Je niedriger das Gehölz sein soll, umso eher sollten Sie Gerüsttriebe ersetzen. Überzählige junge Bodentriebe entfernen Sie. Ausläufer reißen Sie schon als diesjährige Triebe aus. An den übrigen Trieben lenken Sie verzweigte Triebspitzen auf schräg nach außen wachsende einjährige Triebe um. Überlange einjährige oder quer wachsende Triebe entfernen Sie vollständig.

Verjüngung

Lichten Sie bei überalterten Gehölzen alle vergreisten Gerüsttriebe bodeneben aus. Zu weit außen stehende Triebe graben Sie aus. Ist die Pflanze sehr unübersichtlich, können Sie sie auf den Stock setzen. Wachsen dann überlange, schlaksige Triebe aus dem Boden, kürzen Sie diese bis Ende Juni um zwei Drittel ein. So werden sie stabiler, verzweigen sich noch im selben Sommer und können dann verschlankt werden. Im nächsten Jahr gehen Sie zum Erhaltungsschnitt über.

ERHALTUNG *Lichten Sie ältere Gerüsttriebe bodeneben aus. Verschlanken Sie an den übrigen die Triebspitzen. Entfernen Sie überzählige Bodentriebe und reißen Sie Ausläufer aus.*

Kolkwitzie: zierlicher Blütenschmuck

Die rosaweißen Blütenglöckchen der Kolkwitzie (*Kolkwitzia amabilis*, WHZ 5b) sind eine Zierde für jeden Garten und eine gute Bienenweide. Sie erscheinen erst Ende Mai bis Anfang Juni. Die Kolkwitzie gedeiht in fast je-

Die rosaweißen Blüten der Kolkwitzie gehören zu den letzten Frühjahrsblühern.

dem Boden und verträgt auch leichten Halbschatten. Sie wird 2–3 m hoch, die Rinde älterer Triebe blättert typisch ab. Ältere Gehölze bilden in einem immer größeren Radius Bodentriebe, die regelmäßig ausgelichtet werden sollten. Geschieht das nicht, verkahlen die Sträucher von der Basis her, da die überhängenden Triebe diese zu sehr schattieren.

Die Kolkwitzie bildet ein stabiles Gerüst. Das schönste Blütenholz steht an einjährigen Seitentrieben zwei- und dreijähriger Langtriebe. Einjährige Langtriebe blühen nicht. Die Kolkwitzie wird daher, außer bei der Verjüngung, nach der Blüte geschnitten.

Erziehung

Erziehen Sie die Kolkwitzie mit einem Gerüst aus sieben bis zwölf Bodentrieben. Wählen Sie dafür kräftige bodenbürtige Jungtriebe. Diese werden nicht eingekürzt, sondern nur bei Bedarf verschlankt. Schwache Bodentriebe lichten Sie aus. Ist das Gehölz bei der Pflanzung schon älter, schneiden Sie nach der Blüte schwache Triebe aus und verschlanken die verbliebenen.

Erhaltung

Die Gerüsttriebe sind 5–6 Jahre vital. Lichten Sie jedes Jahr zwei Bodentriebe aus und ersetzen Sie sie durch bodenbürtige Jungtriebe. Alle überzähligen Bodentriebe entfernen Sie, zu weit außen stehende reißen Sie aus. Am besten lassen sich noch grüne Triebe im ersten Sommer ausreißen. Bei älteren Trieben müssen Sie den Boden oft etwas aufgraben, um sie vollständig entfernen zu können.

An den verbliebenen Gerüsttrieben lenken Sie überhängende oder stark verzweigte Triebspitzen um. Die neue Spitze kann aus einem einjährigen, aber auch diesjährigen Trieb bestehen und sollte schräg nach außen und oben wachsen. Kolkwitzien besitzen oft überlange Jungtriebe, diese sollten Sie nicht als Fortsetzung verwenden, sondern möglichst vollständig entfernen. Haben sich auf den Oberseiten des Gerüsts lange Triebe gebildet, die nach innen wachsen, entfernen Sie diese.

ERHALTUNG *Lichten Sie ältere Gerüsttriebe bodeneben aus, die übrigen lenken Sie auf junge Triebe um und verschlanken diese. Erhalten Sie den charakteristischen Wuchs.*

Leicht überhängende Seitentriebe lenken Sie bei Bedarf nahe am Gerüst um.

Verjüngung

Überaltern Kolkwitzien und verkahlen von unten her, lassen sie sich sehr gut verjüngen. Entfernen Sie im Frühjahr vor dem Austrieb die Hälfte der Gerüsttriebe. Diese Maßnahme garantiert eine bessere Entwicklung neuer Bodentriebe als ein Schnitt nach der Blüte. Lassen Sie vier bis sechs neue Bodentriebe stehen, die übrigen entfernen Sie. Im nächsten Frühjahr entfernen Sie die zweite Hälfte des alten Gerüsts und gehen dann zum Erhaltungsschnitt über. Bilden sich überlange diesjährige Triebe, kürzen Sie diese bis Ende Juni um zwei Drittel ein. Die Austriebe an der Spitze vereinzeln Sie im nächsten Frühjahr auf nur einen Trieb. Er sollte schräg nach außen und oben weisen.

Die Blütenteller der Samthortensie sind von auffälligen sterilen Blüten umgeben.

Samt- und Riesenblatthortensie: aparte Blütenteller

Die Samthortensie (*Hydrangea aspera* ssp. *sargentiana*, WHZ 6a) besitzt große Blütenteller, die zwischen Juli und September erscheinen. Die Innenflächen bestehen aus kleinen helllila Einzelblüten. An den Rändern sitzen sterile, weiße Blüten, die einen schönen Kontrast zu den innen sitzenden fertilen Blüten bilden. Sehr ähnlich und zur gleichen Zeit blüht die Riesenblatthortensie (*H. asperea* ssp. *strigosa*, WHZ 6a), deren Innenblüten etwas heller sind als bei der ersten Art. Beide mögen einen sommerfeuchten, aber durchlässigen Boden. Ein zu hoher Nährstoffgehalt führt zu langem Wachstum bis in den Herbst. Triebe, die deshalb nicht ausreifen, können im Winter zurückfrieren. Ein halbschattiger, kühler Standort tut diesen Hortensien gut, ebenso eine Mulchschicht aus Kompost oder Rindenhumus.

Riesenblatt- und Samthortensie bilden kräftige, aufrechte Bodentriebe und wirken meist etwas staksig. Eine Unterpflanzung kann die kahle Strauchbasis kaschieren. Während die jungen Triebe leicht behaart sind, besitzen die älteren eine auffällige hellbraune Rinde, die ständig abblättert und dadurch einen zusätzlichen Reiz erhält. Beide Arten haben ein stabiles Gerüst. Obwohl sie spät blühen, bilden sie ihre Blütenknospen an der Spitze einjähriger Triebe und sollten daher nie eingekürzt werden. Aus einer vitalen Blütenknospe wachsen bis zu vier oder fünf quirlartig angeordnete Blüten. Vor der Blüte bilden sich bis zu 30 cm lange, beblätterte Triebe, an deren Spitze dann die Blütenschirme stehen. Diese Triebe trocknen im Winter bis zum Haupttrieb zurück. Aufgrund der späten Blüte schneiden Sie diese Hortensien im Frühjahr vor dem Austrieb.

ERHALTUNG *Ältere Gerüsttriebe lichten Sie aus und ersetzen sie durch Jungtriebe. Verzweigte Triebspitzen lenken Sie auf einjährige Triebe um. Entfernen Sie eingetrocknete Blüten.*

Erziehung

Erziehen Sie beide Arten mit sieben bis zehn Gerüsttrieben. Einjährige Bodentriebe tragen an der Spitze eine kräftige Blütenknospe. Kürzen Sie diese daher nie ein. Die Bodentriebe sollten genug Abstand zueinander haben, sonst wirken die Sträucher etwas streng.

Erhaltung

Die Gerüsttriebe bleiben 5–7 Jahre vital, teilweise sogar länger. Lichten Sie jedes Frühjahr einen Gerüsttrieb bodeneben aus und lassen Sie einen kräftigen Jungtrieb als Ersatz stehen. Sehr verzweigte Triebspitzen lenken Sie auf tiefer stehende und nach außen weisende einjährige Triebe um. Wenn es der Form zuträglich ist, darf man dabei auch im Strauchinnern umlenken. Bei beiden Arten bilden ältere Sträucher Ausläufer. Diese lassen sich, im Gegensatz zu anderen Gehölzen, nur schwer ausreißen. Graben Sie daher den Boden etwas auf und entfernen Sie sie an der Wurzel.

Zum Schluss entfernen Sie die trockenen Blütenstände und auch die Blütenstiele bis zum Haupttrieb. Verletzen Sie dabei die gut sichtbar zwischen den alten Blütenquirlen stehende Blütenknospe nicht.

Verjüngung

Überaltern diese Hortensien, hängen sie nicht wie andere Gehölze zum Boden über, sondern stehen immer noch straff aufrecht. Allerdings erscheinen aus einer Blütenknospe oft nur ein bis zwei Blüten, während vitale Triebe und Knospen bis zu fünf Blüten tragen. Zum Verjüngen lichten Sie die Hälfte der ältesten Gerüsttriebe bodeneben aus. Im nächsten Frühjahr entfernen Sie den Rest. Haben sich bereits bodenbürtige Jungtriebe gebildet, belassen Sie nur die kräftigen und entfernen schwache vollständig. Ausläufer entfernen Sie ebenso. Im dritten Jahr gehen Sie zum Erhaltungsschnitt über.

Eichblatthortensie:
Pyramiden in Grün-Weiß

Wie der Name sagt, erinnern die Blätter der Eichblatthortensie (*Hydrangea quercifolia*, WHZ 7a) an große Eichenblätter. Sie verfärben sich im Herbst zunächst orange, gehen dann in Tiefrot über und halten sich sehr lange am Strauch. An den rispenförmigen Blütenständen sitzen kleine fertile neben großen sterilen weißen Blüten.

Eichblatthortensien bilden elegante Rispen mit weißen und grünen Blüten.

Bei 'Snow Queen' verdecken die sterilen Blüten die fertilen Blüten fast ganz. 'Snow Flake' hat gefüllte Blütenrispen, 'Harmony' große Blütenbälle, bei denen die sterilen Blüten dicht an dicht sitzen. Bei beiden können die schweren Blütenstände zum Boden überhängen und sollten gestützt werden.
Die Eichblatthortensie mag halbschattige Standorte und kühle, sommerfeuchte Böden. Sie verträgt kürzere Trockenperioden eher als Ballhortensien. Sie hat ein stabiles Gerüst. Die Blüten werden an den Spitzen einjähriger Triebe gebildet, deshalb sollten Sie diese nie einkürzen. Weil die Blüten erst spät – von Juni bis August – erscheinen, schneidet man im Frühjahr vor dem Austrieb.

Erziehung

Erziehen Sie Eichblatthortensien mit fünf bis sieben Bodentrieben als Gerüst. Diese kürzen Sie nicht ein. Schwache Triebe entfernen Sie.

Erhaltung

Die einzelnen Gerüsttriebe bleiben bis zu 10 Jahre vital, verzweigen sich aber immer mehr. Lichten Sie deshalb immer wieder einen der älteren Triebe bis auf einen 2 cm kurzen Zapfen am Boden aus. Dieser trocknet später ein und wird dann entfernt. Bis dahin haben sich jedoch unterhalb des Zapfens neue Bodentriebe gebildet.
An den verbliebenen Trieben lenken Sie Verzweigungen auf einen tiefer stehenden kräftigen Jungtrieb um. Er sollte schräg nach außen weisen und die Wuchsrichtung des Gesamttriebs aufnehmen. Zu weit außen wachsende Bodentriebe entfernen Sie vollständig.

Verjüngung

Eichblatthortensien verjüngt man über mehrere Jahre. Lichten Sie vergreiste Triebe auf kurze Zapfen am Boden aus. Stark verzweigte Triebspitzen lenken Sie auf jüngere Triebe um. Geben Sie Kompost oder organischen Dünger und mulchen Sie den Wurzelbereich.

1 ERHALTUNG: VOR SCHNITT *Die langlebigen Gerüsttriebe haben sich im oberen Bereich immer mehr verzweigt. Aus dem Gerüst oder Boden wachsen kräftige Jungtriebe.*

2 ERHALTUNG: NACH SCHNITT *Vitale Gerüsttriebe bleiben. Verzweigte Spitzen lenkt man auf Jungtriebe um und verschlankt diese. Schwache Seitentriebe auf Zapfen schneiden.*

3 ERHALTUNG *Entfernen Sie im Frühjahr die alten Blütenstände. Kürzen Sie dabei jedoch die jungen Triebspitzen nicht ein, denn sie tragen die neuen Blütenanlagen.*

Blüten-Hartriegel: eindrucksvolle Scheinblüten

Japanischer Blumen-Hartriegel hat Scheinblüten mit großen, weißen Hochblättern.

Unter dem deutschen Namen Blüten-Hartriegel werden mehrere Arten zusammengefasst. Ihre Blüten bestehen aus unauffälligen Köpfchen. Umgeben werden sie von vier auffälligen Hochblättern in Weiß oder Rosa, die man als »Scheinblüte« bezeichnet. Bei den meisten bilden sich im Spätsommer rote Früchte, die an große Himbeeren erinnern und wie das rot gefärbte Laub leuchten. Der Blumen-Hartriegel (*Cornus florida*, WHZ 6a) wird bis zu 6 m hoch und wünscht einen halbschattigen Standort mit sommerfeuchtem Boden (→ Tipp). Japanischer (*C. kousa* var. *kousa*, WHZ 6a) und Chinesischer Blumen-Hartriegel (*C. kousa* var. *chinensis*, WHZ 6a) sind in Wuchs, Blüte und Standortansprüchen ähnlich, vertragen jedoch etwas mehr Trockenheit. Nuttalls Blüten-Hartriegel (*Cornus nuttallii*, WHZ 7a) bildet bis zu 10 cm große »Blüten«. Da sie oft aus sechs Hochblättern bestehen, ist ihre Fernwirkung stärker als die anderen Arten. 'Venus' hat Scheinblüten mit 13 cm Durchmesser. Sie ist gegen die Blattfleckenkrankheit resistent.

Blüten-Hartriegel haben ein dauerhaftes Gerüst und können den Charakter eines kleinen, mehrstämmigen Baums entwickeln. Sie blühen von Mai bis Juni, die Blüten stehen an den Spitzen einjähriger Kurztriebe aus zweijährigem und älterem Holz. Schneiden Sie möglichst wenig, und wenn, dann immer direkt nach der Blüte. So können junge Triebe noch ausreifen und Blütenknospen bilden.

! BODENANSPRÜCHE BEACHTEN

Blüten-Hartriegel gedeihen nur auf sommerfeuchten Böden. Sowohl Staunässe als auch Trockenheit bekommt ihnen nicht, ebenso wenig ein hoher Kalkgehalt. Arbeiten Sie je nach Bodenart bei der Pflanzung Sand oder Rhododendrenerde ein und bedecken Sie den Boden mit Rindenmulch.
Da dieser beim Verrotten Stickstoff bindet und den Pflanzen entzieht, düngen Sie zusätzlich mit Hornmehl.

Erziehung

Beim Pflanzen entfernen Sie schwache Triebe. Alle weiteren Schnitte führen Sie nach der Laubentfaltung durch.
Bei einer strauchartigen Erziehung mit mehreren Gerüsttrieben dürfen Sie niemals Schlitzäste für das Gerüst verwenden. Das Gehölz bleibt langfristig stabiler, wenn Sie einen Mitteltrieb mit Seitengerüsttrieben erziehen. Die Erziehung gleicht dann der eines Baums (→ Seite 144, 145), allerdings ohne oder nur mit kurzem Stamm.

Erhaltung

Trocknen kleine Seitentriebe ein, entfernen Sie sie. Wird ein Strauch sehr dicht und hängen Seitentriebe über, lichten Sie die Spitzen aus. Lenken Sie Verzweigungen auf einen nach außen weisenden Trieb um. Bei Bedarf verschlanken Sie diesen. Die Schnittstellen sollten maximal 3 cm Durchmesser haben. Die Gestalt eines Blüten-Hartriegels wird mit dem Alter immer ausgeprägter. Achten Sie darauf, dass sein Charakter erhalten bleibt.

Verjüngung

Große Schnittwunden im Gerüst trocknen beim Blüten-Hartriegel oft ein und sollten vermieden werden. Vergreist ein Gehölz, können Sie nur durch kleine Schnitte im äußeren Bereich das Wachstum anregen.

ERHALTUNG *Lichten Sie Gerüsttriebe nur notfalls bodeneben aus. Besser verschlanken Sie Gerüsttriebspitzen und entfernen nach innen oder überlang wachsende Triebe im Frühsommer.*

Pagoden-Hartriegel: ***markanter Gast aus Asien***

Der Pagoden-Hartriegel (*Cornus controversa*, WHZ 7a) ist eine eindrucksvolle Gestalt im Garten. Er bildet bis zu 8 m hohe Sträucher oder kleine mehrstämmige Bäume. Die Seitentriebe stehen fast waagerecht in Etagen von den aufrechten Gerüsttrieben ab. Die attraktiven, weißen Blütenschirme mit den duftigen, winzigen Einzelblüten wirken vor allem in ihrer Summe und erscheinen im Juni. Die Blätter der Sorte 'Variegata' besitzen weiße Ränder. Die Sorte ist gegenüber Frost empfindlicher als die Art und braucht deshalb einen geschützten Standort. Dort leuchtet das Gehölze vor einem dunklen Hintergrund weithin und wird bis zu 6 m hoch. Ähnlich im Wuchs, jedoch mit kleineren Blättern, ist der Wechselblättrige Hartriegel (*C. alternifolia*, WHZ 6b). Er wird ebenfalls bis zu 6 m hoch, während die Sorte 'Argentea', mit ihren weißbunten Blättern, nur bis zu 4 m hoch wächst. Beide Arten und ihre Sorten wünschen einen vor Hitze geschützten Standort. Der Boden soll kühl und sommerfeucht, aber durchlässig sein. Eine Mulchschicht aus Laub oder Rinde hält die Bodenfeuchte länger. Gerade in den ersten 5 Jahren nach der Pflanzung sollte man dies beachten.

Der Pagoden-Hartriegel hat neben hübschen Blüten eine attraktive Gestalt.

Pagoden-Hartriegel bilden ein stabiles Gerüst. Die Blüten erscheinen an einjährigen Seitentrieben, Langtriebe blühen nicht. Der besseren Verträglichkeit wegen schneiden Sie beide Arten nach der Blüte oder zwischen Juli und August. Vermeiden Sie grundsätzlich große Schnittstellen. Die Triebe trocknen teilweise oder ganz zurück.

Erziehung

Pagoden-Hartriegel erziehen Sie am besten mit bis zu drei aufrechten Gerüsttrieben. Diese sollten stabil miteinander verwachsen sein. Wählen Sie keine Schlitzäste für den Gerüstaufbau (→ Seite 145). Am stabilsten wird das Gehölz, wenn Sie erst einen 20–40 cm kurzen Stamm erziehen. Er verzweigt sich dann in einen aufrechten Haupttrieb und leicht schräg wachsende, untergeordnete Seitengerüsttriebe.

Erhaltung

Verschlanken Sie bei Bedarf die Spitzen der Gerüst- und Seitentriebe. Hängen einzelne Etagen ineinander über, kann die charakteristische Gestalt teilweise verloren gehen. Lenken Sie dann stark überhängende Triebe auf einen weiter innen und flach stehenden Seitentrieb um. Bei Bedarf verschlanken Sie diesen. Steil aus dem Gehölz ragende Seitentriebe entfernen Sie.
Bei panaschierten Sorten können sich unterhalb der Veredlungsstelle grünblättrige Wildtriebe bilden. Entfernen Sie diese gleich im Sommer, wenn sie in noch grünem Zustand sind.

ERHALTUNG ***Verschlanken Sie die Spitzen von Gerüst- und Seitentrieben. Vermeiden Sie große Schnitte, sie verträgt dieses Gehölz nur schlecht und trocknet oft zurück.***

Verjüngung

Vergreiste Triebe lenken Sie mit kleinen Schnittstellen an den Triebspitzen auf Jungtriebe um. Starke Verzweigungen ersetzen Sie an den Gerüsttriebspitzen durch einen senkrechten Jungtrieb, an den Seitenetagen durch einen waagerechten. Zwischen den Etagen sollte etwas »Luft« sein. So wird die typische Form wieder sichtbar. Diese Schnitte führen Sie ebenfalls nach der Blüte im Sommer durch.

Felsenbirnen sind im Frühjahr von einem Schleier aus luftig weißen Blüten bedeckt.

Felsenbirne: Gehölz mit vielen Talenten

Die Felsenbirne (*Amelanchier*-Arten) ist ein wahres Multitalent. Im Unterschied zu anderen Gehölzen ist bei ihr das Verhältnis zwischen Blütenreichtum und Struktur harmonisch ausgeglichen. Die weißen Blütentrauben erscheinen zwischen März und Juni, die essbaren Früchte ab Juli, im Herbst färben sich die Blätter orange.
Je nach Schnitt sieht die Felsenbirne völlig unterschiedlich aus. Die Kupfer-Felsenbirne (*A. lamarckii*, WHZ 4) können Sie zum Beispiel sowohl als kleinen Strauch auf 3 m Höhe halten als auch mit mehreren stabilen Gerüsttrieben bis zu 6 m hoch wachsen lassen. Oder Sie erziehen sie als kleinkronigen Baum mit Stamm für den Vorgarten. Seine Krone erreicht einen Durchmesser von maximal 4 m. Die Kahle Felsenbirne (*A. laevis*, WHZ 5b) wächst ähnlich stark und bildet mit ihren Seitentrieben reizvolle Etagen. Nur 3 m hoch wird die Gewöhnliche Felsenbirne (*A. ovalis*, WHZ 5a).
Felsenbirnen mögen warme, durchlässige Böden, sehr heiße, trockene oder kalte Böden behagen ihnen nicht. Sie bilden ein stabiles Gerüst. Am schönsten blühen sie an 2–4 Jahre alten Trieben. Ihr Blütenholz bleibt länger vital als das der Spiräe oder Forsythie. Die Blütenknospen werden bereits im Vorjahr angelegt. Schneiden Sie sie deshalb immer direkt nach der Blüte.

Erziehung

Im Idealfall besitzt die Felsenbirne ein Gerüst aus sieben bis zehn unterschiedlich alten Bodentrieben. Verwenden Sie hierfür kräftige Bodentriebe, schwache lichten Sie aus. Die Gerüsttriebe sollten gleichmäßig verteilt sein. Sie sollten sich nicht berühren oder dicht parallel stehen.

Erhaltung

Um eine Felsenbirne kompakt zu halten, lichten Sie jedes Jahr ein Fünftel der ältesten Bodentriebe aus und ersetzen sie durch den gleichen Anteil an Jungtrieben. Überzählige Jungtriebe entfernen Sie am Boden. Lenken Sie an verbliebenen Trieben starke Verzweigungen auf einen Jungtrieb um und verschlanken Sie die neuen Triebspitzen. Schneiden Sie insgesamt zurückhaltender als bei einer Forsythie oder Spiräe. Kürzen Sie auch hier einjährige Langtriebe nie ein. Überlang aus dem Strauch oder nach innen stehende Jungtriebe entfernen Sie vollständig.

Verjüngung

Wurden längere Zeit keine Gerüsttriebe bodeneben ausgetauscht, verdicken sie sich und entwickeln im oberen Bereich Besen. Als Folge verkahlt das Strauchinnere. Es entstehen kaum noch Jungtriebe, das Blütenholz lässt in seiner Vitalität nach. Lichten Sie bei solchen Sträuchern mit der Säge bis zu drei Viertel der älteren Triebe am Boden aus, um Neuaustriebe aus der Wurzel anzuregen. Die Besen im äußeren Strauchbereich lenken Sie um

ERHALTUNG: VOR SCHNITT
Ohne regelmäßiges Auslichten verkahlt der Strauch, obwohl neue Bodentriebe wachsen. Die Triebspitzen verzweigen sich und hängen leicht über.

ERHALTUNG: NACH SCHNITT
Ein Gerüsttrieb wurde ausgelichtet, nur zwei Jungtriebe bleiben als Ersatz. Besen sind auf weiter innen stehende Triebe umgelenkt. Steile Triebe wurden entfernt.

und verschlanken die Triebe. Wegen der besseren Übersicht und Anregung des Wachstums führen Sie die Verjüngung vor dem Austrieb durch. In den folgenden Jahren gehen Sie zu einem regelmäßigen Erhaltungsschnitt über. Lichten Sie dabei die bodenbürtigen Jungtriebe schon im Sommer aus.

Als Solitär erziehen

Wollen Sie die Felsenbirne zu einem Strukturgehölz mit kräftigem Gerüst erziehen, lassen Sie nur drei bis sieben Bodentriebe stehen. Sie können 10–15 Jahre vital bleiben. Lichten Sie jährlich alle neuen Bodentriebe aus, ebenso steile oder nach innen wachsende Triebe. Erhalten Sie die Wüchsigkeit der unteren Seitentriebe, indem Sie die im oberen Bereich entstehenden Köpfe auslichten und verschlanken. Dieser Schnitt zum Solitär ist noch zurückhaltender als der Schnitt zu einem Blütenstrauch in einer Gruppe.

Einkürzen korrigieren

Um eine Felsenbirne in der Höhe zu begrenzen, werden einjährige Triebe oft eingekürzt. Als Folge wachsen sie von Jahr zu Jahr stärker, und es entstehen Besen. Von einem harmonischen oder natürlichen Aufbau ist dann nichts mehr zu sehen. Entfernen Sie bei solchen Sträuchern zunächst einige starke Gerüsttriebe bodeneben. So regen Sie die Bildung neuer Bodentriebe an und bringen Licht ins Strauchinnere. Lichten Sie dann die Besen im oberen Bereich aus und lenken Sie sie auf einen Seitentrieb um. Dieser sollte in die Wuchsrichtung des Haupttriebs zeigen. Wenn Sie das zu häufige Einkürzen so korrigieren, erhält das Gehölz wieder ein lockeres, natürliches Aussehen. Nach 2–3 Jahren gehen Sie zum Erhaltungsschnitt über.

1 ERZIEHUNG *Wählen Sie sieben bis höchstens zehn gleichmäßig verteilte Bodentriebe für das Gerüst aus. Die Gerüsttriebe und deren Seitentriebe werden nicht eingekürzt, sondern bei Bedarf lediglich verschlankt. Schwache und überzählige Bodentriebe entfernen Sie vollständig.*

2 ERHALTUNG *Bei einer als Blütenstrauch erzogenen Felsenbirne mit zehn Gerüsttrieben ersetzen Sie jedes Jahr zwei ältere Triebe durch Jungtriebe. Übrige junge Bodentriebe entfernen Sie vollständig. Verzweigte Triebspitzen lenken Sie auf Jungtriebe um, die neuen Spitzen verschlanken Sie.*

3 VERJÜNGUNG *Nach Jahren ohne Erhaltungsschnitt verkahlen Felsenbirnen. Lichten Sie bis zu drei Viertel der älteren Triebe bodeneben aus. Besen im äußeren Bereich des Strauchs lenken Sie um und verschlanken die Triebe. In den folgenden Jahren gehen Sie dann zum Erhaltungsschnitt über.*

Gartenflieder: köstliches Blütenparfüm

Flieder mit seinen vielen Sorten ist Inbegriff von Duft und Romantik im Frühjahr.

Der Gewöhnliche oder Gartenflieder (*Syringa vulgaris*, WHZ 4) darf in keinem Garten fehlen – am besten pflanzt man gleich mehrere Sträucher, denn Flieder ist in vielen Sorten mit gefüllten oder ungefüllten Blüten erhältlich. Die Farben reichen von Weiß, Creme, Violett bis zu Purpurrot. Die Blütentrauben öffnen sich von Mai bis Juni. Flieder fühlt sich in warmen Böden am wohlsten, ist aber sehr anpassungsfähig. An heißen, trockenen Standorten verlieren seine Blätter allerdings im Sommer ihre Frische. In regenarmen Sommern ist er deshalb für eine durchdringende Wassergabe dankbar. Wegen seines dichten Wurzelgeflechts sollte man für eine Unterpflanzung nur konkurrenzfähige Pflanzen wählen. Flieder bildet ein sehr stabiles Gerüst aus. Er kann auch als Baum erzogen werden und erreicht dann bis zu 6 m Höhe. Da er gegenständige Knospen besitzt, treiben an der Spitze oft zwei gleichberechtigte Triebe aus. Damit das Gerüst harmonisch ist, entfernt man den nach innen oder steil nach oben weisenden Trieb der Gabelung. Das Blütenholz des Flieders ist sehr langlebig. Regen Sie ihn trotzdem alle paar Jahre zu neuem Wachstum an. Die Blüten stehen an der Spitze einjähriger Triebe. Starke Triebe sind oft mit bis zu vier Blütenknospen besetzt, die in großen Rispen aufblühen. Schwache einjährige Triebe weisen dagegen nur noch eine einzige kleine Blüte auf.

ÄHNLICH ZU SCHNEIDEN

Zwerg-Duftflieder *S. meyeri* 'Palibin', WHZ 5b	helllila Blüte, Juni; starker Duft; Schnitt wie Felsenbirne (→ Seite 90)
Kleinbl. Herbstflieder *S. microphylla* 'Superba', WHZ 6a	lilarosa Blüte, Mai; bis zu 3 m hoch; Nachblüte an diesjährigen Trieben; Schnitt zurückhaltender als bei Felsenbirne
Bogenflieder *S. reflexa*, WHZ 4	überhängende, rosa Rispen im Juni; bis zu 4 m hoch; Schnitt wie Felsenbirne
Perlenflieder *S. × swegiflexa*, WHZ 5b	bis zu 30 cm lange rosa Blütenrispen, Juni; bis 4 m hoch; Schnitt wie Felsenbirne

Vor oder nach der Blüte schneiden?

Flieder blüht und wächst zugleich: Blüte und Triebwachstum, einschließlich der Blütenknospenbildung für das kommende Jahr, sind meist gleichzeitig beendet. Bei einem Schnitt nach der Blüte erfolgt meist kein neuer Austrieb. Es ist deshalb gleichgültig, ob Sie Flieder vor oder nach der Blüte schneiden. Vor der Blüte verzichten Sie auf Blüten im selben Frühjahr, beim Schnitt nach der Blüte entfernen Sie die Blütenknospen für das kommende Jahr.

Veredelter Flieder

Edelsorten sind oft auf den Wurzelstock der Wildart veredelt. In diesem Fall sollten Wildtriebe frühzeitig entfernt werden. Sie entwickeln sich stärker als die Edelsorte und lassen diese vergreisen. Spätestens wenn neben der für die Sorte typischen Farbe helllila Blüten erscheinen, ist ein Wildtrieb durchgewachsen. Es gibt jedoch auch Flieder, die nicht veredelt sind, sondern auf der eigenen Wurzel stehen. Erkundigen Sie sich beim Kauf, ob die Sorte veredelt ist oder nicht.

Erziehung

Veredelte Sträucher erziehen Sie mit fünf bis sieben bodennahen Trieben. Diese kürzen Sie nicht ein, sondern verschlanken lediglich Gabelungen an den Spitzen. Triebe unterhalb der Veredlungsstelle reißen Sie im Sommer aus. Auf eigener Wurzel stehende Sorten erziehen sie genauso, allerdings dürfen Sie hier auch Bodentriebe für den Gerüstaufbau verwenden. Fliederbäume erzieht man mit Stamm, einer geraden Mitte und vier Seitengerüsttrieben. Die Mitte sollte für eine harmonische Form immer über die Seitengerüsttriebe hinausragen. Die Triebspitzen des Gerüsts verschlanken Sie regelmäßig. Nach innen oder steil wachsende Triebe entfernen Sie jährlich vollständig.

Erhaltung

Flieder bildet meist viele Bodentriebe. Reißen Sie die überzähligen im Sommer ihrer Entstehung in noch grünem Zustand aus. Die Gerüsttriebe bei Flieder können durchaus 20 Jahre und länger vital bleiben. Vergreisen oder verkahlen Gerüsttriebe doch einmal, lichten Sie sie im Frühjahr vor dem

Austrieb bodennah aus. Sind bodennahe Jungtriebe vorhanden, belassen Sie einen als Ersatz. Im anderen Fall bilden sich unterhalb der Schnittstelle neue Triebe, von denen Sie einen für den weiteren Aufbau belassen. Schneiden Sie bei veredeltem Flieder stets oberhalb der Veredlungsstelle. Nicht veredelte Gehölze lichten Sie hingegen am Boden aus. An verbleibenden Gerüsttrieben lenken Sie überhängende Besen auf nach außen weisende, vitale Jungtriebe um. Schosse im Gehölzinnern entfernen Sie regelmäßig, damit die Form harmonisch bleibt. Nach der Blüte sollten Sie abgeblühte Blütenstände am ersten grünen Seitentrieb entfernen. So geht keine Kraft durch Samenbildung verloren.

Verjüngung

Wenn Flieder überaltert und vergreist, können Sie ihn verjüngen. Für eine starke Wachstumsanregung sollten Sie ihn im Frühjahr vor der Blüte schneiden. Entfernen Sie dabei mindestens ein Drittel der vergreisten Bodentriebe. An den verbliebenen Trieben lenken Sie kahle Triebe oder Besen auf tiefer stehende Jungtriebe um, die sich harmonisch in den Strauch einfügen.

Schnitt 1 Jahr später

Im folgenden Jahr entstehen an den Schnittstellen teils kräftige Jungtriebe. Wählen Sie schräg nach außen wachsende aus, die als Ersatz für die im letzten Jahr entfernten Triebe verbleiben. Alle überzähligen entfernen Sie. Wenn nötig, setzen Sie die Verjüngung im zweiten Jahr fort. Eine Verjüngung kann sich über 3 Jahre erstrecken.

Blüten schneiden

Wenn Sie Flieder für die Vase schneiden, sollten Sie keine Gerüsttriebspitzen entfernen. Schneiden Sie eher Seitentriebe oder solche, die steil im Gehölz stehen und sowieso entfernt werden sollten. Entfernen Sie alle Blätter an den Blütenstielen, um die Verdunstung zu senken, und füllen Sie den Strauß mit reinen Blatttrieben. Schneiden Sie die Stängel beidseitig mit einem Messer und einem langen Schnitt an. Durch diese großen Schnittflächen ist eine gute Wasseraufnahme möglich.

Wird bei Flieder das Verblühte entfernt, bleibt mehr Kraft für die jungen Knospen.

1 ERZIEHUNG *Erziehen Sie wurzelechte Flieder mit fünf bis sieben Bodentrieben. Sie können über Jahre vital bleiben. Vergreisen sie doch, lichten Sie sie aus. Überzählige junge Bodentriebe reißen Sie aus.*

2 VERJÜNGUNG *Bei überaltertem Flieder lichten Sie die ältesten Triebe bodeneben aus, bei veredelten immer oberhalb der Veredlungsstelle. Lange, kahle Triebe und Besen lenken Sie auf junge Seitentriebe um.*

3 SCHNITT 1 JAHR SPÄTER *Lichten Sie an den Schnittstellen neue Jungtriebe aus. Fügen sie sich gut ein oder eignen sich als neue Gerüsttriebe, belassen Sie sie. Bei Bedarf setzen Sie die Verjüngung fort.*

Holunder: Gartengehölz mit Tradition

Je vitaler ein Trieb ist, umso größere Blütenteller entwickelt er.

Holunder sind Klassiker im Garten. Schwarzer Holunder (*Sambucus nigra,* WHZ 5a) ist wegen der schwarzen Beeren beliebt. Frisch sind sie nicht essbar, gekocht aber sehr lecker. Er wird bis zu 7 m hoch, blüht von Juni bis Juli und liebt sommerfeuchte Böden. Roter, Trauben- oder Hirschholunder (*S. racemosa*, WHZ 4) mag sommerfeuchte, saure Böden in eher kühlen Lagen und wird nur 4 m hoch. Er blüht von April bis Mai, die roten Früchte reifen ab Juli. Gekocht sind sie essbar. Da die Samen aber giftig sind, muss man die Marmelade passieren, oder man kocht Gelee. Holunder hat ein stabiles Gerüst, die schönsten Blüten stehen an einjährigen Langtrieben (→ Abb. 1), bei Traubenholunder an Seitentrieben. Er treibt oft in Gabeln aus. Lichten Sie dort nach innen weisende und steile Triebe aus. Man schneidet im Frühjahr vor dem Austrieb.

Erziehung

Erziehen Sie das Gerüst mit etwa fünf Bodentrieben. Lange einjährige Bodentriebe, die oft überhängen, kürzen Sie ein. In den folgenden Jahren kürzen Sie nicht mehr ein, sondern verschlanken die Spitzen und entfernen nach innen wachsende Seitentriebe.

Erhaltung

Lichten Sie im Frühjahr verkahlte Gerüsttriebe bodennah aus. Entfernen Sie nach innen oder steil wachsende Triebe. Überhängende, meist verzweigte Gerüsttriebspitzen und Seitentriebe lenken Sie auf weiter innen stehende, einjährige Seitentriebe um. An den Schnittstellen ausgelichteter Gerüsttriebe entstehen im folgenden Sommer teils kräftige Jungtriebe. Lassen Sie nur einen schräg nach außen wachsenden Trieb stehen und bauen Sie ihn als neuen Gerüsttrieb auf. Überzählige Bodentriebe reißen Sie im Sommer in noch grünem Zustand aus.

Verjüngung

Zur Verjüngung entfernen Sie die Hälfte der Gerüsttriebe bodennah, im zweiten Jahr die zweite Hälfte. Junge Bodentriebe lichten Sie auf drei bis fünf aus, überlange entfernen Sie. Dann gehen Sie zum Erhaltungsschnitt über.

! WEITERE SORTEN

Schwarzer Holunder: 'Haschberg' trägt große Dolden und Früchte; 'Laciniata' besitzt geschlitzte Blätter; 'Black Beauty' besticht mit rotem Laub. Letztere blüht zudem rosa, ebenso wie die rot- und geschlitztblättrige Sorte 'Black Lace'. Traubenholunder: 'Plumosa Aurea' besitzt attraktives gelbes, geschlitztes Laub. Die Samen sind giftig.

1 BLÜTENHOLZ VITAL HALTEN *Schwarzer Holunder trägt an einjährigen Langtrieben das beste Blütenholz. Lenken Sie bereits verzweigte, ältere Triebe auf Jungtriebe um.*

2 ERHALTUNG *Lenken Sie verzweigte Triebspitzen auf weiter innen stehende Jungtriebe um. Nach innen wachsende Triebe und überzählige Bodentriebe entfernen Sie vollständig.*

Vogelbeere: Vitamine nicht nur für Vögel

Die Eberesche oder Vogelbeere (*Sorbus aucuparia*, WHZ 3) bildet große Sträucher oder Bäume. Sie wird 6–12 m hoch und halb so breit und mag durchlässige, mäßig feuchte und neutrale Böden. Zwischen Mai und Juni erscheinen die großen, weißen Blütenrispen. Die Früchte reifen ab Anfang September. Sie sind essbar, schmecken aber nur gekocht. Es gibt mehrere Sorten. 'Konzentra' enthält sehr viel Vitamin C, ebenso 'Edulis', die man auch »Mährische Eberesche« nennt. Bei ihr fehlen den Beeren die sonst vorhandenen Bitterstoffe, sodass man sie auch roh essen kann. 'Fastigiata' wächst sehr schlank und wird bis zu 8 m hoch.
Ebereschen bilden ein stabiles Gerüst. Sie blühen an den Spitzenknospen einjähriger Seitentriebe. Sie neigen jedoch dazu, zu viele Früchte anzusetzen, sodass Triebe abbrechen. Ist der Fruchtschmuck zweitrangig, schneiden Sie Ebereschen nach der Blüte, sonst im Frühjahr vor dem Austrieb.

ERHALTUNG *Lenken Sie verzweigte, überhängende Spitzen auf weiter innen stehende Triebe um und verschlanken Sie die neuen Spitzen. Junge Bodentriebe entfernt man.*

Erziehung

Das Gerüst baut man bei Sträuchern und Hochstämmen mit einer Mitte und etwa vier Seitengerüsttrieben auf. Diese kürzen Sie in den ersten 4 Jahren ein. So entfernen Sie Früchte, die die Triebspitze eventuell niederbiegen. Im jeweils folgenden Sommer verschlanken Sie die Verlängerungen der Gerüsttriebe. Wählen Sie nie Steiltriebe für das Gerüst (→ Seite 145). Bei solchen Trieben besteht die Gefahr, dass sie – auch bei wenig Fruchtbehang – nach einigen Jahren ausbrechen.

Erhaltung

Gut erzogene Ebereschen brauchen nur wenig Schnitt. Lenken Sie alle überhängenden oder verzweigten Spitzen auf weiter innen und schräg aufrecht stehende Jungtriebe um. Bei Bedarf verschlanken Sie die neuen Triebspitzen. Ist der Fruchtansatz sehr hoch und hängen Triebe stark über, entfernen Sie im Sommer einzelne Fruchtdolden. Bei der Sorte 'Fastigiata' lenken Sie bei Bedarf nach außen überhängende Triebspitzen auf steil stehende Seitentriebe um.

Verjüngung

Besenartig verzweigte Gerüsttriebe lenken Sie auf Jungtriebe um und verschlanken diese. Sind die Gerüsttriebe sehr schlank oder einzelne überlang, lenken Sie sie auf weiter innen stehende, mehrjährige Seitentriebe um. Die Fortsetzung sollte immer die Wuchsrichtung des Haupttriebs aufnehmen. Überalterte Fruchttriebe lenken Sie gerüstnah auf Jungtriebe um.

Die roten Fruchtdolden der Eberesche sind attraktiv und bei Vögeln begehrt.

ÄHNLICH ZU SCHNEIDEN

Mehlbeere *S. aria*, WHZ 5a	Großstrauch, kleiner Baum, bis 12 m; Schnitt wie Vogelbeere
Schwedische Mehlbeere *S. intermedia*, WHZ 5a	10–12 m, Wuchs etwas lockerer als Mehlbeere; Schnitt wie Vogelbeere
Thüringische Mehlbeere *S. thuringiaca* 'Fastigiata', WHZ 5b	Großstrauch, kleiner Baum, 5–7 m, Krone kegelförmig; Schnitt wie Vogelbeere
Elsbeere *S. torminalis*, WHZ 6a	10–12 m, kleiner Baum, trockenheitsverträglich; kaum Schnitt nötig

Zierkirsche: Blütenrausch in Rosa

Die Blüten der Zierkirsche wirken durchscheinend, fast als wären sie aus Seide.

Es sind mit die schönsten Wochen im Jahr, wenn die Zierkirschen (*Prunus*, WHZ 6a–6b) den Garten in ein rosa Blütenmeer verwandeln. Sehr bekannt sind einige Sorten der Japanischen Blütenkirsche *(P. serrulata)*, die von Ende April bis Mai blüht. 'Kanzan' besitzt große, gefüllte, rosa Blüten, wächst breit ausladend, fast trichterförmig und wird bis zu 7 m hoch. 'Kikushidare-zakura' wächst dagegen bogig überhängend, blüht ebenfalls mit gefüllten Blüten in Rosa und wird bis zu 5 m hoch. Eher säulenförmig und bis zu 7 m hoch wird 'Amanogawa'. Ihre nur leicht gefüllten Blüten in Porzellanrosa kommen vor allem vor einem dunklen Hintergrund gut zur Geltung. Die Rotblättrige Nelkenkirsche (*P. serrulata* 'Royal Burgundy') besitzt nicht nur dicht gefüllte, dunkelrosa Blüten, sie überrascht außerdem mit dunkelroten Blättern, die sich im Herbst in Orangerot färben.

Von der Frühjahrskirsche *(P. subhirtella)* fällt vor allem die bis zu 5 m hohe Sorte 'Autumnalis' auf. Ihre leicht rosa Blüten erscheinen oft schon im Herbst. Die Hauptblüte findet jedoch von März bis April statt. Einen zartrosa Blütenschleier aus einfachen Blüten breitet die überhängende Sorte 'Pendula' aus, die, je nach Stammhöhe, 3–5 m hoch wird. Die Hybride 'Accolade' schmückt sich mit leicht gefüllten, rosa Blüten, die sich im April öffnen. Sie entwickelt sich zu einem bis zu 7 m hohen, lockeren Großstrauch. Alle genannten Sorten wünschen einen frischen, nährstoffreichen, aber durchlässigen Boden. Schwere Böden, die wenig Luft enthalten, vertragen ihre Wurzeln nicht. Die Pflanzen vergreisen dann früh und bilden Wildtriebe. Abhilfe schaffen Sie, indem Sie den Boden mit Sand durchlässiger machen.

Große Wunden vermeiden

Zierkirschen bilden ein sehr stabiles Gerüst. Sie blühen an einjährigen Kurztrieben zweijähriger und älterer Triebe. Ihr Blütenholz ist lange vital, auch aus älteren Trieben können sich, genügend Licht vorausgesetzt, kurze Blütenspieße entwickeln. Da Zierkirschen ihre Blütenknospen im Vorjahr anlegen, schneidet man sie nach der Blüte. Sollen stärkere Triebe entfernt werden, ist ein Sommerschnitt am verträglichsten (→ Abb. 1). Vermeiden Sie jedoch immer große Wunden, sie können eintrocknen oder zu sogenanntem Gummifluss führen. Dabei bildet sich unter Stresseinwirkung eine gallertartige Masse, die an den Wundrändern austritt und die Heilung verhindert.

Erziehung

Als Sträucher erziehen Sie Zierkirschen mit drei bis fünf gleichmäßig verteilten Gerüsttrieben. Verwenden Sie dafür aber niemals Steiltriebe (→ Seite 142). Sie können nach einigen Jahren unter ihrem eigenen Gewicht ausbrechen. Die Gerüsttriebe kürzen Sie bei Bedarf nur im ersten Jahr

1 SOMMERSCHNITT *Zierkirschen sind etwas schnittempfindlich. Ist es nötig, sie zu verjüngen, auszulichten oder Triebspitzen zu verschlanken, führen Sie dies besser im Sommer durch.*

2 QUIRLE AUSLICHTEN *Sitzen bei Zierkirschen die Knospen an den Triebspitzen sehr dicht und treiben quirlartig aus, lichten Sie die stärksten Seitentriebe aus. So bleiben die Spitzen schlank.*

ein, um eine höhere Mitte zu fördern. Im nächsten Jahr verschlanken Sie die Triebspitzen nur noch und kürzen nicht mehr ein. Da Zierkirschen an den Triebspitzen oft quirlartig austreiben, verschlanken Sie die Quirle regelmäßig (→ Abb. 2). Entfernen Sie jährlich im Sommer unterhalb der Veredlungsstelle wachsende Wildtriebe. Als Bäume erziehen Sie Zierkirschen wie Laubbäume (→ Seite 142). Säulenförmige oder Hänge-Zierkirschen schneidet man wie andere Säulen- oder Hängeformen (→ Seite 45).

Erhaltung

Bei Zierkirschen bilden sich auch an altem Holz noch zuverlässig Blütenknospen. Verschlanken Sie bei Bedarf die Triebspitzen, damit auch nach Jahren noch genug Licht in das Strauchinnere fällt. Hängen verzweigte Spitzen stark über, lenken Sie diese auf weiter innen und schräg nach außen stehende Jungtriebe um. Entstehen im Innern der Krone lange Schosse, entfernen Sie sie im Sommer vollständig, ebenso wie nach innen wachsende Triebe. Reißen Sie Wildtriebe unterhalb der Veredlungsstelle in noch grünem Zustand aus. Sollten sich auch nach Jahren noch Wildtriebe bilden, ist meist die Veredlungsstelle ungenügend verwachsen, und es entsteht dort ein dauerhafter Saftstau. Prüfen Sie aber auch, ob ein zu schwerer Boden die Ursache für die Bildung der Wildtriebe ist.

Verjüngung

Überaltert eine Zierkirsche, können Sie sie vorsichtig verjüngen. Lenken Sie vergreiste Gerüsttriebe auf innen stehende, mehrjährige Jungtriebe um. Diese sollten mindestens so dick sein wie der entfernte Trieb. Ist der Trieb schwächer, lassen Sie einen 10–20 cm langen Zapfen stehen (→ Seite 41). Dieser wird nach 2–3 Jahren im Sommer entfernt, wenn der neue Haupttrieb an Dicke zugelegt hat. So vermeiden Sie, dass die Wunde in das Gerüst eintrocknet. Grundsätzlich gilt beim Schnitt von Zierkirschen, dass der Durchmesser der Wunden kleiner als 10 cm sein sollte, da die Gehölze die Wunden sonst nicht mehr zuverlässig schließen können. Zur besseren Verträglichkeit führen Sie Verjüngungsschnitte im Sommer zwischen Juni und Anfang September durch. Bei einem frühen Sommerschnitt treiben im selben Sommer noch Neuaustriebe aus, bei einem späten nicht mehr.

Verjüngung 1 Jahr später

An den Schnittstellen der umgelenkten Gerüsttriebe haben sich ein oder mehrere Jungtriebe gebildet. Davon entfernen Sie die steilen, die flachen verbleiben. Ihr Dickenwachstum unterstützt die Heilung, die Wunde schließt sich schneller. Durch den erhöhten Saftdruck nach der Verjüngung können überall im Gehölz Steiltriebe entstehen, diese entfernen Sie. Die Triebspitzen der Gerüsttriebe verschlanken Sie. Bei Bedarf setzen Sie die Verjüngung im Sommer maßvoll fort.

3 ERZIEHUNG *Zierkirschen erzieht man mit drei bis fünf bodennahen Trieben. Überzählige oder steile Triebe entfernen Sie. Für eine harmonische Form fördern Sie die Mitte, sodass sie höher wird.*

4 VERJÜNGUNG *Vergreist eine Zierkirsche oder hängen die Spitzen lang und kahl über, verjüngen Sie sie im Sommer maßvoll. Lenken Sie Gerüsttriebe auf weiter innen stehende, vitale Seitentriebe um.*

5 VERJÜNGUNG 1 JAHR SPÄTER *Lichten Sie im Sommer an den Schnittstellen steil wachsende Triebe aus. Steile Triebe im Strauchinnern entfernen Sie und führen bei Bedarf die Verjüngung fort.*

Zierapfel: Früchte im Kleinformat

Bei Zieräpfeln ist vor allem der wochenlang attraktive Fruchtschmuck reizvoll.

Zieräpfel (*Malus*, WHZ 3–5) blühen nicht nur überreich weiß, zartrosa oder rot. Sie tragen im Herbst auch gelb, orange oder rot gefärbte Äpfelchen. Mit ihnen lassen sich wundervolle Herbstdekorationen arrangieren. Zieräpfel lieben sonnige Standorte mit nährstoffreichen, luftigen und gleichmäßig feuchten Böden. Als Strauch werden sie je nach Sorte 4–7 m hoch. Wählen Sie für einen ausdauernden Herbstschmuck Sorten, deren Früchte lang am Gehölz hängen bleiben. Weil Vögel eher rote Äpfelchen verzehren als gelbe, kann man sich an den gelben Früchten von Sorten wie 'Butterball' oder 'Wintergold' länger erfreuen. Eine Ausnahme ist 'Red Sentinel', deren rote Früchte lange am Gehölz verbleiben. Der Zierapfel ist ein typischer Frühlingsblüher. Schneiden Sie ihn daher immer nach der Blüte. Er bildet ein sehr stabiles Gerüst. Die schönsten Blüten entwickeln sich aus zwei- bis vierjährigen Trieben. Da das Blütenholz aber noch länger vital bleiben kann, schneiden Sie Zieräpfel zugunsten einer harmonischen Form eher zurückhaltend. Zieräpfel können jedoch überreich Früchte ansetzen. Deren Gewicht zieht die Triebspitzen oft nach unten. Verschlanken Sie diese bei Bedarf, um das Gewicht zu entlasten.

Variable Formen

Sie können einen Zierapfel wie die Felsenbirne zu einem luftigen Strauch erziehen. Tauschen Sie dazu die Haupttriebe alle paar Jahre bodennah, aber oberhalb der Veredlungsstelle, aus. Seinen wahren Charakter entwickelt der Zierapfel jedoch erst, wenn Sie ihn wie ein Strukturgehölz formieren, dessen Gerüsttriebe sein ganzes Leben lang erhalten bleiben. So steht nach einigen Jahren ein ausdrucksstarker Solist in Ihrem Garten. Als Hochstämme pflegt und schneidet man sie wie Bäume (→ Seite 142).

Erziehung

Bauen Sie beim Zierapfel ein Gerüst aus drei bis fünf bodennahen, gut verteilten Trieben auf. Weitere starke Triebe im unteren Bereich entfernen Sie, schwache und flach stehende verbleiben als Blütenholz. Die Triebspitzen kürzen Sie nicht ein, sondern verschlanken sie nur. In den ersten Jahren können sich unter der Veredlungsstelle oder aus dem Boden Wildtriebe entwickeln. Entfernen Sie sie im Sommer, solange sie noch grün sind.

Erhaltung

Lichten Sie in den folgenden Jahren regelmäßig steil oder nach innen wachsende Triebe aus. Verzweigen sich Triebenden übermäßig, verschlanken Sie sie. Hängen sie bereits vergreist über, lenken Sie sie auf jüngere, nach außen weisende Triebe um.
Soll Ihr Zierapfel klein und doch locker bleiben, lichten Sie alle 2–3 Jahre einen Gerüsttrieb aus. Im folgenden Sommer entwickeln sich an der Schnittstelle Neutriebe. Wählen Sie einen schräg nach oben und außen wachsenden als neuen Gerüsttrieb, die übrigen entfernen Sie.

Verjüngung

Vergreist ein Zierapfel, lässt die Vitalität ganzer Gerüsttriebe nach. Es bilden sich Besen, die nur noch wenige Blüten tragen. Um einerseits die Form zu erhalten, andererseits den Strauch zu starkem Wachstum anzuregen, schneiden Sie den Zierapfel ausnahmsweise vor der Blüte. Lenken Sie zuerst stark vergreiste Haupttriebe auf tiefer stehende Seitentriebe um. Dadurch entsteht ein Saftstau im Strauchinnern, der dort das Wachstum neuer Triebe anregt. Die neuen Spitzen der Haupttriebe verschlanken Sie zum Schluss

! ROBUSTE ZIERÄPFEL

Wählen Sie vorrangig Sorten aus, die gegen Schorfpilz robust sind. Geeignete Sorten sind: 'Butterball': Blüte zartrosa, Früchte gelb; 'Cardinal': Blüte dunkelrosa, Früchte dunkelrot; 'Evereste': Blüte weißlich rosa, Früchte orange; 'Red Sentinel': Blüte weiß, Früchte orange mit roter Sonnenseite; 'Rudolph': Blüte intensiv rosa, Früchte orange; 'Street Parade': Blüte weiß, Früchte blaurot.

bis auf einen Trieb. Dieser sollte die Wuchsrichtung des Haupttriebs möglichst harmonisch fortsetzen.

Schnitt 1 Jahr später

Nach dem starken Schnitt im Vorjahr beschränkt sich der Schnitt jetzt auf die Pflege des Neuzuwachses. Wo größere Triebe umgelenkt wurden, haben sich an den Schnittstellen Jungtriebe gebildet. Entfernen Sie steile oder nach innen wachsende Triebe. Flache oder nach außen wachsende Triebe belassen Sie. Sie tragen ab dem nächsten Jahr die erwünschten Blütenknospen. Kürzen Sie diese Triebe auf keinen Fall ein. Im äußeren Bereich können Sie überhängende Triebe auf jüngere umlenken und Triebspitzen verschlanken – beides aber mit Zurückhaltung.

Schnitt in den folgenden Jahren

Die nun zweijährigen Jungtriebe tragen zum ersten Mal reichlich Blüten. Den einjährigen Triebzuwachs verschlanken Sie. Sind an den Schnittstellen erneut Jungtriebe entstanden, lichten Sie sie aus. Bei Bedarf lenken Sie vergreiste Triebe auf Jungtriebe um. Ein bis zwei Jungtriebe oberhalb der Veredlungsstelle belassen Sie und verschlanken sie. Sie dienen als Gerüsttriebersatz für die kommenden Jahre. Im dritten Jahr hat sich das Wachstum beruhigt. Die dreijährigen Triebe nehmen den gesamten Saftfluss auf. Teilen Sie diese Triebe nach ihrer Funktion auf: Ein Teil wird zu neuen Gerüsttrieben, die Sie verschlanken. Der größte Teil dient als Blütentriebe, die Sie kontinuierlich erneuern. Belassen Sie stets ein paar einjährige Triebe ungeschnitten für zukünftiges Blütenholz. Vergreisende Spitzen lenken Sie auf schräg nach oben wachsende Jungtriebe um.

1 ERZIEHUNG *Zieräpfel erziehen Sie mit nur drei bis fünf Gerüsttrieben. So bleibt der Strauch auch nach Jahren noch locker. Die Triebspitzen verschlanken Sie in den ersten Jahren. Das Fruchtgewicht darf die Gerüsttriebe nicht überhängen lassen. Lichten Sie bei Bedarf Früchte aus.*

2 VERJÜNGUNG *Verzweigen sich nach Jahren die Triebspitzen immer mehr, hängen sie über und vergreisen. Zusätzlich verkahlt das Strauchinnere. Lenken Sie vergreiste Gerüsttriebspitzen auf weiter innen stehende vital Triebe um und verschlanken Sie die neuen Triebspitzen.*

3 SCHNITT 1 JAHR SPÄTER *An den Schnittstellen, an denen umgelenkt wurde, haben sich Jungtriebe gebildet. Entfernen Sie steil stehende Triebe und belassen Sie nur flach nach außen wachsende. Verschlanken Sie die Triebspitzen. Steiltriebe im Strauch und überzählige Bodentriebe entfernen Sie.*

4 FOLGENDE JAHRE *Lichten Sie überzählige und steil stehende Jungtriebe aus. Die jetzt zweijährigen flach stehenden Seitentriebe und die Triebspitzen verschlanken Sie. Bei Bedarf erziehen und verschlanken Sie ein bis zwei bodennahe Triebe als Ersatz für vergreisende Gerüsttriebe.*

Zaubernuss: duftende Winterblüte

Die frühe Blüte der Zaubernuss, meist mit Duft verbunden, ist ein einziger Genuss.

Die Zaubernuss *(Hamamelis)* ist ein wertvoller Winterblüher, je nach Art und Sorte verzaubert sie den Garten zwischen Oktober und März mit ihren duftenden Blüten. Sie wünscht einen nahrhaften, durchlässigen und leicht sauren bis neutralen Boden. Viel Kalk und starke Sommertrockenheit verträgt sie nicht.

Die Virginische Zaubernuss (*H. virginiana*, WHZ 5b) blüht bereits von Oktober bis Dezember mit hellgelben Blüten. Sie wird bis zu 6 m hoch und bildet kräftige Gerüsttriebe. Die meisten Sorten gehören zur Hybrid-Zaubernuss (*H.* x *intermedia*, WHZ 6a), entstanden aus Kreuzungen der Japanischen (*H. japonica*, WHZ 6b) und Chinesischen Zaubernuss (*H. mollis*, WHZ 6b). Sie alle werden bis zu 4 m hoch. Die schwefelgelbe Sorte 'Pallida' blüht teilweise ab Dezember und duftet stark. 'Feuerzauber' hat weinrote Blüten, die besonders schön vor einem hellen Hintergrund wirken. 'Primavera' hat hellgelbe, große Blüten und duftet mittelstark. Etliche Sorten punkten zusätzlich mit gelber oder roter Herbstfärbung.

Die Zaubernuss wächst leicht trichterförmig und bildet lockere Sträucher. Erzieht man frühzeitig einen höheren Mitteltrieb, wird eine harmonisch runde Form des Strauchs begünstigt. Gerüsttriebe und Blütenholz sind lange vital. Ihren Charakter entfaltet die Zaubernuss erst nach Jahren. Geschnitten wird nur behutsam und nach der Blüte, da die Zaubernuss ihre Blüten bereits im Vorjahr anlegt.

1 ERHALTUNG *Lichten Sie quer oder ins Strauchinnere wachsende Seitentriebe bis auf einen kurzen Zapfen am Gerüst aus. Verschlanken Sie bei Bedarf die Spitzen der Gerüsttriebe.*

2 TRIEBENDEN VERSCHLANKEN *Selbst wenn kaum ein Schnitt nötig ist, sollten Sie die Triebenden gelegentlich verschlanken. Der Strauch bleibt locker und bekommt innen mehr Licht.*

Erziehung

Erziehen Sie die Zaubernuss mit fünf bis sieben bodennahen Gerüsttrieben. Fördern Sie einen längeren Mitteltrieb. Dadurch vermeiden Sie den von Natur aus trichterförmigen Wuchs etwas. Die Gerüsttriebe verschlanken Sie nur und kürzen sie nie ein. Die Sorten sind fast immer veredelt. Entfernen Sie Wildtriebe unterhalb der Veredlungsstelle, Bodentriebe reißen Sie schon im Sommer an der Wurzel aus.

Erhaltung

Entfernen Sie quer oder sich behindernde Seitentriebe auf 2 cm kurze Zapfen am Gerüst. Die Gerüsttriebspitzen verschlanken Sie (→ Abb. 2). Achten Sie auf Wildtriebe und entfernen Sie diese in noch grünem Zustand.

Verjüngung

Weil Gerüsttriebe und Blütenholz über Jahre vital sind, ist Verjüngen kaum nötig. Vergreist eine Zaubernuss doch, lenken Sie die Gerüsttriebspitzen auf einen weiter innen stehenden Jungtrieb um, der die Wuchsrichtung des Haupttriebs aufnimmt. Vergreiste Seitentriebe lenken Sie auf gerüstnahe Seitentriebe um. Sind keine vorhanden, kürzen Sie auf einen Zapfen am Gerüst ein. Kompost- und Düngergaben nach der Verjüngung und gelegentliches Wässern im folgenden Sommer regen die Vitalisierung zusätzlich an.

Scheinhasel: zarte Blüten in Gelb

Die Scheinhasel *(Corylopsis)* ist nah mit der Zaubernuss verwandt und schmückt den Garten zwischen März und April mit zierlichen Blütenähren. Sie wünscht einen durchlässigen, nicht zu nahrhaften Boden und gedeiht auch auf halbschattigen Standorten. Die Glockenhasel oder Armblütige Scheinhasel (*C. pauciflora*, WHZ 7a) blüht ab März mit hellgelben Glöckchen, die in Ähren zusammenstehen. Sie duften leicht nach Primeln, daher auch der Name Schlüsselblumenstrauch. Er wird bis zu 2 m hoch. Da er früh austreibt, braucht er eine vor Spätfrost geschützte Lage. Die Ährige oder Winter-Scheinhasel (*C. spicata*, WHZ 7a) blüht ab Ende März und wird bis zu 3 m hoch. Auch ihre Blüten sind hellgelb und duften.

Scheinhaseln bauen über Jahre ein stabiles Gerüst auf. Die Gerüsttriebe bleiben jedoch schlanker als die der Zaubernuss und können daher unter dem Gewicht verzweigter Triebspitzen überhängen. Gleichzeitig entwickeln sich regelmäßig junge Bodentriebe. Die Scheinhasel bildet ihre Blüten im Vorjahr und wird daher nach der Blüte geschnitten. Sie blüht, im Gegensatz zur Zaubernuss, sowohl an einjährigen Langtrieben als auch an kürzeren Seitentrieben. Einjährige Bodentriebe besitzen oft noch keine Blüten. Der Schnitt ist zurückhaltend und sollte die natürliche Form unterstützen.

ERHALTUNG *Verschlanken Sie die Triebspitzen, damit sie nicht zu sehr überhängen und ausreichend Licht ins Strauchinnere gelangt. Überzählige und schwache Bodentriebe lichten Sie aus.*

Erziehung

Erziehen Sie die Scheinhasel mit sieben bis zwölf Gerüsttrieben. Schwache Bodentriebe entfernen Sie ganz. In den ersten Jahren verschlanken Sie nach der Blüte lediglich die Gerüsttriebspitzen. Überzählige Bodentriebe entfernen Sie vollständig.

Erhaltung

Entfernen Sie schwache und überzählige Bodentriebe. Die Scheinhasel bildet zwar keine Ausläufer, aber immer wieder Jungtriebe, die außerhalb des Strauchs stehen. Ist genug Platz, belassen Sie diese. Ansonsten reißen Sie zu weit außen stehende Bodentriebe im Sommer aus. Verschlanken Sie bei Bedarf die Spitzen der Gerüsttriebe. Quer im Strauch wachsende Triebe lichten Sie aus. Der Schnitt sollte weder die Form des Strauchs beeinträchtigen noch das Wachstum zu sehr anregen.

Verjüngung

Eine überalterte Scheinhasel lässt sich in mehreren Etappen maßvoll verjüngen. Lichten Sie etwa ein Viertel der ältesten Gerüsttriebe am Boden auf kurze Zapfen aus. Sind junge Bodentriebe vorhanden, belassen Sie die kräftigsten als Ersatz. Verzweigte Spitzen der verbleibenden Gerüsttriebe verschlanken Sie. Führen Sie die Verjüngung in den nächsten Jahren fort. Gelingt die Verjüngung nicht, ersetzen Sie das Gehölz durch eine Jungpflanze. Tauschen Sie vor dem Pflanzen verbrauchte Erde gegen frisches, mit Kompost angereichertes Substrat aus.

Die hellgelben, zierlichen Blüten der Scheinhasel leuchten im Frühjahr.

! VERWANDT, ABER VERSCHIEDEN

Zaubernuss und Scheinhasel gehören zur selben Pflanzenfamilie und haben ähnliche Ansprüche an Standort und Boden. Die Zaubernuss entwickelt sehr stabile Gerüsttriebe, die kaum überhängen, aber nach einigen Jahren kaum noch Bodentriebe. Die Triebe der Scheinhasel bleiben hingegen schlaksiger, hängen nach einigen Jahren meist über, und es erscheinen regelmäßig junge Bodentriebe.

Ahorn: Strukturgehölz mit Eleganz

Rotlaubige Sorten des Fächerahorns leuchten den ganzen Sommer über.

Ahornsträucher und -bäume *(Acer)* sind Strukturgehölze mit sehr malerischem, elegantem Charakter. Von den strauchartig wachsenden Arten ist der Fächerahorn *(A. palmatum,* WHZ 6b) mit seinen vielen Sorten am häufigsten in Gärten anzutreffen. Die Art wird bis zu 7 m hoch, die rotblättrige Sorte 'Atropurpureum' nur 5 m. 'Fireglow', ebenfalls rotlaubig, verfärbt sich im Herbst scharlachrot. Die grünlaubige 'Osakazuki' verwandelt sich im Herbst in ein oranges Feuerwerk. Beide Sorten erreichen 6 m Höhe.
Geschlitztblättrige Sorten wachsen mit zunehmendem Alter leicht überhängend, aber generell schwächer als die mit normalem Laub. Der Grüne Schlitzahorn (*A. p.* 'Dissectum') erreicht bis zu 2 m, der Rote Schlitzahorn (*A. p.* 'Ornatum') bis zu 3 m Höhe. 'Garnet', mit dunkelrotem Laub, und der sehr stark geschlitzte 'Inabeshidare' bleiben unter 2 m Höhe und eignen sich auch für kleine Gärten. Die Sorten des Japanischen Fächerahorns (*A. japonicum*, WHZ 5a) tragen ebenfalls tief gebuchtete Blätter.
Ahorn mag frische, sommerfeuchte, aber durchlässige Böden. Schwere und verdichtete Böden führen zu kümmerlichem Wuchs und Pilzkrankheiten. Der Standort sollte vor Wind und Mittagssonne geschützt sein. An heißen Plätzen trocknen die Blätter ein.
Ahorn bildet ein sehr stabiles Gerüst. Er blüht an zweijährigen und älteren Trieben. Die Blüten sind unscheinbar, interessanter sind bei einigen Sorten die geflügelten Samen. Weil Ahorn sehr schnittempfindlich ist, sollte man ihn nur im Sommer schneiden und große Wunden vermeiden (→ Abb. 1).

Erziehung

Erziehen Sie Ahornsträucher mit bis zu fünf bodennahen Gerüsttrieben. Jungpflanzen benötigen meist keinen Schnitt. Kürzen Sie bei Bedarf im Sommer überlang herausragende, diesjährige Triebe um die Hälfte ein. Wildtriebe unterhalb der Veredlungsstelle oder aus dem Boden entfernen Sie.

Erhaltung

Der Erhaltungsschnitt beschränkt sich auf das Verschlanken der Triebspitzen, sodass genug Licht ins Strauchinnere fällt. Überdecken oben stehende Triebe die unteren, lenken Sie lange Triebe auf weiter innen stehende Seitentriebe um.

Verjüngung

Eine Verjüngung ist nicht möglich. Lenken Sie bei überalterten Gehölzen im Sommer Triebspitzen maßvoll auf weiter innen stehende Triebe um. Vermeiden Sie große Schnittwunden und verstreichen Sie die Wundränder, damit sie nicht eintrocknen.

1 SOMMERSCHNITT *Schneiden Sie Ahorn nur im Sommer. Der Schnitt sollte den Charakter des Strauchs unterstützen. Vermeiden Sie große Wunden und entfernen Sie nur kleine Triebe.*

2 ERHALTUNG *Quer im Strauch wachsende Triebe lichten Sie in noch jungem Zustand aus. Weit herausragende Triebe lenken Sie auf weiter innen stehende um und verschlanken die Triebspitzen.*

Korkspindelstrauch: Farbenpracht im Herbst

Der Korkspindelstrauch (*Euonymus alatus*, WHZ 4) bildet weit ausladende Sträucher und wird bis zu 3 m hoch, die Sorte 'Compactus' nur bis zu 1 m. Der Strauch gedeiht sowohl in der Sonne als auch im Halbschatten. Voraussetzung ist jedoch ein nahrhafter, durchlässiger Boden, der im Sommer nicht austrocknet. Auf die unscheinbaren Blüten folgen im Herbst orangefarbene, aber ebenfalls unauffällige Früchte. Umso spektakulärer ist die leuchtend rote Herbstfärbung, die – je nach Jahr – wochenlang anhält. Im Winter wirken vor allem die mit Korkleisten besetzten Triebe exotisch. Das Pfaffenhütchen (*E. europaeus*, WHZ 4) wächst lockerer als der Korkspindelstrauch. Es wird bis zu 6 m hoch und bevorzugt kalkhaltige, sommerfeuchte und durchlässige Böden.

Die leuchtend rote Herbstfärbung des Korkspindelstrauchs ist sehr stimmungsvoll.

Im Herbst verfärben sich die Blätter gelb. Das Großfrüchtige Pfaffenhütchen, auch Flachstieliger Spindelstrauch (*E. planipes*, WHZ 5b) genannt, wächst ähnlich, erreicht aber nur bis zu 4 m Höhe. Wie der Korkspindelstrauch haben auch die Pfaffenhütchen unscheinbare Blüten. Doch das machen ihre roten Früchte mit den orangeroten, aber giftigen Samen wett. Korkspindelstrauch und Pfaffenhütchen bilden ein stabiles Gerüst. Man schneidet sie im Frühjahr vor dem Austrieb. Der Schnitt soll zurückhaltend sein, um den Charakter der Gehölze zu erhalten.

ERHALTUNG *Die Korkspindel schneidet man zurückhaltend. Lichten Sie quer im Strauch wachsende Triebe aus. Bei Bedarf verschlanken Sie zum Schluss die Triebspitzen.*

Erziehung

Erziehen Sie den Korkspindelstrauch mit bis zu fünf Bodentrieben. So kommt auch noch nach Jahren genug Licht in das Strauchinnere, und es verkahlt nicht. Schwache Triebe entfernen Sie. Bei Bedarf verschlanken Sie die Triebspitzen der Gerüsttriebe.

Erhaltung

Lichten Sie quer im Strauch wachsende oder sich kreuzende Triebe regelmäßig aus. Weit aus dem Strauch ragende Triebe lenken Sie auf tiefer stehende Seitentriebe um. Zum Schluss verschlanken Sie die Triebspitzen. Mit zunehmendem Alter wird die Korkspindel immer charaktervoller. Ein maßvoller Schnitt unterstützt dies.

Verjüngung

Vergreisen Gerüsttriebe oder hängen übermäßig zum Boden über, lichten Sie sie vor dem Austrieb bodennah auf einen kurzen Zapfen aus. In der Folge bilden sich junge Bodentriebe. Im zweiten Frühjahr belassen Sie einen als Ersatz und entfernen die übrigen sowie den Zapfen. Verteilen Sie die Verjüngung auf mehrere Jahre, so wird die Form nur geringfügig beeinträchtigt.

Pfaffenhütchen

Beide Arten schneiden Sie ähnlich wie die Felsenbirne (→ Seite 90, 91). Belassen Sie sieben bis zehn Bodentriebe für das Gerüst. Diese kürzen Sie nicht ein, sondern verschlanken sie. Später reicht ein zurückhaltender Erhaltungsschnitt wie bei der Korkspindel. Vergreisen Gerüsttriebe nach etwa 10 Jahren oder wird der Strauch zu groß, lichten Sie ein bis zwei Gerüsttriebe bodennah auf Zapfen aus. Im folgenden Jahr erziehen Sie einen Jungtrieb als Ersatz und entfernen alle übrigen.

Halbsträucher
und Sommerblüher

Wenn sie ihre Blüten öffnen, gibt es keinen Zweifel mehr: Jetzt zeigt sich der Sommer von seiner schönsten Seite. Sommerblühende Ziersträucher und ihre Kollegen, die Halbsträucher aus dem Mittelmeerraum, prägen die Hochsaison im Garten.

Sommerblüher und Halbsträucher gehören zu den Hauptdarstellern im sommerlichen Garten. Ob aparte Mittelmeerpflanzen wie der Lavendel (→ Seite 106) oder üppige Strauchschönheiten wie sommerblühende Hortensien (→ Seite 118): Sie alle wachsen und blühen den ganzen Sommer hindurch an diesjährigen Trieben. Bei den meisten hält die Blütenpracht sogar bis weit in den Herbst hinein an.

Vor der Blüte schneiden

Wenn man diese Sommerblüher und Halbsträucher während der Wachstumsphase schneidet, entfernt man die laufend entstehenden Blütenanlagen. Man schneidet diese Gehölze deshalb stets im Frühjahr vor der Blüte. Alle diese Sträucher werden stark geschnitten, um sie zu kräftigem Wachstum und zur Bildung diesjähriger Triebe anzuregen und damit eine lange Blüte zu fördern. Schneidet man sie dagegen wenig oder gar nicht, lässt das Wachstum nach, und die Blüte ist Mitte des Sommers beendet.

Sensible Halbsträucher

Halbsträucher sind vorwiegend mediterrane Gehölze. Sie wachsen in ihrer Heimat zu imposanten Sträuchern heran, bei uns frieren sie im Winter jedoch oft teilweise oder ganz zurück. Lavendel, Salbei oder Bartblume verholzen zwar auch in unseren Breiten an der Basis, aber mit zunehmendem Alter des Holzes steigt die Gefahr, dass die Triebe erfrieren. Man schneidet sie deshalb von Jugend an jedes Jahr kräftig zurück. Dies fördert die Bildung junger Bodentriebe und verhindert, dass die Pflanzen übermäßig verholzen. Halbsträucher benötigen sonnige Standorte und magere, durchlässige Böden. Nur dann beenden sie das Wachstum früh, und die jungen Triebe reifen bis zum Winter aus. Auch stehen die Wurzeln im Winter nicht zu nass und erfrieren seltener (→ Seite 25).

Üppige Sommerblüher

Die bekanntesten Vertreter dieser Gruppe sind Hibiskus (→ Seite 112) und Sommerflieder (→ Seite 114), weitere sind Fünffingerstrauch (→ Seite 210) und im Sommer blühende Spiräen (→ Seite 120). Einige wie Hibiskus blühen entlang des wachsenden Triebs aus neu gebildeten Blattachseln. Andere, wie Rispenhortensien, bilden erst beblätterte Triebe, an deren Ende im Hochsommer die Blüten stehen. Schneidet man diese Gehölze auf maximale Blütenfülle, sehen sie oft wie geköpft aus. Beim Schneiden sollte man daher neben dem Blütenreichtum die harmonische Gestalt des Gehölzes nicht aus den Augen verlieren. Man lässt besser den einen oder anderen kleinen Trieb ungeschnitten. Solche Alibitriebe (→ Seite 43) tragen zwar im folgenden Sommer nicht zur Blüte bei, aber zu einer natürlichen Form des Strauchs.

Da einige Sommerblüher mit zunehmendem Triebalter immer frostempfindlicher werden, dient der jährliche kräftige Schnitt auch dazu, frühzeitig altes Holz durch junge, frosthärtere Bodentriebe zu ersetzen.
In diesem Kapitel werden zuerst die Halbsträucher und dann die Sommerblüher vorgestellt. Einige Arten, die ebenfalls an diesjährigen Trieben blühen, finden Sie in eigenen Kapiteln. Dies sind öfterblühende Rosen (→ Seite 150), sommerblühende Clematis (→ Seite 169), Trompetenwinde (→ Seite 174), Schlingknöterich (→ Seite 179) sowie alle im Sommer blühenden Kübelpflanzen (→ Seite 290).

Pflegender Sommerschnitt

Einige Sommerblüher sind für einen sommerlichen Pflegeschnitt dankbar. Entfernt man bei Sommerflieder oder öfterblühenden Rosen Verblühtes regelmäßig, blühen sie ergiebiger nach. Bei Heiligenkraut oder Lavendel entfernt der Schnitt nach der Blüte unschöne Samenstände und gibt der Pflanze eine kompakte Form.

Lavendel blüht reich, wenn er regelmäßig und zur richtigen Zeit geschnitten wird.

'Hidcote Blue' gehört mit seinen dunklen Blüten zu den schönsten Lavendelsorten.

Lavendel: Botschafter des Südens

Lavendel *(Lavandula)* ist der Inbegriff des mediterranen Flairs im Garten. Die meisten bei uns angebotenen Sorten stammen vom Echten Lavendel (*L. angustifolia*, WHZ 5) ab. Dieser blüht von Juni bis August und ist bei uns winterhart. Eine seiner schönsten Sorten ist 'Hidcote Blue' mit typisch lavendelblauen Blüten. Sie wird 50 cm hoch. Es gibt aber auch niedrigere und höhere Sorten. Allerdings sollten Sie bei den in Katalogen angegebenen Höhen beachten, dass ein regelmäßig geschnittener Lavendel diese Höhen nicht unbedingt erreicht. Ebenfalls winterhart sind Sorten des Englischen Lavendels (*L. × intermedia*, WHZ 5), der im Juni und Juli blüht. Schopf-Lavendel (*L. stoechas,* WHZ 8) öffnet seine Blüten von Juni bis Oktober, der Französische Lavendel (*L. dentata*, WHZ 9) im Juni und Juli. Beide werden zwar oft als winterhart angeboten, überleben aber mitteleuropäische Winter im Freien auch mit einem Schutz nicht. Mehrjährig sind sie bei uns nur, wenn man sie als Kübelpflanze bei 0 °C hell überwintert.

Lavendel liebt durchlässige Böden in voller Sonne. Auf verdichteten oder kalten Böden kümmert er.

Lavendel blüht an diesjährigen Trieben. Am verträglichsten ist ein Schnitt von Austriebsbeginn bis Anfang August. Einen Schnitt im Herbst verträgt er nicht, die Pflanze geht dann meist ein.

IN FORM GESCHNITTEN *Kürzt man Lavendel beim Austrieb jährlich fast bis zum Boden ein, bildet er Kugeln. Sie behalten ganzjährig ihre Form, allerdings bleibt die Pflanze blütenlos.*

Erziehung

In unserem Klima erzieht man Lavendel nicht mit einem mehrjährigen Gerüst. Das Ziel ist vielmehr, dass er möglichst wenig verholzt. Die ideale Pflanzzeit reicht von April bis Anfang August. Dann ist gewährleistet, dass die Pflanzen einwurzeln können und dadurch den Winter besser überstehen. Bei einer Frühjahrspflanzung kürzen Sie jungen Lavendel um zwei Drittel halbkugelig ein. Nach der Blüte, bis Ende Juli, entfernen Sie die Blütenstände und kürzen die darunterstehenden Triebe ebenfalls um 2–3 cm ein. Formen Sie dabei eine Halbkugel.

Erhaltung: Frühjahrsschnitt

Lavendel und andere mediterrane Halbsträucher sollten Sie spät im Frühjahr schneiden – erst wenn die ersten Knospen austreiben. Die Pflanze ist dann bereits in der Wachstumsphase und treibt nach dem Schnitt unverzüglich wieder durch. Die Gefahr des Zurücktrocknens von geschnittenen Trieben wird minimiert. Schneiden Sie Lavendel ab dem zweiten Jahr nach der Pflanzung jährlich auf 10–15 cm zurück. Die verbleibenden Triebe sollten noch beblättert sein. Wenn Sie dabei eine Halbkugel formen, bleibt Lavendel kompakt und ansprechend. Durch diesen massiven Schnitt regen Sie die Vitalität der Triebe und Knospen nahe am und im Boden an. Diese Schnittform bringt jedoch nur den gewünschten Effekt, wenn Sie von Anfang an und dann jährlich schneiden. Sind Triebe erst einmal verkahlt (→ Verjüngung), sollten Sie nur noch im beblätterten Bereich schneiden.

Erhaltung: Sommerschnitt

Nach der Blüte schneiden Sie abgeblühte Stängel aus. Kürzen Sie auch die Triebspitzen bis zu 5 cm ein. Dabei geben Sie der Pflanze wieder eine leicht halbkugelige Form, mit der sie über Herbst und Winter attraktiv bleibt.

Der Schnitt sollte bis Ende Juli beendet sein. Bei einem späteren Schnitt reifen die Neutriebe bis zum Winter nicht mehr aus und trocknen ein. Bei spät blühenden Sorten schneiden Sie ab August besser nur noch die Blüten aus. In kalten Regionen sollten Sie daher besser frühblühende Sorten pflanzen.

Verjüngung

Wurde Lavendel über mehrere Jahre nicht geschnitten, ist er meist vergreist. Es bilden sich kaum noch Jungtriebe aus der Basis. Ältere Triebe verkahlen, kippen zur Seite, und an ihren Enden entstehen richtige Besen. Das Wachstum lässt nach, es bilden sich nur noch wenige Blüten. Ohne Schnitt würden die Pflanzen nach einem strengen Winter oft nicht mehr austreiben. Vergreisten Lavendel schneiden Sie erst während des Austriebs. Achten Sie jedoch darauf, dass Sie nur im beblätterten Bereich kürzen. Vermeiden Sie unbedingt Schnitte im verholzten, blattlosen Teil (→ Abb. 4). Entfernen Sie etwa die Hälfte eines »grünen« Besens. Im Lauf des Sommers kann es durchaus sein, dass sich am verkahlten Teil infolge des Saftstaus neue Triebe bilden. Auf diese können Sie die Besen im Folgejahr umlenken. Diese Maßnahmen bringen jedoch nur selten jugendliche Pflanzen zurück.

In Form geschnitten

Man kann Lavendel auch so schneiden, dass er bis zum Boden hin beblätterte Kugeln bildet. Dazu kürzen sie ihn von Anfang an jährlich bei Austriebsbeginn bis auf 2–3 cm kurze Zapfen am Boden ein. Er verholzt nicht und treibt dafür kräftig aus. Bereits ab Ende Mai hat er sich zu einer Kugel entwickelt, die bis zum nächsten Schnitt ihre klare Form behält. Der Sommerschnitt entfällt bei dieser Schnittform. Blüten können sich bei dieser Schnittform allerdings nur vereinzelt bilden.

Blüten ernten

Wenn Sie Lavendelblüten für Duftsäckchen ernten, schneiden Sie die Blüten kurz vor der Vollblüte – sie enthalten dann die meisten Duftstoffe. Blühen fast alle Stiele, können Sie bei der Ernte im selben Arbeitsgang gleich den Sommerschnitt erledigen und die ganze Pflanze schneiden. Finden sich jedoch neben erblühten Stielen noch sehr viele knospige, ernten Sie die Stiele besser mit einem Messer einzeln. Es bedarf dann zwar mehrerer Erntegänge, Sie behalten jedoch eine attraktive Pflanze. Trocknen Sie Lavendelblüten im Schatten an einer gut durchlüfteten Stelle. Bei sommerlichen Temperaturen sind die Blüten schon nach zwei bis drei Tagen trocken. Wenn Sie die Blütenstiele flechten wollen, sollten Sie grüne, noch biegsame Triebe verwenden.

1 FRÜHJAHRSSCHNITT *Kürzen Sie beim Austrieb alle einjährigen Triebe halbkugelig ein. Nur im beblätterten Bereich schneiden!*

2 SOMMERSCHNITT *Entfernen Sie in erster Linie Verblühtes und formen Sie die Pflanze. Kürzen Sie dabei die Triebspitzen mit ein.*

3 VERJÜNGUNG *Kürzen Sie bei vergreistem Lavendel jeden Kopf nur im beblätterten Bereich ein. Bei Schnitten im alten Holz trocknen die Triebe ein.*

4 AUSTRIEB NACH VERJÜNGUNG *Dieser Lavendel wurde bis ins alte Holz verjüngt. Etliche Triebe sind eingetrocknet, nur einige Knospen treiben aus.*

Gewürzsalbei: für den Garten und die Küche

Gewürzsalbei (*Salvia officinalis*, WHZ 6) ist nicht nur ein attraktiver Gast im Garten, sondern lässt sich auch in der mediterranen Küche verwenden. Er wünscht durchlässige, warme Böden und sonnige Standorte. Regelmäßig geschnitten wird er 0,6 m hoch. In südlichen Ländern verholzt er und wächst als richtiges Gehölz. Bei uns zieht man ihn als Halbstrauch. Die blauvioletten Blüten erscheinen von Juni bis August. Im Handel gibt es mehrere buntlaubige Sorten (WHZ 7). 'Purpurascens' hat rötliches Laub, 'Tricolor' weiß gerandete Blätter und einen rosa überhauchten Austrieb. Bei 'Icterina' besitzen die Blätter einen gelben Rand. Diese Sorten sind schwachwüchsiger als die Art und benötigen in kalten Lagen einen Winterschutz. Die Sorte 'Berggarten' (WHZ 6) mit ihren großen, breiten Blättern ist dagegen robust und starkwüchsig. Der Spanische Salbei (*S. lavandulifolia*, WHZ 6) ähnelt dem Gewürzsalbei, hat jedoch schmale Blättchen und bleibt mit nur 0,4 m Höhe niedriger.

Ernten Sie ausschließlich junge Blätter und kombinieren Sie die Ernte der Blätter möglichst mit dem Schnitt. Gewürzsalbei blüht an diesjährigen Trieben. Mit zunehmendem Alter, wenn die Pflanze immer mehr verholzt, steigt ihre Frostempfindlichkeit. Ältere Triebe oder die ganze Pflanze sterben ab. Man schneidet deshalb jährlich, um immer wieder die Bildung bodennaher Jungtriebe anzuregen. Damit die Schnittstellen nicht eintrocknen, schneiden Sie Gewürzsalbei erst beim Austrieb, wenn die jungen Knospen kleine Blättchen zeigen.

Die blauvioletten Blüten des Gewürzsalbeis sind bei Insekten hoch geschätzt.

1 ERHALTUNG *Lenken Sie ältere Triebe jährlich auf junge Seitentriebe um. So vermeiden Sie, dass sich ein verholztes Gerüst aufbaut, und fördern zugleich bodennahe Jungtriebe.*

2 AN KNOSPEN SCHNEIDEN *Biegen Sie die Triebe auseinander, um die tief stehenden, vitalen Knospen besser zu erkennen. Auf diese oder auf junge Seitentriebe lenken Sie ältere Triebe um.*

Erziehung

Entspitzen Sie nach der Pflanzung alle Triebe, um eine bessere Verzweigung und die Bildung bodennaher Austriebe anzuregen. Im Sommer kürzen Sie die Jungtriebe bis Ende Juli erneut ein.

Erhaltung

Lenken Sie ältere Triebe bodennah auf junge Seitentriebe oder austreibende Knospen um. Im alten Holz sollten Sie nur schneiden, wenn unterhalb der Schnittstelle junge, vitale Knospen zu sehen sind. Im Sommer lenken Sie verblühte Triebe bis Ende Juli bodennah auf junge Seitentriebe um.

Verjüngung

Ohne regelmäßigen Schnitt verholzt und verkahlt Gewürzsalbei. Eine Verjüngung gelingt nur, wenn im Innern der Pflanze noch Jungtriebe oder vitale Knospen zu sehen sind. Lenken Sie vergreiste Triebe bis auf vitale Seitentriebe oder junge Knospen im Innern um. Sind keine bodennahen Knospen zu sehen, lenken Sie bis auf die am weitesten innen stehenden Knospen um. Haben sich im nächsten Jahr bodennahe Jungtriebe gebildet, setzen Sie die Verjüngung in Richtung Mitte fort.

Blüten und Blätter des Echten Thymians duften herb-würzig.

Thymian: Aroma vom Mittelmeer

Thymian *(Thymus)* erfüllt an heißen Sommertagen den Garten mit seinem würzigen Aroma – je heißer der Standort, umso intensiver der Duft. Er bildet je nach Art Polster oder wächst eher kugelig. Alle Arten und Sorten wünschen wasserdurchlässige Böden in voller Sonne. Der Echte Thymian (*T. vulgaris*, WHZ 6b) wächst kugelig und wird bis zu 30 cm hoch. Die Sorte 'Compactus' wächst besonders dicht. Der Orangenthymian (*T. vulgaris* ssp. *fragrantissimus*, WHZ 7a) bildet 20 cm niedrige Polster. Zitronenthymian (*T. × citriodorus*, WHZ 7a) duftet nach Zitrone und bleibt 15 cm klein und wächst breit niederliegend. Die Sorte 'Golden Dwarf' hat hellgrünes Laub, 'Silver King' besitzt reizvolle silbrig grau panaschierte Blätter. Die verschiedenen Arten blühen zwischen Juni und September. Das Schnittziel ist bei Thymian nicht die Blüte, sondern ein kompakter Wuchs und die Förderung unverholzter Triebe am Boden. Man schneidet Thymian wegen der besseren Verträglichkeit vor allem im Sommer, während der Thymian wächst. Bei einem Frühjahrsschnitt können Triebe eintrocknen.

Erziehung

Eine mehrjährige Erziehung findet bei Thymian nicht statt. Im Sommer nach der Pflanzung kürzen Sie die Spitzen halbkugelig ein. So erreichen Sie, dass die Pflanze kompakt bleibt und sich dicht verzweigt.

1 ERHALTUNG *Schneiden Sie die gesamte Pflanze im Sommer bis Ende Juli um die Hälfte bis zwei Drittel zurück. Schneiden Sie so, dass der Thymian eine halbkugelige Form hat.*

2 VERJÜNGUNG *Bei überaltertem Thymian mit verkahlten Trieben ist ein massiver Schnitt nicht mehr möglich. Kürzen Sie im Sommer die einzelnen Köpfe nur im beblätterten Bereich ein.*

Erhaltung

Schneiden Sie Thymian jährlich etwa um die Hälfte bis zwei Drittel zurück. Wenn Sie zwischen Ende Mai und Ende Juli schneiden, kann die Pflanze zügig wieder austreiben, und die Jungtriebe haben genug Zeit, bis zum Herbst auszureifen.

Verjüngung

Ohne einen regelmäßigen Schnitt entwickelt Thymian kahle, niederliegende Triebe mit grünen Köpfen. Einen solchen Thymian können Sie nur bedingt verjüngen. Kürzen Sie im Sommer jeden grünen Kopf wie eine einzelne Pflanze ein. Schneiden Sie niemals in den verholzten, kahlen Bereich, die Triebe trocknen sonst ein. Mit etwas Glück bilden sich basisnahe Jungtriebe, mit denen Sie die Pflanze in den kommenden Jahren weiter maßvoll verjüngen können.

Weitere Arten schneiden

Der Kaskadenthymian (*T. longicaulis*, WHZ 5) hat bis zu 30 cm lange Triebe, die teilweise Wurzeln bilden. Schneiden Sie nur aufragende Triebe zurück. An einer Mauer kürzen Sie überhängende Triebe bis auf 10 cm ein. Niedere Arten wie der nur 5 cm hohe Sand-Thymian (*T. serpyllum*, WHZ 5) benötigen keinen Schnitt.

Bartblume: Strahlkraft in Blau

Die Bartblume 'Grand Bleu' leuchtet den ganzen Sommer mit tiefblauen Blüten.

Die Bartblume (*Caryopteris × clandonensis*, WHZ 6a) ist mit ihrer Blüte von August bis September ein sehr wertvoller Sommerblüher. 'Heavenly Blue' strahlt in leuchtendem Blau und wird bis zu 1 m hoch. 'Kew Blue' und 'Grand Bleu' blühen tief dunkelblau und wachsen etwas kompakter. Bartblumen wünschen durchlässige, warme Böden in voller Sonne. Kalte Böden vertragen sie nicht. Schwere Böden sollte man mit einer kräftigen Sandbeigabe auflockern. Vermeiden Sie organischen Mulch. Er hält Feuchtigkeit, und Halbsträucher mögen, vor allem im Winter, keinen nassen »Hals«. Mulchen Sie besser mit Split. Obwohl Bartblumen richtige Sträucher bilden können, frieren sie oft bis nahe am Boden zurück. In den ersten zwei Standjahren sollten Sie in kühlen Lagen oder bei strengen Kahlfrösten eine Abdeckung aus Tannenreisig bereithalten. Durch einen jährlichen Schnitt verhindern Sie übermäßiges Verholzen und regen bodenbürtige Jungtriebe an. Bartblumen blühen an diesjährigen Trieben. Geschnitten werden sie erst bei beginnendem Austrieb.

Erziehung

Ein geordnetes Gerüst wird bei der Bartblume nicht aufgebaut. Lichten Sie im Frühjahr nach der Pflanzung lediglich schwache Triebe bodeneben aus. Kräftige Bodentriebe belassen Sie und kürzen sie auf etwa 5 cm ein.

Erhaltung

Lichten Sie zweijährige und ältere Triebe nahe am Boden aus. Einjährige Triebe, die letztes Jahr aus dem Boden oder bodennah ausgetrieben haben, kürzen Sie auf 5–10 cm ein. Oft entwickelt sich am Boden ein kleiner, verholzter Kopf. Schneiden Sie dann immer auf diesen Kopf zurück. Entfernen Sie ihn nicht, die Pflanze trocknet sonst ein. Wenn Sie jedoch von Anfang an konsequent schneiden, können Sie solche Köpfe vermeiden und den Austrieb neuer Bodentriebe anregen.

Verjüngung

Ohne regelmäßigen Schnitt verholzen und verkahlen Bartblumen. Es entstehen nur noch schwache Jungtriebe, die Blütezeit verkürzt sich. Lichten Sie bei solchen Pflanzen abgestorbene Triebe aus. Schneiden Sie die Hälfte der älteren Triebe bis zu den untersten austreibenden Knospen zurück. Im nächsten Frühjahr schneiden Sie die zweite Hälfte zurück. Die an den vorjährigen Schnittstellen entstandenen Jungtriebe kürzen Sie auf 5 cm ein. Bilden sich keine Jungtriebe, tauschen Sie die Pflanze aus und erneuern den Boden mit etwas Humus und reichlich Sand.

1 ERZIEHUNG *Kürzen Sie Bartblumen bei der Pflanzung stark ein. Nur so fördern Sie den Austrieb bodennaher Knospen. Ohne diesen Schnitt verholzt die Pflanze und wird frostempfindlicher.*

2 ERHALTUNG *Entfernen Sie jedes Frühjahr ältere Triebe bodennah auf kurze Zapfen. Einjährige Triebe kürzen Sie auf 5–10 cm lange Zapfen ein. Die Pflanze verholzt wenig und bleibt vital.*

Die gelben Blütenknöpfchen des Heiligenkraut stehen in Kontrast zum grauen Laub.

Heiligenkraut: immergrüner Sonnengruß

Heiligenkraut *(Santolina)* ist eine typische Pflanze für Gärten im südlich-mediterranen Stil und braucht durchlässige, warme Böden in voller Sonne. Nur dann ist es ausreichend winterhart. In schwerem oder nassem Boden leidet es dagegen. Sanden Sie daher bei der Pflanzung den Boden immer großzügig auf, feiner Split ist als Drainage ebenso wirksam.

Das Graue Heiligenkraut (*S. chamaecyparissus,* WHZ 7) eignet sich für kleine Einfassungen und Kiesgärten. Es behält sein graues Laub auch den Winter über und blüht zwischen Juli und August mit gelben Blütenknöpfchen. Es wird bis zu 40 cm hoch, es gibt aber auch kompaktere Sorten wie 'Pretty Coral' oder 'Nana'. Das Grüne Heiligenkraut (*S. rosmarinifolia* ssp. *rosmarinifolia*, WHZ 7) besitzt grünes Laub und hellgelbe Blüten und wird 40 cm hoch.

Stark verholztes Heiligenkraut ist nicht langlebig. Deshalb kürzt man es, wie andere Halbsträucher auch, regelmäßig stark ein. So behalten die Pflanzen auch über Jahre eine halbkugelige, kompakte Form und bilden neue Triebe. Die Blüten stehen an diesjährigen Trieben. Geschnitten wird Heiligenkraut grundsätzlich erst im späten Frühjahr, wenn der Austrieb beginnt. Ein zu früher Schnitt kann dazu führen, dass Triebe eintrocknen.

Erziehung

Kürzen Sie Heiligenkraut im Frühjahr nach der Pflanzung halbkugelig auf ein Drittel ein, um bodennahe Neutriebe zu fördern. Im Sommer schneiden Sie dann die ganze Pflanze nach der Blüte halbkugelig zurück.

Erhaltung

Kürzen Sie im Frühjahr die Pflanze im beblätterten Bereich in halbkugeliger Form auf 10–15 cm ein (→ Abb. 1). Im Sommer schneiden Sie sie nach der Blüte bis Ende Juli in Form (→ Abb. 2). Kürzen Sie dabei diesjährige Triebe um 2–4 cm ein. Bei einem späten Schnitt ab Ende August entfernen Sie nur noch die gelben Blütenknöpfchen. Schneiden Sie nicht stärker, sonst können die entstehenden Jungtriebe bis zum Winter nicht mehr ausreifen.

Verjüngung

Ohne Schnitt vergreist Heiligenkraut. Die Bodentriebe verholzen und verkahlen mit der Zeit immer mehr. Verjüngen Sie Heiligenkraut während des Austriebs. Dann wächst die Pflanze, und die warmen Temperaturen begünstigen den Neuaustrieb. Schneiden Sie nur im beblätterten Bereich. Das Umlenken verkahlter Triebe ist nur möglich, wenn bodennahe junge Knospen vorhanden sind. Fehlen diese Knospen oder bodenbürtige Jungtriebe, trocknen verholzte, eingekürzte Triebe meist ein. In solchen Fällen ist es besser, wenn Sie die verkahlte Pflanze ersetzen und den Boden dabei austauschen und verbessern.

1 ERHALTUNG FRÜHJAHRSSCHNITT *Wenn der Austrieb beginnt, schneiden Sie jährlich kräftig zurück. Dann treiben die jungen Knospen nach kurzer Zeit wieder durch.*

2 ERHALTUNG SOMMERSCHNITT *Schneiden Sie Heiligenkraut im Sommer direkt nach der Blüte halbkugelig zurück. Damit die Form kompakt bleibt, kürzen Sie diesjährige Triebe ein.*

Hibiskus: *Blütenpower mit Ausdauer*

Hibiskus bildet seine hübschen Blüten in den Blattachseln diesjähriger Triebe.

Hibiskus oder Echter Roseneibisch (*Hibiscus syriacus*, WHZ 7a) gehört zu den typischen Sommerblühern. Wie Sommerflieder (→ Seite 114) liebt er warme, durchlässige Böden. In schweren Böden kümmert er und bildet kaum Blüten. Hibiskus wächst straff aufrecht und entwickelt sich zu einem bis zu 2 m hohen Strauch, in warmen Regionen erreicht er sogar 3 m Höhe. Mit ihm holen Sie sich einen wahren Dauerblüher in den Garten. Er blüht, richtig geschnitten, von Sommer bis Spätherbst. Die Sortenvielfalt – von ungefüllt bis ballförmig gefüllt – bietet ein breites Farbenspektrum mit interessanten Blütenzeichnungen. Während ältere Sorten oder Sämlinge meist ein dunkles Auge in der Blütenmitte besitzen, sind neuere Sorten oft in einem einheitlichen Ton durchgängig gefärbt.

Hibiskus baut ein stabiles Gerüst auf. Wie Sommerflieder bildet er seine Blüten an diesjährigen Trieben. Im Gegensatz zu diesem blüht er jedoch nicht an den Triebspitzen. Er formt seine Blüten fortlaufend in den Blattachseln des wachsenden Triebs. Deshalb blüht der Strauch nur, solange er wächst. Schneiden Sie Hibiskus deshalb jedes Jahr im späten Frühjahr kurz vor dem Austrieb, wenn keine längeren Frostperioden mehr drohen, kräftig zurück. Er ist zwar auch ungeschnitten reizvoll, entwickelt aber nur kurze Neutriebe und blüht nur kurze Zeit (→ Abb. 4).

Erziehung

Oft wird das Gerüst bei Hibiskus nur aus einem Trieb und dessen bodennahen Seitenverzweigungen aufgebaut. Entstehen an der Strauchbasis Schäden oder Vergreisungen, ist immer gleich der ganze Strauch in Mitleidenschaft gezogen. Erziehen Sie Hibiskus deshalb besser mit einem Gerüst aus mehreren Bodentrieben. Fällt ein Trieb aus, bleibt dies ohne Auswirkungen auf die Vitalität der anderen Gerüsttriebe. Wählen Sie für das Gerüst vier bis sieben gut verteilte Bodentriebe und eine höhere Mitte. Überzählige Bodentriebe und bodennahe oder schwache Triebe entfernen Sie vollständig. Kürzen Sie nun die Gerüsttriebe um die Hälfte, mindestens aber um ein Drittel des vorjährigen Zuwachses ein. Bei den äußeren Gerüsttrieben sollte die Endknospe nach außen weisen. So wächst der folgende Austrieb ebenfalls nach außen, und der Strauch erhält eine gefällige Form. Konkurrenztriebe zu den Gerüsttrieben entfernen Sie. Den Mitteltrieb kürzen Sie ein, lassen ihn aber 10–20 cm höher als die übrigen Gerüsttriebe. Seitentriebe der Gerüsttriebe kürzen Sie bei jungem Hibiskus auf 5 cm ein, um einen kräftigen Neuaustrieb zu fördern.

Erhaltung

Wenn Sie die Gerüsttriebe, wie vorher beschrieben, jedes Jahr um 15–20 cm verlängern, kann das Gerüst nach einigen Jahren 1,5 m Höhe oder mehr erreichen. Beim Erhaltungsschnitt lichten Sie immer erst zu dicht oder nach innen wachsende Triebe aus. Ist die gewünschte Endhöhe des Gerüsts erreicht, schneiden Sie dessen vorjährige Verlängerungen auf 10 cm kurze Zapfen zurück. Wachsen die Gerüsttriebe sehr steil, lenken Sie sie auf tiefer stehende und nach außen wachsende Seitentriebe als neue Gerüsttriebspitzen um. Der Strauch wirkt dadurch lockerer. Seitentriebe des Gerüsts kürzen Sie auf maximal 10 cm, im äußeren Bereich auf 5 cm Länge ein. Dadurch entwickelt sich der Strauch im folgenden Sommer kräftig und blüht bis in den Herbst.

Verjüngung

Trotz eines regelmäßigen Erhaltungsschnitts können einzelne Hibiskustriebe vergreisen. Und je älter das Holz wird, umso eher trägt es Winterschäden davon. Zeigt ein Haupttrieb trockene Stellen, geringen Neuzuwachs oder stirbt er sogar von oben her ab, entfernen Sie ihn nahe am Boden auf einen 5 cm langen Zapfen, den Sie im folgenden Sommer entfernen. Wählen Sie einen jungen Bodentrieb als Ersatz und erziehen Sie ihn zu einem Gerüsttrieb. Sind keine Jungtriebe vorhanden, warten Sie den Neuaustrieb unterhalb der Schnittstelle im nächsten Sommer ab und entscheiden dann. Die übrigen Gerüsttriebe lenken Sie auf tiefer stehende, vitale Seitentriebe als neue Spitzen um und kürzen sie ein.

Hochstämmchen

Wenn Sie ein Hochstämmchen wünschen, erziehen Sie einen kräftigen Trieb als Stamm. Diesen kürzen Sie im ersten Jahr nicht ein. Alle übrigen Triebe entfernen Sie. Ist die gewünschte Endhöhe erreicht, kürzen Sie den Trieb im Frühjahr ein, um Seitentriebe für die Krone zu fördern. Lassen Sie einen geraden Mitteltrieb und vier bis fünf seitliche Gerüsttriebe stehen. Diese verlängern Sie jedes Jahr um 10 cm, sie sollten letztlich nicht länger als 30–40 cm werden. Die Seitentriebe der Gerüsttriebe kürzen Sie jährlich auf 5 cm ein. So wird die Krone über Jahre gesund und kompakt. Schneiden Sie bei Hochstämmchen junge Stammtriebe oder Bodentriebe schon im Sommer ab. Der Hauptschnitt erfolgt jedoch im späten Frühjahr.
Den Stamm sollten Sie im Winter mit Tannenreisig vor der Wintersonne schützen, damit er nicht eintrocknet.

Sämlinge verhindern

In leichten Böden und warmem Klima sät sich Hibiskus gern aus. Diese Sämlinge können lästig werden. Entweder entfernen Sie die Samenkapseln im Sommer fortlaufend, was jedoch sehr mühsam ist. Streifen Sie besser im Herbst an jedem Trieb alle Samenkapseln mit der Hand von unten nach oben ab und halten Sie eine Schale unter. Werfen Sie die Kapseln nicht auf den Kompost. Entsorgen Sie sie in der Mülltonne oder verbrennen Sie sie.

1 ERZIEHUNG
Wählen Sie fünf bis sieben gut verteilte Gerüsttriebe aus. Deren einjährige Fortsetzungen kürzen Sie auf 15–20 cm ein. Überzählige und schwache Triebe lichten Sie vollständig aus. Seitentriebe kürzen Sie im äußeren Bereich des Strauchs auf 5 cm, im inneren auf 10 cm ein.

2 ERHALTUNG
Lichten Sie zu dicht oder nach innen wachsende Triebe aus. Stehen Gerüsttriebe steil, lenken Sie sie auf tiefer stehende, nach außen weisende Seitentriebe um. Die Gerüsttriebspitzen kürzen Sie zum Schluss auf 10 cm ein, Seitentriebe im äußeren Bereich wieder auf 5 cm, im inneren auf 10 cm.

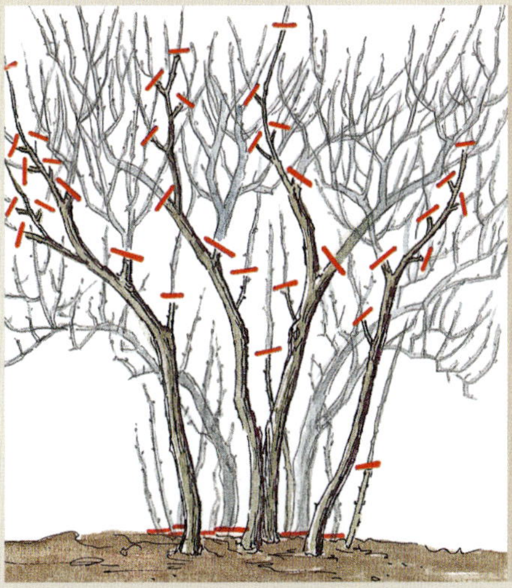

3 VERJÜNGUNG
Wenn Gerüsttriebe vergreisen, lichten Sie sie bis auf einen kurzen Zapfen am Boden aus. Diesen entfernen Sie im Sommer. Die übrigen Gerüsttriebe lenken Sie auf tiefer stehende, vitale Seitentriebe um. Die Seitentriebe kürzen Sie wiederum auf 5–10 cm ein.

4 OHNE SCHNITT
Hibiskus bildet ohne regelmäßigen Schnitt nur kurze diesjährige Triebe. Setzt die Pflanze nach der Blüte Samen an, erschöpft sich das Wachstum, und die Blüte ist bereits nach vier Wochen beendet. Ein kräftiger Schnitt regt solche Pflanzen zu stärkerem Wachstum an.

Sommerflieder: Magnet für Insekten

Die großen Blütenrispen des Sommerflieders erscheinen bis weit in den Herbst.

Der Gewöhnliche Flieder hat dem Sommerflieder oder Schmetterlingsstrauch (*Buddleja davidii*, WHZ 6b) aufgrund einer gewissen Ähnlichkeit der Blütenrispen seinen Namen gegeben. Während der Namensteil »Schmetterling« von seiner hohen Anziehungskraft für Falter aller Art herrührt, spielt »Sommer« auf die späte Blütezeit von Juli bis Oktober an. Sommerflieder liebt Wärme, auch wenn er nicht aus dem Mittelmeerraum, sondern aus China zu uns kam. Auf durchlässigen, warmen und trockenen Böden fühlt er sich wohl. Er entfaltet dann nicht nur seine volle Schönheit, sondern die Triebe verholzen auch besser. Das Holz wird frosthärter als auf schweren, kalten Böden. Die gängigen Sorten werden, ein regelmäßiger Schnitt vorausgesetzt, nicht höher als 2–3 m. Es gibt aber auch neuere Sorten, die nur 1,5 m hoch wachsen und daher auch für kleine Gärten geeignet sind (→ Tipp). Die Blütenfarben reichen von Weiß, Rosa, Rot und Blau bis zu Violett. Die violettblaue Sorte 'Lochinch' besitzt sterile Blüten. Dies ist ein Vorteil, denn Sommerflieder samt sich gerne aus und kann sich dann unkontrolliert verbreiten. In der Schweiz steht er deshalb bereits auf der Schwarzen Liste der »invasiven Neophyten« und soll möglichst nicht mehr angepflanzt werden.

Wenn Sie Sommerflieder konsequent schneiden, dankt er es mit Vitalität, langer Blütezeit und vielen Blüten.

Wie alle frostempfindlichen Gehölze schneidet man ihn erst im späten Frühjahr. Sommerflieder blüht an diesjährigen Trieben. Zuerst wachsen die Triebe, dann bilden sich die Blütenanlagen, und zum Schluss zeigt sich an der Triebspitze die erste Blüte. Danach erscheinen, bei kräftigem Wachstum, an den Seitentrieben weitere, aber kleinere Blüten. Schneiden Sie Sommerflieder jährlich stark zurück, um die Bildung kräftiger diesjähriger Triebe anzuregen. Schwache Triebe bilden meist nur kleinere Spitzenblüten und sind dann in hrem Wachstum erschöpft.

Rispen-Sommerflieder hat einen anderen Blührhythmus und wird anders geschnitten (→ Seite 65).

Erziehung

Erziehen Sie Sommerflieder nur mit einem kurzen Gerüst. Bei älteren Trieben lässt die Frosthärte merklich nach. Regen Sie mit Ihrem Schnitt deshalb vor allem neue Bodentriebe an. In den ersten 3 Jahren belassen Sie drei bis fünf Bodentriebe als Gerüst. Sie sollten nach dem Pflanzschnitt nicht höher als 30 cm sein. In den folgenden 3–4 Jahren verlängern Sie diese Gerüsttriebe jährlich um 15–20 cm. Kürzen Sie anschließend die am Gerüst verbliebenen Seitentriebe aus dem letzten Jahr auf kurze Zapfen mit zwei bis vier Knospen ein. Junge, einjährige Bodentriebe schneiden Sie auf 30 cm Höhe zurück.

Erhaltung

Schneiden Sie älteren Sommerflieder jährlich auf die Hälfte, mindestens aber auf 1 m zurück. Sind junge Bodentriebe vorhanden, kürzen Sie diese auf 30 cm ein. Ältere Triebe entfernen Sie bodennah auf 10 cm lange Zapfen. Diese trocknen später ein und können im folgenden Sommer schadlos entfernt werden. Vorher entwickeln sich an seiner Basis aber noch neue Wunschtriebe. Wenn Sie ohne Zapfen schneiden, kann die Schnittstelle ins alte Holz zurücktrocknen, und Neu-

1 ERZIEHUNG *Wählen Sie bis zu fünf Bodentriebe für das Gerüst und kürzen Sie sie ein. Überzählige oder schwache Bodentriebe lichten Sie aus. Seitentriebe schneiden Sie auf kurze Zapfen zurück.*

triebe bleiben aus. Die Seitentriebe des Gerüsts kürzen Sie auf zwei bis vier Knospen ein. Bei einem fachgerecht geschnittenen Sommerflieder bleibt im Frühjahr nur das Gerüst mit Stummeln einjähriger Triebe stehen.
Sind im Hochsommer die großen Blütenrispen der Triebspitzen verblüht, bilden sich an den Seitentrieben weitere Blüten. Damit diese alle Kraft erhalten, schneiden Sie verblühte Rispen bis zum nächsten Seitentrieb aus (→ Abb. 4). Sie setzen sonst Samen an und binden Energie. Bei sehr vitalen Sommerfliedern lohnt es sich, Verblühtes bis in den Spätsommer zu entfernen. Hängen einzelne Triebe überlang aus dem Strauch, lenken Sie sie im Strauchinnern auf kürzere Seitentriebe um.

Verjüngung

An überalterten Sommerfliedern entfernen Sie ältere Triebe bodennah auf kurze Zapfen – unabhängig davon, ob bodenbürtige Jungtriebe vorhanden sind oder nicht. Je vergreister der Strauch, umso größer ist allerdings die Gefahr, dass er keine jungen Bodentriebe mehr bildet. Mit einem regelmäßigen Schnitt vermeiden Sie dieses Risiko. Sind an vergreisten Gerüsttrieben im unteren Teil vitale Jungtriebe zu sehen, lenken Sie den Haupttrieb auf einen nach außen weisenden um. Diesen kürzen Sie auf 30 cm, die übrigen auf zwei bis vier Knospen ein.

Form und Blüte

Wird Sommerflieder nur auf optimale Blütenfülle geschnitten, sieht er von Frühjahr bis Frühsommer nicht sehr attraktiv aus. Er wirkt sparrig. Zudem bietet er in dieser Zeit keinen Sichtschutz, da er höchstens 1 m hoch ist. Soll der Strauch auch eine ansprechende Gestalt haben, schneiden Sie zurückhaltender. Allerdings wird dadurch die Blütezeit kürzer, und Sie verzichten auf eine maximale Blütenfülle. Unabhängig vom Schnitt hält sich bei einigen Sorten das Laub der spätsommerlichen Seitentriebe bis ins Frühjahr. Haben die Blätter dann noch einen silbrigen Ton, ist Sommerflieder auch im Winter eine Bereicherung.

! KLEINWÜCHSIGE SORTEN

Seit einigen Jahren gibt es mehrere Zuchtserien kleinwüchsiger Sommerflieder. Sie werden nur bis zu 1,5 m hoch und eignen sich deshalb für kleine Gärten. Jede Serie bietet verschiedene Blütenfarben. Man erkennt sie an Namensbestandteilen wie 'Nanho', 'BUZZ' oder '-keep'. Die Serie 'Butterfly' besitzt zusätzlich sterile Blüten, sie versamt sich also nicht.

Schutz bei zu viel Schnee

Bei regelmäßiger Gefahr von Schneebruch binden Sie die Pflanze locker mit Naturmaterialien wie Kokosstricken oder Sisalschnur zusammen. In sehr schneereichen Lagen binden Sie die Schnur an einen Pflock an. So muss sich der Strauch nicht alleine tragen.

2 ERHALTUNG *Entfernen Sie zu dicht stehende oder nach innen wachsende Triebe. Bei Bedarf ersetzen Sie ältere Gerüsttriebe durch junge Bodentriebe. Dann kürzen Sie Gerüst- und Seitentriebe ein.*

3 VERJÜNGUNG *Vergreiste Gerüsttriebe lichten Sie auf Zapfen am Boden aus. Jungtriebe verbleiben als Ersatz. Die übrigen Gerüsttriebe lenken Sie auf tiefer stehende Jungtriebe um und kürzen Seitentriebe ein.*

4 VERBLÜHTES ENTFERNEN *Schneiden Sie verblühte Triebspitzen aus. So verbleibt mehr Kraft für die Bildung neuer Blüten an den Seitentrieben. Dies reduziert auch die Bildung von Sämlingen.*

Mönchspfeffer: sommerlicher Insektenfänger

Wüchsige Triebe besitzen straffe Blütenrispen mit Seitentrieben.

Mönchspfeffer (*Vitex agnus-castus*, WHZ 7b) benötigt durchlässige Erde und volle Sonne. Einmal eingewurzelt, meistert er auch längere Trockenperioden gut. Mönchspfeffer bildet blaue Blütenrispen und hat graues Laub, das ihm mediterranen Charakter verleiht. Zwergsorten wie 'Blue Diddley' oder 'Blue Puffball' werden max. 1,5 m hoch. Die Hybride 'Flip Side' (WHZ 8) hat sehr attraktives dunkles Laub. Sie sollte jedoch besser im Kübel gehalten und frostfrei überwintert werden. Die Blütezeit erstreckt sich, je nach Klimazone, von Juli bis September. Ohne Schnitt wird Mönchspfeffer bis zu 3 m hoch, blüht dann jedoch kürzer mit kleineren Blütenrispen. In kühlen Zonen ist ein Winterschutz nötig. Die Blüten erscheinen am Ende diesjähriger Triebe, sie ziehen Insekten, vor allem Holzbienen, magisch an. Der Schnitt erfolgt direkt vor dem Austrieb, in kälteren Zonen erst, wenn die Knospen sichtbar schwellen.

Erziehung

Nach der Pflanzung alle Triebe auf zwei Knospenpaare einkürzen. So erreichen Sie eine bodennahe Verzweigung und fördern die Bildung neuer Bodentriebe, die der Strauch in späterem Alter kaum mehr bildet. Erziehen Sie in den folgenden Jahren ein Gerüst mit fünf bis sieben Boden- oder bodennahen 60–80 cm hohen Trieben.

Erhaltung

Einjährige Triebe auf 5–10 cm am Gerüst einkürzen. Ältere, vergreisende lenken Sie auf tiefer stehende und vitalere Seitentriebe um. Ausschneiden von Verblühtem bringt keine zweite Blüte. Zwergsorten kürzen Sie jährlich auf 10 cm über dem Boden ein.

Verjüngung

Eine Verjüngung ist nur möglich, wenn noch bodennahe junge Knospen oder Triebe vital sind. Ein später Schnitt im Austrieb ist am erfolgreichsten. Ist das nicht der Fall, kürzen Sie nur einen Trieb bodennah auf einen 10 cm langen Zapfen ein. Treibt er aus, setzen Sie die Verjüngung die nächsten Jahre mit den übrigen Trieben fort. Erfolgt kein Neuaustrieb, sollten Sie die Pflanze ersetzen.

1 ERZIEHUNG *Einjährige, unverzweigte Bodentriebe kürzt man auf zwei Knospenpaare ein, verzweigte Triebe am Gerüst auf kurze Zapfen. Ältere Triebe entfernen Sie bodennah auf einen 10 cm langen Zapfen.*

2 ERHALTUNG VOR SCHNITT *Dieser Mönchspfeffer wurde mit mehreren Gerüsttrieben aufgebaut. An ihren Spitzen wuchsen im letzten Jahr kräftige Jungtriebe mit verzweigten Blütenrispen im Sommer.*

3 ERHALTUNG NACH SCHNITT *Einjährige Triebe auf kurze Zapfen am Gerüst zurückschneiden. Verzweigen sich die Enden stark, lenken Sie sie auf einen einzelnen, tiefer stehenden, vitalen Trieb um.*

Indigostrauch: sommerliche Schmetterlingsblüten

Indigosträucher sind eine sommerliche Bereicherung. Am härtesten ist der Chinesische Indigostrauch (*Indigofera amblyantha*, WHZ 6, → Abb.) mit hellrosa Blütenkerzen. Der Himalaya-Indigostrauch (*I. heterantha* WHZ 7a)

Die rosa Blütenkerzen des Chinesischen Indigostrauchs blühen den ganzen Sommer.

blüht purpurrosa und ist im Weinbauklima noch zuverlässig winterhart. Kirilows Indigostrauch *(I. kirilowii*, WHZ 7b) ist frostempfindlicher und benötigt Winterschutz an der Basis. Seine intensiv rosa Blütenkerzen lohnen jedoch den Aufwand. Alle wünschen warme, vollsonnige Standorte in durchlässigem Boden und frieren in kalten Wintern teilweise zurück. Eine gute Drainage erhöht die Frosthärte. Die Sträucher werden 2–3 m hoch und blühen von Juli bis Oktober. Die Blüten erscheinen an diesjährigen Trieben, der Schnitt erfolgt im späten Frühjahr vor dem Austrieb. Ein jährlicher Schnitt fördert eine längere Wachstumsperiode und Blütezeit.

Erziehung

Erziehen Sie die Sträucher mit fünf bis sieben Bodentrieben als Gerüst. Nach der Pflanzung kürzt man alle einjährigen Triebe auf 10–20 cm lange Zapfen über dem Boden ein, um kräftige Neuaustriebe zu fördern. Diese verschlanken Sie im Lauf des Sommers. Im zweiten Jahr kürzen Sie die Gerüsttriebspitzen erneut um die Hälfte ein und verschlanken in den folgenden Monaten die diesjährigen Triebe. In 3–4 Jahren bauen Sie so ein Gerüst auf.

Erhaltung

Lichten Sie im Frühjahr zuerst vom Frost geschädigte Triebe aus und entfernen Sie vergreiste Gerüsttriebe bodennah. Dann kürzen Sie die abgeblühten Seitentriebe jährlich bis auf 5–10 cm lange Zapfen ein (Hibiskus, → Seite 112). Verzweigungen an den Triebspitzen werden im Lauf des Sommers manchmal schwer und hängen seitlich über. Lenken Sie solche Köpfe auf einen weiter innen stehenden, einzelnen Trieb um. Der Chinesische Indigostrauch bildet in leichten, sandigen Böden Ausläufer. Kürzen Sie diese nicht ein, sondern reißen Sie sie bereits im Sommer aus. Schneiden Sie sie bodeneben zurück, hat es den Effekt des Einkürzens. Sie verholzen und müssen später aufwendig ausgegraben werden.

! FÄRBER-INDIGOSTRAUCH

Aus den Blättern des Färber-Indigostrauchs (*I. tinctoria*, WHZ 10) gewann man früher die typische blaue Farbe. Er blüht ebenfalls an den diesjährigen Trieben mit langen, rosaroten Blütenkerzen. Temperaturen unter 0 °C verträgt er jedoch nicht, er muss daher frostfrei überwintern. Der Schnitt, wie oben beschrieben, erfolgt im Frühjahr beim Ausräumen.

ERHALTUNG *Schneiden Sie Indigosträucher im Frühjahr, kurz vor dem Austrieb. Kürzen Sie dabei die abgeblühten, einjährigen Triebe auf kurze Zapfen am Gerüst ein.*

Verjüngung

Lichten Sie vergreiste Gerüsttriebe bodennah auf Zapfen aus. Lassen Sie die gleiche Anzahl Jungtriebe als Ersatz stehen und erziehen Sie sie wie angegeben. Die Zapfen trocknen später bis zum Boden zurück und werden im Lauf des Sommers entfernt. Bilden sich durch die Verjüngung zu viele Bodentriebe, reißen Sie im Sommer überzählige oder weit außenstehende aus.

Sommerblühende Hortensien: ***Blütenfülle bis zum Herbst***

Bis weit in den Herbst öffnen Rispenhortensien ihre aparten Blütenpyramiden.

Sommerblühende Hortensien bilden ein Gerüst, das mehrere Jahre vital bleiben kann. Sie blühen an diesjährigen Trieben und werden daher anders geschnitten als die übrigen Hortensien (→ Seite 74, 86). Der Schnitt erfolgt bei allen im Frühjahr vor dem Austrieb.

Rispenhortensien

Rispenhortensien (*Hydrangea paniculata*, WHZ 5a) besitzen attraktive, pyramidenförmige Blütenrispen. Sie blühen ab Ende Juli bis Oktober und wünschen humose, sommerfeuchte Böden. Der Standort sollte halbschattig sein, heiße Lagen mögen sie nicht. Einige Sorten werden, ohne regelmäßigen Schnitt, bis zu 3 m hoch. Besonders attraktiv und standfest sind 'Burgundy Lace' (1,3 m), 'Grandiflora' (1,5 m), 'Limelight' (1,2 m), 'Mega Perl' (1,4 m) und 'Phantom' (1,4 m). Die angegebenen Höhen setzen einen regelmäßigen Schnitt voraus.

Nur kräftige Triebe tragen große Blütenrispen. Ohne Schnitt bilden sich zwar mehr, aber dafür kleinere Blüten.

> **Erziehung** Rispenhortensien erzieht man mit fünf bis sieben bodenbürtigen oder bodennahen Trieben. Diese kürzen Sie im ersten Jahr auf höchstens 20 cm ein. In den folgenden 3 Jahren verlängern Sie die Gerüsttriebe um je 10 cm. Seitentriebe kürzen Sie auf zwei Knospen ein.

> **Erhaltung** Nach 3 Jahren ist das Gerüst aufgebaut. Kürzen Sie im Frühjahr alle Seitentriebe auf zwei bis vier Knospen ein. Entwickeln sich nach einigen Jahren stark verzweigte Köpfe, lenken Sie den ganzen Kopf auf einen gerüstnahen Seitentrieb um und kürzen diesen auf vier Knospen beziehungsweise zwei Knospenpaare ein. Kräftige junge Bodentriebe kürzen Sie als späteren Ersatz für Gerüsttriebe auf 20 cm ein, schwache entfernen Sie vollständig.

> **Verjüngung** Vergreisen einzelne Gerüsttriebe, lichten Sie sie bis auf einen Zapfen am Boden aus. Dieser trocknet im Lauf des Sommers ein. Bis dahin haben sich aber bodenbürtige Jungtriebe gebildet. Kräftige Jungtriebe erziehen Sie zu neuen Gerüsttrieben. Sind nur die Gerüsttriebspitzen vergreist, lenken Sie sie auf tiefer stehende, vitale Jungtriebe um. Anschließend düngen Sie mit Kompost.

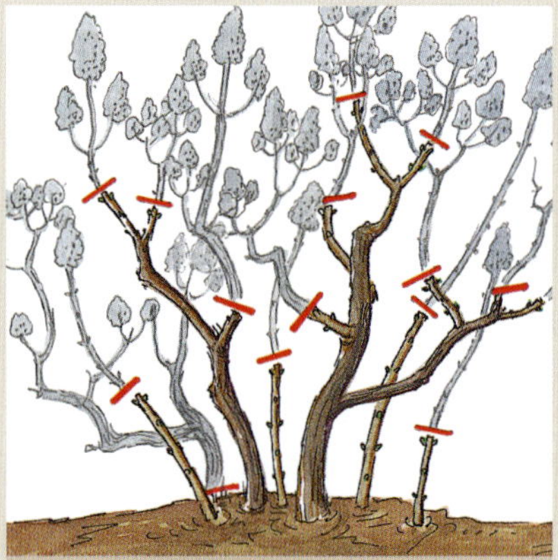

ERHALTUNG RISPENHORTENSIE
Lichten Sie vergreiste Gerüsttriebe bodeneben aus. An den übrigen kürzen Sie einjährige Triebe auf höchstens zwei Knospenpaare ein. Einjährige Bodentriebe kürzen Sie auf maximal 30 cm ein.

Hortensie 'Annabelle'

Die Sorte 'Annabelle' ist erheblich bekannter als die Art der Waldhortensie (*H. arborescens*, WHZ 6a), zu der sie gehört. 'Annabelle' bildet bis zu 25 cm große Blütenbälle, die zuerst grünlich sind und, wenn sie einmal voll aufgeblüht sind, cremeweiß werden. Sie blüht von Ende Juni bis Anfang September. Die Waldhortensie mag humose, sommerfeuchte und nicht zu kalkhaltige Böden. Der Standort sollte halbschattig und vor Wind geschützt sein. In Windlagen können die schweren Blütenbälle zum Boden niedergedrückt werden, in praller Sonne verblühen sie schneller.

Die Art der Waldhortensie besitzt üppige, tellerartige Blütenstände, die sich aus kleinen fertilen und großen sterilen Blüten zusammensetzen. 'Pink Annabelle' blüht rosa, 'Grandiflora' cremefarben und 'Sheep Cloud' rein-

! SOMMERBLÜHENDE HORTENSIEN

'Endless Summer' war die erste sommerblühende Ballhortensien-Sorte, die auf den Markt kam. Der Name bezeichnet inzwischen eine Serie, in der auch Tellerformen und weiß blühende Sorten angeboten werden. Weitere sehr attraktive Serien sind 'Double Star', 'Forever & Ever' und 'Everbloom'. Sie bieten ungefüllte, gefüllte und tellerförmige Sorten.

weiß. Bei allen drei sind die Blüten etwas kleiner als bei 'Annabelle'.
Ohne Schnitt vergreisen die Pflanzen nach einigen Jahren, und die Blütenbälle werden immer kleiner. Regelmäßig geschnitten, bleiben die Gehölze vital und entwickeln große Blüten.
> **Erziehung** Beim Pflanzen belassen Sie alle kräftigen Bodentriebe und kürzen sie auf 20–30 cm ein. Schwache entfernen Sie.
> **Erhaltung** Triebe, die 2 Jahre und älter sind, lichten Sie bodeneben aus. Einjährige Bodentriebe kürzen Sie auf 30 cm ein. Entwickeln sich zu große, schwere Blüten, kürzen Sie einjährige Triebe im folgenden Jahr auf 40 cm ein.
> **Verjüngung** Lichten Sie vergreiste Triebe bodeneben aus. Einjährige Triebe kürzen Sie auf 20 cm ein, um bodenbürtige Triebe anzuregen.

Bauernhortensien

Von der Bauern- oder Gartenhortensie (*H. macrophylla*, WHZ 6b) gibt es inzwischen Sorten wie 'Endless Summer', die nicht nur an einjährigen, sondern auch an diesjährigen Trieben blühen (→ Info). Sie eignen sich besonders für kältere Lagen, in denen einjährige Knospen oft erfrieren. Da sie sich in ihrer Sommerblüte eher erschöpfen und dadurch weniger starke Triebe bilden, bleiben sie meist niedriger als einmalblühende Sorten. Zugunsten einer fülligen Sommerblüte schneiden Sie diese Sorten stärker als die einmalblühenden (→ Seite 74).
> **Erziehung** Erziehen Sie sommerblühende Bauernhortensien mit sieben bis zehn Bodentrieben. Kürzen Sie diese um ein Drittel ein, schwache Triebe entfernen Sie.
> **Erhaltung** Lichten Sie Gerüsttriebe nach 3 Jahren bodeneben aus und belassen einjährige Bodentriebe als Ersatz. An zweijährigen Trieben lenken Sie verzweigte Spitzen auf einen tiefer stehenden, kräftigen Jungtrieb um. Schwache Triebe entfernen Sie bodeneben. Nach der Erstblüte kürzen Sie Verblühtes bis zur ersten kräftigen, unterhalb stehenden Knospe ein. Überhängende Triebe kürzen Sie bis zum Scheitelpunkt ein. So vermeiden Sie, dass die nachfolgenden Blüten zum Boden überhängen.
> **Verjüngung** Lichten Sie alle vergreisten Triebe bodeneben aus. Die verbliebenen kürzen Sie um ein Drittel, schwache um zwei Drittel ein. Eine Kompostgabe fördert die Vitalität. Im Sommer und folgenden Frühjahr verfahren sie wie bei der Erhaltung.

1 'ANNABELLE' *Die Waldhortensie 'Annabelle' hat große Blütenbälle und blüht fast den ganzen Sommer über. Sie sollte etwas vor Wind geschützt stehen.*

2 ERHALTUNG 'ANNABELLE' *Ältere Triebe lichten Sie bodeneben aus, einjährige kürzen Sie auf 30 cm ein – bei zu schweren Blüten auf 40 cm.*

3 'ENDLESS SUMMER' *Sommerblühende Ballhortensien blühen auch an diesjährigen Trieben. Um die Nachblüte anzuregen, entfernen Sie Verblühtes.*

4 ERHALTUNG 'ENDLESS SUMMER' *Ältere Gerüsttriebe lichten Sie aus, übrige lenken Sie auf Seitentriebe um. Verblühtes entfernen Sie bis zu einer Knospe.*

Sommerblühende Spiräe: Vielfalt in Farbe und Form

Richtig geschnitten, ist die Rote Sommerspiere 'Anthony Waterer' ein Dauerblüher.

Sommerblühende Spiräen sind vielgestaltig und blütenreich: Von der weißen, nur 25 cm hohen Polsterspiere (*Spiraea decumbens*, WHZ 6a) bis zum 2 m hohen Billards Spierstrauch (*S.* × *billardii*, WHZ 5a) bieten sie ein breites Farben- und Formenspektrum. Am bekanntesten ist die Rote Sommerspiere 'Anthony Waterer' (*S. japonica*, WHZ 5a) mit großen, malvenfarbenen Blütentellern. Sie wird etwa 0,8 m hoch. Ähnlich hoch wird die Weiße Japan-Spiere (*S. japonica* 'Albiflora', WHZ 5b), während 'Little Princess' mit ihren rosa-lila Blüten nur 0,6 m hoch wird.

Sommerblühende Spiräen sind für die meisten Böden geeignet, gedeihen jedoch auf nährstoffhaltigen und nicht zu heißen Böden am besten. Die Blüte beginnt zum Teil schon im Juli und hält bis in den September an. Die ersten Blüten erscheinen an einjährigen Trieben, die Hauptblüte aller Sorten steht an diesjährigen Trieben. Schneidet man stark, fällt die Erstblüte geringer aus, doch die Hauptblüte ist länger und stärker. Während man im Frühjahr blühende Spiräen nach der Blüte schneidet, werden die Sommerblüher im Frühjahr vor dem Austrieb geschnitten. Ein jährlicher Schnitt erhält die Vitalität dauerhaft. Ohne Schnitt vergreisen diese Arten und Sorten schon nach kurzer Zeit.

Erziehung

Bei sommerblühenden Spiräen erfolgt nur ein geringer Gerüstaufbau. Meist belässt man bis zu 15 Bodentriebe. Bei Jungpflanzen lichten Sie schwache einjährige Triebe bodeneben aus, kräftige kürzen Sie auf 10 cm ein.

Erhaltung

Lichten Sie die Hälfte der einjährigen und alle älteren Triebe bodennah auf kurze Zapfen aus. Etwa sechs bis sieben einjährige Triebe kürzen Sie auf die Hälfte ein. Dadurch bleibt das Gehölz fülliger. Bei Frühsommerblühern, die auch aus einjährigen Trieben blühen, ist dies weniger von Bedeutung. Hier lichten Sie nur zweijährige und ältere Triebe aus.

Zu weit außen stehende Bodentriebe reißen Sie bis zur Kernpflanze aus. Da diese meist schon eigene Wurzeln besitzen, können Sie diese Triebe wieder einpflanzen oder topfen.

Die Polsterspiere können Sie ohne Weiteres mit der Heckenschere jährlich bodeneben einkürzen.

Verjüngung

Überalterte sommerblühende Spiräen lassen sich gut verjüngen. Lichten Sie alle Triebe im Frühjahr vor dem Austrieb bodeneben aus. Im Sommer bilden sich etliche junge Bodentriebe, im nächsten Frühjahr gehen Sie zum Erhaltungsschnitt über. Sind sowohl Triebe als auch der Wurzelstock überaltert, lässt sich die Vitalität nicht mehr anregen. Dann ersetzen Sie die Pflanze und erneuern großzügig die Erde.

1 ERZIEHUNG *Die junge Sommerspiere 'Anthony Waterer' wurde bei der Pflanzung bodeneben eingekürzt. Im folgenden Sommer haben sich kräftige Bodentriebe gebildet.*

2 ERHALTUNG *Lichten Sie vor dem Austrieb alle älteren und mindestens die Hälfte der einjährigen Triebe bodennah auf Zapfen aus. Verbliebene einjährige Triebe kürzen Sie auf die Hälfte ein.*

Sommerblühende Erika: Klassiker aus der Heide

Zu der Gruppe der sommerblühenden Heide gehören verschiedene Arten. Die Graue Heide (*Erica cinerea*, WHZ 7a) wird ungeschnitten bis zu 0,6 m hoch. Sie ist immergrün und blüht zwischen Juni und August. Die Farben der verschiedenen Sorten reichen von Weiß, Rosa bis zu Rotlila. Die Cornwall- oder Sommerheide

Die Besenheide mit ihren vielen Sorten darf in keinem Heidegarten fehlen.

(*Erica vagans*, WHZ 7a) besitzt auffällige Blütentrauben von Weiß bis Tiefrosa. Sie wünscht eine hohe Luftfeuchtigkeit, heiße Standorte verträgt sie nicht. Diese Art ist in Mitteleuropa nicht zuverlässig winterhart und sollte mit Tannenreisig vor Wintersonne geschützt werden. Die Besenheide (*Calluna vulgaris*, WHZ 6a) ist die typische Pflanze der Heidelandschaften. Sie wird bis zu 0,8 m hoch und blüht – je nach Sorte – von August bis in den November. Es gibt verschiedene Sorten, die ein Farbspektrum von Weiß, Rosa über Purpurrot bis zu violetten Tönen abdecken. Die Irische Heide (*Daboecia cantabrica*, WHZ 7a) besitzt auffällige Blütenglöckchen in allen Heide-Farbtönen. Sie wünscht einen sommerfeuchten Standort und braucht einen Winterschutz.
Alle Heidearten benötigen durchlässige, saure Böden. Die hier genannten blühen an diesjährigen Trieben. Ohne Schnitt verkahlen die Triebe von der Basis her, werden überlang und kippen um. In manchen Fällen bilden sich an niederliegenden Trieben wieder basisnahe Seitentriebe. Meist bleiben sie jedoch kahl. Nur mit einem regelmäßigen Schnitt im Frühjahr bleiben sommerblühende Heidearten kompakt und vital. Dies gilt auch für die Schneeheide (→ Seite 203). Geschnitten werden diese Arten erst kurz vor dem Austrieb, damit die Pflanzen nicht zurückfrieren.

Erziehung

Kürzen Sie im Frühjahr nach der Pflanzung die gesamte Pflanze halbkugelig um zwei Drittel ein. Eine weitere Erziehung ist nicht erforderlich.

Erhaltung

Kürzen Sie jährlich vor dem Austrieb alle einjährigen Triebe um zwei Drittel ein. Schneiden Sie dabei immer nur im beblätterten Bereich. Bei einer flächigen Pflanzung können Sie diesen Schnitt ohne Weiteres mit einer Heckenschere durchführen.

ERHALTUNG *Kürzen Sie sommerblühende Heide jedes Frühjahr vor dem Austrieb im beblätterten Bereich um zwei Drittel ein. Vermeiden Sie Schnitte ins alte Holz.*

Verjüngung

Eine Verjüngung ins alte, bereits kahle Holz ist nur bedingt möglich, da Heide oft nicht mehr austreibt (→ Info). Ist ein Schnitt unumgänglich, kürzen Sie Sie die Triebe im beblätterten Bereich um drei Viertel ein. Der so erzeugte Saftdruck kann zu einem Neuaustrieb auch im unbeblätterten Bereich führen. Sicher ist dies jedoch nicht.

! VERHOLZTE HEIDE PFLEGEN

Beim Schnitt von verkahlter Heide können Sie zusätzlich lange Triebe nach innen über die kahle Basis biegen, um diese zu kaschieren. Fixieren Sie die Triebe mit einem u-förmigen Draht am Boden und häufeln Sie anschließend etwas Kompost über jedem Trieb an. Dadurch bilden sich – bei ausreichender Feuchtigkeit – in den nächsten Jahren neue Wurzeln.

Immergrüne und bodendeckende Laubgehölze

Immergrüne Laubgehölze wirken in erster Linie durch ihr Blattwerk. Sie entfalten ihre Qualitäten vor allem im Winter, wenn andere Gehölze ihr Laub abgeworfen haben. Einige, etwa Rhododendren oder Mahonien, besitzen zudem sehr attraktive Blüten.

Nach einer Gärtnerregel dürfen bis zu einem Fünftel der Gehölze im Garten immergrün sein, ohne dass der natürliche Charme der jahreszeitlichen Höhepunkte verloren geht. Immergrüne Gehölze werfen ihre Blätter oder Nadeln (→ ab Seite 132) im Herbst nicht ab, sondern behalten sie 2–3 Jahre – vorausgesetzt, auch im Strauch stehende Blätter bekommen ausreichend Licht. Schattenblätter werden oft schneller abgestoßen, da sie nicht zur Reservestoffbildung beitragen (→ Seite 10). Im Gegensatz dazu gibt es Gehölze, die zwar ihr Laub den Winter über behalten, bei beginnendem Neuaustrieb aber die alten Blätter abwerfen. Zu diesen wintergrünen Gehölzen gehören einige Liguster-Arten (→ Seite 84, 184) oder die Wintergrüne Ölweide (→ Seite 203).

Frosttrocknis vermeiden

Immergrüne verdunsten bei Sonnenschein auch im Winter Wasser, das sie durch die Wurzeln wieder aufnehmen müssen. Ist der Boden gefroren, ist

dies jedoch nicht möglich. Einzelne Blätter, Triebe oder die ganze Pflanze können dann eintrocknen – es kommt zur sogenannten Frosttrocknis. Immergrüne sollte man deshalb nach einer Frostperiode und bei ausgetrocknetem Boden gießen. Meiden sollte man auch Standorte vor einer Südwand: Dort sorgt die Wintersonne – auch bei gefrorenem Boden – für eine sehr starke Erwärmung und damit für Verdunstung. Im Idealfall sind Standorte für Immergrüne vor der winterlichen Mittagssonne durch Gebäude, Mauern oder den lichten Schatten von Laubgehölzen geschützt.
Im zeitigen Frühjahr sind Frostschäden oft noch nicht zu erkennen. Erst während des Austriebs, wenn warme Temperaturen eine höhere Verdunstung bewirken, werden Schäden an Blättern oder Trieben sichtbar. Solche Blätter oder Triebe lichtet man bis ins gesunde Holz aus.

Der richtige Schnitttermin

Diese Gehölzgruppe ist meist sehr schnittverträglich – vorausgesetzt, man schneidet sie zum richtigen Zeitpunkt. Immergrüne Laubgehölze schneidet man erst ab Ende März, in kühleren Regionen sogar erst ab Anfang April. Zwischen Schnitt und Neuaustrieb liegt also nur kurze Zeit, entstandene Wunden trocknen nicht ein.
Alle Schnittmaßnahmen sollten bis Ende Juli abgeschlossen sein. Später sollte man nicht mehr schneiden, da sonst die Neuaustriebe nicht mehr genügend ausreifen. Wichtig ist – vor allem im Sommer – für den Schnitt Perioden mit bewölktem Himmel zu wählen. So können sich nach dem Schnitt Blätter, die bisher im Schatten standen, an das intensivere Licht anpassen und verbrennen nicht.

Nur wenn nötig schneiden

Frei wachsende immergrüne Laubgehölze benötigen in der Regel keinen jährlichen Schnitt. Werden sie jedoch zu groß oder ragen einzelne Triebe überlang aus dem Strauch heraus, kann man sie ohne Weiteres auslichten. Dabei lenkt man zu lange Triebe auf weiter innen stehende, kürzere Seitentriebe um und lässt etwa 1 cm lange Zapfen stehen. Diese Zapfen fördern den Neuaustrieb. Verzweigen sich die oberen Triebe übermäßig, verschlankt man sie auf nur einen oder zwei Triebe. So behält der Strauch eine lockere Gestalt, und der Schnitt hinterlässt keine Kahlstellen und fällt kaum auf.

Immergrüne Bodendecker

Einige bekannte Bodendecker wie die Teppich-Zwergmispel (→ Seite 130) oder die Immergrüne Kriech-Heckenkirsche (→ Seite 131) gehören ebenfalls zu den immergrünen Gehölzen. Auch diese Gehölze müssen nicht jährlich geschnitten werden. Erst wenn sie zu hoch werden und unten wachsende Triebe absterben, greift man ein.

Lorbeerkirschen besitzen glänzend grünes Laub und sind sehr schnittverträglich.

Rhododendron: immergrünes Blütenwunder

Rhododendren (*Rhododendron*) verzaubern Gärten in kurzer Zeit mit ihren spektakulären Farben. Die Sortenvielfalt bietet eine enorme Farbpalette. Doch Rhododendren sind auch als Strukturgeber sehr begehrt – schließlich wachsen viele mit ihren mitunter großen Blättern zu raumfüllenden Sträuchern heran. Einige bleiben aber auch Zwerge. Catawba-Rhododendren (*R. catawbiense*, WHZ 5b) erreichen bis zu 6 m Höhe. Yakushimanum-Hybriden (WHZ 6a) und Williamsanum-Hybriden (WHZ 6b) werden mit bis zu 2 m mittelhoch, Repens-Hybriden (WHZ 6b) wachsen nur bis zu 0,7 m hoch. Sorten des Veilchenblauen Rhododendron (*R. impeditum*, WHZ 6a, b) werden nicht höher als 1 m.
Neben den Hybriden gibt es auch sehr reizvolle Wildarten, die meist kleinere, grazile Blüten haben und schwächer wachsen. Je nach Art oder Sorte blühen Rhododendren von März bis in den Juni hinein.

Geeignete Standorte

Fast alle Rhododendren brauchen humose, saure Böden in luftfeuchter Lage. Ist der Boden sehr schwer und wenig lufthaltig, sollten Sie vor der Pflanzung großzügig Sand einarbeiten. Für eine erfolgreiche Kultur in kalkreichen Böden sind spezielle Bodenvorbereitungen nötig. Dabei grenzt man den Wurzelbereich mit einer Folie vom umgebenden Erdreich ab und setzt die Pflanzen in humoses, saures Substrat. Meist erhöht sich der Kalkgehalt jedoch nach einigen Jahren wieder, sodass man erneut geeignetes Substrat in den Wurzelbereich einarbeiten muss. Eine Ausnahme sind 'Inkarho'-Rhododendren. Sie sind auf Wurzelstöcke veredelt, die bis zu einem gewissen Grad kalktolerant sind. Rhododendren sollten vor großer Hitze und Mittagssonne geschützt stehen. Ost- oder Westseiten sind ideal. Heiße und lufttrockene Standorte behagen ihnen nicht – auch wenn der Boden stimmt.

Selten schneiden

Rhododendren sind typische Frühjahrsblüher mit großen, endständigen Blütenknospen, die bereits im vorigen Sommer angelegt wurden. Sie bilden ein sehr stabiles Gerüst. Solange sie kompakt wachsen und nicht vergreisen, benötigen sie außer der Blütenpflege

Aus nur einer Knospe erscheint bei Rhododendren ein ganzes Büschel voller Blüten.

keinen regelmäßigen Schnitt. Auch ein Erziehungsschnitt ist nicht nötig. Sollten bei jüngeren Gehölzen Wildtriebe mit anders geformten Blättern entstehen, entfernen Sie diese im Sommer.

Erhaltung

Manchmal ragen einzelne, von unten verkahlende Triebe aus dem Strauch und machen ihn sparrig. Solche Triebe lenken Sie vor der Blüte auf kürzere Seitentriebe im Strauchinnern um. Der Schnitt sollte auf den ersten Blick nicht sichtbar sein. Belassen Sie etwa 5 cm lange Zapfen. Der verbleibende Seitentrieb ernährt den Zapfen, sodass

1 ERHALTUNG *Ragen einzelne Triebe aus dem Gehölz heraus, lenken Sie sie im Strauchinnern auf kürzere Seitentriebe um. Um Neuaustriebe zu fördern, lassen Sie 5 cm lange Zapfen stehen.*

2 VERJÜNGUNG *Lenken Sie etwa ein Drittel der Triebe im Strauchinnern oder sogar bodennah an einer Gabelung auf einen Seitentrieb um. Lassen Sie auch dabei 5 cm lange Zapfen stehen.*

dieser nicht eintrocknet. Dies garantiert den Neuaustrieb. Die Reaktion an der Schnittstelle lässt jedoch oft 1 Jahr auf sich warten – der Austrieb erfolgt dann erst im nächsten Frühjahr.

Verjüngung

Rhododendron wächst jahrelang kompakt. Trotzdem wird er im Alter oft lückig. Einzelne Triebe verkahlen, und die Blühleistung lässt merklich nach. Zum Verjüngung lenken Sie ein Drittel der längsten Triebe auf einen 5 cm langen Zapfen an einer Verzweigung im Strauchinnern um. Bei starker Vergreisung sollten Sie sogar bodennah umlenken. Der beste Schnittzeitpunkt, um das Wachstum anzuregen, ist im Frühjahr vor dem Austrieb – nach der Blüte ist es zu spät. Lassen Sie sich nicht irritieren, wenn der Zapfen nicht mehr im selben Jahr austreibt. Meist erfolgt der Neutrieb dann im nächsten Jahr. Die Austriebswilligkeit nach einem Rückschnitt hängt sehr stark von der Sorte ab. Es ist aber auf jeden Fall kostengünstiger, zu versuchen, den Rhododendron mit einem Rückschnitt zu vitalisieren, als die ganze Pflanze durch eine neue zu ersetzen.

Schnitt 1 Jahr später

Im Sommer nach der Verjüngung haben die meisten Zapfen ausgetrieben. Sind sie zurückgetrocknet, entfernen Sie die verdorrten Teilstücke (→ Abb. 4). Im folgenden Frühjahr schneiden Sie ein weiteres Drittel der lichten Krone auf Zapfen zurück. Ist aus den Zapfen des ersten Schnitts ein kräftiger Austrieb entstanden, schneiden Sie den verbliebenen Seitentrieb ebenfalls auf einen Zapfen zurück. Ist kein Neutrieb vorhanden, warten Sie mit dem Rückschnitt des alten Triebs noch 1 Jahr. Lassen Sie bodennahe Jungtriebe stehen. Sie dienen in einigen Jahren als Basis für weitere Verjüngungen.

Blüten ausbrechen

Rhododendron blüht im Frühjahr und treibt gleich anschließend aus. Brechen Sie Verblühtes jährlich nach der Blüte aus. Je früher Sie dies tun, umso leichter geht es. Direkt unterhalb der Blütenstände befindet sich ein kurzes, gedrungenes Triebstück. An dieser Stelle können Sie die Blüte einfach von Hand entfernen. Wenn sich darunter schon neue Triebe gebildet haben, achten Sie darauf, diese nicht zu beschädigen.

Krankheiten

Sterben einzeln Knospen ab, ist oft ein Pilz die Ursache. Er dringt durch Wunden ein, die die Rhododendronzikade verursacht, wenn sie ihre Eier in die Knospe ablegt. Die Zikade kann man im Sommer mit biologischen Mitteln bekämpfen. Abgestorbene Knospen sollten Sie auf jeden Fall entfernen und im Hausmüll entsorgen.
Sind halbrunde Löcher an den Blatträndern zu sehen, ist der Dickmaulrüssler der Verursacher. Mit in Wasser aufgelösten Nematoden (Fachhandel) können Sie im Sommer die im Boden lebenden Larven dezimieren.

3 SCHNITT 1 JAHR SPÄTER *Sind an den Schnittstellen Jungtriebe entstanden, lenken Sie ein weiteres Drittel älterer Triebe um und entfernen die Zapfen. Ist kein Austrieb erfolgt, warten Sie noch 1 Jahr.*

4 AUSTRIEB NACH VERJÜNGUNG *Von vier Trieben wurden an einer Gabelung zwei entfernt. Durch den Saftdruck hat sich ein Jungtrieb gebildet. Den oberen, eingetrockneten Zapfen sollten Sie entfernen.*

5 BLÜTEN AUSBRECHEN *Verblühte Rhododendren sehen oft unschön aus und setzen Samen an. Brechen Sie die Blütenstände direkt unterhalb der Blüte aus. Dies geht mit der Hand ganz einfach.*

Buchs: Alleskönner für den Garten

Buchs bildet, ungeschnitten, nach einigen Jahren reizvolle kleine Sträucher aus.

Der Gewöhnliche Buchs (*Buxus sempervirens*, WHZ 6a) ist sehr vielgestaltig. Einige Sorten – etwa 'Arborescens' – können im Alter bis zu 5 m hohe Sträucher ausbilden, während kleinwüchsiger Buchs wie etwa die Sorte 'Suffruticosa' ungeschnitten auch nach Jahrzehnten nicht höher als 1,5 m wird. Die Sorte 'Elegantissima' wird mit 2–3 m mittelhoch. Sie besticht durch gelb gerandete Blätter.
Buchs ist nicht nur als frei wachsender Strauch sehr attraktiv, sondern auch als Hecke oder kunstvoll geschnittenes Formgehölz (→ Seite 182). Die Konkurrenz von Bäumen oder einen schattigen Standort gleicht er durch seine Anpassungsfähigkeit aus.
In einigen Gegenden wird Buchs von einem Schädling, dem Buchsbaumzünsler, befallen (→ Info). Schwachwüchsige Sorten wie 'Suffruticosa' und 'Blauer Heinz' sind dagegen für Pilzkrankheiten anfällig (→ Seite 48).
B. microphylla 'Faulkner' (WHZ 6a) gilt als robuster.
Buchs schneidet man zwischen März und Juli. Schneidet man ihn zu früh, können die Neutriebe bei Spätfrösten erfrieren. Erfolgt der Schnitt dagegen zu spät, reifen die jungen Triebe nicht mehr aus und trocknen über Winter ein. Wählen Sie für den Schnitt bewölkte Phasen, damit sich die nun der Sonne ausgesetzten Schattenblätter langsam an die neuen Lichtverhältnisse anpassen können.
Da Buchs von Natur aus kompakt wächst, ist eine gezielte Erziehung nicht notwendig.

1 ERHALTUNG *Lenken Sie die längsten Triebe im Strauchinnern auf kürzere Seitentriebe um und belassen Sie Zapfen. Achten Sie darauf, dass Schnittstellen möglichst nicht zu sehen sind.*

2 VERJÜNGUNG *Lenken Sie lange oder kahle Triebe im Strauchinnern auf einen Seitentrieb um. Verteilen Sie die Verjüngung auf mehrere Jahre, die Form bleibt so besser erhalten.*

! BUCHSBAUMZÜNSLER

Der Buchsbaumzünsler und seine Raupen ernähren sich von Blättern und Rinde des Buchses. Der Schädling entwickelt bis zu vier Generationen in einem Sommer. Ihren Buchs können Sie dann nur durch jährliche, mehrmalige Behandlungen mit Pflanzenschutzmitteln retten. Allerdings kann der Schädling jederzeit wieder aus der Nachbarschaft einfliegen.

Erhaltung

Lichten Sie aus dem Strauch ragende Triebe auf kürzere Seitentriebe im Strauchinnern um. Die Schnittstelle sollte von außen nicht zu sehen sein.

Verjüngung

Bei älteren Buchspflanzen verkahlen oft Triebe und bilden Besen. Zum Verjüngen lenken Sie Anfang April dickere Triebe auf Seitentriebe im Strauchinnern um. Belassen Sie Zapfen, um Neuaustriebe zu fördern. Entfernen Sie höchstens ein Viertel der älteren Triebe, damit genug Blätter zur Bildung von Reservestoffen verbleiben. Dann verschlanken Sie die Spitzen der verbleibenden Triebe. Bei Bedarf führen Sie die Verjüngung in den nächsten Jahren maßvoll weiter. Verjüngen Sie aber nie zu früh im Jahr, sonst trocknen Triebe oder die ganze Pflanze ein.

Lorbeerkirsche: Laub wie Lorbeer

Die Lorbeerkirsche (*Prunus laurocerasus*, WHZ 7a), auch Kirschlorbeer genannt, fasziniert mit großem Laub. Je nach Sorte erreicht sie Höhen bis zu 3 m, in warmem Klima oft 4 m. 'Mount Vernon' wird nur bis zu 0,5 m hoch und eignet sich auch für kleine Gärten oder flächige Pflanzungen. Lorbeerkirschen sind anspruchslos und gedeihen dank ihrer tiefen Wurzeln selbst in Wurzelkonkurrenz zu Bäumen. Nährstoffreiche Böden fördern ihre Vitalität.

Die Blütezeit beginnt im Mai – so bei 'Otto Luyken' –, bei einigen Sorten reicht sie bis in den September, etwa bei 'Zabeliana' oder 'Van Nes'. Die Portugiesische Lorbeerkirsche (*Prunus lusitanica*, WHZ 7b–8) blüht im Juni und braucht vor Wintersonne geschützte Standorte im Weinbauklima.

Ein Schnitt ist bei allen Lorbeerkirschen nur selten nötig, es sei denn, die Basis der Pflanzen verkahlt mit der Zeit. Auch ein Erziehungsschnitt ist nicht erforderlich, da sich Lorbeerkirschen gut verzweigen und in der Jugend kompakt wachsen.

Erhaltung

Zum richtigen Zeitpunkt geschnitten, sind Lorbeerkirschen sehr schnittverträglich. Schneiden Sie erst ab Anfang April. So liegt zwischen Schnitt und Neuaustrieb nur kurze Zeit, und entstandene Wunden trocknen nicht ein. Ein Schnitt ist aber erst dann nötig, wenn Triebe überlang aus dem Strauch ragen. Lenken Sie diese Triebe sowie solche, die die Form stören, auf kürzere Seitentriebe im Strauchinnern um. Lassen Sie 2 cm lange Zapfen stehen. Diese Zapfen fördern den Neuaustrieb. Verzweigen sich die Spitzen übermäßig, verschlanken Sie sie. Das ist auch für formale Hecken aus Lorbeerkirsche zu empfehlen. Schneiden Sie in diesem Fall nicht mit der Heckenschere, denn die angeschnittenen Blätter trocknen ein, die Hecke wird dadurch unansehnlich. Verwenden Sie besser eine Handschere und schneiden Sie einzelne Triebe aus.

Bei Frostschäden lenken Sie geschädigte Triebe im Strauchinnern auf vitale Seitentriebe um.

Mit ihrem immergrünen Laub sind Lorbeerkirschen vor allem im Winter attraktiv.

Verjüngung

Im Alter werden die Gerüsttriebe oft überstark, und der Strauch verkahlt von unten her. Lenken Sie im späten Frühjahr einzelne Gerüsttriebe bodennah um. Ein nach außen weisender Seitentrieb übernimmt in den kommenden Jahren die Funktion des entfernten Gerüsttriebs. Trocknet der Haupttrieb zurück, lenken Sie ihn 1–2 Jahre später auf den nächsten vitalen Seitentrieb um. Überlange Triebe lenken Sie weiterhin auf tiefer stehende um. Triebspitzen verschlanken Sie.

1 ERHALTUNG *Um eine harmonische Form zu bewahren, lenken Sie überlange oder kahle Triebe auf tiefer stehende, kürzere Seitentriebe um. Lassen Sie jeweils kurze Zapfen stehen.*

2 VERJÜNGUNG *Vergreisen oder verkahlen Lorbeerkirschen, verjüngen Sie sie über mehrere Jahre. Lenken Sie im späten Frühjahr zu starke oder verkahlte Triebe mit Zapfen auf Seitentriebe um.*

Stechpalme: wehrhafte Solisten

Hybriden der Stechpalme sind sehr frosthart und tragen reichen Fruchtschmuck.

Stechpalmen *(Ilex)* sind wertvolle immergrüne Laubgehölze im Garten. Ab Herbst bis weit in den Winter leuchten ihre roten Beeren aus dem dunkelgrünen Laub hervor. Stechpalmen sind zweihäusig (→ Info), nur weibliche Pflanzen bilden die giftigen Beeren. Die Gewöhnliche Stechpalme (*Ilex aquifolium*, WHZ 7a) kann an guten Standorten bis zu 8 m hohe, markante Bäume bilden. Aber auch mehrstämmige Sträucher erreichen ohne Weiteres 6 m Höhe. Ihr Laub ist dunkelgrün und dornig gezähnt, das einzelne Blatt wird bis zu 3 Jahre alt. Die Sorte 'J. C. van Tol' besitzt neben weiblichen auch männliche Blüten und fruchtet stark. Die Japanische Stechpalme (*I. crenata*, WHZ 7a) hat kleine Blätter, sie ist von Weitem leicht mit Buchs zu verwechseln. Die Sorte 'Convexa' ist sehr schattenverträglich und wird bis zu 2 m hoch. 'Fastigiata' wächst säulenförmig. Meserves Stechpalme (*I. × meservae*, WHZ 6a) ist eine besonders frostharte Hybride. 'Blue Princess' entwickelt attraktive und lang am Strauch haftende Beeren. Sie wird bis zu 2 m hoch. Die zur Befruchtung nötige männliche Sorte 'Blue Prince' erreicht 3 m Höhe. Alle Stechpalmen wünschen nahrhafte, sommerfeuchte, aber wasserdurchlässige und leicht saure Böden. Trockene Böden oder heiße Standorte mögen sie nicht. Halbschatten und eine hohe Luftfeuchtigkeit sagen ihnen hingegen zu. Sie sind gute Begleiter von Rhododendren und Azaleen.
Stechpalmen entwickeln ihre Blütenknospen im Vorjahr, sie blühen an einjährigen Seitentrieben und auch an altem Holz. Man schneidet sie zurückhaltend im Frühjahr vor dem Austrieb.

! STECHPALMEN SIND ZWEIHÄUSIG

Zweihäusig bedeutet, dass bei einer Art weibliche und männliche Blüten auf zwei verschiedenen Pflanzen sitzen. Möchte man Früchte ernten, muss immer eine männliche Pflanze der jeweiligen Art in der Nähe der weiblichen stehen. Sorten mit beiden Blütentypen, wie die Stechpalme 'J. C. van Tol', sind die Ausnahme. Außer der Stechpalme sind auch Eibe, Torfmyrte, Sanddorn und Kiwi zweihäusig.

Erziehung

Eine systematische Erziehung ist nicht nötig. Bilden sich jedoch mehrere Steiltriebe als Konkurrenz zur Mitte, lichten Sie sie bis auf eine Mitte aus.

Erhaltung

Lichten Sie Konkurrenztriebe der Gerüsttriebe und der Mitte aus. Überlang aus dem Strauch ragende Triebe lenken Sie im Sommer auf einen tiefer stehenden Seitentrieb um. Sind bei einjährigen Trieben noch keine Seitentriebe vorhanden, kürzen Sie den Trieb im Strauchinnern ein. Treten Frostschäden auf, lenken Sie geschädigte Triebe bis auf einen vitalen, nach außen weisenden Seitentrieb um. Wenn Sie im Herbst Triebe zur Dekoration ernten, achten Sie darauf, eine gleichmäßige Form des Gehölze zu erhalten.

Verjüngung

Werden Stechpalmen im Alter lückig, lassen sie sich nur bedingt verjüngen. Lenken Sie verkahlte Triebe nahe am Gerüst auf beblätterte Seitentriebe um. Verteilen Sie die Verjüngung auf etwa 3 Jahre. Ein guter Zeitpunkt für den Verjüngungsschnitt ist der Frühsommer. Dann ist ein zufriedenstellender Neuaustrieb am ehesten möglich.

ERHALTUNG *Überlang aus dem Strauch ragende Triebe lenken Sie auf tiefer stehende, kürzere Seitentriebe um. Wenn Sie stark überhängende Triebe auslichten, lassen Sie Zapfen stehen.*

Mahonie:
Blütengehölz für den Schatten

Mahonien *(Mahonia)* sind mit ihren immergrünen Blättern und gelben Blüten nicht nur wertvolle Strukturgehölze, sondern läuten als attraktive Blüher auch das Frühjahr ein. Die Gewöhnliche Mahonie (*M. aquifolium*, WHZ 5a) bildet breitbuschige, bis zu 1 m hohe Sträucher. Ihre Blätter ähneln denen der Stechpalme und sind ebenfalls dornig gezähnt. Die gelben Blütentrauben erscheinen von April bis Mai. 'Apollo' besitzt etwas größere Blüten als die Art, ist sehr reichblühend und färbt sich im Herbst rotbraun. Die Schmuckblatt-Mahonie oder Beales Mahonie (*M. bealei*, WHZ 7a) wird bis zu 2 m hoch, in wintermilden Regionen sogar höher. Sie wächst steif aufrecht, ihre hellgelben, duftenden Blüten erscheinen schon ab Ende Februar.

ERHALTUNG *Lichten Sie vergreiste Triebe bodennah aus, überlange oder verkahlte Triebe lenken Sie auf tiefer stehende Seitentriebe um. Lassen Sie jeweils kurze Zapfen stehen.*

Die Hybride 'Winter Sun' (*M.* × *media*, WHZ 7b) blüht ab Januar mit gelben, duftenden Trauben und wird 1,5 m hoch. Die beiden letzten Arten sollten vor Wintersonne geschützt stehen, damit sie keine Frostschäden erleiden. Mahonien bevorzugen nahrhafte, nicht austrocknende Böden im lichten Schatten von Laubgehölzen. Die Gewöhnliche Mahonie gedeiht auch in trockenem Boden und eignet sich zur Unterpflanzung von Bäumen. Mahonien-Beeren sind nur gekocht und von den giftigen Samen befreit genießbar. Mahonien blühen an den Spitzen einjähriger Triebe. Man schneidet sie im Frühjahr nach der Blüte.

Erziehung

Sind Jungpflanzen dicht und buschig, ist kein besonderer Erziehungsschnitt nötig. Sind jedoch nur wenige oder sparrige Triebe vorhanden, kürzen Sie die Hälfte im Frühjahr vor dem Austrieb auf 10 cm kurze Zapfen am Boden ein. Im nächsten Frühjahr kürzen Sie die zweite Hälfte ein. An den Schnittstellen treiben mehrere Jungtriebe aus, die Pflanze wächst kompakt.

Erhaltung

Lenken Sie überlang aus dem Strauch ragende oder verkahlende Triebe auf tiefer stehende Seitentriebe um. Lassen Sie kurze Zapfen stehen, um den Austrieb zu fördern. Bei der Gewöhnlichen Mahonie reißen Sie Ausläufer im Sommer aus. Entfernen Sie abgeblühte Blütenstände, um zu vermeiden, dass Kinder rohe Beeren essen.

Die gelben Blütentrauben der Mahonie sind mit die ersten Frühlingsboten.

Verjüngung

Wenn Mahonien vergreisen oder verkahlen, kürzen Sie die ältesten Triebe bis auf 10 cm kurze Zapfen über dem Boden ein. Diese Maßnahme fördert bodennahe Triebe und Jungtriebe aus dem Boden. Trocknen die Zapfen später ein, entfernen Sie sie. Verteilen Sie die Verjüngung auf 2–3 Jahre.

! VERSCHIEDEN IM WUCHS

Die Gewöhnliche Mahonie wächst verzweigt und dichtbuschig. Sie verkahlt erst nach Jahren. Deshalb macht sie auch im Vordergrund einer Pflanzung eine gute Figur. Beales Mahonie oder die Hybride 'Winter Sun' wachsen eher sparrig aufrecht und verkahlen schneller von unten her. Sie sollten besser im Hintergrund einer Rabatte stehen und mit niedrigen Pflanzen an der Basis kaschiert werden.

Teppich-Zwergmispeln blühen überreich und tragen dekorative Früchte.

Teppich-Zwergmispel: ***Bodendecker mit roten Beeren***

Die Teppich-Zwergmispel (*Cotoneaster dammeri*, WHZ 5) ist ein wertvoller immergrüner Bodendecker. Man sollte sie aber nicht nur großflächig pflanzen, sondern auch als Ergänzung in Rabatten. Die Teppich-Zwergmispel bevorzugt nahrhafte Böden, die im Sommer nicht austrocknen. Alle Sorten blühen im Frühjahr an einjährigen Trieben, ihr weißer Blütenschleier bedeckt die ganze Pflanze. Im Hochsommer folgen rote Beeren, die bis in den Herbst am Strauch hängen. Die niedrigsten Sorten sind 'Streibs Findling' und 'Frieders Evergreen', beide werden nur 10–15 cm hoch. Letztere wächst zudem langsam und verzweigt sich sehr gut. 'Coral Beauty wird bis zu 0,6 m hoch, ihre Blätter färben sich im Herbst gelb bis orange. Starkwüchsiger ist die bis zu 1 m hohe 'Skogholm'. Liegen Triebe am Boden auf, bilden sie schnell Wurzeln. Nach einigen Jahren ist die ursprüngliche Pflanzstelle nicht mehr zu erkennen, sondern es besteht ein dichtes Trieb- und Wurzelgeflecht. Höhere Sorten neigen dazu, Langtriebe zu bilden, die bodennahe Triebe mit der Zeit überdecken. Diese verkahlen und sterben zum Teil ab. Lichten Sie Teppich-Zwergmispeln deshalb alle 4–5 Jahre kräftig aus, um den niedrigen Wuchs zu erhalten. Geschnitten wird generell nach der Blüte.

Erziehung

Soll der Boden rasch von der Teppich-Zwergmispel bedeckt werden, nimmt man etwa sieben Pflanzen pro Quadratmeter. Oft haben diese beim Kauf einige wenige, aber lange Triebe. Um die Verzweigung zu fördern, kürzen Sie diese vor der Pflanzung auf 10 cm ein. Haben sich im nächsten Jahr wiederum Langtriebe gebildet, kürzen Sie sie ein weiteres Mal um die Hälfte ein. Eine weitere Erziehung ist nicht nötig.

Erhaltung

Lenken Sie im Frühjahr nach der Blüte überlange Triebe bodennah auf flache Seitentriebe um, ebenso Triebe, die in andere Pflanzen oder in Wege ragen. Abgestorbene Triebe entfernen Sie. Wenn Sie diese Maßnahmen jährlich durchführen, bleibt die Teppich-Zwergmispel über Jahre niedrig und bedeckt dicht den Boden.

Verjüngung

Werden Teppich-Zwergmispeln über Jahre nicht geschnitten, überlagern sich mehrere Triebgenerationen. Die unterste Etage ist oft verkahlt oder abgestorben. Setzen Sie solche Pflanzen mit der Heckenschere direkt nach der Blüte auf den Stock. Dann entfernen Sie Totholz von Hand. Zu diesem späten Schnitttermin wachsen die Pflanzen bereits und treiben schnell wieder aus. Der nun besonnte Boden darf aber nicht austrocknen. Eine Düngergabe fördert die Vitalität der Pflanze.

1 ERHALTUNG *Lenken Sie überlange oder vergreiste Triebe nach der Blüte bodennah auf kürzere Seitentriebe um. Verzweigte einjährige Triebspitzen verschlanken Sie. Lang aus dem Strauch ragende Triebe lichten Sie aus.*

2 VERJÜNGUNG *Ohne Schnitt überlagern junge Triebe die älteren. Diese verkahlen erst und sterben später ab. Lichten Sie solche Triebe nach der Blüte oder im Sommer bodennah aus. Ein jährlicher Schnitt hält die Pflanzen attraktiv.*

Immergrüne Heckenkirsche: **reiches Blattrepertoire**

Buntblättrige immergrüne Heckenkirschen brauchen einen geschützten Standort.

Immergrüne Heckenkirschen *(Lonicera)* wirken vor allem durch ihre frisch glänzenden Blätter, die Blüten sind unscheinbar. Sie werden oft als Bodendecker angeboten. Wuchsform und Endhöhen entsprechen jedoch nicht unbedingt diesem Pflanzentyp. Ob einzeln, in Gruppen oder als Hecke gepflanzt, sind sie wertvolle Strukturgehölze. In Bezug auf Boden und Standort sind sie anspruchslos und gedeihen auch im Schatten noch zufriedenstellend. Die Glänzende Heckenkirsche (*L. nitida*, WHZ 7a) wird mit ihrer Sorte 'Elegant' 1,5 m hoch und ebenso breit. Sie bildet sehr dicht verzweigte Sträucher, deren Seitentriebe flach nach außen abstehen. In strengen Wintern sind Frostschäden möglich, die Pflanzen regenerieren sich jedoch schnell wieder. 'Maigrün' mit glänzenden Blättern ist frosthärter und wächst mit 1 m Höhe etwas schwächer. 'Lemon Beauty' und 'Silver Beauty' besitzen gelb oder weiß gerandete Blätter und sind frostempfindlicher (WHZ 7b). Die Immergrüne Kriech-Heckenkirsche (*L. pileata*, WHZ 6a) wird nur 0,8 m hoch, jedoch doppelt so breit. Sie besitzt dunkelgrünes Laub und ist frosthärter als die erstgenannte Art. Da die Blüten keine Rolle spielen, kann man die Pflanzen ab Frühjahr vor dem Austrieb bis zum Spätsommer schneiden. Für Formschnitte oder formale Hecken sind – wegen der oft weit herausragenden Triebe – zwei Schnitte pro Sommer zu empfehlen.

Erziehung

Eine strenge Erziehung ist nicht nötig. Bei Jungpflanzen mit nur wenigen Trieben kürzen Sie diese um die Hälfte bis zwei Drittel ein. So fördern Sie bodennahe Verzweigungen.

Erhaltung

Lenken Sie im Frühjahr direkt vor dem Austrieb Triebe mit Frostschäden auf tiefer stehende Seitentriebe um. Überlang herausragende oder überhängende Triebe lenken Sie auf kürzere Seitentriebe im Strauchinnern um.

Verjüngung

Heckenkirschen kann man gut verjüngen. Lichten Sie im Frühjahr vor dem Austrieb bis zu drei Viertel der ältesten Triebe bodeneben aus. Bilden sich danach junge Bodentriebe, entfernen Sie im nächsten Frühjahr das verbliebene Viertel. Etwa 10–15 junge Bodentriebe reichen für den Neuaufbau. Überzählige und seitlich herausragende Triebe entfernen Sie am Boden. Bei flächigen Pflanzungen ist eine Verjüngung meist schwierig, da am Boden aufliegende Seitentriebe bereits Wurzeln gebildet haben. Dann kürzen Sie die Fläche mit der Heckenschere bodennah ein.

1 ERHALTUNG *Lichten Sie vergreiste Triebe bodeneben aus. Lang aus dem Strauch herausragende Triebe lenken Sie auf kürzere Seitentriebe um. An Einzelpflanzen verschlanken Sie bei Bedarf die Triebspitzen.*

2 VERJÜNGUNG *Flächig wachsende Immergrüne Heckenkirschen einzeln zu verjüngen, ist aufwendig, da am Boden aufliegende Seitentriebe schon eigene Wurzeln gebildet haben. Besser setzt man die gesamte Pflanze auf den Stock.*

Nadelgehölze:
gut in Form fast ohne Schnitt

Nadelgehölze oder Koniferen sind fast ohne Ausnahme immergrün. Sie sind daher charaktervolle Ergänzungen für Laubgehölze und Stauden. Die Bandbreite ihrer Wuchsformen und Größen ist beachtlich, ebenso variabel ist die Farbe ihrer Nadeln.

Nadelgehölze wirken vor allem durch die Farbe ihrer Nadeln, die von verschiedenen Grüntönen bis hin zu Gelb- oder Blaufärbungen reichen kann. Ihren vollen Charakter entfalten diese Gehölze meist erst nach Jahren. Daher sollten Sie ihnen ausreichend Platz für eine artgemäße Entwicklung zur Verfügung stellen.

Da sich Nadelgehölze im Lauf des Jahres kaum sichtbar verändern, können sie, für sich alleine gepflanzt, schnell steif wirken. Stehen sie jedoch mit Laubgehölzen zusammen, bringen sie sowohl Ruhe und Struktur als auch Spannung in den Garten. Vor allem im Winter, wenn Laubgehölze auf der Bühne in den Hintergrund treten, nehmen sie mit ihren immergrünen Nadeln die Hauptrolle ein.

Die Blüte hat bei Nadelgehölzen keine Bedeutung, doch bei einigen Arten bilden die Zapfen einen attraktiven Schmuck – etwa bei Tanne, Fichte, Kiefer oder der Echten Zypresse. Bei Koniferen wie Thuja oder Eibe sind alle Pflanzenteile giftig, bei Eiben auch

die Samen der roten Früchte. Da es bei dieser Art sowohl männliche als auch weibliche Pflanzen gibt, sollten Sie auf männliche Sorten zurückgreifen, wenn Sie keine giftigen Früchte möchten.
Die beste Pflanzzeit für Nadelgehölze ist ab September. Sie können dann noch vor dem Winter einwurzeln, wenn man für ausreichend Feuchtigkeit sorgt. Sind bei Topfpflanzen die Wurzeln kreisförmig verschlungen, lockern Sie sie und verteilen sie strahlenförmig im Pflanzloch.

Der richtige Standort

Die meisten Nadelgehölze wünschen durchlässige und humose Böden. In einem schweren oder nassen Boden kümmern sie. Andererseits reagieren etliche auf Trockenheit mit Stresssymptomen. Dazu gehören auch die viel verwendeten Thujen. Einer der robustesten Vertreter der Nadelgehölze ist die Eibe, die auch unter ungünstigen Bedingungen noch eine gute Figur macht. Auch tief wurzelnde Kiefern kommen auf sandigen, trockenen Böden gut zurecht, wachsen jedoch langsamer als bei ausgeglichener Wasserversorgung. Erhöhen Sie daher bei schweren Böden die Durchlässigkeit mit Sand und vermeiden Sie andererseits heiße, trockene Standorte. Dazu gehören auch Südwände von Gebäuden, vor denen sich oft die Hitze staut. In Gegenden mit geringen Niederschlägen empfiehlt es sich, den Boden mit organischem Material zu mulchen. Ist der Winter niederschlagsarm, sollten Sie Ihre Nadelgehölze nach dem Auftauen des Bodens kräftig gießen, um Trockenschäden zu vermeiden.

Behutsam schneiden

Die Eibe ist das einzige Nadelgehölz, das einen Rückschnitt ins alte, unbenadelte Holz gut verträgt. Bei allen anderen darf man nur im benadelten Bereich schneiden, da diese Triebe sonst bis zum Gerüst eintrocknen. Die Gerüsttriebe verbleiben lebenslang im Gehölz, sie dürfen nie eingekürzt oder entfernt werden. Zu groß gewordene Nadelgehölze ersetzt man besser, als ihnen durch einen Rückschnitt die Vitalität oder den typischen Charakter zu nehmen. Überlegen Sie deshalb beim Kauf, ob die spätere Höhe und Breite des ausgewählten Gehölzes dem vorgesehenen Standort entspricht. Vor allem Tannen und Fichten wachsen kegelförmig und brauchen viel Platz, um sich natürlich entfalten zu können.
Wird ein bereits gepflanztes Nadelgehölz doch zu groß, sollten Sie frühzeitig behutsam eingreifen. Sie können mit kleinen Schnitten das Wachstum verlangsamen und trotzdem die natürliche Gestalt des Gehölzes bewahren. Ein Schnitt von Mai bis Juni ist am verträglichsten. Die Gehölze können die Wunde sofort innerlich abschotten und im Lauf des Sommers äußerlich Wundgewebe bilden.

Nadelgehölze wirken spannungsreich, wenn sie mit Laubgehölzen kombiniert werden.

Kiefer: Pflanze mit Charakter

Kiefern *(Pinus)* entwickeln je nach Art oder Sorte einen sehr unterschiedlichen Habitus. Von großen Bäumen bis zu niedrigen Zwerggehölzen bieten sie für jeden Garten das passende Gehölz. Die meisten haben lange, grüne Nadeln, einige Sorten bilden jedoch bläuliche oder kurze Nadeln aus. Alle brauchen durchlässige Böden und sonnige Standorte.

Schwarz-Kiefer (*P. nigra* ssp. *nigra*, WHZ 5b), Wald-Kiefer (*P. sylvestris*, WHZ 1) und Weymouths-Kiefer (*P. strobus*, WHZ 5a) entwickeln sich zu Bäumen mit bis zu 30 m Höhe. Sie sind daher für normale Hausgärten wenig geeignet. Sorten der Berg-Kiefer (*P. mugo*, WHZ 4) werden dagegen höchstens 6 m hoch und fügen sich ausgewachsen auch in kleine Gärten gut ein. Die Unterart *P. mugo* ssp. *pumilio* erreicht nur 1 m Höhe, wird jedoch 2–3 m breit. Die Sorte 'Mops' bleibt mit 1,5 m Endhöhe ebenfalls niedrig, 'Mini Mops' wird sogar nur 0,5 m hoch und passt auch in kleine Steingärten. 'Carsten' besitzt gelbliche Nadeln, die sich zum Winter hin goldgelb verfärben. Sie kann 2 m hoch wachsen. Die Blaue Kriech-Kiefer (*P. pumila* 'Glauca', WHZ 4) hat blaugrüne Nadeln. Mit ihrem skurrilen flachen Wuchs erreicht sie 3 m Breite, wird aber nur 1 m hoch.

Kiefern sind nicht sehr schnittverträglich. Schneiden Sie sie am besten während des Austriebs von Mai bis Juni.

Erziehung

Strauchige Kiefern brauchen meist keine Erziehung. Pflanzen Sie reich verzweigte Exemplare. Diese verkahlen auch nach Jahren nur wenig und müssen kaum geschnitten werden.

1 ERHALTUNG *Schneiden Sie nur im benadelten Bereich. Abgestorbene und überlange Triebe lenken Sie auf vitale, kürzere Seitentriebe um. Lange einjährige Triebe kürzen Sie um die Hälfte ein.*

2 ENTSPITZEN *Für eine kompakte Form mit kurzen Trieben entspitzt man Kiefern. Während des Austriebs, bevor sich die Nadeln entfalten, kürzen Sie die noch weichen Triebe um die Hälfte ein.*

Strauchartig wachsende Kiefern entwickeln mit den Jahren eine bizarre Gestalt.

Erhaltung

Kiefern entwickeln mit zunehmendem Alter einen bizarren Wuchs. Der Schnitt sollte dies unterstützen. Überlange, verkahlte Triebe lenken Sie auf kürzere und jüngere Seitentriebe um. Für eine bessere Verzweigung, entspitzt man Kiefern (→ Abb. 2). Dazu kürzen Sie die jungen Austriebe, möglichst bevor die Nadeln sich entfalten, um die Hälfte bis zwei Drittel ein. An den Schnittstellen bilden sich noch im selben Sommer Knospenquirle. Sie treiben im nächsten Frühjahr aus. Bei Bedarf können Sie das Entspitzen wiederholen. Wenn Sie einen bereits ausgereiften Trieb einkürzen, ist die Wahrscheinlichkeit, dass sich Verzweigungen bilden, geringer.

Verjüngung

Eine Verjüngung ist bei Kiefern nicht möglich, da sie aus dem alten Holz nicht mehr zuverlässig austreiben. Ersetzen Sie überalterte Kiefern besser.

Niedrige Wacholder sind attraktive Begleiter in jedem Heidegarten.

Wacholder: anspruchsloser Heidestrauch

Wacholder *(Juniperus)* gibt es in vielfältigen Formen. Kompakt wachsende oder flach am Boden aufliegende sind für kleine Gärten bestens geeignet. Wacholder wünschen durchlässige Böden und sonnige Standorte, sind aber ansonsten sehr anspruchslos. Den Gewöhnlichen Wacholder (*J. communis*, WHZ 3) gibt es in sehr unterschiedliche Sorten. 'Hibernica' wächst bis zu 5 m hoch. 'Green Carpet' und 'Hornibrookii' werden nicht höher als 0,5 m, aber bis zu 3 m breit. Sorten des Kriech-Wacholders (*J. horizontalis*, WHZ 4) bleiben noch niedriger. Die Sorten 'Glauca' und 'Prince of Wales' besitzen bläuliche Nadeln. Sorten der Pfitzer-Hybriden (*J. × pfitzeriana*, WHZ 5a) werden bis zu 3 m hoch und oft doppelt so breit. Der Sade-Wacholder (*J. sabina*, WHZ 5) ist ein Zwischenwirt für den Pilz des Birnengitterrosts und sollte nur sparsam gepflanzt werden.

Wacholder schneidet man zwischen Mai und Anfang August. Vermeiden Sie Schnitte ins unbenadelte Holz. Auf sie folgt kein Neuaustrieb.

Erziehung

Gut verzweigte Jungpflanzen brauchen keine Erziehung. Stehen einzelne Triebe überlang aus dem Strauch, kürzen Sie sie im benadelten Bereich ein.

Erhaltung

Im Alter verlieren Wacholder oft ihre Form. Unten wachsende Triebe bekommen nicht genug Licht, sie verkahlen und sterben ab. Lenken Sie im benadelten Bereich die längsten oder das Gehölz überlagernden Triebe auf kürzere Seitentriebe im Strauchinnern um. Diese Triebe sollten oberhalb der Schnittstelle wachsen, um sie zu verdecken (→ Abb. 2). Schneiden Sie zeitig, um Kahlstellen zu vermeiden.

Verjüngung

Wacholder lassen sich nicht verjüngen. Bei Schnitten ins alte Holz trocknen die Triebe bis zum nächsten benadelten Haupttrieb zurück.

1 ERHALTUNG *Lenken Sie die längsten Triebe im Strauchinnern auf kürzere Seitentriebe um, ebenso oben stehende Triebe, die die Basis überlagern. So erhalten die unteren Etagen ausreichend Licht.*

2 SCHNITTSTELLE VERDECKEN *Beim Umlenken sollte die neue Triebspitze den Schnitt kaschieren. Bei flachen Sorten steht die Triebspitze oberhalb der Schnittstelle, bei aufrechten weist sie nach außen.*

3 FORMIEREN *Bei aufrecht wachsendem Wacholder lenken Sie aus dem Strauch ragende oder seitlich überhängende Triebe auf kürzere, aufrecht stehende Seitentriebe um. Die Schnittstelle sollte innen liegen.*

Scheinzypresse: Riesen und Zwerge

Scheinzypressen gibt es in vielfältigen Formen und verschiedenen Nadelfarben.

Scheinzypressen *(Chamaecyparis)* können kleinwüchsig sein, aber auch baumartig. Sie bevorzugen gleichmäßig feuchte Böden, die jedoch immer wasserdurchlässig sein sollten. Die bekannteste Art ist Lawsons Scheinzypresse (*C. lawsoniana*, WHZ 5b). Es gibt Sorten mit grünen, gelben und blauen Nadeln. Einige wachsen zu 10 m hohen Bäumen heran. Die blaue Sorte 'Ellwoodii' wird bis zu 3 m hoch, die Zwergsorte 'Minima Glauca' erreicht nur 2 m und wächst kugelförmig. Die raschwüchsige Nutka-Scheinzypresse (*C. nootkatensis*, WHZ 5b) erreicht ohne Weiteres 15 m Höhe, bei der Sorte 'Pendula' hängen die Seitentriebe über. Die Muschelzypresse (*C. obtusa* 'Nana Gracilis', WHZ 4) besitzt muschelförmige, bizarre Seitentriebe und wird bis zu 2 m hoch. Von der Erbsenfrüchtigen Scheinzypresse (*C. pisifera*, WHZ 4) gibt es ebenfalls diverse kleinwüchsige Sorten. Sie besitzen zum Teil sehr feine, fadenförmige Seitentriebe.
Bei allen Scheinzypressen ist beim Schnitt die natürliche Wuchsform zu beachten. Baumartige besitzen meist mehrere aufrechte Gerüsttriebe, die nur an der Außenfläche mit Seitentrieben besetzt sind. Der beste Schnittzeitpunkt liegt zwischen Mai und August.

Erziehung

Bei Zwergformen ist eine Erziehung nicht nötig. An baumartig wachsenden Scheinzypressen lenken Sie zu dicht stehende Gerüsttriebe auf weiter unten stehende Seitentriebe um. Lassen Sie nur drei aufrechte Gerüsttriebe, diese bleiben dann stabiler, da sie nicht nur einseitig mit Seitentrieben besetzt sind.

Erhaltung

Der Erhaltungsschnitt erfolgt nur bei Bedarf, wenn das Gehölz zu groß wird oder unter Schneelast Triebe seitlich überhängen.
Überlange Triebe lenken Sie auf weiter innen stehende Seitentriebe um. Prüfen Sie, ob durch den Schnitt eine Kahlstelle entsteht. In diesem Fall verlagern Sie die Schnittstelle so weit nach außen, bis die Kahlstelle durch Seitentriebe gefüllt wird. Je frühzeitiger Sie mit einem zurückhaltenden Erhaltungsschnitt beginnen, umso eher bleibt das Gehölz locker und trotzdem in Form. Bei Bedarf verschlanken Sie die Spitzen, damit sie nicht unter ihrem Gewicht zur Seite kippen. Behalten Sie immer eine höhere Mitte bei.

Verjüngung

Eine massive Verjüngung ist nicht möglich, da beim Schnitt in den unbenadelten Bereich Triebe eintrocknen. Lenken Sie deshalb immer nur maßvoll im benadelten Bereich um.

1 ERHALTUNG *Lenken Sie überlange Triebe auf kürzere Seitentriebe um. Schneiden Sie nur im benadelten Bereich. Die Schnittstelle sollte durch die neue Triebspitze verdeckt werden.*

2 ERHALTUNG: DETAIL *Verkahlen Scheinzypressen von innen her, lenken Sie kahle oder überlange Triebe auf dichter benadelte Seitentriebe um. Die neue Triebspitze weist nach außen.*

Thuja: Evergreen für jeden Garten

Einige Thujen haben glänzende Nadeln, andere werden im Winter bronzefarben.

Thujen *(Thuja)*, auch Lebensbaum genannt, gehören zu den häufigsten Nadelgehölzen im Garten. Sie wünschen sommerfeuchte Böden. Trockene oder heiße Standorte sagen ihnen nicht zu, einzelne Triebe oder ganze Pflanzen sterben dort ab. Auch werden sie anfälliger gegenüber dem Thujaprachtkäfer und Pilzkrankheiten (→ Seite 48).
Der Riesen-Lebensbaum (*T. plicata*, WHZ 5b) hat glänzende Nadeln und wird bis zu 15 m hoch. Meist ist die Sorte 'Atrovirens' im Handel.
Der Abendländische Lebensbaum (*T. occidentalis*, WHZ 5a) wächst meist mit mehreren aufrechten Gerüsttrieben und wird 15 m oder höher. Schwachwüchsiger ist die schlanke Sorte 'Smaragd' (WHZ 5b), sie erreicht nur 6 m Höhe, ebenso die gelbnadelige Sorte 'Sunkist'. 'Danica' und 'Tiny Tim' wachsen dagegen fast kugelig und erreichen 1 m Durchmesser, 'Recurva Nana' bis zu 2 m. Diese »Kugelthujen« brauchen meist keinen Schnitt. Werden sie zu groß, entfernt man nur die längsten Triebspitzen. Entstehen Schäden durch Schneelast, bindet man die Triebe an lückigen Stellen zusammen.
Thujen schneidet man im Frühsommer. Dabei sollten Sie immer die typische Wuchsform der jeweiligen Sorte respektieren. Schneiden Sie Thujen – egal ob frei wachsende Thujen oder formale Hecken –, bevor sie die gewünschte Höhe erheblich überschreiten, denn sie vertragen einen Schnitt ins alte, unbenadelte Holz nicht gut. In der Regel trocknen dann ganze Seitentriebe bis zum Haupttrieb zurück.

1 ERHALTUNG *Wird eine Thuja zu groß oder hängen Seitentriebe über, lenken Sie sie im Innenbereich auf kürzere, aufrechte Seitentriebe um. Bei Bedarf verschlanken Sie zusätzlich die Mitte.*

2 KAHLSTELLEN VERMEIDEN *Biegen Sie vor dem Schnitt den Trieb zur Seite. So sehen Sie, ob durch den Schnitt Lücken und kahle Stellen entstehen. In diesem Fall schneiden Sie weiter außen.*

Erziehung

Aufrecht wachsende Thujen-Sorten besitzen oft mehrere Gerüsttriebe. Diese stehen in Konkurrenz zueinander, jeder Trieb treibt nur auf der belichteten Außenseite aus. Das einseitige Gewicht der Seitentriebe oder Schneedruck führen dann dazu, dass diese Triebe auseinanderfallen. Lassen Sie daher höchstens drei aufrechte Gerüsttriebe als Mitte ohne Schnitt weiterwachsen. Die übrigen lenken Sie auf tiefer stehende, kurze Seitentriebe um und ordnen sie damit den Gerüsttrieben unter.

Erhaltung

Lenken Sie bei Bedarf im Frühsommer die längsten Triebe im Gehölzinnern auf benadelte Seitentriebe um. Die Schnittstelle sollte innen liegen und von außen nicht sichtbar sein (→ Abb. 2). Verzweigen sich die aufrechten Gerüsttriebe stark, verschlanken Sie sie zusätzlich. Beachten Sie die Wuchsform und erhalten Sie bei aufrecht wachsenden Thujen den Mitteltrieb. Bei kugelförmigen Thujen achten Sie lediglich auf die Gesamtform.

Verjüngung

Eine systematische Verjüngung einer verkahlten oder zu groß gewachsenen Thuja ist nicht möglich. Entweder Sie schneiden maßvoll im benadelten Bereich oder ersetzen die Pflanze durch ein junges Gehölz.

Fichte: Nadelbaum in Kegelform

Bei silbrigblauen Fichtensorten ist die Nadelfarbe wichtiger als der Zapfenschmuck.

Die Fichte *(Picea)* ist ein typischer Nadelbaum mit kegelförmigem Wuchs und durchgehendem Mitteltrieb. Fichten wünschen durchlässige, aber sommerfeuchte Böden. Der ideale Standort ist eher kühl und luftfeucht. Heiße Lagen und ausgesprochen trockene Böden vertragen sie nicht.
Die bekannteste Gartenart ist die Serbische Fichte (*P. omorika*, WHZ 5a). Sie wächst schlank und wird bis zu 15 m hoch. Von der Gewöhnlichen Fichte (*P. abies*, WHZ 2) existieren etliche Sorten. Sie bleiben, im Gegensatz zur Wildart, entweder niedriger oder haben einen bizarren Wuchs. 'Acrocona' punktet mit überreichem Zapfenschmuck. Sie wächst breit kegelförmig und wird bis zu 3 m hoch. Zwergsorten wie 'Echiniformis', 'Little Gem' oder 'Nidiformis' wachsen kompakt kugelig und werden nicht höher als 1 m. Zwerghut-Fichten (*P. glauca* 'Conica' und 'Zuckerhut', WHZ 4) wachsen auch ohne Schnitt streng kegelförmig.
Bei der Stechfichte (*P. glauca*, WHZ 4) sind vor allem blaunadelige Sorten attraktiv. Die silberblauen Sorten 'Hoopsii', 'Koster' und die stahlblaue 'Oldenburg' wachsen mit einem Mitteltrieb kegelförmig zu hohen Bäumen heran. Sie sind für kleine Gärten wenig geeignet, im Gegensatz zur silbrigblauen 'Glauca Globosa', die nur bis zu 2 m hoch wird und eher in flachkugeliger Form wächst.
Der Schnitt zwischen dem Austriebsbeginn und Ende Juni ist für Fichten am verträglichsten.

1 VERJÜNGUNG *Zum Verkleinern einer Fichte lenken Sie waagerechte Triebe unter Erhalt der Kegelform auf kürzere Seitentriebe um. Binden Sie einen Seitentrieb als neue Mitte an einen Stab.*

2 FEHLER: FICHTE KAPPEN *Kappt man bei einer aufrecht wachsenden Fichte Seitentriebe oder sogar die Mitte, geht die typische Form verloren. In einem solchen Fall ersetzt man das Gehölz besser.*

Erziehung

Bei Jungpflanzen mit sortentypischer Gestalt ist keine Erziehung nötig. Aufrechte Sorten sollten nur einen Mitteltrieb besitzen, kugelige Formen dicht und geschlossen sein. Wildtriebe an veredelten Pflanzen entfernen Sie.

Erhaltung

Achten Sie bei aufrechten Sorten auf eine gerade Mitte. Bricht sie ab, binden Sie einen Seitentrieb als neue Mitte an einen Stab. Er braucht 2–3 Jahre, bis er sich von seiner Funktion als flacher Seitentrieb auf die neue Aufgabe als aufrechter Mitteltrieb umgestellt hat. Bei kompakten Sorten ohne erkennbare Mitte entspitzen Sie überlange Triebe beim Austrieb (→ Seite 134).

Verjüngung

Eine richtige Verjüngung oder Verkleinerung ist bei Fichten nicht möglich. Sie treiben aus unbenadelten Trieben nicht mehr aus. Wird eine Fichte zu groß, lenken Sie waagerechte Triebe auf kürzere Seitentriebe um. Da bei Fichten immer zwei gleichberechtigte Seitentriebe gegenüberstehen, entfernen Sie einen, um die neue Triebspitze zu definieren. Wenn nötig, wandeln Sie einen Seitentrieb in eine neue Mitte um (→ Erhaltung). Kappen Sie eine Fichte niemals, sondern wahren Sie immer ihre typische Form (→ Abb. 1). Ist dies nicht möglich, ersetzen Sie sie.

Tanne: Klassiker im Nadelkleid

Tannen *(Abies)* wachsen ähnlich wie Fichten mit einem durchgehenden Mitteltrieb und waagerechten Seitentrieben. Doch während bei den meisten Fichten die Zapfen hängen, stehen sie bei Tannen oben auf den Trieben. Außerdem stechen Tannennadeln im Gegensatz zu denen der Fichten nicht. Tannen lieben nahrhafte, tiefgründige und sommerfeuchte Böden. Heiße oder lufttrockene Standorte mögen sie nicht. Aufrecht wachsende Arten werden im Alter an der Basis sehr breit. Planen Sie daher schon bei der Pflanzung genug Standraum ein. Die Weißtanne (*A. alba*, WHZ 4) kann ohne Weiteres über 40 m hoch werden und ist für Gärten durchschnittlicher Größe nicht geeignet. Auch die Nordmann-Tanne (*A. nordmanniana*, WHZ 5a) mit glänzend grünen Nadeln erreicht 15–20 m Höhe. Einen sehr attraktiven, dichten und graublauen Nadelschmuck besitzt die Silbertanne (*A. procera* 'Glauca', WHZ 6b). Sie wächst breit kegelförmig, manchmal auch mehrstämmig und wird bis zu 15 m hoch. Die Korea-Tanne (*A. koreana*, WHZ 5b) erreicht 10 m Höhe. Ihre violettfarbenen bis stahlblauen Zapfen sind sehr reizvoll. Die Zwerg-Korktanne (*A. lasiocarpa* 'Compacta', WHZ 4) wächst kegelig und wird etwa 3 m hoch und breit. Ihre Triebe sind mit silberblauen Nadeln besetzt. Die Balsam-Tanne (*A. balsamea*, WHZ 4) bietet besonders attraktive Zwergsorten: 'Nana' und 'Piccolo' wachsen flachkugelig und werden bis zu 1 m hoch und etwa 2 m breit.

Erziehung

Achten Sie bei aufrechten Arten auf die Entwicklung einer geraden Mitte. Bei veredelten Arten kann es vorkommen, dass die Mitte seitlich kippt.

Tannen besitzen weiche, meist glänzende Nadeln und bilden markante Gestalten aus.

Binden Sie diese dann an einen Stab. Tannen können auch zwei oder drei senkrechte Mitteltriebe entwickeln. Belassen Sie dann nur eine Fortsetzung und lichten Sie die übrigen im Sommer in noch grünem Zustand aus.

Erhaltung

Tannen benötigen meist keinen jährlichen Schnitt. Werden waagerechte Triebe zu lang, lenken Sie sie maßvoll auf kürzere Seitentriebe um. Diese verschlanken Sie, sodass eine klare neue Fortsetzung entsteht.

Verjüngung

Eine Verjüngung oder Verkleinerung ist nicht möglich, da Tannen aus altem Holz nicht austreiben. Schneiden Sie deshalb nur im benadelten Bereich. Ist absehbar, dass das Gehölz zu groß wird, lenken Sie die Spitze sowie waagerechte Triebe auf kürzere Seitentriebe um (→ Seite 138). Wahren Sie dabei immer die natürliche Form.

1 ERZIEHUNG *Bei jüngeren Tannen bilden sich manchmal zwei oder drei senkrechte Mitteltriebe. Belassen Sie nur den geradesten und lichten Sie die übrigen bereits im ersten Jahr aus.*

2 ERHALTUNG *Ist ein Trieb zu lang, lenken Sie ihn auf einen kürzeren Seitentrieb um. Da sich immer zwei Triebe gegenüberstehen, verschlanken Sie die neue Spitze auf einen Trieb.*

Eibe: Multitalent für den Garten

Die dunkelgrüne Eibe ist das schnittverträglichste aller Nadelgehölze.

Eiben (*Taxus*) sind sehr anpassungsfähig. Sie wachsen in der Sonne und im Schatten. Sie mögen nahrhafte, sommerfeuchte Böden, akzeptieren aber auch trockene Plätze. Sehr saure Böden vertragen sie jedoch nicht. An wintertrockenen Standorten sollte man bei Bedarf gießen.
Eiben sind zweihäusig, es gibt männliche und weibliche Pflanzen. Statt Zapfen bilden sie Samen mit einem roten, fleischigen Mantel. Außer dem Mantel sind alle Pflanzenteile sowie die Samen giftig. Deshalb pflanzt man Eiben nicht nahe Spielplätzen oder Tierweiden.

Reiche Auswahl

Die Gewöhnliche Eibe (*Taxus baccata*, WHZ 6a) ist eine viel verwendete Pflanze für Formschnitte und für Hecken (→ Seite 184). Ohne Formierung wächst sie als mehrstämmiger Strauch oder breit ausladender Baum und wird im Alter 10–15 m hoch. Sie wächst bis zu 25 cm im Jahr, ist also nicht so langsam wachsend, wie oft unterstellt. Die Sorte 'Dovastoniana' (WHZ 6b) wird bis zu 7 m hoch. Ihre waagerechten Seitentriebe hängen auffällig schleppenartig nach unten über. Andere Sorten wachsen säulenförmig. 'Fastigiata Robusta' (WHZ 6b) ist die schlankste und fällt auch im Alter nicht auseinander. 'Fastigiata Aureomarginata' (WHZ 6b) wird etwas breiter und hat gelbe Nadeln. 'Repandens', die Kissen-Eibe, bildet flache Triebe. Sie wird kaum 1 m hoch, aber bis zu 4 m breit. Sorten der Hybrid-Eibe (*T.* × *media* WHZ 5b) sind ausgesprochen robust. Sie wachsen strauchig und, je nach Sorte, eher aufrecht oder trichterförmig. 'Hillii' ist männlich und setzt daher keine Früchte an. Die Japanische Eibe (*T. cuspidata*, WHZ 5a) wächst strauchartig und langsam, sie wird nur bis zu 3 m hoch und ebenso breit. Die Sorte 'Nana' ist mit ihrem skurrilen Wuchs und 2 m Endhöhe auch für kleine Gärten gut geeignet.

Verträgt einen Schnitt

Die Eibe ist eines der wenigen Nadelgehölze im Garten, das aus altem Holz bereitwillig wieder austreibt. Dennoch sollten Sie auf Schnitte in den Stamm oder in sehr starke Gerüsttriebe verzichten. Nur buschige Eiben mit zu dicht stehenden senkrechten Gerüsttrieben verkraften es, wenn Sie die stärksten komplett entfernen und Jungtriebe als Ersatz verwenden.
Das späte Frühjahr vor dem Austrieb ist der ideale Zeitpunkt für alle Schnittmaßnahmen.

Erziehung

Aufrecht wachsende Sorten erziehen Sie mit bis zu drei senkrechten Gerüsttrieben. Sind mehr Gerüsttriebe vorhanden, sind diese nur in einem kleinen Segment benadelt und kippen im Alter unter dem einseitigen Gewicht oft auseinander. Lenken Sie deshalb überzählige Steiltriebe frühzeitig auf tiefer stehende Seitentriebe um. Stehen einzelne Triebe überlang aus dem Strauch, lenken Sie sie auf kürzere Seitentriebe um.
Bei strauchartigen Sorten entfernen Sie überlange Seitentriebe am Gerüst auf Zapfen. So halten Sie den Strauch in der gewünschten Höhe und Breite.

Erhaltung

Ein jährlicher Erhaltungsschnitt ist bei Eiben nicht nötig. Einzelne überlange Triebe lenken Sie auf weiter innen stehende Seitentriebe um (→ Abb. 1). Wird die Pflanze zu hoch, lenken Sie den längsten senkrechten Trieb ebenfalls auf einen tiefer stehenden Seitentrieb um. Die Eibe bildet in den nächsten Jahren an der Schnittstelle mehrere senkrechte Jungtriebe. Diese verschlanken Sie bis auf einen. Bei Kriecheiben lenken Sie überlange oder nach oben stehende Triebe auf kürzere und flach wachsende Seitentriebe um (→ Abb. 2).

Verjüngung

Zu groß gewordene Eiben lassen sich über mehrere Jahre in Etappen verjüngen. Der beste Zeitpunkt ist im Frühjahr direkt vor dem Austrieb. Kürzen

Sie ein Viertel der längsten, waagerechten Seitentriebe auf 2 cm kurze Zapfen am senkrechten Gerüsttrieb ein (→ Abb. 3). Sehr starke Triebe lenken Sie gerüstnah auf kürzere Triebe um. Mit den senkrechten Trieben verfahren Sie wie bei der Erhaltung. In den nächsten Jahren entfernen Sie jeweils ein weiteres Viertel der Seitentriebe. So behält die Pflanze nicht nur ihre Form, sondern immer auch genug Nadeln, um Reservestoffe zu bilden (→ Abb. 3 und 4).

Säuleneiben erziehen

Säulenformen erziehen Sie mit bis zu drei senkrechten Trieben. Überzählige Triebe lenken Sie frühzeitig auf tiefer stehende Seitentriebe um. So bleiben die Triebe rundum benadelt und stehen auch im Alter stabil. Fallen im Alter oder unter Schneedruck die Triebspitzen auseinander, lenken Sie sie auf einen tiefer und senkrecht stehenden Seitentrieb um (→ Abb. 5). Stufen Sie die Länge der senkrechten Triebe so ab, dass die Mitte immer höher bleibt und schlank ausläuft.

1 ERHALTUNG *Bei strauchartig wachsenden Eiben lichten Sie überzählige Gerüsttriebe aus. Überlange Triebe lenken Sie auf tiefer stehende Seitentriebe um.*

2 ERHALTUNG KRIECHEIBE *Bilden Kriecheiben steil aufragende Triebe, lenken Sie sie im Sommer auf tiefer stehende und flach wachsende Seitentriebe um.*

3 VERJÜNGUNG *Zum Verjüngen lenken Sie die längsten Gerüsttriebe auf tiefer stehende Seitentriebe um. Lange Seitentriebe kürzen Sie am Gerüst auf Zapfen ein.*

4 VERJÜNGUNG IN ETAPPEN *Damit die Zapfen austreiben, müssen genug Nadeln zur Reservestoffbildung verbleiben. Deshalb verjüngt man über mehrere Jahre.*

5 SÄULENEIBE ERZIEHEN *Erzogen wird mit drei senkrechten Gerüsttrieben. Zu lange Triebe lenken Sie auf weiter innen und steil stehende Seitentriebe um.*

6 ZU VIELE GERÜSTTRIEBE *Hat eine Säuleneibe wie hier zu viele Gerüsttriebe, sind diese nur außen benadelt. Die Triebspitzen können dann auseinanderfallen.*

Laubbäume:
Solisten im Gartenensemble

Laubbäume prägen den Garten wie kein anderer Gehölztyp. Ihre Größe und ihre markante Gestalt machen sie zu unverwechselbaren Individualisten. Erzieht man sie als junge Bäume gut, sind sie im Alter ebenso pflegeleicht wie bruchsicher.

Laubbäume mit Stamm und Krone entwickeln ihre typische Gestalt frühestens nach 10 Jahren. Sie sind dann aber noch lange nicht ausgewachsen. Einige Arten wachsen Jahrzehnte weiter, bevor sie ihre endgültige Größe erreichen. Laubbäume können bis zu 40 m hoch und mehrere Hundert Jahre alt werden. Denken Sie deshalb bei Auswahl und Kauf daran, welche Größe ein Baum in 30 oder 40 Jahren haben wird und ob der vorhandene Platz in Ihrem Garten hierfür ausreicht. Denn muss ein Baum nach kurzer Zeit geschnitten werden, weil der Standraum zu klein ist, geht seine natürliche Wuchsform verloren. Die Wurzel wächst seiner Art gemäß weiter, die Folge sind lange, instabile Schosse.

Für jeden Garten

Für jeden Platzbedarf sind geeignete Baumarten erhältlich. Linden, Buchen und einige Ahorn-Arten werden sehr groß und benötigen bis zu 200 m^2 Platz. Selbst mittelgroße Bäume wie Amberbaum oder Feldahorn werden immer noch höher als 10 m. Auslesen dieser Arten bleiben dagegen oft kleiner.

Kleinkronige Arten und Sorten sind für Gärten durchschnittlicher Größe am ehesten geeignet und werden meist nur 6–8 m hoch. Hierzu zählen zum Beispiel Schnee-Felsenbirne (*Amelanchier arborea* 'Robin Hill', WHZ 5b), Lebkuchenbaum (*Cercidiphyllum japonicum*, WHZ 5b), Judasbaum (*Cercis siliquastrum*, WHZ 7a), Kornelkirsche (*Cornus mas*, WHZ 5a), Apfeldorn (*Crataegus × lavallei* 'Carrierei', WHZ 5b), Pflaumenblättriger Weißdorn (*Crataegus × prunifolia*, WHZ 5a), Blasenbaum (*Koelreuteria paniculata*, WHZ 7a), Zierapfel (*Malus*-Arten, ab WHZ 4), Eisenholzbaum (*Parrotia persica*, WHZ 5a), Zierkirsche (*Prunus*-Arten, WHZ 6) und Mehlbeere (*Sorbus aria*, WHZ 5a). Einige dieser Arten wurden bei den Sträuchern beschrieben, man kann sie aber auch als Baum mit nur einem Stamm erziehen. Spezielle Wuchsformen sind Säulen, Kugeln oder überhängend wachsende Sorten. Entscheiden Sie sich nur nach sorgfältiger Überlegung für solche Formen. Denn im Gegensatz zu locker wachsenden Kronen wirken sie meist streng.

Attraktives Fußvolk

Hochstämmige Laubbäume bieten, anders als die meisten Nadelgehölze, rund um den Stamm reichlich freien Raum. Diese Fläche lässt sich mit Sträuchern, Rosen, Stauden und Zwiebelpflanzen attraktiv gestalten. Allerdings werden sonnige Flächen unter einem jungen Baum mit zunehmendem Alter immer mehr beschattet. Die Bepflanzung muss also unter Umständen nach einigen Jahren ausgetauscht werden. Außerdem durchwurzeln einige Baumarten den Boden sehr dicht und entziehen ihm sehr viel Wasser. Auch an diese Bedingungen sollte man die Bepflanzung anpassen, wenn man nicht regelmäßig gießen will. Am besten eignen sich frühjahrsblühende Zwiebelpflanzen für eine Unterpflanzung. Sie nutzen das Licht vor der Laubentfaltung und ruhen im Sommer. Gehölze wie Weiden oder Birken suchen mit ihren Wurzeln intensiv nach Wasser. Sie können sogar in Drainagerohre eindringen und diese nach einiger Zeit verschließen.

Wurzeln brauchen Luft

Möchten Sie einen Baum innerhalb einer befestigten Fläche pflanzen, sollten Sie darauf achten, dass der Boden ausreichend Luft enthält, damit ihn der Baum gut durchwurzeln kann. Ist dies nicht der Fall, suchen sich die Wurzeln den Raum im Kiesbett der angrenzenden Pflasterfläche. Mit zunehmendem Dickenwachstum der Wurzeln heben sie das Pflaster an. Füllen Sie das Pflanzloch vor der Pflanzung daher großzügig mit Baumsubstrat auf. Strukturstabile Substrate wie Schotter oder Lava können Sie auch unter Pflasterflächen einbringen, verdichten und überpflastern. Diese Substrate garantieren einen hohen, dauerhaften Luftgehalt, sodass die Wurzeln in die Tiefe wachsen können.

Birken mit ihrer typischen weißen Rinde bilden auch reizvolle mehrstämmige Bäume aus.

Laubbäume aufbauen und erziehen

Bäume sollen viele Jahre oder sogar Jahrzehnte im Garten stehen. Der Kauf eines Baums ist deshalb eine Investition in die Zukunft. Es lohnt sich also, von Anfang an auf Qualität zu achten.
> Stamm und Mitteltrieb sollten immer gerade sein. Der Baum sollte fünf bis zehn flach abzweigende, gleichmäßig am Mitteltrieb verteilte Seitentriebe besitzen. Stamm und Wurzelansatz dürfen keine Schäden aufweisen.
> Vermeiden Sie Bäume mit schiefer Mitte und einseitiger Krone. Die Korrektur ist sehr aufwendig (→ Abb. 2).
> Sind Bäume am Stammansatz oder in Kronenhöhe veredelt, sollte die Veredlungsstelle gut verwachsen sein und keine Eintrocknungen zeigen.
> Wählen Sie bevorzugt Bäume mit Erdballen. Sie wachsen schneller an als wurzelnackte Gehölze. Sie dürfen allerdings keine Verletzungen an den Starkwurzeln aufweisen und sollten zahlreiche Feinwurzeln besitzen. Damit diese nicht austrocknen, halten Sie sie beim Transport und vor dem Pflanzen immer feucht.
> Bei Bäumen mit Topfballen kontrollieren Sie den Ballen. Er sollte frei von abgestorbenen Wurzeln sein. Wachsen Wurzeln ringförmig um den Ballen, lösen Sie sie beim Einpflanzen vorsichtig und legen sie sternförmig im Pflanzloch aus.

Frisch gepflanzte Bäume sollten Sie an einem oder mehreren Pfählen mit Kokosstrick stabil anbinden. Es besteht sonst die Gefahr, dass die sich bildenden Feinwürzelchen schon bei geringem Wind abreißen.

Erziehung

Ein Baum besteht als Hochstamm aus einem Stamm, an dem die Krone mit einem Gerüst aus Mitteltrieb und Seitentrieben ansetzt. Diese Teile bleiben lebenslang am Baum und sollten daher sorgfältig erzogen werden.

Junge Laubbäume, bei denen man das Wachstum anregen möchte, schneidet man im Frühjahr vor dem Austrieb. Älteren Bäumen bekommt dagegen ein Schnitt im Sommer besser. Er ist für den Baum verträglicher, die Wunden heilen schneller, und er beruhigt zudem übermäßiges Wachstum.
> Der Mitteltrieb und fünf bis sieben gleichmäßig verteilte Seitentriebe bilden das Gerüst. Kürzen Sie diese Triebe nach dem Pflanzen und in den folgenden Jahren nicht ein. Weitere Seitentriebe, vor allem starke oder steil stehende, entfernen Sie.
> Am Mitteltrieb, oberhalb der seitlichen Gerüsttriebe, bleiben nach dem Schnitt nur noch kleinere, flach wachsende Triebe stehen.

1 GUTE QUALITÄT *Ein neu gepflanzter Jungbaum in guter Qualität hat im Idealfall eine gerade Mitte und fünf bis sieben gleichmäßig verteilte Seitentriebe. Diese zweigen flach von der Mitte ab.*

2 SCHLECHTE QUALITÄT *Der Mitteltrieb eines Laubbaums darf nie – wie hier – eingekürzt werden, da sich sonst starke, steile Seitentriebe entwickeln, die den ursprünglichen Kronenaufbau zerstören.*

3 ERZIEHUNG *Die Spitzen des Mitteltriebs und der Seitengerüsttriebe verschlanken Sie. Steil stehende oder ins Kroneninnere wachsende Triebe lichten Sie vollständig aus.*

> Verschlanken Sie in den kommenden Jahren regelmäßig die Gerüsttriebe, sodass sich keine Konkurrenztriebe bilden. Steil stehende oder nach innen wachsende Triebe entfernen Sie.
> Bei Bäumen mit gegenständigen Knospen (→ Seite 40) wie Ahorn oder Esche kommt es oft vor, dass die Spitzenknospe abstirbt. Die beiden darunterliegenden Knospen treiben dann gleichberechtigt aus und machen sich Konkurrenz. In diesem Fall entfernt man den nach innen oder zur Seite weisenden Trieb, damit der Haupttrieb eine eindeutige Fortsetzung hat.
> Achten Sie in den folgende Jahren darauf, dass eine gerade Mitte erhalten bleibt. Senkt sich diese oder bricht ab, lenken Sie sie auf einen senkrecht stehenden Seitentrieb um.
> Bilden sich außer den erwünschten Gerüsttrieben parallel zur Mitte Konkurrenztriebe, entfernen Sie sie (→ Abb. 4). Verschlanken Sie die Gerüsttriebspitzen, so bleiben sie leichter und senken sich weniger stark ab.

Zudem kommt mehr Licht ins Innere des Baums, und dort wachsende Seitentriebe bleiben vital.
Diese erzieherische Begleitung in den ersten 4–7 Jahren garantiert, dass ein stabiler Baum aufgebaut wird. In den folgenden Jahren ist ein Schnitt dann nur bei Bedarf nötig. Kontrollieren Sie trotzdem jährlich, ob Triebe abgebrochen oder abgestorben sind, und entfernen Sie diese gegebenenfalls.

Schlitzäste entfernen

Triebe, die an der Basis sehr steil stehen, sind immer unzureichend mit dem Haupttrieb verwachsen. Solche Triebe nennt man Schlitzäste oder Steiltriebe. Wenn sie durch die Witterung oder ihr Gewicht stark beansprucht werden, brechen sie leicht ab (→ Abb. 5). Sie sind deshalb eine unkalkulierbare Gefahr. Solche Triebe erkennen Sie schon im ersten Jahr an den beiden klar gegeneinander abgegrenzten Wülsten auf der Oberseite des Astansatzes. Lassen Sie solche Steiltriebe auf keinen Fall stehen, sondern entfernen Sie sie umgehend.

4 **KONKURRENZTRIEBE** *Vor allem in der Jugend entwickeln einige Arten Steiltriebe am Mitteltrieb oder an den Seitengerüsttrieben. Man entfernt sie im Sommer in noch grünem Zustand.*

5 **SCHLITZÄSTE** *Sehr steile Triebe sind nicht stabil mit dem Haupttrieb verwachsen. Mit zunehmendem Alter und Gewicht können sie ausbrechen. Entfernen Sie sie deshalb frühzeitig.*

! AUF STABILE KRONEN ACHTEN

Bäume müssen stabil heranwachsen – schließlich sollen sie Jahrzehnte in Ihrem Garten stehen. Wählen Sie deshalb nur Bäume, bei denen die Krone bereits mit Mitteltrieb und Seitentrieben formiert wurde. So haben Sie die Gewissheit, dass die Krone stabil und gleichmäßig weiterwächst. Bei sehr kleinen Bäumen ohne Krone haben Sie diese Garantie nicht.

Rechtslage beachten

Bäume prägen nicht nur Ihr Grundstück über viele Jahre, sondern auch die Ihrer Nachbarn. Noch mehr als bei Sträuchern sollten Sie daher darauf achten, die Nachbarrechtsgesetze einzuhalten. Abhängig von der Wuchsstärke sind dort Bäume in verschiedene Kategorien gegliedert, die unterschiedliche Grenzabstände zur Folge haben. Wer sie beachtet, vermeidet Streitigkeiten 10 oder 20 Jahre nach der Pflanzung eines Baums. Das Nachbarrecht gilt zwischen Privatgrundstücken, jedoch nicht für Bäume, die im öffentlichen Bereich gepflanzt werden. Außerdem sollte an öffentlichen Wegen ein »Lichtraumprofil« frei gehalten werden. Das heißt, dass über Geh- und Radwegen in 2,5 m, über Straßen in 4,5 m Höhe kein Trieb ragen sollte.
Im Übrigen ist jeder Baumeigentümer für die Bruchsicherheit seiner Bäume verantwortlich. Ist bei einem Unfall auch für einen Laien ersichtlich, dass der Baum instabil war, so haften Sie. Bei älteren Bäumen empfiehlt es sich, diese alle 3–5 Jahre von einem Fachmann kontrollieren zu lassen.

So bleiben Laubbäume über Jahre attraktiv

Gut erzogene Laubbäume brauchen keine massiven Schnitte. Erst wenn sie altern, beachten Sie sie wieder mehr und greifen bei Bedarf ein.

In den ersten Jahren

Wenn Sie Ihre Laubbäume regelmäßig kontrollieren, lassen sich eventuelle Korrekturen leicht mit einigen kleinen Schnitten ausführen. Im Frühsommer sind diese Schnitte sehr viel besser verträglich, und das Gehölz kann Wunden sofort innerlich abschotten.

> **Stammhöhe regulieren** Ist nach einigen Jahren der Stamm eines Laubbaums nicht hoch genug, können Sie den untersten Kranz der Seitentriebe entfernen. Voraussetzung ist, dass oberhalb der entfernten Triebe genug Seitentriebe stehen, die sich als Gerüsttriebe eignen. Damit die Schnittstellen problemlos überwallt werden, sollten sie nicht mehr als 5 cm Durchmesser haben. Lassen Sie beim Schnitt den Astring an der Basis stehen (→ Seite 40).

> **Zu dichte Krone** Stehen mehr als sieben kräftige Triebe auf engem Raum, entfernen Sie überzählige. So erhält das Kroneninnere mehr Licht, und das Wachstum der Seitentriebe wird gebremst. Dann lichten Sie steil oder nach innen wachsende Triebe aus und verschlanken bei Bedarf die Gerüsttriebspitzen (→ Abb. 1, 2, 3).

> **Zu viele Jungtriebe** An den Schnittstellen aus vergangenen Jahren haben sich meist mehrere Jungtriebe gebildet. Entfernen Sie steile und kräftige Jungtriebe. Belassen Sie zwei bis drei schwache oder flache. Ihr Wachstum trägt zu einem schnelleren Wundverschluss bei. Ist die Wunde geschlossen, entfernen Sie auch diese Triebe. Wenn sie sich gut in die Krone einfügen, belassen Sie sie (→ Abb. 4 und 5). Wildtriebe entfernen Sie im Sommer.

> **Stützen entfernen** Ist der Baum nach einigen Jahren fest verwurzelt, entfernen Sie die Stützpfähle. Bis dahin prüfen Sie regelmäßig den Strick. Er darf den Stamm nicht einschnüren.

Pflege älterer Bäume

An älteren Bäumen sterben immer wieder einzelne, meist kleinere Triebe ab. Bei einer Kontrolle im Sommer, wenn der Baum belaubt ist, können Sie sie gut erkennen und entfernen. Sterben dickere oder sogar Gerüsttriebe ab, sollten Sie einen Fachmann zurate ziehen. Vorbeugend können Sie mit einer Düngung oder Bodenverbesserung die Vitalität erhöhen.

Bei ausgewachsenen Bäumen sollte man den Wurzelraum nicht mehr verändern. Abgrabungen oder Aufschüttungen können zu bleibenden Schäden führen. Vermeiden Sie deshalb Grabearbeiten im Wurzelbereich. Sind sie unumgänglich, gräbt man unter der Baumkrone nur von Hand. Beschädigen Sie freigelegte Wurzeln nicht und schützen Sie sie vor Trockenheit. Werden Wurzeln verletzt, führt dies oft zu Fäulnis. Vitalität und Standsicherheit des Baums werden gemindert.

Verkleinern, nicht kappen

Soll ein zu großer Baum verkleinert werden, darf man ihn nicht kappen –

1 ZU DICHTE KRONE *Bei jüngeren Bäumen bilden sich oft mehrere kräftige Triebe entlang der Mitte. Diese bedrängen sich gegenseitig und führen zu einem langen, schlaksigen Wuchs. Der Baum verkahlt im Innern zusehends.*

2 KRONE AUSLICHTEN *Lichten Sie überzählige Gerüsttriebe auf fünf bis sieben gleichmäßig verteilte Triebe aus. Diese erhalten mehr Licht, wachsen stabiler und behalten bis ins Kroneninnere vitale und belaubte Seitentriebe.*

dies zerstört die natürliche Wuchsform. Solche großen Wunden kann das Gehölz zudem nicht mehr verschließen. Es bildet sich Fäulnis, und die Triebe oder sogar der ganze Baum werden instabil. Zwischen Wurzel und Krone entsteht ein großes Ungleichgewicht. Der Baum versucht, dies so schnell wie möglich wieder auszugleichen. Überlange und instabile Schosse sind die Folge (→ Abb. 6). Damit diese Schosse nicht ausbrechen, muss man einen gekappten Baum regelmäßig nachschneiden.
Um die Größe eines Baums zu verringern, reicht es oft, ihn maßvoll auszulichten. Man lenkt die längsten Triebe mit kleinen Schnitten im Sommer auf kürzere Seitentriebe um. Stark verzweigte Triebspitzen werden verschlankt. Wenn Sie dies alle 3–5 Jahre wiederholen, wird der Baum kleiner und behält seine natürliche Form.
Vergreist ein alter Baum sehr stark und werden ganze Kronenpartien dürr, hat er seine biologische »Endzeit« erreicht. In diesem Fall können Sie die Krone stark verkleinern, wenn Sie den Stamm und den Kronenansatz als »Skulptur« erhalten wollen. Befreien Sie Hohlstellen in Stämmen oder Gerüsttrieben von Holzmüll, damit sie abtrocknen.

Rat einholen

Große Bäume steigern den Wert eines Gartens. Ein falscher Schnitt kann großen Schaden anrichten. Zudem ist das Arbeiten in großer Höhe für die meisten Hobbygärtner ungewohnt und sehr gefährlich. Es lohnt sich also, die Hilfe professioneller Baumpfleger in Anspruch zu nehmen. Diese klettern abgesichert im Baum, schneiden ihn fachgerecht und beraten Sie, in welchem Rhythmus der Baum in Zukunft geschnitten werden sollte.

3 SEITENGERÜSTTRIEBE VERSCHLANKEN *Seitengerüsttriebe verzweigen sich mit den Jahren immer mehr. Sie senken sich ab und schattieren das Kroneninnere. Verschlanken Sie von Zeit zu Zeit die Spitzen, bleiben sie leichter, und das Innere erhält mehr Licht.*

4 ZU VIELE JUNGTRIEBE *Eine gute, glatte Schnittstelle ist nach einigen Jahren vollständig verschlossen. An den Rändern haben sich jedoch durch den Saftstau mehrere Jungtriebe gebildet. Einige wachsen flach, andere stehen dagegen steiler und sind stärker.*

5 JUNGTRIEBE AUSLICHTEN *Lichten Sie überzählige Jungtriebe an der Schnittstelle aus, belassen Sie jedoch einige schwächere und flache. Diese tragen mit ihrem Dickenwachstum zu einem schnelleren Wundverschluss bei. Wenn sie sich in die Krone einfügen, können sie dauerhaft verbleiben.*

6 GEKAPPTER BAUM *Bei diesem Baum wurden starke Gerüsttriebe mitten in der Krone gekappt, die natürliche Form ist zerstört. Der Baum versucht, das Ungleichgewicht zwischen Wurzel und Krone mit starken Schossen auszugleichen. Diese sind jedoch instabil und können ausbrechen.*

Spezielle Kronen: ***Kugel-, Hänge- und Säulenform***

Von etlichen Baumarten gibt es Sorten, die eine streng kugelige, säulenförmige oder überhängende Krone ausbilden. Einige Sorten sind hier beispielhaft aufgeführt, die Vielfalt ist jedoch erheblich größer. Sie alle wurden meist in Kronenhöhe auf die Wildform der jeweiligen Art veredelt. Deshalb sollte man, vor allem solange sie noch jung sind, Wildtriebe am Stamm oder aus dem Boden regelmäßig entfernen. Der veredelte Teil vergreist sonst.

Kugelkronen

Kugelkronen entwickeln sich, auch ohne Formschnitt, gleichmäßig rund. Der Kronendurchmesser erreicht bis zu 6 m. Beispiele für gängige Kugelsorten sind Feldahorn (*Acer campestre* 'Nanum', WHZ 5a), Spitzahorn (*A. platanoides* 'Globosum', WHZ 4), Trompetenbaum (*Catalpa bignonioides* 'Nana', WHZ 6b), Esche (*Fraxinus excelsior* 'Nana', WHZ 4), Amberbaum (*Liquidambar styraciflua* 'Gum Ball', WHZ 5b), Steppenkirsche (*Prunus fruticosa* 'Globosa', WHZ 6a), Sumpfeiche (*Quercus palustris* 'Green Dwarf', WHZ 5b) und Robinie (*Robinia pseudoacacia* 'Umbraculifera', WHZ 6b). Bei jungen Kugelbäumen lichten Sie alle 2–3 Jahre etwa ein Viertel der Triebe im Kroneninnern aus. Die Krone sieht dann zwar lückenhaft aus, doch die übrigen Triebe erhalten mehr Licht und bleiben kompakter. Einen Mitteltrieb haben Kugelkronen nicht. Bei älteren Bäumen lichten Sie nur entlang der Gerüsttriebe aus und verschlanken sie (→ Seite 146).

Im Alter werden die Kronen solcher Kugelformen eher breitoval bis schirmförmig. Um dies zu verhindern, werden sie oft gekappt. Eintrocknungen und lange Schosse sind die Folge, die Form gleicht dann eher der einer Kopfweide. Besser ist es, die Schirmform älterer Bäume zu respektieren. Führen Sie keine massiven Korrekturschnitte durch. Verschlanken Sie lediglich die Triebspitzen, so hängt die Krone weniger stark über.

Hängeformen

Hängeformen bilden überhängende Schirme aus. Einige wachsen mit einzelnen Trieben in die Höhe, bevor sie hängende Seitentriebe bilden. Sogenannte Trauerformen bilden ausschließlich überhängende Triebe und nehmen an Höhe kaum mehr zu. Bekannte sind Birke (*Betula pendula* 'Youngii', WHZ 2), Erbsenstrauch (*Caragana arborescens* 'Pendula', WHZ 3), Buche (*Fagus sylvatica* 'Purpurea Pendula', WHZ 5b), Zierkirsche (*Prunus*

1 KUGELKRONE *Die Kugel-Steppenkirsche bildet in der Jugend ohne Schnitt eine gleichförmige Krone. Im Alter wächst sie schirmförmig und sollte dann nicht massiv zur Kugel geschnitten werden.*

2 KUGELKRONE AUSLICHTEN *Lichten Sie bei einer jungen Kugelkrone bis zu einem Viertel der Triebe im Innern aus. Verschlanken Sie die Gerüsttriebspitzen. Vermeiden Sie Schnitte am Kronenansatz.*

3 FEHLER: KUGELKRONE GEKAPPT *Zum Verkleinern wurde der Kugel-Ahorn im alten Holz gekappt. Es bilden sich Schosse, die Form geht verloren, und große Wunden werden nicht mehr verschlossen.*

subhirtella 'Pendula', WHZ 6a), Weidenblättrige Birne (*Pyrus salicifolia* 'Pendula', WHZ 5b), Weide (*Salix alba* 'Tristis', WHZ 5a) und Kätzchenweide (*S. caprea* 'Pendula', WHZ 4).
Die Kätzchenweide wird wie das Mandelbäumchen jährlich geschnitten (→ Seite 64), andere Sorten schneidet man zurückhaltend. Kürzen Sie sie nicht ein. Verkahlende Triebe lenken Sie besser auf weiter innen stehende Seitentriebe um. Diese verschlanken Sie. Hängeformen von Blütengehölzen schneiden Sie direkt nach der Blüte, die übrigen im Sommer. Dann können Sie die Triebdichte besser beurteilen und gleichmäßig auslichten.

Säulenbäume

Säulenformen bilden, je nach Sorte, markante Bäume mit bis zu 15 m Höhe bei geringer Breite. Sie wachsen in der Jugend straff aufrecht, im Alter bilden manche Sorten hochovale Kronen. Attraktiv sind Feldahorn (*Acer campestre* 'Fastigiata', WHZ 5a), Hainbuche (*Carpinus betulus* 'Frans Fontaine', WHZ 5b), Buche (*Fagus sylvatica* 'Dawyck', WHZ 5b), Blasenbaum (*Koelreuteria paniculata* 'Fastigiata', WHZ 7a), Zierkirsche (*Prunus serrulata* 'Amanogawa', WHZ 6a), Eiche (*Quercus robur* 'Fastigiata Koster', WHZ 5a) und Thüringische Mehlbeere (*Sorbus × thuringiaca* 'Fastigiata', WHZ 5b).
Damit sie stabil bleiben, erzieht man Säulenformen mit höchstens drei aufrechten Mitteltrieben. Überzählige lenken Sie in der Jugendphase auf tiefer stehende, aufrechte Seitentriebe um. Hängen Triebspitzen nach einigen Jahren seitlich über, lenken Sie sie auf aufrecht stehende Seitentriebe um. Achten Sie dabei darauf, die neuen Spitzen zu verschlanken, damit sie leicht und somit standfest bleiben.

4 HÄNGEFORM
Bei Trauerweiden wachsen trotz der Hängeform immer wieder Triebe nach oben. So wird sie zu einem imposanten Baum, der ausreichend Platz benötigt. Sogenannte Trauerformen werden hingegen kaum höher als die Veredlungsstelle, wachsen jedoch in die Breite.

5 HÄNGEFORMEN AUSLICHTEN
Beim Sommerschnitt darf man nur maßvoll umlenken und verschlanken. Soll der Baum in die Breite erzogen werden, lenken Sie hängende Triebe auf flache Seitentriebe um. Große Schnitte, vor allem in der Nähe der Veredlungsstelle, sollten Sie vermeiden.

6 SÄULENBAUM
Säulenformen wachsen oft mit mehreren aufrechten Gerüsttrieben, die nur einseitig Seitentriebe tragen. Im Alter fallen sie dann meist unter deren Gewicht über. Lenken Sie solche Triebe auf senkrecht stehende Seitentriebe um und verschlanken Sie diese zum Schluss.

Rosen: Schönheit in vielfältiger Form

Rosen werden oft als Königinnen unter den Blütensträuchern bezeichnet. Sie blühen überreich, öfterblühende Sorten sogar bis weit in den Herbst. Wählt man für jeden Zweck die passende Sorte und pflegt sie richtig, ist eine üppige Blüte garantiert.

Rosen sind die Stars im Garten. Doch auch sie gedeihen nur, wenn man ihren Ansprüchen gerecht wird. Rosen *(Rosa)* lieben sonnige, gut durchlüftete Standorte. Vor heißen Südwänden oder in Pflasterflächen leiden sie jedoch und werden anfällig für Spinnmilben. Deshalb sollte man beispielsweise Kletterrosenspaliere immer mit genug Abstand zur Wand montieren. So kann die Luft zirkulieren, und es entsteht ein rosenfreundliches Klima. Für vollschattige Lagen eignen sich Rosen nicht, auch wenn einige Sorten noch im lichten Schatten von Gehölzen zufriedenstellend blühen. Rosen lieben tiefgründige, nährstoffreiche und kalkhaltige Böden. Sie wünschen jährliche Düngergaben, vor allem öfterblühenden Sorten kommen ohne regelmäßige Düngung nicht aus.

Die richtige Wahl

Das Angebot umfasst heute Tausende von Rosen-Sorten. Die meisten sind in den Winterhärtezonen 4 bis 6 beheimatet, einige wenige in 7 und 8.

Achten Sie bei der Auswahl nicht nur auf Merkmale wie Farbe, Blühwilligkeit und Duft, sondern auch darauf, dass die Sorten robust gegen Krankheiten sind. Das Gütesiegel »ADR« (Allgemeine Deutsche Rosenneuheitenprüfung) kennzeichnet Sorten, die sich aus der Masse der Neuzüchtungen in dieser Hinsicht positiv abheben.
Im Handel sind Rosen in zwei Varianten: Rosen mit Topfballen können Sie, mit Ausnahme der heißesten Monate, fast ganzjährig pflanzen. Für wurzelnackte Pflanzen empfiehlt es sich dagegen, sie im Herbst zu pflanzen.
Außer Wildrosen sind alle Rosen veredelt. Die Veredlungsstelle setzt man immer 3–5 cm tief in den Boden. So ist sie vor Frost und Austrocknung geschützt. Pflanzen Sie veredelte Rosen leicht schräg ein. Die Seite, an der die Edelsorte aus der Unterlage wächst, sollte oben liegen. Sie wird dann optimal vom Saftstrom versorgt, und es erscheinen weniger Wildtriebe.

Regeln für den Schnitt

Rosen sind in verschiedene Gruppen wie Beetrosen, Strauchrosen oder Kletterrosen eingeteilt (→ Seite 154–165). Je nach Gruppe variiert der Schnitt, doch einige Regeln gelten für alle.

> Schneiden Sie erst kurz vor dem Austrieb – in wärmerem Klima ab Anfang März, in kälterem ab Ende März. Schneidet man im Herbst oder Winter, treiben die Knospen bei mildem Wetter an und sind dann frostempfindlich.

> Öfterblühende Rosen blühen an ein- und diesjährigen Trieben. Sie brauchen im Frühjahr einen kräftigen Schnitt, damit sie nach der Erstblüte noch genug Kraft für die Nachblüte besitzen.

> Einmalblühende Rosen blühen vor allem an einjährigen Trieben, man schneidet sie deshalb nach der Blüte.

> Schneidet man einen Trieb am Boden, lässt man einen 2–3 cm kurzen Zapfen stehen. Dieser trocknet ein und wird dann entfernt, doch bis dahin hat er an der Basis ausgetrieben. Bodenebene Schnitte trocknen dagegen ein.

> Das Einkürzen erfolgt grundsätzlich direkt über einer Knospe, das Umlenken direkt über einem Seitentrieb.

> Der Schnitt soll einen Saftstau in Bodennähe erzeugen. Nur so bilden sich junge Bodentriebe zur Verjüngung.

> Aufrechte Sorten lichtet man stärker bodennah aus als überhängende.

> Schwachwüchsige Rosen werden stärker geschnitten als starkwüchsige.

> Edel- und Beetrosen schneiden Sie immer auf eine bestimmte Anzahl Knospen zurück.

> Einmalblühende Rosen blühen vor allem an einjährigen Trieben. Schneidet man vor dem Austrieb, geht ein Teil der Blüten verloren. Schneidet man direkt nach der Blüte, verzichtet man bei einigen auf Fruchtschmuck.

> Kletterrosen schneidet man nicht nur, sondern formiert sie gleichzeitig an der Rankhilfe.

Ramblerrosen können lichtdurchlässige Bäume mit ihren Blütengirlanden durchweben.

Gute Pflege hält Rosen fit und gesund

Regelmäßig geschnittene Rosen an einem luftigen Standort bleiben gesund und vital.

Die Pflegeschnitte erhalten in erster Linie die Gesundheit und fördern die Wuchskraft der Rosen. Sie gelten, unabhängig von den spezifischen Schnitten der einzelnen Gruppen, für fast alle Arten und Sorten. Ausnahmen sind einige unveredelte Wildrosen.

Totholz entfernen

In gemäßigten Klimaten sind Rosentriebe nur einige Jahre lebensfähig, dann vergreisen sie und sterben ab. Außerdem erfrieren jeden Winter einzelne Triebe. Triebe von Rosen, die am Haus oder an anderen geschützten Standorten stehen, bleiben länger vital. Entdecken Sie beim Schnitt im Frühjahr, dass ein Trieb ganz eingetrocknet ist, kürzen Sie ihn bis in das gesunde Holz ein. Manchmal wird erst beim Austrieb im April sichtbar, ob ein bisher vital aussehender Trieb geschädigt ist und im Wachstum zurückbleibt. Schneiden Sie solche Triebe so weit zurück, bis das Mark des Triebs wieder hell gefärbt ist. Bräunliches Mark weist meist auf Frostschäden hin, auch wenn Sie äußerlich am Holz noch nichts Auffälliges entdecken können.

Wildtriebe entfernen

Die meisten Rosen sind auf den Wurzelstock einer Wildrose veredelt. Aus der Unterlage können sich von Zeit zu Zeit Wildtriebe entwickeln. Zu erkennen sind sie an den andersfarbigen Blättern, die sich von denen der Edelsorte unterscheiden. Entfernen Sie Wildtriebe schon im ersten Sommer. Legen Sie sie mit einer Grabegabel frei und reißen Sie den noch grünen Trieb direkt an der Wurzel aus. Wenn Sie solche Triebe nur am Boden abschneiden, wird der Zapfen erst recht im Wachstum angeregt. Bereits verholzte Wildtriebe entfernt man im Frühjahr direkt an der freigelegten Wurzel.
Bei Hochstammrosen sitzt die Veredlung in Kronenhöhe. Entwickeln sich am Stamm Wildtriebe, reißen Sie sie während des Austriebs in grünem Zustand aus, verholzte schneiden Sie mit der Schere ab.

Verblühtes entfernen

Entfernen Sie bei öfterblühenden Rosen regelmäßig alles Verblühte. Es wirkt zum einen unschön, zum anderen setzen die Rosen sonst Hagebutten an und verlieren an Kraft für die Nachblüte. Blüht eine Sorte in Büscheln, warten Sie mit dem Schnitt, bis der Blütenstand ganz abgeblüht ist. Ansonsten entfernen Sie die Blüten einzeln. Schneiden Sie jeweils bis zum obersten voll entwickelten Blatt zurück. Ist schon ein neuer Jungtrieb zu sehen, schneiden Sie bis zu diesem Trieb zurück. Dieser Schnitt regt öfterblühende Rosen zu neuem Austrieb und einer zweiten Blüte an, bei guten Bedingungen sogar zu einer dritten.

Kranke Triebe und krankes Laub entfernen

Entdecken Sie im Sommer kranke Triebe oder Blätter mit Pilzbefall an Ihrer Rose, entfernen Sie diese sofort. Meist handelt es sich um Sternrußtau, Mehltau oder Rosenrost (→ Seite 48). Wenn Sie diese Triebe nicht ausschneiden, verbreitet sich die Krankheit weiter. Kompostieren Sie krankes Laub nie, sondern werfen Sie es in die Mülltonne oder verbrennen Sie es.
Meist sind schwachwüchsige oder vergreiste Triebe pilzanfälliger als kräftige. Deshalb ist ein regelmäßiger Pflegeschnitt im Frühjahr wichtig. Er stärkt die Vitalität, und die Rosen bleiben in der Folge robuster gegenüber Krankheiten. Sorten, die für ihre Pilzanfälligkeit bekannt sind, sollten Sie im Garten möglichst nicht verwenden.
In längeren Regenperioden braun gewordene Blütenknospen entfernen Sie ebenfalls, sie öffnen sich in der Regel nicht mehr. Einige gefüllte Sorten reagieren auf Regen empfindlicher als ungefüllte.

Einmalblühende Rosen: nach der Blüte schneiden

Ob Strauch- oder Kletterrosen, einmalblühende Sorten und Wildarten bringen ihre Blütenknospen aus dem

Vorjahr mit. Man schneidet sie deshalb direkt nach der Blüte, wenn bereits die ersten Jungtriebe erscheinen. Legen Sie Wert auf Hagebutten, sollte der Schnitt zurückhaltend sein.

Hilfreicher Winterschutz

In kalten Lagen können Rosen oft bis nahe an den Boden zurücktrocknen. An solchen Orten sollten Sie deshalb möglichst keine einmalblühenden Sorten verwenden. Da ihre Blütenknospen bereits im Vorjahr angelegt werden und überwintern müssen, werden sie leicht durch den Frost zerstört. Besser wählen Sie für solche Standorte öfterblühende Sorten. Doch auch sie brauchen etwas Hilfe, um gut durch die kalte Jahreszeit zu kommen. Schützen Sie deren Basis mit einer lufthaltigen Laubschicht und decken Sie die Pflanze im Winter mit Tannenreisig ab. In schneereichen Lagen bindet man Strauchrosen zusammen, um sie vor Schneebruch zu schützen. Befestigen Sie den Haltestrick an einem Pfahl, der einen Teil der Schneelast trägt.

1 TOTHOLZ ENTFERNEN *Entfernen Sie im Frühjahr abgestorbene Triebe oder Zapfen bis ins gesunde Holz. Oft erkennt man Frostschäden jedoch erst beim Austrieb.*

2 WILDTRIEBE ENTFERNEN *Kürzen Sie Wildtriebe nie am Boden ein, dies regt ihr Wachstum an. Graben Sie den Boden auf und entfernen Sie sie an der Wurzel.*

3 VERBLÜHTES ENTFERNEN *Schneiden Sie Verblühtes bei öfterblühenden Rosen bis zum ersten voll entwickelten Blatt oder bis zum ersten Neutrieb zurück.*

4 KRANKES LAUB ENTFERNEN *Sind einzelne Blätter von Pilzkrankheiten befallen, schneiden Sie sie aus. Sie sind ein Infektionsherd und verbreiten die Krankheit.*

5 EINMALBLÜHENDE SCHNEIDEN *Einmalblühende Rosen bilden ihre Blütenknospen im Vorjahr. Für eine optimale Blütenfülle schneidet man sie nach der Blüte.*

6 WINTERSCHUTZ *In kalten Lagen oder bei tiefen Temperaturen können Rosen Frostschäden erleiden. Schützen Sie die Basis der Rosen mit Laub oder Tannenreisig.*

Zwergrosen: Blickfang auch für wenig Platz

Zwergrosen sind nichts anderes als schwachwüchsige Beetrosen. Meist werden sie nicht höher als 40 cm. Etwas höher wachsen Sorten der Patio-Gruppe, man rechnet sie aber ebenfalls zu dieser Gruppe. Zwergrosen sind fast immer öfterblühend. Sie blühen also an diesjährigen Trieben und werden im Frühjahr vor dem Austrieb geschnitten. Es gibt sowohl gefüllte als auch ungefüllte Sorten. Sie tragen meist mehrere Blüten pro Stiel. Zwergrosen wachsen aufrecht, mit feinem, dünnem Triebwerk. Kräftige Gerüsttriebe wie starkwüchsigere Beetrosen bilden sie nicht. Die Ansprüche an Standort, Boden und Düngung entsprechen denen aller Rosen (→ Seite 150). Achten Sie bei der Auswahl auch hier auf robuste Sorten. Das ADR-Gütesiegel tragen zum Beispiel 'Charmant', 'Flirt 2011', 'Knirps', 'Lupo', 'Medley Pink', 'Pepita' und 'Roxy'. Sie blühen alle in unterschiedlichen Rosatönen. Einige Zwergrosen entwickeln im Spätsommer kleine, bis in den Winter zierende Hagebutten.

Zwergrosen eignen sich aufgrund ihres schwächeren Wurzelwachstums besser als andere Rosen als Topfpflanzen. Die Töpfe sollten jedoch hoch genug sein, damit sich die Wurzeln artgemäß in die Tiefe entwickeln können. Alle 2–3 Jahre sollten Sie Zwergrosen umtopfen und dabei die Wurzeln etwas einkürzen. Die Töpfe dürfen im Winter nicht durchfrieren. Stellen Sie sie an einen geschützten Ort oder geben Sie ihnen einen Winterschutz.

Zwergrosen sind ideal für kleine Gärten und auch für Töpfe sehr gut geeignet.

Erziehung

Da Zwergrosen kein Gerüst aufbauen, ist eine systematische Erziehung nicht nötig. Im Frühjahr nach der Pflanzung lichten Sie alle schwachen und abgestorbenen Triebe bodeneben aus. Kräftige Triebe kürzen Sie auf 5–10 cm ein.

Erhaltung

Bei Zwergrosen mit ihren vielen dünnen, verhakten Trieben ist ein geordneter Schnitt oft kaum möglich. Leichter ist es, wenn Sie zuerst die gesamte Pflanze mit einer Heckenschere einkürzen (→ Abb. 2). Kräftige Pflanzen kürzen Sie auf 15 cm ein, schwachwüchsige auf 10 cm. Sehr flach wachsende Sorten, die schon zu den Bodendeckerrosen (→ Seite 156) übergehen, kürzen Sie um zwei Drittel des Durchmessers der Pflanze ein. Durch diesen Grobschnitt werden die Pflanzen übersichtlicher, und der Feinschnitt fällt leichter. Dabei lichten Sie mit der Handschere abgestorbene, vergreiste und schwache Triebe bodeneben aus.

Verjüngung

Ohne jährlichen Schnitt vergreisen Zwergrosen schon nach 2–3 Jahren. Überalterte Pflanzen verjüngen Sie wie beim Erhaltungsschnitt beschrieben.

1 ERHALTUNG *Kürzen Sie im Frühjahr zuerst die gesamt Pflanze halbkugelig auf 10–15 cm ein. Der Strauch ist dann übersichtlicher, und abgestorbene, schwache oder vergreiste Triebe lassen sich leichter auslichten.*

2 GROBSCHNITT *Da Zwergrosen schnell ein unübersichtliches Triebgewirr bilden, ist der geordnete Schnitt etwas mühsam. Schneiden Sie die Pflanze mit einer Heckenschere grob vor und schneiden Sie dann von Hand fein nach.*

Hochstammrosen: ***Blüten in Nasenhöhe***

Hochstammrosen besitzen Wurzel und Stamm von Wildrosen und sind in Kronenhöhe veredelt. Hochstämmchen sind meist auf 60–90 cm Stammhöhe mit Zwerg-, Beet- oder Edelrosen veredelt. Trauerstämmchen in 140–160 cm Stammhöhe mit überhängenden Bodendecker- und Kletterrosen.

Jährlich kräftig geschnitten, blühen Hochstammrosen im Sommer zuverlässig nach.

Stammrosen brauchen immer eine stabile Stütze, die bis in die Krone reicht (→ Abb. 1). Daran binden Sie den Stamm mehrmals und die Krone einmal an. Ohne diese Fixierung besteht die Gefahr, dass die Krone bei Wind oder Schnee bricht.
Die Schnittstärke hängt bei Stammrosen von der veredelten Sorte ab. Schwachwüchsige Sorten schneiden Sie kräftiger zurück als starkwüchsige Sorten. Vermeiden Sie jedoch immer Schnittwunden an der Veredlungsstelle. Die Wunden trocknen bis in die Veredlung ein und verursachen Schäden. Grundsätzlich sind Stammrosen erheblich kurzlebiger als Rosen derselben Sorte mit bodenbürtigen Trieben.

Erziehung

Eine dichte Krone erziehen Sie mit fünf bis sieben gleichmäßig verteilten Gerüsttrieben aus der Veredlungsstelle. Ein aufrechter, höherer Trieb bildet die Mitte. Diese Gerüsttriebe kürzen Sie jährlich je nach Edelsorte ein: bei Beetrosen auf fünf bis sieben, bei Edelrosen auf drei bis fünf und bei öfterblühenden Trauerrosen auf sieben bis zehn Knospen. Bei Zwergrosen kürzen Sie die Triebe auf 5–10 cm ein.
Schwache oder ältere Triebe kürzen Sie bis auf zwei Knospen vor der Veredlungsstelle oder vor dem Gerüsttrieb ein. Wildtriebe reißen Sie in noch grünem Zustand aus.

Winterschutz

Die gegen Kälte empfindlichste Stelle einer Hochstammrose ist die Krone mit der Veredlungsstelle. Hüllen Sie deshalb beide mit Stroh und Tannenreisig ein. Plastik eignet sich nicht, darunter wird es tagsüber zu warm. Junge Hochstämmchen mit noch flexiblem Stamm biegen Sie mit der Krone zum Boden. Biegen Sie es immer oberhalb der Verdickung an der Basis, damit der Stamm nicht ausreißt. Fixieren Sie die Krone mit einem u-förmigen Draht und häufeln Sie sie mit Erde an. So ist sie geschützt. Im Frühjahr biegt man sie wieder hoch und bindet sie an.

1 ANBINDEN *Hochstammrosen bindet man an einer stabilen Stütze fest. Binden Sie auch die Krone mindestens einmal an, damit sie nicht ausbrechen kann.*

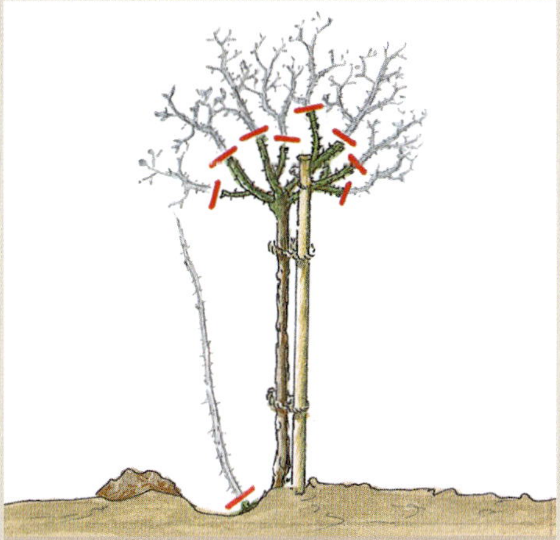

2 ERZIEHUNG *Kürzen Sie bei Hochstammrosen das Triebgerüst jährlich konsequent ein, schwache Triebe auf nur zwei Knospen. Wildtriebe entfernen Sie vollständig.*

3 WINTERSCHUTZ *Um die Veredlungsstelle am Kronenansatz im Winter vor Kälte und Austrocknung zu schützen, hüllen Sie sie mit Stroh oder Tannenreisig ein.*

Beet- und Flächenrosen: ***Blüten mit Fernwirkung***

Beetrosen blühen überreich, denn jeder Blütenstiel trägt immer mehrere Blüten.

Beetrosen oder Polyantha-Rosen sind kleine Strauchrosen, die auf Wildrosen veredelt sind. Beetrosen sind öfterblühend, blühen also an ein- und diesjährigen Trieben. Sie besitzen mehrere Blüten pro Stiel. Die meisten Sorten werden 50–120 cm hoch. Wüchsige Beetrosen blühen mit bis zu drei Blühperioden bis in den Herbst. Neben Beetrosen, deren Blüten denen von Edelrosen gleichen, gibt es sogenannte Nostalgierosen mit dicht gefüllten, flachen Blüten.

Beetrosen erziehen

Achten Sie bei Jungpflanzen darauf, dass die Veredlungsstelle im Boden liegt (→ Seite 151). Beetrosen erziehen Sie mit fünf bis sieben Bodentrieben. Schwache Bodentriebe kürzen Sie im Frühjahr bodennah ein.

Beetrosen erhalten

Lichten Sie im Frühjahr vor dem Austrieb vergreiste und schwache Gerüsttriebe bodennah auf 2 cm kurze Zapfen aus. Vitale Triebe kürzen Sie auf fünf bis sieben Knospen ein, Seitentriebe auf Zapfen mit höchstens zwei Knospen. Dieser kräftige Schnitt regt das Wachstum stark an. Die Erstblüte fällt dann zwar geringer aus als bei einem moderaten Schnitt, dafür ist die Sommerblüte ergiebiger.

Beetrosen verjüngen

Wenn Beetrosen überaltert sind, wurden sie meist nur im oberen Bereich geschnitten. Sie treiben dann keine jungen Bodentriebe mehr nach, und die Gerüsttriebe vergreisen. Zum Verjüngen lichten Sie die Hälfte der Gerüsttriebe bodennah auf kurze Zapfen aus. Die übrigen lenken Sie auf tiefer stehende junge Seitentriebe um. Diese kürzen Sie auf fünf Knospen ein, alle übrigen Seitentriebe auf zwei Knospen. Entwickeln sich junge Bodentriebe, bauen Sie mit diesen die Rose neu auf und verjüngen sie weiter. Trockene Zapfen entfernen Sie am Boden.

Flächenrosen

Sogenannte Bodendecker- oder Flächenrosen sind niedrige Strauchrosen. Sie gleichen im Charakter also den Beetrosen, wachsen aber anders als diese nicht mit aufrechten, sondern mit langen, niederliegenden Trieben. Flächenrosen sollten auch ohne Ausputzen der Blütenstände erneut durchtreiben und nachblühen.

Flächenrosen sind öfterblühend und blühen an ein- und diesjährigen Trieben. Kürzen Sie im Frühjahr lange, überhängende Triebe auf 30 cm ein. Wachsen sie zu stark, kürzen Sie sie auf 50 cm ein, damit mehr Knospen verbleiben. Es treiben entsprechend mehr Triebe aus, die schwächer wachsen. Dann entfernen Sie schwache oder vergreiste Triebe bodennah.

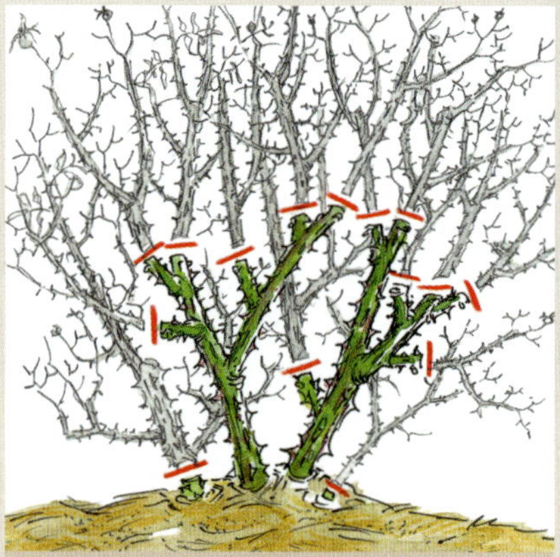

1 BEETROSEN ERHALTEN *Lichten Sie vergreiste Gerüsttriebe bodennah aus, ältere lenken Sie auf tiefer stehende Jungtriebe um. Junge Bodentriebe kürzen Sie auf fünf bis sieben, übrige Seitentriebe auf zwei Knospen ein.*

2 BEETROSEN VERJÜNGEN *Wurde über Jahre nur im oberen Bereich eingekürzt, überaltert das Gerüst, junge Bodentriebe bleiben aus. Lichten Sie die ältesten Triebe bodennah auf Zapfen aus, um bodenbürtige Jungtriebe anzuregen.*

Der Charme der Edelrosen mit ihren spitzkugeligen Blüten berauscht alle Gärtner.

Edelrosen: Diven im Gartenbeet

Edelrosen nehmen unter den Rosen eine Sonderstellung ein, weil man sie nicht nur ihrer attraktiven Blüte wegen pflanzt, sondern weil sie Klassiker für Blumenarrangements in der Vase sind. Edelrosen sind öfterblühend, blühen also an ein- und diesjährigen Trieben. Im Unterschied zu Beetrosen verzweigen sie sich weniger stark und besitzen meist nur eine Blüte pro Stiel. Jährliche Düngergaben erhöhen die Vitalität und steigern die Blütenfülle. Besonders zu Beginn der ersten Blütenperiode ist eine Nachdüngung wichtig, sie garantiert eine reiche Nachblüte im Sommer. Edelrosen bieten eine unüberschaubare Vielfalt, perfekt ist eine Sorte aber erst, wenn sie intensiv duftet. Achten Sie bei der Sortenwahl jedoch nicht nur auf Duft oder Schönheit, sondern auch auf Robustheit gegenüber Pilzkrankheiten (→ Seite 48). Diese ist sehr unterschiedlich ausgeprägt. Richtig geschnitten, bilden Edelrosen kräftige Bodentriebe und werden über 1 m hoch. Kürzt man sie jedoch über Jahre nur im oberen Bereich ein, bilden sie Sträucher mit bis zu 2 m Höhe. Sie blühen dann zwar immer noch reich, doch die Blütenstiele bleiben kurz. Zudem erscheinen nur noch wenige junge Bodentriebe, die Pflanzen vergreisen. Um dies zu verhindern, fördert man junge Bodentriebe und regt die Edelrosen so zu kräftigem Wuchs mit langen Blütenstielen an.

1 ERHALTUNG *Kürzen Sie kräftige Bodentriebe auf drei bis fünf Knospen ein. Sind noch Seitentriebe vorhanden, kürzen Sie sie auf kurze Zapfen am Gerüst ein. Ältere und schwache Triebe entfernen Sie bodennah.*

2 VERJÜNGUNG *Diese Edelrose wurde länger nicht bodennah ausgelichtet. Im Vorjahr haben sich noch bodennahe Triebe gebildet. Um solche Triebe zu fördern, lichten Sie ältere Triebe aus. Man erkennt sie an der dunkelgrünen bis braunen Farbe.*

Erziehung

Erziehen Sie Edelrosen mit fünf bis sieben bodennahen Trieben. Diese Triebe kürzen Sie im Frühjahr nach der Pflanzung auf drei Knospen über dem Boden ein. Schwache Triebe entfernen Sie dagegen vollständig.

Erhaltung

Kräftige, vitale Triebe kürzen Sie im Frühjahr auf drei bis fünf Knospen über dem Boden ein. Seitentriebe kürzen Sie dagegen auf ein bis zwei Knospen ein. Vergreiste oder schwache Gerüsttriebe lichten Sie auf kurze Zapfen am Boden aus. Zapfen aus dem Vorjahr entfernen Sie.

Verjüngung

Sehr hohe Edelrosen besitzen meist nur noch ältere oder vergreiste Triebe, junge Bodentriebe fehlen. Zum Verjüngen lichten Sie ein Drittel der Bodentriebe auf Zapfen aus. Die übrigen lenken Sie auf die untersten Jungtriebe um. Dies regt die Bildung junger Bodentriebe an. Einjährige Seitentriebe kürzen Sie auf drei Knospen am Gerüst ein, ebenso einjährige Bodentriebe. Sind im nächsten Frühjahr an den Schnittstellen junge Bodentriebe ausgetrieben, kürzen Sie sie auf drei Knospen ein und lichten wiederum ältere Gerüsttriebe aus.

Öfterblühende Strauchrosen: Solisten und Teamplayer

Öfterblühende Strauchrosen können zu raumbildenden Gehölzen heranwachsen. Moderne Strauchrosen besitzen spitzkugelige Blüten, die denen der Edel- oder Beetrosen ähneln. Nostalgierosen, hierzu gehören auch die Englischen Rosen, blühen wie Alte Rosen mit flachen oder kugeligen, dicht gefüllten Blüten. Auch historische Rosen sind zum Teil öfterblühend. Hierzu zählen viele Sorten der Bourbon-, China- und Remontantrosen. Sie überraschen mit einer fülligen Erstblüte, die Nachblüte ist jedoch meist deutlich geringer ausgeprägt.

Strauchrosen verkahlen oft von unten her, moderne Sorten wachsen zudem steif und wirken oft etwas staksig. Pflanzen Sie sie besser in den Beethintergrund und verdecken Sie ihren Fuß mit Stauden. Diese sollten die Basis aber nicht überwuchern, da sonst weniger bodenbürtige Jungtriebe wachsen. Weil Rosen von Spätherbst bis Frühjahr gestalterisch kaum eine Rolle spielen, stellt man ihnen immergrüne und frühblühende Sträucher zur Seite.

Vielfältige Formen

Manche Sorten wachsen eher schwach und werden nicht höher als 1 m, andere werden über 2 m hoch. Nostalgierosen wachsen meist überhängend und können breiter als hoch werden. Entwickeln sie sehr lange Triebe, liegen diese zum Teil am Boden nieder und sollten besser an einer Stütze formiert werden (→ Erziehung langtriebiger Sorten). Strauchrosen mit sehr langen Trieben bilden einen fließenden Übergang zu den Kletterrosen.

Strauchrosen entwickeln kräftige Bodentriebe, die mehrere Jahre im Strauch verbleiben. Sie blühen an ein- und diesjährigen Trieben und werden im Frühjahr vor dem Austrieb geschnitten. Wie bei anderen Gehölzen unterscheidet man Gerüst- und Seitentriebe. Eine feste Schnitthöhe gibt es nicht. Schwachwüchsige Sorten schneidet man zur besseren Wachstumsanregung mehr zurück als stark wachsende. Der erste Blütenflor entwickelt sich meist aus einjährigen Knospen, die folgende Blüte aus diesjährigen Trieben. Überlange, aus dem Boden schießende diesjährige Triebe blühen manchmal erst im nächsten Jahr. Sie dienen zur Verjüngung des Strauchs. Verwechseln Sie sie also nicht mit Wildtrieben.

Öfterblühende Strauchrosen können durchaus markante Sträucher ausbilden.

VERJÜNGUNG: VOR SCHNITT

Diese Strauchrose wird jährlich geschnitten. Sie besitzt ältere und junge Gerüsttriebe. Allerdings wurden kaum Triebe bodeneben ausgelichtet, sondern im oberen Bereich eingekürzt.

VERJÜNGUNG: NACH SCHNITT

Um ein Verkahlen zu verhindern und bodenbürtige Jungtriebe anzuregen, wurden einige Triebe am Boden ausgelichtet, andere auf tiefer stehende Jungtriebe umgelenkt und zum Schluss eingekürzt.

Erziehung

Erziehen Sie öfterblühende Strauchrosen mit fünf bis acht Bodentrieben als Gerüst. Im Frühjahr nach der Pflanzung kürzen Sie diese um zwei Drittel ein. Schwache Bodentriebe lichten Sie auf kurze Zapfen am Boden aus, auch wenn dadurch weniger als fünf Bodentriebe verbleiben.

Erhaltung

Kontrollieren Sie die Basis auf Wildtriebe. Bei Bedarf reißen Sie diese aus. Diese Maßnahme führen Sie am besten gleich im Sommer durch. Sind aus dem Boden lange Jungtriebe gewachsen, kürzen Sie sie auf 10–50 cm ein. Anschließend entfernen Sie schwache oder vergreiste Bodentriebe, ebenso eingetrocknete Zapfen. Stark verzweigte Gerüsttriebe lenken Sie auf tiefer stehende, kräftige Jungtriebe als neue Fortsetzung um. Diese und die anderen Gerüsttriebe kürzen Sie auf die Hälfte ein, schwache Triebe um zwei Drittel. Damit die Form harmonisch bleibt, lassen Sie eine höhere Mitte stehen. Durch diese Schnitte haben Sie im ganzen Gehölz Saftstaustufen (→ Seite 15) geschaffen. Es bilden sich auf verschiedenen Ebenen Jungtriebe, die im Sommer füllig blühen. Die Seitentriebe der Gerüsttriebe kürzen Sie im oberen Bereich auf 2–5 cm kurze, im unteren Bereich auf 10 cm lange Zapfen ein. Im Sommer schneiden Sie Verblühtes regelmäßig aus, bei Bedarf auch von Pilzen befallene Blätter. Kontrollieren Sie auch regelmäßig, ob Blattläuse Ihre Rosen heimsuchen. So können Sie, wenn nötig, rechtzeitig Gegenmaßnahmen ergreifen.

Verjüngung

Wurde eine Strauchrose über mehrere Jahre gar nicht oder nur im oberen Bereich geschnitten, überaltert das Gerüst, bodenbürtige Jungtriebe fehlen meist. Die Gerüsttriebe sind an der Basis verkahlt, während sie oben sehr stark verzweigt sind. Entfernen Sie zuerst abgestorbene Triebe und Zapfen. Lichten Sie dann bis zu einem Drittel der ältesten Gerüsttriebe bodennah auf kurze Zapfen aus, um neues Wachstum aus der Wurzel anzuregen.

An Gerüsttrieben mit noch vitalen Seitentrieben lenken Sie verzweigte Köpfe auf tiefer stehende, vitale Triebe als neue Fortsetzung um. In jedem Fall sollten Sie verzweigte Spitzen verschlanken und zusätzlich Triebe basisnah entfernen. Die Seitentriebe des Gerüsts kürzen Sie zum Schluss wie oben beschrieben ein.

Erziehung langtriebiger Sorten

Manche Nostalgierosen, vor allem die englischen Sorten, bilden oft überlange Triebe, die zum Boden überhängen. Eine geschlossene Wuchsform ist dann nur sehr schwer bis unmöglich. Wenn man diese Triebe stark einkürzt, um sie in Form zu bringen, treiben sie wiederum wenige lange Triebe nach. Sie besitzen eher den Charakter von Kletterrosen (→ Seite 162) als von Strauchrosen und sollten deshalb wie Kletterrosen behandelt werden.

Binden Sie solche Sorten am besten an einer Rankhilfe an – sei es an einer Hauswand, einem Spalier oder an einer frei stehenden Säule. Führen Sie die Triebe schräg in Spiralen um die Rankhilfe. Dadurch staut sich der Saft auf der ganzen Länge des Triebs, und es treiben mehr Knospen aus als bei einem senkrecht stehenden Trieb. Das bedeutet zwar etwas mehr Arbeit – aber der zusätzliche Blütenertrag lohnt den Aufwand.

1 ERHALTUNG *Lichten Sie zuerst ältere Gerüsttriebe und trockene Zapfen bodeneben aus. Die übrigen kürzen Sie um die Hälfte ein, Seitentriebe schneiden Sie auf Zapfen zurück.*

2 VERJÜNGUNG *Lichten Sie vergreiste Gerüsttriebe am Boden aus, die übrigen lenken Sie auf tiefer stehende, vitale Seitentriebe um. Diese und alle anderen Triebe kürzen Sie ein.*

3 ERZIEHUNG LANGTRIEBIGER SORTEN *Erziehen Sie langtriebige Sorten an einer Rankhilfe. Lenken Sie die Triebe schräg nach oben. Dadurch treiben mehr Knospen aus.*

Einmalblühende Strauchrosen: Auftritt im Frühsommer

Einmalblühende Strauchrosen blühen im Frühsommer kurz, aber üppig.

Einmalblühende Strauchrosen bilden zum Teil große, über 2 m hohe Sträucher. Sie blühen vor allem an einjährigen Trieben. Die Palette reicht von einfachen über schalenförmige bis zu großen, gefüllten Blüten. Ihre diesjährigen Triebe wachsen den ganzen Sommer, ohne jedoch weitere Kraft in neue Blüten zu investieren. Trotzdem hat die Blüte im Frühsommer einen hohen Gartenwert, schließlich kann sie bis zu drei Wochen dauern.
Einmalblühende Strauchrosen wachsen nicht so steif wie die meisten öfterblühenden. Ihr Wuchs ist eher weich und oft überhängend. Sie werden meist breiter als hoch und benötigen daher ausreichenden Standraum.
Auch bei dieser Rosengruppe sind nicht alle Arten oder Sorten gleichermaßen robust. Viele duften betörend, einige entwickeln nach der Blüte bis in den Winter zierende Hagebutten.
Da einmalblühende Strauchrosen ihre Blütenanlagen bereits im Vorjahr bilden, schneidet man sie nach der Blüte. Wichtig ist, sie wirklich unmittelbar nach der Blüte zu schneiden, da schon mit Ende der Blüte der Neuaustrieb einsetzt. Ohne regelmäßigen Schnitt verkahlen sie an der Basis und bilden ein dichtes Triebgewirr.

Erziehung

Erziehen Sie einmalblühende Strauchrosen mit sieben bis zwölf Bodentrieben für das Gerüst. Im ersten Jahr nach der Pflanzung lassen Sie nach der Blüte nur kräftige Bodentriebe stehen, schwache lichten Sie vollständig aus.

Erhaltung

Im Frühjahr vor dem Austrieb entfernen Sie abgestorbene und kranke Triebe. Nach der Blüte lichten Sie alle Triebe, die älter als 4–5 Jahre sind, bodennah aus oder lenken sie auf junge Triebe um. An den übrigen verschlanken Sie die Triebspitzen. Kürzen Sie die Triebe nicht ein. Dies regt das Wachstum zu stark an, und die harmonische Form geht verloren. Sehr langtriebige Sorten können Sie an einer Rankhilfe formieren (→ Seite 159, 162).

Verjüngung

Überalterte einmalblühende Strauchrosen verkahlen meist von der Basis her und werden sehr dicht. Zudem werden die verzweigten Triebspitzen schwer, und die Triebe hängen zum Boden über. Sind noch bodenbürtige Jungtriebe vorhanden, lichten Sie alle älteren und vergreisten Triebe nach der Blüte bodeneben aus. Stehen die verbliebenen Jungtriebe im Schatten, sind sie meist überlang und instabil. Kürzen Sie sie auf 30–40 cm ein. Im folgenden Sommer gehen Sie zum Erhaltungsschnitt über. Ist die Pflanze insgesamt vergreist, setzen Sie sie auf den Stock. Treibt sie auch dann nicht zufriedenstellend aus, ersetzen Sie sie.

1 ERHALTUNG *Lichten Sie Triebe, die älter als 4–5 Jahre sind, bodeneben aus. Bei den übrigen Trieben verschlanken Sie nur die Triebspitzen, stark vergreiste Triebe lenken Sie auf tiefer stehende, junge Seitentriebe um.*

2 ERHALTUNG: DETAIL *Die jungen Seitentriebe, auf die Sie nach der Blüte vergreiste, überhängende Triebe umlenken, sind an ihrer rötlichen Färbung gut zu erkennen. An ihnen bilden sich die Blüten für das nächste Jahr.*

Wildrosen blühen meist ungefüllt, etliche Arten duften sehr intensiv.

Wildrosen: einfach, aber charmant

Wildrosen bezaubern nicht nur mit ihren meist ungefüllten zarten Blüten, etliche punkten vom Spätsommer bis in den Winter auch noch mit orangerotem Fruchtschmuck. Die Mandarin-Rose (*R. moyesii*, WHZ 6) mit der verbreiteten Sorte 'Geranium' blüht ab Ende Mai scharlachrot und wird gern von Insekten besucht. Sie wächst steif aufrecht und wird bis zu 3 m hoch. Schon früh im Mai blüht die bis zu 2 m hohe Goldgelbe Rose (*R. xanthina* var. *hugonis*, WHZ 6). Die Hunds-Rose (*R. canina*, WHZ 4) wird bis zu 3 m hoch und breit. Sie blüht mit leicht duftenden rosa Blüten.

Wildrosen blühen am schönsten an einjährigen, 5–50 cm langen Seitentrieben zweijähriger und älterer Triebe. Deshalb schneidet man einmalblühende Wildrosen regelmäßig direkt nach der Blüte, auch wenn man dadurch den Fruchtansatz mindert. Einige Arten entwickeln sehr hohe, von unten verkahlende Gerüsttriebe. Diese entfernen Sie bodeneben, auch wenn sie noch vital sind. So bleibt der Strauch kompakt und doch locker. Öfterblühende Wildrosen, wie die Kartoffel-Rose (*R. rugosa*, WHZ 5a), schneiden Sie wie öfterblühende Strauchrosen, also jährlich im Frühjahr vor dem Austrieb (→ Seite 158/159). Bei einigen Wildrosen ist die Blattfarbe oder die Form der Stacheln sehr dekorativ. Beispiele sind die Blaue Hechtrose (*R. glauca*, WHZ 3) mit bläulich grün bereiften Blättern und die Stacheldraht-Rose (*R. sericea* ssp. *omeiensis* f. *pteracantha*, WHZ 6) mit großen, roten, flügelartigen Stacheln. Lichten Sie diese Arten im Frühjahr stärker aus als andere Wildrosen. So regen Sie die Ausbildung intensiv gefärbter Blätter oder schön bestachelter Jungtriebe an.

1 ERHALTUNG *Ein zurückhaltender Schnitt bewahrt die natürliche Form der Wildrosen. Ersetzen Sie ältere Bodentriebe durch junge Triebe. Diese kürzen Sie nie ein. Die Spitzen der verbliebenen Triebe verschlanken Sie.*

2 VERJÜNGUNG *Ohne Schnitt bilden die zahlreichen Bodentriebe der Wildrosen ein undurchdringliches Gewirr. Ein geordnetes Auslichten ist fast unmöglich. Setzen Sie den Strauch besser auf den Stock und bauen Sie ihn neu auf.*

Erziehung

Lichten Sie nach der Pflanzung schwache Triebe bodeneben aus. Großwüchsige Wildrosen erzieht man mit sieben bis zwölf Bodentrieben, kleinwüchsige Sorten mit bis zu 20 Bodentrieben.

Erhaltung

Bodentriebe bleiben etwa 6 Jahre vital, dann werden sie durch bodenbürtige einjährige Triebe ersetzt. Letztere dürfen Sie nie einkürzen. Sie setzen Seitentriebe an, die im nächsten Jahr blühen. Dann verschlanken Sie die Spitzen zwei- bis dreijähriger Triebe. Ältere Besen lenken Sie auf tiefer stehende Jungtriebe am Gerüst um.

Verjüngung

Wurde ein Strauch über Jahre nicht geschnitten und hat sich ein Dickicht aus toten und vergreisten Trieben gebildet, setzen Sie ihn bodeneben auf den Stock. Ziehen Sie in den kommenden Jahren bis zu zehn neue Triebe nach und schneiden Sie den Strauch jährlich.

Climber: öfterblühende Kletterrosen

Die gebogenen Langtriebe von Kletterrosen sind dicht mit Blüten besetzt.

Kletterrosen sind Meister an Wuchskraft und Blütenfülle. Sie überziehen Lauben, Hauswände oder Rankhilfen und verwandeln sie in faszinierende Blütenkaskaden.
Kletterrosen halten sich nicht wie andere Kletterpflanzen mit speziellen Haftorganen an der Unterlage fest. Sie spreizen ihre Seitentriebe während des Wachstums wie Gräten auseinander und verhaken sich in anderen Gehölzen oder Rankhilfen. Deshalb nennt man sie Spreizklimmer (→ Seite 23).
Je nach Wuchsverhalten teilt man Kletterrosen in zwei Klassen ein: Die meisten einmalblühenden Kletterrosen bezeichnet man als Rambler (→ Seite 164). Die Mehrzahl der modernen öfterblühenden Kletterrosen sind die sogenannten Climber. Ihre Blüten sind meist größer als die der Rambler. Climber bilden kräftige, sparrige Triebe und werden bis zu 4 m hoch. Einige großblütige Sorten wie 'New Dawn' besitzen jedoch biegsame Triebe, die an die der Rambler erinnern. Ihre edelrosenartigen Blüten entsprechen aber denen der Climber.
Kletterrosen formiert man an Rankhilfen, sonst liegen ihre langen Triebe nieder. Die Pflege ist leichter, wenn Sie die Triebe nicht in oder hinter die Rankhilfe einflechten, sondern sie vorn an der Stütze anbinden. So lassen sich die Triebe leicht lösen, schneiden und wieder an der Kletterhilfe anbinden.
Öfterblühende Kletterrosen bilden die Erstblüte an ein- und mehrjährigen, die Nachblüte an diesjährigen Trieben. Nur kräftige Seitentriebe entwickeln Büschel mit mehreren Blüten, schwach wachsende tragen meist nur eine Blüte. Man schneidet sie im Frühjahr vor dem Austrieb.

Erziehung

Entfernen Sie im Frühjahr nach der Pflanzung schwache Triebe bodeneben. Kräftige kürzen Sie um die Hälfte ein. Flächig an einer Wand oder einem Spalier wachsende Kletterrosen erziehen Sie mit sechs bis zehn Bodentrieben für das Gerüst. Verteilen Sie die Triebe fächerförmig an der Rankhilfe (→ Biegen). Verwenden Sie natürliches Bindematerial, das nicht einschnürt.

Erhaltung

Schneiden Sie im Frühjahr zuerst vergreiste oder kranke Gerüsttriebe bodennah auf Zapfen zurück. Dann binden Sie einjährige Bodentriebe im unteren Bereich flach an die Kletterhilfe. Das beruhigt ihr Wachstum, und sie bilden auf der ganzen Länge Triebe und Blüten. Lässt man die Triebe senkrecht wachsen, entstehen nur an den Triebspitzen Blüten.
Kürzen Sie einjährige Bodentriebe nur ein, wenn sie das Klettergerüst überragen. Sie treiben sonst wiederum mit zwei bis drei blütenarmen Trieben aus.
Mehrjährige Gerüsttriebe sind bereits mit abgeblühten Seitentrieben besetzt. Kürzen Sie diese auf zwei Knospen am Gerüst ein. Sind an älteren Gerüsttrieben mehrere Austriebe zu sehen, lichten Sie die älteren vollständig aus und belassen nur zwei Seitentriebe, die Sie auf je zwei Knospen einkürzen (→ Abb. 2). So bleiben Gerüsttriebe bis zu 7 Jahre vital. Lässt die Blütenbildung im äußeren Bereich der Gerüsttriebe nach, lenken Sie sie auf weiter innen stehende, vitale Jungtriebe um und binden sie als neue Gerüsttriebspitze ein.
Entfernen Sie circa zwei Wochen vor Beginn der Erstblüte etwa ein Drittel der diesjährigen Seitentriebe auf 5 cm lange Zapfen am Gerüst. Diese treiben wieder durch und blühen mit zwei Wochen Verzögerung. So haben Sie zu Beginn eine geringere Blüte, aber dafür keine Blühpausen.

Verjüngung

Überalterte Kletterrosen verjüngt man über 2–3 Jahre. Lichten Sie zuerst das am stärksten vergreiste Drittel der Gerüsttriebe aus. Die übrigen lenken Sie, sofern vorhanden, auf weiter innen stehende kräftige Jungtriebe um. Besen der Seitentriebe lenken Sie auf einen dem Gerüst am nächsten stehenden Trieb um. Diesen kürzen Sie dann auf zwei bis drei Knospen ein.

Triebe flach biegen

Lange, senkrechte Triebe von Kletterrosen bleiben im unteren Bereich kahl, sie treiben und blühen nur oben. Sobald Sie die Triebe waagerecht biegen, lenken Sie den nach oben strebenden Saftdruck um und verteilen ihn gleichmäßig auf die ganze Trieblänge, und die vorhandenen Knospen bilden mehr Blüten (→ Seite 14). Binden Sie vitale Jungtriebe eher im unteren Teil der Kletterhilfe waagerecht fest, ältere Triebe im oberen schräg aufrecht.
Die sparrigen, verholzten Triebe von Climbern lassen sich nur schwer biegen und brechen oft ab. Biegen Sie deshalb die jungen Bodentriebe in noch grünem Zustand in die Rankhilfe ein.

Sonderfall Rosenbögen

Die Gestaltung von Rosenbögen mit Climbern ist nicht ganz einfach. Die sparrigen Triebe lassen sich nicht flach biegen und bleiben an der Basis meist kahl. Regen Sie das Wachstum an der Basis an, indem Sie schwache Triebe bodennah einkürzen und starke in Stufen schneiden.

1 ERHALTUNG *Vergreiste Gerüsttriebe kürzen Sie bodennah auf kurze Zapfen ein. An den verbliebenen lenken Sie vergreiste Triebspitzen auf vitale Jungtriebe um.*

2 ERHALTUNG: DETAIL *Seitentriebe, die letztes Jahr geblüht haben, kürzen Sie auf zwei Knospen am Gerüsttrieb ein. Ältere lenken Sie auf gerüstnahe Triebe um.*

3 VERJÜNGUNG *Gerüsttriebe vergreisen zuerst an der Spitze. Lenken Sie solche Triebspitzen auf weiter innen stehende, vitale Jungtriebe um.*

4 FRÜHJAHR: TRIEBE FLACH BIEGEN *Biegen Sie Gerüsttriebe flach in die Rankhilfe. Vitale Jungtriebe stehen unten, ältere Triebe binden Sie im oberen Bereich ein.*

5 SOMMER: TRIEBE FLACH BIEGEN *Um das Wachstum zu beruhigen und die Blüte für das nächste Jahr zu fördern, binden Sie diesjährige Langtriebe flach.*

6 ROSENBÖGEN *Damit die Basis nicht verkahlt, kürzt man bodenbürtige Triebe bodennah ein. In der Folge bilden sich auch im unteren Bereich des Bogens Blüten.*

Einmalblühende Rambler tragen meist kleine Blüten, die in großen Büscheln stehen.

Rambler: einmalblühende Kletterrosen

Die meisten einmalblühenden Kletterrosen werden als »Rambler« bezeichnet. Im Englischen steht das Wort für einen »unstet umherschweifenden« Menschen. Genauso wachsen Ramblerrosen: Sie lassen sich nur ungern formieren, sondern gehen lieber ihre eigenen Wege. Etliche Sorten wachsen sehr stark und bilden in einem Sommer mehrere Meter lange Triebe. Einige erreichen bis zu 10 m Höhe. Sie werden oft in Sträucher oder Bäume gepflanzt. Das Gehölz sollte jedoch immer der Größe und vor allem dem Gewicht des Ramblers standhalten.
Es darf auch nicht ganz überwachsen werden, sonst geht es langsam ein. Pflanzen Sie Rambler immer auf der Südseite des Gehölzes, etwa 1 m vom Stamm des Baums entfernt, und leiten Sie ihn die ersten Jahre in die Krone. Vermeiden Sie jedoch heiße Lagen vor Hauswänden, dort steigt die Anfälligkeit für Krankheiten.

Der jährliche Schnitt ist wichtig

Die meisten Rambler sind einmalblühend, ihre Triebe sind weich und biegsam. Meist besitzen sie ungefüllte Blüten in großen Büscheln, viele Sorten entwickeln im Herbst Hagebutten. Es gibt aber auch gefüllt blühende und öfterblühende Rambler (→ Tipp). Letztere behandeln Sie wie öfterblühende Kletterrosen (→ Seite 162/163). Einmalblühende Rambler bringen ihre Blütenknospen aus dem Vorjahr mit, sie blühen also an einjährigen Trieben. Daher schneidet man sie unmittelbar nach der Blüte. Bei schwach und mittelstark wachsenden Sorten oder in kleinen Gärten ist es empfehlenswert, Rambler jährlich zu schneiden. Bei sehr hohen Ramblern ist ein jährlicher Schnitt jedoch mühsam. Dennoch sollten Sie mindestens alle 8–10 Jahre mit einem konsequenten Schnitt für Erneuerung sorgen.
Achten Sie beim Schnitt auf die hakenartig gekrümmten Stacheln der Triebe, die sich schnell in Kleidung oder Haut verfangen. Arbeiten Sie deshalb mit bedeckten Armen und mit Handschuhen. Wer sich das ersparen will, wählt die vollständig stachellose Sorte 'Lyk-

1 ERHALTUNG *Lichten Sie vergreiste Gerüsttriebe bodeneben aus. Von den übrigen Trieben lenken Sie übermäßig verzweigte auf vitale Jungtriebe um. Zum Schluss binden Sie diesjährige Triebe ein.*

2 ANBINDEN *Diesjährige Triebe binden Sie an der Rankhilfe im Sommer regelmäßig an. Solange die Triebe noch weich sind, lassen sie sich leichter formieren. Nur so bleiben Rambler übersichtlich.*

3 RAMBLER IM GEHÖLZ *Soll ein Rambler in ein Gehölz wachsen, lenken Sie ihn in die Krone. Die sich verzweigenden Blütentriebe hängen in Kaskaden über. Das Gehölz muss das Gewicht tragen können.*

kefund' oder 'Madame Alfred Carrière' mit nur wenigen Stacheln.
Einige Rambler, wie 'Ayrshire Queen', werfen im Lauf des Sommers ältere Blätter ab. Das ist kein Zeichen einer frühen Vergreisung oder Krankheit, sondern sortentypisch.

Erziehung

Im Jahr nach der Pflanzung lichten Sie nach der Blüte alle Triebe bodeneben aus, um die Bildung langer, kräftiger Gerüsttriebe anzuregen. Diese binden Sie fächerförmig in die Rankhilfe oder leiten sie mithilfe von Schnüren in die Krone eines Gehölzes (→ Abb. 2 und 3). Achten Sie darauf, dass die schnell wachsenden Triebe nicht hinter der Rankhilfe wachsen. Der Trieb lässt sich sonst nicht mehr lösen, und der Schnitt wird sehr aufwendig. Soll die Rose in ein Gehölz wachsen, verwenden Sie drei bis vier bodenbürtige Gerüsttriebe. Fällt später einer aus oder wird als vergreister Trieb entfernt, bleiben genug Gerüsttriebe übrig.

4 ÖFTERBLÜHENDE RAMBLER
Solche Rambler – hier 'Perennial Blue' – verbrauchen auch im Sommer Energie für die Blütenbildung. Sie wachsen daher schwächer als einmalblühende.

Erhaltung

Bei kleineren Ramblerrosen lichten Sie im Frühjahr vor dem Austrieb kranke oder abgestorbenen Triebe aus. Nach der Blüte entfernen Sie vergreiste Gerüsttriebe, die übrigen lenken Sie auf tiefer stehende Jungtriebe um. Die Triebe verhaken sich meist in der Rankhilfe oder miteinander. Reißen Sie sie nicht mit Gewalt heraus, sondern indem Sie leicht rütteln. So lösen sich Verhakungen, und verbliebene Triebe werden weniger geschädigt.
Noch einfacher geht es, wenn Sie sehr lange Triebe in kleine Stücke schneiden, die sich herausziehen lassen.
Sehr große Rambler lassen sich nicht jährlich systematisch formieren. Bei diesen kürzen Sie verblühte, nach außen überhängende Triebe an der Rankhilfe oder der Baumkrone ein.
So verringern Sie das Gewicht, und es bilden sich unverzweigte Jungtriebe für das nächste Jahr. Bei Ramblern an Pergolen oder anderen Rankhilfen formieren Sie den Sommer hindurch die jungen Triebe regelmäßig und binden sie an (→ Abb. 2). Überlang aus der Rankhilfe ragende oder in Kopfhöhe hängende Triebe kürzen Sie ein, damit sich niemand an ihnen verletzt.

Verjüngung

Über längere Zeit nicht geschnittene Rambler entwickeln ein Dickicht aus abgestorbenen und lebenden Trieben. Zudem wird ihr Gewicht sehr groß, kleinere Wirtsgehölze können unter der Last zusammenbrechen. Führen Sie deshalb alle 5–7 Jahre einen Verjüngungs- und Verkleinerungsschnitt durch. Bei einer kräftigen Ramblerrose dauert ein solcher Verjüngungsschnitt mindestens einen halben Tag.
Lichten Sie direkt nach der Blüte alle älteren Gerüsttriebe bodeneben aus.

! ÖFTERBLÜHENDE RAMBLER

Öfterblühende Ramblerrosen verbinden lange, gut biegsame Triebe mit einer sicheren Nachblüte. Da sie auch im Sommer Energie in Blüten investieren, wachsen sie meist schwächer als einmalblühende. Öfterblühende Sorten sind 'Blush Noisette', 'Climbing Alberich', 'Madame Alfred Carrière', 'Perennial Blue', 'Super Excelsa' und 'Super Dorothy'.

Versuchen Sie dabei, junge bodennahe Triebe zu schonen. Lassen Sie sie 3–4 m hoch stehen, damit sie gleich wieder bis in die Baumkrone reichen. Schneiden Sie diese Triebe erst frei und legen Sie sie am Boden geschützt zur Seite. Dann entfernen Sie die in der Rankhilfe verhakten älteren Triebe, indem Sie sie mit der Schere durchtrennen und die Stücke herausziehen. Wenn Sie das Schnittgut zur Kompostierung häckseln und später als Kompost verwenden möchten, sollten Sie bedenken, dass die verholzten Stacheln nur schwer verrotten.

Rambler an Bögen

Einmalblühende Rambler können einen Rosenbogen oder Pavillon schnell überwachsen, verkahlen jedoch nach kurzer Zeit von unten her. Schneiden sie solche Pflanzen jährlich nach der Blüte vollständig bodennah zurück und erziehen Sie sie neu. So haben Sie immer eine durchgehend dichte und reich blühende Rose. An einem Pavillon verteilen Sie die Triebe jährlich neu fächerförmig. Bei raschem Wuchs muss man die Triebe alle zwei Wochen neu anbinden. Wählen Sie daher für solche Standorte besser schwachwüchsige oder öfterblühende Rambler.

Kletterpflanzen: Grün für Wände und Rankgerüste

Klettergehölze schmücken Hauswände, überwachsen Pergolen und gliedern den Garten, ohne viel Platz zu beanspruchen. Deshalb sind sie vor allem aus kleinen Gärten nicht wegzudenken. Einige wirken durch ihr Laub, andere schäumen vor Blüten über.

Klettergehölze wachsen nicht von allein in die Höhe, sondern sind auf eine Stütze angewiesen. Dazu haben sie verschiedene Methoden entwickelt (→ Seite 23). Spreizklimmer verzahnen sich mit ihren Trieben in der Kletterhilfe, Selbsthafter halten sich mit Haftwurzlen oder -scheiben fest, und Schlinger winden ihre Triebe um die Unterlage. In der Natur wachsen sie meist an anderen Gehölzen, im Garten sind es oft Wände sowie Rankhilfen aus Holz oder Metall. Kletterpflanzen sind eine gute Alternative zu frei wachsenden Gehölzen, wenn man trotz wenig Platz raumgreifende Pflanzen wünscht. Die Wand oder Rankhilfe bestimmt dabei die Höhe. An diese Vorgabe halten sich die Kletterer auch noch nach Jahren – nur Efeu und Wilder Wein gehen mit der Zeit auch bodendeckend auf Wanderschaft.

Kletterpflanzen lassen sich sehr vielseitig im Garten einsetzen:

> Ein Sichtschutz mit Kletterern benötigt in der Tiefe weniger Platz als eine formale Hecke und erreicht trotzdem die erforderliche Höhe.

> Gezielt eingesetzte Rankgerüste wirken als Raumteiler im Garten.
> Eine Hauswand kann durch Kletterpflanzen verdeckt oder betont werden.
> Bei Pergolen und Lauben soll die Bepflanzung die Konstruktion unterstreichen, aber nicht vollständig verdecken.

Kletterpflanzen haben spezielle Ansprüche

Die verschiedenen Kletterer haben unterschiedliche Ansprüche an den Standort. Die Palette reicht von einer heißen Südseite bis zur schattigen Nordwand. Nur die richtige Standortwahl garantiert eine optimale und gesunde Entwicklung der Pflanze. Bedenken Sie bei der Pflanzenwahl aber auch die anstehende Pflege.

> Blauregen braucht einen regelmäßigen Schnitt. Prüfen Sie, ob es möglich ist, die dazu nötige Leiter aufzustellen – etwa an einem öffentlichen Gehweg.
> Um Efeu an einer Dachtraufe zu schneiden, muss man schwindelfrei sein.
> Stehen Rankhilfen in einem Staudenbeet, kann man sommerliche Pflegemaßnahmen nur durchführen, wenn der Unterwuchs nicht beeinträchtigt wird.
> Klettergehölze können sehr schwer werden. Rankhilfen für Blauregen, Trompetenwinde oder Bergwaldrebe sollten deshalb solide verankert sein.
> Klären Sie bei der Pflanzung von Efeu oder Wildem Wein vorab, ob eine am Haus aufgebrachte Wärmedämmung das Gewicht halten kann.
> Kletterer und Rankhilfe müssen zusammenpassen: Clematis zum Beispiel können nur sehr feine Halterungen mit ihren Ranken umschlingen.
> Einige Kletterer können Dachtraufen, Wandöffnungen oder Dächer beschädigen. Entsprechende Informationen dazu finden Sie bei den einzelnen Porträts.
> Metallelemente oder -wände können sich im Sommer sehr stark aufheizen und zu Verbrennungen an den Haftorganen oder jungen Trieben führen. Eine Rankhilfe mit ca. 15 cm Abstand zur Wand kann dem vorbeugen.

Klettergehölze schneiden

Der Schnitt der Klettergehölze dient der Erziehung von Gerüsttrieben, der Blütenförderung und der Grundvitalisierung. Außerdem soll er die Pflanzen auf den ihnen zugedachten Raum begrenzen. Die Bildung der Blüten erfolgt teils an dies- oder einjährigen, teils an älteren Trieben. Auch bei Kletterpflanzen unterscheidet man Frühjahrs- und Sommerblüher. Aber noch mehr als bei frei wachsenden Gehölzen dient der Schnitt dazu, das Gehölz in Form zu halten: So soll die Rankhilfe beispielsweise dicht bewachsen, aber nicht völlig überwuchert sein. Das ist nur mit einem regelmäßigen Schnitt möglich: Blauregen etwa sollte man jährlich im Frühjahr und mindestens einmal im Sommer schneiden. Lässt man nur einen Schnitt ausfallen, ist beim nächsten Mal ein erheblicher Mehraufwand nötig, um das Gehölz wieder zu korrigieren und zu formieren.

Einige Kletterer, wie der Wilde Wein, können im Alter große Flächen bedecken.

Frühblühende Clematis: wildhafter Charme

Die Berg-Waldrebe ist im Frühjahr über und über mit meist rosaroten Blüten besetzt.

Wie alle Clematis *(Clematis)* lieben auch die frühjahrsblühenden Arten und Sorten kühle Standorte mit sommerfeuchtem, humosem Boden. Sorgen Sie deshalb dafür, dass ihre Basis durch andere Pflanzen oder Steine schattiert wird. So ist der Wurzelbereich vor Hitze und Austrocknen geschützt.

Die Berg-Waldrebe (*C. montana*, WHZ 6b) ist der bekannteste Vertreter frühblühender Arten. Mehrere Sorten blühen im Mai in unterschiedlichen Farbtönen: 'Pink Perfektion' hellrosa, 'Tetrarose' in intensivem Rosa – beide duften angenehm nach Vanille. Die weiße 'Wilsonii' hingegen duftet nach heißer Schokolade. Berg-Waldreben können Höhen von 10 m erreichen und bleiben über Jahre wüchsig. Sie blühen an einjährigen Lang- und Seitentrieben. Wie andere Frühblüher werden sie nach der Blüte geschnitten. Zu derselben Schnittgruppe wie die Berg-Waldrebe gehören Alpen-Waldrebe (*C. alpina*, WHZ 5b), Armands-Waldrebe (*C. armandii*, WHZ 7b–8a), Mittelmeer-Waldrebe (*C. cirrhosa*, WHZ 7b–8a), Korea-Waldrebe (*C. koreana*, WHZ 6a), Großblumige Waldrebe (*C. macropetala*, WHZ 6a) und die Sibirische Waldrebe (*C. sibirica*, WHZ 3) mit ihren Sorten.

Erziehung

Setzen Sie die Pflanze so ein, dass das unterste Knospenpaar im Boden liegt. Bricht später ein Trieb ab oder erfriert er, treiben diese Knospen als Reserve zuverlässig aus. Kürzen Sie nach der Pflanzung alle Triebe bis auf ein Knospenpaar über dem Boden ein. Damit fördern Sie eine bodennahe Verzweigung, sodass die Pflanze weniger schnell verkahlt.

Erhaltung

Da frühblühende Clematis über Jahre vital bleiben, ist ein jährlicher Schnitt nicht nötig. Wachsen sie über den zugedachten Raum hinaus oder beginnen zu verkahlen, kürzen Sie sie um ein Drittel bis um die Hälfte zurück. Schneiden Sie sie am besten, während sie verblühen, so bleibt ausreichend Zeit für das neues Wachstum.

Verjüngung

Wird eine Clematis zu groß oder vergreist, schneiden Sie sie nach der Blüte auf 30–60 cm zurück. Ältere Triebe können dann zwar bis zum Boden eintrocknen, aber es entstehen im selben oder folgenden Jahr neue Bodentriebe (→ Abb. 2). Düngen und wässern Sie im folgenden Sommer bei Bedarf.

1 ERHALTUNG *Vergreiste oder verkahlte frühjahrsblühende Clematis kürzen Sie direkt nach der Blüte auf 30–60 cm ein. Ältere Triebe trocknen anschließend jedoch oft zum Boden zurück.*

2 AUSTRIEB NACH SCHNITT *Bei dieser stark verjüngten Berg-Waldrebe ist ein älterer Trieb vollständig eingetrocknet. Aus dem Boden haben sich jedoch Jungtriebe (links) gebildet.*

Vitale sommerblühende Clematis öffnen von Juni bis Oktober ihre Blüten.

Sommerblühende Clematis: **Blütensterne bis zum Herbst**

Sommerblühende Clematis *(Clematis)* blühen bei guter Nährstoffversorgung und sommerfeuchtem Boden von Juni bis weit in den Oktober. Etliche Sorten gehören zu Hybriden der Italienischen Waldrebe (*C. viticella*, WHZ 5a). Sie sind gegenüber Pilzkrankheiten wie der Clematiswelke robust. Das Farbspektrum der sommerblühenden Sorten ist sehr groß, und sie lassen sich ideal mit Rosen oder anderen Gehölzen kombinieren.

Wie andere sommerblühende Gehölze blüht diese Clematisgruppe an diesjährigen Trieben. Deshalb schneiden Sie sie im Frühjahr vor dem Austrieb. Wenn Sie Triebe gezielt lenken und formieren wollen, tun Sie dies nur, solange die Triebe grün sind (→ Seite 170). Verholzte Triebe brechen leicht ab.

Zur Schnittgruppe der sommerblühenden Clematis zählen auch Orientalische Waldrebe (*C. orientalis*, WHZ 6a), Gold-Waldrebe (*C. tangutica*, WHZ 5b), Texas-Waldrebe (*C. texensis*, WHZ 6a), Gewöhnliche Waldrebe (*C. vitalba*, WHZ 5a) sowie die folgenden Sorten: 'Gipsy Queen', 'Hagley Hybrid', 'Huldine', 'Jackmanii', 'Niobe', 'Rouge Cardinal', 'Ville de Lyon' und 'Warszawska Nike'.

Erziehung

Lockern Sie im Topf ringförmig gewachsene Wurzeln auf und verteilen Sie sie sternförmig im Pflanzloch. Setzen Sie die Pflanze so ein, dass das unterste Knospenpaar im Boden sitzt. Im Frühjahr nach der Pflanzung kürzen Sie alle Triebe auf ein Knospenpaar über dem Boden ein. So entstehen viele bodennahe Triebe.

Erhaltung

Kürzen Sie jedes Frühjahr alle Triebe auf 10–30 cm ein. Das regt die Bildung kräftiger Neutriebe an. Je länger diese Triebe im Sommer wachsen, umso länger bilden sich neue Blütenanlagen. Abgeschnittene Triebe entfernen Sie aus der Rankhilfe. Formieren Sie beim Austrieb die weichen Triebe vorsichtig am Klettergerüst. Beenden sommerblühende Sorten bereits im Juli ihre erste Blüte, kürzen Sie sie in warmen Regionen vor August wiederum ein (→ Abb. 2). Eine ausreichende Versorgung mit Wasser vorausgesetzt, treiben diese Sorten sofort aus und entwickeln bis Mitte September eine weitere Blüte. In kühlen Regionen ist dies allerdings nicht möglich.

Verjüngung

Ist eine sommerblühende Clematis überaltert, kürzen Sie sie auf 20 cm über dem Boden ein. Die Triebe trocknen meist ein, es bilden sich aber bodenbürtige Jungtriebe. Kürzen Sie die Clematis niemals direkt über dem Boden ein, sonst trocknet die Schnittstelle bis zu den Wurzeln ein. In der Folge wachsen keine Neutriebe mehr, und die Pflanze geht ein.

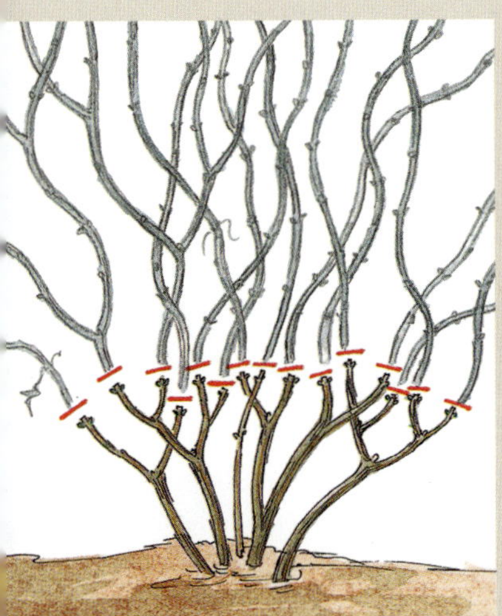

1 ERHALTUNG *Sommerblühende Clematis blühen an diesjährigen Trieben. Für ein kräftiges Wachstum kürzen Sie sie jährlich im Frühjahr vor dem Austrieb vollständig auf 10–30 cm ein.*

2 ERHALTUNG IM SOMMER *Lässt die Blüte in wärmeren Regionen bereits im Juli nach, können Sie die Pflanze bis Anfang August erneut einkürzen. Sie treibt sofort wieder aus und blüht erneut.*

Großblumige Clematis lohnen einen idealen Standort mit reicher Blüte.

Frühsommerblühende Clematis: ***Blüten im Großformat***

Zu der Gruppe der im Frühsommer blühenden Clematis *(Clematis)* gehören die meisten großblumigen Sorten und Hybriden (WHZ 5). Sie blühen – je nach Sorte – in fast allen Farben und mit halbgefüllten oder auch mit gefüllten Blüten.

Sensible Schönheiten

Die Frühsommerblüher brauchen aus verschiedenen Gründen mehr Aufmerksamkeit als die übrigen Clematis. Sie sind etwas empfindlicher gegenüber der Clematiswelke. Dabei sterben im Sommer Triebe ganz oder teilweise ab. Befallene Triebe sollte man immer bis zum Boden entfernen. Weil vitale Pflanzen weniger anfällig sind als geschwächte, sollten Sie auf gute Standortbedingungen achten. Vermeiden Sie heiße Plätze mit sommertrockenem Boden. Vor allem unter Dachtraufen, unter die kein Regen gelangt, wird die Trockenheit häufig unterschätzt. Andererseits vertragen Clematis keine Staunässe. Sorgen Sie bei schwerem Boden deshalb für eine ausreichende Drainage. Ein gut durchlüfteter Standort ist wiederum die beste Garantie dafür, dass die Blätter nach Regen schneller abtrocknen und weniger anfällig für Pilze sind. Sorgen Sie zu guter Letzt dafür, dass lange Triebe gut fixiert sind. Bei Wind wird sonst ihre Rinde verletzt – durch solche Wunden dringen Pilze ein, die die Fusariumwelke verursachen.

Der ideale Standort ist also durchlässig, humos, sommerfeucht, luftig und kühl. Nordseiten von Häusern bieten jedoch zu wenig Licht. Oft werden Stauden als Schattenspender empfohlen. Diese sollten den Fuß der Clematis jedoch nicht überwuchern, da sie sonst weniger Bodentriebe bildet.

Möchten Sie eine Clematis im Wurzelbereich eines Baums pflanzen, versenken Sie einen 20-Liter-Topf ohne Boden in die Erde. In diesen füllen Sie unten Drainagematerial und darüber humose, durchlässige Erde. Durch diese Wurzelsperre steht die Clematis nicht mit dem Baum in Konkurrenz und gedeiht besser. Einige sommerliche Wassergaben helfen zusätzlich.

Schnitt vor dem Austrieb

Großblumige Hybriden blühen im Frühsommer aus einjährigen Knospen. Die Blüten stehen zwar über einem diesjährigen Trieb, doch die Blütenanlagen wurden bereits im Vorjahr gebildet. Bei den sehr früh blühenden Sorten wäre ein Schnitt nach der Blüte möglich. In der Regel schneidet man sie alle jedoch jährlich vor dem Austrieb, da während der ersten Blüte bereits die neuen Triebe erscheinen. Trockene Blätter aus dem Vorjahr schneiden Sie ebenfalls ab. Reißen Sie sie nicht ab, die Triebe brechen sonst oder werden verletzt.

Viele Sorten blühen im Spätsommer ein zweites Mal an diesjährigen Trieben – vorausgesetzt, sie sind ausreichend mit Nährstoffen und Was-

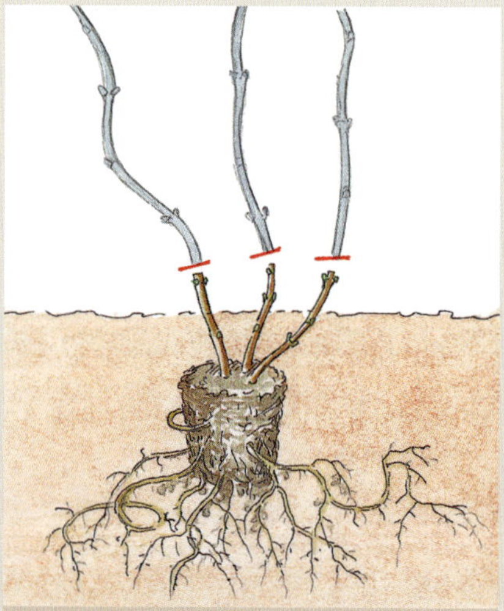

1 ERZIEHUNG *Pflanzen Sie so, dass ein Knospenpaar im Boden liegt. Es dient als Reserve, falls Triebe geschädigt werden. Dann kürzen Sie alle Triebe auf ein Knospenpaar über dem Boden ein.*

2 JUNGPFLANZE *Kürzt man eine Clematis im zweiten Jahr noch einmal auf zwei Knospen ein, verzweigt sie sich besser – so wie hier. Zwei im Boden liegende Knospenpaare treiben ebenfalls aus.*

ser versorgt. Im Frühsommer gefüllt blühende Sorten blühen jedoch beim zweiten Mal mit einfachen Blüten. Sie sind mit einem Stern (*) markiert. Zur Schnittgruppe der im Frühsommer blühenden Clematis zählen 'Alice Fisk', 'Asao', 'Dr. Ruppel', 'Duchess of Edinburgh'*, 'Fujimusume', 'Harmony', 'Katharina', 'Kathleen Wheeler', 'Königskind', 'Lasurstern', 'Mme Le Coultre', 'Miss Bateman', 'Mrs. N. Thompson', 'Natascha', 'Nelly Moser', 'Piilu'* und 'Vyvyan Pennell'*.

Erziehung

Clematis besitzen gegenständige Knospen (→ Seite 40). Bei der Pflanzung sollte immer ein Knospenpaar in der Erde liegen (→ Abb. 1). Im Frühjahr nach der Pflanzung kürzen Sie dann alle Triebe auf ein Knospenpaar über dem Boden ein. Haben Sie eine Clematis blühend im Sommer oder Herbst gepflanzt, sollten Sie den Pflanzschnitt unbedingt im nächsten Frühjahr nachholen.

Erhaltung

Kürzen Sie im Frühjahr vor dem Austrieb kräftige Pflanzen um ein Viertel, schwachwüchsige um ein Drittel ein. Bei übersichtlichen Pflanzen stufen Sie die Schnitte in der Höhe ab. So sind die Blüten besser verteilt. Sind die Triebe jedoch unübersichtlich ineinander verhakt, schneiden Sie sie besser auf einer Höhe ab. Der Aufbau der Pflanze ist dann klarer und Sie können abgestorbene Triebe vollständig auslichten. Sind diese mit lebenden Trieben verhakt, schneiden Sie sie in Stücke und ziehen sie heraus. Triebe, die sich nicht von selbst an der Rankhilfe halten, binden Sie vorsichtig an. Auf dieselbe Weise verfahren Sie mit seitlich auswachsenden Jungtrieben. Sind diese noch unverholzt, lassen sie sich ohne Probleme in die Rankhilfe einbiegen (→ Abb. 4).

Einige Sorten tragen im Herbst sehr reizvolle Fruchtstände. Um sie zu entwickeln, benötigt die Pflanze Kraft. Diese steht dann nicht für die Bildung neuer Triebe und die zweite Blüte zur Verfügung. Wenn Ihnen die Fruchtstände jedoch wichtiger sind, verzichten Sie auf den Schnitt, um die Fruchtstände nicht zu entfernen.

Verjüngung

Auch mit einem regelmäßigen Schnitt verkahlen großblumige Sorten mit der Zeit von der Basis her. Wenig geschnittene Pflanzen vergreisen zudem und bilden ein dichtes Gewirr aus abgestorbenen und lebenden Trieben. Um das Wachstum optimal anzuregen, führen Sie den Schnitt im Frühjahr vor dem Austrieb durch. Die Erstblüte entfällt dann zwar, aber die Verjüngung ist viel intensiver. Kürzen Sie bei diesem Schnitt alle Triebe 30–50 cm über dem Boden ein. Auch wenn sie anschließend eintrocknen, erscheinen doch junge Bodentriebe. Und selbst wenn im selben Jahr keine Triebe erscheinen, ist die Pflanze deshalb nicht abgestorben. Meist treibt sie dann im nächsten Frühjahr aus.

3 ERHALTUNG *Großblumige Frühsommerblüher schneiden Sie jährlich um mindestens ein Viertel zurück. Bei übersichtlichen Pflanzen stufen Sie den Schnitt etwas ab, damit sich die Blüten besser verteilen.*

4 TRIEBE LENKEN *Oft hängen Triebe seitlich aus der Rankhilfe. Flechten Sie sie in noch grünem Zustand ein. Sind sie erst einmal verholzt, brechen sie beim Biegen ab oder werden verletzt.*

5 AUSTRIEB NACH VERJÜNGUNG *Vergreiste Pflanzen kürzt man bodennah ein. Das Bild zeigt die Neutriebe. Die Basis wird hier noch angehäufelt, damit die untersten Knospen in der Erde liegen.*

Blauregen: Blütentrauben im Überfluss

Blauregen blüht überschäumend, vorausgesetzt, Standort und Schnitt stimmen.

Blauregen *(Wisteria)* – auch Glyzinie genannt – blüht im Frühjahr an ein- bis mehrjährigen Kurztrieben und bildet seine Blütenknospen im Vorjahr. Der Chinesische Blauregen (*W. sinensis*, WHZ 6b) windet sich, von oben betrachtet, entgegen dem Uhrzeigersinn und blüht ab Mai, noch vor dem Blattaustrieb, mit bis zu 30 cm langen Blütentrauben. In manchen Jahren erscheinen den ganzen Sommer über Nachblüten. Der Japanische Blauregen (*W. floribunda*, WHZ 6b) windet sich dagegen im Uhrzeigersinn. Er blüht ab Ende Mai mit 50 cm langen Trauben, während zeitgleich die Blätter austreiben. Die Blütenstände von 'Macrobotrys' sind bis zu 1 m lang, 'Shiro-Noda' (syn. 'Alba') blüht mit weißen, duftenden Trauben, 'Rosea' mit rosa Blüten.

Blauregen wünscht einen sonnigen und warmen bis heißen Standort. Der Boden sollte nahrhaft und durchlässig sein, Staunässe verträgt er nicht. Auch in zu kalkhaltigen Böden fühlt er sich unwohl und kümmert. Der Schlinger (→ Seite 23) kann mit den Jahren bis zu 10 m hoch werden und entwickelt dann ein beträchtliches Gewicht. Die Rankhilfe sollte daher stabil und gut verankert sein. Ein Fallrohr zum Beispiel ist ungeeignet, die Triebe würden es nach einigen Jahren zusammendrücken. Da die Triebe mit der Zeit immer dicker werden, werden auch ihre Schlingen immer enger und üben auf die Wandverankerung eine Spannung aus. Um dies zu verhindern, wickeln Sie die Gerüsttriebe regelmäßig ab und binden Sie sie an die Rankhilfe an. Dann kann auch der Draht nicht einwachsen, und die Pflanze lässt sich jederzeit von der Rankhilfe nehmen.

Die Blüte fördern

Nach der Pflanzung dauert es meist einige Jahre, bis die ersten Blütentrauben erscheinen. Ein Grund kann sein, dass es sich um eine aus einem Sämling angezogene Pflanze handelt. Achten Sie deshalb auf veredelte oder aus Stecklingen vermehrte Pflanzen. Doch auch bei diesen lässt die Blüte manchmal auf sich warten. Am sichersten kaufen Sie eine schon blühende Pflanze. Damit Blauregen zuverlässig blüht, sollte man seine enorme Wüchsigkeit bremsen. Dabei hilft ein regelmäßiger Sommerschnitt, der zusätzlich Struktur in dem Knäuel aus Sommertrieben schafft. Außerdem sollten Sie zu wüchsige Pflanzen weder düngen noch gießen. Hilft das alles nicht, führen Sie den Frühjahrsschnitt erst nach dem Austrieb durch – so wird das Wachstum stärker gebremst und die Blütenbildung besser angeregt.

Erziehung

Erziehen Sie Blauregen mit zwei, besser nur mit einem langlebigen Gerüsttrieb. Diesen verlängern Sie jedes Jahr im Frühjahr um höchstens 1 m. So bilden sich auf der ganzen Verlängerung Seitentriebe. Wollen Sie den Gerüsttrieb auf mehrere Drähte verzweigen, verlängern Sie jährlich jedes Teilstück. Wickeln Sie die Triebverlängerungen nach dem Schnitt vom Draht und binden Sie sie an.

Erhaltung im Sommer

Vergegenwärtigen Sie sich jedes Jahr vor dem Schnitt den Gerüstaufbau mit seinen Seitenarmen. Deren diesjährige Verlängerungen schneiden Sie Ende Juli auf 2 m Länge zurück. Wickeln Sie sie ab und binden Sie sie an der Rankhilfe an. Dann kürzen Sie die meist schon ineinander verschlungenen Seitentriebe auf 30 cm ein. Treiben diese

Die Blütenknospen, hier die Sorte 'Rosea', sitzen an einjährigen Kurztrieben.

im Sommer erneut aus, brechen Sie die Neutriebe in noch grünem Zustand aus. Dieser Schnitt schafft in erster Linie Ordnung, beruhigt aber auch das Wachstum und regt die Blütenknospenbildung an.

Erhaltung im Frühjahr

Der jährliche Schnitt im Frühjahr direkt vor dem Austrieb baut auf dem letztjährigen Sommerschnitt auf. Schneiden Sie die Verlängerungen der Gerüsttriebe auf höchstens 1 m zurück. Wickeln Sie sie von der Rankhilfe und binden Sie sie an. Hat der Gerüsttrieb die vorgesehene Länge erreicht, behandeln Sie seine Spitze wie Seitentriebe. Bei diesen kürzen Sie den einjährigen, 30 cm langen Zuwachs auf maximal 10 cm ein. Im Lauf der Jahre entwickeln sich Köpfe, an deren Kurztrieben das meiste Blütenholz sitzt. Vergreisen die Köpfe nach 10–15 Jahren, lenken Sie deren ältere Verzweigungen auf gerüstnahe Jungtriebe um.

Verjüngung

Wird Blauregen nicht nach der hier dargestellten Systematik erzogen oder sogar nicht geschnitten, entsteht ein Dickicht. Wenn Sie eine solche Pflanze korrigieren oder verjüngen wollen, schneiden Sie im späten Frühjahr. Entstehen größere Wunden, verstreichen Sie die Wundränder. Belassen Sie höchstens zwei Gerüsttriebe und entfernen Sie den Rest. Schneiden Sie die Seitentriebe entlang der Gerüsttriebe auf 10 cm lange Zapfen. Ist im oberen Bereich das Dickicht zu groß, schneiden Sie die Gerüsttriebe arbeitssparend an einem Seitentrieb ab. Eventuell haben Sie mit dem Korrekturschnitt den Großteil der Pflanze entfernt. In den kommenden Jahren fahren Sie wie oben beschrieben fort.

Hochstämmchen erziehen

Blauregen lässt sich auch als Stämmchen frei stehend erziehen. Verwenden Sie dazu nur einen Trieb, den Sie an einem Pfahl hochbinden. Auf Höhe der gewünschten Krone kürzen Sie ihn ein. Die Krone sollte aus einem Mitteltrieb und vier bis sechs Seitengerüsttrieben bestehen. Diese Seitentriebe kürzen Sie wie bei der Kletterform im Frühjahr ein, jedoch nicht auf 10, sondern auf höchstens 5 cm. Der Kronendurchmesser beträgt etwa 1 m. Nach spätestens 10 Jahren ist das Bäumchen auch ohne Pfahl standfest. Vergreisen die Gerüsttriebspitzen nach einigen Jahren, lenken Sie diese auf einen weiter innen stehenden Seitentrieb um.

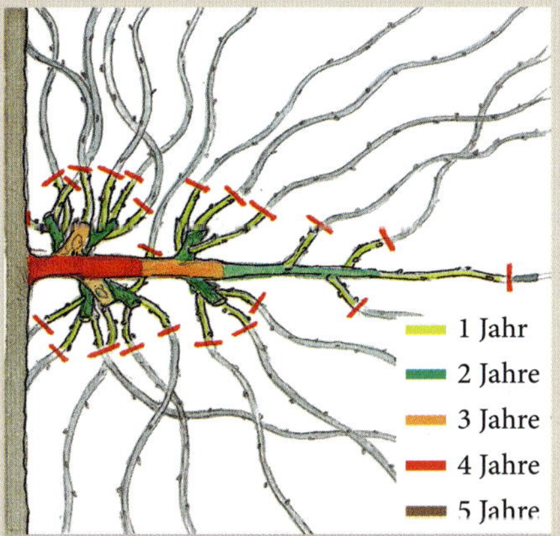

1 ERZIEHUNG *Blauregen erziehen Sie mit klar definierten, langlebigen Gerüsttrieben, die Sie jährlich verlängern. Deren Seitentriebe bilden das Blütenholz.*

2 ERHALTUNG IM SOMMER *Kürzen Sie die Gerüsttriebverlängerungen auf 2 m Länge ein. Deren Seitentriebe kürzen Sie auf höchstens 30 cm ein.*

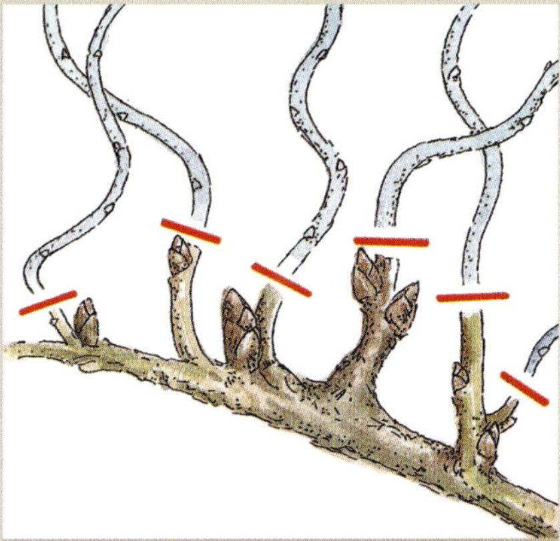

3 ERHALTUNG IM FRÜHJAHR *Kürzen Sie Gerüsttriebverlängerungen auf 1 m ein und binden Sie sie an. Letztjährige Seitentriebe kürzen Sie auf 10 cm ein.*

4 VERJÜNGUNG *Vergreisten oder über Jahre nicht geschnittenen Blauregen korrigiert man mit einem massiven Schnitt. Große Wunden sind dann unvermeidbar.*

Trompetenwinde: Kletterer ohne Höhenangst

Die Trompetenwinde blüht in verschiedenen Orangetönen.

Die Trompetenwinde (*Campsis radicans*, WHZ 6b) ist ein starkwüchsiger Kletterer, der bis zu 10 m Höhe erreicht. Es gibt Sorten in verschiedenen Farben. 'Flava' blüht gelborange, 'Flamenco' rosaorange. Die Hybride 'Mme Galen' (*C. × tagliabuana*, WHZ 6a) wächst etwas schwächer und blüht orange. Die Trompetenwinde benötigt vollsonnige, warme Standorte, nur dann bildet sie zahlreiche Blüten. Der Boden sollte nicht zu trocken, sondern eher frisch und nährstoffreich sein.
Die Triebe schlingen sich leicht um die Rankhilfe, sie bilden aber auch Haftwurzeln aus. Diese können jedoch das Gewicht der Pflanze nicht dauerhaft tragen. Denn mit zunehmendem Alter entwickeln Trompetenwinden ein kräftiges Gerüst und ein hohes Gewicht. Man bindet die Triebe deshalb an eine stabile Rankhilfe an. An der Wand haftende Triebe sollten Sie regelmäßig schon im Sommer entfernen.
Die Blüten erscheinen an kräftigen diesjährigen Seitentrieben von Juli bis September. Die Knospen sitzen paarweise gegenständig an den Trieben. Der Schnitt erfolgt im Frühjahr vor dem Austrieb.

Erziehung

Man erzieht die Trompetenwinde mit einem Gerüsttrieb, der sich, je nach Rankhilfe, in mehrere Arme verzweigen kann. Die einzelnen Gerüsttriebe verlängern Sie jedes Jahr um höchstens 1 m. Der jeweilige Saftstau verhindert Kahlstellen, und die Knospen treiben auf ganzer Länge aus. Alle einjährigen Seitentriebe kürzen Sie auf Zapfen mit ein bis zwei Knospenpaaren ein.

Erhaltung

Bei Bedarf verlängern Sie die Gerüsttriebe wiederum um 1 m. Sind sie fertig erzogen, behandeln Sie ihre Spitzen wie andere Seitentriebe und kürzen sie jährlich auf ein bis zwei Knospenpaare ein, denn nur wüchsige Seitentriebe blühen zuverlässig. Abgestorbene Zapfen oder Triebe entfernen Sie. Übermäßig auswachsende Langtriebe, die keine Blüten tragen, kürzen Sie im Sommer ein oder entfernen sie.

Verjüngung

Vergreiste Gerüsttriebe lenken Sie auf weiter innen stehende vitale Seitentriebe um, die Sie jährlich um 1 m verlängern, bis die Endgröße wieder erreicht ist. An vergreisten oder stark verzweigten Köpfen mehrfach eingekürzter Seitentriebe lenken Sie die ältesten Teile auf einen jungen, gerüstnahen Seitentrieb um. Diesen kürzen Sie auf zwei Knospenpaare ein.

Ausläufer

Vor allem ältere Trompetenwinden bilden oft Wurzelausläufer. Diese reißen Sie schon im Sommer in noch grünem Zustand aus. Wenn Sie sie am Boden abschneiden, regt dies das Wachstum an. Mehrjährige Ausläufer graben Sie frei und entfernen sie an der Wurzel.

1 ERZIEHUNG *Erziehen Sie die Trompetenwinde mit einem Gerüsttrieb, der sich je nach Rankhilfe in mehrere Arme verzweigen kann. Verlängern Sie jeden Arm jährlich um 1 m.*

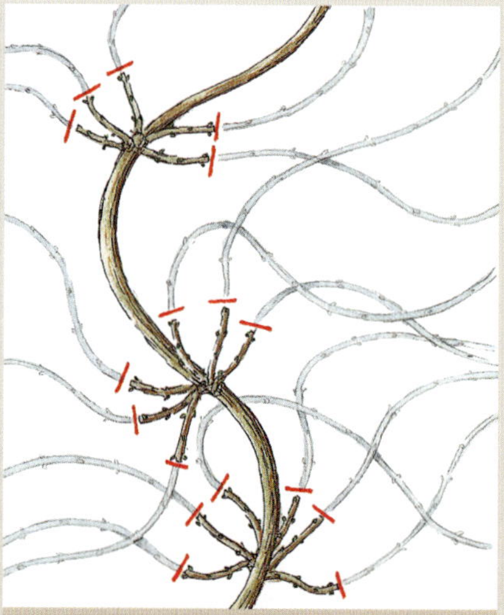

2 ERHALTUNG *Kürzen Sie im Frühjahr alle Seitentriebe auf ein bis zwei Knospenpaare ein. Bereits verzweigte Köpfe lichten Sie aus. Gerüsttriebe verlängern Sie bei Bedarf.*

Kletterhortensie: Schattenqueen

Die Kletterhortensie (*Hydrangea anomala* ssp. *petiolaris*, WHZ 5b) hält sich mit Haftwurzeln am Untergrund fest. Die Blütenteller mit unscheinbaren fruchtbaren und auffälligen weißen, sterilen Einzelblüten erscheinen von Juni bis Juli. Die Pflanze bevorzugt nahrhafte, humose und sommerfeuchte Böden, Staunässe verträgt sie nicht. Der Standort kann sonnig bis schattig sein, vorausgesetzt, es bleibt kühl. Ältere Pflanzen werden 10 m hoch, junge wachsen jedoch langsam. Die Spalthortensie (*Schizophragma hydrangeoides*, WHZ 6b) wächst etwas schwächer und hat größere Blätter. Die Blüten sind cremeweiß, die sterilen Randblüten größer als bei der Kletterhortensie. Schnitt und Standort entsprechen dem der Kletterhortensie. Die Haftwurzeln sind nur einige Wochen lebensfähig und verholzen dann. Einmal gelöste ältere Triebe können sich deshalb nur durch neuen Zuwachs mit der Rankhilfe verbinden. An sehr glatten Flächen oder auf Wandfarben mit Anti-Algen-Zusatz können sich die Triebe kaum verankern und fallen immer wieder ab.

Die Kletterhortensie baut ein starkes Gerüst auf, das auch nach Jahren nicht vergreist. Die Blüten erscheinen aus gut erkennbaren, dicken Spitzenknospen einjähriger Seitentriebe. Man schneidet die Kletterpflanze daher immer direkt nach der Blüte.

Erziehung

Eine systematische Erziehung ist nicht nötig. Nach der Pflanzung fixieren Sie lange Triebe an der Wand, damit sie sich zügig mit dem Neuzuwachs verankern können. Oft bilden sich sofort an der Wand haftende junge Bodentriebe, die die bereits vorhandenen meist im Wachstum überholen.

Die auffälligen weißen Randblüten der Kletterhortensie sind steril.

Erhaltung

Von der Wand gelöste Triebe lenken Sie auf tiefer stehende, an der Wand haftende Triebe um. Wo das Gehölz die zugedachte Fläche überwächst, lösen Sie die Triebe von der Wand und lenken sie auf kurze Seitentriebe um. Reste abgestorbener Haftwurzeln bleiben jedoch am Untergrund. Überlang abstehende Seitentriebe lenken Sie auf wandnahe Kurztriebe um (→ Abb. 2). Zum Schluss entfernen Sie die Reste der letztjährigen Blüten.

Verjüngung

Kletterhortensien verjüngen Sie im Frühjahr vor dem Austrieb. Dabei entfernen Sie nur überlange Seitentriebe auf kurze Zapfen am Gerüst und belassen dessen Größe. Alternativ kürzen Sie auch die Gerüsttriebe um die Hälfte bis zwei Drittel ein. Dies regt das Wachstum stark an, aber die Wand mit den Haftwurzelresten sieht zunächst unschön aus.

1 ERHALTUNG *Lenken Sie vergreiste oder von der Wand abstehende Triebe auf kurze Seitentriebe am Gerüst um. Entfernen Sie die letztjährigen Blütenstände bis zum ersten Seitentrieb.*

2 UMLENKEN *Die von der Wand abstehenden Seitentriebe tragen die Blüten. Nach einigen Jahren werden sie immer länger. Lenken Sie sie dann auf wandnahe, kurze Triebe um.*

Efeu: unermüdlicher Klettermeister

Bei Insekten begehrt: die unscheinbaren Blüten des immergrünen Efeus

Efeu *(Hedera)* ist elegant, anspruchslos und langlebig. Die im Herbst blühenden unauffälligen Blüten sind für Insekten eine wertvolle Futterquelle. Die Früchte werden im Winter gern von Vögeln verzehrt. Efeu ist immergrün und hält sich mit Haftwurzeln am Untergrund fest. Auf glatten Flächen haften sie jedoch nicht. Sind Wände mit Anstrichen gegen Algen imprägniert, werden die Haftwürzelchen verätzt. Wenn Efeu nicht mehr in die Höhe wachsen kann, entwickelt er Alterstriebe mit andersartigen Blättern und Blütenständen. Der Gewöhnliche Efeu (*Hedera helix*, WHZ 6a) wird bis zu 20 m hoch, Sorten bleiben niedriger. 'Arborescens' ist die durch Stecklinge vermehrte strauchige Altersform. Sie entwickelt aber immer wieder kletternde Jugendtriebe, die Sie entfernen sollten. Die Blätter von 'Goldherz' haben eine hellgelbe Mitte, die Sorte wird nur etwa 4 m hoch, ebenso wie 'Ivalace' mit gekräuselten Blättchen. An geschützten Plätzen fühlen sich der starkwüchsige Irische Efeu (*H. hibernica*, WHZ 6b) und der Kolchische Efeu (*H. colchica*, WHZ 7a) wohl.

! VON DACHTRAUFEN FERNHALTEN

Efeu wächst gern ins Dunkle, auch unter Holzverschalungen. Ein Blech unter der Dachtraufe, das wie ein Schneckenzaun mindestens 15 cm schräg nach außen und unten absteht, überwindet er jedoch nicht. Das Blech sollte 30 cm Abstand zum Dach haben und sehr dicht an der Wand anliegen. Bei rauem Putz verfugen Sie die Lücken mit Silikon, damit der Efeu nicht darunter hindurchwächst.

Erziehung

Binden Sie nach der Pflanzung junge Triebe an die Rankhilfe an. Ein Erziehungsschnitt ist nicht notwendig.

Erhaltung

Kürzen Sie im Frühsommer lange Jungtriebe ein und schneiden Fenster, Türen sowie Regenrinnen frei (→ Abb. 2). Wiederholen Sie den Schnitt bei Bedarf. Beim Sommerschnitt verbleiben nur wenige Haftwürzelchen am Untergrund, weil sie noch weich sind und sich lösen lassen. An älteren Pflanzen entwickeln sich zum Teil sehr lange, waagerecht abstehende Blütentriebe. Lenken Sie sie auf wandnahe Seitentriebe um. So bleibt der Efeu in Form. Brüten Vögel im Efeu, schneiden Sie schon im zeitigen Frühjahr.

Verjüngung

Bei Bedarf können Sie Efeu im Frühjahr massiv verjüngen. Allerdings bleiben Teile der Haftwurzeln zurück. Sie lassen sich nur mühsam abbürsten.

1 ERHALTUNG *Im Alter stehen Blütentriebe waagerecht von der Wand ab, verzweigen sich und werden überlang. Lenken Sie solche Triebe wandnah auf einzelne, kürzere Seitentriebe um.*

2 FREI SCHNEIDEN *Fenster und Türen schneidet man jährlich im Sommer frei, da dann weniger Haftwurzeln am Untergrund haften. Warten Sie zu lange, bleiben hartnäckige Reste zurück.*

Die Blätter des Wilden Weins verwandeln sich im Herbst in ein farbiges Feuerwerk.

Wilder Wein: Farbe im Herbst

Wilder Wein oder Jungfernrebe *(Parthenocissus)* ist eine der dekorativsten Kletterpflanzen. In seiner Jugendphase ist er starkwüchsig. Er hält sich mit Haftscheiben am Untergrund fest und kann bis zu 15 m hoch werden. Nur Metallflächen, die sich in der Sonne stark erhitzen, können ihn bremsen. Wilder Wein bevorzugt frische Böden, ist aber sehr anpassungsfähig. Der Standort sollte sonnig bis halbschattig sein, an Haus-Nordseiten strebt er immer ans Licht.

Gewöhnlicher Wilder Wein (*P. quinquefolia*, WHZ 5a) besitzt zwar Haftscheiben, einige Auslesen bilden jedoch eher Ranken als Haftscheiben. Sie benötigen deshalb eine Rankhilfe – ein Vorteil, wenn Sie keinen direkten Kontakt von Pflanze und Wand wünschen (→ Abb. 2). 'Engelmannii' hält sich jedoch sicher am Untergrund fest, ebenso der Dreilappige Wilde Wein (*P. tricuspidata,* WHZ 6a) mit der Sorte 'Veitchii'. Die Chinesische Jungfernrebe (*P. henryana*, WHZ 7a) hat samtig grüne Blätter mit roter Unterseite. Sie benötigt einen Standort ohne direkte Sonne, denn nur dort bleibt die samtige Blattoberfläche den ganzen Sommer erhalten.

Die unauffälligen Blüten des Wilden Weins erscheinen von Juni bis August und werden intensiv von Insekten besucht. Die dunkelblauen, grau bereiften Beeren sind im Herbst ein reizvoller Fruchtschmuck, ebenso ist die intensiv orange- bis weinrote herbstliche Laubfärbung sehr attraktiv.

Erziehung

Eine gezielte Erziehung ist bei Wildem Wein nicht nötig. Fixieren Sie nach der Pflanzung bereits verholzte Triebe an der Rankhilfe, damit neue Austriebe sich schnell verankern können.

1 DACHZIEGEL SCHÜTZEN *Wilder Wein wächst über Dachtraufen und zwischen Dachziegeln. Halten Sie ihn mithilfe einer Blechschiene fern und entfernen Sie junge Triebe.*

2 RANKHILFE GEFRAGT *Einige Auslesen des Gewöhnlichen Wilden Weins klettern nur bedingt selbstständig. Man kann sie mit Rankhilfen auf der für sie vorgesehenen Fläche halten.*

Erhaltung

Schneiden Sie Wandöffnungen vorwiegend im Sommer frei. Bei jungen, vitalen Gehölzen sind oft zwei Schnitte vonnöten. Von der Rankhilfe nach unten überhängende Triebe belassen Sie am Gehölz. Diese Triebe wirken als »Blitzableiter« für den Saftstrom, das Wachstum wird dadurch beruhigt. Werden diese Triebe überlang, kürzen Sie sie wandnah ein.

Wilder Wein kann auch Dachtraufen problemlos überwachsen. Zudem wächst er bei nicht isolierten Dächern an der Traufseite gern zum Licht hin und damit auch durch Lücken in Dachziegeln (→ Abb. 1). Entfernen Sie junge Triebe deshalb frühzeitig von der Traufe. Schutz vor vorwitzigen Trieben bietet eine Blechschiene (→ Seite 176). Entfernen Sie die Triebe in noch grünem Zustand. So erreichen Sie, dass weniger unschöne Haftscheiben auf dem Untergrund verbleiben.

Verjüngung

Wilder Wein lässt sich im Frühjahr vor dem Austrieb gut verjüngen. Sie können fast die ganze Pflanze einkürzen. Auch wenn alte Triebe oft bis zum Boden eintrocknen, bilden sich junge bodenbürtige Triebe. Allerdings bleiben die Haftorgane am Untergrund zurück und müssen mühsam entfernt werden.

Pfeifenwinde: reizvolle Blattschönheit

Die großen, hellgrünen Bätter der Pfeifenwinde sind ein echter Blickfang.

Die Amerikanische Pfeifenwinde (*Aristolochia macrophylla*, WHZ 5a) ist ein wüchsiger, sommergrüner Kletterer und wird bis zu 10 m hoch. Die Triebe schlingen sich von oben betrachtet entgegen dem Uhrzeigersinn um die Rankhilfe. Sie behalten auch nach Jahren noch eine reizvolle grüne Rinde mit einem leichten, aromatischen Duft. Die 6 cm langen pfeifenartigen Blüten erscheinen erst nach Jahren. Im Herbst folgen kleine, bläuliche Früchte. Die Hauptattraktion sind jedoch die bis zu 30 cm langen, herzförmigen Blätter. Sie sind hellgrün und zaubern unter einem Bogen oder einer Laube bei intensiver Sonneneinstrahlung ein verwunschenes grünes Licht. Die Amerikanische Pfeifenwinde bevorzugt kühle Standorte im Schatten oder Halbschatten. Heiße Lagen verträgt sie nicht. Der Boden sollte durchlässig, aber sommerfeucht sein. Etwas trockener stehen kann die Chinesische Pfeifenwinde (*A. moupinensis*, WHZ 5b) mit kleineren Blättern und Blüten. Die Pfeifenwinde benötigt eine Rankhilfe. Sie will immer in die Senkrechte wachsen. Will man sie waagerecht ziehen, muss man sie leiten. Da die Blüten wenig interessieren, schneidet man die Pfeifenwinde im Frühjahr vor dem Austrieb. So erhält man durch die starke Anregung des Wachstums zahlreiche große Blätter.

Erziehung

Kürzen Sie im Frühjahr nach der Pflanzung alle Triebe auf ein bis zwei Knospenpaare ein. So erhalten Sie eine reiche bodennahe Verzweigung und vermindern Kahlstellen im unteren Bereich. Die jungen Neutriebe lenken Sie bei Bedarf an die Rankhilfe, später schlingen sie von alleine.

Erhaltung

Kann das Gehölz frei in einer Rankhilfe wachsen, ist kein jährlicher Schnitt nötig. Soll es jedoch einen Sichtschutz, einen Bogen oder eine Laube bewachsen und auch bodennah belaubt sein, sollten Sie es jährlich schneiden. Dazu kürzen Sie die ganze Pflanze auf 20 cm über dem Boden ein. Es bilden sich bis unten belaubte Jungtriebe. Entfernen Sie nach dem Schnitt das alte Triebgewirr. Dies erfordert – je nach Rankhilfe – etwas Zeit. Lichten Sie im Sommer seitlich aus der Rankhilfe ragende Triebe aus.

Verjüngung

Eine überalterte, zu große oder verkahlte Pfeifenwinde lässt sich ohne Weiteres verjüngen. Kürzen Sie im Frühjahr direkt vor dem Austrieb die ganze Pflanze auf 20–40 cm über dem Boden ein. Die alten Triebe trocknen zwar ein, bis dahin haben sich aber junge Bodentriebe gebildet. Im Sommer entfernen Sie die trockenen Zapfen am Boden. Bilden sich nach der Verjüngung durch den enormen Saftstau weit außen stehende Bodentriebe, reißen Sie sie im Sommer aus.

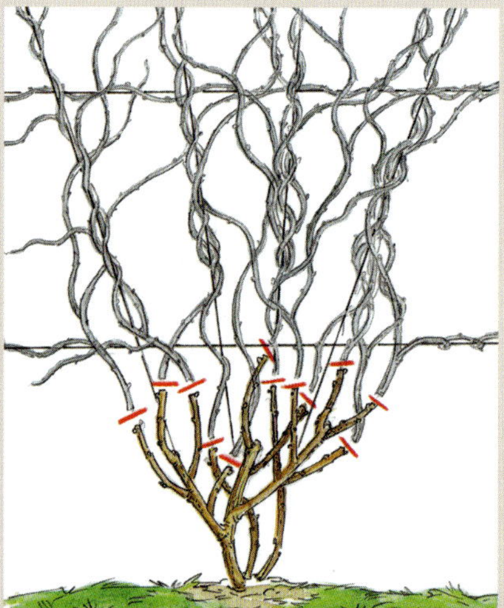

1 ERHALTUNG *Um eine bis unten dicht belaubte, großblättrige Pflanze zu erhalten, kürzen Sie sie jedes Frühjahr stark ein. Abgeschnittene Triebe ziehen Sie aus der Rankhilfe heraus.*

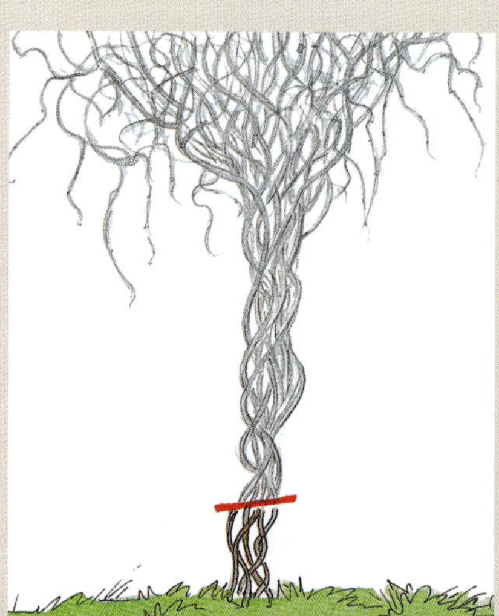

2 VERJÜNGUNG *Die Pfeifenwinde bildet im Alter ein dichtes Triebgewirr, im oberen Bereich entstehen Knäuel, und sie verkahlt. Zur Verjüngung kürzen Sie die gesamte Pflanze auf 20–40 cm ein.*

Schlingknöterich: wie im Urwald

Schlingknöterich (*Fallopia baldschuanica*, WHZ 5b) hat eine enorme Wuchskraft und sollte nur für große Flächen verwendet werden. Er kann bis zu 15 m hoch werden und pro Jahr bis zu 5 m lange Triebe bilden.
Er zählt zu den Schlingern, und da er sehr schwer wird, braucht er eine robuste Rankhilfe. Soll eine Wand begrünt werden, muss die Rankhilfe zudem stabil – am besten alle 2 m – in der Wand verankert sein. Senkrechte Rankhilfen bewächst er schnell, er lässt er sich aber auch genauso gut horizontal erziehen. Mit einer geeigneten Rankhilfe kann Knöterich nach einigen Jahren eine Fläche von fast 100 m^2 bedecken.
Schlingknöterich gedeiht auf vielen Böden. Vorteilhaft ist jedoch ein frischer, sommerfeuchter Boden. Der Standort sollte sonnig, darf aber auch halbschattig sein. In schattigen Lagen bilden sich weniger Blüten, die Pflanze sieht dann oft etwas zerzaust aus. Ab Juli bis September ist Schlingknöterich mit weißen Blüten bedeckt.
Schlingknöterich bildet seine Blüten an diesjährigen Trieben. Der Schnitt erfolgt daher immer im Frühjahr vor dem Austrieb.

Erziehung

Eine systematische Erziehung ist nicht nötig und auch nicht möglich. Kürzen Sie im Frühjahr nach der Pflanzung alle Triebe bodennah auf Zapfen ein. So fördern Sie zusätzliche Bodentriebe und eine bessere Verzweigung.

Erhaltung

Ein vitaler Schlingknöterich benötigt keinen jährlichen Schnitt. Erst wenn er zu groß wird, sollten Sie eingreifen. Ist der Standraum jedoch beengt oder soll die Pflanze eine Pergola von unten an dicht begrünen, schneiden Sie jährlich. Kürzen Sie im Frühjahr die gesamte Pflanze auf 20 cm über dem Boden ein. Die neuen Triebe können im selben Sommer sehr lang auswachsen, blühen aber trotz des radikalen Schnitts. Überlang oder seitlich auswachsende Triebe kürzen Sie bis zur Rankhilfe ein.

Schlingknöterich ist ein Hochsommerblüher, der sich in weiße Blütenschleier hüllt.

Verjüngung

Mit zunehmendem Alter verkahlt Schlingknöterich immer mehr. Abgestorbene und lebende Triebe bilden, vor allem im oberen Bereich, ein dichtes Triebgewirr. Kürzen Sie im Frühjahr vor dem Austrieb die gesamte Pflanze auf 40–60 cm ein. Kalkulieren Sie genug Zeit ein, die abgeschnittene Pflanze von der Rankhilfe zu entfernen. Die eingekürzten, alten Triebe trocknen meist zum Boden zurück. Es bilden sich jedoch etliche bodenbürtige Jungtriebe, die im selben Sommer noch blühen (→ Abb. 2).

1 ERHALTUNG *Ein Schnitt einzelner Triebe ist bei Schlingknöterich nicht möglich. Wird das Gehölz zu groß, kürzen Sie die ganze Pflanze 20 cm über dem Boden ein.*

2 AUSTRIEB NACH VERJÜNGUNG *Nach einem starken Verjüngungsschnitt sind die Triebstumpen zwar eingetrocknet, doch es haben sich bodenbürtige Jungtriebe gebildet.*

Bei etlichen schlingenden Geißblatt-Arten duften die Blüten intensiv.

Geißblatt: duftende Blütenschönheit

Geißblatt *(Lonicera)* zählt zu den Schlingern und wird, je nach Art, bis zu 6 m hoch. Es wünscht einen kühlen, eher halbschattigen Standort. Der Boden sollte durchlässig und im Sommer frisch bis feucht sein. Zu heiße Plätze oder trockene Böden bedeuten für das Geißblatt Stress. Die Pflanze wird dann leicht von Blattläusen befallen. Das Echte Geißblatt (*L. caprifolium*, WHZ 5a) wächst kräftig. Die gelblich-weißen Blüten erscheinen von Mai bis Juli und duften vor allem abends intensiv. Sie ziehen nachtaktive Insekten an. Die Hybride *L. × heckrottii* (WHZ 6a) wächst schwächer, ihre rötlichen Blüten duften ebenfalls. Starkwüchsig ist *L. × tellmanniana* (WHZ 7a), dessen Blüten zwar nicht duften aber auffallend gelborange blühen. Das Immergrüne Geißblatt (*L. henryi*, WHZ 6b) blüht gelbrot und duftet kaum, während die wintergrüne Kriechende Heckenkirsche (*L. acuminata*, WHZ 5a) cremegelbe, duftende Blüten hat.
Die verschiedenen Geißblatt-Arten blühen vorwiegend an einjährigen Trieben. Einzelne Arten und Sorten blühen im Sommer zusätzlich an diesjährigen Trieben. Geschnitten wird im Frühjahr vor dem Austrieb.

Erziehung

Eine gezielte Erziehung ist beim Geißbaltt nicht nötig. Kürzen Sie im Frühjahr nach der Pflanzung alle Triebe auf 10 cm über dem Boden ein. Dies fördert eine reiche Verzweigung und Bodentriebe. Junge Austriebe lenken Sie an die Rankhilfe.

1 ERHALTUNG *Bei schwachwüchsigen Geißblatt-Arten kürzen Sie im Frühjahr Seitentriebe auf kurze Zapfen am Gerüst ein. Bei starkwüchsige Arten entfernen Sie die Triebknäuel.*

2 VERJÜNGUNG *Nach einigen Jahren verkahlt Geißblatt unten und bildet kaum noch bodenbürtige Jungtriebe. Kürzen Sie es bis auf mindestens 50 cm über dem Boden ein.*

Erhaltung

Da sich Triebe stark ineinanderschlingen, ist ein exakter Schnitt sehr aufwendig. Entfernen Sie deshalb beim jährlichen Schnitt im Frühjahr nur die verblühten Triebe aus dem Vorjahr. Zusätzlich lichten Sie Knäuel im oberen Bereich des Gehölzes aus, indem Sie sie bis zu den Gerüsttrieben zurückschneiden. Die Gerüsttriebe selbst lassen Sie meist unangetastet. Zu lange Triebe kürzen Sie im Sommer ein.
Bei schwachwüchsigem Geißblatt (z. B. *L. × heckrottii*) kürzen Sie ein- bis mehrjährige Seitentriebe jedes Frühjahr auf kleine Zapfen mit zwei Knospen am Gerüsttrieb ein. So bleibt die Pflanze übersichtlich und vital. Beim Immergrünen Geißblatt entfernen Sie bei Bedarf im Frühjahr Seitentriebe mit vertrockneten Blättern. Um solche Trockenschäden zu vermeiden, pflanzen Sie diese Art am besten an einen vor Wintersonne geschützten Standort.

Verjüngung

Nur wenn das Gehölz von unten her verkahlt, zu groß wird oder stark vergreist, verjüngen Sie es. Kürzen Sie die ganze Pflanze kurz vor dem Austrieb auf 50 cm ein. Selbst wenn die Triebstumpen eintrocknen, wachsen neue Triebe zuverlässig aus dem Boden nach. Düngen Sie nach der Verjüngung und wässern Sie bei Bedarf, um die Vitalität zusätzlich zu fördern.

Winter-Jasmin: attraktive Winterblüher

Der duftende Winter-Jasmin (*Jasminum nudiflorum*, WHZ 7a) zählt zu den Spreizklimmern (→ Seite 23). Er erreicht 3 m Höhe und Breite. Die gelben Blüten erscheinen oft schon im Dezember und blühen, je nach Witterung, bis in den April. Er bevorzugt sonnige bis halbschattige Standorte und durchlässige, nahrhafte, aber sommerfeuchte Böden. In mageren oder trockenen Böden sind Wachstum und Blütenbildung etwas eingeschränkt. Winter-Jasmin blüht an einjährigen Lang- und Seitentrieben und wird nach der Blüte geschnitten.

Winter-Jasmin blüht sehr lange. Oft öffnen sich die Blüten bereits vor Weihnachten.

Der Rosa Jasmin (*J. beesianum*, WHZ 7b–8a) ist ein Schlinger. Er ist nur in warmem Klima winterhart und wird dann etwa 2 m hoch. Die duftenden rosa Blüten erscheinen von Mai bis Juni. Auch er blüht an einjährigen Trieben. Friert er zurück, müssen Sie ein Jahr auf Blüten verzichten. Den Echten Jasmin (*J. officinale*, WHZ 8a), ebenfalls ein Schlinger, hält man bei uns eher als Kübelpflanze. Auspflanzen kann man ihn nur im Weinbauklima. Die weißen Blüten duften süßlich. Der erste Blütenflor erscheint an einjährigen, der zweite im Spätsommer an diesjährigen Trieben. Lichten Sie das Gehölz deshalb nach der ersten Blüte aus. Dann schneidet man beide Arten im Prinzip wie den Winter-Jasmin.

Erziehung

Im Frühjahr nach der Pflanzung belassen Sie beim Winter-Jasmin bis zu sieben Bodentriebe und kürzen sie auf 30–50 cm ein. Dies fördert eine bodennahe Verzweigung und kräftige Neutriebe. Binden Sie die Triebe fächerförmig an die Rankhilfe. Schwache und überzählige Triebe entfernen Sie. Verlängern Sie die ausgewählten Bodentriebe in den kommenden Jahren fächerförmig. Die Struktur aus Gerüst- und untergeordneten Seitentrieben erleichtert den Schnitt in den Folgejahren.

Erhaltung

Bei ausgewachsenen Gehölzen ist ein jährlicher oder zweijähriger Schnittrhythmus nach der Blüte möglich. Kürzen Sie überhängende Seitentriebe auf ein Knospenpaar am Gerüst ein. Vergreisende Gerüsttriebe lenken Sie auf tiefer stehende Jungtriebe um oder ersetzen Sie durch bodenbürtige Jungtriebe. Niederliegende Triebe ziehen Wurzeln und sollten entfernt werden.

ERHALTUNG *Bei Winter-Jasmin entfernen Sie vergreiste Gerüsttriebe bodeneben, übrige lenken Sie auf Jungtriebe um. Seitentriebe kürzen Sie auf kurze Zapfen ein.*

! »FALSCHER« JASMIN

Einige Gehölze tragen »Jasmin« im deutschen Namen, sind aber im botanischen Sinn kein Jasmin. Bauern-Jasmin ist beispielsweise ein anderer Name für den Pfeifenstrauch (*Philadelphus*, → Seite 78). Er wird seines ähnlichen Dufts wegen so genannt. Jasmin-Nachtschatten (*Solanum jasminoides*, → Seite 301) sieht dem Echten Jasmin nur ähnlich, ist aber nicht mit ihm verwandt.

Verjüngung

Vergreisten Winter-Jasmin kürzen Sie auf 20–40 cm ein und bauen ihn mit den neuen Bodentrieben, wie bei der Erhaltung beschrieben, über mehrere Jahre hinweg wieder auf. Stark überalterte Pflanzen lassen sich jedoch nur bedingt revitalisieren.

Hecken und *Formschnittgehölze*

Formale Hecken und Formschnittgehölze setzen reizvolle Kontrapunkte im Garten. Dabei liegt die Kunst nicht nur in der Schnitttechnik selbst, sondern auch darin, wie Sie einen Bogen zwischen formalen und natürlichen Elementen schlagen.

Hecken erfüllen ganz unterschiedliche Funktionen: Sie dienen als Sichtschutz oder Gartengrenze, gliedern den Garten in Räume, unterstreichen Gebäude oder verbinden sie oder sind ein grüner Hintergrund für Rabatten. Formal geschnitten, begrenzen Hecken Wege oder bilden einen schönen Kontrast zu frei wachsenden Gehölzen. Frei wachsende Hecken wiederum wirken natürlicher, brauchen aber mehr Platz, um sich zu entfalten.

Doch wie man Hecken auch einsetzt, auch für sie gelten die Nachbarschaftsgesetze (→ Seite 145). Erkundigen Sie sich nach den erlaubten Grenzabständen und Höhen und beachten Sie sie unbedingt. Denn in einigen Regionen hat der Nachbar sogar noch nach Jahren das Recht, einen Rückschnitt auf die erlaubte Höhe zu verlangen.

Natürliche Skulpturen

Formschnittgehölze wirken wie Skulpturen im Garten und werden als Kontrast zu natürlichen Wuchsformen frei wachsener Gehölze eingesetzt. Damit sie ihre Wirkung voll entfalten, sollte man sie jedoch nur sparsam einsetzen. Verwenden Sie für Formschnitte nur Gehölze, die langlebig sind und einen regelmäßigen Schnitt gut vertragen. Bei langtriebigen Arten wie Liguster ist der Aufwand beim Schnitt höher als bei kurztriebigen wie Buchs.

Die richtige Wahl

Hecken oder Formschnittgehölze sind dauerhafte Investitionen im Garten. Thujen beispielsweise sind zwar im Einkauf günstig, aber empfindlich gegenüber Trockenheit und lassen sich nur schlecht verjüngen. Sie sind kurzlebiger und damit letztlich teurer als Eiben. Diese haben zwar einen höheren Preis, sind aber trockenheitsverträglicher und lassen sich gut verjüngen. Die Anschaffung zahlt sich also aus. Denn auch wenn Sie mit viel Disziplin schneiden, können Hecken oder Formgehölze mit den Jahren zu groß werden. Dann sind Gehölze, die sich problemlos verjüngen und verkleinern lassen von Vorteil.

Mit System formieren

Jedes Formgehölz, ob Hecke oder Einzelpflanze, benötigt einen sorgfältigen Erziehungsschnitt. Er garantiert, dass die Form über Jahre stabil und attraktiv bleibt. Schon in den ersten Jahren nach der Pflanzung wird die gewünschte Form in kleinem Maßstab herausgearbeitet und jährlich Stück für Stück vergrößert.

Das Geheimnis einer dichten Hecke, Kugel oder Pyramide liegt in der dichten Verzweigung im Gehölzinnern sowie im gezielten Saftstau im unteren Gehölzbereich. Dazu kürzen Sie das Gehölz in den ersten 2–3 Jahren mehrmals pro Jahr ein. Die so geschaffenen Saftstaustufen wirken sich dauerhaft auf den Saftstrom aus und fördern die Verzweigung. Wenn die Endgröße schließlich erreicht ist, genügt meist ein Schnitt pro Jahr. Stark wachsende Gehölze schneidet man im Sommer, um das Wachstum zu beruhigen, vergreiste oder verkahlende eher im Frühjahr, um das Wachstum anzuregen. Für Ungeübte ist beim Schnitt eine Schablone hilfreich. Wenn Sie jedoch regelmäßig schneiden, ist die Form des Gehölzes jederzeit zu erkennen, und Sie können sich gut an den letzten Schnittstellen orientieren.

Wenn Sie unsicher sind oder Zeit sparen möchten, können Sie aber auch ein Formgehölz in der gewünschten Größe kaufen. Solch große Exemplare sind jedoch teuer, da sie über Jahre erzogen werden. Bei Schnäppchenpreisen sollte man vorsichtig sein: Solche Pflanzen werden meist ohne Schnitt herangezogen, bis sie die Endgröße erreicht haben. Dann werden sie ein- bis zweimal in Form geschnitten und verkauft. Diese Gehölze sind jedoch nicht sehr stabil und fallen oft schon bei geringer Schneelast auseinander.

Hecken grenzen nicht nur nach außen ab, sie gliedern Gärten auch in einzelne Räume.

Laubgehölzhecken: lebendige Strukturen

Richtig erzogen und jährlich geschnitten, bleiben Laubgehölzhecken gut in Form.

Formale Laubgehölzhecken sind Formschnittgehölze, die in Reihe gepflanzt ineinanderwachsen und eine dichte Wand bilden. Meist pflanzt man junge, unformierte Gehölze und erzieht sie an Ort und Stelle. Je konsequenter Sie dabei Ihre Hecke in Stufen aufbauen, umso dichter und formstabiler bleibt sie über Jahre.
Überlegen Sie vor dem Pflanzenkauf, ob Sie eine sommer- oder immergrüne Hecke möchten. An viel befahrenen Straßen sind immergrüne Hecken die erste Wahl. Zur Abgrenzung in einer Wohnstraße oder innerhalb des Gartens erfüllen sommergrüne Hecken diese Funktion ebenso gut und haben den Vorteil, dass sie sich besser verjüngen lassen. Laubgehölze für formale Hecken sollten gut schnittverträglich sein und in der Wachstumsperiode nur relativ kurze Triebe bilden. Sonst müssen Sie, wie bei Liguster, auch alte Hecken noch zweimal im Jahr schneiden. Die besten Schnitttermine liegen zwischen Ende März und Juli. Wählen Sie bewölkte Perioden, damit die Blätter keinen Sonnenbrand bekommen.

Pflanzschnitt

Junge Hecken erfüllen ihre Funktion als Abgrenzung oder Sichtschutz noch nicht. Überlegen Sie bei Bedarf deshalb in den ersten Jahren, ob Sie zusätzlich einen Zaun oder Strohmatten installieren, bis die Hecke die nötige Höhe hat.
Laubgehölze für Hecken – etwa Hainbuchen – besitzen beim Kauf meist einen kräftigen Mitteltrieb, aber nur schwache Seitentriebe. Schneiden Sie deshalb nach der Pflanzung die Gehölze im Frühjahr bis zur Hälfte zurück. Dieser starke Rückschnitt verursacht über Jahre einen Saftstau an der Schnittstelle. Dadurch wird die Wuchskraft der unterhalb der Schnittstellen stehenden Triebe dauerhaft angeregt. Achten Sie beim Kauf größerer Pflanzen darauf, ob sie in der beschriebenen Form erzogen wurden. Ist der Mitteltrieb durchgängig hoch gewachsen und fallen die Seitentriebe schwach aus, holen Sie den Pflanzschnitt unbedingt nach, damit die Hecke langfristig dicht bleibt.
Immergrüne Laubgehölze sind bei der Pflanzung meist bereits buschig verzweigt. Der erste Schnitt fällt daher zurückhaltender aus. Kürzen Sie bei dieser Gruppe einjährige Triebe um etwa ein Drittel ein und arbeiten Sie die spätere Form bereits heraus.

Erziehung

Bauen Sie eine Hecke in Stufen bis zur Endgröße auf. Nur so wird der Saftstrom abgebremst und an jeder Schnittstelle in die Seitentriebe geleitet. Eine etwa 1,5 m hohe Hecke bleibt zuverlässig dicht, wenn Sie in der Erziehungsphase jedes Jahr zwei solcher »Staustufen« geschnitten haben. Schneiden Sie dabei nicht nur die Oberfläche, sondern auch die Seiten der Hecke. Je höher die Hecke werden soll, umso breiter muss sie an der Basis sein. Der Aufbau in Trapezform ist hier besonders zu empfehlen.
Damit sich die Hecke möglichst schnell dicht verzweigt, schneiden Sie sie in den ersten Jahren mindestens zweimal pro Jahr. Laubgehölze kürzen Sie dabei jedes Mal auf 5–10 cm des Neuzuwachses ein.
Buchseinfassungen baut man genauso auf. Schneiden Sie junge Buchshecken zweimal jährlich bis Ende Juli. Später reicht ein Schnitt pro Jahr aus. Mit ei-

ÄHNLICH ZU SCHNEIDEN

unter 0,5 m	Buchs (*Buxus sempervirens* 'Herrenhausen'), Liguster (*Ligustrum vulgare* 'Lodense'
bis 1 m	Alpenjohannisbeere *(Ribes alpinum)*, Berberitze *(Berber* Liguster *(Ligustrum)*
bis 2 m	Vielblütige Ölweide *(Elaeagn multiflora)*, Wintergrüne Ölwe (*E. × ebbingei*), Weißdorn *(Cr taegus laevigata)*
bis 4 m	Buche *(Fagus sylvatica)*, Feld ahorn *(Acer campestre)*, Hain buche *(Carpinus betulus)*

nigen einfachen Hilfmitteln gelingt ein exakter Schnitt: Lehnen Sie ein Brett in gewünschter Heckenhöhe längs an die Hecke. Es markiert die obere Schnittkante, an der Sie waagerecht schneiden. Dann legen Sie auf die geschnittene Oberseite ein schmales Brett, das die Schnittkanten für die Seiten vorgibt. Mithilfe von zwei Bohrungen fixieren Sie das Brett mit zwei Stäben im Boden (→ Abb. 3). Auch bei Buchseinfassungen ist die Trapezform empfehlenswert.

Hecken aus Lorbeerkirsche schneidet man am besten mit einer Handschere in Form. Denn mit einer Heckenschere verletzt man die Blätter, die dann unschön eintrocknen.

Erhaltung

Ist die gewünschte Endgröße erreicht, genügt meist ein Schnitt pro Jahr. Nur bei starkwüchsigen Arten wie Liguster oder Hainbuche sind manchmal zwei Schnitte nötig. Oft reicht es auch, wenn Sie nach dem ersten Schnitt mit der Heckenschere aus der Hecke ragende Triebe mit der Handschere entfernen. Schneiden Sie bevorzugt zwischen Juni und August. Schnitte zu dieser Zeit beruhigen das Wachstum am ehesten. Im Herbst sollten Sie nicht mehr schneiden, neue Austriebe reifen bis zum Winter nicht mehr aus.

Verjüngung

Zu große oder überalterte Laubgehölzhecken schneiden Sie im Frühjahr vor dem Austrieb auf ein Viertel der vorgesehenen Endhöhe zurück und bauen sie in jährlichen Schritten, wie bei der Erziehung, wieder auf. Bei immergrünen Laubgehölzen wie Lorbeerkirsche, Stechpalme oder Buchs verjüngen Sie die Hecken über mehrere Jahre in Etappen (→ Seite 187).

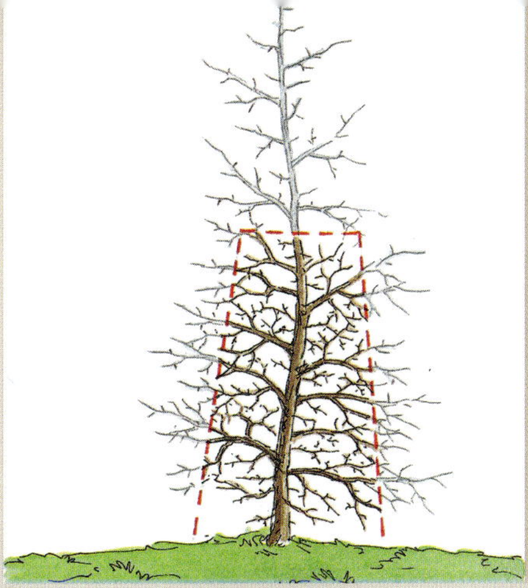

1 PFLANZSCHNITT *Schneiden Sie vor allem jüngere Laubgehölzhecken um mindestens die Hälfte zurück. Es entsteht ein Saftstau, der die Wuchskraft und Vitalität der unteren Seitentriebe dauerhaft fördert. Die Seitentriebe kürzen Sie in Trapezform ein.*

2 ERZIEHUNG *Erziehen Sie eine Hecke in Stufen und geben Sie ihr von Anfang an die Form vor. Lassen Sie bei jedem Schnitt einige Zentimeter Neuzuwachs stehen, bis die gewünschte Endgröße erreicht ist. Schneiden Sie zu Beginn zweimal jährlich, so verzweigt sich die Hecke besser.*

3 BUCHSEINFASSUNG: ERHALTUNG *Bei Buchseinfassungen lehnen Sie zuerst ein Brett mit der gewünschten Höhe an der Seite an. Es markiert die Schnittkante für die Oberfläche. Ein schmaleres Brett, mit zwei Stäben im Boden fixiert, legen Sie für die Seitenkanten obenauf.*

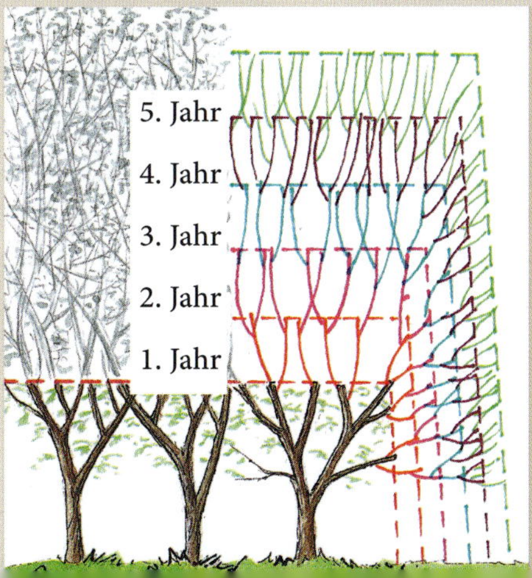

4 VERJÜNGUNG *Überalterte oder vergreiste Laubgehölzhecken kürzen Sie zur Verjüngung von oben und an den Seiten auf ein Viertel der gewünschten Endhöhe ein. Anschließend bauen Sie sie über mehrere Jahre in Stufen wieder auf. Dabei gehen Sie wie beim Erziehungsschnitt vor.*

Nadelgehölzhecken: dicht und immergrün

Eine trapezförmig in Stufen erzogene Thujahecke bleibt auch im Alter attraktiv.

Nadelgehölzhecken sind ein idealer Schutz an viel befahrenen Straßen. Denn sie sind immergrün und besitzen den Charakter einer massiven Mauer. Neben den viel verwendeten Thujen *(Thuja)* finden vorwiegend Scheinzypressen *(Chamaecyparis)* oder Eiben *(Taxus)* Verwendung. Wacholder *(Juniperus)* oder Kiefern *(Pinus)* kommen seltener zum Einsatz, da sie den Formschnitt weniger gut vertragen.
Thujen und Scheinzypressen wünschen einen durchlässigen, aber sommerfeuchten Boden (→ Seite 136). Sie vertragen keine heißen Standorte oder trockene Böden. Leiden die Pflanzen unter Stress, kann Schädlings- oder Pilzbefall die Folge sein (→ Seite 48). Genügsamere Nadelgehölze sind Eiben (→ Seite 140). An trockenen Standorten sollte man sie jedoch bei Bedarf auch im Winter wässern, allerdings nur dann, wenn der Boden frostfrei ist. Thujen und Scheinzypressen lassen sich gut schneiden, vorausgesetzt, Sie schneiden nur im benadelten Bereich. Schnitte ins alte, unbenadelte Holz vertragen sie nicht. Eiben kann man dagegen – als einziges Nadelgehölz – richtiggehend verjüngen.

Gezielt auswählen

Bei allen drei Nadelgehölzen sollten Sie für eine Heckenpflanzung Arten oder Sorten wählen, die von sich aus aufrecht und buschig wachsen. Eher breit oder säulenförmig wachsende Arten eignen sich nicht. Eine gute Wahl ist zum Beispiel die Gewöhnliche Eibe *(T. baccata)*. Sie wächst gleichförmig und kann daher leicht zu einer Hecke erzogen werden. Bei Thujen findet vor allem der Abendländische Lebensbaum *(Thuja occidentalis)* mit seinen Sorten 'Columna' und 'Smaragd' Verwendung. Sorten des Riesen-Lebensbaums *(T. plicata)* haben glänzend dunkelgrünes Laub und wachsen zu hochwertigen Hecken heran. Scheinzypressen bieten eine Vielfalt geeigneter Sorten, meist gehören sie zu Lawsons-Scheinzypresse *(Chamaecyparis lawsoniana)*. Es gibt nicht nur grüne, sondern auch gelb- und blaunadelige Sorten, die spannungsreiche Hecken ergeben.

Pflanzung

Achten Sie beim Einkauf Ihrer Nadelgehölze für eine Hecke nicht nur auf die Höhe, sondern auch darauf, dass sie dicht verzweigt sind – dies spricht für eine gute Qualität.
Bei Pflanzen mit Erdballen lösen Sie das Ballentuch bei der Pflanzung ab. Ist es aus Jute, können Sie es mit einpflanzen, weil es verrottet. Kunststofftücher zersetzen sich dagegen nicht und müssen vorsichtig entfernt werden. Bei Topfballen lockern Sie die unteren Wurzeln leicht. Gießen Sie nach der Pflanzung großzügig an und schneiden Sie dann die Hecke leicht in Form. Die Seitentriebe kürzen Sie dabei nur leicht ein, die Mitteltriebe dagegen um 5–10 cm.

1 THUJA: ERZIEHUNG *Erziehen Sie Thujahecken immer trapezförmig. Schneiden Sie immer im benadelten Bereich und nahe an den Schnittstellen des letzten Schnitts.*

2 EINKÜRZEN *Will man die Höhe einer Thujahecke stark verringern, bleibt die Oberfläche kahl. Biegen Sie Seitentriebe beidseitig über die Kahlstelle und binden Sie sie zusammen.*

Erziehung

Erziehen Sie Nadelgehölzhecken wie bei Laubgehölzhecken in Stufen. Eine leichte Trapezform sorgt dafür, dass die Hecke auch nach Jahren im unteren Bereich dicht benadelt bleibt. Weil bei der Trapezform die Oberfläche schmaler ist als die Basis, bleibt außerdem weniger Schnee auf der Hecke liegen, und die aufrechten Gerüsttriebe fallen weniger schnell auseinander. Eine solche Formstabilität, die auch Schneedruck standhält, erreichen Sie jedoch nur durch einen stufigen Aufbau über mehrere Jahre.
In der Erziehungsphase schneiden Sie zweimal jährlich, einmal im Frühjahr und einmal im Frühsommer. Vergrößern Sie die Hecke bei jedem Schnitt um höchstens 5 cm. So entwickelt die Hecke so viele Verzweigungen wie möglich. Schneiden Sie die Hecke schon jetzt in die gewünschte Trapezform. Der Aufbau der Hecke kann, je nachdem, wie hoch sie werden soll, durchaus 5–10 Jahre dauern.

Erhaltung

Eine aufgebaute Nadelgehölzhecke schneiden Sie zur Wachstumsberuhigung im August. Sie treibt anschließend kaum mehr aus und geht gut in Form in den Winter. Wenn Sie Neuaustriebe wünschen, schneiden Sie im Frühjahr vor dem Austrieb oder im Juni. Im Spätherbst oder im Winter sollten Sie besser nicht schneiden. Versuchen Sie beim Schnitt möglichst nahe an den bereits vorhandenen Schnittstellen zu schneiden. Denn wenn Sie jedes Mal an jeder Seite nur 1 cm Neuzuwachs zugeben, hat sich die Hecke in 10 Jahren bereits um 20 cm verbreitert. Gerade bei kleinen Grundstücken sollten Sie jedoch darauf achten, dass die Hecke nicht zu breit wird und zu viel Platz einnimmt.

Verjüngung

Thujen oder Scheinzypressenhecken lassen sich nicht massiv verjüngen. Muss eine Hecke in der Höhe verringert werden, bleibt die Oberfläche kahl. Dann können Sie nur mit Seitentrieben wieder einen grünen »Deckel« bilden. Biegen Sie dazu im oberen Bereich von beiden Seiten Triebe über die kahle Fläche und binden Sie sie zusammen. Dies ist erst einmal ein Kompromiss, aber nach einigen Jahren bleiben die Triebe in der gebogenen Form, und die Oberseite ist wieder dicht begrünt. Soll eine Hecke dieser beiden Arten aber auch in der Breite massiv verkleinert werden, ist dies nicht möglich. Sie muss dann ersetzt werden. Eibenhecken lassen sich dagegen über mehrere Jahre verjüngen. Kürzen Sie im Frühjahr vor dem Austrieb eine Seite bis zu den aufrechten Gerüsttrieben ein. Im nächsten Frühjahr kürzen Sie die Höhe auf etwa 50 cm unter der gewünschten neuen Endhöhe ein, im dritten Jahr kürzen Sie die Rückseite ein. So bleiben immer ausreichend Nadeln für die Reservestoffbildung erhalten, sodass die Pflanze wieder austreiben kann (→ Abb. 5). Dann bauen Sie die Hecke in Stufen wieder auf.

3 EIBE: ERZIEHUNG *Hecken werden von Beginn an in der Trapezform geschnitten. Kürzen Sie im Frühsommer die Seitentriebe ein wenig ein und – nach Bedarf – die Mitteltriebe stärker.*

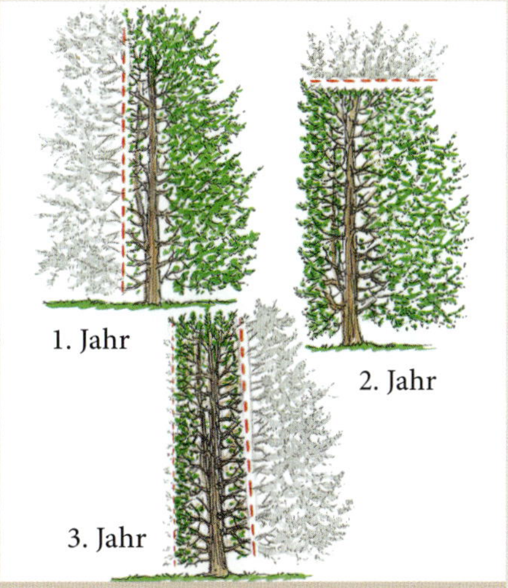

4 VERJÜNGUNG IN ETAPPEN *Kürzen Sie bei Eibenhecken zur Verjüngung im ersten Jahr eine Seite bis nahe ans Gerüst ein. Im zweiten Jahr verkürzen Sie die Höhe und im dritten Jahr die zweite Seite.*

5 AUSTRIEB NACH VERJÜNGUNG *Die Eibenhecke wurde im Frühjahr an einer Seite bis an die Gerüsttriebe eingekürzt. Im Sommer sind aus den Gerüsttrieben bereits neue Triebe gewachsen.*

Frei wachsende Hecken: ***Blüten, Blätter, Früchte***

Eine vielfältige Gehölzhecke besteht aus Blütengehölzen und wintergrünen Arten.

Eine Hecke aus frei wachsenden Gehölzen ist auf unterschiedlichste Weise attraktiv und bereichernd für den Garten. Sie grenzt nicht nur ab und schafft Struktur, vielmehr wirken die einzelnen Gehölze auch durch ihre Blüten, Früchte oder eine schöne Herbstfärbung. Zudem bietet sie, richtig ausgewählt, ein Refugium und Nahrung für die verschiedensten Tiere.

Allerdings braucht eine frei wachsende Hecke, die natürlich wirken soll, auch entsprechend Platz. Kalkulieren Sie deshalb für die Tiefe mindestens 2 m ein. Denn nur wenn die Gehölze artgemäß wachsen und nach außen überhängen können, ergibt sich ein harmonisches Bild. Die Endhöhe der Hecke bestimmen Sie durch eine gezielte Pflanzenwahl.

Gut kombinieren und geschickt pflanzen

Eine gemischte Hecke wirkt am lebendigsten, wenn sie aus unterschiedlich hohen und verschiedenartigen Gehölzen gestaltet wird. Blütengehölze sollten sich in ihrer Blütezeit abwechseln, im Herbst sollten Fruchtschmuck und Laubfärbung für Abwechslung sorgen. Einige wintergrüne Gehölze machen die Hecke auch in der kalten Jahreszeit attraktiv. Beispiele sind diverse Schneeball-Arten (→ Seite 81, 215), Wintergrüne Ölweide (→ Seite 203) oder Liguster (→ Seite 84).

Damit die Hecke eine ansprechende Gestalt hat, planen Sie sie in zwei Reihen versetzt hintereinander und pflanzen die kleineren Gehölze auf die ins Garteninnere weisende Seite (→ Abb. 1). Baumbildende Gehölze sollten Sie in einer solchen Hecke nur sehr zurückhaltend verwenden, sie werfen später Schatten und beeinträchtigen benachbarte Pflanzen.

Zurückhaltend schneiden

Der Schnitt erfolgt wie bei Einzelgehölzen regelmäßig, fällt aber weniger intensiv aus. Bei stark wachsenden Arten wie der Hasel ist das Auslichten älterer Triebe vorrangig, da sie sonst kleinere Sträucher überdecken. Feinarbeiten wie das Verschlanken von Spitzen können hier entfallen.

Die Schnittmaßnahmen lassen sich arbeitssparend durchführen, wenn Sie von Anfang an regulierend eingreifen. Ist eine Hecke dagegen ausgewachsen und wurde nie geschnitten, ist fast kein Durchkommen möglich. Der Schnitt wird sehr zeitaufwendig. Es kann dann nötig sein, einzelne Gehölze auf den Stock zu setzen – besser ist es aber, solche Situationen zu vermeiden. Schneiden Sie zu dem für das jewei-

1 PFLANZUNG *Damit die Hecke dicht wird, pflanzen Sie sie zweireihig. Niedrige Gehölze kommen auf die dem Garten zugewandte Seite, höhere grenzen den Garten nach außen ab.*

2 ERHALTUNG *Lichten Sie die ältesten Triebe alle 2–4 Jahre bodeneben aus. Belassen Sie für diese Triebe Jungtriebe als Ersatz, die übrigen Triebe entfernen Sie jedes Jahr vollständig.*

lige Gehölz besten Zeitpunkt. Frühjahrsblüher schneidet man nach der Blüte, Sommerblüher und Blattstrukturgehölze im Frühjahr vor dem Austrieb. Noch mehr als bei einzeln stehenden Gehölzen sollten Sie prüfen, ob im Frühjahr Vögel in der Hecke nisten. In diesem Fall verschieben Sie den Schnitt auf einen Zeitpunkt, zu dem die Jungvögel das Nest bereits verlassen haben.

Erziehung

Lichten Sie im Frühjahr nach der Pflanzung schwache Triebe bodeneben aus. Erziehen Sie die einzelnen Gehölze wie bei den Einzelporträts beschrieben (→ ab Seite 54). Achten Sie darauf, dass sich zwar eine blickdichte Hecke bildet, aber kein Gehölz das andere beeinträchtigt. Vergreisen bodenbürtige Gerüsttriebe, lichten Sie sie aus und belassen Jungtriebe als Ersatz. Bilden sich übermäßige Verzweigungen an den Gerüsttriebspitzen, lenken Sie sie auf einen Jungtrieb um.

Erhaltung

Bei frei wachsenden Gehölzhecken ist der wichtigste Schnitt das bodenebene Auslichten von Gerüsttrieben (→ Abb. 3). Er erfolgt, je nach Langlebigkeit des einzelnen Triebs, alle 2–4 Jahre. Entnehmen Sie die stärksten und ältesten Triebe am Boden. Bei Arten, die viele Bodentriebe bilden, belassen Sie nur so viele Jungtriebe, wie zum Ersatz älterer Triebe nötig sind. Alle anderen jungen Bodentriebe entfernen Sie. Kürzen Sie solche Jungtriebe nicht am Boden ein. Dies regt ihr Wachstum nur noch mehr an, und der Schnitt im folgenden Jahr ist doppelt so aufwendig. Am einfachsten ist es, wenn Sie jährlich bereits im Sommer die neu auswachsenden, noch unverholzten Jungtriebe ausreißen. Dann wachsen im nächsten Jahr auch weniger Triebe nach.
Wie einzeln stehende Sträucher bilden auch Hecken nach einigen Jahren im oberen Bereich starke Verzweigungen. Die Gehölzbasis wird schattiert und verkahlt. Lichten Sie solche Besen alle 3–4 Jahre aus und lenken Sie sie auf weiter innen stehende Jungtriebe um. Die oberen Bereiche der Hecke bleiben locker, es gelangt wieder genug Licht in das Strauchinnere.

GEHÖLZE FÜR FREI WACHSENDE HECKEN

Blütenschmuck	Blutjohannisbeere, Deutzie, Kolkwitzie, Kornelkirsche, Pfeifenstrauch, Schneeball, Sommerflieder, Spiräe, Zierquitte
Fruchtschmuck	Apfelbeere, Berberitze, Holunder, Sanddorn, Zierapfel
Strukturgehölz	Blasenspiere, Felsenbirne, Hartriegel, Hasel, Heckenkirsche
wintergrün	Buchs, Liguster, Ölweide, Stechpalme

Verjüngung

Führt man den Erhaltungsschnitt mit dem Auslichten älterer Triebe am Boden in regelmäßigen Intervallen durch, ist kein Verjüngungsschnitt nötig. Bei überalterten, sehr dichten Gehölzen ist ein geregeltes Auslichten unter Umständen jedoch kaum möglich. Man setzt sie dann besser auf den Stock (→ Abb. 4). Bei dieser radikalen Methode schneiden Sie alle Triebe am Boden zurück und belassen im folgenden Sommer nur etwa zehn Jungtriebe, die Sie zu einem neuen Gerüst aufbauen. Während der nächsten beiden Jahre entfernen Sie alle Neutriebe. Nach 3 Jahren gehen Sie wieder zu einem geregelten Erhaltungsschnitt über. Damit die Hecke während der Verjüngung wenigstens noch einen Teil ihrer Funktion als Sichtschutz erfüllen kann, sollten Sie höchstens ein Drittel der Gehölze auf den Stock setzen.

3 ERHALTUNG *Regelmäßig ausgelichtete Hecken vergreisen auch nach Jahren nicht, sie brauchen keine Verjüngung. Bei Bedarf lichten Sie starke Triebe bodeneben aus.*

4 VERJÜNGUNG *Wurde eine Hecke über Jahre nicht geschnitten, bildet sich ein dichtes Triebgewirr. Setzen Sie solche Gehölze vollständig auf den Stock und erziehen Sie sie neu.*

Systematisch aufgebaute Formschnitte bleiben dauerhaft attraktiv.

Einfache, runde Formen: Kugeln und Kegel

Zu Kugeln, Kegeln oder anderen Figuren geschnittene sommer- oder immergrüne Gehölze sind höchste Gartenkunst. Sie wirken am attraktivsten, wenn ihre geometrischen Umrisse zu jeder Zeit klar erkennbar sind. Als Gehölze wählt man gut schnittverträgliche Arten wie Buchs oder Eibe.

Die Grundregeln

Schneiden Sie Formgehölze am besten von Ende Februar bis Ende Juli. Später reifen neu entstehende Jungtriebe oft nicht mehr aus und trocknen im Winter ein. Wählen Sie bewölkte Perioden für die Arbeit. Dann verbrennen die nach dem Schnitt außen stehenden Blätter aus dem Gehölzinnern nicht, sondern können sich langsam an die intensive Strahlung gewöhnen. Starkwüchsige Gehölze schneidet man zwei- bis dreimal jährlich, bei schwachwüchsigen reicht ein Schnitt im Sommer.

Verwenden Sie für den Schnitt kleiner Figuren Buchsheckenscheren (→ Seite 30). Sie sind leicht, und kleine Rundungen oder Kanten lassen sich mit ihnen genau ausführen. Mit den oft angebotenen Schafscheren lassen sich nur weiche Triebe schneiden. Hilfsmittel wie Schnur, Draht oder Schablone helfen, eine Figur exakt herauszuarbeiten. Schablonen können Sie aus dicker Pappe oder dünnem Holz zuschneiden. Wenn Sie schon in der Erziehungsphase mit einer Vorlage arbeiten möchten, müssen Sie mehrere Schablonen in unterschiedlichen Größen anfertigen. Denn schließlich soll die Figur ja im Lauf der Zeit noch an Größe zunehmen. Möchten Sie sich diesen Aufwand sparen, sollten Sie mindestens alle vier Wochen schneiden. Dann sind die alten Schnittstellen noch gut zu erkennen, und der Schnitt geht auch ohne Schablone leicht von der Hand.

In der Erhaltungsphase, wenn die Figuren ihre Endgröße erreicht haben, genügt eine Schablone.

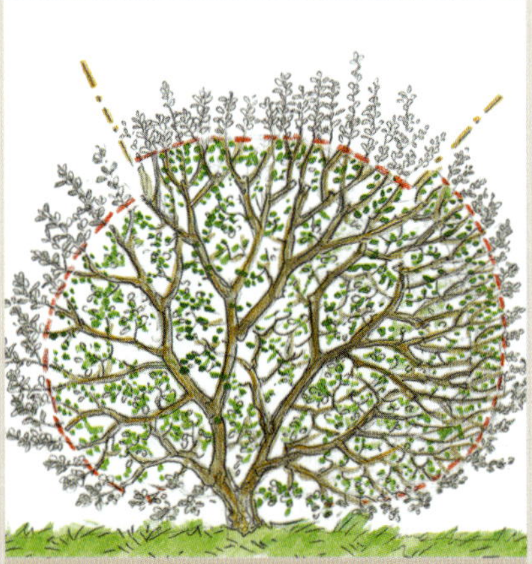

AUFBAU IN STUFEN *Bauen Sie Formschnitte in Stufen auf. So entstehen an jeder Schnittstelle Verzweigungen. Die Form ist stabil und fällt auch bei Schneedruck nicht auseinander.*

Erziehung

Erziehen Sie Formschnittgehölze von Anfang an in der gewünschten Form und bauen Sie sie ähnlich wie Hecken in Stufen auf (→ Abb. links). So ist das Gehölz von innen heraus dicht verzweigt. Die Form bleibt dauerhaft kompakt und hat eine feste, fein gegliederte Außenfläche. In den ersten 2–3 Jahren sind bis zu drei Schnitte pro Jahr angebracht. Je nach Wüchsigkeit lassen Sie pro Schnitt 2–3 cm des Neuzuwachses stehen. Auf diese Weise kann beispielsweise eine Kugel pro Jahr im Durchmesser um 4–10 cm zunehmen. Starke Seitentriebe, die sich mit der Heckenschere nur schwer bearbeiten lassen, entfernen Sie weiter innen im Gehölz mit der Handschere.

Erhaltung

Der Erhaltungsschnitt entspricht im Prinzip dem Erziehungsschnitt, nur soll das Gehölz nicht mehr in der Größe zunehmen. Sie schneiden also lediglich die Form sauber nach.

Kugeln schneiden

Kugeln gehören zu den einfachsten Formschnitten. Wenn Sie jedoch unsicher sind, ob Sie eine Kugel formieren können, arbeiten Sie zu Beginn mit einer Schablone. Dazu schneiden Sie aus Holz oder Pappe halbkreisförmig ein Negativ aus und fixieren es mit Draht oder Klebeband an einem Stab. Diesen stecken Sie so in das Zentrum der Pflanze, dass sich die Schablone um die Pflanze drehen lässt. Nun schneiden Sie an der Schablonenkante entlang rund um die Pflanze. Bei vorgeschnittenen Kugeln geht dies ganz leicht. Bei noch ungeformten Buchspflanzen ist es etwas schwieriger.

Schneiden Sie zuerst oben auf der Kugel eine waagerechte Fläche. Von der Oberseite aus folgen Sie dann der Rundung der Kugel und arbeiten sich langsam nach unten vor. Schauen Sie dabei immer von oben auf die Kugel, damit sie gleichmäßig rund wird. Am harmonischsten wirken Buchskugeln, wenn sie aussehen, als seien sie etwas in der Erde versenkt. Schneiden Sie deshalb die Unterseite nicht ganz rund, sondern nahezu flach.

Kegel schneiden

Bei einem Kegel muss die Außenseite, der sogenannte Mantel, rundum im selben Winkel zur Mitte stehen. Am besten gelingt dies, wenn Sie von oben auf den Kegel schauen und beim Schneiden um die Pflanze herumgehen. Damit der Kegel nicht gedrungen wirkt, sollte der Winkel 60° oder etwas mehr betragen, Als Schablone stecken Sie ein dünnes Metallrohr durch das Zentrum des Kegels fest in den Boden. Es muss genau senkrecht stehen. Formen Sie aus Draht ein V, das so hoch ist wie der Kegel und den halben gewünschten Winkel hat. Einen Schenkel des V stecken Sie in das Rohr, der andere steht schräg nach außen und unten. Entlang dieses Schenkels schneiden Sie rund um den Kegel.

Verjüngung

Werden Formschnittgehölze zu groß, kürzen Sie sie etwa um ein Drittel bis ins alte Holz ein, am besten im späten Frühjahr direkt vor dem Austrieb. Dann bauen Sie die Form in mehreren Stufen wieder auf. Schneiden Sie bei Bedarf zwei- bis dreimal im Sommer. So entsteht wieder eine dichte, fein strukturierte Oberfläche. Es dauert aber einige Jahre, bis die Figur wieder ihre volle Gestalt entwickelt hat.

1 KUGEL SCHNEIDEN
Schritt 1: Betrachten Sie beim Schneiden die Kugel immer von oben. So haben Sie am besten im Blick, ob Sie rundum gleichmäßig schneiden. Als Erstes schneiden Sie die Oberseite der Kugel zu einer waagerechten Fläche.

2 KUGEL SCHNEIDEN
Schritt 2: Arbeiten Sie sich gleichmäßig entlang der Rundung nach unten vor. Kontrollieren Sie immer wieder, ob die Kugel symmetrisch wird. Wenn Sie die Heckenschere beim Schneiden immer im gleichen Abstand vom Körper halten, gelingt dies am besten.

3 KUGEL SCHNEIDEN
Schritt 3: Schneiden Sie die Kugel unten nicht komplett rund. Sie wirkt sonst, als könnte sie davonrollen. Stattdessen schneiden Sie die Unterseite der Kugel flach. So sieht es aus, als wäre sie ein wenig in die Erde eingesunken und würde stabil aufliegen.

4 KEGEL SCHNEIDEN
Diese Kegelform wurde 1 Jahr nicht geschnitten und muss neu herausgearbeitet werden. Betrachten Sie den Kegel von oben. Schneiden Sie exakt von der Mitte aus und immer im selben Winkel rund um den Kegel. Ist der obere Bereich fertig, gehen Sie eine Stufe tiefer.

Eckige Formen: Pyramiden und Quader

Eckige Formschnitte können im Garten besonders spannungsreiche Akzente setzen. Das Angebot reicht von Pyramiden bis hin zu Quadern oder Würfeln. Verwenden Sie auch für diese Formen nur geeignete Gehölze. Bei immergrünen Gehölzen sind Buchs und Eibe die Favoriten, aber auch Liguster oder die Japanische Stechpalme kommen infrage. Die Stechpalme wird in Regionen, in denen Buchs durch Schädlinge befallen wird, oft als Buchs-Ersatz angeboten. Doch sie hat andere Ansprüche an den Standort als Buchs und braucht kühle Plätze mit sommerfeuchten Böden. Von den sommergrünen Gehölzen eignen sich für strenge Formen im Prinzip alle Laubgehölze, die Sie für formale Hecken verwenden können. Dazu gehören Hainbuche, Blutbuche, Kornelkirsche oder Feldahorn. Auch die graulaubige Weidenblättrige Birne lässt sich in Quader- oder Pyramidenform schneiden und passt dann hervorragend in Gärten im mediterranen Stil.
Wie bei runden Formen lassen Sie in der Erziehungsphase je nach Wuchsstärke einige Zentimeter des jeweiligen Zuwachses stehen. In der Erhaltungsphase sorgt der Schnitt dann nur noch dafür, dass die Form perfekt bleibt.

Perfektion ist wichtig

Noch stärker als bei runden fallen bei eckigen Formen Schnittfehler sofort ins Auge. Die Kanten und Winkel sollten deshalb sehr exakt und gleichmäßig geschnitten sein. Deshalb leisten sowohl bei der Erziehung als auch bei der Erhaltung Schablonen wertvolle Dienste (→ Seite 190). Sie helfen, die Objekte genau in Form und Jahr für Jahr in derselben Größe zu halten.

Pyramiden schneiden

Pyramiden bestehen aus einer viereckigen Grundfläche und vier dreieckigen Seitenflächen. Wie flach oder steil der Winkel der Seitenflächen ausfällt, bleibt ihrem Geschmack überlassen. Damit die Form jedoch nicht zu gedrungen wirkt, sollte der Winkel 60° oder mehr betragen. Je steiler er ist, umso graziler wirkt die Pyramide.
Schneiden Sie zuerst eine Seitenfläche im gewünschten Winkel bis zur Hälfte. Dabei stehen Sie so, dass Sie über die Pyramidenspitze schauen und die von Ihnen abgewandte Seite schneiden. Dann wechseln Sie auf diese Seite und schneiden die gegenüberliegende Fläche. So haben Sie die bereits geschnittene Seite vor Augen, und es fällt leichter, die zweite Seite exakt parallel und im selben Neigungswinkel zu schnei-

1 PYRAMIDE: ERZIEHUNG *Bei dieser Eibenpyramide mit Stamm wurde die Form bei der Erziehung festgelegt. Der Neigungswinkel der Seiten bleibt gleich, die Pyramide wird aber jährlich vergrößert.*

2 PYRAMIDE: ERHALTUNG *Diese Buchspyramide hat ihre Endgröße erreicht und wird nun regelmäßig nur noch in Form gehalten. Dabei greift man über die Spitze und schneidet die gegenüberliegende Seite.*

3 ERHALTUNG MIT SCHABLONE *Um eine Pyramide jährlich in derselben Größe gleichmäßig zu schneiden, hilft eine einfache Schablone. Über die Pflanze gestülpt, gibt sie die Schnittkanten exakt vor.*

den. Auf dieselbe Weise schneiden Sie die beiden übrigen Flächen. Kontrollieren Sie, ob alle Seiten gleichmäßig sind, und korrigieren Sie Unregelmäßigkeiten. Erst wenn die obere Hälfte der Pyramide gelungen ist, schneiden Sie die untere Hälfte. Da im Sommer die Spitze meist stärker wächst als der Rest der Pyramide, schneiden Sie sie noch einmal nach.

Als Hilfsmittel empfiehlt sich eine Schablone aus Bambusstäben und Draht (→ Abb. 3). Binden Sie vier gleich lange Stäbe an einem Ende mit Klebeband so zusammen, dass sie sich leicht auseinanderspreizen lassen. Biegen Sie aus festem Draht ein Quadrat, das Sie an den Enden fixieren. Stellen Sie die Stäbe über die Pyramide und schieben Sie das Draht-Quadrat so über die Stäbe, dass dieses die Stäbe im gewünschten Neigungswinkel hält. Befestigen Sie das Quadrat mit Klebeband in dieser Höhe an den Stäben. Diese Schablone stülpen Sie vor jedem Schnitt über die Pyramide.

Einen Pyramidenstumpf schneiden

Der Schnitt eines Pyramidenstumpfs – also einer Pyramide ohne Spitze – entspricht dem der Pyramide. Die obere Fläche sollte etwas kleiner sein als die Seiten, sonst wirkt der Stumpf sehr gedrückt. Auch hierfür verwenden Sie die Pyramidenschablone. Legen Sie die Höhe des Stumpfs fest und wickeln Sie auf dieser Höhe eine feste Schnur um die vier Stäbe. Sie markiert die Schnittkante für die Oberfläche des Stumpfs.

Würfel schneiden

Bei einem Würfel haben alle Seiten die exakt gleiche Kantenlänge. Deshalb ist die Verwendung einer Schablone besonders wichtig. Sie können sie aus zwölf gleich langen Bambusstäben herstellen, die Sie mit Klebeband an den Ecken zu einem Würfel verbinden. Einen Würfel sollten Sie sehr langsam in Stufen aufbauen (→ Seite 190), sonst verkahlt die Basis der Seitenflächen. Lassen Sie also bei jedem Schnitt nur sehr wenig vom Zuwachs stehen. Bei fertig erzogenen Würfeln ist der Saftdruck im Zentrum der oberen Fläche stärker als an den Rändern. Schneiden Sie deshalb bei Bedarf die Oberfläche mit der Heckenschere nach.

Eiben lassen sich in verschiedenste Formen schneiden und sogar verjüngen.

Säulen schneiden

Wie bei hohen formalen Hecken sollten Sie bei Säulen, egal ob rund oder eckig, darauf achten, dass sie im unteren Bereich nicht verkahlen. Erziehen Sie zuerst die Form gleichermaßen in die Breite und Höhe. Ist die gewünschte Breite erreicht, bauen Sie die weitere Höhe in kleinen Stufen auf. Schneiden Sie zweimal pro Jahr und erhöhen Sie die Säule bei jedem Schnitt um 5 bis höchstens 10 cm. So entstehen die nötigen Saftstaustufen. Die Pflanze verzweigt sich stark und bleibt auch unten dicht. Verkahlt eine Säule, kürzen Sie sie um mindestens die Hälfte der Höhe und ein Viertel der Breite ein. Dann bauen Sie sie in Stufen wieder auf.

4 PYRAMIDENSTUMPF: ERZIEHUNG *Die Schablone hilft auch beim Schnitt eines Pyramidenstumpfs. Markieren Sie die gewünschte Höhe mit einer Schnur oder mit Stäben.*

5 WÜRFEL: ERZIEHUNG *Bei Würfeln müssen die Kanten exakt im 90°-Winkel aufeinanderstoßen, jede Schräge fällt sofort auf. Neutriebe an der Oberseite schneiden Sie im Sommer nach.*

Spezielle Formen: Spiralen und Co.

Spiralen sind anspruchsvolle Formschnitte und brauchen einen regelmäßigen Schnitt.

Wenn Sie bereits Übung im Formschnitt haben, können Sie Ihrer Fantasie freien Lauf lassen. Spiralen, Etagen, Tierfiguren oder völlig frei gewählte Formen – die Möglichkeiten sind fast unbeschränkt. Überlegen Sie jedoch gut, welches Ziel Sie erreichen wollen. Denn einmal geschnittene Strukturen lassen sich nicht mehr korrigieren, ohne dass Kahlstellen entstehen. Außerdem kostet die Erhaltung solcher Formen relativ viel Zeit. Aufwendige Tierfiguren etwa sollte man mindestens alle vier bis sechs Wochen schneiden, sodass Sie die Form nicht jedes Mal neu »erfinden« müssen.
Je feingliedriger eine Form ist, wie etwa Tierfiguren oder Spiralen, umso kleiner sollten Blätter oder Nadeln sein. Buchs oder Eibe sind hier die erste Wahl.

Spiralen schneiden

Spiralen gehören zu den komplizierteren Formschnitten, denn sie vereinen mehrere Formen. Die Grundform entspricht einem Kegel, der sich von der Basis bis zur Spitze gleichmäßig verjüngt. Den Kegel können Sie mit einer Schablone vorformen (→ Seite 191). Hat er die gewünschte Größe erreicht, legen Sie die Spirale an. Ihre Windungen verjüngen sich nach oben hin wie der Kegel, und der Abstand zwischen den Windungen wird immer enger.
Die Windungen legen Sie an, indem Sie eine spiralförmige Rinne in den Kegel schneiden. Dazu fixieren Sie ein Band am Startpunkt der Spirale mit Draht am Boden. Führen Sie das Band spiralförmig um den Kegel herum und verkleinern die Abstände nach oben hin gleichmäßig. Nun schneiden Sie zwischen den Bandspiralen die Rinne heraus. Im unteren Bereich schneiden Sie tiefer ein, im oberen flacher, da dort die Windungen schmaler werden. Eine perfekte Spirale zu formen, dauert 3–4 Jahre. Schneiden Sie zwei- bis dreimal jährlich nach. Bereits erzogene Spiralen schneiden Sie zweimal jährlich.

Etagen schneiden

Formschnittgehölze mit tellerförmigen Etagen passen sehr gut in formale Gärten. Auch sie gehören zu den Formschnitten, die Geschick erfordern.
Für Etagen-Formschnitte wählt man meist Eiben, da sie wenig verkahlen und dicht bleiben. Wichtig ist, dass die Pflanzen einen exakt aufrechten Mitteltrieb haben. Die einzelnen Etagen sollte man durch Formhilfen wie Bambus- oder Metallstäbe vorgeben. Dazu binden Sie die Stäbe mit der Mitte waagerecht an den Stamm, indem Sie eine Schnur kreuzförmig um Stamm und Stab wickeln. Pro Etage bringt man mehrere Stäbe versetzt zueinander rund um den Stamm an. Die Stäbe für die nächste Etage befestigen Sie im gewünschten Abstand am Stamm.
Für den Aufbau 20 cm dicker Etagen entfernen Sie an einer 1–1,5 m hohen Eibe in Abständen von 20 cm alle Triebe auf 20 cm Stammlänge. Dann biegen Sie die einzelnen Etagentriebe waagerecht und befestigen sie an den Stäben. Wichtig ist, dass sie zwar außen waagerecht liegen, jedoch vom Mitteltrieb leicht schräg nach oben abzweigen. Dies sorgt für einen bleibenden Saftstrom. In den folgenden Jahren entfernen Sie alle aus den Tellern ragenden Triebe und kürzen den Zuwachs an den Rändern ein. Möchten Sie die Etagen verbreitern, lassen Sie einen Teil des Zuwachses stehen.
Hat das mit Etagen erzogene Gehölz eine kegelförmige Grundform, ist es

GEHÖLZE FÜR FREIE FORMEN

bis 0,3 m	Heiligenkraut *(Santolina)*, Zw Blutberberitze (*Berberis thu* 'Atropurpurea Nana')
bis 1 m	Immergrüne Heckenkirsche *(Lonicera nitida)*, Kriechspin *(Euonymus fortunei)*
bis 2 m	Buchs *(Buxus sempervirens* Japanische Stechpalme *(Ilex crenata)*, Liguster (*Ligustru* Arten)
bis 4 m	Buche *(Fagus sylvatica)*, Eib *(Taxus)*, Feldahorn *(Acer can* Hainbuche *(Carpinus betulu*

einfacher, die unteren Etagen vital zu erhalten, da die oberen Etagen die unteren nicht zu sehr beschatten. Ist die Grundform eine Säule, muss man mehr darauf achten, dass die unteren Etagen nicht vergreisen.

Ein Gerüst begrünen

Wem Formschnittgehölze zu kompliziert sind, formiert Kletterpflanzen an Gerüsten. Gestelle aus Metall oder Holz geben die Form vor. Sie flechten die Kletterpflanze einfach in die Rankhilfe ein und schneiden sie in den folgenden Jahren so, dass die Form jederzeit sichtbar bleibt. Der Aufbau kann, abhängig von der gewünschten Endgröße, auch hier einige Jahre dauern. Auf diese Weise können Sie mit Kletterpflanzen Tierfiguren auf Drahtgestellen erziehen, aber auch große Gartenelemente begrünen. Für einen großen Pavillon aus Eisenstäben eignet sich zum Beispiel Efeu (→ Abb. 3). Flechten Sie mehrere Triebe um die Stäbe und fixieren Sie sie bei Bedarf mit einer Schnur. Auswachsende Seitentriebe kürzen Sie im Sommer ein.

Freier Formschnitt

Freie Formschnitte finden sich oft in Gärten mit japanischem Charakter. Solche unregelmäßigen Formen werden ohne Schablonen geschnitten. Man braucht also Übung sowie ein geschultes Auge, um stimmige Proportionen zu schaffen (→ Abb. 4). Für einen freien Formschnitt mit wolkenförmigen, frei angeordneten Etagen formen Sie die Triebe an den Spitzen flachkugelig. Unterhalb der Triebspitzen entfernen Sie regelmäßig alle Seitentriebe bis hin zum Stamm. Die Formen sollten im unteren Bereich etwas größer sein und sich nach oben hin gleichmäßig verkleinern.

1 SPIRALE *Bei der jungen Eibenspirale ist der um die Mitte laufenden Wulst gut zu erkennen. Die Grundform entspricht einem Kegel, der sich nach oben hin gleichmäßig verjüngt. Genauso werden Wulst und Rinne nach oben zu immer schmaler.*

2 ETAGEN *Solche Formen wirken nur, wenn die Etagen sauber gegeneinander abgegrenzt sind. Entfernen Sie deshalb jährlich Stammtriebe zwischen den Etagen sowie aus den Etagen nach unten oder oben ragende Triebe. Soll der Durchmesser der »Teller« zunehmen, lassen Sie außen einen Teil des Zuwachses stehen.*

3 GERÜST BEGRÜNEN *Rankhilfen aus Metall lassen sich mit Efeu begrünen. Flechten Sie dazu Efeutriebe regelmäßig um die Metallstäbe. Damit die Form jederzeit klar zu erkennen ist, sollten die Stäbe mindestens 30 cm Abstand zueinander haben. Seitentriebe entfernen Sie jährlich.*

4 FREIER FORMSCHNITT *Formschnitte im japanischen Stil bestehen aus einem Triebgerüst mit kleinen, flachkugeligen Köpfen. Diese sollten nach oben hin kleiner werden. Aus dem Gerüst wachsende Seitentriebe entfernen Sie, die Köpfe schneiden Sie jährlich in Form.*

ABELIE *Abelia × grandiflora*, WHZ 7b–8a

Allgemeines: Die Großblütige Abelie bildet buschige, wintergrüne Sträucher mit zierlichen überhängenden Trieben und hellrosa Blütenglöckchen. Im Weinbauklima ist sie an geschützten Stellen ausreichend winterhart. Ansonsten kann sie zurückfrieren und braucht Winterschutz. Sie blüht an diesjährigen Trieben, geschnitten wird im späten Frühjahr bei beginnendem Austrieb. Erziehung: Mit 7–12 Bodentrieben, schwache Bodentriebe vollständig auslichten. Erhaltung: Vergreiste Bodentriebe auslichten, Verzweigungen und eingetrocknete Triebe auf vitale Jungtriebe umlenken, Triebspitzen verschlanken. Verjüngung: Die Pflanze auf den Stock setzen.

***Wuchs:** 1,5–2 m*

***Blütezeit:** Juli – Okt.*

SCHNEEFORSYTHIE *Abeliophyllum distichum*, WHZ 7a

Allgemeines: Die Schneeforsythie wächst als zierlicher Strauch und bevorzugt einen geschützten Standort. Die weißen, stark duftenden Blüten stehen an einjährigen Lang- und Seitentrieben. Der Schnitt erfolgt nach der Blüte. Erziehung: Nach der Pflanzung schwache Triebe bodeneben auslichten, kräftige Bodentriebe belassen, nicht einkürzen. Erhaltung: Triebe, die vergreist oder älter als 3 Jahre sind, bodeneben auslichten. Bei zweijährigen Trieben verzweigte Spitzen verschlanken. Bei Bedarf überlange diesjährige Triebe im Sommer im Strauchinnern einkürzen. Verjüngung: Alle vergreisten Triebe bodeneben auslichten, übrige verschlanken.

***Wuchs:** 1,5–2 m*

***Blütezeit:** März – Ende April*

SCHLITZAHORN *Acer palmatum* 'Dissectum', WHZ 6b

Allgemeines: Die grün- oder rotlaubigen Schlitzahorne sind Sorten des Fächerahorns (→ Seite 102) mit sehr fein geschlitzten Blättern. Es sind kleine, breitkugelige Sträucher, die eher kühle Standorte wünschen. Da sie sehr schnittempfindlich sind, schneidet man sie nur im Sommer und dabei zurückhaltend. Erziehung: Lediglich sich kreuzende und nach innen weisende Triebe auslichten. Erhaltung: Sich überlagernde Triebe auslichten, überlange Triebe auf Seitentriebe umlenken, bei Bedarf Triebspitzen mit kleinen Schnitten verschlanken, überhängenden Wuchscharakter erhalten. Verjüngung: Nicht möglich, verträgt nur kleine Schnittwunden.

***Wuchs:** bis 2 m*

***Blütezeit:** Mai*

FLAMINGO-STRAHLENGRIFFEL *Actinidia kolomikta*, WHZ 5b

Allgemeines: Der Flamingo-Strahlengriffel ist eng mit der Kiwi (→ Seite 260) verwandt. Er ist ein Schlinger und braucht eine Rankhilfe. Attraktiv ist er dank der weiß bis rosa gefärbten Blätter und der duftenden Blüten. Der Schnitt erfolgt im Frühjahr vor dem Austrieb. Erziehung: 2–3 Gerüsttriebe an der Rankhilfe entlangziehen und jährlich bis zu 1 m verlängern. Erhaltung: Seitentriebe im Frühjahr auf etwa 10 cm einkürzen, bei Bedarf überlange diesjährige Triebe im Sommer einkürzen. Verjüngung: Vergreiste Gerüsttriebe im Frühjahr bodennah auf Jungtriebe umlenken, diese werden wie bei der Erziehung geschnitten, Seitentriebe einkürzen.

***Wuchs:** 3–5 m*

***Blütezeit:** Juni*

WHZ = Winterhärtezone (→ Karte Seite 334)

Wuchs: bis 4 m

Blütezeit: Juni – Aug.

STRAUCHKASTANIE *Aesculus parviflora*, WHZ 5

Allgemeines: Strauch mit langlebigen, erst im oberen Bereich verzweigten Bodentrieben. Im Alter breiter als hoch, Ausläufer bildend. Die Blüten stehen an den Spitzen einjähriger Triebe. Zurückhaltender Schnitt im Frühjahr vor dem Austrieb. Erziehung: Mit 3–5 Bodentrieben. Diese nicht einkürzen, sondern nur bei Bedarf verschlanken. Erhaltung: Zu weit außenstehende Ausläufer im Sommer ausreißen, überzählige Bodentriebe auslichten. Zu lange Triebe auf tiefer stehende umlenken. Weitere bei Bedarf verschlanken. Verjüngung: Stark verzweigte und dadurch überhängende Triebspitzen auf weiter innen wachsende Seitentriebe umlenken.

Wuchs: 6–8 m

Blütezeit: April – Mai

SCHLANGENWEIN *Akebia quinnata*, WHZ 6b

Allgemeines: Der Schlangenwein ist eine Schlingpflanze, die an geschützten Stellen wintergrün ist. Die Blätter sind zusammengesetzt, die violetten Blüten duften angenehm. Die kleinen, an Gurken erinnernden, essbaren Früchte entwickeln sich nur selten. Der Schnitt erfolgt im Frühjahr nach der Blüte. Erziehung: Systematische Erziehung nicht nötig, im Frühjahr nach der Pflanzung alle Triebe auf 20 cm einkürzen. Erhaltung: Eingetrocknete Triebe vor dem Austrieb auslichten, nach der Blüte zu dichte oder große Köpfe im oberen Bereich bis zu den senkrechten Trieben entfernen. Verjüngung: Vergreiste Pflanzen auf Zapfen am Boden auslichten.

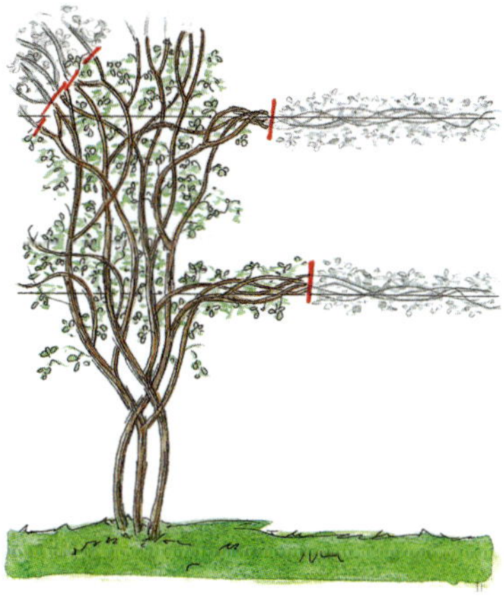

Wuchs: 5–6 m

Blütezeit: Aug. – Sept.

ARALIE *Aralia elata*, WHZ 6

Allgemeines: Die Aralie bildet wenige verzweigte, mit Stacheln besetzte Bodentriebe. Erst im oberen Bereich verzweigen sich die Triebe und bilden im Alter eine schirmförmige Krone. Die großen Blätter sind gefiedert, die Blüten eine Insektenweide. Die Blüten stehen an diesjährigen Trieben, der Schnitt erfolgt vor dem Austrieb. Erziehung: 3–5 Gerüsttriebe, schwache Triebe am Boden entfernen, ansonsten keine Erziehung notwendig. Erhaltung: Stark verzweigte Gerüsttriebspitzen maßvoll auslichten, überzählige Bodentriebe vollständig auslichten, zu weit außen stehende ausreißen. Verjüngung: Vergreiste Bodentriebe durch Jungtriebe ersetzen.

Wuchs: bis 1 m

Blütezeit: Juli – Okt.

EBERRAUTE *Artemisia abrotanum*, WHZ 6b

Allgemeines: Die Eberraute hat fein gefiedertes Laub, das angenehm duftet. Sie zählt zu den Halbsträuchern, obwohl sie ein verholztes Gerüst aufbauen kann. Je älter dieses jedoch wird, umso frostempfindlicher sind die Triebe. Der Schnitt erfolgt beim Austrieb. Erziehung: Im Frühjahr nach der Pflanzung die gesamte Pflanze auf 10 cm einkürzen, um junge Bodentriebe anzuregen. Erhaltung: Im Frühjahr die Pflanze auf 30 cm einkürzen, dann ältere Triebe bodennah auslichten, im Sommer erneut halbkugelig auf 50 cm einkürzen. Verjüngung: Gesamte Pflanze bis zum Boden einkürzen, stark überalterte Pflanzen lassen sich nur schlecht verjüngen.

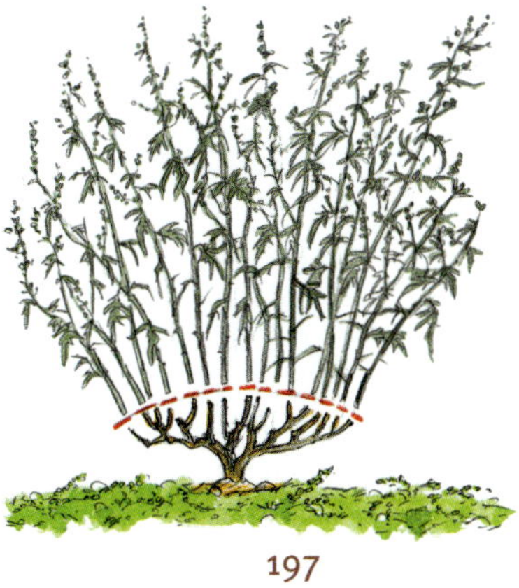

AUKUBE *Aucuba japonica*, WHZ 7b–8a

Allgemeines: Die immergrüne Aukube ist nur im Weinbauklima und an geschützten Standorten ohne Schutz winterhart, die buntlaubige Sorte 'Variegata' ist härter. Die roten, giftigen Beeren haften oft den ganzen Winter über am Strauch. Geschnitten wird im Frühjahr vor dem Austrieb. Erziehung: Keine gezielte Erziehung nötig, schlaksige Triebe auf die Hälfte einkürzen. Erhaltung: Im Frühjahr von Frost geschädigte Triebe auf vitale Triebe, überlange Triebe im Strauchinnern auf kürzere Seitentriebe umlenken. Verjüngung: Beim Austrieb bis zu einem Drittel des Strauchs im Strauchinnern auf Seitentriebe umlenken, im Folgejahr fortsetzen.

Wuchs: *1,5–2,5 m*

Blütezeit: *März – April*

AZALEE *Azalea*-Hybriden (neu: *Rhododendron*-Hybriden), WHZ 7a

Allgemeines: Azaleen gehören zu den Rhododendren und haben dieselben Standortansprüche. Die meisten großblumigen Hybriden sind sommergrün und blühen in vielen Farben. Azaleen blühen an einjährigen Trieben, der Schnitt erfolgt direkt nach der Blüte. Erziehung: Schwache Bodentriebe im Frühjahr nach der Pflanzung um die Hälfte einkürzen, kräftige belassen. Erhaltung: Vergreiste Gerüsttriebe bodennah auf Zapfen einkürzen, sehr stark verzweigte Spitzen auf Jungtriebe umlenken, Verblühtes ausbrechen. Verjüngung: In 2 Jahren je die Hälfte der Gerüsttriebe bodennah auf Zapfen einkürzen, kräftige bodenbürtige Jungtriebe als Ersatz belassen.

Wuchs: *0,5–2,5 m*

Blütezeit: *April – Mai*

KAMELIE *Camellia japonica*, WHZ 8a

Allgemeines: Die Kamelie wünscht vor Wind und Wintersonne geschützte Standorte, in kühlem Klima hält man sie besser im Kübel. Sie hat dieselben Bodenansprüche wie Rhododendren. Das immergrüne Gehölz blüht meist gefüllt von Weiß bis Rot. Die Blüten sitzen endständig an einjährigen Seitentrieben, der Schnitt erfolgt nach der Blüte. Erziehung: Bei kompakten und verzweigten Pflanzen keine Erziehung nötig, bei geringer Verzweigung Triebe um die Hälfte einkürzen. Erhaltung: Triebe mit Frostschäden bis auf vitale Seitentriebe, überlange auf kürzere Triebe umlenken. Verjüngung: Vergreiste Triebe an Gabelungen auf Zapfen entfernen (→ Seite 125).

Wuchs: *3–5 m*

Blütezeit: *März – Mai*

ERBSENSTRAUCH *Caragana arborescens*, WHZ 3

Allgemeines: Der Erbsenstrauch wächst straff aufrecht, bildet stabile Gerüsttriebe und gelbe Schmetterlingsblüten. Später erscheinen walzenförmige Früchte. Das Gehölz ist anspruchslos und gedeiht in fast jeder Gartensituation. Die Blütenknospen sitzen an einjährigen Seitentrieben, der Schnitt erfolgt nach der Blüte. Erziehung: Mit 5–7 Bodentrieben als Gerüst, schwache bodenbürtige Triebe vollständig auslichten. Erhaltung: Gerüsttriebe nach 5–7 Jahren durch junge Bodentriebe ersetzen, verzweigte oder überhängende Gerüsttriebspitzen auf tiefer stehende Seitentriebe umlenken und verschlanken. Verjüngung: Wie bei der Forsythie (→ Seite 68).

Wuchs: *3–5 m*

Blütezeit: *Mai – Juni*

WHZ = Winterhärtezone (→ Karte Seite 334)

Wuchs: 1–15 m

Blütezeit: Juli – Okt.

SÄCKELBLUME *Ceanothus × delilianus*, WHZ 7a

Allgemeines: Obwohl die Säckelblume verholzt, rechnet man sie eher den Halbsträuchern zu. Sie wünscht durchlässige Böden und warme Standorte. In kühlem Klima friert sie meist bis zum Boden zurück. Die Blüten stehen an diesjährigen Trieben, der Schnitt erfolgt direkt vor dem Austrieb. Erziehung: Im Frühjahr nach der Pflanzung alle Triebe auf 5–50 cm über dem Boden einkürzen, bodenbürtige oder -nahe Triebe fördern, Verblühtes im Sommer ausschneiden. Erhaltung: Abgestorbene Triebe entfernen, ältere bodennah auslichten, einjährige Triebe bodennah auf 10 cm einkürzen. Verjüngung: Alle Triebe bis zu der Verdickung am Boden einkürzen.

Wuchs: 8–10 m

Blütezeit: Juni

BAUMWÜRGER *Celastrus orbiculatus*, WHZ 5a

Allgemeines: Der Baumwürger ist ein starkwüchsiger Schlinger, man sollte ihn nicht an junge Bäume pflanzen. Rankhilfen müssen stabil in der Wand verankert sein, da die Pflanze sehr schwer wird. Im Herbst färben sich die Blätter gelb, die gelbroten Früchte leuchten weit. Zur Fruchtbildung sind männliche und weibliche Pflanzen notwendig. Der Schnitt erfolgt vor dem Austrieb. Erziehung: Schwache Triebe nach der Pflanzung bodennah einkürzen, die übrigen an die Rankhilfe lenken. Erhaltung: Nicht nötig, bei Bedarf Köpfe im oberen Bereich auslichten. Verjüngung: Bei Überalterung oder wenn die Pflanze zu groß ist, das ganze Gehölz bodennah einkürzen.

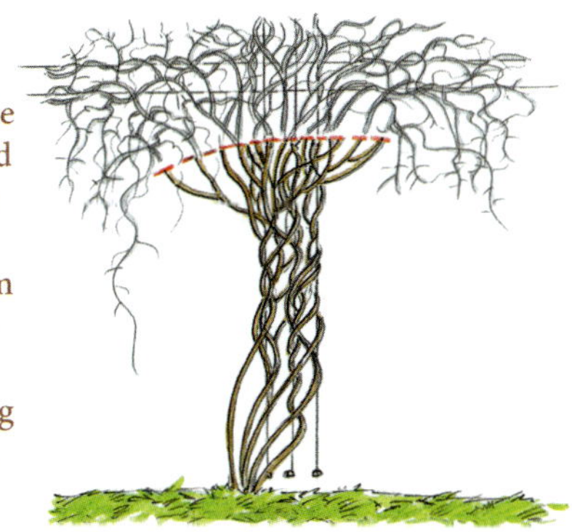

Wuchs: bis 2 m

Blütezeit: Juli – Aug.

KNOPFBUSCH *Cephalanthus occidentalis*, WHZ 5

Allgemeines: Der Knopfbusch ist eine sehr gute Insektenpflanze. Er wünscht kalkfreien Boden und einen feuchten bis sumpfigen Standort. Er blüht im Sommer an diesjährigen Trieben, der Schnitt erfolgt im Frühjahr vor dem Austrieb. Erziehung: Bei der Pflanzung einjährige Triebe zur besseren Verzweigung um die Hälfte einkürzen. Mit 3–5 Bodentrieben erziehen. Erhaltung: Im Frühjahr abgeblühte Triebe auf 5–10 cm lange Zapfen am Gerüst einkürzen (→ Seite 116, Mönchspfeffer). Sind junge Bodentriebe vorhanden, diese als Ersatz für ältere um die Hälfte einkürzen. Verjüngung: Vergreiste Gerüsttriebe auf tiefer stehende Triebe umlenken.

Wuchs: 8–10 m

Blütezeit: April – Mai

LEBKUCHENBAUM *Cercidiphyllum japonicum*, WHZ 5b

Allgemeines: Der Lebkuchenbaum besitzt unscheinbare Blüten, die breiten, herzförmigen Blätter sind attraktiv. Das herbstliche Falllaub duftet angenehm nach Schokolade. Der Boden sollte im Sommer nicht austrocknen. Eine Erziehung als Hochstamm ist möglich. Erziehung: Mit 3–5 bodennahen Trieben, überzählige auslichten. Erhaltung: Gerüsttriebe sehr langlebig, bei Bedarf nach innen oder steil wachsende Seitentriebe auslichten, Triebspitzen verschlanken. Verjüngung: Massive Verjüngung nicht möglich, niemals an Gerüsttrieben schneiden, sondern nur an kleinen Trieben, verzweigte Triebspitzen auf tiefer stehende Seitentriebe umlenken.

JUDASBAUM *Cercis siliquastrum*, WHZ 7a

Allgemeines: Der Judasbaum blüht attraktiv rosa. Auch aus dicken Stämmen können sich Blütenspieße entwickeln. Er wünscht warme, geschützte Standorte. Die Blüten erscheinen an einjährigen Kurztrieben, der Schnitt erfolgt nach der Blüte. Erziehung: Mit 3–5 Gerüsttrieben, sie verbleiben lebenslang im Gehölz. Erhaltung: Nach innen wachsende Triebe auslichten, überzählige Bodentriebe entfernen, Gerüsttriebe bei Bedarf auf tiefer stehende Seitentriebe umlenken und verschlanken. Verjüngung: Gerüsttriebe vergreisen kaum und bleiben stabil, vergreiste Seitentriebe oder Gerüsttriebspitzen auf vitale Jungtriebe umlenken und diese verschlanken.

Wuchs: *4–6 m*

Blütezeit:
April – Mai

WINTERBLÜTE *Chimonanthus praecox*, WHZ 7a

Allgemeines: Die Winterblüte wächst etwas sparrig. Sie wünscht warme, geschützte Standorte, der Boden sollte durchlässig, aber nährstoffhaltig sein. Die gelben, stark duftenden Blüten erscheinen bereits im Winter. Die Blütenknospen sitzen an einjährigen Seitentrieben, der Schnitt erfolgt nach der Blüte. Erziehung: Mit 5–7 Bodentrieben als Gerüst, schwache Bodentriebe entfernen, Gerüsttriebe verschlanken. Erhaltung: Nach 4–6 Jahren Gerüsttriebe durch bodenbürtige Jungtriebe ersetzen, verzweigte Triebspitzen auf Jungtriebe umlenken und verschlanken. Verjüngung: Vergreiste Triebe bodeneben auslichten (→ Seite 68, Forsythie).

Wuchs: *2–3 m*

Blütezeit:
Dez. – März

JAPAN. LOSBAUM *Clerodendrum trichotomum* var. *trichotomum*, WHZ 7a

Allgemeines: Den weißen Blüten folgen in warmem Klima attraktive Früchte. Braucht einen geschützten Standort. Die Gerüsttriebe sind langlebig. Ältere Pflanzen bilden Ausläufer. Die Blüten stehen an diesjährigen Trieben, Schnitt vor dem Austrieb. Erziehung: Mit 3–5 Bodentrieben, diese leicht einkürzen und im Sommer verschlanken. Erhaltung: Verzweigte Triebspitzen auf tiefer stehende Seitentriebe umlenken. Nach innen oder steil stehende Triebe entfernen, überlange auf Zapfen einkürzen. Ausläufer ausreißen. Verjüngung: Vergreiste Gerüsttriebe bodennah auslichten. Stark verzweigte Triebspitzen auf tiefer stehende Jungtriebe umlenken.

Wuchs: *bis 4 m*

Blütezeit:
Aug. – Okt.

ERLENBLÄTTRIGE ZIMTERLE *Clethra alnifolia*, WHZ 6

Allgemeines: Die Zimterle benötigt feuchte Standorte. Sie blüht weiß, die Sorte 'Pink Spire' rosa, beide duften. Sie blühen am Ende diesjähriger Triebe, man schneidet daher vor dem Austrieb. Erziehung: Mit 5–7 Bodentrieben, diese bei der Pflanzung um die Hälfte einkürzen. Im Sommer Triebspitzen verschlanken. Erhaltung: Stabile Gerüsttriebe fördern: Verzweigungen regelmäßig auf tiefer stehende Seitentriebe umlenken, diese anschließend verschlanken. Überlange und nach innen wachsende Triebe auf Zapfen einkürzen. Ausläufer im Sommer ausreißen. Verjüngung: Vergreiste Gerüsttriebe bodennah auslichten, Jungtriebe als Ersatz belassen.

Wuchs: *bis 3 m*

Blütezeit:
Juli – Sept.

WHZ = Winterhärtezone (→ Karte Seite 334)

BLASENSTRAUCH *Colutea arborescens*, WHZ 6a

Allgemeines: Der Blasenstrauch besitzt braun überhauchte, gelbe Schmetterlingsblüten. Die Früchte wirken pergamentartig. Der Strauch ist sehr anspruchslos. Die erste Blüte erscheint an einjährigen, die Hauptblüte an diesjährigen Trieben. Der Schnitt erfolgt vor dem Austrieb. Erziehung: Mit 5–10 Bodentrieben als Gerüst, schwache Bodentriebe vollständig entfernen. Erhaltung: Nach 4–6 Jahren Gerüsttriebe bodeneben auslichten und durch bodenbürtige Jungtriebe ersetzen, überhängende Spitzen jährlich auf weiter innen stehende Jungtriebe umlenken. Verjüngung: Vergreiste Triebe bodeneben auslichten, bodenbürtige Jungtriebe als Ersatz erziehen.

Wuchs: *2–3 m*

Blütezeit: *Mai – Okt.*

KORNELKIRSCHE *Cornus mas*, WHZ 5a

Allgemeines: Die Kornelkirsche gedeiht fast überall, sie bildet ein langlebiges Gerüst. Die den gelben Blüten folgenden roten Früchte sind essbar. Sorten wie 'Jolico' sind großfrüchtig. Die Blüten erscheinen an einjährigen Kurztrieben, der Schnitt erfolgt nach der Blüte. Erziehung: Mit 3–5 bodennahen Gerüsttrieben, diese verschlanken, überzählige auslichten. Erhaltung: Nach innen wachsende Seitentriebe auslichten, Triebspitzen regelmäßig verschlanken. Verjüngung: Bei Bedarf Gerüsttriebe durch junge Bodentriebe ersetzen, überhängende und verzweigte Triebspitzen auf nach außen weisende, weiter innen stehende Jungtriebe umlenken.

Wuchs: *4–7 m*

Blütezeit:
Feb. – April

HASELNUSS *Corylus avellana*, WHZ 5a

Allgemeines: Großfrüchtige Sorten sind etwas schwachwüchsiger, ebenso die rotlaubige Bluthasel (*C. maxima* 'Purpurea'). Weibliche Blüten und männliche Kätzchen sitzen getrennt an einer Pflanze. Sie stehen an einjährigen Seitentrieben, der Schnitt erfolgt im Frühjahr nach der Blüte. Erziehung: Mit 7–10 Bodentrieben, überzählige jährlich im Sommer ausreißen. Erhaltung: Nach innen wachsende Triebe auslichten, verzweigte Gerüsttriebe auf einzelne Triebe umlenken oder verschlanken, Bodentriebe ausreißen. Verjüngung: Einzelne Triebe auslichten oder die Pflanze auf den Stock setzen, bei zu starker Verjüngung entstehen viele junge Bodentriebe.

Wuchs: *4–6 m*

Blütezeit:
Feb. – April

KORKENZIEHERHASEL *Corylus avellana* 'Contorta', WHZ 6a

Allgemeines: Die Korkenzieherhasel hat die gleichen Ansprüche wie die Wildart, auf die sie oft veredelt ist. Die in sich verdrehten Triebe werden mit zunehmendem Alter immer attraktiver. Der Schnitt erfolgt nach der Blüte. Erziehung: Mit 5–7 Gerüsttrieben, geordnete Erziehung nur die ersten 3–4 Jahre möglich, dann verhaken sich die Triebe ineinander. Erhaltung: Normal wachsende Wildtriebe im Sommer ausreißen, stark verzweigte oder überhängende Triebe auf einzelne, kürzere Seitentriebe umlenken. Verjüngung: Meist nicht nötig, vergreiste Gerüsttriebe bodennah auslichten und Jungtriebe als Ersatz erziehen, überzählige auslichten.

Wuchs: *3–5 m*

Blütezeit:
Feb. – April

PERÜCKENSTRAUCH *Cotinus coggygria*, WHZ 6a

Allgemeines: Der Perückenstrauch benötigt warme, durchlässige Böden. Die Art besitzt grüne Blätter, 'Royal Purple' rotes und 'Golden Spirit' gelbes Laub (→ Seite 45). Die duftigen Blütendolden halten lange. Sie stehen an einjährigen Trieben, der Schnitt erfolgt der späten Blüte wegen vor dem Austrieb. Erziehung: Mit 5–7 bodennahen Trieben, quirlartig dicht stehende Triebe verschlanken, nicht einkürzen. Erhaltung: Nach innen wachsende Triebe auslichten, stark verzweigte oder überhängende Spitzen auf Jungtriebe umlenken, diese verschlanken. Verjüngung: Vergreiste Gerüsttriebe auf bodennahe Seitentriebe umlenken, große Wunden vermeiden.

Wuchs: 3–5 m

Blütezeit: Juni – Juli

STRAUCHIGER COTONEASTER *Cotoneaster*-Arten, WHZ 5a

Allgemeines: Neben kriechenden Arten (→ Seite 130) gibt es strauchartige: Runzlige, Sparrige und Weidenblättrige Zwergmispel (*C bullatus, C. divaricatus, C. salicifolius* var. *floccosus*). Die Blüten stehen an einjährigen Seitentrieben, der Schnitt erfolgt nach der Blüte, dabei entfernt man immer den Fruchtansatz. Erziehung: Mit 5–7 Bodentrieben als Gerüst. Erhaltung: Nach innen wachsende Triebe auslichten, stark verzweigte Spitzen auf einzelne Triebe umlenken und verschlanken, von Feuerbrand befallene Triebe bis 10 cm ins gesunde Holz entfernen. Verjüngung: Vergreiste Gerüsttriebe bodennah auf vitale Seitentriebe umlenken.

Wuchs: 2–5 m

Blütezeit: Mai – Juni

APFELDORN *Crataegus × lavallei* 'Carrierei', WHZ 5b

Allgemeines: Apfeldorn besticht durch glänzend grüne Blätter und rote, lang haftende Früchte. Ebenfalls hübsch sind der Rotdorn (*C. laevigata* 'Paul's Scarlet', WHZ 5b) mit rot gefüllten Blüten und der Pflaumenblättrige Weißdorn (*C. × prunifolia*, WHZ 5a) mit reichem Fruchtschmuck. Alle tragen ihre Blüten an einjährigen Seitentrieben, der Schnitt erfolgt nach der Blüte. Erziehung: Mit 3–5 bodennahen Gerüsttrieben, diese verschlanken. Erhaltung: Nach innen, steil stehende oder von Feuerbrand befallene Triebe auslichten, Spitzen verschlanken Verjüngung: Gerüsttriebe belassen, nur vergreiste Spitzen auf vitale Jungtriebe umlenken und verschlanken.

Wuchs: 4–8 m

Blütezeit: Mai

SEIDELBAST *Daphne*-Arten, WHZ 5

Allgemeines: Der Gewöhnliche Seidelbast *(D. mezereum)* wird bis zu 1,5 m hoch, Burkwoods Seidelbast (*D. × burkwoodii*) 1 m. Beide blühen weißlich rosa. Rosmarin-Seidelbast *(D. cneorum)* wird nur 0,4 m hoch und blüht rosa. Alle duften intensiv. Sie wünschen durchlässige Böden, alle Teile sind giftig. Die Blüten sitzen an einjährigen Trieben, der Schnitt erfolgt nach der Blüte. Erziehung: Schlaksige Triebe nach der Blüte um die Hälfte einkürzen. Erhaltung: Zurückhaltend schneiden, quirlartige Verzweigungen bei Bedarf verschlanken. Verjüngung: Da sich Seidelbast nur schwer aus altem Holz regeneriert, vergreiste Pflanzen besser ersetzen.

Wuchs: 0,4–1 m

Blütezeit: April – Juni

WHZ = Winterhärtezone (→ Karte Seite 334)

Wuchs: 1–7 m

Blütezeit: Mai – Okt.

ÖLWEIDE *Elaeagnus*-Arten, WHZ 4–7a

Allgemeines: Die Schmalblättrige Ölweide (*E. angustifolia*, WHZ 4) hat gräuliches Laub, die Wintergrüne Ölweide (*E. × ebbingei*, WHZ 7a) glänzend wintergrüne Blätter, die schwachwüchsige Dornige Ölweide (*E. pungens*, WHZ 7a) ist immergrün. Alle mögen durchlässige Böden. Der Schnitt erfolgt im Frühjahr vor dem Austrieb. Erziehung: Mit 5–7 Bodentrieben für das Gerüst, schwache Triebe bodeneben entfernen. Erhaltung: Überhängende, verzweigte Spitzen umlenken und verschlanken, überlange Triebe im Strauchinnern auslichten, überzählige Bodentriebe entfernen. Verjüngung: Vergreiste Gerüsttriebe auf bodennahe Jungtriebe umlenken.

Wuchs: 2–3 m

Blütezeit: Mai – Juni

PRACHTGLOCKE *Enkianthus campanulatus*, WHZ 6b

Allgemeines: Die Prachtglocke wächst aufrecht, im Alter locker und breit. Die gelblichen, glockenförmigen Blüten sitzen büschelartig am Ende einjähriger Triebe. Der Boden sollte humos, sauer, sommerfeucht und durchlässig sein, ähnlich wie bei Rhododendren. Der Schnitt erfolgt nach der Blüte. Erziehung: Bei dicht verzweigten Jungpflanzen nicht nötig, nur überlange Triebe auf die Hälfte einkürzen. Erhaltung: Verblühtes ausbrechen, überlang aus dem Gehölz ragende Triebe im Innern auf kürzere Seitentriebe umlenken. Verjüngung: Vergreiste Triebe bodennah auf Zapfen, vergreiste und verzweigte Spitzen auf Jungtriebe umlenken.

Wuchs: 0,2-0,5 m

Blütezeit: Feb. – April

SCHNEEHEIDE *Erica carnea*, WHZ 5a

Allgemeines: Die Schneeheide ist in vielen Sorten von Weiß bis Rot erhältlich und bildet dichte Teppiche. Hybriden (*E. darleyensis*, WHZ 7b/8) sind weniger frosthart und benötigen Winterschutz. Schneeheide wünscht sommerfeuchte, durchlässige Böden. Die Blüten erscheinen entlang einjähriger Triebe, geschnitten wird immer direkt nach der Blüte. Erziehung: Nicht nötig, da kein Gerüstaufbau. Erhaltung: Beblätterte Triebe jährlich um mindestens zwei Drittel einkürzen, bei Einzelpflanzen eine Halbkugel formen. Verjüngung: Polster mit einer Heckenschere im beblätterten Bereich einkürzen und kahle Triebe etwas mit Erde bedecken (→ Seite 121).

Wuchs: 0,5–3 m

Blütezeit: Mai – Juni

KRIECHSPINDEL *Euonymus fortunei*, WHZ 6a

Allgemeines: Die immergrüne Kriechspindel ist zwar bodendeckend, kann an Mauern aber mit Haftwürzelchen klettern. Es gibt Sorten mit weiß- oder gelbbunten Blättern sowie die kleinblättrige 'Minimus'. Alle mögen sommerfeuchte, durchlässige Böden in Sonne bis Halbschatten. Der Schnitt erfolgt im Frühjahr vor dem Austrieb. Erziehung: Nicht nötig, nur überlange Triebe nach der Pflanzung um die Hälfte einkürzen. Erhaltung: Von Frost geschädigte Triebe auslichten, zu weit heausragende Triebe einkürzen, kletternde, lang von der Wand abstehende Triebe wandnah einkürzen. Verjüngung: Vergreiste oder verkahlte Pflanzen bodennah einkürzen.

CHINESISCHE RADSPIERE *Exochorda racemosa*, WHZ 5b

Allgemeines: Die Radspiere blüht mit reinweißen Blütentrauben, die Hybridsorte 'The Bride' (*E. × macrantha*) wächst mit 1,5 m Höhe kompakt. Sie wünschen sonnige Standorte und frische, nährstoffreiche, kalkarme Böden. Die Blüten sitzen an einjährigen Trieben, der Schnitt erfolgt nach der Blüte. Erziehung: Im Frühjahr nach der Pflanzung die Hälfte der einjährigen Triebe bodennah einkürzen. Erhaltung: Jährlich ein Viertel des Gerüsts bodennah auf Jungtriebe umlenken, die übrigen Triebe auf tiefer stehende einjährige Triebe. Verjüngung: Nur möglich, wenn man vergreiste Gerüsttriebe auf bodennahe Jungtriebe umlenken kann.

***Wuchs:** 3–4 m*

***Blütezeit:** Mai*

BAMBUS *Fargesia*-Arten, WHZ 7a

Allgemeines: Bambus wirkt vor allem durch seine filigranen, immergrünen Halme. Wenn nicht ausdrücklich von horstartigen Sorten die Rede ist, sollte Bambus immer mit einer Wurzelsperre gepflanzt werden. Es gibt auch schwach wachsende Sorten. Flachrohr-Bambus (*Phyllostachys*-Arten) wird höher und bildet Ausläufer. Der Schnitt erfolgt im Frühjahr vor dem Austrieb. Erziehung: Nicht nötig. Erhaltung: Von Frost geschädigte Triebe auslichten, zu weit außen stehende Schösslinge ausreißen, nicht nur einkürzen, zu dicht stehende Triebe auslichten, um die Pflanze luftig zu halten. Verjüngung: Überalterte Triebe bodeneben auslichten.

***Wuchs:** 2–5 m*

***Blütezeit:** –*

TORFMYRTE *Gaultheria* (syn. *Pernettya*) *mucronata*, WHZ 7a

Allgemeines: Die Blüten der Torfmyrte sind weniger bedeutend als ihr herbstlicher Fruchtschmuck. Um diesen zu erhalten, müssen sowohl weibliche als auch männliche Exemplare gepflanzt werden. Diese Immergrüne wünscht geschützte Standorte mit feuchten, sauren Böden. Der Schnitt erfolgt im Frühjahr vor dem Austrieb. Erziehung: Nicht nötig. Erhaltung: Nur bei Bedarf überlang aus dem Strauch stehende oder verkahlende Triebe auf weiter innen stehende Seitentriebe umlenken, je intensiver der Schnitt, umso geringer der Fruchtansatz im Herbst. Verjüngung: Überalterte Torfmyrte ähnlich Rhododendren in Stufen maßvoll verjüngen.

***Wuchs:** 0,5–1,5 m*

***Blütezeit:** Mai – Juni*

SCHEINBEERE *Gaultheria procumbens*, WHZ 5b

Allgemeines: Die immergrüne Scheinbeere bildet mit Wurzelausläufern richtige Teppiche. Die roten Früchte halten sich bis ins Frühjahr. Sie wünscht sommerfeuchte Böden und halbschattige Standorte. Die Blüten erscheinen am Ende diesjähriger Triebe, der Schnitt erfolgt im Frühjahr vor dem Austrieb. Erziehung: Im Frühjahr nach der Pflanzung mit der Heckenschere Bodentriebe um die Hälfte einkürzen, weitere Erziehung nicht nötig. Erhaltung: Nicht nötig, nur bei Bedarf zu weit außen stehende Ausläufer ausreißen. Verjüngung: Bestand mit der Heckenschere bodennah einkürzen, bis zur neuerlichen Bodenbedeckung diesen feucht halten.

***Wuchs:** 0,2 m*

***Blütezeit:** Juli – Aug.*

WHZ = Winterhärtezone (→ Karte Seite 334)

FÄCHERBLATTBAUM *Gingko biloba* Zwergsorten, WHZ 5

Wuchs: *bis 2 m*

Blütezeit: *April – Mai*

Allgemeines: Zwerg-Gingko werden meist als Stämmchen angeboten, sie sind in Kronenhöhe veredelt. Ihr Gerüst ist stabil und langlebig. Gängige Sorten sind 'Mariken', 'Troll' oder 'Gnome'. Alle sind männlich und daher ohne übel riechende Früchte. Erziehung: Für das Gerüst 4–6 von der Veredlungsstelle aus wachsende Triebe wählen und die Triebspitzen verschlanken. Erhaltung: Halten Sie die Gerüsttriebe in ähnlicher Länge. Zu lange auf einen weiter innen stehenden Seitentrieb umlenken, die neue Triebspitze verschlanken. Wildtriebe am Stamm entfernen. Verjüngung: Vergreiste Triebspitzen auf weiter innen stehende Jungtriebe umlenken.

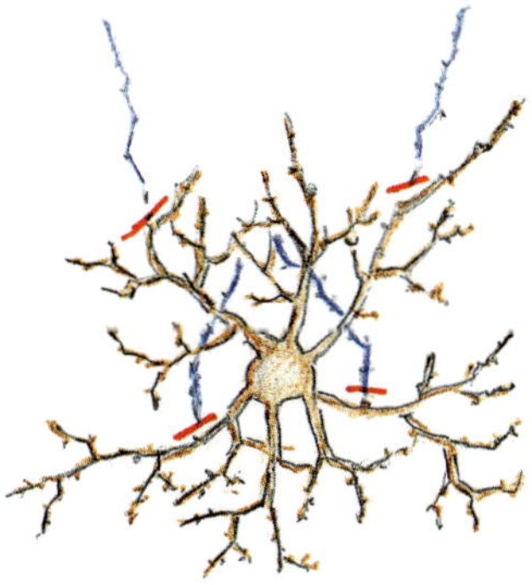

SCHNEEGLÖCKCHENBAUM *Halesia carolina*, WHZ 6

Wuchs: *bis 6 m*

Blütezeit: *April – Mai*

Allgemeines: Der Schneeglöckchenbaum wünscht tiefgründigen, sommerfeuchten Boden. Er entwickelt eine charaktervolle Gestalt mit langlebigem Gerüst. Die Blütenknospen sitzen an einjährigen Trieben, geschnitten wird nach der Blüte. Erziehung: Mit 3–5 Bodentrieben, überzählige und schwache entfernen. Erhaltung: Nach innen oder steil wachsende Triebe auslichten. Verzweigte Triebspitzen verschlanken. Der Schnitt erfolgt zurückhaltend, um den Habitus nicht zu zerstören. Verjüngung: Vergreiste Triebspitzen auf weiter innen stehende jüngere Triebe umlenken, diese verschlanken. Gerüsttriebe verbleiben, um die Form zu bewahren.

STRAUCHVERONIKA *Hebe*-Arten, WHZ 7–8

Wuchs: *0,6–1,2 m*

Blütezeit: *Juni – Sept.*

Allgemeines: Strauchveronika sind immergrün. Einige besitzen feine, schuppenförmige Blätter, andere ähneln Buchs. Sie wünschen saure, sommerfeuchte, durchlässige Böden. Einige herbstblühende Arten gehören in die WHZ 8 und sind nicht winterhart. Frühblüher blühen an der Spitze einjähriger, Herbstblüher an diesjährigen Trieben. Der Schnitt erfolgt im Frühjahr. Erziehung: Nicht nötig. Im Frühjahr pflanzen, damit die Gehölze bis zum Winter einwurzeln. Erhaltung: Von Frost geschädigte Triebe entfernen, überlange auf tiefer stehende umlenken. Verjüngung: Vergreiste Triebe während des Austriebs auf bodennahe Jungtriebe umlenken.

SIEBEN-SÖHNE-DES-HIMMELS *Heptacodium miconioides*, WHZ 7a

Wuchs: *2–4 m*

Blütezeit: *Aug. – Okt.*

Allgemeines: Eine kleine Vorblüte erscheint im Juni, die Hauptblüte im Sommer. Im Herbst folgen rote Fruchtstände. Der Standort sollte geschützt und sonnig sein, in warmen Gegenden halbschattig. Die Hauptblüte steht an diesjährigen Trieben. Der Schnitt erfolgt im Frühjahr vor dem Austrieb. Erziehung: Mit 3–5 bodennahen Trieben als Gerüst, diese nicht einkürzen, sondern nur verschlanken. Erhaltung: Nach innen oder steil wachsende Triebe auslichten, verzweigte Spitzen auf tiefer stehende junge Seitentriebe umlenken, bei Bedarf verschlanken. Verjüngung: Vergreiste Gerüsttriebe auf bodennahe Jungtriebe umlenken, diese als Ersatz erziehen.

STRAUCH-KRONWICKE *Hippocrepis (syn. Coronilla) emerus*, WHZ 6

Allgemeines: Die heimische, aber seltene Strauch-Kronwicke liebt kalkhaltige, warme Lagen. Die Hauptblüte erscheint an einjährigen Trieben, eine schwächere Nachblüte im Frühherbst an diesjährigen. Schnitt im Frühjahr nach der Erstblüte. Erziehung: Schwache und überhängende Triebe entfernen, kräftige die ersten 2 Jahre zur Stärkung um ein Drittel einkürzen. Anschließend Neutriebe verschlanken. Erhaltung: Überhängende oder stark verzweigte Triebe auf jüngere, aufrecht wachsende umlenken. Schwache, niederliegende Bodentriebe auslichten Verjüngung: Vergreiste Gerüsttriebe bodennah auslichten. Stark verzweigte Besen auf Jungtriebe umlenken.

Wuchs: *bis 2 m*

Blütezeit: *Mai – Sept.*

SANDDORN *Hippophae rhamnoides*, WHZ 4

Allgemeines: Die Blüten des Sanddorns sind unauffällig, die orangerot leuchtenden Früchte sind sehr vitaminreich. Es gibt männliche und weibliche Pflanzen. Auf zusagenden Standorten kann Sanddorn Wurzelausläufer bilden. Die Blüten erscheinen an einjährigen Trieben, der Schnitt erfolgt im Frühjahr vor dem Austrieb. Vorsicht vor den Dornen! Erziehung: Mit 3–5 Bodentrieben für das Gerüst, diese verschlanken. Erhaltung: Quer wachsende oder steil stehende Triebe auslichten, verzweigte Spitzen umlenken und verschlanken, Ausläufer im Sommer ausreißen. Verjüngung: Vergreiste Gerüsttriebe auf tiefer stehende, vitale Jungtriebe umlenken.

Wuchs: *4–8 m*

Blütezeit: *März – April*

GROSSBLÜTIGES JOHANNISKRAUT *Hypericum calycinum*, WHZ 6b

Allgemeines: Dieses Johanniskraut hat große, goldgelbe Blüten und ist wintergrün, in warmen Klimaten immergrün. Es ist recht anspruchslos und kann sich auch unter Laubbäumen gut behaupten. Die Hybride 'Hidcote' wird 1,3 m hoch und blüht leuchtend gelb. Die Blüten stehen an diesjährigen Trieben, der Schnitt erfolgt im Frühjahr vor dem Austrieb. Erziehung: Im Frühjahr nach der Pflanzung alle Triebe bodennah auf Zapfen einkürzen. Erhaltung: Bei Frostschäden alle Triebe auf 5 cm kurze Zapfen schneiden, zu weit außen stehende Ausläufer ausreißen. Verjüngung: Vergreiste Pflanzen mit der Heckenschere bodennah einkürzen.

Wuchs: *0,3–0,4 m*

Blütezeit: *Juli – Okt.*

LORBEERROSE *Kalmia*-Arten, WHZ 5b

Allgemeines: Die Schmalblättrige Lorbeerrose *(K. angustifolia)* wird nur bis zu 1 m hoch und blüht rosa. Die Breitblättrige Lorbeerrose *(K. latifolia)* wächst stärker und bietet attraktive Sorten. Beide sind immergrün und mögen humose, saure Böden in luftfeuchter Lage. Die Blüten sitzen endständig an einjährigen Trieben, der Schnitt erfolgt nach der Blüte. Erziehung: Bei dichtbuschigen Pflanzen keine Erziehung nötig. Erhaltung: Verblühtes jährlich ausbrechen, überlange Triebe im Innern auslichten, stark verzweigte Spitzen auf Jungtriebe umlenken. Verjüngung: Vergreiste Triebe auf Zapfen einkürzen (→ Seite 124, Rhododendron).

Wuchs: *0,6–2 m*

Blütezeit: *Mai – Juli*

WHZ = Winterhärtezone (→ Karte Seite 334)

Wuchs: *5–7 m*

Blütezeit: *Mai – Juni*

GOLDREGEN *Laburnum*-Arten, WHZ 5a–6b

Allgemeines: Gewöhnlicher Goldregen *(L. anagyroides)* wird 7 m hoch und blüht in hellgelben, bis 20 cm langen Trauben. Die Hybride 'Vossii' (*L.* × *watereri*) bleibt kleiner, die goldgelben Trauben sind 50 cm lang. Die Früchte sind bei beiden giftig. Goldregen gedeiht auf fast allen Böden in voller Sonne. Der Schnitt erfolgt zwischen Juni und September, er ist aber sehr schnittempfindlich. Erziehung: Mit 3–5 bodennahen Gerüsttrieben, diese verschlanken. Erhaltung: Nach innen wachsende Triebe in grünem Zustand auslichten, Spitzen verschlanken. Verjüngung: Nicht zu empfehlen, wenn doch, große Wunden vermeiden, nur an Seitentrieben schneiden.

Wuchs: *1–2 m*

Blütezeit: *Sept. – Okt.*

BUSCHKLEE *Lespedeza thunbergii*, WHZ 7a

Allgemeines: Buschklee bildet weit überhängende Triebe mit purpurrosa Blüten. Er wünscht warme, sonnige Standorte mit durchlässigem Boden. Da die Triebe meist stark zurückfrieren, ist ein Gerüstaufbau kaum möglich. Winterschutz an der Basis ist zu empfehlen. Die Blüten erscheinen an diesjährigen Trieben, der Schnitt erfolgt im Frühjahr vor dem Austrieb. Erziehung: Nach der Pflanzung alle Triebe zur besseren Verzweigung auf 10 cm einkürzen. Erhaltung: Ältere Triebe bodennah auf einjährige Triebe umlenken, diese auf max. 10 cm einkürzen. Verjüngung: Nur bedingt erfolgreich, wenn, dann überalterte Gehölze im Austrieb stark einkürzen.

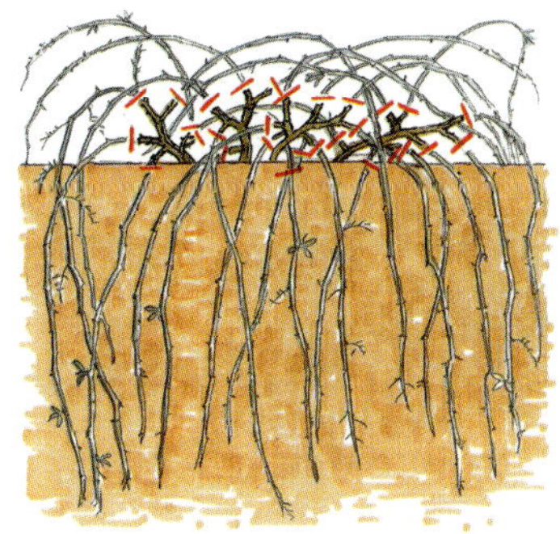

Wuchs: *bis 2 m*

Blütezeit: *Juli – Sept.*

SCHÖNE LEYCESTERIE *Leycesteria formosa*, WHZ 7b

Allgemeines: Die Schöne Leycesterie benötigt einen geschützten Standort und außerhalb des Weinbauklimas Winterschutz. Eine durchlässige, jedoch sommerfeuchte Erde ist vorteilhaft. Die sehr attraktiven Blütenähren erscheinen am Ende diesjähriger Triebe. Der Schnitt erfolgt im Frühjahr, bei beginnendem Austrieb. Erziehung: Schwache und trockene Triebe bodeneben auslichten, verbleibende um ein Drittel einkürzen. Erhaltung: Wie bei der Erziehung. Ein systematischer Gerüstaufbau entfällt. Auch nach starken Frostschäden erneuert sich der Strauch wieder aus der Wurzel. Verjüngung: Vergreiste Triebe im Frühjahr bodeneben entfernen.

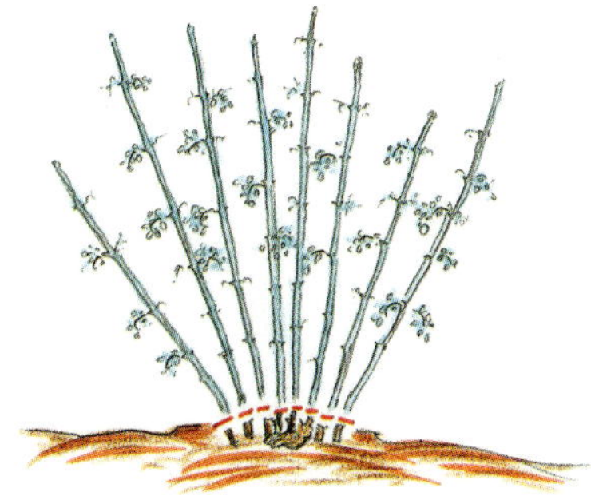

Wuchs: *2–2,5 m*

Blütezeit: *Dez. – März*

WINTER-DUFTHECKENKIRSCHE *Lonicera* × *purpusii*, WHZ 6b

Allgemeines: Die cremeweißen Blüten des teils wintergrünen Gehölzes duften stark. Es wächst anfangs sparrig, im Alter jedoch kompakter und mag nährstoffreiche Böden sowie sonnige bis halbschattige Standorte. Die Blüten erscheinen an einjährigen Lang- und Seitentrieben, der Schnitt erfolgt nach der Blüte. Erziehung: Mit 5–7 Bodentrieben als Gerüst, schwache Triebe bodeneben entfernen. Erhaltung: Gerüsttriebe bis zu 10 Jahre vital, bei Bedarf bodeneben auslichten und Jungtriebe als Ersatz stehen lassen, verzweigte Spitzen umlenken und verschlanken, überlange Triebe im Sommer auf die Hälfte einkürzen, Verjüngung: wie Forsythie (→ Seite 68).

STERNMAGNOLIE *Magnolia stellata*, WHZ 6a

Allgemeines: Die Sternmagnolie hat weiße, duftende Blüten, 'Royal Star' ist starkwüchsig. Sie mag sonnige Standorte mit sommerfeuchtem Boden. Die Blüten sitzen an der Spitze einjähriger Triebe, der Schnitt erfolgt nach der Blüte. Erziehung: Mit 3–5 bodennahen Gerüsttrieben, schwache bodennah auslichten. Erhaltung: Gerüst langjährig vital, verzweigte Spitzen auf Jungtriebe umlenken und diese verschlanken, nach innen oder steil stehende Triebe auslichten, Wildtriebe im Sommer ausreißen. Verjüngung: Bedingt möglich, vergreiste Gerüsttriebspitzen im Frühsommer auf weiter innen stehende Jungtriebe umlenken, große Wunden vermeiden.

Wuchs: *2–4 m*

Blütezeit: *März – April*

HIMMELSBAMBUS *Nandina domestica*, WHZ 7b

Allgemeines: Himmelsbambus braucht weibliche und männliche Pflanzen, um Früchte zu bilden. 'Richmond' besitzt beide Blütenarten. Es empfiehlt sich ein halbschattiger, vor Wintersonne geschützter Standort. Der Boden sollte sommerfeucht, aber nicht staunass sein. Die Blütenknospen sitzen endständig an einjährigen Seitentrieben. Der Schnitt erfolgt im Frühjahr. Erziehung: Schwache Bodentriebe auslichten. Erhaltung: Überlange Triebe auf tiefer stehende, überhängende auf aufrechte Seitentriebe umlenken. Schnitt zurückhaltend, Triebe nicht einkürzen. Verjüngung: Ältere, stark verzweigte Triebe bodennah auslichten, Jungtriebe als Ersatz belassen.

Wuchs: *bis 2 m*

Blütezeit: *Juni – Juli*

SCHEINBUCHE *Nothofagus antarctica*, WHZ 7

Allgemeines: Die Scheinbuche bildet charaktervolle Großsträucher oder kleine Bäume mit einem sehr langlebigen Gerüst. Sie wünscht einen sonnigen bis halbschattigen Standort mit humosem, sommerfeuchtem Boden. Die Blüten sitzen an einjährigen Seitentrieben und sind eher unauffällig. Schnitt im Frühjahr oder im Sommer. Erziehung: Mit 3–5 Bodentrieben, Triebspitzen verschlanken. Erhaltung: Nach innen oder quer wachsende Triebe auslichten, Triebspitzen verschlanken. Verjüngung: Selten nötig, dann stark verzweigte Besen auf weiter innen stehende einzelne Triebe umlenken. Schnitt immer zurückhaltend, um die Wuchsform zu erhalten.

Wuchs: *bis 8 m*

Blütezeit: *Mai*

BURKWOODS DUFTBLÜTE *Osmanthus × burkwoodii*, WHZ 7

Allgemeines: Die immergrüne Duftblüte wünscht einen geschützten Standort im Halbschatten mit kalkfreiem, sommerfeuchtem Boden. Die sehr stark duftenden Blüten stehen an einjährigen Seitentrieben. Der Schnitt erfolgt bei Bedarf direkt nach der Blüte. Erziehung: Wächst in der Jugend kompakt, eine Erziehung ist nicht nötig. Erhaltung: Schwache, am Boden aufliegende Triebe ganz entfernen. Überlange oder verkahlende Triebe im Strauchinnern auf einen nach außen weisenden Seitentrieb umlenken. Verjüngung: Vergreiste Triebe auf tiefer stehende, vitale umlenken. Nicht mehr als ein Drittel des Gehölzes in einem Jahr entfernen.

Wuchs: *bis 2 m*

Blütezeit: *März – Mai*

WHZ = Winterhärtezone (→ Karte Seite 334)

Wuchs: 0,2–0,3 m

Blütezeit: April – Mai

YSANDER *Pachysandra terminalis*, WHZ 5b

Allgemeines: Ysander blüht mit aufrechten, weißen Ähren. Er mag lichten Schatten und durchlässige, eher trockene Böden. In sehr kalkhaltigen Böden kümmert er, und die Blätter werden gelb. Ysander bildet mit Wurzelausläufern dichte, immergrüne Teppiche. Die Blüten sitzen an einjährigen Trieben, der Schnitt erfolgt nach der Blüte. Erziehung: Nicht nötig, da kein langlebiges Gerüst aufgebaut wird. Erhaltung: Ein jährlicher Schnitt ist nicht notwendig, verkahlende Triebe mit der Heckenschere flächig bodennah einkürzen, zu weit außen stehende Ausläufer ausreißen. Verjüngung: Vergreiste Ysander wie bei der Erhaltung beschrieben verjüngen.

Wuchs: 5–8 m

Blütezeit: März – April

EISENHOLZBAUM/PARROTIE *Parrotia persica*, WHZ 5a

Allgemeines: Die Parrotie wächst malerisch, braucht aber ausreichend Platz. Die Blüten sind gelbrot. Die Herbstfärbung ist an sonnigen Standorten spektakulär. Der Boden sollte tiefgründig und sommerfeucht sein. Die Blüten erscheinen an einjährigen Seitentrieben, der Schnitt erfolgt nach der Blüte. Erziehung: Mit 3–5 bodennahen Trieben als Gerüst (→ Seite 102, Ahorn), Spitzen verschlanken. Erhaltung: Zurückhaltend schneiden, steile oder nach innen wachsende Triebe regelmäßig auslichten, Triebspitzen verschlanken. Verjüngung: Gerüst langlebig, übermäßig verzweigte Spitzen auf tiefer stehende, vitale Jungtriebe umlenken, große Wunden vermeiden.

Wuchs: 0,5–1 m

Blütezeit: Juli – Okt.

SILBER-BLAURAUTE *Perovskia atriplicifolia*, WHZ 6a

Allgemeines: Die Blauraute trägt violettblaue Blütenähren am Ende diesjähriger Triebe. Sie wünscht vollsonnige Standorte und sehr durchlässige Böden. Die graufilzigen Triebe frieren meist zurück, daher rechnet man sie zu den Halbsträuchern (→ Seite 104). Der Schnitt erfolgt im Frühjahr direkt vor dem Austrieb. Erziehung: Im Frühjahr nach der Pflanzung alle Triebe auf 5 cm kurze Zapfen am Boden auslichten. Erhaltung: Ältere Triebe bodennah auf 2 cm kurze Zapfen auslichten, einjährige Triebe auf 10 cm einkürzen. Verjüngung: Nur bedingt erfolgreich, vergreiste Triebe bodennah auslichten, Jungtriebe bilden sich nur bei vitalem Wurzelstock.

Wuchs: 1,5–3 m

Blütezeit: Mai – Juni

GLANZMISPEL *Photinia × fraseri*, WHZ 6a

Allgemeines: Die Glanzmispel ist immergrün, die Sorte 'Red Robin' besitzt einen auffälligen leuchtend roten Austrieb. Sie wünscht einen geschützten, sonnigen Standort und nährstoffreiche, durchlässige und sommerfeuchte Böden. Die Blüten erscheinen an einjährigen Trieben, der Schnitt erfolgt nach der Blüte. Erziehung: Bei dichten Jungpflanzen nicht nötig, überlange einjährige Triebe um die Hälfte einkürzen. Erhaltung: Zurückhaltender Schnitt, überlang ausragende Triebe im Innern umlenken, Spitzen verschlanken. Verjüngung: Auf 3 Jahre verteilen, Triebe bis 5 cm Durchmesser auf kürzere Seitentriebe umlenken, Spitzen verschlanken.

JAPANISCHE LAVENDELHEIDE *Pieris japonica*, WHZ 6b

Allgemeines: Die Lavendelheide bildet kompakte Sträucher mit weißen Blütenrispen, die Sorte 'Mountain Fire' treibt rotlaubig aus, 'Variegata' besitzt weiße Blattränder. Die Vielblütige Lavendelheide (*P. floribunda*, WHZ 5b) ist frosthärter. Alle wünschen schattige Standorte und saure, humose, sommerfeuchte Böden. Die Blüten sitzen an den Spitzen einjähriger Triebe, der Schnitt erfolgt nach der Blüte. Erziehung: Da Jungpflanzen dicht wachsen, nicht nötig. Erhaltung: Verblühtes ausbrechen, überlange oder stark verzweigte Triebe im Innern auf Zapfen auslichten, Spitzen bei Bedarf verschlanken. Verjüngung: Wie bei Rhododendren (→ Seite 124).

***Wuchs:** 1–3 m*

***Blütezeit:** März – Mai*

FÜNFFINGERSTRAUCH *Potentilla fruticosa*, WHZ 2

Allgemeines: Der Fünffingerstrauch ist anspruchslos, 'Abbotswood' blüht weiß, 'Goldteppich' gelb, 'Princess' hellrosa. Er mag sonnige Standort und gedeiht auf fast allen Böden, bevorzugt aber sommerfeuchte. Die Blüten erscheinen an diesjährigen Boden- und Seitentrieben, der Schnitt erfolgt vor dem Austrieb. Erziehung: Schwache Triebe bodeneben auslichten, ansonsten keine Erziehung. Erhaltung: Zwei- und mehrjährige Triebe bodeneben auslichten, einige einjährige zur Hälfte einkürzen, sie blühen eher als die neuen Bodentriebe. Verjüngung: Alle Triebe bodeneben auslichten, stark vergreiste Pflanzen regenerieren sich jedoch nur bedingt.

***Wuchs:** 0,5–1,5 m*

***Blütezeit:** Juni – Okt.*

BLUTPFLAUME *Prunus cerasifera* 'Nigra', WHZ 5a

Allgemeines: Die Blutpflaume hat rötliche Blätter, rosa Blüten sowie essbare rote Früchte. Sie bevorzugt sommerfeuchte Böden und wächst zu einem baumartigen Strauch mit stabilen Gerüsttrieben heran. Die Blüten erscheinen an einjährigen Seitentrieben, der Schnitt erfolgt nach der Blüte oder im Sommer. Erziehung: Mit 3–5 Gerüsttrieben, diese verschlanken. Erhaltung: Steil oder nach innen wachsende Triebe auslichten, überhängende, verzweigte Spitzen umlenken und verschlanken. Verjüngung: Im Sommer vergreiste Gerüsttriebspitzen auf weiter innen stehende vitale Jungtriebe umlenken, große Wunden vermeiden.

***Wuchs:** 5–7 m*

***Blütezeit:** April – Mai*

FEUERDORN *Pyracantha*-Hybriden, WHZ 6b

Allgemeines: Feuerdorn blüht weiß, sein Fruchtschmuck kann, je nach Sorte, gelb, orange oder rot sein und hält lange am Strauch. An sonnigen Standorten gedeiht er auf fast jedem durchlässigen Boden, ist aber anfällig für die Bakterienkrankheit Feuerbrand. Die Blüten sitzen an einjährigen Trieben, der Schnitt erfolgt vor dem Austrieb. Hartes Holz und Dornen erschweren den Schnitt. Erziehung: Mit 5–7 Gerüsttrieben, diese verschlanken. Erhaltung: Nach innen wachsende Triebe auslichten, überhängende, verzweigte Spitzen umlenken und verschlanken. Verjüngung: Vergreiste Gerüsttriebe bodeneben auslichten und Jungtriebe als Ersatz erziehen.

***Wuchs:** 2–4 m*

***Blütezeit:** Mai – Juni*

WHZ = Winterhärtezone (→ Karte Seite 334)

Wuchs: 4–6 m

Blütezeit: *April – Mai*

WEIDENBLÄTTRIGE BIRNE *Pyrus salicifolia*, WHZ 5b

Allgemeines: Von der Weidenblättrigen Birne ist vor allem die in Kronenhöhe veredelte Sorte 'Pendula' verbreitet. Sie wächst malerisch überhängend. Die Blätter sind grau und leicht mit denen der Olive zu verwechseln. Die Blüten sitzen an einjährigen Seitentrieben, der Schnitt erfolgt meist nach der Blüte. Erziehung: Mit 4–5 Gerüsttrieben (→ Seite 142, Laubbäume), ein klarer Gerüstaufbau erleichtert die Pflege. Erhaltung: Quer in der Krone und steil nach oben wachsende Triebe regelmäßig auslichten, Triebspitzen verschlanken. Verjüngung: Im Sommer stark verzweigte Spitzen auf einzeln stehende Jungtriebe umlenken und verschlanken.

Wuchs: *2-4 m*

Blütezeit: *Mai – Juni*

FAULBAUM *Rhamnus frangula*, WHZ 3

Allgemeines: Der Faulbaum ist ein sehr robustes Wildgehölz. Er gedeiht auch im Schatten noch gut und färbt sich an sonnigen Plätzen im Herbst leuchtend gelb. Die Blüten sind unscheinbar. Die Sorte 'Fine Line' hat fein gefiedertes Laub und wächst säulenförmig etwa 2,5 m hoch. Der Schnitt erfolgt im Frühjahr vor dem Austrieb. Erziehung: Mit 5–7 Bodentrieben als Gerüst, diese regelmäßig verschlanken. Erhaltung: Nach 5 Jahren Gerüsttriebe bodennah auf Jungtriebe umlenken, verzweigte Spitzen umlenken und verschlanken, Wurzelausläufer im Sommer ausreißen. Verjüngung: Vergreiste Triebe bodeneben auslichten und Jungtriebe nachziehen.

Wuchs: *bis 1 m*

Blütezeit: *Mai – Juni*

ZWERGRHODODENDRON *Rhododendron micranthum* 'Bloombux', WHZ 5

Allgemeines: 'Bloombox' ist Buchsersatz für kleine Formschnitte oder ein immergrünes Kleingehölz (Schnitt Rhododendron, → Seite 124). Der Standort sollte sonnig bis halbschattig, humos und sommerfeucht sein. Blütenknospen an den Spitzen einjähriger Triebe, Schnitt nach der Blüte. Erziehung: Formen klein ausbilden, langsam aufbauen (→ Seite 184 ff.). Erhaltung: Formschnitt nach der Blüte, die Form geht jedoch im Sommer wieder verloren. Bei einem zweitem Schnitt würden die Blütenknospen entfernt, die Form bliebe aber erhalten. Verjüngung: Schnitt ins ältere Holz (oberhalb der Veredlungsstelle) im Frühjahr vor der Blüte möglich.

Wuchs: *bis 2,5 m*

Blütezeit: *Mai – Juni*

SCHEINKERRIE *Rhodotypos scandens*, WHZ 6

Allgemeines: Locker verzweigter Strauch mit fast schwebenden Blüten, Standort sonnig bis halbschattig, humoser, tiefgründiger Boden. Im Schatten weniger Blüten. Diese sitzen an einjährigen Trieben, Schnitt direkt nach der Blüte. Erziehung: Schwache Bodentriebe vollständig entfernen, kräftige nur verschlanken. Erhaltung: Überhängende, verzweigte Triebspitzen auf tiefer stehende, aufrechte Jungtriebe umlenken. Vergreisende Bodentriebe vollständig auslichten. Verjüngung: Ältestes Drittel der Bodentriebe bodeneben auslichten, überhängende, vergreiste Triebe auf weiter innen stehende Jungtriebe umlenken. Neue Triebspitzen verschlanken.

ESSIGBAUM/SUMACH *Rhus typhina*, WHZ 6a

Allgemeines: Der Essigbaum besticht vor allem durch seine Fruchtkolben und die leuchtend orangerote Herbstfärbung. Die Sorte 'Dissecta' hat fein gefiedertes Laub. Alle Pflanzenteile können bei Hautkontakt phototoxische Reaktionen hervorrufen, daher beim Schnitt Handschuhe tragen. Der Schnitt erfolgt vor dem Austrieb. Erziehung: Mit etwa 5 Gerüsttrieben, diese verschlanken. Erhaltung: Verzweigte Spitzen gelegentlich auslichten oder auf tiefer stehende Triebe umlenken, Wurzelschosse im Sommer ausreißen. Verjüngung: Gerüsttriebe bodeneben auslichten und Jungtriebe als Ersatz belassen, bei starker Verjüngung wachsen viele Wurzelschosse.

Wuchs: *3–8 m*

Blütezeit: *Juni – Aug.*

ROSMARIN *Rosmarinus officinalis*, WHZ 7b–8a

Allgemeines: Die meisten Rosmarin-Sorten sind nur sehr bedingt frosthart und benötigen Winterschutz. Die Pflanze wünscht vollsonnige Standorte und sehr durchlässige, magere Böden, was sich auch positiv auf die Winterhärte auswirkt. Die Blüten erscheinen entlang einjähriger Triebe, der Schnitt erfolgt nach der Blüte. Erziehung: Nur Frühjahrspflanzung, alle Triebe auf 5–10 cm einkürzen. Erhaltung: Die Hälfte der Triebe auf 5–10 cm einkürzen, im nächsten Frühjahr die zweite Hälfte, möglichst bodennahe Jungtriebe erziehen. Verjüngung: Vergreiste Triebe auf tiefer stehende Jungtriebe umlenken, Schnitt ins alte Holz unbedingt vermeiden.

Wuchs: *0,3–0,8 m*

Blütezeit: *April – Juni*

WEINRAUTE *Ruta graveolens*, WHZ 6

Allgemeines: Die Weinraute ist ein wertvolles Gewürz. Die blaugrauen Blätter, besonders die von 'Jackman's Blue', sind sehr attraktiv. Sie wünscht durchlässige Böden in voller Sonne. Der Saft kann bei Hautkontakt phototoxisch wirken. Der Schnitt erfolgt im Frühjahr bei beginnendem Austrieb, bei Bedarf zusätzlich im Sommer. Erziehung: Kein Gerüstaufbau, im Frühjahr nach der Pflanzung alle Triebe auf 5 cm einkürzen. Erhaltung: Zweijährige und ältere Triebe bodennah auf Zapfen auslichten, einjährige auf 5 cm einkürzen. Verjüngung: Nur möglich, wenn bodennahe Jungtriebe vorhanden, alle vergreisten Triebe auslichten, Jungtriebe einkürzen.

Wuchs: *0,4–0,6 m*

Blütezeit: *Mai – Juli*

WEIDEN, STRAUCHARTIGE *Salix*-Arten, WHZ 4–5

Allgemeines: Strauchweiden sind vielgestaltig – die Palette reicht von kriechend, kompakt buschig bis hin zu großen Sträuchern. Weiden sind anspruchslos, der Standort sollte bei den meisten jedoch sommerfeucht sein. Weiden blühen an einjährigen Trieben, der Schnitt erfolgt nach der Blüte. Erziehung: 5–7 Bodentriebe als Gerüst, schwache Triebe auslichten. Erhaltung: Alle 3–5 Jahre den ganzen Strauch bodennah einkürzen und neu erziehen. Verjüngung: Gerüsttriebe bodennah auslichten und Jungtriebe als Ersatz erziehen, große Wunden unbedingt vermeiden, sie verursachen unweigerlich Fäulnis und Teile der Pflanze sterben ab.

Wuchs: *0,4–6 m*

Blütezeit: *März – April*

WHZ = Winterhärtezone (→ Karte Seite 334)

Wuchs: *0,6–1 m*

Blütezeit: *April – Mai*

SKIMMIE *Skimmia japonica*, WHZ 7a

Allgemeines: Die Skimmie bildet kompakte, immergrüne Sträucher. Auf die duftenden Blüten folgen runde, rote Früchte, die den Winter über am Strauch haften. Skimmien wünschen durchlässige, feuchte Böden im Halbschatten. Sie sind zweihäusig, will man Früchte, muss man die männliche Sorte 'Rubella' dazupflanzen. Die Blüten erscheinen an der Spitze einjähriger Triebe. Der Schnitt erfolgt nach der Blüte und mindert den Fruchtschmuck. Erziehung: Nicht nötig. Erhaltung: Nur überlang herausragende Triebe im Innern auslichten. Verjüngung: Auf 2–3 Jahre verteilen, verkahlte Triebe im Strauchinnern mit Zapfen auf Seitentriebe umlenken.

Wuchs: *1,5–2,5 m*

Blütezeit: *Juni – Aug.*

FIEDERSPIERE *Sorbaria sorbifolia*, WHZ 3

Allgemeines: Die Fiederspiere bildet an ihren Triebenden lange, cremeweiße Blütenrispen. Sie ist, was den Standort anbelangt, anspruchslos, zählt zu den Schösslingssträuchern und bildet reichlich Ausläufer. Die Blüten erscheinen am Ende diesjähriger Seitentriebe. Der Schnitt erfolgt im Frühjahr vor dem Austrieb. Erziehung: Nach der Pflanzung schwache Triebe bodeneben auslichten, übrige bis zur ersten vitalen Knospe einkürzen. Erhaltung: Diesjährige überlange Triebe im Sommer um ein Drittel einkürzen, bei einjährigen im Frühjahr Trockenes entfernen, ältere bodeneben auslichten, Ausläufer ausreißen. Verjüngung: Vergreiste Triebe auslichten.

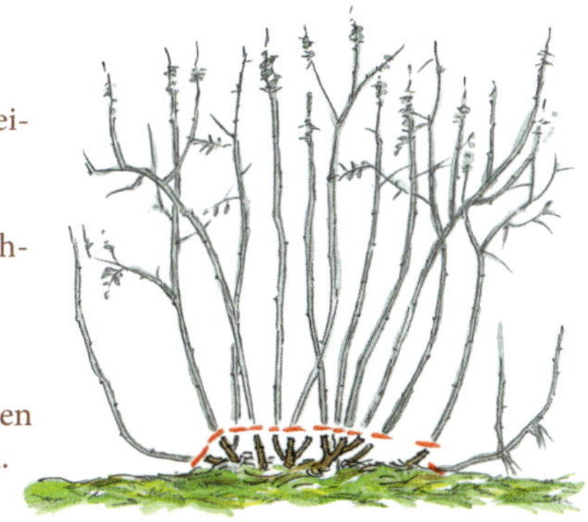

Wuchs: *bis 4 m*

Blütezeit: *März – April*

JAPANISCHER PERLSCHWEIF *Stachyurus praecox*, WHZ 7

Allgemeines: Der Japanische Perlschweif wünscht einen geschützten Standort und humosen, frischen, leicht sauren Boden. Die reichlichen Bodentriebe können an die 10 Jahre vital sein. Die Blütenknospen sitzen an einjährigen Trieben. Schnitt direkt nach Blüte. Erziehung: Mit 5–7 kräftigen Bodentrieben, deren Triebspitzen verschlanken. Erhaltung: Überhängende, verzweigte Triebe auf einzelne, weiter innen stehende umlenken. Ein lockerer Aufbau mit einjährigen Langtrieben an den Triebspitzen bringt den schönsten Blüheffekt. Verjüngung: Überalterte Triebe bodeneben auslichten, kräftige Jungtriebe als Ersatz stehen lassen, überzählige entfernen.

Wuchs: *bis 4 m*

Blütezeit: *Mai*

GEWÖHNLICHE PIMPERNUSS *Staphylea pinnata*, WHZ 5

Allgemeines: Die Pimpernuss mag humosen, leicht feuchten Boden. Auf weiße, überhängende Blütenrispen aus den Spitzen einjähriger Seitentriebe folgen im Herbst dekorative Kapseln. Sie haften lange am Strauch. Beim Schnitt nach der Blüte verzichten Sie teilweise auf Fruchtschmuck. Erziehung: Mit 5–7 kräftigen Bodentrieben. Mehr Triebe bleiben oft schlaksig und instabil. Erhaltung: Äußere Verzweigungen auf tiefer stehende Triebe umlenken. Überzählige Bodentriebe entfernen, zu weit außenstehende ausreißen. Verjüngung: Vergreiste Bodentriebe nur entfernen, wenn Jungtriebe vorhanden. Sonst auf tiefer stehende, vitale Seitentriebe umlenken.

KRANZSPIERE *Stephanandra incisa*, WHZ 5b

Allgemeines: Die Kranzspiere wächst buschig. Die weißen Blüten duften, die Herbstfärbung ist orangefarben. Sie wächst auf den meisten Standorten gut, mag aber keinen Kalk. 'Crispa' wird nur 0,8 m hoch. Die Blüten stehen an einjährigen Trieben, der Schnitt erfolgt nach der Blüte. Erziehung: 7–12 Triebe als Gerüst, schwache Triebe bodeneben auslichten, übrige leicht verschlanken. Erhaltung: Jährlich ein Drittel der Gerüsttriebe bodeneben auslichten, Jungtriebe als Ersatz nachziehen, stark überhängende oder verzweigte Spitzen umlenken, am Boden aufliegende Triebe ziehen Wurzeln. Verjüngung: Überalterte Pflanzen auf den Stock setzen, neu erziehen.

Wuchs: *0,5–1,5*

Blütezeit: *Juni – Juli*

SCHEINKAMELIE *Stewartia pseudocamellia*, WHZ 6

Allgemeines: Großstrauch mit attraktiver Rinde für sommerfeuchten, sauren Boden in geschützter Lage. Junge Pflanzen sind frostempfindlich. Das Blütenholz an einjährigen Seitentrieben ist langlebig, ebenso die Gerüsttriebe. Aufgrund der späten Blüte Schnitt im Frühjahr direkt vor dem Austrieb. Erziehung: Mit 3 Gerüsttrieben, so erhalten die Seitentriebe auch im Alter genug Licht, um Blütenknospen anzusetzen. Erhaltung: Nach innen oder steil wachsende Triebe auslichten. Ansonsten nur zurückhaltender Schnitt. Verjüngung: Nur im äußeren Bereich. Verkahlende Triebspitzen auf tiefer stehende, nach außen weisende Seitentriebe umlenken.

Wuchs: *bis 6 m*

Blütezeit: *Mai – Juli*

STRANVAESIE *Stranvaesia* (syn. *Photinia*) *davidiana*, WHZ 7a

Allgemeines: Die immergrüne Stranvaesie ist eng mit der Glanzmispel (→ Seite 209) verwandt. Auf die weißen Blütendolden folgen im Herbst rote Früchte. Der Standort sollte geschützt, halbschattig, der Boden humos und sommerfeucht sein. Die Blüten sitzen an einjährigen Seitentrieben, der Schnitt erfolgt nach der Blüte. Erziehung: Bei buschigen Jungpflanzen nicht nötig, ansonsten überlange Triebe um die Hälfte einkürzen. Erhaltung: Überlang aus dem Gehölz ragende diesjährige Triebe bis Mitte Juli im Strauchinnern einkürzen, stark verzweigte, überhängende Spitzen umlenken und verschlanken. Verjüngung: Wie Lorbeerkirsche (→ Seite 127).

Wuchs: *2–3 m*

Blütezeit: *Mai – Juni*

TAMARISKE *Tamarix*-Arten, WHZ 6b

Allgemeines: Die Frühlings-Tamariske *(T. parviflora)* blüht im Mai/Juni an einjährigen Trieben (A), der Schnitt erfolgt direkt nach der Blüte. Die Sommer-Tamariske *(T. ramosissima)* blüht im Sommer an diesjährigen Trieben, man schneidet sie im Frühjahr vor dem Austrieb (B). Erziehung: 3–5 bodennahe Triebe als Gerüst, Spitzen verschlanken. Erhaltung: A: Nach innen wachsende Triebe auslichten, verzweigte Spitzen auf einzelne Triebe umlenken. B: Seitentriebe stark einkürzen, bei Bedarf umlenken. Verjüngung: Bei beiden direkt vor dem Austrieb vergreiste Gerüsttriebe auf vitale Jungtriebe umlenken und neu erziehen, an den übrigen Spitzen verschlanken.

Wuchs: *6–8 m*

Blütezeit: *Mai – Sept.*

WHZ = Winterhärtezone (→ Karte Seite 334)

Wuchs: bis 0,8 m

Blütezeit: *März – April*

ZWERGEIBE *Taxus baccata* 'Renkes Kleiner Grüner', WHZ 6

Allgemeines: 'Renkes Kleiner Grüner' eignet sich als pilzfester Ersatz für kleine Buchseinfassungen. Benötigt durchlässige, tiefgründige Böden, die im Sommer nicht austrocknen. Staunässe vertragen Eiben nicht. Ein Schnitt im Sommer reicht aus. Dabei unbedingt auf bewölkte Perioden achten. Erziehung: Die Form in Kleinen vorgeben, langsam aufbauen (→ Seite 182 ff). Erhaltung: Jährlicher Schnitt nötig. In sehr feuchten Jahren und bei hohem Nährstoffgehalt kann in Einzelfällen ein zweiter Schnitt vor Mitte September sinnvoll sein. Verjüngung: Rückschnitt um die Hälfte möglich. Eiben treiben auch aus altem Holz wieder aus (→ Seite 140).

Wuchs: 1,5–3 m

Blütezeit: *Feb. – April*

MITTELMEERSCHNEEBALL *Viburnum tinus*, WHZ 7b–8a

Allgemeines: Der immergrüne Strauch benötigt vor Wintersonne geschützte Standorte, im Weinbauklima blüht er oft bereits im Winter. Auffällig sind die blauen Früchte. Der Boden sollte durchlässig sein. Die Blüten sitzen am Ende einjähriger Seitentriebe. Der Schnitt erfolgt nach der Blüte. Erziehung: Mit 3–5 Bodentrieben als Gerüst. Erhaltung: Überlange Triebe im Sommer im Strauchinnern einkürzen, stark verzweigte oder überhängende Triebspitzen im Frühjahr auf einzelne Seitentriebe umlenken. Verjüngung: Vergreiste Triebe im Innern auf Seitentriebe umlenken, die folgenden Neuaustriebe neu erziehen (→ Seite 127, Lorbeerkirsche).

Wuchs: 6–8 m

Blütezeit: Juni

PURPURWEIN *Vitis coignetiae*, WHZ 6a

Allgemeines: Purpurwein ist ein wüchsiger Kletterer und braucht eine Rankhilfe. Im Herbst färbt sich das Laub an sonnigen Standorten leuchtend orange bis rot. Ein regelmäßiger Schnitt hält den Strauch übersichtlich und fördert die Vitalität. Der Schnitt erfolgt im Frühjahr vor dem Austrieb. Erziehung: Mit einem sich bei Bedarf verzweigenden Gerüsttrieb, diesen jährlich um etwa 1,5 m verlängern, Seitentriebe jährlich auf 10 cm einkürzen. Erhaltung: Gerüsttriebe verlängern, Seitentriebe auf 10 cm einkürzen. Verjüngung: Vergreiste Gerüsttriebe auf weiter innen stehende Jungtriebe umlenken, diese als neue Spitze erziehen.

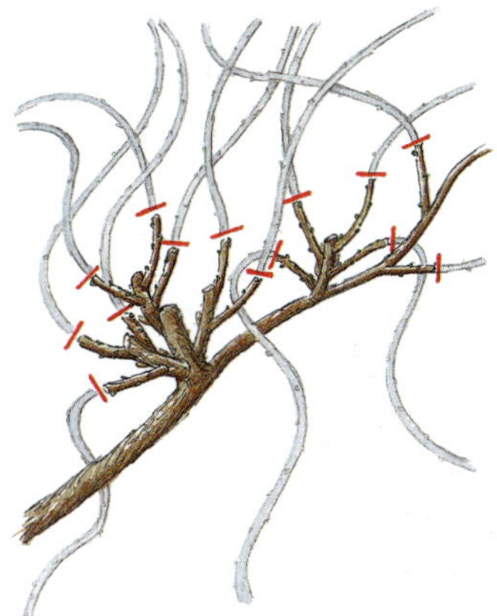

Wuchs: bis 1,5 m

Blütezeit: *Juli – Aug.*

FÄDIGE PALMLILIE *Yucca filamentosa*, WHZ 5

Allgemeines: Da die Fädige Palmlilie keine Stämme ausbildet, könnte man sie auch den Stauden zuordnen. Ihre fleischigen Wurzeln haben aber die Tendenz zu verholzen. Sie wünscht durchlässigen Boden in voller Sonne. In kühleren Gegenden sollte der Standort vor Wintersonne geschützt sein. Erhaltung: Entfernen Sie im Frühjahr abgeblühte Rosetten vom Vorjahr. Tragen Sie dabei feste Handschuhe. Zu weit nach außen wachsende Triebe regelmäßig ausreißen oder eine Rhizomsperre anbringen. Verjüngung: Lässt die Blüte stark nach, die ganze Pflanze aufnehmen und kräftige Triebe wieder einpflanzen. Dabei den Boden mit etwas Kompost verbessern.

Obstgehölze – reiche Ernte durch den richtigen Schnitt

Obstgehölze liefern hochwertige und schmackhafte Früchte, sind aber durchaus auch ästhetische Elemente im Garten. Der Schnitt hält sie in Form und sorgt für guten Ertrag. Auch wenn die einzelnen Arten unterschiedlich geschnitten werden: Die Grundlagen sind immer dieselben.

Obstbäume:
von Rundkrone bis Spalier

Obstbäume sind stattliche Baumgestalten und produzieren reichlich Früchte. Vom mächtigen Hochstamm über den zierlichen Spindelbaum bis zum Spalier – für fast jeden Standort findet sich die gewünschte Obstart mit der passenden Wuchsform.

Obstbäume sind sehr vielfältige Gehölze. Die Palette reicht vom klassischen Obstbaum mit hohem Stamm und mächtiger Krone über zierliche Spindelbäume bis hin zu kunstvollen Spalieren. Doch so unterschiedlich sie auch sind – alle sollen reichlich hochwertige Früchte liefern. Ihr Zierwert als Bäume mit attraktiven Blüten ist zwar ebenfalls gefragt, spielt aber nur eine Nebenrolle.

Weil Obstbäume sehr unterschiedlich wachsen und entsprechend ihrem natürlichen Rhythmus altern, benötigt jede Obstart einen individuellen Schnitt. Einige wie Pfirsich oder Sauerkirsche brauchen jährlich einen kräftigen Schnitt. Bei anderen, wie ausgewachsenen Süßkirschen- oder Apfelbäumen, reicht es dagegen, wenn man sie nur alle paar Jahre auslichtet.

Die Bildung der Früchte

Das Ziel des Schnitts von Obstbäumen ist es, das Fruchtholz zu fördern – also diejenigen Triebe vital zu halten, die blühen und später Früchte tragen.

Obstgehölze bilden ihre Blütenknospen in der Regel im Vorjahr aus. Das beste Fruchtholz steht bei Arten wie Pfirsich oder Sauerkirsche an einjährigen Trieben, bei anderen wie Apfel oder Birne an zwei- und dreijährigen Trieben. Einige wenige fruchten auch noch an älteren Trieben.
Der Erziehung kommt bei Obstbäumen deshalb eine noch größere Bedeutung zu als bei Ziergehölzen. Dann aber liefern sie viele Jahrzehnte lang Früchte, und es ist nur ab und zu ein Erhaltungsschnitt nötig. Vergreisen sie schließlich, kann man sie mit einem Verjüngungsschnitt bis zu einem gewissen Grad revitalisieren.

Die verschiedenen Erziehungsformen

Obstbäume sind immer veredelt. Zur Auswahl stehen verschiedene Unterlagen, die die Wuchsstärke und die Erziehungsform bestimmen (→ Seite 13 und 46/47).

> **Rundkronen** bestehen aus einem Stamm und einer Krone mit vier Gerüsttrieben (→ ab Seite 220). Sie brauchen in den ersten 4–15 Jahren, bis die Krone ausgebildet ist, einen konsequenten Schnitt. Im Garten benötigen sie mindestens 25 m^2 Platz, oft jedoch mehr: Süßkirsche oder Walnuss überspannen mit ihrer Krone bis zu 100 m^2. Eine Sonderform der Rundkrone ist die **Hohlkrone**: Bei ihr wird der Mitteltrieb der Krone zurückgeschnitten, damit mehr Licht ins Kroneninnere gelangt.

> **Spindelbäume** stehen auf schwachwüchsigen Unterlagen und bestehen nur aus einer Mitte und Seitentrieben (→ ab Seite 236). Nur ein regelmäßiger Schnitt hält sie in Form.

> **Spaliere** sind die aufwendigste Erziehungsform. Sie werden flach an einem Gerüst an der Wand oder als Raumteiler gezogen und brauchen mehrere Schnitte pro Jahr (→ ab Seite 244).

> **Säulenbäume** bestehen nur aus einer Mitte und Fruchttrieben. Sie beanspruchen am wenigsten Platz und brauchen kaum einen Schnitt (→ Seite 250).

Vorher prüfen

Bevor Sie einen Obstbaum pflanzen, sollten Sie prüfen, ob er sich für Ihren Garten wirklich eignet.

> Reicht der zur Verfügung stehende Platz? Lässt sich der gesetzliche Grenzabstand einhalten – auch dann noch, wenn der Baum in einigen Jahren ausgewachsen ist? Achten Sie beim Pflanzen auch auf einen ausreichenden Abstand zu Ihrem Haus.

> Ein Obstbaum kann große Teile Ihres Gartens beschatten. Können oder möchten Sie diese Flächen sinnvoll nutzen, zum Beispiel als Sitzplatz für heiße Sommertage?

> Besitzen Sie geeignete Leitern für eventuelle Pflegearbeiten, und sind Sie schwindelfrei? Andernfalls brauchen Sie für den Schnitt professionelle Hilfe.

Spaliere eignen sich auch für kleine Gärten. Sie werden im Sommer geschnitten.

Apfel und Birne: *Rundkrone erziehen*

Apfel- oder Birnen-Rundkronen sind der Inbegriff des Obstbaums. Im Frühjahr sind sie von Blüten bedeckt, im Herbst erfreuen sie mit Früchten.
Am besten lässt sich die Erziehung einer Rundkrone am Apfelbaum (*Malus domestica*-Sorten, WHZ 5a) erklären. Die Erziehung der Birne (*Pyrus communis*-Sorten, WHZ 5b) unterscheidet sich kaum. Beim Apfel dauert die Erziehung 6–12, bei der Birne 6–15 Jahre. Der Schnitt erfolgt im Frühjahr.

Vitales Fruchtholz fördern

Apfel und Birne blühen nicht an einjährigen Langtrieben. Bleiben einjährige Triebe jedoch kürzer als 15 cm beim Apfel bzw. 20 cm bei der Birne, tragen sie an der Spitze meist schon eine Blüte. Das ergiebigste Fruchtholz sitzt jedoch an zweijährigen Langtrieben, die bereits mit kleinen einjährigen Seitentrieben mit je einer Blütenknospe besetzt sind – sogenannten Spießen. Im nächsten Jahr verzweigen sich diese Spieße mit neuen Blütenknospen, bleiben aber noch vital. Dieser Prozess setzt sich von Jahr zu Jahr fort, und es entstehen dicht verzweigte Köpfe. Nach 6 Jahren ist das Fruchtholz nicht mehr vital und sollte ersetzt werden. Dazu lenkt man den Kopf auf weiter innen stehende Triebe um. Diese sollten mindestens zweijährig und mit Blütenknospen besetzt sein. Die sich entwickelnden Früchte nehmen den Saftstrom auf, sodass das Wachstum gebremst wird. Lenkt man dagegen auf einjährige blütenlose Triebe um, wird das Wachstum stark angeregt.

Pflanzschnitt

Achten Sie beim Kauf darauf, dass der Jungbaum aus einem geraden Stamm und fünf bis sieben einjährigen Trieben besteht. Legen Sie nach dem Pflanzen vier Gerüsttriebe fest. Wählen Sie einen senkrechten, geraden Mitteltrieb und drei Seitentriebe, die in einem Winkel von 60° zur Mitte stehen. Alle anderen Triebe entfernen Sie. Die drei Seitengerüsttriebe kürzen Sie um ein Drittel auf gleiche Höhe ein, sind diese Triebe schwach, um die Hälfte. Die oberste Knospe an jedem Trieb sollte jeweils nach außen weisen, damit die Triebe nach außen wachsen und nicht ins Innere der Krone. Dann kürzen Sie den Mitteltrieb so weit ein, dass er in einem Winkel von 90–120° über den Seitentrieben steht. So entwickeln sich alle Gerüsttriebe gleichmäßig.
Steht ein Seitengerüsttrieb zu flach, binden Sie ihn mit einer Sisalschnur am Mitteltrieb im gewünschten Winkel hoch. Steil aus der Mitte wachsende Triebe – sogenannte Schlitzäste –

1 FRUCHTHOLZ *Das beste Fruchtholz von Apfel und Birne sind die kurzen Spieße an den zweijährigen Trieben. Wenn sie älter werden, verzweigen sich die Spieße und vergreisen schließlich.*

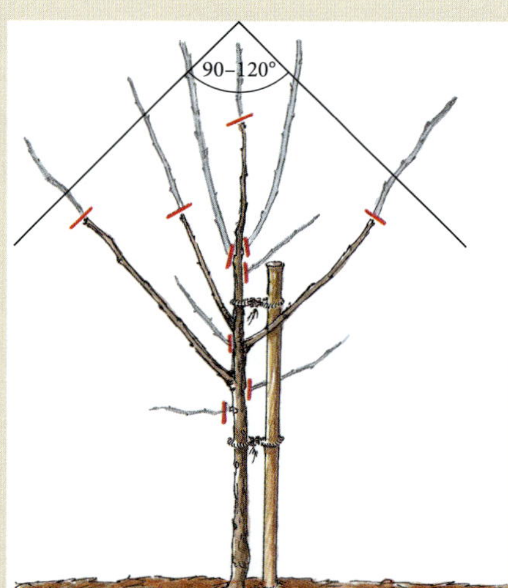

2 PFLANZSCHNITT *Entfernen Sie alle Triebe außer dem Mitteltrieb und den drei Seitentrieben. Diese kürzen Sie auf nach außen weisende Knospen ein. Die Gerüsttriebe bilden einen Winkel von 90–120°.*

3 TRIEB SPREIZEN *Wächst ein Trieb anfangs flach, steht dann aber steil, spreizen Sie ihn mit einem Holz in die richtige Stellung ab. Kerben Sie das Holz an den Enden ein, damit es stabiler aufliegt.*

verwenden Sie für den Kronenaufbau nicht (→ Seite 226). Entspringt der Trieb jedoch mit einem flachen Winkel aus der Mitte und wächst dann erst steil aufrecht, spreizen Sie ihn mit einem Holz in die gewünschte Stellung ab (→ Abb. 3). Verwenden Sie dazu weiches Holz wie Weide oder Holunder. Kerben Sie es an beiden Seiten ein, damit es besser hält. So wachsen die Gerüsttriebe in der richtigen Stellung. Sind sie erst einmal stark geworden, sind Korrekturen nicht mehr möglich.

Erziehung

Im Jahr nach der Pflanzung sind neue einjährige Triebe entstanden. Die Gerüsttriebe sind gewachsen, und unterhalb der Schnittstellen haben sich Konkurrenztriebe gebildet. Entfernen Sie zuerst nach innen und senkrecht wachsende Triebe sowie die Konkurrenztriebe der Gerüsttriebverlängerungen. Flach wachsende Seitentriebe lassen Sie stehen. Dann kürzen Sie die vier Gerüsttriebe um ein Drittel des Neuzuwachses ein, die Seitentriebe wiederum in einer Höhe auf nach außen weisende Knospen. Den Mitteltrieb schneiden Sie so weit zurück, dass er mit den Seitentrieben einen Winkel von 90–120° bildet. Damit die Mitte gerade wächst, sollte ihre oberste Knospe in die entgegengesetzte Richtung als im letzten Jahr zeigen. Ist ein Gerüsttrieb deutlich schwächer als die übrigen, orientiert sich die Schnittstärke an diesem einen Trieb.

Erziehung in den Folgejahren

Im dritten Jahr setzen Sie die Erziehung nach diesem Prinzip fort: Sie entfernen regelmäßig steil aufrecht oder nach innen wachsende Triebe, lichten Konkurrenztriebe aus und kürzen die Mitte und die Seitengerüsttriebe wie im Vorjahr ein. Flache Fruchttriebe verschlanken Sie an den Spitzen, kürzen sie jedoch nie ein. An den Gerüsttrieben sollten die Fruchttriebe in einem Abstand von 10–20 cm stehen.

Eine gut erzogene, etwa fünfjährige Rundkrone besitzt bereits ein stabiles Gerüst.

Zu dicht stehende Fruchttriebe lichten Sie aus.
Kürzen Sie bis zum fünften, bei schwachem Wuchs bis zum siebten oder achten Jahr die Gerüsttriebe weiterhin ein. Konkurrenztriebe an den Spitzen lichten Sie aus, ebenso steil stehende oder nach innen wachsende Triebe. Die Fruchttriebe verschlanken Sie.

Birne: Erziehung

Eine Birnen-Rundkrone erziehen Sie im Prinzip wie die Apfel-Rundkrone. Weil die Gerüsttriebe der Birne jedoch steiler wachsen als beim Apfel, spreizen Sie bei Bedarf die Seitengerüsttriebe mit Hölzern in einem 60°-Winkel zur Mitte ab. Sorten wie 'Pastorenbirne' oder 'Alexander Lucas' bilden schlaksige Triebe. Bei ihnen kann es nötig sein, die Gerüsttriebe nach dem Einkürzen an Bambusstäben anzubinden, um sie gerade und im gewünschten Winkel zu erziehen. Nur so entsteht ein langjährig stabiles Gerüst.

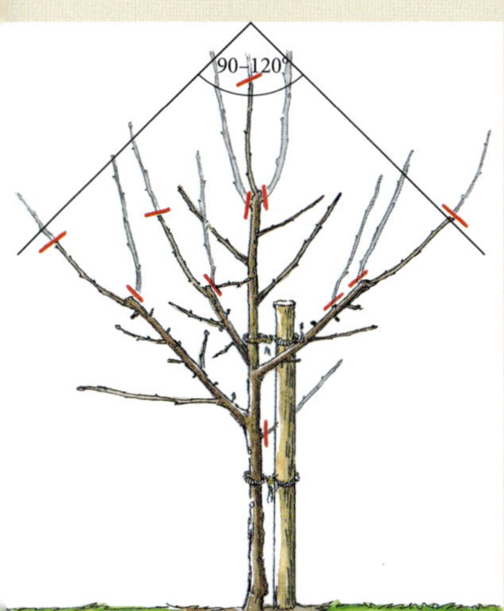

4 APFEL: ERZIEHUNG *Lichten Sie nach innen oder steil wachsende Triebe aus. Kräftige Triebe verschlanken Sie an den Spitzen. Die Gerüsttriebe kürzen Sie genauso wie im Vorjahr.*

5 BIRNE: ERZIEHUNG *Lichten Sie steil stehende und nach innen wachsende Triebe aus. Die von Natur aus steiler wachsenden Seitengerüsttriebe spreizen Sie ab und kürzen sie ein.*

Apfel und Birne: Rundkrone erhalten

Eine konsequent erzogene Apfelkrone ist stabil und bis ins Innere gut belichtet.

Ist die Erziehung abgeschlossen, ist sowohl bei einer Apfel- als auch bei einer Birnen-Rundkrone in der Regel lediglich in einem Rhythmus von 2–3 Jahren ein Erhaltungsschnitt notwendig. Diesen führt man im Frühjahr durch.

Apfel: Erhaltung

Lichten Sie als Erstes nach innen oder steil wachsende Triebe aus. Anschließend verschlanken Sie die Spitzen der Gerüsttriebe und entfernen entstandene Konkurrenztriebe.

Die Gerüsttriebverlängerungen kürzen Sie ab dem sechsten Jahr in der Regel nicht mehr ein, sie sollten bis dahin ausreichend stabil sein. Auch nach Jahren sollte ein Gerüsttrieb von der Basis bis zur Spitze schlank auslaufen, sodass genügend Licht in das Innere der Krone gelangt. Ältere Fruchttriebe, die sich bereits nach unten abgesenkt haben, lenken Sie auf einen weiter innen am Ast stehenden, zweijährigen Trieb mit Blütenknospen um. Dieser sollten schräg nach oben und außen wachsen. Entwickeln sich am Mitteltrieb starke Fruchttriebe, die die Seitengerüsttriebe schattieren, lichten Sie sie aus. Flach stehende, schwache und vor allem junge Seitentriebe lassen Sie dagegen stehen, sie bilden die neuen Fruchttriebe.

Ein Fruchttrieb sollte im Idealfall nicht mehr als halb so dick sein wie ein Gerüsttrieb. Wenn Sie im Zweifel sind, ob ein Fruchttrieb bereits zu stark geworden ist, entfernen Sie ihn besser, sofern genug Jungtriebe als Ersatz vorhanden sind. Wenn Sie ihn zu spät abschneiden, besteht die Gefahr, dass das Kroneninnere verkahlt oder große Schnittwunden entstehen.

! FEHLENDE FRUCHTBARKEIT

Wenn Apfel- oder Birnbäume reich blühen, aber keine Früchte tragen, fehlt meist eine Befruchtersorte. Denn Apfel, Birne, Süßkirsche und einige Zwetschgen sind auf die Befruchtung durch den Pollen anderer Sorten derselben Obstart angewiesen. Der eigene Pollen ist dafür ungeeignet. Der zweite Obstbaum kann bis zu 200 m vom eigenen Baum entfernt stehen. Erkundigen Sie sich am besten schon beim Kauf, welche Befruchtersorte jeweils geeignet ist.

Birne: Erhaltung

Der Erhaltungsschnitt erfolgt bei der Birnen-Rundkrone im Prinzip wie beim Apfel. Sie sollten lediglich zusätzlich auf die steiler wachsenden Triebe achten. Wurden jedoch bei älteren Birnbäumen zu steile Gerüsttriebe nicht gespreizt, können Sie dies nicht mehr nachholen. Stattdessen lenken

1 APFEL: ERHALTUNG *Lichten Sie steile und nach innen wachsende Triebe aus. Verzweigte Fruchttriebe lenken Sie auf mindestens zweijährige Seitentriebe um. Dann verschlanken Sie alle Triebe.*

2 BIRNE: ERHALTUNG *Ohne Schnitt verkahlen die Fruchttriebe bei der Birne relativ rasch. Lenken Sie daher vergreiste Triebe regelmäßig nach vier bis fünf Jahren auf zweijährige Triebe um.*

Sie sie auf flachere, weiter innen stehende Seitentriebe um. Die neue Spitze sollte in einem stumpfen Winkel zum Haupttrieb stehen, sodass der Saftstrom ungehindert fließen kann. Steht die neue Spitze im rechten oder sogar spitzen Winkel, staut sich der Saftdruck, und es bilden sich jahrelang kräftige Schosse an der Schnittstelle. Wächst ein Seitentrieb schon an der Basis steil aus, entfernen Sie ihn ganz. Die Fruchttriebe bleiben bei der Birne je nach Sorte bis zu 5 Jahre vital. Dann bilden sie überhängende Verzweigungen, die ohne Schnitt zu Besen werden. Am Scheitelpunkt wiederum entstehen meist Jungtriebe. Tragen diese ab dem zweiten Jahr Blütenknospen, dienen sie als Ersatz für altes Fruchtholz. Weil Birnbäume weniger Jungtriebe direkt aus dem Gerüst entwickeln als Apfelbäume, sollten Sie solche Jungtriebe fördern. Nur sie können ältere Fruchttriebe ersetzen. Im Zweifel entfernen sie vergreiste Fruchttriebe auf 5 cm kurze Zapfen am Gerüst. Dies regt die Bildung von Jungtrieben an. Sind die Zapfen eingetrocknet, entfernt man sie im Sommer oder nächsten Frühjahr. Weitere steile Triebe im Kroneninnern und Konkurrenztriebe zur Mitte lichten Sie aus (→ Abb. 3). Wachsen Triebe jedoch erst flach aus dem Gerüst und werden dann steil, können sie verbleiben und werden nur verschlankt. Unter der Fruchtlast senken sie sich später in die Waagerechte ab.

Wurden Birnbäume nicht optimal geschnitten, entstehen nach 6–8 Jahren am Mitteltrieb oberhalb der Seitengerüsttriebe oft weitere starke und steile Seitentriebe. Entfernen Sie solche Triebe. Sind sie stärker als der halbe Durchmesser des Mitteltriebs, schneiden Sie sie auf Zapfen, die Sie in den folgenden Sommern entfernen.

Sommerschnitt

Wenn eine Apfel- oder Birnenrundkrone zu schnell wächst, ist ein Sommerschnitt empfehlenswert. In dieser Zeit vertragen die Bäume den Schnitt sehr gut. Der Baum kann entstehende Wunden sofort innerlich abschotten und äußerlich relativ rasch mit Wundgewebe überwallen. Zudem wird das Wachstum eher beruhigt als angeregt. Sehr stark wachsende Bäume können Sie mit dem Sommerschnitt also in ruhigere Bahnen lenken. In diesem Fall verzichten Sie dann auf den Schnitt im zeitigen Frühjahr, der das Wachstum nur unnötig anregen würde.

Im Sommer können Sie auch steil stehende und ins Innere wachsende Triebe entfernen (→ Abb. 4 und 5). Weil das Holz jetzt noch weich ist, geht der Schnitt außerdem leichter vonstatten. Durch die Beruhigung des Wachstums erscheinen zudem weniger Neuaustriebe, und selbst diese bleiben schwächer als bei einem anregenden Frühjahrsschnitt.

Sind solche steilen Triebe bis Ende Mai noch unverholzt, können Sie sie einfach mit einer Drehbewegung ausreißen. Halten Sie den Trieb an der Basis fest und biegen Sie ihn mehrmals hin und her. Er bricht dann mit dem Astring vom Haupttrieb ab. Dadurch werden zugleich die Knospen an der Basis entfernt, und die Wunde wird schnell geschlossen. Sind Triebe jedoch bereits verholzt, sollten Sie sie immer abschneiden, da Sie sonst beim Ausreißen die Rinde des Haupttriebs verletzen.

Flache und schwache Triebe lassen Sie dagegen stehen, sie bilden das wertvolle junge Fruchtholz für die kommenden Jahre. Nur wenn solche Fruchttriebe zu dicht stehen, werden einige von ihnen ausgelichtet.

3 KONKURRENZTRIEBE *Ohne regelmäßiges Auslichten wachsen Steiltriebe bei Birnen stark. Sie stehen in Konkurrenz zum Gerüsttrieb oder überholen ihn sogar im Wachstum.*

4 STEILTRIEBE: VOR SCHNITT
An waagerechten Trieben ist der Saftdruck auf der Oberseite am größten. Es bilden sich steile Schosse, die schnell kräftig werden.

5 STEILTRIEBE: NACH SCHNITT
Die kräftigsten Steiltriebe wurden im Sommer ausgelichtet, um das Wachstum zu beruhigen. Einige flache bleiben als Fruchttrieb-Ersatz.

Apfel und Birne: *Rundkrone verjüngen*

Wurde der Erhaltungsschnitt bei Apfel- und Birnbäumen über mehrere Jahre versäumt, verzweigen sich die Gerüsttriebe im oberen Bereich besenartig und sinken nach unten. Das Kroneninnere wird beschattet und verkahlt. Die Fruchttriebe hängen schließlich über. Der Baum vergreist, und es erscheinen kaum noch Jungtriebe. Vitales Fruchtholz findet sich, wenn überhaupt, nur noch im oberen und äußeren Kronenbereich. Mit einem Verjüngungsschnitt im Frühjahr können Sie solche Bäume revitalisieren.

Vitales Fruchtholz fördern

Kontrollieren Sie zuerst, ob das Gerüst noch gut zu erkennen ist. Wenn nicht, legen Sie das Gerüst neu fest und entfernen alle Konkurrenztriebe zu den Gerüsttrieben. Selbst wenn der Baum mehrere für das Gerüst geeignete Triebe besitzt, sollten Sie bis auf vier alle entfernen, damit wieder Licht in das Kroneninnere gelangt. Vermeiden Sie dabei jedoch Wunden über 10 cm Durchmesser. Sind die Triebe deutlich dicker, ist es besser, wenn Sie auch ein nicht ideales Gerüst als gegeben hinnehmen und nur im äußeren Bereich schneiden.

Oftmals haben sich vor allem bei Birnen auf den Seitengerüsttrieben – parallel zum Mitteltrieb – mächtige Steiltriebe gebildet. Sie werden immer stärker und lassen den eigentlichen Gerüsttrieb mehr und mehr vergreisen. Solche Konkurrenztriebe zur Mitte lichten Sie aus. Sind die Triebe bereits sehr stark, führen Sie den Schnitt am besten im Sommer durch und lenken sie dabei auf tiefer stehende Seitentriebe um.

Anschließend verschlanken Sie die Spitzen der Gerüsttriebe, indem Sie überhängende, verzweigte Besen auf einen weiter innen und steiler stehenden Jungtrieb umlenken (→ Abb. 2 und 3). Dieser sollte die Wuchsrichtung des Gerüsttriebs möglichst harmonisch fortsetzen.

Entfernen Sie nun alle weiteren steil oder nach innen in die Krone wachsenden Triebe. Sehr starke Fruchttriebe entfernen Sie beim Apfel vollständig, bei Birnen schneiden Sie sie auf kurze Zapfen zurück. Junge Triebe, die direkt dem Gerüst entspringen, lassen Sie als Ersatz stehen. Zu lange Fruchttriebe lenken Sie auf weiter innen stehende, nach außen und schräg nach oben weisende Triebe mit Blütenknospen um.

Bei einem sehr stark vergreisten Baum kann es nötig sein, bis zu einem Drittel der Krone zu entfernen. Vermeiden Sie dabei aber immer Schnittstellen, die mehr als 10 cm Durchmesser haben.

VERJÜNGUNG: VOR SCHNITT *Dieser Apfelbaum hat am Gerüst kräftige Steiltriebe entwickelt. Das Gerüst vergreist zusehends. Die Fruchttriebe sind stark verzweigt, die Fruchtqualität lässt nach.*

VERJÜNGUNG: NACH SCHNITT *Einige Steiltriebe wurden auf Zapfen entfernt. Überhängende Spitzen und verzweigte Fruchttriebe sind auf mehrjährige Seitentriebe umgelenkt und verschlankt.*

SCHNITT 1 JAHR SPÄTER *Aus den Zapfen und entlang der Gerüsttriebe haben sich Jungtriebe gebildet. Der Baum zeigt, dass er noch vital ist. Alle Steiltriebe werden ausgelichtet, flache verbleiben.*

Solche Wunden trocknen stark ein und werden nicht mehr überwallt. Zersetzende Holzpilze und Bakterien können an diesen Stellen das Holz angreifen und den ganzen Baum zerstören.

Verjüngung in Etappen

Bei extrem alten oder ungepflegten Bäumen ist es ratsam, den Verjüngungsschnitt auf 2–3 Jahre zu verteilen. Der Baum verträgt die Verjüngung dann besser, und das Wachstum wird nicht zu stark angeregt. Reagiert ein Baum nach der ersten Verjüngung nur mit wenig Neuzuwachs, ist es besser, ihn zu entfernen und durch einen Jungbaum zu ersetzen. Besteht sein Wert für den Garten jedoch weniger in den Früchten, sondern in seiner Gestalt, können Sie ihn weiter erhalten. Verringern Sie aber trotzdem mit kleinen Schnitten im Außenbereich das Kronenvolumen, um das Risiko eines Windbruchs zu verringern.

Schnitt 1 Jahr später

Weil ein Verjüngungsschnitt ein starker Eingriff ist, versucht der Baum das Gleichgewicht zwischen Wurzel und Krone wiederherzustellen. Deshalb bilden sich an den größeren Schnittstellen in den nächsten 2–3 Jahren viele Neutriebe. Entfernen Sie jährlich etwa die Hälfte bis zu zwei Drittel dieser Triebe. Führt man dies im Sommer durch, beruhigt sich das Wachstum schneller als im Frühjahr (→ Seite 223). Entfernen Sie vor allem steil und nach innen wachsende Triebe. Flach nach außen wachsende Triebe belassen Sie als neues Fruchtholz. Kürzen Sie diese einjährigen Triebe nie ein, dies regt ihr Wachstum aufs Neue an. Hat sich das Wachstum des Baums schließlich beruhigt, führen Sie alle 2–3 Jahre einen Erhaltungsschnitt durch.

1 VERJÜNGUNG
Vermeiden Sie bei der Verjüngung große Wunden. Lichten Sie steil stehende und nach innen wachsende Triebe aus. Dann lenken Sie stark verzweigte und überhängende Triebspitzen auf schräg nach oben und außen weisende, mindestens zweijährige Jungtriebe um. Diese verschlanken Sie.

2 BESEN VERJÜNGEN
Werden Fruchttriebe älter, verzweigen sie sich von Jahr zu Jahr immer mehr und entwickeln nur noch kurze Quirle. Mehrere solcher Triebe bilden dann Besen. Lenken Sie solche Besen auf schräg nach oben und außen wachsende mindestens zweijährige Jungtriebe um.

3 REAKTION AUF VERJÜNGUNG
Wo Besen entfernt wurden, entsteht ein Saftstau, und die neue Triebspitze verzweigt sich. Auch direkt unterhalb der Schnittstelle bilden sich kräftige Jungtriebe. Lichten Sie steil stehende aus und verschlanken Sie die Triebspitze.

Schnittfehler bei Rundkronen beheben

Selbst wenn Sie Ihre Apfel- und Birnbäume über Jahre falsch geschnitten haben oder der Schnitt lange Zeit versäumt wurde, können Sie dies mit Korrekturschnitten ausgleichen.
Prüfen Sie als Erstes, welche Fehler gemacht wurden. Daraus können Sie die notwendigen Schnitte ableiten, um die Schäden zu beheben. Sie sollten sich jedoch bewusst machen, dass Fehler, die über mehrere Jahre wiederholt wurden, sich nicht in einem Jahr ausgleichen lassen. Bei älteren oder stark vergreisten Bäumen werden Sie vermutlich kaum wieder eine ideale Krone aufbauen können. In solchen Fällen liegt das Augenmerk vor allem darauf, den Baum stabil zu halten, Licht in die Krone gelangen zu lassen und das Fruchtholz zu revitalisieren.

Schlitzäste entfernen

Schlitzäste wachsen in einem spitzen Winkel zum Stamm oder Haupttrieb. An der Verbindungsstelle sind oben zwei kleine Wülste zu sehen, die mit einer Linie voneinander abgegrenzt sind. Solche Triebe sind nicht stabil mit dem Haupttrieb verwachsen und reißen oft im Alter unter der Fruchtlast aus. Versucht man sie zu spreizen, brechen sie aus. Solche Schlitzäste entfernt man deshalb so frühzeitig wie möglich.

Zu viele Gerüsttriebe

Wurden beim Pflanzschnitt mehr als drei Seitengerüsttriebe belassen, stehen zu viele kräftige Triebe in der Krone. Definieren Sie in diesem Fall drei gleichmäßig verteilte, im Winkel von 45–60° zur Mitte wachsende Seitentriebe als Gerüsttriebe. Falls die neuen Seitengerüsttriebe zu flach stehen, binden Sie sie mit einer Schnur im idealen Winkel an der Mitte hoch. Ziehen Sie die Schlaufen nicht zu eng, damit die Schnur nicht einwächst. Zu steile Gerüsttriebe spreizen Sie mit Hölzern ab. Überzählige Gerüsttriebe entfernen Sie. Haben sie über 5 cm Durchmesser, schneiden Sie sie auf Zapfen und entfernen diese nach 2–3 Jahren im Sommer. Die Mitte hat sich bis dahin weiter verdickt und kann die Wunde schneller schließen. Sind die Triebe bereits dicker als 10 cm, lenken Sie sie, um keine großen Wunden zu produzieren, auf gerüstnahe Seitentriebe um. Flache Fruchttriebe werden nicht eingekürzt, sondern verschlankt. Erreicht ein Fruchttrieb die halbe Dicke des Gerüsttriebs und sind genug schwächere Jungtriebe vorhanden, entfernt man ihn nahe dem Gerüst.

Zu steile Gerüsttriebe

Steht ein Gerüsttrieb von Anfang an sehr steil, lässt sich der Winkel an der Basis nicht mehr verändern, er sollte entfernt werden (→ Schlitzäste). Oft wachsen Triebe aber flach aus der Mitte und erst nach 1–2 Jahren steil nach oben. Damit sind sie zwar stabil, stehen aber für den Gerüstaufbau zu steil und konkurrieren mit dem Mitteltrieb. Solange sie noch biegsam sind, lassen sich solche Triebe mithilfe von Spreizhölzern auf 45–60° abspreizen. Damit sie fest sitzen, sollten diese Hölzer nach dem Spreizen etwa im rechten Winkel auf den Trieben aufliegen. Entweder verwenden Sie zum Spreizen das Holz gerade entfernter Triebe, die Sie auf die genaue Länge einkürzen, oder Sie verwenden weiches Holz von Holunder oder Weide. Sägen oder schneiden Sie an den Enden Kerben

1 JUNGER SCHLITZAST *Ein Trieb wächst steil aus dem Haupttrieb. Beide grenzen sich mit zwei Wülsten gegeneinander ab. Die Verbindung ist nicht stabil, der Trieb wird ausbrechen.*

2 GEBROCHENER SCHLITZAST *Dieser mehrjährige Schlitzast ist unter seiner Fruchtlast ausgebrochen. Er war im oberen Bereich nicht fest mit dem Stamm verwachsen.*

in Dreiecksform in das Spreizholz. Es hat dann einen besseren Halt am Trieb und rutscht nicht ab.

Steiltriebe in älterem Baum

Bei älteren Bäumen ist Spreizen meist unmöglich, denn die Seitengerüsttriebe sind mittlerweile zu dick. Solche Triebe lenken Sie besser auf einen weiter innen am Gerüsttrieb sitzenden und flach nach außen wachsenden Trieb um. Die neue Fortsetzung sollte in einem stumpfen Winkel zum Haupttrieb stehen, sodass der Saftstrom nicht gestaut wird. Dann verschlanken Sie die Mitte so, dass sie in einem Winkel von 120° zu den Seitengerüsttrieben steht. Steil stehende Fruchttriebe an der Mitte, die oberhalb der Gerüsttriebe stehen, lenken Sie nicht um, sondern entfernen sie. Wenn Sie sie nur zurückschneiden, wird ihr Wachstum nur noch mehr angeregt.

Mehrere Mitteltriebe

Steil wachsende Triebe in der Krone, die nicht frühzeitig entfernt wurden, sind nach einigen Jahren fast so stark wie der Mitteltrieb. Sie beschatten das Kroneninnere und in der Folge verkahlen die unteren Kronenbereiche. Es entstehen keine jungen Fruchttriebe, das vorhandene Fruchtholz produziert nur noch kleine, geschmacklose Früchte. Der Baum wächst zudem übermäßig in die Höhe statt in die Breite. Entfernen Sie deshalb alle Konkurrenztriebe zum Mitteltrieb, auch wenn die Krone erst einmal lückig wirkt. An den Schnittstellen bilden sich in den Folgejahren vermehrt Jungtriebe. Steiltriebe entfernen Sie, flach wachsende belassen Sie als neues Fruchtholz. Diese Jungtriebe beschleunigen zudem den Wundverschluss.

3 ZU VIELE GERÜSTTRIEBE *Stehen zu viele starke Seitengerüsttriebe im Baum, wählen Sie drei gleichmäßig verteilte aus und entfernen die übrigen. Um große Wunden an der Mitte zu vermeiden, lassen Sie bei Bedarf 10–20 cm lange Zapfen stehen, die Sie später entfernen.*

4 ZU STEILE GERÜSTTRIEBE *Stehen noch biegsame Gerüsttriebe in einem günstigen Winkel zum Mitteltrieb, wachsen dann aber steil oder aufrecht, spreizen Sie sie im erwünschten Winkel. Verwenden Sie dazu Hölzer, die Sie an den Enden einkerben, damit sie zuverlässig halten.*

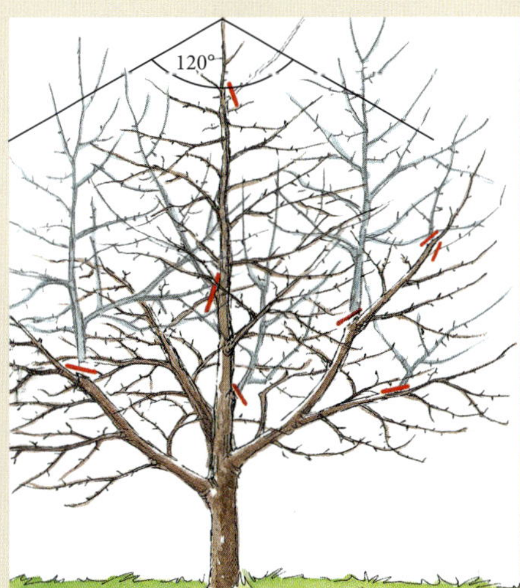

5 STEILTRIEBE IN ÄLTEREM BAUM *Ältere Gerüsttriebe lassen sich nicht mehr spreizen. Damit Licht in die Krone gelangt, lenken Sie solche Triebe auf tiefer stehende, flache Seitentriebe um. Die neue Triebspitze sollte in einem stumpfen Winkel zum Haupttrieb stehen.*

6 MEHRERE MITTELTRIEBE *Steiltriebe, die sich zu Konkurrenztrieben der Mitte entwickeln, entfernen Sie frühzeitig. Sind sie bereits dicker als 5 cm, schneiden Sie sie auf einen Zapfen. Diesen entfernen Sie später. Flache Jungtriebe am Astring belassen Sie, sie fördern die Wundheilung.*

Rundkrone Süßkirsche: Verführung in Rot

Das Fruchtholz der Süßkirschen liefert auch noch nach Jahren wertvolle Früchte.

Süßkirschen (*Prunus avium*, WHZ 5b) wachsen zu beeindruckenden Bäumen im Garten heran. Ihre saftigen, roten Früchte sind eine Delikatesse und entsprechend begehrt.

Süßkirschen lieben lufthaltige Böden, Staunässe bekommt ihnen nicht. Wechseln sich Nässe und Trockenheit ab, reagieren sie mit Stresssymptomen. Triebe sterben ab, oder es tritt Gummifluss auf. Dabei kommt es zu gallertartigen Absonderungen aus der Rinde.

Fruchtholz

Kirschen blühen an zweijährigen Trieben, einjährige Langtriebe tragen keine Blüten. Nur einjährige Triebe, die kürzer als 10 cm sind, besitzen an ihrer Basis Blütenknospen. Das Fruchtholz ist sehr langlebig, selbst kurze Triebe blühen noch zuverlässig. Die Süßkirsche ist also der einzige Obstbaum, dessen mehrere Jahre alten Triebe zwar kaum noch wachsen, aber trotzdem wertvolle Blütenknospen besitzen. Solche Triebe bezeichnet man auch als Buketttriebe. In gut belichteten Rundkronen sind die Gerüsttriebe bis in das Kroneninnere mit vitalem Fruchtholz besetzt. Der Erhaltungsschnitt fällt bei Süßkirschen deshalb weniger intensiv aus als bei anderen Obstarten.

Erziehung

Das Gerüst besteht aus einer geraden Mitte und drei Seitengerüsttrieben. Schlitzäste sollten Sie von Anfang an konsequent entfernen (→ Seite 226). Um das Wachstum anzuregen, führt man den Erziehungsschnitt bei Süßkirschen in den ersten 6–8 Jahren im Frühjahr vor dem Austrieb durch. Lichten Sie zuerst nach innen wachsende oder steil stehende Triebe aus. Dann verschlanken Sie die Gerüsttriebspitzen. Kürzen Sie die Seitengerüsttriebe auf einer Höhe um etwa die Hälfte auf nach außen weisende Knospen ein. Die Mitte kürzen Sie so ein, dass sie einen 120°-Winkel mit den Seitengerüsttrieben bildet. Verlängerungen der Gerüsttriebe kürzen Sie bei wüchsigen Bäumen ab dem sechsten Jahr nicht mehr ein.

Die Fruchttriebe verschlanken Sie lediglich. Sind bei jungen Bäumen nur

1 FRUCHTHOLZ *Die rundlichen Blütenknospen sind gut von den spitzen Triebknospen zu unterscheiden. Einjährige Langtriebe tragen höchstens an der Basis Blüten, zweijährige sind dicht besetzt.*

2 ERZIEHUNG *Junge Süßkirschen schneiden Sie im Frühjahr vor dem Austrieb. Lichten Sie nach innen oder steil stehende Triebe aus und verschlanken Sie die Spitzen. Gerüsttriebe kürzen Sie bei Bedarf ein.*

3 VERJÜNGUNG *Den Verjüngungsschnitt führen Sie immer im Sommer durch. Starke Fruchttriebe lenken Sie gerüstnah auf mehrjährige Seitentriebe um, Gerüsttriebspitzen auf Jungtriebe.*

wenige Fruchttriebe an den Gerüsttrieben zu sehen, können Sie diese fördern, indem Sie im Frühjahr kleine Einkerbungen oberhalb einer Knospe anbringen. Dabei schneiden Sie mit einem Messer mit zwei Schnitten eine kleine Mondsichel aus der Rinde bis auf das Kambium aus. Durch den unterhalb entstehenden Saftstau treibt die Knospe mit hoher Wahrscheinlichkeit aus. Wenn nicht, kerben Sie während des Austriebs noch einmal ein.

Erhaltung

Weil Süßkirschen etwas schnittempfindlich sind, ist ein Erhaltungsschnitt im Sommer am verträglichsten. Man führt ihn alle 3–4 Jahre durch. Entfernen Sie steile Triebe und Konkurrenztriebe der Gerüsttriebe. Danach wirkt eine Krone nahezu »leer«. Betrachten Sie jedoch denselben Baum im folgenden Sommer, sehen Sie, dass die Krone locker ist und das Licht bis ins Kroneninnere gelangt. Das Fruchtholz bleibt in der Folge vital.

Anfangs flache Fruchttriebe kräftigen sich oft und wachsen nach einigen Jahren steil. Diese entfernt man im Sommer auf 10–20 cm lange Zapfen am Gerüst. Dies hält Wunden vom Gerüst fern und fördert Jungtriebe aus dem Gerüsttrieb. Nach 1–2 Jahren entfernen Sie den Zapfen sowie steile Jungtriebe. An der Basis flach wachsende Triebe belassen Sie. Sie beschleunigen die Wundheilung und liefern neues Fruchtholz. Vermeiden Sie aber immer Wunden über 10 cm Durchmesser. Süßkirschen treiben meist in Quirlen aus. Unter dem Austrieb der Spitzenknospe bilden sich auf fast einer Höhe vier bis sieben Seitentriebe. Lassen Sie nur zwei bis drei schwache Triebe stehen. So verschlanken Sie die Spitze.

Verjüngung

Süßkirschen verjüngt man wie Apfelbäume. Weil er besser verträglich ist, führt man auch diesen Schnitt im Sommer zwischen Juni und Anfang September durch.

4 SCHNITT 1 JAHR SPÄTER
Entfernen Sie Steiltriebe an den alten Schnittstellen, flache lassen Sie stehen. Verschlanken Sie die Triebspitzen. Bei Bedarf setzen Sie die Verjüngung fort.

5 AUSTRIEB NACH VERJÜNGUNG
Ein dicker Trieb wurde auf einen Seitentrieb umgelenkt. Kleine Austriebe am Zapfen sorgen dafür, dass die Wunde nicht in die neue Triebspitze eintrocknet.

! GEEIGNETE BEFRUCHTERSORTEN

Bis auf wenige Ausnahmen sind Süßkirschen auf eine zweite Sorte zur Befruchtung angewiesen. Weil sich aber nicht alle Sorten gegenseitig befruchten können, sollten Sie sich nach den geeigneten erkundigen. Wählen Sie außerdem Sorten, deren Früchte nicht platzen. Frühe Sorten werden seltener von der Kirschfruchtfliege befallen als mittelspät und spät reifende.

Überhängende Gerüsttriebspitzen und vergreiste Besen lenken Sie auf weiter innen stehende Jungtriebe um. Dann verschlanken Sie die neuen Triebspitzen. Vermeiden Sie große Wunden. Schneiden Sie nur im äußeren Bereich, sodass nur kleine Wunden entstehen. Muss ein starker Ast entfernt werden, lenken Sie ihn nahe am Gerüst auf einen Seitentrieb um. So entsteht keine Wunde am Gerüsttrieb. Ist kein Jungtrieb vorhanden, schneiden Sie auf 10–20 cm lange Zapfen zurück. Dünne Zapfen entfernen Sie nach 1–2 Jahren, bei dickeren lassen Sie einige flach auswachsende Jungtriebe stehen.

Schnitt 1 Jahr später

Im Jahr nach der Verjüngung entfernen Sie – ebenfalls im Sommer – Steiltriebe an den Schnittstellen. Flache Triebe belassen Sie. Haben sich an den Zapfen Jungtriebe gebildet, entfernen Sie den trockenen Teil des Stumpens bis zum ersten vitalen Neutrieb. Verschlanken Sie bei Bedarf wiederum die Gerüst- und Fruchttriebspitzen. Sind noch vergreiste Fruchttriebe zu erkennen, lenken Sie diese auf weiter innen stehende Jungtriebe um. In den folgenden Jahren führen Sie alle 3 Jahre einen Erhaltungsschnitt durch.

Rundkrone Zwetschge & Co.: ***Vielfalt der Aromen***

Nur bei regelmäßigem Schnitt liefern Zwetschge und Co. hochwertige Früchte.

Zwetschgen, Pflaumen (*Prunus domestica* ssp. *domestica*, WHZ 5), Mirabellen (*P. d.* ssp. *syriaca*, WHZ 5) sowie Renekloden (*P. d.* ssp. *italica*, WHZ 5) liefern köstliche blaue oder gelbe Früchte. Sie gleichen sich sehr in Wachstum und Blütenbildung, deshalb ist auch ihr Schnitt ähnlich. Um die Bäume vital zu halten, sollte man intensiver schneiden als bei Apfel oder Süßkirsche. Denn das Fruchtholz von Zwetschge und Co. vergreist schneller, die Früchte bleiben dann klein.

! VERKAHLUNG VORBEUGEN

Bei Renekloden und einigen neueren Zwetschgensorten verkahlen die Fruchttriebe oft nach 3–4 Jahren. Um das zu verhindern, lenken Sie zweijährige Langtriebe ausschließlich im Sommer bis Mitte Juli auf weiter innen stehende, einjährige Seitentriebe um. Überzählige einjährige Triebe an den Gerüsttrieben kürzen Sie auf 10 cm lange Zapfen ein.

Fruchtholz

Bei den meisten Zwetschgen und ihren Verwandten steht das ergiebigste Fruchtholz an zwei- und dreijährigen Trieben. Einjährige Langtriebe tragen nur bei wenigen neueren Sorten Blütenknospen. Kurztriebe sind dagegen oft auf ganzer Länge mit Blüten besetzt. Nach 4–5 Jahren vergreisen die einzelnen Fruchttriebe. Senken sich ältere Fruchttriebe ab, lenkt man sie auf weiter innen stehende, jüngere Triebe um. Ein regelmäßiger Schnitt sollte deshalb ständig neues Fruchtholz fördern. Einen massiven Verjüngungsschnitt vertragen diese Steinobstarten nicht, große Schnittwunden trocknen tief in den Haupttrieb zurück. Deshalb erfolgt die notwendige Anregung mit mehreren, kleinen Schnitten.

Erziehung

Der Gerüstaufbau erfolgt im Frühjahr und ähnlich wie beim Apfelbaum. Es sind jedoch zusätzlich zum Mitteltrieb bis zu vier Seitengerüsttriebe erlaubt, da die Fruchttriebe durch den intensiveren Erhaltungsschnitt kürzer bleiben und sich gegenseitig nicht beschatten. Zwetschgen und die oben genannten Arten bilden oft steile Konkurrenztriebe zur Mitte, die meist schon als Schlitzäste zu erkennen sind (→ Seite 226). Diese Steiltriebe, Stammtriebe und weitere überzählige Triebe entfernen Sie. Dann kürzen Sie die Gerüsttriebe um die Hälfte ein. Die obersten Knospen der Seitengerüsttriebe sollen nach außen weisen, die oberste Knospe der Mitte steht über der Basis der Mitte. Im nächsten Jahr sollte die oberste Knospe zwar wieder über der Basis der Mitte stehen, aber in die entgegengesetzte Richtung zeigen. So wächst die Mitte möglichst gerade. Das Einkürzen der Gerüsttriebe setzen Sie in den nächsten 5–7 Jahren fort. Sie werden dadurch kräftig und können später die Fruchtlast tragen. Seitliche Fruchttriebe kürzen Sie dagegen nie ein, sondern verschlanken sie nur.

Erhaltung

Ein Erhaltungsschnitt ist alle 1–2 Jahre nötig. Sie können ihn bereits im Sommer durchführen – bei frühen Sorten nach oder mit der Ernte. Wunden verheilen dann besser, und Sie erledigen Ernte und Schnitt in einem Durchgang. Entfernen Sie zuerst steile und in das Kroneninnere ragende Triebe. Wachsen einzelne Fruchttriebe sehr kräftig und entwickeln sich als Konkurrenz zu den Gerüsttrieben, entfernen Sie sie auf Zapfen oder lenken sie nahe am Gerüst auf flache Seitentriebe um. Fruchtholz, das älter als 3 Jahre ist, erneuern Sie durch Umlenken auf jüngere, weiter innen stehende Triebe. Diese Triebe sollten mindestens zweijährig sein und bereits Blütenknospen tragen, damit das Wachstum ruhig bleibt. An reich verzweigten Fruchttrieben oder den Gerüsttriebspitzen lenken Sie die am stärksten überhängenden Besen auf flach oder leicht schräg nach oben wachsende Seitentriebe um. Bei Bedarf verschlanken Sie die neuen Spitzen.

Verjüngung

Wurde der Erhaltungsschnitt über einige Jahre versäumt, ist ein stärkerer Verjüngungsschnitt nötig. Zur besseren Verträglichkeit führen Sie ihn im Sommer durch. Er fällt zurückhaltender als beim Apfel aus. Entfernen Sie zuerst steile Triebe, bei Schnittstellen über 5 cm Durchmesser lassen Sie 10–15 cm lange Zapfen stehen. Überhängende, vergreiste Besen lenken Sie auf weiter innen stehende und nach außen weisende Seitentriebe um. Vergreistes, reich verzweigtes Fruchtholz lenken Sie auf vitale Triebe nahe am Gerüst um. Fehlen solche Triebe, schneiden Sie vergreiste Fruchttriebe auf 10 cm kurze Zapfen zurück. Diese trocknen ein Stück ein, aber an der Basis treiben sie neu aus. Nach 2 Jahren schneiden Sie den trockenen Zapfen bis zum ersten vitalen Jungtrieb zurück. Flache Jungtriebe belassen sie als neues Fruchtholz, steile lichten Sie aus.

Zapfen schneiden

Vermeiden Sie bei Zwetschgen und Co. Schnittstellen, die größer sind als der halbe Durchmesser des verbleibenden Haupttriebs. Diese Schnittstellen trocknen tief ein, und es siedeln sich das Holz zerstörende Pilze an. Halten Sie die Schnittstellen auf Abstand zum Haupttrieb, indem Sie sie auf mindestens 10 cm lange Zapfen zurückschneiden. 2–3 Jahre später, wenn der Haupttrieb dicker geworden ist und sich an der Zapfenbasis Jungtriebe gebildet haben, schneiden Sie die Zapfen im Sommer heraus. Der Baum kann die Wunde nun schneller schließen. Entsteht eine große Wunde durch Astbruch, schneiden Sie die Ränder glatt und streichen Sie dünn mit Wundverschlussmittel ein. Lassen Sie den Holzkern frei, damit er abtrocknen kann.

1 FRUCHTHOLZ *Das ergiebigste und vitalste Fruchtholz tragen Zwetschgen und ihre Verwandten an zweijährigen Trieben. Doch auch dreijährige Triebe sind noch vital. Ab dem vierten Jahr lenkt man die sich immer mehr verzweigenden Fruchttriebe auf jüngere, vitale Triebe um.*

2 ERZIEHUNG *Zwetschgen-Rundkronen erziehen Sie – wie Apfel oder Birne – mit einer Mitte und drei gleichmäßig verteilten Seitengerüsttrieben. Lichten Sie schon bei der Pflanzung Steiltriebe aus. Seitengerüsttriebe kürzen Sie um etwa die Hälfte auf eine Höhe ein, die Mitte lassen Sie etwas höher.*

3 ERHALTUNG *Entfernen Sie nach innen oder steil stehende Triebe. Verzweigte Gerüst- und Fruchttriebspitzen lenken Sie mit kleinen Schnitten auf einzeln stehende, jüngere Triebe um. Überhängendes Fruchtholz lenken Sie ebenfalls um. Zum Schluss verschlanken Sie die Spitzen.*

4 VERJÜNGUNG *Lenken Sie überhängende Spitzen auf flache Seitentriebe um, starke Fruchttriebe schneiden Sie gerüstnah auf einen Seitentrieb zurück. Vermeiden Sie große Wunden und lassen im Zweifelsfall einen Zapfen stehen. Steil oder nach innen wachsende Triebe lichten Sie aus.*

Rundkrone Walnuss: südlicher Nussgenuss

Die Walnuss ist zwar etwas sensibel, bietet aber köstliche Nüsse im Überfluss.

Die Walnuss (*Juglans regia*,WHZ 6a) stammt aus dem Mittelmeergebiet und gedeiht deshalb am besten, wenn man ihr auch bei uns die entsprechenden Standortbedingungen bietet: einen warmen, sonnigen Platz sowie einen gut durchlüfteten Boden.

! DIE BESTEN SORTEN

Walnussblüten werden oft durch Spätfrost geschädigt. Wählen Sie in gefährdeten Lagen dehalb besser spät blühende bzw. austreibende Sorten. Solche Sorten sind 'Klon Nr. 26' und 'Klon Nr. 139'. Veredelte Walnussbäume stehen auf Wurzelstöcken der Schwarznuss. Sie tragen schon nach 4–5 Jahren die ersten Früchte und bilden kleinere Kronen.

Die Walnuss ist sehr schnittempfindlich. Damit die Wunden nicht bis in den Haupttrieb eintrocknen, schneidet man erst ab Mitte Juni bis spätestens Mitte September. Soll der Schnitt das Wachstum anregen, führt man ihn gleich nach dem Austrieb durch.
In warmen Regionen tritt die Walnussfruchtfliege auf, die in der Nusshülle lebt. Diese bleibt dann an der Nuss haften, und die Kerne schimmeln. Eine Bekämpfung ist nur möglich, indem man abfallende Früchte vernichtet.

Erziehung

Walnussbäume erzieht man 4–6 Jahre als Rundkrone mit einer Mitte und drei Seitengerüsttrieben. Bei Jungbäumen entfernen Sie nach dem Austrieb steile Triebe und Konkurrenztriebe zu den Gerüsttrieben. Letztere kürzen Sie nur ein, wenn sie sehr unterschiedlich lang sind. Bilden sich Stammtriebe, entfernen Sie diese schon im Sommer.

Krone korrigieren

Walnussbäume entwickeln oft steile Konkurrenztriebe zu den Gerüsttrieben. Bilden sich zwei Mitteltriebe, wächst ein Trieb meist als Schlitzast (→ Seite 226). Oft entwickeln sich Seitentriebe entlang der Mitte so stark, dass sie die seitlichen Gerüsttriebe beschatten. Ohne Schnitt vergreisen die Gerüsttriebe nach einigen Jahren. Entfernen Sie solche Triebe Ende August, ebenfalls steil stehende und Konkurrenztriebe der Seitengerüsttriebe. Verschließen Sie nur die Wundränder mit Baumwachs. Um große Wunden zu vermeiden, lenken Sie stärkere Triebe nahe dem Gerüst auf Seitentriebe um.

Auf Zapfen schneiden

Große Wunden direkt am Gerüsttrieb trocknen trotz Verstreichen oft bis in den Haupttrieb zurück. Lassen Sie besser 20–30 cm lange Zapfen stehen. Diese trocknen zwar um die Hälfte zurück, im unteren Bereich bleiben sie jedoch vital und bilden Jungtriebe. Zwei bis drei flach wachsende lassen Sie stehen, die übrigen entfernen Sie. Nach einigen Jahren entfernen Sie den eingetrockneten Teil des Zapfens bis zum ersten vitalen Seitentrieb.

1 ERZIEHUNG *Die Walnuss-Rundkrone besteht aus drei Seitentrieben und der Mitte. Entfernen Sie nach dem Austrieb Steiltriebe und verschlanken Sie anschließend die Spitzen.*

2 KRONE KORRIGIEREN *Steiltriebe entlang der Mitte oder auf den Seitentrieben entfernen Sie im Sommer, da sie sich zu Konkurrenztrieben entwickeln. Gerüsttriebspitzen verschlanken Sie.*

Quitte: wie Äpfel oder Birnen

Quitten (*Cydonia oblonga*, WHZ 5b) gibt es als Apfel- und Birnenquitten. Es sind Sorten ein und derselben Art. Die einen haben apfelförmige, die anderen birnenförmige Früchte. Fein aromatisch sind alle beide.
Quitten mögen durchlässige, nicht zu kalkhaltige Böden an warmen Standorten. Sie sind anfällig für die Bakterienkrankheit Feuerbrand. Kontrollieren Sie die Bäume im Sommer regelmäßig. Eingetrocknete Spitzen lichten Sie 10 cm unter der Befallsstelle aus.

Fruchtholz

Im Frühjahr entwickeln sich erst kurze Triebe, bevor an deren Enden die Blüten erscheinen. Doch die Blütenanlagen wurden bereits im Vorjahr angelegt. Das ideale Fruchtholz sind zweijährige Langtriebe. Aber auch einjährige Langtriebe tragen teilweise Blüten. Bei starkem Behang sollten Sie die Früchte bis Ende Juni ausdünnen, damit die Triebe nicht brechen.

Erziehung

Quitten werden meist wie Apfel-Rundkronen erzogen, obwohl sie schwächer wachsen. Alle Sorten wachsen etwas »unordentlich«. Deshalb kann man nie eine ideale Rundkrone erziehen.
Das Gerüst besteht aus einem Mitteltrieb und drei bis vier Seitentrieben. Die ersten 5 Jahre kürzen Sie sie im Frühjahr jeweils um ein Drittel ein. Jungtriebe wachsen gerne kreuz und quer. Oft treiben die vordersten Knospen nicht aus, die Fortsetzung wächst dann entgegengesetzt der gewünschten Richtung. Kontrollieren Sie deshalb eingekürzte Gerüsttriebe junger Bäume im Frühsommer und lenken Sie sie, wenn nötig, auf eine nach außen wachsende Fortsetzung um. Achten Sie in den ersten 4–8 Jahren auf den Aufbau eines geordneten, lockeren Gerüsts und entfernen Sie sich kreuzende oder nach innen wachsende Fruchttriebe.

Quitten sind roh nicht genießbar, lassen sich aber äußerst schmackhaft verarbeiten.

Erhaltung

Senken sich Gerüsttriebe ab oder bilden sich Besen, lenken Sie sie auf jüngere, weiter innen wachsende und nach außen weisende Triebe um und verschlanken sie. Überhängende und stark verzweigte Fruchttriebe lenken Sie nach 3–4 Jahren auf weiter innen stehende Jungtriebe um. Ältere Fruchttriebe lenken Sie gerüstnah um und verschlanken sie. Fehlen Jungtriebe, lassen Sie 5–10 cm lange Zapfen stehen, die Sie nach 1 Jahr entfernen.

Verjüngung

Quitten lassen sich nur mit kleinen Schnitten im äußeren Bereich verjüngen. Große Wunden am Gerüst sollten Sie vermeiden. Vergreiste Triebspitzen lenken Sie auf weiter innen stehende, vitale Jungtriebe um.

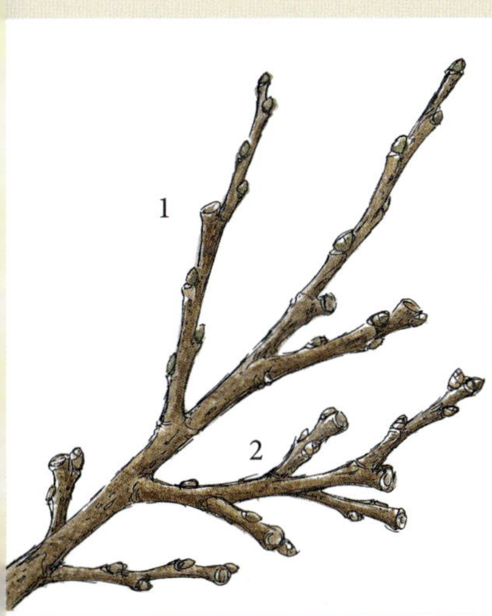

1 FRUCHTHOLZ *Ein- (1) und zweijährige (2) Triebe bilden bei Quitten das wertvollste Fruchtholz. Verzweigen sich diese Triebe mit der Zeit, sollten Sie sie gerüstnah umgelenken.*

2 ERHALTUNG *Ein stark verzweigter Fruchttrieb wurde auf einen weiter innen stehenden Seitentrieb umgelenkt. Unterhalb der Schnittstelle bildet sich bereits ein junger Fruchttrieb.*

Hohlkrone Pfirsich & Nektarine: **verwöhnte Sonnenkinder**

Nur wenn man sie jährlich schneidet, tragen Pfirsiche Früchte voller Geschmack.

Die Früchte von Pfirsich (*Prunus persica* var. *persica*, WHZ 6b) und Nektarine (*P. p.* var. *nucipersica*, WHZ 6b) schmecken frisch genauso gut wie als Marmelade. Beide stammen aus China bzw. Zentralasien und mögen warme, geschützte Standorte. Sie brauchen jährlich einen kräftigen Schnitt, sonst vergreisen sie rasch.

Fruchtholz

Das ergiebigste Fruchtholz sitzt an einjährigen, 20–40 cm langen Langtrieben. Triebe unter 20 cm, »falsche« Fruchttriebe genannt, tragen auf ganzer Länge Blütenknospen und nur am Ende eine spitze Blattknospe. »Wahre« Fruchttriebe haben an jedem Knospenansatz zwei Blütenknospen und dazwischen eine Blattknospe. Der Austrieb dieser Blattknospe ernährt die Früchte. An falschen Fruchttrieben bleiben die Früchte klein.

Erziehung

Der Erziehungsschnitt im späten Frühjahr regt das Wachstum an. Man erzieht Pfirsich- und Nektarine als Hohlkrone mit vier Seitengerüsttrieben – der Mitteltrieb wird entfernt. Diese Hohlkrone ist ideal für wärmeliebende Obstbäume (→ Seite 46). Beim Pflanzschnitt kürzen Sie die Gerüsttriebe um ein Drittel ein. Die oberste Knospe muss eine Blattknospe sein und nach außen weisen. Die Erziehung dauert 4 Jahre. In dieser Zeit verlängern Sie das Gerüst jährlich um 30 cm. Falsche oder mehrjährige Fruchttriebe und starke oder steile Triebe schneiden Sie auf 2-cm-Zapfen zurück. Wahre Fruchttriebe kürzen Sie nicht ein. Pro 10 cm Gerüsttrieb lassen Sie drei wahre Fruchttriebe stehen.

Erhaltung

Entfernen Sie jeden Sommer bis zu zwei Drittel der einjährigen Triebe. Das garantiert hochwertige Früchte und kräftige Jungtriebe im nächsten Jahr. Bei Hohlkronen dürfen einige einjährige Triebe nach innen weisen, um die Krone vor Sonnenbrand zu schützen. Eine Verjüngung ist bei Pfirsich und Nektarine kaum möglich, da sie große Wunden kaum vertragen.

1 FRUCHTHOLZ *Pfirsich und Nektarine tragen das beste Fruchtholz an einjährigen Langtrieben (1). Bei der Aprikose (→ Seite 247) sitzen die besten Früchte an einjährigen Trieben bis 15 cm Länge (2).*

2 ERZIEHUNG *Bei Pfirsich und Nektarine wird die Mitte entfernt, damit mehr Licht einfallen kann. Die Hohlkrone besteht aus vier im Kreis verteilten Seitentrieben. Diese werden jährlich um 30 cm verlängert.*

3 DETAIL: FRUCHTHOLZ ERZIEHEN *Lichten Sie verzweigte Fruchttriebe auf kurze Zapfen am Gerüst aus. Einjährige Langtriebe verbleiben als Fruchtholz, Kurztriebe entfernen Sie auf kurze Zapfen.*

Regelmäßig geschnitten, fruchten Sauerkirschen ergiebig an einjährigen Trieben.

Rundkrone Sauerkirsche: *erfrischender Sommersnack*

Die Sauerkirsche (*Prunus cerasus,* WHZ 3) verwöhnt uns mit herb-säuerlichen Früchten. Sie ist auf die Süßkirsche veredelt, wächst aber schwächer und gedeiht auch in feuchteren Böden. Trocknen Triebe nach dem Austrieb plötzlich ein, ist meist die Monilia-Spitzendürre die Ursache (→ Seite 48). Schneiden Sie befallene Triebe sofort bis ins gesunde Holz zurück und entsorgen Sie das Schnittgut. Am besten pflanzen Sie widerstandsfähige Sorten wie 'Beutelspacher' oder 'Karneol'.

Fruchtholz

Da Sauerkirschen nur an einjährigen Trieben blühen, verkahlen Fruchttriebe schon nach 3–4 Jahren. Das beste Fruchtholz steht an 20–40 cm langen einjährigen Trieben. Einige Sorten blühen aber auch an Kurztrieben. Diese Sorten werden eher wie Zwetschgen geschnitten (→ Seite 230). Beispiele sind 'Beutelspacher Rexelle', 'Gerema', 'Koröser Weichsel', 'Ludwigs Frühe' und 'Morellenfeuer'.

Erziehung

Das Gerüst besteht aus einer Mitte und vier Seitentrieben. Gerüsttriebverlängerungen kürzen Sie in den ersten 5 Jahren jeweils um die Hälfte ein. Wildtriebe entfernen Sie noch im Sommer.

Erhaltung

Beim jährlichen Erhaltungsschnitt lichten Sie steile Triebe und Konkurrenztriebe an den Spitzen aus, dann die Fruchttriebe. Lassen Sie auf 10 cm Gerüsttrieblänge drei 20–30 cm lange einjährige Triebe stehen. Alle übrigen Triebe entfernen Sie auf Zapfen nahe am Gerüst. Diese trocknen zwar ein, bilden aber an der Basis junge Triebe.

Verjüngung

Schneidet man Sauerkirschen 3 Jahre oder länger nicht, vergreisen sie und bilden Schleppen ähnliche Triebe. Lenken Sie nach der Ernte vergreiste Gerüsttriebe sowie Schleppen auf jüngere, gerüstnahe Seitentriebe um. Fehlen diese, kürzen Sie kahle Triebe auf 5 cm lange Zapfen am Gerüst ein. Stark überalterte Sauerkirschen verjüngen Sie in Etappen über 2–3 Jahre.

1 ERHALTUNG *Lichten Sie steil stehende Triebe aus und lenken Sie ältere oder schwache Fruchttriebe gerüstnah auf einjährige Triebe um. Fehlen diese, kürzen Sie auf Zapfen am Gerüst ein.*

2 ERHALTUNG: VOR SCHNITT *Die Gerüsttriebe sind gut zu erkennen. Von ihnen zweigen die schwächeren Fruchttriebe ab. Neben einjährigen Trieben erkennt man ältere, zum Teil verkahlende Triebe.*

3 ERHALTUNG: NACH SCHNITT *Ältere Fruchttriebe wurden gerüstnah auf Jungtriebe umgelenkt oder auf kleine Zapfen am Gerüst eingekürzt. Überzählige Fruchttriebe wurden ausgelichtet.*

Apfel und Birne: Spindel erziehen

Ein zweijähriger Spindelbaum besitzt außer der Mitte bereits flache Seitentriebe.

Ist eine Apfel- oder Birnen-Rundkrone für den Garten zu groß, sind Spindelbäume eine gute Alternative. Apfel- oder Birnenspindeln benötigen nur 3–5 m^2 Standraum und liefern schon nach 2 Jahren die ersten Früchte.
Ein Spindelbaum braucht zeitlebens eine Stütze und verträgt keine Wurzelkonkurrenz. Er besitzt nur einen Gerüsttrieb – die Mitte. Die von ihr ausgehenden Seitentriebe sind alle Fruchttriebe. Apfelbäume lassen sich besonders gut als Spindeln erziehen, sie werden deshalb als Vorbild für alle anderen Arten beschrieben. Mit guter Pflege werden Apfelspindeln 2–2,5 m hoch und 15 oder sogar 20 Jahre alt.

Spindelbäume pflanzen

Spindeln pflanzt man immer nur so tief in den Boden, wie sie in der Baumschule standen. Der Farbwechsel der Stammrinde von Grau auf Braun markiert diese Höhe. Setzt man Spindeln zu tief, liegt die Veredlungsstelle in der Erde. Die Edelsorte bildet dann Wurzeln, und die wuchshemmende Wirkung der Unterlage geht verloren. Zu tief sitzende Spindeln kann man in den ersten 1–3 Jahren korrigieren, indem man die Wurzel aufgräbt, anhebt und Humus unter den Ballen füllt.

Pflanzschnitt

Apfelspindeln pflanzen Sie mit 1 m Abstand zueinander. Ein für die Erziehung zur Spindel idealer Baum besitzt beim Kauf oberhalb von 60 cm Stammhöhe fünf bis sieben rundum gleichmäßig verteilte flache Seitentriebe. Steile Triebe, vor allem im oberen Bereich des Mitteltriebs, entfernen Sie. Den Mitteltrieb und die Seitentriebe kürzen Sie nicht ein. Die Mitte sollte den letzten Seitentrieb nicht mehr als 60 cm überragen.

Erziehung

Im folgenden Jahr entfernen Sie alle an der Mitte oder auf den seitlichen Fruchttrieben steil wachsenden Triebe. Dann verschlanken Sie die Spitze der Mitte und der Seitentriebe. Die Seitentriebe dürfen auch leicht nach unten überhängen. Kürzen Sie die belassenen Triebe nicht ein. Nur wenn zwei Fruchttriebe sehr nahe beisammenstehen, entfernen Sie einen.
Im dritten Jahr ist eine Spindel meist ausgewachsen. Die Mitte wird trotzdem noch verschlankt. Wenn sie Früchte ansetzt und überhängt, gehen Sie zum Erhaltungsschnitt über (→ Seite 238/239).

Jungbaum korrigieren

Ist der Mitteltrieb einer neu gepflanzten Spindel nicht mit Seitentrieben besetzt oder ragt die Mitte mehr als

1 PFLANZSCHNITT *An einer idealen Spindel lichtet man nach der Pflanzung lediglich alle steil stehenden Triebe aus und verschlankt die Mitte. Diese wird niemals eingekürzt.*

2 ERZIEHUNG *1 Jahr später lichten Sie wieder steil stehende Triebe auf den Fruchttrieben und an der Mitte aus. Spitzen der Seitentriebe und Konkurrenztriebe zur Mitte verschlanken Sie.*

60 cm über den letzten Seitentrieb, kürzen Sie ihn auf 60 cm ein. Damit erreichen Sie, dass die neu entstehenden flachen Seitentriebe gleichmäßig am Mitteltrieb verteilt werden. Durch den entstehenden Saftstau wachsen jedoch im folgenden Sommer auch zwei bis drei Triebe unterhalb der neuen Fortsetzung sehr steil und kräftig aus (→ Abb. 4). Diese Triebe lichten Sie, bis auf die senkrechte Fortsetzung der Mitte, am besten schon im Sommer aus. In den nächsten Jahren kürzt man die Mitte nicht mehr ein, sondern verschlankt sie nur noch. Tiefer und flach stehende Seitentriebe bilden ideale Fruchttriebe und werden belassen.

Birne: Erziehung

Birnenspindeln sind immer auf Wurzelstöcken der Quitte veredelt. Sie wachsen stärker und steiler als Apfelspindeln, deshalb pflanzt man sie mit 1,2–1,5 m Abstand. Birnenspindeln tragen mehr Früchte und werden älter als Apfelspindeln.

Birnen entwickeln im Unterschied zum Apfel eher Steiltriebe und einen sehr starken Mitteltrieb. Teilweise wachsen Jungtriebe schon von Anfang an als Steiltriebe, oder anfangs flache Triebe wachsen nach 1–2 Jahren senkrecht. Entfernen Sie Steiltriebe am besten schon im Sommer in noch grünem Zustand. Die Mitte verschlanken Sie. Überschreitet die Birnenspindel ihre zugedachte Größe, ist dies kein Problem. Wenn sie an der schlanken Mitte Blüten und Früchte ansetzt, beruhigt sich das Wachstum schnell. Ein jährlicher Schnitt hält den Baum im Gleichgewicht, sodass auch die unteren Fruchttriebe dauerhaft vital bleiben.

Sommerschnitt

Ist das Wachstum einer Spindel – gleich welcher Obstart – aus dem Gleichgewicht geraten, empfiehlt sich ein beruhigender Sommerschnitt. Entfernen Sie schon im Juni überflüssige Steiltriebe. So lenken Sie die Kraft in die Bildung von Blütenknospen. Nach diesem frühen Sommerschnitt erscheinen meist noch erwünschte schwache Jungtriebe. Schneiden Sie dagegen erst im August, ist dies zwar auch verträglich, es bilden sich aber keine Neutriebe mehr, und die Blütenknospen sind bereits angelegt. Ab Mitte September sollten Sie nicht mehr schneiden.

Wurzeln schützen

Weil Spindelbäume aller Obstarten einen kleinen Wurzelstock und einen höheren Anteil feiner Wurzeln haben als Rundkronen, werden sie eher von Nagetieren geschädigt. Feldmäuse erkennen Sie an kleinen Löchern im Boden. Wühlmäuse verursachen große, Fladen ähnliche Haufen und unterirdische Gänge. Gegen Letztere setzen Sie spezielle Köderfallen ein. Vor Mäusen schützen Drahtkörbe (Fachhandel), in die man die Bäumchen setzt. Halten Sie außerdem den Boden unter Spindeln frei von Bewuchs – Mäuse fühlen sich dann weniger geschützt und bleiben Stamm und Wurzeln eher fern.

3 JUNGBAUM KORRIGIEREN *Ragt die Mitte mehr als 60 cm über den letzten Seitentrieb hinaus, kürzen Sie sie auf 60 cm ein. Zu tief stehende oder steile Seitentriebe lichten Sie aus.*

4 SCHNITT 1 JAHR SPÄTER *Unterhalb der Schnittstelle haben sich mehrere Steiltriebe gebildet. Lichten Sie bis auf eine Fortsetzung alle aus, verschlanken Sie die Seitentriebe und entfernen Sie Steiltriebe.*

5 BIRNE: ERZIEHUNG *Birnen wachsen grundsätzlich steiler und entwickeln eher senkrechte Triebe. Lichten Sie entstandene Steiltriebe aus und verschlanken Sie die Mitte und die Fruchttriebe.*

Apfel und Birne: Spindel erhalten

Eine gut erzogene Spindel kann ohne Weiteres 15 kg aromatische Äpfel tragen.

Nach 3–4 Jahren hat ein Spindelbaum bereits seine Endgröße erreicht. Der Schnitt beschränkt sich in den folgenden Jahren darauf, die Spitzen des Mitteltriebs und der seitlichen Fruchttriebe zu verschlanken.

Erhaltung

Den Erhaltungsschnitt sollten Sie bei den Apfel- und Birnenspindeln jährlich durchführen.
Kürzen Sie einjährige Triebe niemals ein. Von der Basis an steil auswachsende Seitentriebe sollten Sie vollständig entfernen. Achten Sie weiterhin darauf, dass der Spindelbaum oben schlank bleibt. Entstehen in der oberen Hälfte der Spindel flache Triebe, die für die gewünschte Kegelform zu lang sind und unterhalb wachsende Triebe beschatten, entfernen Sie sie vollständig. Wachsen unterhalb der Veredlungsstelle Wildtriebe, reißen Sie diese im Sommer aus, solange sie noch unverholzt sind. Solche Wildtriebe treten vor allem bei Birnenspindeln auf (→ Seite 239).
Die Spitze des Mitteltriebs senkt sich bei den meisten Spindelbäumen nach 4–5 Jahren unter der Fruchtlast ab. Am entstehenden Scheitelpunkt bilden sich in der Folge Jungtriebe. Diese vereinzeln Sie jährlich. Weist der verbleibende Jungtrieb nach 2 Jahren Blütenknospen auf, lenken Sie die alte, überhängende Spitze auf diesen Trieb um. Im folgenden Jahr wird sich die Mitte wiederum absenken. Wiederholen Sie dann einfach die beschriebene Prozedur: Belassen Sie einen einjährigen Trieb und lenken Sie die alte Spitze im Folgejahr auf diesen Trieb um. Werden die Seitentriebe an ihrer Basis dicker als die Hälfte des Durchmessers des Mitteltriebs in der entsprechenden Höhe, entfernen Sie diese Triebe auf 2–5 cm lange Zapfen. Die sich durch den Saftstau bildenden Jungtriebe lichten Sie aus, ein bis zwei flache lassen Sie als Ersatz stehen. Trocknen die Zapfen später ein, entfernen Sie sie im Sommer. Stark überhängende, vergreiste Spitzen der übrigen Fruchttriebe lenken Sie auf weiter innen stehende, mit Blüten besetzte Triebe um. Diese verschlanken Sie wiederum.

Spezielle Pflege

Kontrollieren Sie von Zeit zu Zeit die Schnüre, die die Spindel am Pfahl fixieren. Sie sollten jederzeit stabil sein, sonst besteht die Gefahr, dass die Mitte oder gar der ganze Baum unter der Fruchtlast abbricht. Sind die Schnüre alt und zerfasern, ersetzen Sie sie unbedingt. Die Halterungen dürfen den Baum aber auch nicht einschnüren oder gar in die Rinde einwachsen.
Um Wurzelkonkurrenz zu vermeiden, sollten Sie regelmäßig Wildkräuter rund um den Stamm entfernen und den Boden auflockern.

Birne: Erhaltung

Birnenspindeln entwickeln oft ein starkes Wachstum an der Spitze. Trotz-

1 APFEL: ERHALTUNG *Lenken Sie überhängende Spitzen der Mitte und der Fruchttriebe auf weiter innen stehende, mindestens zweijährige Triebe um und verschlanken Sie diese.*

2 APFEL: ÜBERHÄNGENDE MITTE *Die Spitze des Mitteltriebs hängt unter ihrer Fruchtlast über. Am entstandenen Scheitelpunkt haben sich Jungtriebe gebildet. Lassen Sie einen als Ersatz stehen.*

dem sollten Sie die Spitze nie einkürzen. Denn die Folge ist ein vermehrtes Wachstum – und zwar erheblich massiver als bei einer Apfelspindel. Es bildet sich nach 2–3 Jahren ein verzweigter Kopf, der alle Kraft der Spindel verbraucht und die unteren Fruchttriebe beschattet. Um diesen Schnittfehler zu korrigieren, entfernen Sie bis auf einen zweijährigen Trieb alle steilen Triebe. Flache und schwache Triebe lassen Sie stehen. Wurde die Spitze schon vor einigen Jahren eingekürzt und sind die entstandenen Triebe sehr kräftig, schneiden Sie trotzdem bis auf einen alle aus. Der beste Zeitpunkt für diese Schnittmaßnahme ist der Sommer, dann bleibt das Wachstum ruhiger als bei einem anregenden Frühjahrsschnitt. Um die Spitze jedoch nachhaltig im Wachstum zu bremsen, sollte diese Korrektur meist in den nächsten zwei Sommern wiederholt werden.

Bei Birnenspindeln sollten Sie noch stärker als bei Apfelspindeln auf die Erhaltung der Kegelform achten. Zu lange Fruchttriebe im oberen Drittel des Baums werden deshalb eher auf Zapfen an der Mitte entfernt, als dass man sie umlenkt. Dadurch wird die Bildung junger Fruchttriebe direkt aus dem Gerüst angeregt, und die Baumspitze bleibt schlank.

Seitentriebe verjüngen

Wurde beim Erhaltungsschnitt die Mitte nicht verschlankt, wird sie oft sehr stark. Die Folge ist fast immer, dass die Fruchttriebe vergreisen – je tiefer sie stehen, umso mehr. Damit der Baum wieder harmonisch wächst, beruhigt man das Wachstum im oberen Bereich der Spindel mit einem Sommerschnitt. Die vergreisten Seitentriebe im unteren Bereich regen Sie dagegen mit einem Frühjahrsschnitt zu vermehrtem Wachstum an. Lenken Sie überhängende Triebspitzen auf weiter innen stehende und mit Blütenknospen besetzte Jungtriebe um. Bei Bedarf verschlanken Sie diese zusätzlich. Sehr starke Fruchttriebe entfernen Sie bis auf Zapfen am Mitteltrieb. Auch wenn es sehr aufwendig erscheint, die Korrekturschnitte in zwei Schritten durchzuführen – das Ergebnis lohnt die Mühe: Die Birnenspindel bleibt lange vital und liefert hochwertige Früchte.

Wildtriebe entfernen

Aus der Unterlage vieler Birnenspindeln entstehen immer wieder Wildtriebe der Quitte. Wenn man diese nicht regelmäßig entfernt, vergreist der Baum und geht nach einigen Jahren ein. Reißen Sie deshalb solche Wildtriebe schon im Sommer ihrer Entstehung aus. Wenn nötig, graben Sie den Trieb bis zur Wurzel frei. Kürzen Sie Wildtriebe nie am Boden ein, damit regen Sie ihr Wachstum nur unnötig an. Im nächsten Jahr müssten Sie dann ein Vielfaches an Wildtrieben entfernen. Triebe, die unterhalb der Veredlungsstelle am Stamm austreiben, reißen Sie ebenfalls gleich im Sommer der Entstehung aus.

3 BIRNE: ERHALTUNG *Birnen entwickeln an der Baumspitze oft starke Triebe oder sogar Köpfe. Verschlanken Sie die Spitze bis auf einen zweijährigen Trieb. Er nimmt den Saftdruck auf.*

4 BIRNE: FRUCHTTRIEBE UMLENKEN *Hängen Fruchttriebe nach unten über und vergreisen, lenken Sie sie auf weiter innen, leicht nach oben oder flach stehende Triebe um und verschlanken sie.*

5 BIRNE: WILDTRIEBE ENTFERNEN *Birnenspindeln sind auf Quitten veredelt. Mit zunehmendem Alter entwickeln sich immer öfter Wildtriebe aus der Wurzel. Reißen Sie diese in grünem Zustand aus.*

Apfel und Birne: Spindel verjüngen und korrigieren

Richtig ernährte, gut erzogene und regelmäßig geschnittene Spindelbäume bleiben über Jahre vital. Wird jedoch zu zaghaft oder gar nicht geschnitten oder schleichen sich Schnittfehler ein, sollten Sie mit einem Verjüngungs- oder Korrekturschnitt eingreifen.

Verjüngung

Ziel des Verjüngungsschnitts ist es, überalterte Spindeln im Wachstum anzuregen. Der Schnitt erfolgt deshalb im Frühjahr vor dem Austrieb. Bei vergreisten Spindelbäumen hängen die Spitzen der Fruchttriebe nach unten und bilden keine hochwertigen Früchte mehr. Solche überhängenden Triebe lenken Sie auf mindestens zweijährige, waagerecht nach außen wachsende Jungtriebe um. Diese neuen Triebspitzen verschlanken Sie anschließend. Ist der Triebdurchmesser eines Fruchttriebs größer als die Hälfte des Mitteltriebs auf selber Höhe, entfernen Sie den Trieb bis auf einen 5 cm langen Zapfen. Von den dann auswachsenden Jungtrieben lassen Sie ein bis zwei flache als Ersatz stehen, die übrigen entfernen Sie. Überhängende Baumspitzen werden auf einen mindestens zweijährigen, schräg nach oben wachsenden Trieb umgelenkt. Verschlanken Sie zum Schluss auch diesen. Aufrechte und starke Triebe entfernen Sie im oberen Bereich der Spindel am Mitteltrieb, im unteren auf kleine Zapfen.
Auch wenn man regelmäßig schneidet, ist eine Verjüngung bei einem Spindelbaum ab einem Alter von etwa 20 Jahren kaum mehr möglich. Es empfiehlt sich dann, ihn durch einen Jungbaum zu ersetzen.
Nach einer Verjüngung mit massiven Schnitten bilden sich oft vermehrt Wildtriebe aus dem Boden oder unterhalb der Veredlungsstelle. Reißen Sie diese Triebe im Sommer in noch grünem Zustand aus.

Kopflastige Bäume

Überschreiten Spindelbäume ihre zugedachte Höhe, werden Sie oft fälschlicherweise an der Spitze eingekürzt. Diese Maßnahme regt aber das Wachstum nur noch mehr an, und der Baum entwickelt mehrere steile Triebe. Ohne Korrekturschnitt entsteht an der Spitze ein starker Besen, und die unteren Baumteile vergreisen. Lichten Sie daher im Sommer die überzähligen steilen Triebe an der Spitze bis auf einen aus und belassen Sie flache und schwache. Im Idealfall steht ein zweijähriger, bereits mit Blütenknospen besetzter Trieb als neue Spitze zur

1 VERJÜNGUNG *Lenken Sie überhängende Fruchttriebe und die Mitte auf weiter innen stehende, mindestens zweijährige Triebe um und verschlanken Sie sie. Überstarke Triebe entfernen Sie am Gerüst.*

2 DETAIL: VERJÜNGUNG *Lenken Sie die absinkende Spitze sowie überhängende Fruchttriebe auf zweijährige Seitentriebe um. Anschließend ist es wichtig, die neuen Triebfortsetzungen zu verschlanken.*

3 KOPFLASTIGE BÄUME *Verschlankt man die Spitze der Mitte nicht oder kürzt sie ein, bildet sich ein Kopf. Lichten Sie diesen im Sommer bis auf einen zweijährigen mit Blütenknospen besetzten Trieb aus.*

Verfügung. Die an diesem Trieb entstehenden Früchte bremsen zusätzlich das Wachstum. Bei Bedarf entfernen Sie entstandene Steiltriebe im kommenden Sommer erneut.

Zwei Mitteltriebe

Wird ein steil stehender Seitentrieb nicht von Anfang an entfernt, entwickelt er sich zu einem Konkurrenztrieb des Mitteltriebs. Einen solchen Trieb sollten Sie unbedingt entfernen, auch wenn er bereits genauso stark ist wie die Mitte. Um die Wunde vom Haupttrieb fernzuhalten, kürzen Sie diesen Trieb bis auf einen 5 cm kurzen Zapfen ein. Führen Sie diese Maßnahme in jedem Fall durch, auch wenn der Baum nach dem Schneiden erst einmal Lücken aufweist.

Im folgenden Sommer entstehen entlang des Zapfens mehrere Jungtriebe. Entfernen Sie alle bis auf ein bis zwei flach stehende. Trocknet der Zapfen teilweise ein, kürzen Sie ihn bis zum ersten Trieb ein.

Zu starke Seitentriebe

Werden Seitentriebe über mehrere Jahre eingekürzt, wachsen sie zu stark. Es bilden sich viele Jungtriebe, und die Fruchttriebe entwickeln reich verzeigte Köpfe, obwohl sie eigentlich schwach wachsen und schlank auslaufen sollten. Um das Wachstum zu beruhigen, führen Sie im Sommer einen Korrekturschnitt durch. Lenken Sie den Kopf auf einen flach und weiter innen stehenden Seitentrieb um. Im Idealfall wählen Sie einen mindestens zweijährigen Trieb, der bereits Blütenknospen besitzt. Durch die im Sommer entstehenden Früchte wird sein Wachstum gebremst. Wachsen außerdem auch noch Steiltriebe aus der Mitte, schneiden Sie sie auf Zapfen zurück.

Eine solche Korrektur bremst das Wachstum jedoch nicht innerhalb eines Jahres. Verschlanken Sie deshalb in den folgenden 2–3 Jahren – vorrangig im Sommer – regelmäßig die Triebspitzen. Jungtriebe dürfen Sie auch dann niemals einkürzen.

Eine mehrmals an der Spitze eingekürzte Spindel bildet viele dicke Jungtriebe.

Bodenpflege für Spindeln

Lassen Spindeln im Wachstum nach, noch bevor sie ihre natürliche Altersgrenze erreicht haben, ist die Ursache meist der Zustand des Bodens. Lassen Sie dann anhand einer Bodenprobe prüfen, ob genügend Nährstoffe zur Verfügung stehen. Kontrollieren Sie außerdem, ob Schäden durch Mäuse oder Wühlmäuse vorliegen, indem Sie den Boden aufgraben und nach den Gängen suchen (→ Seite 237).

Da Spindeln ein geringeres Wurzelvolumen haben, leiden sie eher unter der Konkurrenz anderer Pflanzen. Halten Sie den Boden rund um die Spindel frei und düngen Sie jährlich in Maßen. Ab Mai hält eine leichte Mulchschicht aus organischem Material den Boden feucht und liefert zusätzlich Nährstoffe. Im Winter entfernen Sie die Mulchschicht wieder, sie bietet sonst Mäusen Unterschlupf. Außerdem kann sich im Frühjahr der Boden schneller erwärmen, wenn er offen ist.

4 ZWEI MITTELTRIEBE *Steile Triebe, die der Mitte Konkurrenz machen, schneiden Sie im Sommer auf Zapfen. Von den neu auswachsenden Trieben lassen Sie ein bis zwei flache stehen.*

5 ZU STARKE SEITENTRIEBE *Eingekürzte oder falsch umgelenkte Seitentriebe wachsen sehr stark. Dicke Triebe entfernen Sie am Gerüst, steile lichten Sie aus und verschlanken die Spitzen.*

Süßkirsche und Zwetschge als Spindeln erziehen

Die Fruchttriebe einer lockeren, kegelförmigen Süßkirschenspindel bleiben lange vital.

Spindelbäume von Zwetschge und Süßkirsche laden mit ihren Früchten zum Naschen ein. Allerdings hängen ihre Früchte oft etwas höher, denn beide wachsen noch stärker als Apfel oder Birne. Man schneidet sie deshalb – und weil sie oft empfindlich auf den Schnitt reagieren – bevorzugt im Sommer. Diese Spindeln sind meist langlebiger als Apfelspindeln und können ein Alter von 20 Jahren und mehr erreichen.

Erziehung: den Wuchs bremsen

Grundsätzlich erzieht man Süßkirschen- und Zwetschgenspindeln genauso wie Apfelspindeln. Die Unterlagen bei Süßkirsche und Zwetschge sind jedoch stärkerwüchsig, deshalb erreichen die Spindeln Höhen von 3 m und mehr. Dieses starke Wachstum bremst man mit dem Erziehungsschnitt. Weil zu frühes Umlenken oder Einkürzen das Wachstum an der Spitze stark anregt, verschlanken Sie die Mitte in den ersten 4 Jahren, bis sie flache, mit Blütenknospen besetzte Seitentriebe gebildet hat. Die Mitte darf in dieser Phase die angestrebte Endhöhe um 1 m überschreiten. Steiltriebe entfernen Sie konsequent oder spreizen sie beim Austrieb (→ Abb. 3). Fruchttriebe verschlanken Sie regelmäßig. Damit der Schnitt den Wuchs möglichst stark bremst, schneiden Sie bevorzugt im Sommer, bei frühreifenden Sorten nach der Ernte, sonst im Frühsommer. Entfernen Sie beim Schnitt ruhig Früchte, die verbleibenden entwickeln dann eine bessere Qualität.

Süßkirsche: Erhaltung

Süßkirschen haben die starke Tendenz, steile Triebe und eine starke Mitte zu bilden. Ziel des jährlichen Erhaltungschnitts ist es, die unteren Spindelteile vital und das Wachstum der Spitze ruhig zu halten. Günstigster Schnitttermin ist im Sommer nach der Ernte. Verschlanken Sie die Spitze und kürzen Sie steile Triebe auf 10 cm lange Zapfen ein. Genauso verfahren Sie mit älteren, seitlichen Fruchttrieben, die zu dick werden. Die Zapfen treiben an ihrer Basis wieder aus, ein flacher Trieb

1 SÜSSKIRSCHE: ERHALTUNG *Lichten Sie steile Triebe aus, die Mitte und Seitentriebe verschlanken Sie. Wachsen Fruchttriebe stark oder werden zu dick, entfernen Sie sie an der Mitte auf kurze Zapfen.*

2 SÜSSKIRSCHE: STEILTRIEBE KORRIGIEREN *Kürzt man Steiltriebe an der Mitte im ersten Sommer ein, bilden sie flache Seitentriebe. Diese lässt man stehen. Später wachsende Steiltriebe entfernt man.*

3 SÜSSKIRSCHE: JUNGTRIEBE SPREIZEN *Steil wachsende Seitentriebe spreizen Sie mit Wäscheklammern ab, solange sie noch grün sind. So bleiben sie flach und werden ideale Fruchttriebe.*

bleibt als Ersatz, die übrigen entfernt man. Eingetrocknete Zapfen, entfernen Sie sie im nächsten Sommer.
Erst wenn sich das Wachstum der Spindel beruhigt hat, lenken Sie die zu hohe Mitte auf einen tiefer stehenden und mit Blütenknospen besetzten Seitentrieb um. Austriebe an der Umlenkstelle lichten Sie aus. Bei Bedarf lassen Sie einen Trieb als zukünftigen Ersatz für die jetzige Spitze (→ Seite 238/239).

Steiltriebe korrigieren

Süßkirschen bilden häufig Steiltriebe direkt aus der Mitte. Diese Triebe sollten Sie schon im ersten Sommer konsequent auf Zapfen entfernen. Erfolgt der Schnitt bereits im Juni, wachsen im Juli kurze, meist flache Neutriebe. Unterhalb der Schnittstelle stehende Knospen entwickeln sich jedoch gleichzeitig zu Blütenknospen. Durch diesen Schnitt wird also ein störender Steiltrieb in einen nützlichen kurzen Fruchttrieb umgewandelt. Bei einem Frühjahrsschnitt wäre eine solche Umwandlung nicht möglich, der Trieb würde dann nur überstark in seinem Wachstum angeregt.

Jungtriebe spreizen

Sind die Seitentriebe frisch ausgetrieben und im Wachstum begriffen, lassen sie sich noch problemlos spreizen. Mithilfe von Wäscheklammern, die Sie am Mitteltrieb fixieren, bringen Sie den Trieb vorsichtig nahezu in die Waagerechte. Nach einigen Wochen hat er sich in dieser Position stabilisiert, und Sie können die Klammern wieder entfernen. Voraussetzung für diese Maßnahme ist jedoch immer, dass die Basis der Triebe noch unverholzt ist. Sind die Triebe erst einmal verholzt, lassen sie sich mit Klammern nicht mehr flach biegen.

Zwetschge: Erhaltung

Wie bei der Süßkirsche ist auch bei Zwetschgenspindeln die Erziehung nach 4 Jahren abgeschlossen. Steigen Sie nun auf den Erhaltungsschnitt um. Lenken Sie die überhängende Mitte auf einen mindestens zweijährigen Seitentrieb in etwa 2,5 m Höhe um. Steile Jungtriebe entfernen Sie im Sommer auf 2–5 cm kurze Zapfen. Überhängende, vergreisende Fruchttriebe lenken Sie auf weiter innen wachsende, flache zweijährige Jungtriebe um. Das Fruchtholz von Zwetschge und Co. ist kurzlebiger als das der Süßkirsche. Ein jährlicher Schnitt ist deshalb wichtig, damit das Fruchtholz vital bleibt.

Zwetschge: Verjüngung

> Ältere Zwetschgenspindeln bilden nach einigen Jahren überhängende Triebspitzen. An den Scheitelpunkten bilden sich Jungtriebe, manchmal wachsen auch starke Triebe steil in die Höhe. Lenken Sie den überhängenden, vergreisten Mitteltrieb auf einen mit Blütenknospen besetzten, aufrechten Jungtrieb um. Dies wiederholen Sie alle 3 Jahre. Seitliche, verzweigte und überhängende Fruchttriebe lenken Sie auf flache, nach außen wachsende Jungtriebe um. Starke, von innen verkahlende Seitentriebe entfernen Sie auf 5–10 cm lange Zapfen. Führen Sie diesen Schnitt im Sommer durch, um Pilzbefall und tiefes Eintrocknen zu vermeiden. Der Zapfen trocknet zwar ein Stück zurück, aus seiner Basis wachsen jedoch Jungtriebe. Nach 1–2 Jahren entfernen Sie den trockenen Stumpf bis zum ersten flachen Trieb. Überzählige Austriebe und Steiltriebe am Zapfen entfernen Sie ganz.

> Mit zunehmendem Alter nimmt bei einigen Zwetschgenspindeln die Zahl der Wildtriebe immer mehr zu. Reißen Sie sie bereits als grüne Jungtriebe aus. Manchmal muss man dazu den Boden mit der Grabegabel etwas lockern, damit sich die Wildtriebe direkt aus der Wurzel reißen lassen.

4 ZWETSCHGE: ERHALTUNG
Verzweigte Spitzen lenken Sie auf jüngere, weiter innen stehende Seitentriebe um und verschlanken die Spitzen. Zu dicke Seitentriebe auf Zapfen auslichten.

5 ZWETSCHGE: VERJÜNGUNG
Lichten Sie dicke Fruchttriebe am Gerüst auf Zapfen aus. Dann lenken Sie vergreiste Triebe auf Jungtriebe um. Fehlen diese, lichten Sie verzweigte Triebe aus.

Spalier: Grundregeln der Erziehung

Ein gut erzogenes Spalier wirkt dank seiner symmetrischen Ordnung ruhig und klar.

Das Erziehen von Obstbäumen zum Spalier hat seit dem 17. Jahrhundert Tradition. Dahinter steckt zum einen die Absicht, Bäume in eine fast architektonische Gestalt zu bringen, zum anderen nutzt man so die wärmespeichernde Wirkung von Wänden.
Spaliere bestehen aus an einer Wand oder einem frei stehenden Gerüst flächig erzogenen Obstbäumen, die normalerweise eine runde Krone bilden. Damit sie ihre Form behalten und hochwertige Früchte liefern, benötigen sie einen speziellen Schnitt.
Ein weiterer Vorteil: Durch den Schnitt lassen sich Bäume im Wuchs begrenzen. So können Sie auf kleinem Raum mehrere Arten oder Sorten pflanzen, Wände und Pergolen begrünen oder Spaliere als Raumteiler einsetzen.

Ohne Stütze geht es nicht

Stabile Stützen sorgen bei einem Spaliergehölz nicht nur für Halt, sondern geben auch seine Form vor. Ob Sie witterungsbeständiges Holz aus Robinie oder Eiche verwenden oder Metall – die Stütze sollte so lange stabil bleiben, wie die Spalierbäume leben. Achten Sie bei der Wahl des Materials auch darauf, dass es sich gut in die Umgebung und den Gartenstil einfügt.

Geeignete Obstarten

Wählen Sie für kleine Spaliere Obstbäume auf schwach wachsenden Unterlagen, für größere darf der Wurzelstock auch mittelstark wachsen.
Am besten nimmt man Obstarten, die ein stabiles Gerüst mit einem langlebigen Fruchtholz entwickeln. Apfel und Birne sind deshalb klassische Spalierbäume. Sie lassen sich gut formen, und mit dem richtigen Schnitt bleibt ihr Fruchtholz über Jahre vital. Sie eignen sich auch für größere Spaliere wie U-Formen oder lange Kordone (→ Seite 248). Die Süßkirsche sollte man nur wählen, wenn man bereit ist, sie zwei- bis dreimal pro Sommer zu schneiden, um ihr starkes Wachstum zu bremsen. Pfirsich, Nektarine und Sauerkirsche sind wegen ihres kurzlebigen Fruchtholzes weniger zu empfehlen. In kühlen Regionen zieht man sie trotzdem als Spalier, da der Schutz einer Wand ihren Anbau überhaupt erst möglich macht. Meist erzieht man sie dann als Fächerspalier, dessen Gerüsttriebe sich unregelmäßig an der Wand verteilen (→ Seite 249).
Johannis- und Stachelbeeren eignen sich für Raumteiler bis zu 1,5 m Höhe. Sie bestehen aus drei bis fünf bodenbürtigen Gerüsttrieben, die man alle 4–6 Jahre durch junge Bodentriebe austauscht (→ Seite 254).

Pflanzschnitt

In den ersten Jahren der Erziehung legen Sie den Gerüstaufbau fest und fördern die Fruchttriebbildung.
Der Baum sollte beim Kauf einen geraden Mitteltrieb und vier bis sechs kräftige Seitentriebe haben. Letztere müssen nicht im Kreis verteilt sein. Wichtig ist, dass sich mindestens zwei kräftige Seitentriebe gegenüberstehen. Die als Seitenarme des Gerüsts gedachten Triebe sollten etwas tiefer liegen als der erste Querdraht. Der Saftstrom in den Trieben muss dann nicht im rechten Winkel abzweigen.
Kürzen Sie direkt vor dem Austrieb alle flachen Triebe, die nicht als Gerüsttriebe dienen sollen, auf 3–5 cm kurze Zapfen ein. Steil oder unterhalb der ersten Seitengerüsttriebe wachsende Triebe entfernen Sie. Die Triebe für die seitlichen Gerüsttriebe der ersten Etage binden Sie flach an den Draht an und kürzen sie auf 60 cm ein. Damit begünstigen Sie den Austrieb aller Knospen entlang der Triebe. Den Mitteltrieb schneiden Sie fünf Knospen oberhalb der künftigen zweiten Etage auf 60–80 cm zurück. Die Etagen sollten mindestens 60 cm Abstand zueinander haben.

Sommerschnitt

Bei der Spaliererziehung tritt der Frühjahrsschnitt in den Hintergrund. Die Hauptschnitte erfolgen sehr regelmäßig während des Sommers.
Am Mitteltrieb entfernen Sie Anfang Juli die zwei bis vier unterhalb der

Spitze steil auswachsenden Triebe. Es verbleiben zwei Seitentriebe kurz unterhalb der gewünschten zweiten Etage. Diese binden Sie im Winkel von 60° zur Mitte an einen Bambusstab, den Sie wiederum am Gerüst befestigen. Ebenso verfahren Sie mit Verlängerungen der Gerüsttriebe in der ersten Etage. So entsteht auf ganzer Trieblänge ein Saftstau, und alle Knospen des Triebs entwickeln sich gleich stark. Zwischen den Etagen wachsende Jungtriebe der Mitte und der Gerüsttriebe der ersten Etage kürzen Sie, wenn sie zehn Blätter entwickelt haben, im Juni auf zwei bis vier Blätter ein. Die obersten Knospen dieser Fruchttriebe treiben im Sommer wieder aus. Haben diese Triebe Anfang Juli wieder zehn Blätter gebildet, kürzen Sie sie ebenso ein (→ Abb. 4). Dieser Schnitt erhält die Form und fördert die Bildung von Blütenknospen.

Frühjahrsschnitt

Im folgenden Frühjahr entfernen Sie die Bambusstäbe und biegen die Gerüsttriebe der zweiten Etage und die Verlängerungen der ersten Etage waagerecht an die Stütze herunter. Kürzen Sie den vorjährigen Zuwachs wieder auf 60 cm ein. Die im Sommer zweimal eingekürzten Fruchttriebe schneiden Sie bis auf vier Knospen an die Haupttriebe zurück (→ Abb. 4). Im günstigen Fall sind diese Knospen bereits als Blütenknospen ausgebildet. Möchten Sie noch eine dritte Etage erziehen, schneiden Sie den Mitteltrieb wieder auf fünf Knospen oberhalb des Drahts zurück. Bleibt es bei zwei Etagen, wird er oberhalb der zweiten Etage entfernt. Im nächsten Sommer an der Schnittstelle wachsende Neutriebe behandeln Sie wie Fruchttriebe. Sehr steile und kräftige Triebe entfernen Sie.

1 PFLANZSCHNITT
Legen Sie zwei kräftige Seitentriebe für das Gerüst fest und binden Sie sie waagerecht an die Stütze. Dann entfernen Sie Steiltriebe entlang der Mitte, schwache kürzen sie auf 3–5 cm ein. Die Mitte und die Seitengerüsttriebe kürzen Sie zum Schluss ein.

2 SOMMERSCHNITT
Lichten Sie Steiltriebe an der Spitze der Mitte aus. Gerüsttriebe für die zweite Etage und Verlängerungen der ersten binden Sie schräg an die Stütze an. Vom Gerüst auswachsende Fruchttriebe kürzen Sie im Sommer mehrmals stark ein und erziehen sie so zu Kurztrieben.

3 FRÜHJAHRSSCHNITT
Im Frühjahr binden Sie die schrägen Gerüsttriebe flach an die Stütze an und kürzen deren Verlängerungen ein. Ist eine dritte Etage erwünscht, kürzen Sie den Mitteltrieb ein, ansonsten entfernen Sie ihn. Die Fruchttriebe kürzen Sie auf etwa vier Knospen ein.

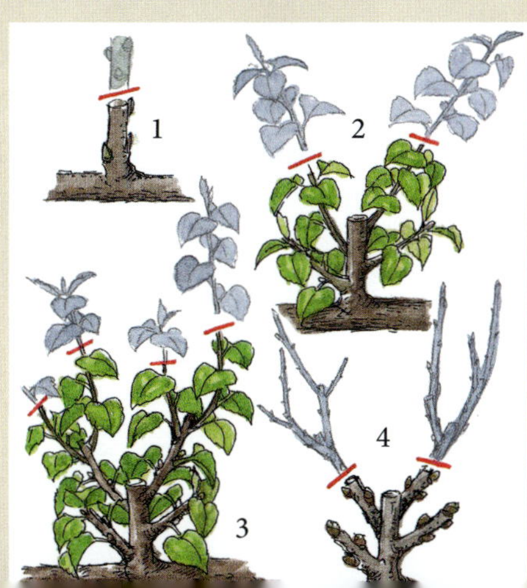

4 DETAIL: FRUCHTHOLZ
Kürzen Sie Fruchttriebe mit zehn Blättern im Sommer auf zwei bis vier Blätter ein (1 und 2), genauso die folgenden Austriebe (3). So werden Langtriebe zu mit Blütenknospen besetzten Kurztrieben umerzogen. Im Frühjahr kürzen Sie sie auf vier Knospen ein (4).

Spaliere pflegen und erhalten

Der jährliche Sommerschnitt zwischen Anfang Juli und Mitte August regt die Bildung von Blütenknospen an und hält das Fruchtholz vital. Ein späterer Schnitt wirkt sich auf die Blütenknospenbildung nicht mehr aus, sondern dient nur dazu, das Wachstum zu beruhigen. Die Verzweigungen, die sich nach einigen Jahren bilden, wachsen nur noch wenig und bilden reichlich Blütenknospen. Hängen in einem Jahr jedoch zu viele Früchte am Baum, entwickeln sie sich ungenügend. Pflücken Sie im Juni einen Teil davon aus. Damit fördern Sie die Entwicklung der verbleibenden Früchte.

Erhaltung

Füllt ein Spalier die vorgesehene Fläche aus, gehen Sie zum Erhaltungsschnitt über. Damit keine kahlen Stellen entstehen, sollten die Gerüsttriebe jährlich maximal um 60 cm an Länge zulegen. Binden Sie diese Gerüsttriebverlängerungen auch weiterhin im Sommer schräg ein und biegen Sie sie erst im folgenden Frühjahr in die Waagerechte. Den zweimaligen Sommerschnitt der Fruchttriebe und das Nachschneiden im Frühjahr wiederholen Sie jedes Jahr (→ Seite 244/245).
Zur Hauswand wachsende Seitentriebe entfernen Sie. Vergreisen nach einigen Jahren auf der Unterseite der Gerüsttriebe wachsende Fruchttriebe, lichten Sie im Frühjahr ein Viertel der Verzweigungen aus. Wenn diesjährige Neutriebe an der Oberseite sehr stark austreiben, entfernen Sie sie im Sommer bis an das alte Fruchtholz. Beim Erhaltungsschnitt beobachten Sie also, wie wüchsig oder vergreist der einzelne Fruchttrieb ist. Entsprechend regen Sie sein Wachstum an oder beruhigen es durch einen Schnitt im Frühjahr oder Sommer.

Fruchtholz verjüngen

Die Verzweigungen der Fruchttriebe können bei Spalieren mehrere Jahrzehnte alt werden. Da der Saftdruck auf der Oberseite der Seitengerüsttriebe stärker wirkt, vergreisen sie dort langsamer als auf der Unterseite.
Bilden die alten Fruchttriebe irgendwann keine Blütenknospen mehr, lichten Sie ein Viertel bis die Hälfte der Verzweigung aus. Am stärksten regen Sie das Wachstum mit einem Frühjahrsschnitt vor dem Austrieb an. Entwickeln sich starke Neutriebe, kürzen Sie sie im Sommer wie die anderen Fruchttriebe ein- bis zweimal ein. Bei alten Spalieren kann der das Wachstum beruhigende Sommerschnitt meist entfallen.

1 VITALES FRUCHTHOLZ *Entlang des Gerüsts steht alle 10 cm ein Fruchttrieb. Durch einen regelmäßigen Sommerschnitt bleibt das Holz vital. Im Frühjahr wird nur noch leicht korrigiert.*

2 VERGREISTES FRUCHTHOLZ *Wird das Fruchtholz nicht ausgelichtet, vergreist es. Zur Korrektur lenkt man im Frühjahr bis zu drei Viertel der verzweigten Triebe gerüstnah auf Seitentriebe um.*

3 FRUCHTHOLZ VERJÜNGEN *Sind Fruchttriebe stark vergreist, lenkt man sie auf gerüstnahe Jungtriebe um oder, wenn diese fehlen, auf Seitenverzweigungen, um Jungtriebe anzuregen.*

Ältere Spaliere

Wurden Apfel- oder Birnenspaliere über Jahre regelmäßig erzogen, ist ihre Struktur auch noch im Alter gut zu erkennen. Der stufenweise Aufbau der Gerüsttriebe verhindert die Bildung kahler Stellen, und die Triebe sind noch auf ganzer Länge mit Fruchtholz besetzt. Bei solchen Spalieren entscheidet die Stärke des Wachstums, ob und wie oft Sie im Sommer schneiden sollten. Um das stärkere Wachstum an der Spitze zu bremsen, schneiden Sie im Sommer. Die vergreiste Basis schneiden Sie im Frühjahr. Je vergreister ein Spalier ist, umso mehr sollten Sie den Schnitt vom Sommer auf das Frühjahr vor dem Austrieb verlagern.

Sonderfall Aprikose

Die Aprikose (*Prunus armeniaca*, WHZ 7a) lässt sich zwar in sehr warmen Regionen auch frei stehend kultivieren, bei uns wird sie jedoch meist als Spalier an einer Wand erzogen. Am besten eignet sich ein luftiger Platz an einer Ost- oder Westwand. Hier ist die frühblühende Aprikose vor Spätfrösten geschützt. An einer Südwand würde sie zu früh austreiben. Gut ist ein Platz unter einer Dachtraufe. Hier können Sie mit Haken an den Dachsparren rasch einen schützenden Vorhang mit Ösen einhängen und Ihre Aprikose während der Blüte vor Frost schützen. Das beste Fruchtholz findet sich bei Aprikosen an einjährigen, bis zu 15 cm langen Trieben (→ Seite 234, Abb. 1).

Spalier erziehen

Als Spaliere erzieht man Aprikosen wie andere Obstarten (→ Seite 244). Sie neigen jedoch dazu, immer wieder steile, lange Triebe aus dem Gerüst zu treiben. Kürzen Sie diese bis Ende Juni auf 5 cm lange Zapfen ein. Sie treiben zwar noch einmal aus, setzen aber im unteren Teil Blütenknospen an. Den Zuwachs der Gerüsttriebspitzen kürzen Sie im Sommer auf etwa 60 cm ein. Erscheinen im selben Sommer neue Austriebe, kürzen Sie diese erneut auf 10 cm ein. Konkurrenztriebe an den Gerüsttriebspitzen entfernen Sie, ebenso Steiltriebe entlang der Mitte. Ältere, verzweigte Fruchttriebe lenken Sie nach der Ernte auf kurze diesjährige, gerüstnahe Triebe bis zu 10 cm Länge um. Überzählige Fruchttriebe entfernen Sie bis auf kleine Zapfen. Pro 10 cm Gerüsttrieblänge lassen Sie vier gleichmäßig verteilte Fruchttriebe stehen. Grundsätzlich lässt man das Fruchtholz bei Aprikosen länger wachsen als etwa beim Apfel, da sehr kurze Triebe bei ihr wenig vital sind. Ältere Aprikosenspaliere, bei denen die Wuchskraft merklich nachlässt, schneidet man zur besseren Anregung des Wachstums direkt bei Austrieb. Vorher sollten Sie nicht schneiden, da Aprikosen schnittempfindlich sind. Trocknen einzelne Triebe ein, ist meist die Monilia-Spitzendürre die Ursache (→ Seite 48). Lichten Sie solche Triebe bis ins gesunde Holz aus und entsorgen Sie das Schnittgut im Müll.

Ein Apfelkordon ist entlang des Gerüsttriebes dicht mit Fruchtholz besetzt.

4 APRIKOSENSPALIER *Die Aprikose fühlt sich an der schützenden Ostwand sehr wohl. Durch je einen Schnitt im Sommer und im Frühjahr beim Austrieb bleibt sie übersichtlich und vital.*

5 APRIKOSE: SOMMERSCHNITT *Bei frei stehenden Aprikosen lichtet man im Sommer steile Triebe aus, verzweigte Spitzen und Seitentriebe lenkt man auf diesjährige, etwa 15 cm lange Triebe um.*

Spalierformen: akkurat in Form oder frei

Ein Laubenspalier benötigt Geduld, bis es erzogen ist, wirkt dann aber spektakulär.

Spaliererziehung erfordert nicht nur Disziplin, sondern auch Geduld. Von der Pflanzung bis zur fertigen Form kann es über 10 Jahre dauern. Kleine Spaliere sind zwar schneller »erwachsen« als etwa ein Laubenspalier. Weil bei ihnen dem Wurzelstock jedoch eine kleinere Krone gegenübersteht als bei großen Spalieren, wachsen sie schneller und brauchen bis zu drei Schnitte pro Sommer.
Um ein Spalier in Form zu erziehen, muss diese von einem Gerüst aus Metall oder Holz vorgegeben werden. Je klarer das Gerüst des Baums erzogen wird, umso deutlicher ist später die Figur des Spaliers zu erkennen. Die Abstände zwischen den einzelnen Gerüsttrieben oder Etagen sollten mindestens 60 cm betragen. Dann können Sie bei frei stehenden Spalieren auch durch den Zwischenraum greifen, um auf der anderen Seite zu schneiden oder zu ernten. Zudem ist die Grundform auch im Alter noch gut zu sehen, wenn die Fruchttriebe nach einigen Jahren mit ihren Verzweigungen bis zu 10 cm lang geworden sind.

Kordon: die Grundform

Der Kordon ist die Grundform, auf der die anderen Spalierformen aufbauen. Er zeichnet sich dadurch aus, dass er mit einem oder zwei Seitengerüsttrieben in die Waagerechte gezogen wird. Bei einarmigen Kordonen zweigt nur ein Gerüsttrieb vom Stamm nach rechts oder links ab. Bei einem zweiarmigen Kordon geht oberhalb des Stamms je ein Gerüsttrieb nach rechts und nach links ab. Die einzelnen Gerüsttriebe werden jedes Jahr um 60 cm verlängert, die Fruchttriebe eingekürzt. Ein Kordon mit kurzem Stamm eignet sich als Begrenzung von Beeten. Besonders platzsparend sind schräge einarmige Kordone, die Sie nebeneinander an eine Mauer pflanzen. So können Sie verschiedene Obstarten oder Sorten auf kleinster Fläche ziehen.

U-Palmette

Unter Palmetten versteht man verzweigte Kordone. Der Aufbau erfolgt wie bei anderen Spalierformen. Jedes Jahr verlängert man die Haupttriebe um 60 cm. Die Seitentriebe hält man durch den Sommer- und Frühjahrsschnitt kurz. An der Spitze der senkrechten Gerüsttriebe wachsen Palmetten oft stärker als an der Basis.

Bei einer U-Palmette, bei der der Mitteltrieb von Anfang an entfernt wird, leiten Sie die Gerüsttriebe im ersten Sommer schräg und dann waagerecht am Draht entlang. Nach 1–2 Jahren – je nach gewünschter Breite – binden Sie die Gerüsttriebverlängerungen in die Senkrechte. Soll in der ersten eine zweite oder dritte U-Form eingefügt werden, belassen Sie die Mitte, bis aus ihr die Seitentriebe für die weiteren Etagen gewachsen sind. Danach entfernen Sie die Mitte. U-Palmetten wirken am schönsten, je klarer ihre Form erkennbar bleibt. Schneiden Sie daher auch ältere Spaliere regelmäßig.
Um die Fruchttriebe an der Basis vital zu halten, schneiden Sie sie im Frühjahr. Übermäßige Verzweigungen lenken Sie auf gerüstnahe Jungtriebe um. Die Fruchttriebe im oberen Bereich bleiben immer sehr vital, man kürzt sie deshalb im Sommer ein.

Verrier-Palmette

Bei der Verrier-Palmette sind die Gerüsttriebe in Fächerform angeordnet, sie stehen also nicht horizontal wie bei einem gewöhnlichen Spalier und bleiben deshalb länger vital. Die Verrier-Palmette eignet sich deshalb besonders für Pfirsich oder Sauerkirsche, bei denen in der Waagerechten erzogene Gerüsttriebe zu schnell vergreisen.
Das Gerüst besteht aus bis zu sechs gleichmäßig verteilten Trieben. Verlängern Sie jeden Gerüsttrieb pro Jahr um 60 cm und kürzen Sie die neu gewachsene Fortsetzung entsprechend ein. Die seitlichen Fruchttriebe kürzen Sie im Sommer ein. Da Pfirsich und Sauerkirsche ausschließlich am einjährigen Holz fruchten, lichtet man die Fruchttriebe im Frühjahr aus. Lenken Sie Verzweigungen auf den dem Gerüst am nächsten stehenden Seitentrieb

um. Falsche Fruchttriebe bei Pfirsich oder Nektarine (→ Seite 234) kürzen Sie auf 1–2 cm kurze Zapfen ein.

Laubenspalier

Spaliere kann man auch bogenförmig als Laubenspalier erziehen. Der Abstand zwischen den einzelnen Gerüstbögen sollte mindestens 1 m betragen, der zwischen den Etagen mindestens 60 cm. Dann können Sie zum Schneiden der nach außen wachsenden Fruchttriebe durch die Segmente greifen, um an der Außenfläche zu arbeiten. Da die Pflanze auf der Oberseite des Bogens deutlich stärker wächst als an den Seitenflächen, empfiehlt sich ein dreimaliger Sommerschnitt.

Freies Spalier

Wenn Ihnen klassische Spaliere zu streng erscheinen, können Sie ein freies Spalier erziehen. Auch diesem liegt die Gliederung in Gerüst- und Fruchttriebe zugrunde. Die Erziehung der Gerüsttriebe erfolgt jedoch ohne feste Vorgabe. Sie sollten nur mindestens 60 cm Abstand zueinander haben.

1 KORDON *Der Kordon besteht aus einem kurzen Stamm und einem oder zwei Gerüsttrieben, die über mehrere Meter waagerecht oder senkrecht erzogen werden.*

2 U-PALMETTE *U-Palmetten haben keinen Mitteltrieb und entsprechen einem zweiarmigen Kordon, den man erst waagerecht und dann senkrecht erzieht.*

3 VERZWEIGTE U-PALMETTE *Bei der verzweigten U-Palmette liegen mehrere Etagen ineinander, der Mitteltrieb wird erst entfernt, wenn die letzte Etage erzogen ist.*

4 VERRIER-PALMETTE *Die Gerüsttriebe zweigen wie ein Fächer vom Stamm ab. Die Form eignet sich gut für Pfirsiche, bei denen waagerechte Triebe rasch vergreisen.*

5 LAUBENSPALIER *Es wird an einem bogenförmigen Gestell aus Metall erzogen. Von der Mitte gehen Seitentriebe nach beiden Seiten und bilden das Gerüst.*

6 FREIES SPALIER *Es folgt keiner festen Form, nur die Unterscheidung der Gerüst- und Fruchttriebe wird festgelegt. Es ist leichter zu erziehen als andere Spaliere.*

Säulenbäume: **Obst auf kleinstem Raum**

Die kleinfrüchtige Säulensorte 'Maypole' besitzt rosa Blüten und violettrote Äpfel.

Säulen- oder Columnarbäume sind ideal, wenn man wenig Platz hat. Obendrein machen sie kaum Arbeit: Sie brauchen nur selten einen Schnitt. Echte Säulenbäume gibt es nur beim Apfel. Sie sind aus Mutationen mit gestauchtem Triebwachstum entstanden und bestehen aus einem senkrechten, bis zu 4 m hohen Mitteltrieb. Aus diesem entspringen Kurztriebe, die das Fruchtholz bilden.

Weil Säulenbäume für kleine Gärten oder als Topfpflanzen ideal sind, werden auch andere Obstarten in Säulenform angeboten. Birne, Zwetschge oder Süßkirsche gibt es jedoch nicht als echte Säulen, sie wachsen nur kompakter als andere Sorten. Nach einiger Zeit bilden sie lange Seitentriebe und benötigen daher öfter einen Schnitt.

Der Pflanzabstand beträgt bei Apfelsäulen 50 cm, bei Säulen von Birne, Zwetschge und Süßkirsche 70–80 cm. Um Nährstoffkonkurrenz zu vermeiden, sollten Sie den Boden von Bewuchs frei halten. Im Sommer tut den Bäumchen eine Mulchschicht gut, die den Boden feucht hält.

Apfelsäule

Säulenäpfel sind in mehreren Sortenserien im Handel. Beispiele sind 'CATS', 'Campanilo' oder 'Starlight'. Sie sind alle robust gegenüber dem Schorfpilz, ebenso die Sorten 'Goldlane', 'Rondo' und 'Sonate'. Die Sorte 'Maypole' besitzt rosa Blüten sowie rötliches Laub und rötliches Fruchtfleisch.

Achten Sie beim Kauf darauf, dass die Sorten auf mittelstark wachsende Unterlagen veredelt sind. Nur dann sind sie ohne Pfahl standfest. Auf schwach wachsende Unterlagen veredelt, vergreisen sie zudem schnell.

Der Schnitt im Frühjahr beschränkt sich bei Säulenäpfeln darauf, hin und wieder entstehende Konkurrenztriebe zur Mitte zu entfernen (→ Abb. 1). Die Seitentriebe benötigen kaum einen Erhaltungsschnitt. Vergreist der Baum nach 10 Jahren, lenken Sie ihn auf halber Höhe auf einen Seitentrieb um. Von den im kommenden Sommer entstehenden aufrechten Jungtrieben belassen Sie einen als neue Mitte (→ Abb. 3). Stark verzweigte oder verkahlte Fruchttriebe kürzen Sie im Frühsommer auf 5–10 cm lange Zapfen bis an den Mitteltrieb ein. Von den entstehenden Jungtrieben entfernen Sie lange oder nach innen wachsende. Kurze Triebe, die sich in die Gesamtform einfügen, lassen Sie stehen, sie bilden das neue Fruchtholz (→ Abb. 4). Bilden sich Steiltriebe, die der Mitte Konkurrenz machen, kürzen Sie sie im Sommer gerüstnah auf einen Zapfen ein.

Birnensäule

Birnensäulen wachsen stärker als Apfelsäulen. Kompakt wachsende Sorten sind 'Condora' und 'Decora'. Weil sie jedoch keine echten Säulenbäume sind, bilden sich nach einigen Jahren lange Seitentriebe. Damit die Säulen schlank bleiben, kürzen Sie solche Triebe bis Ende Juni auf 10 cm (→ Abb. 2) an der Mitte ein. Sie bilden dann kurze Seitenspieße, die ideales Fruchtholz ergeben Verschlanken Sie regelmäßig die Mitte, aber kürzen Sie sie nie ein. Wird der Baum zu hoch, lenken Sie die Mitte auf einen tiefer stehenden, mehrjährigen Seitentrieb um.

Süßkirschen- und Zwetschgensäule

Von der Süßkirsche und der Zwetschge sind ebenfalls kompakte Sorten in Säulenform erhältlich. Sie werden oft unter dem Sammelbegriff 'Campanilo' angeboten. Bei der Süßkirsche sind als Säulen die selbstfruchtbaren und frühen Sorten 'Claudia' und 'Sara' zu empfehlen. Sie werden außerdem weniger von Kirschfruchtfliegen befallen als späte Sorten.

Bei den Zwetschgen sind es die ebenfalls selbstfruchtbaren Sorten 'Fruca' und 'Pruntop', die es als Säulen mit kompaktem Fruchtholz gibt.

Bei beiden Obstarten sollten Sie regelmäßig die Mitte verschlanken. Die Höhe der Mitte begrenzen Sie erst dann durch Umlenken, wenn sich das Wachstum beruhigt hat, auch wenn dadurch die gewünschte Endhöhe erst einmal überschritten wird. Lang auswachsende Seitentriebe kürzen Sie Mitte bis Ende Juni auf Zapfen an der Mitte ein. Verzweigen sich kürzere Triebe nach einigen Jahren, lenken Sie diese Verzweigungen bei Bedarf im Sommer auf gerüstnahe Seitentriebe um. Schwächt sich das Wachstum nach mehreren Jahren im unteren Bereich ab und vergreisen die Fruchttriebe, lenken Sie sie im Frühjahr auf gerüstnahe Seitentriebe um. Auch bei diesen Arten kann es sinnvoll sein, den vitalen oberen Teil der Säule im Sommer und den weniger vitalen unteren im Frühjahr zu schneiden.

Eine Neuheit: Zwergsorten

Von Sauerkirsche, Pfirsich, Nektarine und Aprikose sind sogenannte Zwergsorten erhältlich. Da sie alle an einjährigen Trieben fruchten, tragen sie schon nach einem Jahr und bilden sehr kleine Kronen aus. Diese sind vor allem für die Topfkultur auf Terrasse und Balkon geeignet. Der Topf sollte mindestens 20 Liter Volumen haben. Im Winter sollten Sie die Pflanzen vor starken Frösten geschützt an eine Hauswand stellen und mit Folie und Vlies isolieren. Schirmen Sie sie mit einem Vlies vor der Wintersonne ab, damit die Triebe nicht erfrieren. Diese Bäumchen erziehen und pflegen Sie im Prinzip wie bei den Arten beschrieben, nur dass sich alles in kleinerem Maßstab bewegt. Ein Grundgerüst aus vier Trieben wird bis zum vierten Jahr jährlich um maximal 10 cm verlängert. Die seitlichen Fruchttriebe kürzen Sie im zweiten Jahr auf Zapfen am Gerüst ein, einjährige verbleiben. Selten wächst ein Trieb überlang aus. Wenn doch, kürzen Sie ihn bis Ende Juni auf 10 cm am Gerüst ein.

1 APFELSÄULE *Säulenbäume bestehen nur aus einer senkrechten Mitte und kurzen Seitentrieben. Steile, kräftige Triebe, wie hier oben links zu sehen, sind eine Konkurrenz zum Mitteltrieb. Kürzen Sie solche Triebe schon im Sommer auf kurze Zapfen ein.*

2 SEITENTRIEBE AUSLICHTEN *Bei Birnen, Süßkirschen oder Zwetschgen können sich lange Seitentriebe bilden. Sie stehen in Konkurrenz zur Mitte und durchbrechen die Säulenform. Lichten Sie sie bis auf Zapfen am Gerüst aus und erziehen Sie gerüstnahe Jungtriebe als Ersatz.*

3 MITTE UMLENKEN *Wird die Mitte zu hoch, lenken Sie sie auf einen tiefer stehenden, mehrjährigen Seitentrieb um. An der Schnittstelle bilden sich Jungtriebe. Belassen Sie einen als neue Mitte und verschlanken Sie ihn in den Folgejahren.*

4 FRUCHTHOLZ FÖRDERN *Lange oder überstarke Seitentriebe entfernen Sie gerüstnah auf Zapfen. Aus ihnen entwickeln sich meist mehrere Jungtriebe. Lang auswachsende Triebe lichten Sie aus. Bis zu drei kurze und flache Triebe lassen Sie stehen, sie bilden junges Fruchtholz.*

Beerensträucher
und exotische Gäste

Beerenobst liefert von Erdbeeren bis zu Herbsthimbeeren den ganzen Sommer über hochwertige, aromatische Früchte. Kletterpflanzen wie Weinrebe und Kiwi begrünen obendrein Wände. Feige und Kaki schließlich bieten exotischen Fruchtgenuss.

Die meisten Beerenobstarten wurzeln flach und brauchen sommerfeuchte Böden. Um die Wurzeln nicht zu beschädigen, sollte man den Boden nicht hacken. Beerensträucher mögen leicht saure Böden. Auf sehr kalkhaltiger Erde bringen sie, mit Ausnahme der Stachelbeere und der Weinrebe, weniger Ertrag. Rindenmulch säuert den Boden etwas an. Feige und Kaki brauchen geschützte Standorte sowie in kühlen Lagen einen Winterschutz.

Die Wuchsformen

Beerenobst gibt es in sehr unterschiedlichen Wuchsformen.

> Erdbeeren sind im Grunde wintergrüne Stauden mit einem mehrjährigen Wurzelstock. Aus ihm entwickeln sich jährlich neue Knospen. Die einzelne Pflanze ist nicht sehr langlebig, die meisten Sorten verjüngen sich jedoch durch Ausläufer.

> Himbeere und Brombeere sind Schösslingssträucher (→ Seite 20) und treiben jährlich unverzweigte, kurzlebige Schösslinge aus der Erde, an de-

nen im zweiten Jahr Seitentriebe mit Blüten und Früchten erscheinen. Danach trocknen die Ruten meist ein.
> Eine Ausnahme sind im Herbst tragende Himbeersorten, die bereits an diesjährigen Trieben fruchten. Sie können im folgenden Jahr zwar erneut fruchten, doch man lichtet die Ruten zugunsten einer besseren Qualität der Herbstfrüchte im Frühjahr aus.
> Johannis- und Stachelbeere entwickeln ein Gerüst. Die Bodentriebe werden bis zu 6 Jahre alt, vergreisen dann aber schnell. Man ersetzt sie durch jährlich nachwachsende Bodentriebe.
> Heidelbeeren wachsen ebenfalls strauchartig. Der einzelne Trieb kann bis zu 10 Jahre alt werden, bevor er vergreist und durch einen bodenbürtigen Jungtrieb ersetzt wird.
> Weinrebe und Kiwi sind Kletterpflanzen und brauchen eine Stütze. Sie bilden langlebige Gerüsttriebe.
> Feige und Kaki wachsen als Sträucher mit langjährig stabilem Gerüst. Bei der Feige können ältere Gerüsttriebe bis zum Boden zurückfrieren. Sie müssen dann durch Jungtriebe ersetzt werden. Beide Arten kann man in kühlen Regionen auch als Kübelpflanzen halten.

Beerenobst erziehen

Wie Baumobst lassen sich auch Beerensträucher unterschiedlich erziehen.
> Traditionell erzieht man Johannis- und Stachelbeeren als frei wachsende Sträucher. Doch die Triebe kippen ab einer bestimmten Höhe und müssen dann auf tiefer wachsende Seitentriebe umgelenkt oder am Boden entfernt werden. Zieht man sie dagegen an einem Gerüst oder Pfahl, können sie höher wachsen und bleiben länger vital.
> Bei Hochstämmchen sind Johannis- und Stachelbeeren auf einen Stamm veredelt. Sie werden allerdings nicht so alt wie als Sträucher – die Veredlungsstelle ist eine Schwachstelle.
> Himbeeren und Brombeeren benötigen eine Stütze, damit die langen Ruten nicht unter dem Fruchtgewicht umkippen. Meist zieht man sie zu mehreren an Drahtspalieren, doch sie lassen sich auch als Einzelpflanze formen. Brombeeren beranken Bögen, Himbeeren zieht man an einem Pfahl.
> Heidelbeeren wachsen meist als Sträucher, man kann sie aber auch als Spalier in bis zu 2 m Höhe erziehen.
> Kiwi und Weinreben bilden zwar langlebige, stabile Gerüsttriebe, brauchen jedoch eine Rankhilfe. Die Seitentriebe werden streng geschnitten. So bleiben die Pflanzen übersichtlich.
> Feigen erzieht man meist als Strauch mit mehreren Gerüsttrieben. Solange diese vital und gesund bleiben, werden einjährige Bodentriebe entfernt, bei Bedarf aber als Ersatztriebe verwendet.
> Die Kaki wird meist als veredelter Baum angeboten, sie lässt sich aber auch als Strauch mit mehreren Gerüsttrieben kultivieren.

Bei Stachelbeeren findet sich das beste Fruchtholz an einjährigen Seitentrieben.

Rote Johannisbeere und Stachelbeere

Rote Johannisbeeren (*Ribes rubrum* var. *domesticum*, WHZ 4) bieten uns mit ihren frisch-fruchtigen Beeren, Stachelbeeren (*Ribes uva-crispa,* WHZ 5) mit herb-säuerlichen Früchten eine köstliche Erfrischung. Beide Arten wachsen und fruchten ähnlich und werden fast gleich geschnitten. Stachelbeeren sind jedoch schwachwüchsiger.

Fruchtholz

Rote Johannisbeeren und Stachelbeeren fruchten vor allem an einjährigen Seitentrieben zweijähriger und älterer Triebe. Dies gilt auch für die weiß und rosa fruchtenden Sorten der Roten Johannisbeere. Der Schnitt fördert einjährige Fruchttriebe. Diese sind bei der Roten Johannisbeere 5–15 cm, bei Stachelbeeren bis zu 20 cm lang.

Zwar bilden sich auch an kurzen Seitentrieben Blüten, doch die Stachelbeeren dieser Triebe bleiben klein und die Trauben der Roten Johannisbeere kurz. Der Schnitt erfolgt im Frühjahr vor dem Austrieb und im Sommer nach der Ernte.
Bei allen Schnitten sollten Sie beim Auslichten unbedingt bodeneben schneiden und keine Zapfen belassen. Aus ihnen wachsende Triebe sind weniger vital als aus dem Boden wachsende.

Pflanzsschnitt und Erziehung

Bei beiden Arten entfernen Sie bei wurzelnackten Pflanzen kleine sowie nach innen wachsende Triebe. Ein Mitteltrieb und vier Seitentriebe verbleiben als Gerüst. Diese kürzen Sie um ein Drittel bis zur Hälfte so ein, dass die obersten Knospen der Seitentriebe nach außen weisen und die oberste Knospe der Mitte über der Schnittstelle des Vorjahrs steht. Im Folgejahr kürzen Sie die Gerüsttriebe nicht mehr ein, sondern verschlanken nur die Spitzen. Schwache einjährige Bodentriebe lichten Sie aus, kräftige lassen Sie als zusätzliche Gerüsttriebe stehen. Im Idealfall bauen Sie den Strauch mit zehn bis zwölf Bodentrieben unterschiedlichen Alters auf. Einjährige Bodentriebe kürzen Sie im ersten Jahr ein, damit sie kräftig werden und später nicht die Gefahr besteht, dass sie überhängen. Im zweiten Jahr verschlanken Sie die Spitzen.

Rote Johannisbeere

Ab dem dritten Jahr gehen Sie zum Erhaltungsschnitt über, den Sie jährlich im Frühjahr durchführen.
> **Erhaltung** Entfernen Sie zuerst die vierjährigen und älteren Triebe bodeneben und lassen Sie kräftige einjährige

1 FRUCHTHOLZ *Rote Johannisbeere (1) und Stachelbeere (2) fruchten am besten an einjährigen, mittellangen Seitentrieben, Schwarze Johannisbeere (3) und Josta (→ Seite 257) an einjährigen Langtrieben.*

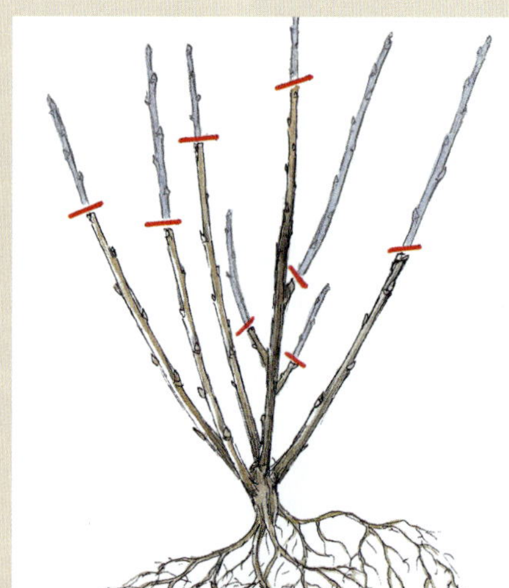

2 PFLANZSCHNITT *Kürzen Sie bis zu fünf kräftige einjährige Triebe für das Gerüst um ein Drittel ein, alle weiteren lichten Sie aus. Die obersten Knospen der Seitentriebe sollten nach außen weisen.*

3 JOHANNISBEERE: ERHALTUNG *Ersetzen Sie drei ältere Gerüsttriebe durch Jungtriebe. Stark verzweigte Gerüsttriebe lenken Sie auf Jungtriebe um, zweijährige Fruchttriebe kürzen Sie auf Zapfen ein.*

Triebe als Ersatz stehen. Weitere einjährige Triebe entfernen Sie. Lange, instabile zwei- bis dreijährige Triebe lenken Sie auf tiefer stehende Seitentriebe um und verschlanken deren Spitzen. Alle bodennahen Seitentriebe entfernen Sie bis zu einer Höhe von etwa 30 cm. Darüber sollte an den Haupttrieben alle 10 cm ein einjähriger Seitentrieb stehen. Dazwischen wachsende, überzählige und zweijährige Triebe entfernen Sie auf 2 cm kurze Zapfen. Aus ihnen wachsen Neutriebe, die im nächsten Jahr die Fruchttriebe bilden. Die vorjährigen Fruchttriebe schneiden Sie dann wiederum auf Zapfen zurück.

> **Verjüngung** Entfernen Sie alle Gerüsttriebe bodeneben, die älter als 4 Jahre sind. Solche alten Triebe erkennen Sie bei der Roten Johannisbeere an der Farbe: Diese wechselt mit zunehmendem Alter von Hellgrau zu Dunkelbraun. Belassen Sie, wenn vorhanden, bodenbürtige, einjährige Jungtriebe als Ersatz. Sind kaum Jungtriebe vorhanden, ist das ein Zeichen, dass der Strauch in den Vorjahren zu wenig ausgelichtet wurde. Dann verschlanken Sie die Triebspitzen der älteren Gerüsttriebe, sehr lange Triebe lenken Sie auf tiefer wachsende, einjährige Seitentriebe um. Zu dicht stehende oder zweijährige Seitentriebe kürzen Sie auf Zapfen ein. Einjährige Fruchttriebe kürzen Sie dagegen nicht ein.

Stachelbeere

Die Haupttriebe der Stachelbeere liegen unter der Last der Früchte oft am Boden auf. Ziel des Schnitts ist es deshalb, möglichst starke Triebe zu fördern.

> **Erhaltung** Verwenden Sie beim Erhaltungsschnitt als Ersatz für ältere Triebe nur die kräftigsten einjährigen Bodentriebe. Bei Bedarf kürzen Sie bodenbürtige Gerüsttriebe auch im zweiten Jahr noch einmal ein, um sie zu kräftigen. Überlange oder instabile Gerüsttriebe lenken Sie auf tiefer stehende Seitentriebe um. An den Gerüsttrieben bilden sich oft mehr Seitentriebe als bei der Johannisbeere. Lichten Sie diese entsprechend stärker aus. Belassen Sie pro 10 cm Gerüsttrieb je einen einjährigen Fruchttrieb. Überzählige und bereits zweijährige Triebe lichten Sie auf kurze Zapfen am Gerüst aus.

> **Verjüngung** Stachelbeeren vergreisen schneller als Rote Johannisbeeren, die Beeren bleiben dann klein, und die Triebe liegen am Boden auf. Lichten Sie alle vergreisten Triebe bodeneben aus, auch wenn nur noch ein geringer Teil des Strauchs verbleibt. Dann ziehen Sie wie bei der Erhaltung junge Bodentriebe nach.

Rote Johannisbeeren, hier die Sorte 'Rosalinn', tragen an einjährigen Seitentrieben.

Sommerschnitt

Vitale Sträucher können Sie ohne Weiteres im Sommer schneiden, der Schnitt ist dann sehr verträglich. Lichten Sie alle überzähligen Bodentriebe und abgetragene Seitentriebe aus und verschlanken Sie die Triebspitzen. Ernte und Schnitt lassen sich gemeinsam durchführen, sodass Sie die Früchte bequem von den abgeschnittenen Trieben pflücken können.
Das Einkürzen der einjährigen Bodentriebe führen Sie dagegen erst im Frühjahr durch. Das Wachstum wird dann besser angeregt, und die Triebe werden dadurch kräftiger.

4 JOHANNISBEERE: VERJÜNGUNG
Vergreiste Gerüsttriebe ersetzen Sie durch Jungtriebe. Fehlen diese, lichten Sie alte Triebe trotzdem aus. Vergreiste Spitzen lenken Sie auf vitale Triebe um.

5 STACHELBEERE: ERHALTUNG
Ersetzen Sie ein Viertel der Gerüsttriebe durch Jungtriebe. Überhängende Gerüsttriebe lenken Sie auf Jungtriebe um, Seitentriebe lichten Sie auf Zapfen aus.

Schwarze Johannisbeere und Josta

Die Früchte der Schwarzen Johannisbeere gehören zu den vitaminreichsten.

Mit ihrem herben, fast strengen Geschmack sind die Früchte dieser beiden Beerensträucher zwar nicht jedermanns Sache, aber als Vitaminspender sind sie kaum zu übertreffen: Schwarze Johannisbeeren (*Ribes nigrum,* WHZ 5) und Josta (*Ribes × nidrigolaria*, WHZ 5) besitzen den höchsten Vitamin-C-Gehalt aller bei uns angebauten Obstarten.

Fruchtholz

Beide Sträucher sind selbstfruchtbar. Sie wachsen stärker als Rote Johannisbeeren und Stachelbeeren. Trotzdem vergreisen sie genauso schnell, denn sie tragen das beste Fruchtholz an einjährigen Langtrieben (→ Seite 254, Abb. 1). Das junge, vor allem einjährige Holz schimmert bei beiden Arten gelb-braun und dunkelt mit zunehmendem Alter nach.

Die Josta wurde aus Schwarzen Johannisbeeren und Stachelbeeren gekreuzt. Sie trägt zwar pro Traube genauso viele Beeren wie die Schwarze Johannisbeere, diese sind aber doppelt so groß. Im Geschmack hat die Josta Anteile von beiden Eltern geerbt, das Aroma der Schwarzen Johannisbeere überwiegt jedoch.

Schwarze Johannisbeere

Der Pflanzschnitt der Schwarzen Johannisbeere entspricht dem der Roten (→ Seite 254, Abb. 2). Lassen Sie vier Seiten- und einen Mitteltrieb als Gerüst stehen. Da die Pflanzware meist starke Jungtriebe besitzt, kürzen Sie diese um höchstens ein Viertel ein.

> **Erziehung** Die Schwarze Johannisbeere erzieht man mit etwa zwölf Bodentrieben unterschiedlichen Alters. Einjährige, kräftige Bodentriebe kürzen Sie um ein Viertel ein. Ab dem zweiten Jahr verschlanken Sie die Bodentriebe nur noch oder lenken sie um. Schwache Bodentriebe lichten Sie aus, sie sind für einen Gerüstaufbau ungeeignet.

> **Erhaltung** Beim Erhaltungsschnitt lichten Sie Gerüsttriebe, die 4 Jahre und älter sind, direkt am Boden aus und lassen als Ersatz dieselbe Anzahl kräftige einjährige Bodentriebe stehen. Solche einjährigen Triebe können Sie gut an ihrer hellbraunen Farbe erkennen. Überzählige oder schwache Triebe lichten Sie vollständig aus. Überlange Gerüsttriebe lenken Sie auf tiefer stehende, nach außen weisende einjährige Seitentriebe um. Bei Bedarf verschlanken Sie diese sowie die Spitzen der übrigen Gerüsttriebe. Abgetragene, jetzt zweijährige Fruchttriebe kürzen Sie auf Zapfen am Gerüst ein. Lassen Sie auf je 10 cm Gerüsttrieblänge lediglich einen Fruchttrieb stehen. Sind diese Fruchttriebe nur kurz, sollten Sie sie auf Zapfen entfernen, auch wenn die gewünschte Zahl dadurch unterschritten wird.

Nach dem Erhaltungsschnitt sollten im äußeren Bereich des Strauchs ausschließlich einjährige Langtriebe stehen. Kürzen Sie diese Triebe nicht ein,

1 SCHWARZE JOHANNISBEERE: ERHALTUNG *Ersetzen Sie drei ältere Triebe durch Jungtriebe. Gerüsttriebe lenken Sie auf einjährige Langtriebe um, zweijährige Seitentriebe kürzen Sie ein.*

2 SCHWARZE JOHANNISBEERE: VERJÜNGUNG *Überalterte Triebe entfernen Sie, vitalere lenken Sie auf Jungtriebe um. Im Folgejahr lassen Sie bis zu fünf Jungtriebe als neues Gerüst stehen.*

denn sie tragen die Blütenknospen für dieses Jahr.

> **Verjüngung** Wird eine Schwarze Johannisbeere über mehrere Jahre wenig oder gar nicht geschnitten, vergreisen die Gerüsttriebe. Es entstehen kurze einjährige Triebe, deren Trauben nur ein bis zwei Beeren tragen. Werden die Sträucher außerdem zu dicht, gelangt kein Licht mehr an den Boden, und es wachsen keine neuen Bodentriebe nach. Lichten Sie bei solchen Pflanzen überalterte Triebe bodeneben aus, auch wenn nur ein Viertel des Strauches oder weniger stehen bleibt. In den folgenden Jahren ziehen Sie junge Bodentriebe als Ersatz nach.

Die verbleibenden Gerüsttriebe lenken Sie auf tiefer stehende, jüngere Triebe um, im besten Fall auf einjährige Triebe. Durch den im Strauchinnern entstehenden Saftstau wachsen an dieser Stelle neue Triebe, die hochwertiges Fruchtholz liefern. Besen an den Spitzen verschlanken Sie. Im folgenden Jahr gehen Sie wieder zum Erhaltungsschnitt über.

Josta

Jostabeeren wachsen deutlich stärker als Schwarze Johannisbeeren, wirken aber oft sparrig. Ohne Schnitt verkahlen die Triebe, und es entstehen Besen.

> **Erziehung** Josta erzieht man mit bis zu zwölf Gerüsttrieben. Diese tauscht man nach dem selben Prinzip wie bei der Schwarzen Johannisbeere aus. Nach innen wachsende Seitentriebe entfernen Sie vollständig. Lenken Sie die Gerüsttriebe von Anfang an auf tiefer stehende Seitentriebe um und verschlanken Sie sie anschließend.

> **Erhaltung** Kürzen Sie einjährige Triebe niemals ein, ihr Wachstum wird dadurch nur unnötig angeregt. Um übermäßigen Wuchs zu bremsen, schneiden Sie im Sommer nach der Ernte. Wachsen überlange diesjährige Triebe aus, kürzen Sie sie bis Ende Juni um mindestens die Hälfte ein. Sie verzweigen sich noch im selben Sommer mit deutlich kürzeren Trieben. Alte Bodentriebe ersetzen Sie durch junge Triebe, Gerüsttriebe lenken Sie um.

> **Verjüngung** Ist bei der Josta eine Verjüngung nötig, gehen Sie wie bei der Schwarzen Johannisbeere vor.

Schnitt als Pflanzenschutz

> Im Frühjahr stehen an einjährigen Trieben der Schwarzen Johannisbeere oder Josta hin und wieder auffällig runde Knospen ohne Spitze, die nicht austreiben. Ursache ist die **Johannisbeergallmilbe**. Entfernen Sie diese Triebe bis Anfang März, bevor die Milben ausschwärmen. Kompostieren Sie die Triebe nicht, sondern entsorgen Sie sie in der Mülltonne. Alternativ können Sie mit einem Rapsöl-Produkt spritzen. Bei der Schwarzen Johannisbeere sind die Sorten 'Ometa' und 'Titania' wenig anfällig, bei Josta die Sorten 'Jogranda' und 'Jostine'.

> Schwarze Johannisbeeren können außerdem vom **Johannisbeersäulenrost** befallen werden. Bei dieser Pilzkrankheit bildet sich auf den Blattunterseiten ein brauner Belag, und die Blätter fallen später ab. Der Pilz lebt und überwintert auf einigen Kiefern-Arten und kehrt im nächsten Jahr wieder zurück. Schneiden Sie befallene Triebe aus. Robuste Johannisbeer-Sorten sind 'Titania' und 'Ometa'.

> Auch der **Echte Mehltau** ist für Johannisbeeren – ebenso wie für Stachelbeeren – eine Gefahr. Ist ein Befall bereits zu sehen, schneiden Sie betroffene Triebe aus und geben sie in die Mülltonne. Für den Garten zugelassene Pflanzenschutzmittel gegen Echten Mehltau – auch biologische – sollten Sie frühzeitig einsetzen, damit sie erfolgreich wirken. Die beste Vorsorge ist es jedoch, robuste Sorten zu pflanzen. Bei ihnen werden in der Regel zumindest die Früchte nicht befallen.

3 JOSTA: WUCHS KORRIGIEREN *Josta wachsen meist sparrig, und die Triebe hängen über. Solche Triebe kürzt man schon als diesjährige auf die Hälfte ein. Verzweigte Triebe lenkt man um.*

4 JOSTA: ERHALTUNG *Ersetzen Sie 4 Jahre alte Bodentriebe durch junge Bodentriebe. Gerüsttriebe lenken Sie auf tiefer stehende einjährige Triebe um, damit die Sträucher nicht verkahlen.*

Spindel, Spalier und Hochstämmchen

Beerenhochstämmchen brauchen wenig Platz, sind aber kurzlebiger als Sträucher.

Beerenspindeln und Spaliere aus Beerensträuchern sind eine Alternative zu großen Sträuchern, wenn man nur wenig Platz hat. Weil sie bis fast zum Boden mit seitlichen Fruchttrieben besetzt sind, liefern sie reichlich Früchte. Auch Hochstämmchen kommen mit wenig Raum aus. Außerdem sind sie für die Gartengestaltung interessant: Sie lassen sich als »Allee« pflanzen oder mit Rosenhochstämmchen kombinieren. Geeignet sind für alle drei Erziehungsformen Johannisbeeren, Stachelbeeren oder Josta.

Beerenspindeln

Eine Beerenspindel ist im Prinzip ein eintriebiges Spalier.

> **Erziehung** Um einen Beerenstrauch als Spindel zu formen, ziehen Sie einen Bodentrieb in Etappen über 4 Jahre an einem 1,8 m hohen Pfahl empor. Diesen Trieb kürzen Sie nicht ein. Weitere Bodentriebe entfernen Sie jährlich. Seitentriebe am Mitteltrieb lassen Sie im Abstand von 10 cm als Fruchttriebe stehen. Alle überzähligen Seitentriebe kürzen Sie auf 2 cm lange Zapfen ein, ebenso zweijährige, abgetragene Triebe. Dies regt die Pflanze an, neue Fruchttriebe zu bilden. Nach 5–7 Jahren ersetzen Sie den Mitteltrieb durch einen neuen Bodentrieb.

> **Erhaltung** Die Zapfen vom letzten Frühjahrsschnitt haben einjährige Triebe gebildet. Entfernen Sie die schwächsten dieser Triebe. Abgetragene, jetzt zweijährige Seitentriebe kürzen Sie auf Zapfen ein. Damit die unteren Seitentriebe nicht vergreisen, kürzen Sie sie im Frühjahr auf Zapfen ein. So gelangt genug Licht in den unteren Teil der Spindel. Wächst ein kräftiger Jungtrieb nahe der Spitze des Mitteltriebs, lenken Sie die alte Spitze auf ihn um und binden ihn als neue Verlängerung auf.

Beerenspalier

Bei einem Beerenspalier erziehen Sie zwei bis vier Bodentriebe an einem Holz- oder Drahtgerüst, ohne sie einzukürzen. Die senkrechten Triebe sollten am Draht im Abstand von etwa 20 cm zueinander stehen, damit jeder Trieb genug Licht bekommt. Nach 5–7 Jahren wird der einzelne Trieb durch einen jungen Bodentrieb ersetzt. Lassen Sie alle 10 cm einen seitlichen Fruchttrieb am Gerüst stehen. Sich kreuzende, überzählige und schwache Fruchttriebe kürzen Sie auf Zapfen ein. Auf diese Art können Sie starkwüchsige Johannisbeeren auf 1,8 m Höhe erziehen, Stachelbeeren auf 1,5 m. Möchten Sie mehrere Spaliere in Reihen ziehen, sollten diese 3 m Abstand haben, damit auch die bodennahen Bereiche gut belichtet werden.

Beerenhochstämmchen

Beerenhochstämmchen werden nicht besonders alt: Nach etwa 10 Jahren stirbt die Krone oft ab. Solche Hochstämmchen sind immer auf eine solide Stütze angewiesen. Dazu wählt man einen Pfahl aus Hartholz. Der Handel bietet Pfähle aus Robinienholz mit 1,5 m Länge und 2,5 cm Kantenbreite. Sie halten in der Regel 10 Jahre. Schlagen Sie den Pfahl so weit in den Boden ein, dass er stabil steht und noch bis in die Krone reicht. Damit die Krone nicht ausbricht, binden Sie sie einmal und den Stamm mindestens zweimal fest.

> **Rote Johannisbeere und Stachelbeere** Möchten Sie diese Beerensträucher als Hochstämmchen ziehen, wählen Sie für den Gerüstaufbau der Krone einen Mitteltrieb und vier gleichmäßig verteilte, flache Seitentriebe. Kürzen Sie die Spitzen dieser Triebe in den ersten 3 Jahren jeweils um die Hälfte ein und verschlanken Sie sie. In den folgenden Jahren lenken Sie die Gerüsttriebspitzen auf tiefer stehende Seitentriebe um und verschlanken sie wiederum. Die Gerüsttriebe sollten nicht länger als 30 cm werden. Ihre Seitentriebe bilden die Fruchttriebe. Lichten Sie sehr dicht stehende und zweijährige Seitentriebe auf kurze Zapfen am Gerüst aus. Seitentriebe, die an den innersten 5 cm des Gerüsts stehen, entfernen Sie. Hochstämmchen sind in Kronenhöhe veredelt. Vermei-

den Sie Wunden an der Veredlungsstelle, sie trocknen ein, und die Krone kann absterben.

> **Schwarze Johannisbeere** Bei dieser Beerenart baut man das Gerüst für ein Hochstämmchen aus einem Mitteltrieb und sechs flachen Seitentrieben auf. Diese kürzen Sie im ersten Jahr auf die Hälfte ein. Danach lenken Sie die Gerüsttriebe jährlich auf weiter innen stehende, nach außen weisende, einjährige Seitentriebe um. Zweijährige Seitentriebe entfernen Sie auf Zapfen, um das Wachstum neuer Fruchttriebe anzuregen. Diese Schnittmaßnahmen können Sie direkt nach der Ernte durchführen. Schneiden Sie jedoch stärker als bei der Roten Johannisbeere, denn bei der Schwarzen Johannisbeere will man einjährige Langtriebe fördern. Damit die Krone unter dem Eigengewicht und der zusätzlichen Fruchtbelastung nicht ausbricht, muss die Befestigung am Pfahl jährlich kontrolliert werden.

Wildtriebe entfernen

Beerenhochstämmchen sind in Kronenhöhe auf die Goldjohannisbeere *(Ribes aureum)* veredelt. Deshalb entwickeln sich regelmäßig Wildtriebe. Sie wachsen hauptsächlich aus der Erde, seltener entstehen sie direkt am Stamm. Diese Triebe entziehen dem Stämmchen Kraft und schränken die Nährstoffversorgung der Edelsorte ein. Reißen Sie Stamm-Wildtriebe in unverholztem Zustand noch im Sommer ab. Boden-Wildtriebe graben Sie bis zur Triebbasis an der Wurzel frei. Noch grüne Triebe reißen Sie aus, bereits verholzte entfernen Sie mit der Schere direkt an der Wurzel. Verwenden Sie eine Grabegabel, um den Boden zu lockern, mit dem Spaten würden Sie Wurzeln zu leicht verletzen.

1 BEERENSPINDEL *Binden Sie einen Bodentrieb als Mitte an einem Pfahl hoch, weitere Bodentriebe entfernen Sie. Lassen Sie alle 10 cm einen Fruchttrieb stehen. Überzählige und zweijährige Seitentriebe schneiden Sie auf Zapfen am Gerüst. Halten Sie die Spindel oben schlank.*

2 HOCHSTÄMMCHEN ROTE JOHANNISBEERE UND STACHELBEERE *Lassen Sie bei beiden Arten eine Mitte und vier Seitentriebe als Gerüst stehen. Von dieser Mitte zweigen die Fruchttriebe ab, die Sie jährlich durch Jungtriebe ersetzen. Ältere Triebe kürzen Sie auf Zapfen ein.*

3 HOCHSTÄMMCHEN SCHWARZE JOHANNISBEERE *Da das Fruchtholz nur aus einjährigen Langtrieben besteht, lassen Sie außer der Mitte bis zu sechs Gerüsttriebe stehen. Lenken Sie die Gerüsttriebe jährlich auf einjährige Seitentriebe um. Zweijährige Seitentriebe entfernen Sie auf Zapfen.*

4 HOCHSTÄMMCHEN: WILDTRIEBE *Wildtriebe am Stamm reißen Sie im Sommer aus, solange sie noch grün sind. Wachsen Wildtriebe aus dem Boden, graben Sie die Erde mit der Grabegabel auf und reißen den Trieb direkt an der Wurzel aus. Bereits verholzte Triebe schneiden Sie ab.*

Himbeere: Ernte von Frühsommer bis Herbst

Dank verschiedener Sorten kann man den ganzen Sommer über Himbeeren ernten.

Ihr unvergleichliches Aroma macht Himbeeren (*Rubus idaeus*, WHZ 3) zu den begehrtesten Beerenfrüchten. Sie mögen sommerfeuchte, durchlässige und humose Böden. Frühsommertragende Sorten bilden lange Ruten und fruchten im zweiten Jahr an deren Seitentrieben. Weil diese Triebe nach der Ernte absterben und anfällig für Pilzkrankheiten sind, entfernt man sie. Herbsttragende Himbeeren bilden ihre Früchte an diesjährigen Trieben.

Frühsommertragende Sorten

Diese Himbeeren werden meist an einem 1,8 m hohen Gestell mit mindestens drei Querdrähten erzogen. Lassen Sie alle 10 cm einen kräftigen Trieb stehen und binden Sie ihn an. Verwenden Sie mit Papier umwickelten Draht oder Weide, um die Ruten nicht zu verletzen. Wickeln Sie das Bindematerial zuerst um den Stützdraht und binden Sie dann die Rute an. Damit alle Kraft in die Ruten fließt, entfernen Sie überzählige Triebe bereits im Sommer. Im kommenden Frühjahr schneiden Sie die Triebe auf 1,8 m zurück. Nach der Ernte lichten Sie sie aus und binden neue Jungruten an.

Herbsttragende Sorten

Sorten wie 'Autumn Bliss' ('Blissy') wachsen und fruchten im selben Jahr und tragen ihre Früchte an diesjährigen Trieben. Man lässt sie durch ein etwa 1,2 m hohes Drahtgitter wachsen. Anbinden ist nicht nötig. Man kann die Triebe bis zum nächsten Frühsommer belassen, sie bilden dann noch ein paar Früchte. Für eine optimale Herbsternte lichtet man jedoch im Frühjahr alle alten Triebe am Boden aus. Die neuen Triebe tragen wieder hochwertige Früchte.

Himbeeren am Pfahl

Bei ganz wenig Platz eignet sich die Erziehung an einem 2 m hohen Pfahl. Binden Sie jedes Jahr höchstens fünf gleichmäßig verteilte Jungtriebe an. Kürzen Sie die Triebe im nächsten Frühjahr auf Pfahlhöhe ein. An ihnen entwickeln sich im Frühsommer zum Licht weisende Fruchttriebe.

1 FRÜHSOMMERTRAGEND
Binden Sie pro Meter Draht zehn kräftige Himbeerruten an. Die übrigen Triebe lichten Sie aus, ebenso nach der Ernte die abgetragenen Triebe.

2 HERBSTTRAGEND
Entfernen Sie im Frühjahr alle abgetragenen vorjährigen Triebe. Die neuen diesjährigen Triebe werden dadurch kräftiger und tragen reichlich Früchte.

3 HIMBEEREN AM PFAHL *Bei wenig Platz kann man Himbeeren auch am Pfahl erziehen. Lassen Sie jährlich fünf kräftige Ruten stehen und binden Sie sie an. Alle anderen Ruten entfernen Sie.*

Brombeere: herbe Delikatesse

Brombeeren (*Rubus fruticosus*, WHZ 5b) sind die dunklen, herben Verwandten der Himbeeren. Sie sind selbstfruchtbar, bilden lange Ruten und tragen im zweiten Jahr an deren Seitentrieben Früchte. Sie mögen sommerfeuchte und durchlässige Böden. Brombeeren zieht man wie Himbeeren an einem Gestell, das einem Spalier gleicht. Es kann bis zu 2 m hoch sein und vier gleichmäßig in der Höhe verteilte Querdrähte besitzen. Befestigen Sie den ummantelten Draht oder die Schnur als Erstes fest am Gestell, sodass es nicht verrutschen kann. Dann binden Sie die Triebe locker an, sodass das Bindematerial weder scheuert, noch die Triebe eingeschnürt werden. Achten Sie darauf, dass bei stachellosen Brombeeren schwarze Früchte nicht immer reif sind. Die Frucht muss bei der Ernte quasi in die Hand fallen, erst dann ist sie schmackhaft.

Frühjahrsschnitt

Eine gezielte Erziehung ist bei Brombeeren nicht nötig, da sie kein dauerhaftes Gerüst aufbauen.
Brombeeren bilden jährlich bis zu 5 m lange Triebe, an denen sie im nächsten Jahr fruchten (→ Abb. 1). Lassen Sie bei einem Pflanzabstand von 3 m jedes Jahr fünf bis sieben diesjährige Langtriebe stehen. Sie bilden noch im selben Sommer bis zu 1 m lange Seitentriebe. Die Triebe kürzen Sie nicht ein, sondern flechten sie in das Gestell, damit alle Blätter zur Reservestoffbildung verbleiben. Vor dem Austrieb im nächsten Frühjahr kürzen Sie die Seitentriebe auf drei Knospen, die Haupttriebe auf 3 m ein. Ohne diesen rigorosen Schnitt entwickeln sich nur kleine Früchte minderer Qualität. Nach dem Schnitt binden Sie die Triebe in die 2 m hohe Stützvorrichtung ein. Die einzelnen Triebe sollten etwa 30 cm Abstand haben. Abgeerntete Triebe lichten Sie direkt nach der Ernte bodeneben aus.
Kurztriebige neue Sorten wie 'Navaho' und 'Nessy' entwickeln sich fast wie starkwüchsige Himbeeren mit kürzeren Bodentrieben. Pflanzen Sie sie mit 2 m Abstand und belassen Sie bis zu acht einjährige Triebe. Diese kürzen Sie im Frühjahr auf 2 m ein und binden sie fächerförmig in die Stütze ein.

Stachellose Brombeeren sind erntereif, wenn sie sich wie von selbst vom Strauch lösen.

1 FRUCHTENDE SEITENTRIEBE *Brombeeren bilden in einem Sommer kräftige Bodentriebe mit langen Seitentrieben. An diesen Trieben fruchten sie im nächsten Jahr.*

2 FRÜHJAHRSSCHNITT *Kürzen Sie die Hauptruten auf 2–3 m und Seitentriebe auf etwa 3 Knospen ein. Dann verteilen Sie die Triebe fächerförmig an der Stütze und binden sie an.*

Winterschutz

In kühlen Regionen frieren Brombeeren oft zurück, die nächste Ernte entfällt dann. Lösen Sie in gefährdeten Lagen die Triebe im Herbst und legen Sie sie gebündelt parallel zur Rankhilfe auf den Boden. Decken Sie sie mit Tannenreisig ab. Im Frühjahr, wenn kein starker Frost mehr droht, entfernen Sie den Schutz, schneiden die Ruten und binden sie ein. Behalten Sie das Tannenreisig und hängen Sie es bei Spätfrösten über die Rankhilfe.

Heidelbeere: Beeren wie im Wald

Heidelbeeren tragen die besten Früchte an vitalen, einjährigen Seitentrieben.

Kultur- oder Garten-Heidelbeeren (*Vaccinium corymbosum*, WHZ 5) sind die Schwestern der Waldheidelbeere (*Vaccinium myrtillus*, WHZ 1). Sie werden aber größer und haben dickere blaue Früchte als diese. Heidelbeeren brauchen saure Böden. Reichern Sie deshalb die Pflanzerde mit Rinde oder Sägespänen an. Auch eine bis zu 20 cm dicke Schicht aus Rindenmulch tut ihnen gut (→ Abb. 3) Heidelbeeren werden Jahrzehnte alt. Sie sind selbstfruchtbar und tragen ihre Früchte an der Spitze einjähriger Langtriebe, später an deren einjährigen Seitenverzweigungen. Geschnitten wird im Frühjahr vor dem Austrieb.

Erziehung

Heidelbeeren bilden ein Gerüst aus bis zu zehn kräftigen Bodentrieben. Die einzelnen Triebe bleiben bis zu 10 Jahre vital. Im Jahr nach der Pflanzung entfernen Sie die Blüten. Damit verzichten Sie zwar auf Früchte, doch der Pflanze steht mehr Energie für die Wurzelbildung zur Verfügung.

Erhaltung

Ziel des Schnitts ist es, die Bildung einjähriger Seitentriebe an den Gerüsttrieben zu fördern, an ihnen entstehen die besten Früchte.
Lichten Sie jedes Jahr einen Gerüsttrieb bodeneben aus und lassen Sie dafür einen einjährigen stehen, die übrigen einjährigen Triebe entfernen Sie. Um besser an der Strauchbasis schneiden zu können, graben Sie die Mulchschicht ein Stück auf. Nach dem dritten Jahr lenken Sie die verzweigten Spitzen der Gerüst- und Seitentriebe auf einjährige Triebe um. Damit genug Licht ins Strauchinnere fällt, lichten Sie Seitentriebe im oberen Strauchbereich stärker aus als im unteren Teil.

Verjüngung

Nach einigen Jahren verzweigen sich die Fruchttriebe und liefern nur noch kleine Früchte. Lenken Sie die Verzweigungen dann regelmäßig auf einjährige Seitentriebe nahe oder direkt am Gerüst um. Vergreiste Gerüsttriebe lichten Sie bodeneben aus und erziehen in den nächsten Jahren Jungtriebe als Ersatz. Erneuern Sie die Mulchschicht und versorgen Sie die Pflanzen mit organischem Dünger.

1 ERHALTUNG *Entfernen Sie jährlich einen Gerüsttrieb bodeneben und ersetzen Sie ihn durch einen Jungtrieb. Verzweigte Gerüsttriebspitzen lenken Sie auf tiefer stehende einjährige Triebe um.*

2 VERJÜNGUNG *Nach einigen Jahren verzweigen sich die Fruchttriebe mehr und mehr, die Früchte bleiben klein. Lenken Sie dann die Triebspitzen auf vitale Jungtriebe und Seitentriebe gerüstnah um.*

3 MULCHEN *Heidelbeeren mögen saure, sommerfeuchte, durchlässige Böden. Geben Sie ihnen frischen Rindenmulch. Die Schicht darf bis zu 20 cm dick sein und sollte alle 3 Jahre erneuert werden.*

Bei richtiger Sortenwahl kann man den ganzen Sommer über Erdbeeren ernten.

Erdbeere: Klassiker für jeden Garten

Kultur-Erdbeeren (*Fragaria × ananassa*, WHZ 5) sollten in keinem Garten fehlen. Die meisten Sorten sind selbstfruchtbar, einige tragen aber reichlicher, wenn man ihnen eine Befruchtersorte zur Seite stellt. Aus einem mehrjährigen Wurzelstock bilden sie jährlich junge Knospen. Die Einzelpflanze vergreist nach einigen Jahren, bildet aber Ranken mit etlichen Jungpflanzen. Einmaltragende Erdbeersorten bilden ihre Blütenanlagen bereits im Herbst des Vorjahrs. Je stärker die Pflanze zu dieser Zeit entwickelt ist, umso zahlreichere und kräftigere Blütenanlagen bildet sie. Pflanzen Sie Erdbeeren daher möglichst schon Anfang August. Leichtes Schattieren und regelmäßiges Gießen begünstigen das Anwachsen. Immertragende Sorten bilden die Blütenanlagen für die erste Ernte ebenfalls im Vorherbst, entwickeln aber im Sommer neue Knospen, die im Anschluss blühen und fruchten.

Einmaltragende Sorten

Erdbeeren kultiviert man ein- oder mehrjährig. Damit der Boden nicht ermüdet, sollte man sie jedoch nach spätestens 3 Jahren durch Jungpflanzen an einem anderen Standort ersetzen. Sollen Erdbeeren für das folgende Jahr stehen bleiben, schneiden Sie sie nach der Ernte. Entfernen Sie das alte Laub, lassen Sie aber das Herz des Triebs unverletzt. An ihm entwickeln sich neue Blätter und Blütenanlagen. Entfernen Sie verkahlte Triebherzen auf Zapfen an der Basis. Fünf Herzen pro Stock reichen aus. Ausläufer entfernen Sie. Anschließend bringen Sie 5 l Kompost pro Quadratmeter aus und arbeiten ihn in den Boden ein. Hacken Sie später nicht mehr zwischen den Erdbeeren, sondern lockern Sie die Erde nur noch mit der Grabegabel.

Immertragende Sorten

Im Sommer immer wieder fruchtende Sorten bilden ihre Blüten auch an jungen Trieben. Lichten Sie im Frühjahr nur alte Triebe aus. Im Mai schneiden Sie die ersten Blüten aus, damit die Pflanze mehr Kraft für die Sommer- und Herbsternte hat. Ausläufer entfernen Sie regelmäßig.

Erdbeerwiese

Erdbeerwiesen sind flächig bewachsene Beete. Entfernen Sie alle 2 Jahre im Sommer einen Teil der Pflanzen und reichern Sie die jeweilige Fläche mit Kompost an. In kurzer Zeit bedecken junge Ausläufer das Beet, und der Bestand wird verjüngt. Geeignete Sorten sind 'Florika' und 'Spadeka'.

Monatserdbeeren

Die Früchte der Monatserdbeere 'Alexandria' (*F. vesca* var. *hortensis*, WHZ 5) schmecken intensiv nach Walderdbeeren. Sie bildet keine Ausläufer und kann auch als kleine Beeteinfassung verwendet werden. Man teilt die Pflanze alle 3 Jahre zur Verjüngung und pflanzt sie neu ein.

1 ERDBEERE SCHNEIDEN *Entfernen Sie nach der Ernte altes Laub, ohne die Triebherzen zu verletzen. Zu weit außen stehende und verkahlende Triebe lichten Sie auf Zapfen aus.*

2 ERDBEERWIESE *Bei einer Erdbeerwiese wachsen die Pflanzen frei und bedecken schließlich die ganze Fläche. Von Zeit zu Zeit roden Sie ein Drittel der Fläche. Strohmulch hält die Früchte sauber.*

Weinrebe: Kulturpflanze mit Tradition

Die Weinrebe (*Vitis vinifera* ssp. *vinifera*, WHZ 7a) ist eine alte Kulturpflanze. Wählt man geeignete Sorten, kann man wochenlang schmackhafte Trauben ernten. Weinreben sind Kletterpflanzen, die in der Natur mit ihren Ranken an anderen Pflanzen hochklettern (→ Seite 23). Im Garten benötigen sie eine Kletterhilfe, an der man sie festbindet. Neben Reben, die für Wein oder Saft gekeltert werden, gibt es Tafeltraubensorten. Ihre Beeren sind größer und besitzen mehr Säure. Klassische Sorten sind gegenüber Pilzkrankheiten empfindlich. Seit einigen Jahren gibt es jedoch resistente Sorten. Robuste Tafeltrauben sind 'Bianca', 'Muscat Bleu' und 'Phoenix'. 'Regent' ist eine rote Weintraube, deren Laub sich zudem im Herbst rot färbt.

Im Weinberg erzieht man Reben nur mit einem kurzen Stamm und einjährigen Fruchttrieben. Diese kürzt man auf zehn bis zwölf Knospen ein. Die klassische Erziehung am Haus ist der einarmige oder verzweigte Kordon (→ Seite 248).

Reben bilden ihre Blütenanlagen bereits im Vorjahr, obwohl die Blüten im unteren Bereich diesjähriger Triebe sitzen. Der Schnitt erfolgt sowohl im Frühjahr als auch im Sommer.

Erziehung

Rebspaliere kultivieren Sie mit einem oder mehreren Gerüsttrieben an Rankhilfen aus Metall, Draht oder Holz. Verlängern Sie den Gerüsttrieb jedes Jahr um sieben Knospenabschnitte, höchstens jedoch um 1 m. Werden mehrere Gerüsttriebe in waagerechten Etagen gezogen, wird jeder einzelne Trieb um dieses Maß verlängert. Der Abstand zwischen zwei Etagen sollte mindestens 60 cm betragen. Die bis zu 10 m langen Gerüsttriebe bleiben mehrere Jahrzehnte vital. Nur in Ausnahmefällen ersetzt man sie durch Jungtriebe. Von den Gerüsttrieben ausgehende Seitentriebe bilden die Fruchttriebe. Diese klare Gliederung erhalten Sie durch den jährlichen Schnitt. Ohne einen regelmäßigen Schnitt entsteht ein Triebgewirr, und der Ertrag geht stark zurück.

Sommerschnitt

Im ersten Jahr wächst aus jeder Knospe des Gerüsttriebs ein Seitentrieb, an dem sich im unteren Triebbereich meist zwei Trauben bilden. Hat der Trieb bis Mitte oder Ende Juli 10–15 Blätter entwickelt, kürzen Sie ihn auf zwei bis vier Blätter über der letzten Traube ein. So fließt im Sommer die Energie der Rebe nicht in

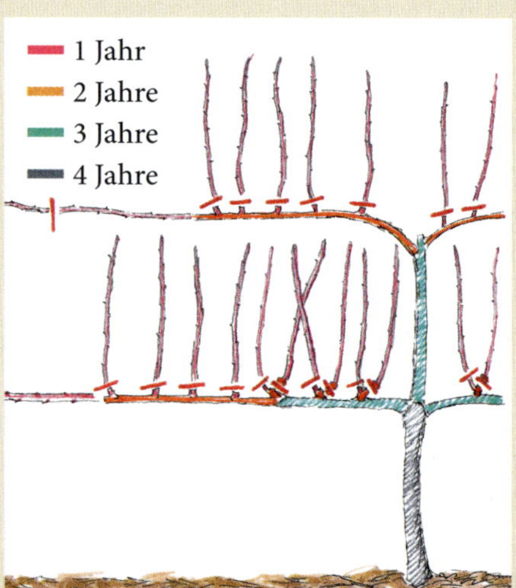

1 ERZIEHUNG *Pro Etage verlängern Sie die Gerüsttriebe jährlich um 1 m in jede Richtung. Die Seitentriebe bilden die Fruchttriebe. Diese kürzen Sie jedes Jahr auf zwei Knospen ein.*

2 FRUCHTTRIEBE *Die Fruchttriebe zweigen von den Gerüsttrieben ab und tragen je zwei Trauben. Diese Fruchttriebe kürzt man auf zwei Knospen am Gerüst ein. Sie tragen die Blütenanlagen für dieses Jahr.*

3 SPALIERSTRUKTUR *Ohne Laub sieht man die Struktur gut. An den Gerüsttrieben wird im Frühjahr von den vorjährigen Fruchttrieben der äußere entfernt, der gerüstnahe auf zwei Knospen eingekürzt.*

übermäßiges Triebwachstum, sondern in die Früchte. An den obersten Knospen der Schnittstelle entstehen bis August neue Triebe. Diese brechen Sie regelmäßig aus. Bei jüngeren Reben brechen Sie die neuen Triebe bis zu dreimal aus, bei älteren reicht es, wenn einmal ausgebrochen wird. Durch diesen Sommerschnitt bleibt die Pflanze übersichtlich, und die Entwicklung der Früchte wird gefördert.

Frühjahrsschnitt

Im folgenden Frühjahr verlängern Sie die Gerüsttriebe bei Bedarf erneut um 1 m. Alle abgetragenen Seitentriebe schneiden Sie auf zwei Knospen zurück. Daraus entwickeln sich zwei neue Seitentriebe mit Trauben. Wenn Sie im nächsten Jahr diese beiden Seitentriebe wiederum jeweils auf zwei Knospen einkürzen, bilden sich immer stärkere Verzweigungen. Deshalb entfernen Sie an mehrjährigen Fruchttrieben den äußeren der beiden Fruchttriebe ganz und kürzen den näher zum Gerüsttrieb stehenden auf zwei Knospen ein. So wachsen an jedem Knospenansatz der Gerüsttriebe auch nach Jahren nur zwei Fruchttriebe, die ausreichend ernährt werden und schmackhafte, große Trauben liefern.

Verjüngung

Lassen einzelne Gerüsttriebe nach Jahren in ihrer Vitalität nach, können Sie diese verjüngen. Vermeiden Sie aber große Wunden, da Reben nur wenig Wundgewebe bilden. Ist an der Basis oder dem Stamm ein kräftiger Jungtrieb vorhanden, erziehen Sie ihn parallel zum bestehenden Gerüsttrieb einige Jahre entlang der Rankhilfe. Erst dann lenken Sie den alten mit einem Zapfen auf den jüngeren Trieb um. Auch diesen jungen Trieb sollten Sie pro Jahr nur um 1 m verlängern. Sind keine Jungtriebe vorhanden, kürzen Sie den gesamten Gerüsttrieb auf einen Zapfen am Stamm oder am Boden ein. Es entsteht zwar zunächst einmal eine große Lücke im Spalier, aber im kommenden Jahr entwickeln sich an der Schnittstelle kräftige Jungtriebe. Belassen Sie den stärksten dieser Triebe und entfernen Sie die überzähligen schon im Sommer. Den verbleibenden Trieb binden Sie fest und kürzen ihn im nächsten Frühjahr auf 1 m ein. In den folgenden Jahren gehen Sie wie beim Erziehungsschnitt vor.

Eine gut erzogene Rebe liefert auf ganzer Gerüsttrieblänge beste Trauben.

4 SOMMERSCHNITT *Fruchttriebe kürzen Sie auf zwei bis vier Blätter über der letzten Traube ein (1). So geht die Kraft in die Fruchtentwicklung. Austriebe an den Spitzen brechen Sie aus (2).*

5 FRÜHJAHRSSCHNITT *Kürzen Sie die Fruchttriebe auf zwei Knospen ein. Sind bereits zwei Triebe gewachsen, lichten Sie den äußeren aus. Den inneren Trieb kürzen Sie auf zwei Knospen ein.*

Schädlingen vorbeugen

Pflanzen Sie nur veredelte Reben. Sie sind gegenüber der Reblaus robuster als unveredelte Pflanzen. Die Veredlungsstelle sitzt etwa 15 cm über dem Boden. Häufeln Sie sie nach der Pflanzung an, damit sie stabiler verwächst. Reben werden auch von der Kräuselmilbe befallen. Die Tiere verursachen an den Blättern verfärbte Wölbungen, die leicht mit Pilzbefall zu verwechseln sind. Treten sie einmal auf, wird man sie nicht wieder los und sollte sie jährlich beim Austrieb mit biologischen Mitteln bekämpfen.

Kiwi: Exot in zwei Formaten

Bei weiblichen Blüten sieht man auf dem Fruchtknoten deutlich den Strahlengriffel.

Männliche Blüten haben stäubende Pollen sowie kleinere Fruchtknoten und Griffel.

Die Kiwi ist ein Gast aus Fernost. Sie stammt aus Südchina und wird auch Chinesische Stachelbeere genannt. Bei uns gedeiht sie nur in milden Regionen. Man unterscheidet zwei Arten: großfruchtige (*Actinidia deliciosa*, WHZ 6b) und kleinfruchtige Kiwi (*A. arguta*, WHZ 5b). Letztere sind frosthärter, haben eine glatte, essbare Schale und wachsen schwächer.

! BEFRUCHTUNG BEI KIWI

Männliche Pflanzen der großfruchtigen Kiwi können weibliche Blüten der groß- und kleinfruchtigen Arten befruchten, männliche der kleinfruchtigen Kiwi jedoch nur dieselbe Art. Die Sorte 'Jenny' der großfruchtigen Kiwi ist selbstfruchtbar, der Ertrag lässt sich aber mit einer männlichen Pflanze steigern. Genauso verhält es sich bei der Mini-Kiwi-Sorte 'Weiki'.

Kiwi wünschen humose, durchlässige und sommerfeuchte Böden an einem geschützten Standort. Ost- oder Westwände sind gut geeignet.
Kiwi sind wie der Flamingo-Strahlengriffel (→ Seite 196) starkwüchsige Schlinger und auf eine stabile Rankhilfe angewiesen. Die meisten Sorten sind zweihäusig (→ Info). Man braucht also männliche und weibliche Pflanzen, um ernten zu können.
Die Blütenanlagen stehen an diesjährigen Seitentrieben. Sie entwickeln sich aber schon im Vorjahr an einjährigen Seitentrieben. Werden diese Triebe bei Spätfrösten geschädigt, treiben zwar wieder neue Triebe nach, diesen fehlen aber die Blütenanlagen.

Der Schnitt gleicht sich bei beiden Arten. Man schneidet im Frühjahr vor dem Austrieb sowie im Sommer.

Erziehung

Da die Gerüsttriebe erfahrungsgemäß alle 6–8 Jahre erfrieren, verzichtet man auf eine ausgedehnte Erziehung. Besser pflanzt man mehrere Kiwi mit kleinerem Abstand nebeneinander. Es dauert allerdings 2–3 Jahre, bis man zum ersten Mal ernten kann. Erziehen Sie die Kiwi mit einem Mitteltrieb mit waagerecht abzweigenden Gerüsttrie-

KLEINFRUCHTIGE KIWI *Die Früchte sitzen in kurzen Trauben und haben eine glatte Schale. Es gibt Sorten in verschiedenen Farben. Wie die großen enthalten auch kleine Kiwi viel Vitamin C.*

STABILE RANKHILFE *Kleinfruchtige Kiwi wachsen schwächer als großfruchtige, benötigen aber ebenfalls eine Stütze, an der man die Gerüsttriebe erzieht. Die Rankhilfe sollte etwa 2 m hoch sein.*

ben und deren fruchtenden Seitentrieben. Die Gerüsttriebe verlängern Sie jährlich um 1 m. Die Etagen sollten 0,8 m Abstand zueinander haben.

Sommerschnitt

Im Sommer kürzen Sie die fruchtenden Seitentriebe auf 1 m ein. Danach entstehende Jungtriebe brechen Sie aus. So entsteht kein Triebgewirr. Verlängerungen der Gerüsttriebe kürzen Sie auf 1,5–2 m ein und binden sie an der Rankhilfe ein. Haben sich die Triebe um die Rankhilfe gewunden, lösen Sie sie ab und binden sie an.

Frühjahrsschnitt

Im folgenden Frühjahr kürzen Sie abgetragene Seitentriebe auf 5 cm kurze Zapfen ein. Dadurch entstehende Verzweigungen können Sie belassen. Lässt das Wachstum einer älteren Verzweigung jedoch merklich nach, lenken Sie sie nahe am Gerüsttrieb auf einen jüngeren Trieb um. Soll der Gerüsttrieb weiter verlängert werden, verwenden Sie einen an der Triebspitze wachsenden Seitentrieb, kürzen ihn auf 1 m ein und binden ihn an das Gerüst an.

Verjüngung

Vergreist ein seitlicher Gerüsttrieb nach 5–10 Jahren, lenken Sie ihn vor dem Austrieb nahe am Mitteltrieb auf einen vitalen einjährigen Trieb um. Diesen kürzen Sie auf 1 m ein und binden ihn an den Draht. Die Pflanze blutet nach dem Schnitt stark, wird aber dadurch weniger beeinträchtigt als durch Frostschäden nach einem sehr frühen Schnitt. Im Frühsommer entstehende Seitentriebe tragen wieder Früchte im unteren Bereich. Schneiden Sie dann wie beim Frühjahrsschnitt. Durch Frost abgestorbenes Holz entfernen Sie bis zu vitalen Trieben.

1 SOMMERSCHNITT
Kürzen Sie fruchtende Seitentriebe im Frühsommer auf etwa 1 m ein. So bleiben in der Regel vier bis acht Blätter über der letzten Frucht stehen. Entwickeln sich unterhalb der Schnittstellen im selben Sommer Seitentriebe, brechen Sie sie vollständig aus.

2 FRÜHJAHRSSCHNITT
Kürzen Sie abgetragene Seitentriebe vor dem Austrieb auf etwa 5 cm kurze Zapfen ein. Diese können sich verzweigen. Lässt die Vitalität nach, lichten Sie sie etwas aus. Fortsetzungen der Gerüsttriebe kürzen Sie auf 1 m ein und binden sie in die Rankhilfe ein.

3 VERJÜNGUNG
Vergreisen Gerüsttriebe oder trocknen sie nach Frost ein, lenken Sie sie auf vitale Jungtriebe um und bauen das Gerüst neu auf. Ersetzen Sie vergreiste Fruchttriebe durch gerüstnahe Jungtriebe und kürzen Sie sie wie beim Frühjahrsschnitt ein. Vermeiden Sie große Wunden.

Feige: süße Früchte für Beet und Topf

Die Früchte der einjährigen Triebe reifen bei Feigen zuverlässig aus.

Feigen (*Ficus carica*, WHZ 8a) sind ein delikater Gruß aus dem Süden. Bei uns sind sie nur im Weinbauklima zuverlässig winterhart. Als sehr frosthart gilt die Sorte 'Violetta', auch als 'Bayernfeige' im Handel. Durchlässige Böden fördern die Frosthärte (→ Seite 25). Die bei uns erhältlichen Sorten bilden auch ohne Befruchtung samenlose Früchte.

Feigen entwickeln an gut ausgereiften einjährigen Trieben die ersten Früchte des Jahres. Die Fruchtanlagen wurden bereits im Spätsommer des Vorjahrs angelegt. Diese Feigen reifen im Hochsommer aus. Eine zweite Fruchtgeneration entwickelt sich an diesjährigen Trieben. Ihre Früchte reifen in warmen Sommern nur im unteren Triebstück aus, die übrigen Früchte erfrieren.

Erziehung

Ausgepflanzte Feigen erziehen Sie mit drei bis fünf kräftigen Bodentrieben als Gerüst, schwache lichten sie aus. Jungpflanzen schützen Sie im Winter mit Tannenreisig. Containerfeigen mit Stamm erziehen Sie mit einer Mitte und vier Gerüsttrieben.

Frühjahrsschnitt

Den Erhaltungsschnitt im Frühjahr führt man direkt vor dem Austrieb durch. Ersetzen Sie Bodentriebe nach 5–10 Jahren durch bodenbürtige Jungtriebe. Kürzen Sie diese nicht ein. Verzweigte Gerüsttriebe lenken Sie auf tiefer stehende, einjährige Seitentriebe um und verschlanken die Spitze. Lassen Sie alle 15–20 cm einen einjährigen Fruchttrieb am Gerüst stehen, ältere lenken Sie auf einjährige, gerüstnahe Triebe um oder kürzen sie auf 5–10 cm kurze Zapfen ein (→ Abb. 2). Diese bilden Fruchttriebe für das nächste Jahr.

Sommerschnitt

Ein zweiter Erhaltungsschnitt im Sommer verhindert, dass sich Herbstfrüchte bilden. Dazu kürzen Sie im August wüchsige diesjährige Triebe auf sechs bis acht Blätter ein. Die tiefer liegenden Knospen bilden dann überwinternde Fruchtanlagen, die sich im nächsten Sommer zu Früchten entwickeln. Vergreiste Bodentriebe ersetzen Sie durch Jungtriebe und erziehen sie neu.

1 FRÜHJAHRSSCHNITT *Lenken Sie verzweigte Gerüsttriebspitzen auf einjährige Triebe um. Einjährige Seitentriebe belassen Sie, ältere lenken Sie gerüstnah um oder kürzen sie auf Zapfen ein.*

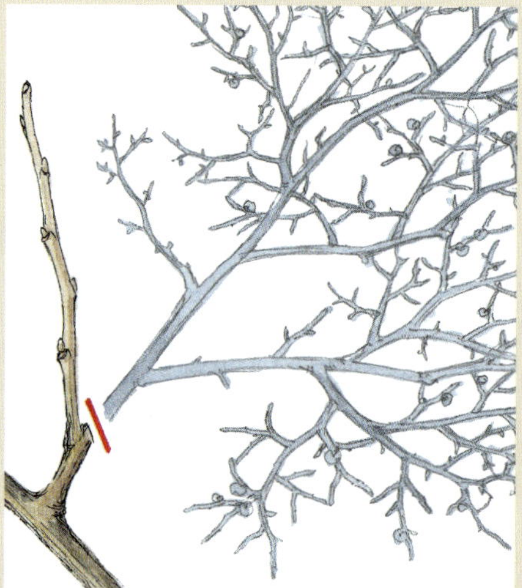

2 FRUCHTHOLZ FÖRDERN *Nur kräftige einjährige Triebe liefern zuverlässig reifende Früchte. Lenken Sie daher verzweigte Fruchttriebe jährlich auf einjährige Triebe um.*

3 FEIGE IM TOPF *Kübelfeigen besitzen meist einen kurzen Stamm, von dem die Mitte und vier Seitentriebe als Gerüst abzweigen. Erziehen Sie jährlich neue Fruchttriebe aus dem Gerüst.*

Kaki: groß wie Tomaten

Ein wahrer Exot unter den Fruchtgehölzen ist die Kaki oder Kakipflaume (*Diospyros kaki*, WHZ 8a). Sie bildet große Sträucher, wird jedoch meist als Baum erzogen. Dann erreicht sie bis zu 5 m Höhe und entwickelt eine breit ausladende Krone. Die Blätter färben sich im Herbst gelb. Die orangeroten Früchte sind Ende Oktober bis Anfang November erntereif und lassen sich kühl noch einige Wochen lagern. Frisch schmecken sie hervorragend. Die Sorte 'Vaniglia' hat eine leichte Vanille-Note. Die Virginische Dattelpflaume (*D. virginiana*, WHZ 7a) ist frosthärter. Ihre kleinen Früchte sind nur vollreif genießbar.

Kaki sind im Weinbauklima an vor allem vor Wind geschützten Stellen winterhart. Sie mögen leicht saure, gut drainierte, aber tiefgründige, fruchtbare Böden. Das Holz ist bis –15 °C frosthart, beim Austrieb im Frühjahr treten aber schon bei –5 °C Schäden auf. Die Blüten sitzen vorwiegend am oberen Bereich einjähriger Triebe. Die Früchte können sehr schwer werden, sodass die Triebe im Spätsommer unter dem Gewicht überhängen. Dünnen Sie sie Anfang Juli aus. Man schneidet im späten Frühjahr vor dem Austrieb, bei Bedarf zusätzlich im Sommer.

Erziehung

Erziehen Sie die Kaki mit einem Mitteltrieb und drei bis vier Seitentrieben als Gerüst. Diese kürzen Sie in den ersten 3 Jahren um ein Drittel ein, damit sie kräftig werden. Entfernen Sie in den ersten 2–3 Jahren alle Früchte an den Gerüsttriebspitzen. Diese sinken sonst nach unten. Flache Triebe an den Gerüsttrieben belassen Sie als Fruchttriebe, steil oder nach innen wachsende Triebe lichten Sie aus. Entfernen Sie Wildtriebe gleich im Sommer.

1 ERZIEHUNG ***Das Gerüst besteht aus der Mitte und drei bis vier Seitentrieben. Steil stehende Triebe lichten Sie aus, Gerüsttriebe kürzen Sie um die Hälfte ein und verschlanken sie.***

2 ERHALTUNG ***Entfernen Sie steile Triebe. Verzweigte oder überhängende Gerüsttriebspitzen lenken Sie auf Jungtriebe um und verschlanken sie. Überhängende Fruchttriebe lenken Sie um.***

Die großen Kaki-Früchte haben ein süßliches Aroma und wenig Säure.

Erhaltung

Lichten Sie steil stehende oder nach innen wachsende Triebe aus. Überhängende Gerüsttriebspitzen lenken Sie auf tiefer stehende, schräg nach oben weisende Jungtriebe um und verschlanken die neuen Spitzen. Lenken Sie mehrjährige Fruchttriebe gerüstnah auf einjährige Triebe um. Fruchttriebe sollten nicht länger als 50 cm werden. Sie brechen sonst unter der Fruchtlast ab. Lichten Sie bei Bedarf überzählige Früchte aus.

Verjüngung

Lenken Sie vergreiste oder stark verzweigte Gerüsttriebe auf tiefer stehende Jungtriebe um und verschlanken den Trieb. Vergreiste Fruchttriebe lenken Sie auf gerüstnahe Seitentriebe um. Fehlen Jungtriebe, schneiden Sie auf 5–10 cm kurze Zapfen zurück, die Sie später bis zum ersten vitalen Trieb entfernen. Von den Jungtrieben belassen Sie nur ein bis zwei flache.

APFELBEERE *Aronia melanocarpa*, WHZ 5b

Allgemeines: Die Apfelbeere ist frosthart und mag nicht zu kalkhaltige Böden in voller Sonne. Den weißen Blütendolden folgen schwarze Früchte, die Blätter färben sich im Herbst leuchtend rot. Die Blüten erscheinen an einjährigen Seitentrieben, der Schnitt erfolgt vor dem Austrieb. Erziehung: Mit 5–7 Bodentrieben unterschiedlichen Alters, Triebspitzen verschlanken. Erhaltung: Gerüsttriebe nach 7 Jahren durch Jungtriebe ersetzen, verzweigte Spitzen auf weiter innen stehende Jungtriebe umlenken und verschlanken. Verjüngung: Vergreiste Gerüsttriebe bodeneben auslichten, Jungtriebe als Ersatz erziehen, bei den übrigen die Spitzen umlenken.

Wuchs: *1–3 m*

Erntezeit: *Aug.*

PAPAU, INDIANERBANANE *Asimina triloba*, WHZ 6

Allgemeines: Der Geschmack der Indianerbanane ist eine Mischung aus Banane, Mango und Ananas. Sie mag sommerfeuchte, durchlässige Böden. Wählen Sie selbstfruchtbare Sorten. Die dunkelroten Blüten sitzen an einjährigen Seitentrieben. Man schneidet im Frühjahr vor dem Austrieb. Erziehung: Mit einer Mitte und 4 Seitengerüsttrieben, die man im ersten Jahr einkürzt und dann nur noch verschlankt. Erhaltung: Steile Triebe auslichten, Gerüst- und Fruchttriebspitzen verschlanken, verzweigte Fruchttriebe gerüstnah auf einjährige Triebe umlenken. Verjüngung: Vergreiste Triebe auf weiter innen stehende Jungtriebe umlenken, große Wunden vermeiden.

Wuchs: *3–6 m*

Erntezeit: *Aug. – Okt.*

ESSKASTANIE *Castanea sativa*, WHZ 6a

Allgemeines: Die Esskastanie wünscht kalkarme und durchlässige Böden. Weibliche Blüten und männliche Kätzchen sitzen getrennt am Baum. Veredelte Sorten sind großfruchtiger und kleinkroniger. Die Blüten sitzen an einjährigen Seitentrieben, das Fruchtholz ist lange vital. Der zurückhaltende Schnitt erfolgt im Sommer. Erziehung: Mit einer Mitte und bis zu 4 Seitengerüsttrieben, deren Spitzen nur verschlanken, Steiltriebe auslichten. Erhaltung: Kaum nötig, nach innen oder steil stehende Triebe auslichten, Spitzen verschlanken. Verjüngung: Zu dicht stehende oder verzweigte Fruchttriebe auslichten oder umlenken, große Wunden vermeiden.

Wuchs: *15–30 m*

Erntezeit: *Okt.*

MAIBEERE *Lonicera caerulea* var. *kamtschatica*, WHZ 3

Allgemeines: Die Maibeere wünscht kalkarme Böden, bildet kleine Sträucher und blüht schon im März. Die Früchte schmecken ähnlich wie Heidelbeeren. Die Maibeere blüht an einjährigen Seitentrieben zweijähriger Langtriebe. Der Schnitt erfolgt im Frühjahr. Erziehung: Mit 7–10 Bodentrieben als Gerüst, diese verschlanken, überlange Bodentriebe bis Ende Juni auf die Hälfte einkürzen. Erhaltung: Nach 5–8 Jahren Gerüsttriebe durch Jungtriebe ersetzen, Triebspitzen auf tiefer stehende einjährige Triebe umlenken und verschlanken, ältere Fruchttriebe auf Zapfen am Gerüst entfernen. Verjüngung: Auf den Stock setzen und mit Jungtrieben neu erziehen.

Wuchs: *1–1,5 m*

Erntezeit: *Mai*

WHZ = Winterhärtezone (→ Karte Seite 334)

Wuchs: *2–3 m*

Erntezeit: *Aug. – Okt.*

GOJI-BEERE, BOCKSDORN *Lycium barbarum*, WHZ 5b

Allgemeines: Die Goji-Beere gedeiht auf fast jedem Standort. Sie bildet lange, überhängende Ruten. Die Früchte werden verarbeitet oder getrocknet. Die Blüten erscheinen an einjährigen Lang- und diesjährigen Trieben. Der Schnitt erfolgt vor dem Austrieb. Vorsicht: Die Triebe sind dornig. Erziehung: Mit 5–7 Bodentrieben als Gerüst, diese verschlanken. Erhaltung: Bodentriebe nach 5 Jahren durch Jungtriebe ersetzen, lange Triebspitzen auf tiefer stehende Seitentriebe umlenken, im Sommer überzählige diesjährige Triebe auslichten. Verjüngung: die ganze Pflanze auf den Stock setzen und neu erziehen.

Wuchs: *3–6 m*

Erntezeit: *Okt. – Nov.*

MISPEL *Mespilus germanica*, WHZ 5b

Allgemeines: Mispeln mögen kalkhaltige, nahrhafte, durchlässige Böden in voller Sonne. Die Blüten sitzen auf beblätterten Kurztrieben. Die Früchte sind erst nach Frost genießbar. Anfällig für Feuerbrand (→ Seite 233). Das Fruchtholz sitzt an einjährigen Seitentrieben, der Schnitt erfolgt im Frühjahr. Erziehung: Mit einer Mitte und 4 Seitentrieben, diese die ersten 3 Jahre einkürzen und verschlanken. Erhaltung: Steil oder nach innen wachsende Triebe auslichten, verzweigte Triebspitzen auf tiefer stehende einjährige Triebe umlenken und verschlanken. Verjüngung: Vergreiste Gerüst- und Fruchttriebe auf Jungtriebe umlenken, große Wunden vermeiden.

Wuchs: *5–8 m*

Erntezeit: *Juli – Sept.*

MAULBEERE *Morus*-Arten, WHZ 5–6

Allgemeines: Maulbeeren brauchen warme Lagen in Weinbauklima. Die Weiße Maulbeere *(M. alba)* bildet weiße, süßliche, die frostempfindlichere Schwarze *(M. nigra)* brombeerähnliche Früchte. Alle tragen an diesjährigen Trieben. Weil es besser verträglich ist, schneidet man erst beim Austrieb. Erziehung: Mit 3 Bodentrieben als Gerüst, diese die ersten 4 Jahre um die Hälfte einkürzen und verschlanken. Erhaltung: Steiltriebe auslichten, verzweigte Gerüsttriebspitzen auf tiefer stehende Jungtriebe, Fruchttriebe gerüstnah auf einjährige Triebe umlenken. Verjüngung: Wunden am Gerüst vermeiden, vergreiste Fruchttriebe auf Zapfen am Gerüst einkürzen.

Wuchs: *3–5 m*

Erntezeit: *Sept.*

SÜSSMANDEL *Prunus dulcis* var. *dulcis*, WHZ 7a

Allgemeines: Süßmandeln gedeihen nur im Weinbauklima und wünschen tiefgründige, kalkhaltige Böden. Die Blüte ist spätfrostgefährdet. Das beste Fruchtholz sitzt an einjährigen mittellangen »echten« Trieben (→ Seite 234). Man schneidet beim Austrieb und im Sommer. Erziehung: Mit einer Mitte und 4 Seitentrieben als Gerüst, die ersten 5–7 Jahre Verlängerungen um die Hälfte einkürzen, Steiltriebe auslichten. Erhaltung: Verzweigte Triebe auf gerüstnahe einjährige Triebe umlenken oder auf Zapfen kürzen, Gerüsttriebe verschlanken. Verjüngung: Vergreiste Gerüsttriebe auf Jungtriebe umlenken, Fruchttriebe auf Zapfen am Gerüst schneiden.

SCHLEHE *Prunus spinosa*, WHZ 5a

Allgemeines: Die Schlehe gedeiht fast überall. Wählen Sie veredelte Pflanzen, wurzelechte bilden viele Ausläufer. Die Früchte verarbeitet man nach Frosteinwirkung, sie sind reich an Vitamin C. Die Blüten sitzen an einjährigen Seitentrieben. Man schneidet im Frühjahr. Erziehung: Mit 5–7 bodennahen Trieben als Gerüst, diese verschlanken, Wildtriebe ausreißen. Erhaltung: Nach innen oder steil wachsende Triebe auslichten, verzweigte Gerüsttriebspitzen auf Jungtriebe umlenken und verschlanken, stark verzweigte Fruchttriebe gerüstnah umlenken. Verjüngung: Gerüsttriebe im oberen Drittel auf Jungtriebe umlenken, Fruchttriebe gerüstnah umlenken.

***Wuchs:** 1–4 m*

***Erntezeit:** ab Okt.*

NASHI *Pyrus pyrifolia* var. *culta*, WHZ 6a

Allgemeines: Nashi sind eine asiatische Birnenart. Die Früchte sind rund, süß und sehr saftig. Sie brauchen eine andere Sorte zur Befruchtung, auch normale Birnen sind geeignet. Das beste Fruchtholz sitzt an zwei- und dreijährigen Trieben. Man schneidet im Frühjahr und bei Bedarf im Sommer. Erziehung: Als Rundkrone mit Stamm, Mitte und 4 Seitengerüsttrieben, diese in den ersten 4 Jahren um je ein Drittel einkürzen, Spitzen im Sommer verschlanken. Erhaltung: Überhängende Gerüsttriebspitzen auf zweijährige Jungtriebe umlenken, Fruchttriebe ab dem 4. Jahr auf zweijährige, gerüstnahe Triebe umlenken. Verjüngung: Wie Birne (→ Seite 224).

***Wuchs:** 3–5 m*

***Erntezeit:** ab Aug.*

ALLACKERBEERE *Rubus arcticus* var. *stellarcticus*, WHZ 1

Allgemeines: Die Allackerbeere wünscht humose, sommerfeuchte, durchlässige Böden. Sie bildet reichlich Ausläufer und kann bodendeckend wachsen. Blüten und Beeren sind rot, Letztere haben vollreif ein würziges Aroma. Zur besseren Befruchtung pflanzt man verschiedene Sorten. Jäten Sie bei Bedarf, da die Pflanze nicht konkurrenzstark ist. Allackerbeeren tragen an diesjährigen Trieben, der Schnitt erfolgt im Frühjahr. Erziehung: Nicht nötig, da kein Gerüst aufgebaut wird. Erhaltung: Zweijährige Triebe auslichten, einjährige belassen, die Triebe frieren jedoch oft bis zum Boden zurück. Verjüngung: Mit der Heckenschere bodeneben auslichten.

***Wuchs:** 0,1–0,3 m*

***Erntezeit:** Juli – Aug.*

TAYBEERE *Rubus fruticosus × idaeus*, WHZ 6a

Allgemeines: Die Taybeere mag humose, sommerfeuchte und durchlässige Böden in voller Sonne. Die langen Triebe sind dicht bestachelt. Die Früchte schmecken nach Himbeeren, besitzen aber auch andere Geschmacksnoten. Da sie sehr weich sind, sollte man sie täglich ernten. Die Blüten erscheinen an einjährigen Bodentrieben. Man schneidet im Frühjahr und im Sommer. Erziehung: Mit 5–7 Bodentrieben, diese fächerförmig an die Rankhilfe binden. Erhaltung: Abgetragene Ruten bodeneben auslichten, kräftige Jungtriebe als Ersatz belassen, diese im Frühjahr auf 2–2,5 m einkürzen, Seitentriebe auf kurze Zapfen. Verjüngung: Bodeneben auslichten.

***Wuchs:** 2–3 m*

***Erntezeit:** Juni – Juli*

WHZ = Winterhärtezone (→ Karte Seite 334)

Wuchs: 2–4 m

Erntezeit: Juli – Aug.

LOGANBEERE *Rubus loganobaccus*, WHZ 6a

Allgemeines: Die Loganbeere wächst ähnlich wie die Brombeere und mag sommerfeuchte, durchlässige Böden. Sie ist mit feinen Stacheln besetzt, die Sorte 'Thornless Logan' ist stachellos. Die langen schwarzroten Früchte haben ein würziges Aroma, aber auch eine intensive Säure. Die Blüten erscheinen an einjährigen Langtrieben. Man schneidet nach der Ernte und im Frühjahr. Erziehung: 5–7 kräftige Bodentriebe als Fruchtruten belassen und fächerförmig einbinden. Erhaltung: Abgeerntete Triebe bodeneben auslichten, kräftige Jungtriebe einbinden, schwache entfernen. Im Frühjahr Triebe auf 3 m einkürzen. Verjüngung: Bodeneben auslichten.

Wuchs: 2–4 m

Erntezeit: Juni – Aug.

JAPANISCHE WEINBEERE *Rubus phoenicolasius*, WHZ 6a

Allgemeines: Die Japanische Weinbeere mag geschützte Lagen und nicht zu kalkhaltige Böden. In kühlem Klima legt man die Triebe im Winter auf den Boden und deckt sie ab. Blüten- und Fruchtstände sind sehr attraktiv, die kleinen Früchte haben Himbeeraroma mit angenehmer Säure. Erziehung: Entwickelt weniger Bodentriebe als die Brombeere, daher enger pflanzen, bis zu 5 bodenbürtige Fruchttriebe einbinden. Erhaltung: Abgeerntete Triebe auslichten, kräftige Jungtriebe einbinden, im Frühjahr auf 2–3 m einkürzen, Seitentriebe auf 10 cm, am Boden aufliegende Triebe ziehen schnell Wurzeln. Verjüngung: Ganze Pflanze bodeneben auslichten.

Wuchs: 4–8 m

Erntezeit: ab Aug.

SPALTKÖLBCHEN, VITALBEERE *Schisandra chinensis*, WHZ 6a

Allgemeines: Das Spaltkölbchen ist auf eine Rankhilfe angewiesen. Es ist zweihäusig, die Auslese 'Vitalbeere' bildet jedoch auch als Einzelpflanze Früchte aus. Die roten Beeren haben einen hohen Vitamingehalt und werden verarbeitet genossen. Die Blüten erscheinen an einjährigen Seitentrieben, der Schnitt erfolgt im Frühjahr. Erziehung: 3–5 Bodentriebe bilden das aufrechte Gerüst, eine weitere geordnete Erziehung ist schwierig. Erhaltung: Überlange Seitentriebe auf 10 cm kurze Zapfen am Gerüst einkürzen, ineinander verschlungene Köpfe auslichten. Verjüngung: Köpfe im oberen Bereich auslichten, bei Bedarf aufrechte Gerüsttriebe vereinzeln.

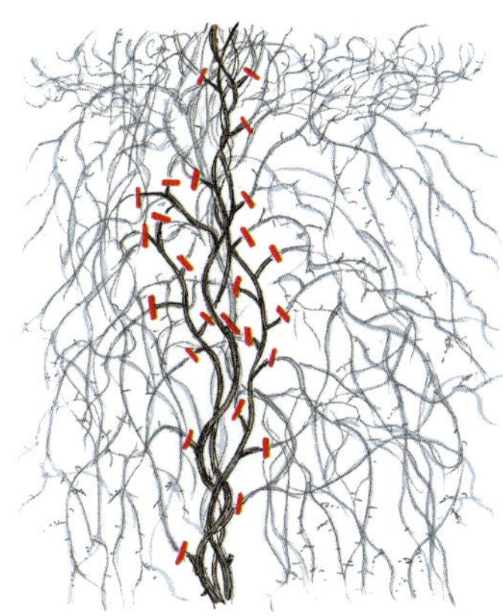

Wuchs: 0,1–0,3 m

Erntezeit: ab Aug.

PREISELBEERE *Vaccinium vitis-idaea*, WHZ 1

Allgemeines: Die Preiselbeere braucht wie die Heidelbeere saure Böden und wird ebenfalls großzügig mit Rinde gemulcht. Sie bildet kriechende Triebe, die Wurzeln ziehen. Die Pflanze blüht im Mai an der Spitze einjähriger Triebe, ab Juli auch an diesjährigen Trieben. Man schneidet im Frühjahr. Erziehung: Nicht nötig, schwache Triebe bodeneben auslichten. Erhaltung: Alle 2–3 Jahre verkahlende Sträucher mit der Heckenschere um die Hälfte einkürzen, anschließend in den übersichtlicheren Sträuchern mit der Handschere überalterte Triebe bodeneben auslichten. Verjüngung: Vergreiste oder abgestorbene Triebe bodeneben auslichten.

Stauden, Kübel- und Zimmerpflanzen richtig schneiden

STAUDEN, KÜBEL- UND ZIMMERPFLANZEN tragen entscheidend zum sommerlichen Gartenbild bei. Die Blüten der Stauden tauchen den Garten in einen Farbenrausch, Kübelpflanzen setzen exotische Akzente. Zimmerpflanzen beleben die Wohnräume. Allen gibt der Schnitt den letzten Schliff.

Stauden, Gräser, Farne: Blütenschmuck und Blattstruktur

Gehölze geben dem Garten das ganze Jahr Struktur. Diesen Rahmen füllen Stauden mit lang anhaltendem Blütenflor. Gräser lockern die Szene mit wogenden Halmen auf. Ein Schnitt sorgt bei beiden für einen üppigen Austrieb und attraktiven Wuchs.

Alle Stauden besitzen einen mehrjährigen Wurzelstock, der immer wieder austreibt. Doch ihre oberirdischen Teile frieren im Winter meist bis zum Boden zurück. Beispiele sind klassische sommergrüne Blütenstauden wie Rittersporn *(Delphinium)* oder Phlox *(Phlox)*. Andere Stauden sind winter- oder immergrün. Sie behalten ihre Blätter bis in das nächste Jahr. Zu dieser Gruppe gehören Bergenien *(Bergenia)*, Christrosen *(Helleborus)* oder Purpurglöckchen *(Heuchera)*.

Langlebig oder kurzlebig

Nicht jede Staude ist gleich langlebig. Farne, Christrosen oder Pfingstrosen *(Paeonia)* können Jahrzehnte am selben Platz stehen. An einem geeigneten Standort und bei guter Pflege bleiben sie viele Jahre vital und blühen immer üppiger. Andere hingegen sind eher kurzlebig, bilden aber meist zahlreiche Sämlinge, die im Garten auf Wanderschaft gehen. Wenn Sie diesen Wanderern ihr Treiben erlauben und nur überzählige ausreißen, ergeben sich ungeahnte reizvolle Gartenbilder. Beispiele für solche Stauden sind Akelei *(Aquilegia)*, aber auch verschiedene Storchschnabel-Arten *(Geranium)*.

Schnitt im Frühjahr

Bei vielen Blütenstauden und Gräsern vertrocknet der oberirdische Teil der Pflanze im Winter. Bei diesen entfernen Sie im Frühjahr, bevor die Pflanzen wieder austreiben, die trockenen Stängel. Manche lassen sich ganz leicht mit der Hand abdrehen, bei anderen verwendet man besser die Schere. Schneiden Sie solche Stauden nicht im Herbst zurück. Zum einen sehen ihre Stängel und alten Blütenstände im Winter bei Raureif reizvoll aus, und Vögel picken gern die Samen aus. Zum anderen sind abgestorbene Stängel und Halme eine gute Isolierung für die jungen Herzen am Boden. Die Kälte kann nicht ganz zu ihnen durchdringen, und die Wintersonne scheint nicht bis zum Boden und regt die Pflanzen nicht zu einem zu frühen Austrieb an.

Schnitt im Sommer

Auch im Sommer gibt es verschiedene Gründe, Stauden zu schneiden. Bei einigen Arten regt der Schnitt nach der Blüte die Pflanzen an, wieder durchzutreiben und ein zweites Mal üppig zu blühen. Ohne Rückschnitt würden sie sich in der Bildung von Samen erschöpfen und nur eine geringe Zweitblüte ausbilden. Sie brauchen solche Stauden aber nicht komplett zurückschneiden. Teilweise reicht es schon, einzelne Samenstände zu entfernen.

Form- und Pflegeschnitte

Vielen Stauden gibt erst ein Schnitt ein gepflegtes Aussehen.

> Stauden mit langen Trieben und schweren Blütendolden, etwa Aster oder hohe Fetthennen, brauchen immer eine Stütze. Wenn Sie solche Stauden im Frühsommer um die Hälfte einkürzen, verzweigen sie sich, bleiben kompakter und sind standfester. Man schneidet sie, bevor sie ihre Blütenanlagen ausgebildet haben. Denn sonst entfernen Sie ihre Blüten.

> Bei wintergrünen Stauden bekommen ältere Blätter im Frühjahr beim Austrieb oft trockene Spitzen oder sterben teilweise ab. Bei immergrünen Stauden trocknen das ganze Jahr über einzelne Blätter ein oder vergilben teilweise. Bei beiden Gruppen entfernt man mit einem Schnitt unschöne Pflanzenteile. Manche Stauden wie Purpurglöckchen oder Bergenien bilden nach einigen Jahren kahle Stängel aus. Kürzt man diese ein, werden kompakte Jungtriebe gefördert.

> Es gibt allerdings auch Stauden, die keinen Schnitt mögen. Zu diesen gehören Hainsimse *(Luzula)*, Blauschwingel *(Festuca)* und Lilientraube *(Liriope)*. Bei diesen Arten zieht man vertrocknete Blätter und Stängel einfach aus der Pflanze heraus.

Richtig kombiniert und geschnitten sind einige Staudenarten wahre Dauerblüher.

Sommergrüne Stauden: **Blütenstars im Beet**

Sommergrüne Blütenstauden pflanzt man wegen ihrer attraktiven Blüten. Anders als bei Gräsern spielen Wuchs und Gestalt eher eine Nebenrolle. Diese Stauden sind sehr vielgestaltig. Einige treiben im Frühjahr aus, wachsen und blühen und schmücken schließlich mit ihren Samenständen den hochsommerlichen oder herbstlichen Garten. Sie brauchen nur einen Frühjahrschnitt, um sich optimal zu entwickeln. Ein Beispiel ist die Pfingstrose. Andere wie einige Bartiris oder Katzenminze treiben aus und blühen und legen dann eine Pause ein, bevor sie eine zweite Blüte entwickeln. Erst ein sommerlicher Schnitt bringt ihre Qualitäten zum Vorschein: Er verstärkt ihre zweite Blüte, erhöht die Standfestigkeit und regt die Vitalität an.

Nachblüte fördern

Bei vielen Stauden kann man die Nachblüte im Sommer oder Herbst mit einem Schnitt fördern.

> Bei Stauden, die immer wieder nachblühen, schneiden Sie Verblühtes wöchentlich aus. So blühen sie die ganze Saison fast ununterbrochen. Bei Rittersporn (*Delphinium*-Hybriden, WHZ 5) lichten Sie verblühte Stängel bodeneben aus. Sie treiben erneut durch und blühen nach einigen Wochen noch einmal (→ Abb. 1). Auch bei dem meist nur zweijährigen Fingerhut (*Digitalis purpurea*, WHZ 5) fördert ein Rückschnitt eine weitere Blüte oder zumindest eine junge Blattrosette für die nächstjährige Blüte. Schafgarben (*Achillea*, → Seite 284) profitieren ebenso, wenn Sie Verblühtes rechtzeitig auslichten.

> Einige Sorten der Bartiris (*Iris × germanica*, WHZ 5) – zum Beispiel 'Lugano', 'Lovely Again' und 'Violet Music' – bilden an warmen, vollsonnigen Standorten an diesjährigen Trieben von August bis Oktober eine zweite Blüte. Entfernen Sie im Juni die Samenstände der Erstblüte, damit alle Kraft in die Bildung neuer Knospen fließt.

> Die Storchschnabel-Hybride 'Rozanne' (*Geranium*, WHZ 5) blüht auch ohne Schnitt von Juni bis November durch. Allerdings verkahlen die Triebe mit der Zeit und Wuchs und Blüte lassen nach. Lichten Sie diese Triebe Anfang August bodennah aus. So erhalten junge Bodentriebe mehr Kraft, und die Pflanze bleibt vital.

> Einige Stauden vertragen einen radikalen Schnitt. Diese schneiden Sie nach der Blüte mit der Heckenschere bodennah zurück. Sie treiben dann wieder neu durch und blühen nach einigen Wochen erneut. Zu diesen Arten gehören Garten-Salbei (*Salvia nemorosa*, WHZ 5, → Abb. 2), Blaue Katzenminze (*Nepeta × faassenii*, WHZ 4) und das Großblumige Mädchenauge (*Coreopsis grandiflora*). Beim Quirlblättrigen Mädchenauge und Hybridsorten lichten Sie nur Verblühtes bis in den grünen Trieb aus (→ Seite 285).

Standfestigkeit fördern

Einige Stauden bilden lange Triebe, an deren Ende die Blüten stehen. Diese Blütenbüschel werden oft sehr schwer, sodass die Triebe mit der Zeit überhängen oder sogar umkippen. Beispiele sind gefüllt blühende Herbst-Chrysanthemen. Solche Stauden benötigen zum einen von Anfang an eine Stütze, zum anderen hilft ein Schnitt, sie in Form zu halten.

1 RITTERSPORN *Abgeblühte Stängel schneidet man bis zum Boden zurück. Geben Sie etwas Dünger und gießen Sie regelmäßig. Die Staude treibt dann wieder aus und blüht ein zweites Mal.*

2 GARTEN-SALBEI *Ein Teil der Pflanze wurde nach der Blüte eingekürzt. Er treibt wieder aus und blüht in einigen Wochen nach. Der nicht eingekürzte Teil erschöpft sich in der Samenbildung.*

> Kürzen Sie Stauden, die leicht überhängen, im Frühsommer ein. Die Triebe verzweigen sich dann und entwickeln kürzere Seitentriebe, die sich ineinander verhaken. Dadurch werden die Pflanzen buschiger und stabiler. Schneiden Sie bis Ende Juni, dann haben sich die Blütenanlagen noch nicht entwickelt. Bei einem späteren Schnitt entfernen Sie die Blüten. Ein solcher Schnitt empfiehlt sich bei hohen Astern (*Aster*, WHZ 2–4, → Abb. 3 und 4), Herbst-Chrysanthemen (*Chrysanthemum × grandiflorum*, WHZ 7) und Fetthennen (*Sedum*, → Seite 288).

> Auch Phlox (→ Seite 287) tut es gut, wenn man im Mai die Hälfte der Stän gel einkürzt. Diese verzweigen sich und blühen später als die ungeschnittenen Triebe. Der Schnitt reduziert zwar die Erstblüte, verlängert die Blüte insgesamt jedoch um zwei Wochen.

Die Vitalität fördern

Einige Stauden blühen im Frühsommer und werden dann unansehnlich. Die Blätter vergilben zum Teil und werden oft von Pilzkrankheiten wie Mehltau befallen. Wenn Sie solche Stauden nach der Blüte vollständig einkürzen, bilden sie wieder neue Blätter. Diese bleiben bis in den Herbst attraktiv und gesund. Sie tragen zur Reservestoffbildung und zur Kräftigung der Pflanze bei. Die Blüte im nächsten Jahr fällt üppiger aus als ohne Schnitt. Ein solcher Pflegeschnitt empfiehlt sich für Frauenmantel (*Alchemilla mollis*, WHZ 5, → Abb. 5), Akelei (→ Seite 285) und einige sommergrüne Storchschnabel-Arten (*Geranium*, WHZ 4–6, → Abb. 6). Bei Arten wie dem frühblühenden Eisenhut (*Aconitum napellus*, → Seite 284) verdorren bereits im Hochsommer die Stängel. Sie lichtet man nach der Blüte bodennah aus.

3 ASTER: RECHTZEITIG GESCHNITTEN
Diese Aster wurde im Juni um die Hälfte eingekürzt. Die verbliebenen Triebstücke sind durch den Schnitt dicker und standfester geworden. Aus ihnen sind mehrere kürzere Seitentriebe gewachsen, an denen sich die Blüten bilden.

4 ASTER: ZU SPÄT GESCHNITTEN
Die Hälfte der Triebe wurden im August eingekürzt, als sich die Blütenanlagen bereits gebildet hatten. Dadurch wurde die Hauptblüte entfernt. Es haben sich kurze Seitentriebe mit weniger Blüten entwickelt. Der hintere, ungeschnittene Teil der Pflanze zeigt dagegen die volle Blüte.

5 FRAUENMANTEL
Frauenmantel wird nach der Blüte oft unschön, die Blätter vergilben und bekommen Mehltau. Zudem säen sich die Stauden aus. Um dies zu vermeiden, wurde die ganze Pflanze direkt nach der Blüte bodeneben eingekürzt. Die Triebherzen an der Basis dürfen dabei nicht verletzt werden.

6 STORCHSCHNABEL
Die Pflanze fällt nach der Blüte oft auseinander, die Blätter werden braun. Schneidet man die Pflanze nach der Blüte zurück, zeigen sich zwei Wochen später junge Triebe. Eine Mulchschicht aus Rasenschnitt hält den Boden feucht und fördert den Austrieb.

Purpurglöckchen glänzen mit wintergrünen Blättern und attraktiven Blüten.

Wintergrüne und immergrüne Stauden

Bei wintergrünen Stauden sterben die Blätter und oberirdischen Pflanzenteile zum Winter hin nicht ab, sondern überleben. Ein Teil der alten Blätter wird im Frühjahr jedoch braun, oder Triebe verkahlen von der Basis her. Immergrüne Stauden behalten ihr Laub dagegen das ganze Jahr, alte Blätter werden jedoch fortlaufend erneuert. Ausputzen oder ein Rückschnitt verhelfen beiden Gruppen zur gewünschten Attraktivität.

Wintergrüne Stauden

Beispiele für wintergrüne Stauden sind Elfenblume (*Epimedium*, WHZ 4–5), Christrose (*Helleborus niger*, WHZ 3, → Abb. 1) und Lenzrose (*Helleborus orientale*, WHZ 5). Sie behalten zwar auch in der kalten Jahreszeit ihr Laub, während des Austriebs trocknen die Blätter aber oft ein. Sie müssen dann einzeln herausgeschnitten werden, um die jungen Austriebe nicht zu verletzen. Das ist sehr zeitaufwendig. Zudem stehen bei einigen Arten die Blüten zwischen dem alten Laub und entfalten nicht ihre volle Wirkung. Entfernt man das Laub, wirken die Blüten jedoch nackt. Am besten schneidet man bei solchen Stauden vor der Blüte und dem Austrieb das alte Laub ab, lässt aber einige noch halbwegs grüne Blätter stehen. Alternativ können Sie diese Stauden mit Frühblühern wie Buschwindröschen oder Krokus kombinieren. Deren Blüten und Blattgrün verdecken die kahlen Stellen der Stauden. Andere Stauden vertragen einen solch frühen Schnitt nicht, ihre Vitalität leidet dann. Ein Beispiel ist die Lilientraube (*Liriope muscari*, WHZ 6). Ihre grasähnlichen Blattschöpfe bleiben bis zum Austrieb grün, dann aber verbräunen sie. Hier entfernt man alte Blätter nicht vor, sondern erst während des Austriebs ganz vorsichtig, um die jungen Blätter nicht zu beschädigen.

Immergrüne Stauden

Die Blätter immergrüner Stauden überstehen nicht nur den Winter, sie können auch bis in den Sommer hinein attraktiv bleiben. Im Sommer unterscheiden sich einjährige und diesjährige Blätter jedoch meist deutlich in ihrer Vitalität und im Aussehen. Dann sollten Sie bei Bedarf einzelne Blätter ausschneiden.

> Bei Bergenien (*Bergenia*, WHZ 4) und Purpurglöckchen (*Heuchera*, WHZ 5) bleiben die alten Blätter auch dann noch vital, wenn die neuen Blätter ausgetrieben sind. Allerdings liegen die Triebe nach 2–3 Jahren am Boden auf und verkahlen, der kompakte Wuchs der Staude geht verloren. Kürzen Sie solche Triebe während des Austriebs auf kurze Zapfen an der Basis ein (→ Abb. 2 und 3). Sie treiben nach einigen Wochen wieder neue aus und die Pflanze bleibt kompakt (→ Abb. 4). Wenn Sie die Pflanzen jährlich kontrollieren, brauchen Sie nur einzelne Triebe auszulichten und nicht die ganze Pflanze einzukürzen.

1 CHRISTROSE *Lichten Sie zum Blühbeginn einige Blätter aus, damit die Blüten besser zu sehen sind. Werden die Blätter, wie bei Lenzrosen, bereits zur Blüte unschön, entfernen Sie sie ganz.*

2 BERGENIE *Zupfen Sie trockene Blätter regelmäßig aus. Verkahlen lange Triebe nach einigen Jahren, kürzen Sie sie auf einen Zapfen nahe der Basis ein. Sie treiben nach einigen Wochen wieder aus.*

Verfärben sich Bergenien im Winter rot, sind sie noch immer vital. Sie werden im Frühjahr wieder grün. Vertrocknende Blätter lichten Sie bei Bergenien und Purpurglöckchen den Sommer über regelmäßig aus.

> Die Sorten des Kleinen Immergrüns (*Vinca minor*, WHZ 6) blühen in Weiß, Blau oder Violett. Die Staude bedeckt schnell große Flächen. Die ersten Blüten im Mai entwickeln sich aus einjährigen Knospen, die geringere Nachblüte bis September steht an diesjährigen Trieben. Ob Sie die Staude schneiden oder nicht, hängt davon ab, ob Sie einen dichten Blattteppich möchten oder Blüten. Im ersten Fall schneiden Sie nur, wenn Triebe verkahlen. Wünschen Sie Blüten, kürzen Sie den Teppich im Frühjahr vor dem Austrieb mit der Heckenschere ein (→ Abb. 5). Genauso verfährt man beim Großen Immergrün (*V. major*, WHZ 7)

Farne schneiden

Bei etlichen Farnen sterben die Blätter mit den ersten Frösten ab. Einige jedoch behalten ihr grünes Laub den ganzen Winter über, teilweise auch über den Neuaustrieb hinaus. Allerdings zeigen die einjährigen Blätter im Frühsommer dunkle Flecken, vergilben oder sterben ab. Es ist mühsam, sie auszulichten, ohne die jungen zu beschädigen. Lichten Sie besser alle Blätter bodeneben aus, sobald die jungen sich entfalten. Dies kann etwa beim Rotschleierfarn (→ Seite 288) erst im Mai sein. Winter- oder immergrüne Schildfarne (*Polystichum*, WHZ 5) treiben dagegen früher aus. Schneiden Sie alte Blätter aus, sobald die jungen Blätter sichtbar sind, auch wenn die alten noch grün sind (→ Abb. 6). Bei einem späten Schnitt verletzen Sie die jungen, empfindlichen Triebe.

3 PURPURGLÖCKCHEN *Die immergrüne Staude wächst am Anfang sehr kompakt. Nach 2–3 Jahren beginnen einzelne Triebe jedoch von unten her zu verkahlen. Kürzen Sie diese beim Austrieb auf kurze Zapfen an der Basis ein.*

4 PURPURGLÖCKCHEN: AUSTRIEB *An der hellen Schnittstelle treiben nach kurzer Zeit unterhalb des Zapfens liegende Knospen aus. Die neuen Triebe sorgen dafür, dass die Pflanze weiterhin kompakt bleibt.*

5 IMMERGRÜN *Die Staude bedeckt den Boden mit einem dichten Blattteppich. Die Blüten stehen im Frühjahr zwischen den Blättern und sind oft kaum zu sehen. Sollen sie besser zur Geltung kommen, kürzen Sie die Pflanzen im Frühjahr bis zum Boden ein, ohne bereits bewurzelte Triebe auszureißen.*

6 SCHILDFARN *Die alten Blätter dieses immergrünen Farns werden im Lauf des Frühsommers meist unschön. Lichten Sie solche Blätter nahe am Boden aus. Verletzen Sie aber die jungen Triebknospen nicht, die sich gerade entrollen. Sie sind sehr empfindlich und brechen leicht ab.*

Gräser:
Anmut, Charme und Eleganz

Gräser bringen Leichtigkeit in den Garten, ihre Halme wiegen sich beim leisesten Windhauch. Während einige Arten nur niedrige Polster bilden, wachsen andere bis zu 3 m hoch. Die meisten Arten sind sommergrün. Ihre oberirdischen Teile sterben zwar schon im Herbst ab, verleihen aber – selbst wenn sie braun geworden sind – dem winterlichen Garten noch Struktur. Andere behalten ihre grünen Halme oder Blätter den ganzen Winter über und vergilben erst beim Austrieb. Abhängig davon, ob sie sommer- oder wintergrün sind, unterscheiden sich die Schnittzeitpunkte der Gräser. Manche vertragen sogar keinen rigorosen Rückschnitt. Generell gilt, dass man Gräser nicht zu früh schneiden sollte, denn die alten Halme oder der ganze Horst sind eine gute Isolierung für die an der Basis liegenden Herzen. Andererseits sollte der Schnitt spätestens bei beginnendem Austrieb erfolgen, sonst entfernt man die jungen Halme.
Die meisten Gräser brauchen durchlässige Böden in voller Sonne, einige wenige sind für feuchte Standorte oder schattige Lagen geeignet.

Sommergrüne Gräser

Bei sommergrünen Gräsern sterben die oberirdischen Teile meist schon im Herbst ab, bleiben aber den Winter über stehen. Lediglich bei starkem Schneedruck fallen sie zusammen. Doch auch dann sollten Sie sie nicht schneiden, denn die trockenen Halme schützen den Wurzelstock. Erst wenn die einzelnen Arten auszutreiben beginnen, schneiden Sie sie bis dicht an den Boden zurück. Das Reitgras (*Calamagrostis acutiflora*, WHZ 4) schneiden Sie, sobald die jungen Triebe zu erkennen sind, ohne diese zu verletzen. Alternativ lassen sich die alten Blütenstiele auch mit der Hand leicht herausdrehen. Genauso gehen Sie beim beim Pfeifengras (*Molinia*, WHZ 4) vor. Beim Lampenputzergras (*Pennisetum alopecuroides*, WHZ 5) sollten Sie alte Blätter dagegen nicht herausdrehen, sondern abschneiden, weil sie noch sehr gut mit der Wurzel verbunden sind (→ Abb. 1). Beim Chinaschilf (*Miscanthus sinensis*, WHZ 6) lassen sich nur schwachwüchsige Sorten mit der Handschere schneiden. Hohe Sorten haben fast verholzte Halme. Man schneidet sie besser mit der Astschere oder einer Säge.
Bei Gräsern wie der Rutenhirse (*Panicum*, → Seite 289), die sehr spät austreiben, lassen Sie ca. 10 cm lange Halmstummel stehen, um den Standort zu markieren. Denn wenn Sie im Frühjahr den Boden lockern oder Stauden nachpflanzen, sind die neuen Blattschöpfe noch nicht zu erkennen.

1 EINKÜRZEN *Beim Lampenputzergras sterben die Halme zwar im Herbst ab, bleiben jedoch bis ins Frühjahr standfest. Kürzen Sie vor dem Austrieb die Pflanze bodennah ein, ohne die Herzen zu verletzen.*

2 AUSKÄMMEN *Schwingel-Arten oder Schillergras (Bild) vertragen keinen Rückschnitt. Besser kämmt man diese Gräser aus. Entfernen Sie mit der Hand oder einer Bürste alte, lockere Halme.*

3 AUSPUTZEN *Beim Zarten Federgras fahren Sie mit einem Messer von unten an der Pflanze hoch und drücken die Triebe gegen die Klinge. Dadurch brechen trockene Triebe ab.*

Von oben links im Uhrzeigersinn: Ein von Stauden und Gräsern dominierter Garten im Frühjahr, Sommer, Spätsommer und Herbst. Rutenhirse, Reitgras, Pfeifengras und Lampenputzergras sorgen für Struktur.

Wintergrüne Gräser

Einige Gräser behalten ihr Laub im Winter. Doch wenn die frischen Triebe erscheinen, werden die Unterschiede zu den alten Blättern deutlich sichtbar.

> Einige dieser Gräser, wie wintergrüne Seggen (*Carex*, WHZ 5–6), schneiden Sie beim Austrieb zurück. Lichten Sie jeden Blattschopf einzeln aus, um die dazwischenstehenden jungen Herzen nicht zu verletzen. Auch die Schnee-Marbel (*Luzula nivea*, WHZ 5) schneidet man erst beim Austrieb vorsichtig aus, sonst trocknen einzelne Herzen ein.

> Andere wintergrüne Gräser vertragen einen starken Rückschnitt schlecht. Die verschiedenen grünen und blauen Schwingel-Arten (*Festuca*, WHZ 4) oder das Schillergras (*Koeleria glauca*, WHZ 4) mögen keinen rigorosen Schnitt. Bei diesen Gräsern kämmen Sie trockene Blätter mit der Hand aus (→ Abb. 2). Alternativ hält man die Grasbüschel fest und zieht eine langborstige Wurzelbürste daran hoch. Ziehen Sie aber nicht zu stark, um keine Herzen herauszuziehen.

> Das Zarte Federgras oder Engelshaar (*Stipa tenuissima* syn. *Nasella*, WHZ 7) hat fast ganzjährig grüne Blattschöpfe, aber auch immer einige braune Wedel oder verblühte Grannen. Schneidet man das Gras komplett zurück, trocknet oft die ganze Pflanze ein. Besser putzt man es mit einem scharfen Messer aus. Fahren Sie mit dem Messer an der Pflanze hoch und drücken Sie die Halme mit dem Daumen gegen die Klinge (→ Abb. 3). Grüne Triebe geben beim Biegen nach und bleiben unbeschadet, trockene Triebe brechen an der Klinge ab und werden entfernt. Mit ein- bis zweimaligem Ausputzen im Sommer bleibt das Gras vital.

SCHAFGARBE *Achillea*-Hybriden, WHZ 2–4

Allgemeines: Die am meisten verbreiteten Hybrid-Sorten gehören zu den Gruppen der Gold-Schafgarbe (*A. filipendulina,* WHZ 4) und Wiesen-Schafgarbe (*A. millefolium,* WHZ 2). Sie bieten ein sehr breites Farbenspektrum und brauchen nahrhafte, aber durchlässige Böden in voller Sonne. Grundschnitt: Kürzen Sie im Frühjahr vertrocknete Blütenstängel bis zum Boden ein. Bei Bedarf verkleinern Sie zu große Pflanzen, indem Sie einen Teil abstechen. Zusatzpflege: Lichten Sie im Sommer Verblühtes mindestens bis zur halben Stängelhöhe oder bodennah aus. Sie fördern damit die Nachblüte und verhindern zudem, dass sich die Stauden aussäen.

Wuchs: *0,6–1,2 m*

Blütezeit: *Juni – Sept.*

EISENHUT *Aconitum*-Arten, WHZ 3–6

Allgemeines: Berg-Eisenhut (*A. napellus-Sorten,* WHZ 6) blüht im Juni blauviolett, die Sorte 'Albus' weiß, Herbst-Eisenhut (*A. carmichaelii,* WHZ 3) ab September von Weiß bis Tiefblau. Alle benötigen nahrhafte, sommerfeuchte Böden, am besten im Halbschatten. Grundschnitt: Kürzen Sie vertrocknete Stiele im Frühjahr bodeneben ein. Geben Sie etwas organischen Dünger und mulchen Sie den Boden. Zusatzpflege: Kürzen Sie frühblühende Sorten nach der Blüte bodennah ein. Teilweise treiben sie wieder aus, blühen aber nicht nach. Bei spätblühenden Sorten kürzen Sie bis Ende Juni ein Drittel der Triebe um die Hälfte ein, damit sie standfester werden.

Wuchs: *0,8–1,6 m*

Blütezeit: *Juni – Okt.*

AGASTACHE *Agastache × rugosa*-Sorten, WHZ 6

Allgemeines: Die Hybriden der Duftnessel oder Berg-Minze zeichnen sich durch eine lange Blüte in Weiß, Blau oder Lila aus. Sie gedeihen auf im Sommer nicht austrocknenden, nahrhaften Böden, die jedoch durchlässig sein sollten, da die Pflanzen Winternässe nicht mögen. In kalten Regionen ist ein Winterschutz nötig. Grundschnitt: Im Frühjahr alles Verblühte bodeneben auslichten. Vertrocknete, ältere Herzen entfernen. Zusatzpflege: Im Sommer Verblühtes regelmäßig bis zu den nächsten Seitentrieben auslichten. Diese treiben wieder durch und blühen nach. Weniger vitale Triebe bodennah auslichten, um junge Blütentriebe aus der Wurzel zu fördern.

Wuchs: *0,7–1,2 m*

Blütezeit: *Juli – Okt.*

ZITRONENVERBENE *Aloysia citriodora* (syn. *Lippia*), WHZ 8

Allgemeines: Die Zitronenverbene benötigt durchlässigen, aber humosen Boden und einen sehr geschützten Standort. In den Härtezonen 7 und 8 kann man sie auspflanzen, sie braucht jedoch immer einen Winterschutz mit Laub und Tannenreisig. Frostfrei im Kübel überwintert wächst sie strauchartig, ausgepflanzt schneiden Sie sie ab März wie eine Staude zurück. Grundschnitt: Zuerst abgestorbene Triebe vollständig auslichten (→ Abb.), vitale auf höchstens 5 cm über dem Boden einkürzen. Zusatzpflege: Zur Ernte im Sommer diesjährige Triebe höchstens bis zur Hälfte einkürzen. So kann die Triebbasis verholzen und ist frosthärter als grüne Triebe.

Wuchs: *bis 1 m*

Blütezeit: *Juli – Sept.*

WHZ = Winterhärtezone (→ Karte Seite 334)

Wuchs: *0,3–0,7 m*

Blütezeit: *Mai – Juni*

AKELEI *Aquilegia-Sorten*, WHZ 3– 4

Allgemeines: Die meisten Sorten stammen von der gespornten Rocky-Mountains-Akelei (*A. caerulea*, WHZ 3) oder der spornlosen Gewöhnlichen Akelei (*A. vulgaris*, WHZ 4) ab. Sie mögen sommerfeuchte, durchlässige Böden von Sonne bis Halbschatten. Eine sortenechte Vermehrung ist durch Teilung möglich. Grundschnitt: Entfernen Sie im Frühjahr abgestorbene Blätter. Nicht sortenechte Sämlinge besitzen andere Blüten. Reißen Sie diese frühzeitig aus. Zusatzpflege: Entfernen Sie Verblühtes, um die Aussaat zu verhindern, ebenso alle Blätter. Diese werden meist vom Mehltau befallen. Die nach dem Schnitt austreibenden Blätter bleiben hingegen gesund.

Wuchs: *bis 1 m*

Blütezeit: *Juli – Sept.*

ECHTER WERMUT *Artemisia absinthium*, WHZ 6

Allgemeines: Wermut wünscht einen sehr durchlässigen, mageren Boden in voller Sonne, in schweren Böden ist er kurzlebig. Die Sorte 'Lambrook Silver' besitzt sehr feines, geschlitztes Laub. Wermut bildet keine Ausläufer und verholzt an der Basis. Grundschnitt: Kürzen Sie ab Mitte März die langen, einjährigen Triebe auf höchstens 5 cm über dem Boden ein. Wenn Sie diesen Schnitt ab dem ersten Jahr jährlich durchführen, verholzt die Basis weniger stark und die Pflanze bleibt langlebiger. Sehr lange diesjährige Triebe kürzen Sie bis Ende Juli um die Hälfte ein. Zusatzpflege: In kalten Regionen bei Kahlfrösten Winterschutz mit Tannenreisig anbringen.

Wuchs: *bis 0,25 m*

Blütezeit: *Aug. – Okt.*

CHINESISCHER BLEIWURZ *Ceratostigma plumbaginoides*, WHZ 6

Allgemeines: Bleiwurz ist ein wertvoller, Ausläufer bildender, trockenheits- und kalkverträglicher Bodendecker für sonnige bis halbschattige Lagen. Da Bleiwurz spät austreibt, sollte er mit Frühjahrszwiebeln kombiniert werden, die die Fläche schon früh begrünen. Die rote Laubfarbe im Herbst, zusammen mit den enzianblauen Blüten, ist spektakulär. Eine Frühjahrspflanzung ist vorteilhaft. Grundschnitt: Abgetrocknete letztjährige Triebe im Frühjahr bodeneben entfernen. Unbedingt schneiden, nicht reißen, da die verholzten Rhizome nahe an der Oberfläche liegen. Zusatzpflege: Zu weit außenstehende Ausläufer im Frühjahr entfernen.

Wuchs: *0,3–0,6 m*

Blütezeit: *Juni – Okt.*

MÄDCHENAUGE *Coreopsis-Arten*, WHZ 6–7

Allgemeines: Das Großblütige Mädchenauge (*C. grandiflora*-Sorten, WHZ 7) ist ein Dauerblüher in Gelb, das Quirlblättrige Mädchenauge (*C. verticillata*, WHZ 6, → Fotos) gibt es auch in Hellgelb. Neue Hybriden des Rosa Mädchenauges (*C. × rosea*, WHZ 7) blühen von Rosa, Rot bis Creme, sie benötigen aber unbedingt Winterschutz. Der Boden sollte nahrhaft aber durchlässig sein, der Standort vollsonnig. Grundschnitt: Lichten Sie im Frühjahr abgestorbene Triebe bodennah aus. Zusatzpflege: Entfernen Sie Verblühtes beim Großen Mädchenauge bodennah, bei den anderen Arten und Hybriden lichten Sie Abgeblühtes im oberen Bereich aus.

PURPUR-SONNENHUT *Echinacea purpurea*-Sorten, WHZ 5–6

Allgemeines: Der Purpur-Sonnenhut und seine Sorten blühen in Weiß, Rosa oder Weinrot. Hybriden (*E. × purpurea*) zusätzlich in Gelb- und Orangetönen. Letztere brauchen einen Winterschutz. Alle benötigen durchlässige, aber nahrhafte und sommerfeuchte Böden in voller Sonne. Nur dann blühen sie bis zum Herbst durch. Etwas Hornmehl im Juni unterstützt die Vitalität. Grundschnitt: Entfernen Sie im Frühjahr alle abgetrockneten Pflanzenteile bodennah. Zusatzpflege: Lichten Sie Verblühtes aus. Sind noch vitale Seitentriebe vorhanden, schneiden Sie nur bis zu diesen zurück, ansonsten entfernen Sie den ganzen Stängel bodennah.

Wuchs: *0,6–1 m*

Blütezeit: *Juni – Okt.*

WOLFSMILCH-ARTEN *Euphorbia*-Arten, WHZ 6-7

Allgemeines: Fast alle Wolfsmilch-Arten wünschen durchlässigen Boden und vertragen Trockenheit. Die Palisaden-Wolfsmilch (*E. characias*, WHZ 7) mag es heiß und sonnig, die Mandelblättrige Wolfsmilch (*E. amygdaloides*, WHZ 7) wächst auch im trockenen Schatten hervorragend. Beide sind in mehreren Sorten erhältlich. Die meisten Arten versamen sich, die einzelne Pflanze ist 3–5 Jahre vital. Grundschnitt: Nach der Blüte abgeblühte Stängel bodennah entfernen, dabei die diesjährigen Triebe schonen. Vorsicht: Der Milchsaft kann phototoxische Reaktionen hervorrufen. Zusatzpflege: Überlange diesjährige Triebe bereits im Frühsommer entfernen.

Wuchs: *bis 1 m*

Blütezeit: *April – Juni*

PRACHTKERZE *Gaura lindheimeri*, WHZ 7

Allgemeines: Obwohl Prachtkerzen mit 2–3 Jahren eher kurzlebig sind, sind sie doch eine lange blühende Bereicherung im Staudenbeet. Ein sehr durchlässiger Boden in voller Sonne erhöht ihre Lebensdauer. In kühlen Gegenden empfiehlt sich Winterschutz mit Tannenreisig. Sorten variieren von Reinweiß ('Whirling Butterflies', 'Papillon') bis Rosa ('Siskyou Pink', 'Rosy Jane'). Grundschnitt: Bei beginnendem Austrieb letztjährige, meist trockene Stängel bis an die Basis oberhalb der neuen Knospen einkürzen. Zu früher Schnitt erhöht die Gefahr des Erfrierens. Zusatzpflege: Überlange Blütentriebe im Sommer auf tiefer stehende Seitentriebe umlenken.

Wuchs: *bis 0,9 m*

Blütezeit: *Mai – Okt.*

HOPFEN *Humulus lupulus*, WHZ 5

Allgemeines: Nur weibliche Sorten wie 'Hallertauer Tradition', 'Herkules' oder 'Perle' bilden die attraktiven Zäpfchen. Vorsicht, wenn in der Umgebung wilde, männliche Pflanzen stehen. Es können dann viele lästige Sämlinge im Garten entstehen. Hopfen benötigt als Schlingpflanzen ein dünnes Rankgerüst oder eine Schnur zum Klettern. Mit seiner großen Blattmasse braucht er einen durchgängig sommerfeuchten Boden. Grundschnitt: Entfernen Sie alle letztjährigen, abgestorbenen Triebe bodeneben. Achten Sie darauf, bereits vorhandene junge Knospen nicht zu beschädigen. Zusatzpflege: Aus der Rankhilfe hängende Triebe in diese einflechten.

Wuchs: *bis 5 m*

Blütezeit: *Mai – Juni*

WHZ = Winterhärtezone (→ Karte Seite 334)

SCHLEIFENBLUME *Iberis sempervirens*, WHZ 6

Allgemeines: Die Schleifenblume ist immergrün. Sie bildet leicht verholzende niedere Polster aus und kann nach einigen Jahren einen halben Quadratmeter überdecken. Schwachwüchsige Sorten wie 'Zwergschneeflocke' oder 'Weißer Zwerg' bleiben kompakter. Alle Sorten blühen weiß und brauchen durchlässige Böden in voller Sonne. Die Blütenanlagen sitzen an einjährigen Trieben. Grundschnitt: Nach der Blüte Verblühtes mit der Heckenschere halbkugelig entfernen. Kürzen Sie einjährige Triebe um die Hälfte mit ein. So bleibt der Wuchs kompakt. Zusatzpflege: Bei Bedarf bis Ende Juli überlange Triebe mit der Handschere zusätzlich einkürzen.

Wuchs: *0,1– 0,25 m*

Blütezeit: *April – Mai*

PFINGSTROSE (intersektionell) *Paeonia × Itoh-Hybriden*, WHZ 6

Allgemeines: Diese Hybriden aus Stauden- und Strauchpfingstrosen verholzen teilweise und wünschen einen humosen, tiefgründigen und sommerfeuchten Boden in voller Sonne. Die Blüten entfalten sich zeitversetzt und sind sehr standfest. Bei der Pflanzung sollten die obersten Knospen etwa 5 cm im Boden sein. Grundschnitt: Auch wenn verholzte Triebe noch grün sind und austreiben, lichtet man sie im Frühjahr bis zum Boden aus. Ihre Vitalität ist eingeschränkt. Trockene letztjährige Triebe ebenfalls entfernen, ohne bereits sichtbare Jungtriebe zu verletzen. Zusatzpflege: Nach der Blüte zur besseren Optik die Samenstände entfernen.

Wuchs: *bis 1 m*

Blütezeit: *Mai – Juni*

PHLOX *Phlox*-Arten, WHZ 4–5

Allgemeines: Die Sorten des Wiesen-Phloxes (*P. maculata*-Hybriden, WHZ 5) sind reichblühend und fühlen sich auch in warmen Klimaten noch wohl. Der Sommer-Phlox (*P. paniculata*-Sorten, WHZ 4) ist eine klassische Pflanze der Bauerngärten. Er gedeiht in kühlen Lagen. Von beiden gibt es eine Vielzahl von Sorten in den unterschiedlichsten Farben. Sie brauchen nahrhafte, sommerfeuchte Böden in voller Sonne. Grundschnitt: Vertrocknete Triebe im Frühjahr bodeneben entfernen. Zusatzpflege: Bis Ende Mai einen Teil der Triebe um die Hälfte einkürzen. Sie bleiben standfester und blühen länger. Abgeblühte Spitzen auf Knospen einkürzen.

Wuchs: *0,7–1,2 m*

Blütezeit: *Juni – Aug.*

HERBST-SALBEI *Salvia greggii*, WHZ 7b–8

Allgemeines: Von Herbst-Salbei gibt es Sorten in fast allen Farben, meist als Einjährige angeboten. Die meisten sind jedoch mit Winterschutz ausdauernd. Sie brauchen durchlässigen Boden in voller Sonne. Ohne Schnitt verholzen sie und bilden kleine Sträucher, sind jedoch nur ab WHZ 8 winterhart. Bei der Pflanzung Topfballen zum Schutz 5 cm tiefer einpflanzen Grundschnitt: Wurde tiefer gepflanzt, sollten mehrere einjährige Bodentriebe vorhanden sein. Diese bodennah einkürzen. Bei nur einem bodennah verzweigten Bodentrieb nur auf 5–10 cm einkürzen. Zusatzpflege: Überlange Blütentriebe im Sommer zur besseren Nachblüte auslichten.

Wuchs: *bis 1 m*

Blütezeit: *Juli – Okt.*

FETTHENNE *Sedum*-Arten, WHZ 5

Allgemeines: Die meisten der herbstblühenden Fetthennen sind Sorten oder Hybriden der Schönen Fetthenne *(S. spectabile)* und Purpur-Fetthenne (*S. telephium* ssp. *telephium*). Die Farben reichen von Rot, Rosa bis zu Weiß. Letztere sehen jedoch im Verblühen meist unschön aus, während Sorten mit dunkleren Blüten auch dann noch attraktiv wirken. Grundschnitt: Im Frühjahr trockene Stängel vorsichtig bodeneben auslichten – die jungen Rosetten sitzen dann noch locker und sind schlecht verwurzelt. Zusatzpflege: Bis Mitte Juni lange Triebe oder einen Teil der Staude um die Hälfte einkürzen. Die Pflanze blüht zwar später, bleibt aber standfester.

Wuchs: *0,3–0,6 m*

Blütezeit: *Juli – Okt.*

IMMERGRÜNER GAMANDER *Teucrium × lucidrys*, WHZ 5

Allgemeines: Der Immergrüne Gamander bildet leicht verholzende Polster und kann auch mit Formschnitt als kleine Hecke erzogen werden. Er treibt kaum Ausläufer, während der wintergrüne Edel-Gamander (*T. chamaedrys*, WHZ 5) sich mit Ausläufern stark ausbreiten kann. Beide gedeihen an vollsonnigen Standorten mit durchlässigem Boden. Grundschnitt: Kürzen Sie im Frühjahr die Pflanze bodennah ein. Kleine Hecken schneiden Sie auf etwa 10 cm Höhe in Form. Ausläufer reißen Sie aus. Zusatzpflege: Nach der Blüte kürzen Sie die Pflanze auf 10 cm ein. Formschnitte kürzen Sie im Lauf des Sommers zweimal ein, verzichten dann jedoch auf Blüten.

Wuchs: *0,2–0,3 m*

Blütezeit: *Juni – Juli*

ROTSCHLEIER-WURMFARN *Dryopteris erythrosora*, WHZ 6

Allgemeines: Dieser wintergrüne Farn mit seinen gefiederten Wedeln benötigt durchgehend feuchte Böden in halbschattiger bis schattiger Lage. Die bronzefarbenen Austriebe vergrünen im Sommer etwas, bevor sie sich im Herbst wieder intensiver färben. In milden Wintern bleiben auch die Blätter des Goldschuppen-Wurmfarns (*D. affinis*, WHZ 6) grün. Bei beiden schneiden Sie erst, wenn der junge Austrieb zu sehen ist. Grundschnitt: Dieser Farn treibt erst im Mai aus. Entfernen Sie dann die vorjährigen Wedel am Boden. Achten Sie auf die jungen Triebe, sie sind noch bruchempfindlich. Zusatzpflege: Ein zusätzlicher Schnitt ist meist nicht nötig.

Wuchs: *0,5–0,7 m*

HIRSCHZUNGENFARN *Phyllitis scolopendrium*, WHZ 5

Allgemeines: Der Hirschzungenfarn mit seinen wintergrünen, lederartigen und ungefiederten Wedeln wirkt sehr attraktiv, benötigt aber einige Jahre, bis er sich etabliert hat. Er wächst auf kalkhaltigen und humosen, ganzjährig feuchten Böden. Der Standort sollte eher schattig und sehr luftfeucht sein. Grundschnitt: Entfernen Sie im Frühjahr beim Austrieb die älteren Wedel. Sie sind dann zwar noch attraktiv und vital, werden aber im Lauf des Sommers unschön und fleckig. Der Schnitt ist dann aber aufwendiger, da die jungen Wedel schon über den alten stehen. Zusatzpflege: Lichten Sie einzelne, sich verbräunende Blätter bei Bedarf aus.

Wuchs: *0,3–0,4 m*

WHZ = Winterhärtezone (→ Karte Seite 334)

PAMPASGRAS *Cortaderia selloana*, WHZ 7

Allgemeines: Pampasgras entwickelt imposante Blatthorste und Blütenstände, die Sorte 'Pumila' wird nur 1,5 m hoch. Es ist ein Solitärgras, das einzeln oder frei im Hintergrund einer Rabatte stehen sollte. Es braucht vollsonnige Standorte und humose, aber durchlässige Böden. In kühlen Lagen ist immer ein Winterschutz nötig, zusätzlich können Sie die Blätter nach oben umbiegen und zusammenbinden. Grundschnitt: Kürzen Sie die gesamte Pflanze im Frühjahr ein. Achten Sie darauf, nicht zu tief zu schneiden, um die jungen Herzen nicht zu beschädigen. Zusatzpflege: Entfernen Sie zu weit nach außen überhängende Blätter.

Wuchs: *0,8–2 m*

Blütezeit: *Sept. – Okt.*

JAPAN-BLUTGRAS *Imperata cylindrica*, WHZ 6

Allgemeines: Das Japan-Blutgras ist fast ausschließlich mit der Sorte 'Red Baron' im Handel. Es hat tiefrotes Laub und bildet kurze Ausläufer, wächst aber insgesamt eher horstartig. Der Standort sollte sonnig bis halbschattig, der Boden humos sein und im Sommer nicht austrocknen. Grundschnitt: Schneiden Sie im Frühjahr alle trockenen oberirdischen Teile bis kurz über dem Boden zurück. Der Austrieb erfolgt eher spät, lassen Sie daher 10 cm lange Stummel stehen, um die Pflanze noch zu erkennen. Eine leichte organische Mulchschicht nach dem Schnitt hält den Boden feucht. Zusatzpflege: Reißen Sie im Sommer zu weit außen stehende Ausläufer aus.

Wuchs: *0,3–0,4 m*

Blütezeit: *blüht bei uns nicht*

RUTENHIRSE *Panicum virgatum*-Sorten, WHZ 5

Allgemeines: Die Rutenhirse ist in vielen Sorten mit unterschiedlichen Höhen, blaugrauen oder grünen Halmen im Sommer und einer teilweise beeindruckenden roten Herbstfärbung erhältlich. Alle brauchen einen hellen Standort mit gut durchlässigen Böden. In zu nährstoffhaltigen Böden wachsen die Pflanzen zu üppig und kippen leicht um. Grundschnitt: Kürzen Sie alle Halme kurz über dem Boden ein. Das Gras treibt sehr spät aus, lassen Sie daher 10 cm lange Stummel stehen, die bis zum Austrieb den Standort anzeigen. Zusatzpflege: Werden Halme zu schwer, lichten Sie die Hauptblüte im Sommer aus. Sie treiben aus Seitenknospen Blüten nach.

Wuchs: *0,7–1,5 m*

Blütezeit: *Juli – Sept.*

REIHER-FEDERGRAS *Stipa pulcherrima* f. *nudicostata (S. barbata)*, WHZ 6

Allgemeines: Das Reiher-Federgras bildet lockere Horste, aus denen Halme mit den Blütenständen herausragen. Diese tragen bis zu 40 cm lange, silbrige Grannen, die im Wind wie Federn wiegen. Das Gras gedeiht auf trockenen, kalkhaltigen und mageren Böden in voller Sonne. Grundschnitt: Kürzen Sie im Frühjahr abgestorbene Halme bodeneben ein. Haben die jungen Halme schon ausgetrieben, schneiden Sie besser nicht mehr, sondern drehen die alten Triebe nur ab und ziehen sie heraus. Zusatzpflege: Bevor die Grannen ausreifen und abfallen, können Sie diese leicht mit der Hand abstreifen. So verhindern Sie, dass sich das Gras zu sehr aussät.

Wuchs: *0,8–1,2 m*

Blütezeit: *Juni – Juli*

Kübelpflanzen:
Gehölze aus dem Süden

Kübelpflanzen bringen eine Prise Exotik in den Garten oder auf die Terrasse und den Balkon. Fast alle benötigen einen jährlichen Schnitt, um immer wieder reich zu blühen und über viele Jahre gesund und in Form zu bleiben.

Unter Kübelpflanzen versteht man mehrjährige Pflanzen, die aus dem Mittelmeerraum oder aus subtropischen und tropischen Regionen stammen. Sie sind frostempfindlich und in unserem Klima nicht winterhart. Im Sommer dürfen sie zwar im Freien stehen, doch im Winter brauchen sie einen frostfreien Platz im Haus.

Weil Kübelpflanzen keine einheitliche Pflanzengruppe sind, haben sie auch ganz unterschiedliche Ansprüche. Einige wie der Oleander vertragen Sonne und Hitze. Andere wie die Fuchsie brauchen ausgeglichene Temperaturen und eher Schatten. Auch die Überwinterungstemperatur ist nicht bei allen Kübelpflanzen gleich. Arten aus dem mediterranen Raum wünschen eher einen kühlen Platz, Gäste aus den Tropen eher einen wärmeren Winterstandort. Im Frühjahr stellt man die Kübelpflanzen wieder an einen wärmeren und oft auch helleren Platz. Schließlich werden sie ausgeräumt, d. h., sie kommen ins Freie, sobald es die Temperaturen erlauben.

Die richtige Pflege

Kübelpflanzen können zu großen Sträuchern heranwachsen. Wie groß sie werden dürfen, hängt davon ab, ob man einen geräumigen Ort zum Überwintern hat und die dann sehr schweren Gefäße noch transportieren kann.

> Weil die meisten Kübelpflanzen eher unter Staunässe als unter Trockenheit leiden, sollten die Gefäße luftdurchlässig sein. Geeignet sind Töpfe aus Ton oder Terrakotta. Trocknet in solchen Gefäßen der Ballen einmal aus, wird er durch Gießen rasch wieder durchfeuchtet. Einen übernässten Ballen – vor allem im Winter – auszutrocknen, dauert dagegen Wochen. In dieser Zeit faulen oft Teile der Wurzeln ab.

> Weil Kübelpflanzen im Gefäß nur über ein beschränktes Nährstoffangebot verfügen, sollten Sie zwischen Austrieb und Anfang September am besten einmal wöchentlich düngen. Ideal sind Dünger, die Sie im Gießwasser gelöst ausbringen.

Triebe und Blüten

Einige Kübelpflanzen bauen ein langlebiges Gerüst auf, andere erneuern sich kontinuierlich mit bodenbürtigen Trieben.

> Die Mehrzahl der Kübelpflanzen blüht an diesjährigen Trieben. Einige Arten bilden erst diesjährige Triebe, an deren Enden sie blühen. Die Folgeblüte erscheint dann an jungen Seitentrieben. Dazu gehören Kreppmyrte und Wandelröschen.

> Andere bilden ihre Blüten in den Blattachseln wachsender diesjähriger Triebe. Sie blühen nur, solange der Triebe wächst. Beispiele sind Schönmalve, Fuchsie und Rosen-Eibisch. Beide Gruppen brauchen jährlich einen starken Schnitt, um kräftige und lange blühende Neutriebe anzuregen.

> Wenige Kübelpflanzen – Zistrose, Olive und die meisten Zitrusgewächse – blühen an einjährigen Trieben. Sie überwintern ihre Blütenknospen. Eine Ausnahme sind die Zitrone und einige ihrer Hybriden. Sie blühen an ein- und diesjährigen Trieben.

Der Schnittzeitpunkt

Wie bei anderen Gehölzen soll der Schnitt bei Kübelpflanzen Jungtriebe und damit die Blüte fördern, abgestorbene oder verwelkte Triebe entfernen und die Pflanzen kompakt halten.

Der Grundschnitt erfolgt im Frühjahr beim Austrieb. Der Zeitpunkt hängt stark vom Überwinterungsstandort ab. Hell stehende Kübelpflanzen können Sie meist schon Ende Januar schneiden. Je dunkler der Standort im Frühjahr ist, umso länger sollten Sie mit dem Schnitt warten. Die dann erscheinenden Neutriebe bleiben sonst schwach. An solchen Standorten sollten zwischen Schnitt und Umzug ins Sommerquartier – dem Ausräumen – nicht mehr als drei Wochen vergehen. Entsprechend spät wird geschnitten.

Stimmen Pflege und Schnitt, werden Fuchsien sehr alt und erfreuen mit üppiger Blüte.

Sommergrüne Kübelpflanzen: Fuchsie, Wandelröschen & Co.

Ein jährlicher Schnitt garantiert bei Fuchsien eine reiche Blüte.

Sommergrüne Kübelpflanzen behalten in ihrer Heimat zum großen Teil ihre Blätter und legen im Winter nur eine Ruhepause ein. In unserem Klima müssen sie jedoch ins Winterquartier. Einige Arten kann man im Weinbauklima auspflanzen, wenn man sie mit einem Winterschutz versorgt – etwa die Feige, die bei uns aber eher bei den Obstgehölzen als bei den Kübelpflanzen eingeordnet wird (→ Seite 268). Im Winterquartier verlieren sommergrüne Kübelpflanzen meist ihre Blätter, ohne aber Schaden zu nehmen. Man säubert sie im Winter regelmäßig, da sich an den abgefallenen Blättern Pilzkrankheiten ausbreiten können. Befallene Blätter im Hausmüll entsorgen, gesunde können auf den Kompost. Die Blüten dieser Gruppe erscheinen an diesjährigen Trieben. Im Frühjahr, wenn die Tage länger werden, treiben die Pflanzen neu aus.

Grundregeln des Schnitts

Die folgenden Schnittanweisungen gelten für die meisten sommergrünen Kübelpflanzen.

> **Erziehung** Sommergrüne Kübelpflanzen, die ein stabiles Gerüst bilden, erziehen Sie mit höchstens fünf Bodentrieben. Diese verlängern Sie in den ersten 5 Jahren jährlich um 10 cm, bei starkwüchsigen Arten wie der Seidenakazie (*Albizia julibrissin*, WHZ 8) um etwa 30 cm pro Jahr.

> **Erhaltung** Ab dem sechsten Jahr lenken Sie ältere Gerüsttriebspitzen auf tiefer stehende, vitale und am besten einjährige Triebe um. Einjährige Bodentriebe kürzen Sie auf 10 cm ein, um sie zu Gerüsttrieben zu erziehen. Kürzen Sie jedes Frühjahr einjährige Seitentriebe auf Zapfen von 2–5 cm ein. Im unteren Bereich sollten die Zapfen etwas länger sein, im oberen kürzer.

> **Sommerschnitt** Bei manchen Pflanzen fällt Verblühtes ab. Bei anderen zupfen oder schneiden Sie Verblühtes aus, um die kraftzehrende Samenbildung zu verhindern. Auch kranke, trockene Blätter oder abgebrochene Triebe schneiden Sie aus. Stark überhängende Triebe lenken Sie auf tiefer stehende Seitentriebe um, überlange Triebe kürzen Sie im Strauchinnern ein.

ÄHNLICH ZU SCHNEIDEN

Nach den Grundregeln für sommergrüne Kübelpflanzen schneidet man: Strauchmargerite (*Argyranthemum frutescens*, WHZ 9), Roter Hammerstrauch (*Cestrum elegans*, WHZ 9), Korallenstrauch (*Erythrina crista-galli*, WHZ 8), Veilchenstrauch (*Iochroma cyaneum*, WHZ 9), Rosa Trompetenwein (*Podranea ricasoliana Solanum*, WHZ 9), Enzianstrauch (*Solanum rantonnetii* syn. *Lycianthes rantonnetii*, WHZ 10) und Kap-Geißblatt (*Tecomaria capensis*, WHZ 9). Alle können bei 8 °C überwintern.

1 FUCHSIE: ERZIEHUNG

Das Gerüst wird aus fünf bis sieben bodennahen Trieben aufgebaut. Kürzen Sie einjährige Seitentriebe jedes Jahr auf Zapfen ein, um gerüstnahe Blütentriebe zu fördern.

2 FUCHSIE: ERHALTUNG

Die Gerüsttriebe bleiben bis zu 10 Jahre lang vital und werden erst dann durch bodenbürtige Jungtriebe ersetzt, wenn sie vergreisen. Kürzen Sie jedes Frühjahr die Seitentriebe ein.

Wandelröschen verändern die Blütenfarbe mit der Zeit und wirken sehr lebhaft.

> **Verjüngung** Die meisten Kübelpflanzen lassen sich verjüngen, vor allem, wenn sie von sich aus bodenbürtige Triebe bilden. Kürzen Sie vergreiste Gerüsttriebe auf 2 cm kurze Zapfen am Boden oder bodennah ein. Die Zapfen trocknen meist ein, bis dahin haben sich aber Jungtriebe aus der Basis gebildet.

Fuchsie

Fuchsien (*Fuchsia*, WHZ 9–10, Überwinterung bei 8 °C) gedeihen an eher halbschattigen Standorten und auf Böden, die nie austrocknen. Erziehen Sie die Pflanzen mit fünf bis sieben Gerüsttrieben. Diese bleiben bis zu 10 Jahre vital. Junge Pflanzen kürzen Sie im ersten Frühjahr auf 10–15 cm ein, um weitere Bodentriebe zu fördern. Ist das Gerüst aufgebaut, lenken Sie beim Erhaltungsschnitt Gerüsttriebspitzen regelmäßig auf vitale Jungtriebe um. Die Seitentriebe kürzen Sie auf 2 cm ein. Im Sommer entfernen Sie Verblühtes. Bei gefüllt blühenden Sorten werden die Blüten recht schwer. Stellen Sie sie an einen windgeschützten Ort, damit die Triebe nicht abbrechen. Nach 10 Jahren verjüngt man die Pflanzen, indem man die Gerüsttriebe durch bodenbürtige Jungtriebe ersetzt.

Wandelröschen

Das Wandelröschen (*Lantana camara*, WHZ 10, Überwinterung bei 10 °C) verändert seine Blütenfarbe mit dem Alter der Blüten. Bekommt es im Sommer reichlich Sonne, Wasser und Nährstoffe, wächst es zu kleinen Sträuchern heran. Im Winter braucht es nur wenig Wasser, aber der Ballen darf nicht vollständig austrocknen. Erziehen Sie das Wandelröschen mit fünf Bodentrieben als Gerüst, die Sie in den ersten 5 Jahren um je 10 cm verlängern. In den Folgejahren kürzen Sie einjährige Seitentriebe des Gerüsts auf 2–4 cm ein. Halten Sie die Triebspitzen schlank, sonst verkahlt die Pflanze. Bei der Verjüngung lenken Sie die Gerüsttriebe auf halber Höhe auf junge Seitentriebe um.

3 WANDELRÖSCHEN: ERHALTUNG
Das lange, vitale Gerüst besteht aus fünf Bodentrieben. Die einjährigen Seitentriebe kürzen Sie im Frühjahr auf Zapfen am Gerüst ein. So bleibt der Strauch noch nach Jahren kompakt.

4 KREPPMYRTE: ERHALTUNG
Das Gerüst besteht aus drei bis fünf Trieben. Kürzen Sie einjährige Triebe auf Zapfen am Gerüst ein. Oder Sie erziehen die Pflanze mit einem Stämmchen – der Schnitt bleibt dann fast gleich.

Kreppmyrte

Die Kreppmyrte (*Lagerstroemia indica*, WHZ 7b, Überwinterung bei 5 °C) braucht einen vollsonnigen Standort. Sie kann im Weinbauklima an geschützten Standorten auch ausgepflanzt werden und wird dann bis zu 3 m hoch. Die Kreppmyrte blüht in Weiß, Rosa oder Rot. Als Kübelpflanze erziehen Sie sie mit einem Stamm und fünf Gerüsttrieben als Krone oder als Strauch mit drei bis fünf Gerüsttrieben. Die Gerüsttriebe verlängern Sie jährlich um bis zu 30 cm. Die Seitentriebe kürzen Sie jährlich auf zwei bis drei Knospen ein.
Zur Verjüngung lenken Sie vergreiste Gerüsttriebe auf halber Höhe auf vitale Jungtriebe um und erziehen diese dann als neue Spitze. Vermeiden Sie dabei Wunden über 3 cm Durchmesser. Geben Sie ausgepflanzten Kreppmyrten immer einen Winterschutz. Wichtig ist, vor allem die Wurzeln und die Strauchbasis zu schützen. Frieren sie trotzdem zurück, lichten Sie vertrocknete Triebe aus. Die Pflanzen treiben aus dem Wurzelstock wieder aus.

Immergrüne Kübelpflanzen: Zitrus, Olive & Co.

Zitronen blühen und fruchten fast das ganze Jahr hindurch und duften köstlich.

Immergrüne Kübelpflanzen punkten nicht nur mit Blüten, sondern auch mit ihrem Blattwerk und ihrer ganzjährig attraktiven Gestalt. Wie bei den sommergrünen Kübelpflanzen sind einige Arten im Weinbauklima an geschützten Standorten mit Schutz auch bei uns winterhart. Zu diesen gehören Olive, Bitterorange, Ananas-Guave oder Echter Lorbeer. Eine Garantie, dass diese Gehölze jeden Winter überleben, gibt es jedoch nicht. Auf der sicheren Seite sind Sie, wenn Sie auch diese Arten im Haus überwintern – ein sehr kühler Platz reicht dann aus, ohne dass die Vitalität der Pflanzen leidet. Im Hochsommer blühende immergrüne Kübelpflanzen – beispielsweise der Laubenwein – bilden ihre Blüten meist an diesjährigen Trieben. Olive, Bitterorange und die meisten Zitrusgewächse blühen dagegen an einjährigen Trieben, Zitronen an ein- und diesjährigen Trieben.

Grundregeln des Schnitts

Die folgenden Schnittanweisungen gelten für alle immergrünen Kübelpflanzen.

> **Erziehung** Auch immergrüne Kübelpflanzen bilden ein stabiles Gerüst. Die Erziehung erfolgt mit drei bis fünf bodennahen Trieben. Je stärker der Wuchs ist, umso weniger Gerüsttriebe lassen Sie stehen. Diese verlängern Sie jährlich um 20–30 cm. Bei veredelten Sorten wie Zitrusgewächsen entfernt man Wildtriebe unterhalb der Veredlungsstelle möglichst frühzeitig. Strauchartig wachsende Gehölze wie Oleander bilden regelmäßig neue Bodentriebe, während die Gerüsttriebe verkahlen.

> **Erhaltung** Lichten Sie nur nach innen oder quer wachsende Triebe auf kurze Zapfen am Gerüst aus. Die Gerüsttriebspitzen verschlanken Sie regelmäßig. Dies stellt sicher, dass die Basis nicht verkahlt. Zum Schluss lenken Sie überlange Triebe auf gerüstnahe Seitentriebe um.

> **Verjüngung** Lenken Sie vergreiste Gerüsttriebe auf junge Seitentriebe um. Nur wenn das Gehölz aus der Erde willig wieder nachtreibt und bereits Jungtriebe zu sehen sind, können Sie einen Gerüsttrieb bodeneben auslichten und Jungtriebe als Ersatz stehen lassen. Dies kann bei Lorbeer, Olive oder Oleander der Fall sein. Vermeiden Sie aber unbedingt große Wunden. Verkahlte oder überlange Seitentriebe lenken Sie nahe des Gerüsts auf vitale Jungtriebe um. Anschließendes Umtopfen in frische Erde fördert den Verjüngungsprozess.

1 ZITRUS: ERHALTUNG *Verschlanken Sie die Triebspitzen und lenken Sie überlange oder verkahlte Triebe auf gerüstnahe Jungtriebe um oder entfernen Sie sie auf Zapfen am Gerüst.*

2 ZITRUS: VERJÜNGUNG *Nach einigen Jahren vergreisen bei Zitrusgewächsen die Seitentriebe. Sie verzweigen sich und blühen kaum noch. Lenken Sie sie auf weiter innen stehende Jungtriebe um.*

Zitrus

Die Zitrus-Arten (*Citrus*, WHZ 9, Überwinterung bei 8 °C) sind vor allem wegen ihres Fruchtschmucks beliebt. Weil sie reichlich Nährstoffe brauchen, düngen Sie sie regelmäßig. Im Winter gießt man zurückhaltend, da sie nasse Wurzeln schlecht vertragen. Weil die Wurzeln sehr luftbedürftig sind, gedeihen die Pflanzen in unglasierten Tontöpfen besonders gut. Zitruspflanzen erzieht man mit einem Gerüst aus einem Mitteltrieb und vier bis fünf Seitentrieben. Lenken Sie im Frühjahr überlange, schwache oder instabile Seitentriebe auf gerüstnahe Jungtriebe um. Sind keine vorhanden, schneiden Sie auf 2 cm kurze Zapfen am Gerüst zurück. Wildtriebe entfernen Sie regelmäßig. Zur Verjüngung lenken Sie vergreiste Gerüsttriebe auf weiter innen stehende junge Seitentriebe um, vergreiste Seitentriebe kürzen Sie auf Zapfen ein.

Olive

Die Olive (*Olea europea*, WHZ 8, 0–5 °C) wird entweder als Hochstamm oder Strauch erzogen. Im Kübel kann sie bis zu 3 m hoch werden. Ihre Wurzeln mögen keine Nässe, unglasierte Töpfe sind deshalb am besten geeignet. Das Fruchtholz bilden Oliven an einjährigen Seitentrieben, der Schnitt erfolgt im Frühjahr.

Erziehen Sie Oliven mit einer Mitte und vier Seitentrieben als Gerüst. Bei der Erhaltung lenken Sie überhängende Gerüsttriebspitzen und überlange Fruchttriebe auf weiter innen stehende Seitentriebe um. Werden Triebe am Gerüst entfernt, lassen Sie kleine Zapfen stehen.

Bei vergreisten Oliven lenken Sie stark verzweigte Gerüsttriebspitzen auf weiter innen stehende Jungtriebe, Fruchttriebe auf gerüstnahe Triebe um.

Oleander

Oleander (*Nerium oleander*, WHZ 9, 0–8 °C) braucht kalkhaltige Böden und volle Sonne. Er benötigt im Sommer viel Wasser. Oleander blüht im Frühsommer an den überwinterten Blütendolden des Vorjahrs, im Hochsommer blüht er an diesjährigen Trieben. Die Gerüsttriebe bleiben 5–8 Jahre vital, dann ersetzt man sie durch junge Bodentriebe.

Erziehen Sie Oleander mit sieben bis zehn Bodentrieben möglichst unterschiedlichen Alters. In der Erhaltungsphase ersetzen Sie jährlich zwei ältere Gerüsttriebe durch junge Triebe. Schlaksige oder kahle Triebe lenken Sie auf Seitentriebe um. Überwinterte Blütenknospen lassen Sie stehen, sofern sie noch vital und nicht eingetrocknet sind, ansonsten lichten Sie sie aus. Kranke oder schwache Triebe entfernen Sie. Zur Verjüngung können Sie, sobald der Austrieb beginnt, den ganzen Strauch auf den Stock setzen. Er treibt dann wieder aus.

ÄHNLICH ZU SCHNEIDEN

Nach den Grundregeln für immergrüne Kübelpflanzen schneidet man: Ananas-Guave (*Acca sellowiana*, WHZ 8), Erdbeerbaum (*Arbutus unedo*, WHZ 7), Wollmispel (*Eriobotrya japonica*, WHZ 8), Laubenwein (*Pandorea jasminoides*, WHZ 9), Bitterorange (*Poncirus trifoliata*, WHZ 8). Alle lassen sich bei Temperaturen von 0–8 °C überwintern.

3 OLIVE: ERHALTUNG *Lenken Sie überlange oder überhängende Triebe auf weiter innen stehende Jungtriebe um. Fehlen diese, kürzen Sie auf Zapfen am Gerüst ein. So bleibt die Pflanze kompakt.*

4 OLIVE: NACH ERHALTUNG *Bei dieser Olive wurden überlange Triebe auf Zapfen am Gerüst eingekürzt. Kurze Zeit nach diesem Erhaltungsschnitt treiben aus den Zapfen Jungtriebe aus.*

5 OLEANDER: ERHALTUNG *Lichten Sie vergreiste oder verkahlte Triebe am Boden aus. Überlange Seitentriebe kürzen Sie auf kurze Zapfen am Gerüst ein, verzweigte Triebspitzen verschlanken Sie.*

SCHÖNMALVE *Abutilon*, WHZ 9

Allgemeines: Die Schönmalve benötigt sonnige, aber vor Mittagshitze geschützte Standorte und braucht im Sommer reichlich Wasser. Sie blüht in vielen Farben. Neue Pflanzen sind meist mit Stauchmitteln behandelt und bilden erst nach 2–3 Jahren Langtriebe. Die Blüten stehen an diesjährigen Trieben, der Schnitt erfolgt im Frühjahr. Überwinterung bei 8–10 °C. Grundschnitt: Als Strauch mit 5 Gerüsttrieben oder als Stamm mit Mitte und 4 Seitengerüsttrieben. Gerüsttriebe die ersten 5 Jahre um 10 cm pro Jahr verlängern, Seitentriebe auf 2 cm kurze Zapfen am Gerüst einkürzen. Zusatzpflege: Überlange Triebe bis Mitte Juni um die Hälfte einkürzen.

Wuchs: *1–3 m*

Blütezeit: *Mai – Okt.*

BOUGAINVILLEE *Bougainvillea spectabilis*, WHZ 9

Allgemeines: Die Bougainvillee gedeiht an vollsonnigen Standorten. Damit sie nicht übermäßig wächst, düngt man mit wenig Stickstoff und wählt die Töpfe nicht zu groß. Die Blüte erscheint an diesjährigen Seitentrieben, die Erstblüte im Frühsommer an einjährigen Trieben. Man schneidet beim Ausräumen. Überwinterung bei 10–12 °C. Grundschnitt: Mit 3–5 Gerüsttrieben erziehen, die man bei Spalieren fächerförmig, bei Sträuchern gleichmäßig im Kreis verteilt. Gerüsttriebe bis zu 5 Jahre jährlich um 20 cm verlängern. Seitentriebe auf 5 cm kurze Zapfen am Gerüst entfernen. Zusatzpflege: Überlange Triebe im Sommer um die Hälfte einkürzen.

Wuchs: *0,5–4 m*

Blütezeit: *Juni – Okt.*

ZYLINDERPUTZER *Callistemon citrinus*, WHZ 9

Allgemeines: Der Zylinderputzer will vollsonnige Standorte und reichlich Wasser. Im Winter darf der Wurzelballen jedoch nicht zu nass stehen. Die rosa bis roten Blüten erscheinen, wenn die Tage kürzer werden, an diesjährigen Seitentrieben. Der Schnitt erfolgt nach der Blüte. Überwinterung bei 8–10 °C. Grundschnitt: Mit 5 Gerüsttrieben erziehen. Überlange Seitentriebe lenken Sie gerüstnah auf kürzere Triebe um oder kürzen Sie auf 2 cm lange Zapfen am Gerüst ein. Zusatzpflege: Kürzen Sie bis Ende Juni überlange Triebe um die Hälfte ein. Nicht später schneiden, weil sich dann die neuen Blütenanlagen bilden.

Wuchs: *1–3 m*

Blütezeit: *Sept. – Mai*

GEWÜRZRINDE *Cassia corymbosa* (syn. *Senna*), WHZ 9

Allgemeines: Die Gewürzrinde hat leuchtend gelbe Blütendolden und gedeiht an vollsonnigen Standorten. Die Erdnuss-Kassie (*C. didymobotrya*, WHZ 10) entwickelt große Blütenkerzen. Ihre Blätter riechen nach Erdnussbutter. Beide blühen an diesjährigen Trieben. Überwinterung bei 8–10 °C, Erdnuss-Kassie bei 15 °C. Grundschnitt: Man erzieht die Pflanze als Strauch oder Hochstamm mit 4–5 Gerüsttrieben. Diese verlängern Sie 5 Jahre jährlich um 10 cm. Die Seitentriebe kürzen Sie auf 5–10 cm lange Zapfen ein. Zusatzpflege: Kürzen Sie schlaksige Triebe bis Mitte Juni um die Hälfte ein. Im Sommer lichten Sie Verblühtes aus.

Wuchs: *1,5–3 m*

Blütezeit: *Juli – Okt.*

WHZ = Winterhärtezone (→ Karte Seite 334)

Wuchs: 0,8–1,8 m

Blütezeit: April – Mai

ORANGENBLUME *Choysia ternata*, WHZ 7b

Allgemeines: Die Blüten der Orangenblume duften nach Zitrus. Ihre gefingerten Blätter sind immergrün. In mildem Klima kann man sie an einem vor Wintersonne geschützten Standort in saurer Erde auspflanzen. Die Sorte 'Aztek Pearl' besitzt fein gefingertes Laub. Die Blüten sitzen an der Spitze einjähriger Triebe, der Schnitt erfolgt nach der Blüte. Überwinterung bei 0–5 °C. Grundschnitt: Mit 5–7 Gerüsttrieben erziehen. Nach der Blüte lenkt man schlaksige Triebe und die Gerüsttriebspitzen auf einjährige Kurztriebe um. Zusatzpflege: Überlange Triebe bis Ende Juli um die Hälfte einkürzen. Verjüngung wie bei Rhododendron (→ Seite 124).

Wuchs: 0,4–1 m

Blütezeit: Mai – Juni

ZISTROSE *Cistus*-Arten, WHZ 8

Allgemeines: Die Lack-Zistrose *(C. ladanifer)* blüht weiß, die Purpur-Zistrose (*C.* × *purpureus*) purpurrosa. Zistrosen sind wintergrün, aber nur im Weinbauklima an geschützten Standorten mit sehr durchlässigem Boden mit Winterschutz ausreichend hart. Staunässe vertragen sie nicht. Sie blühen an einjährigen Trieben, der Schnitt erfolgt nach der Blüte. Überwinterung bei 0–5 °C. Grundschnitt: Mit 5–7 Bodentrieben als Gerüst erziehen und pro Jahr um maximal 10 cm verlängern; Seitentriebe gerüstnah auf Kurztriebe umlenken oder auf 2 cm lange Zapfen einkürzen. Zusatzpflege: Überhängende Triebe im Sommer auf kürzere Seitentriebe umlenken.

Wuchs: bis 1,5 m

Blütezeit: Feb. – Mai

ZICKZACK-STRAUCH *Corokia cotoneaster*, WHZ 8

Allgemeines: Der Zickzackstrauch besitzt, vor allem ohne Laub, eine sehr skurrile Gestalt. Der Standort sollte im Sommer nicht zu heiß, eher halbschattig sein. Eine gute Drainage im Topf ist wichtig. Die leicht duftenden Blüten sitzen an einjährigen Trieben. Überwinterung bei 0-10 °C. Grundschnitt: Erziehen Sie die Pflanze mit bis zu 5 Gerüsttrieben, das erleichtert den späteren Schnitt. Bei der Erhaltung lichten Sie im Frühjahr nach der Blüte überlange oder nach innen wachsende Seitentriebe aus. Bei zu großen Pflanzen kürzen Sie Seitentriebe bis auf kurze Zapfen am Gerüst ein. Zusatzpflege: Überlange Triebe im Sommer im Strauchinnern einkürzen.

Wuchs: 2–6 m

ECHTE SÄULEN-ZYPRESSE *Cupressus sempervirens* 'Stricta', WHZ 8a

Allgemeines: Die Säulen-Zypresse bringt mediterranes Flair in den Garten. In mildem Klima ist sie auch ausgepflanzt ausreichend winterhart. Sie benötigt durchlässige, eher kalkhaltige Böden. Der Schnitt erfolgt im Frühjahr und bei Bedarf im Sommer. Überwinterung bei 0–5 °C. Grundschnitt: Mit 3 aufrechten Gerüsttrieben erziehen, überzählige Triebe frühzeitig auf tiefer stehende Seitentriebe umlenken. Die wenigen verbliebenen Triebe sind auch im Alter rundum benadelt und kippen daher nicht um. Zusatzpflege: Unter dem Zapfengewicht überhängende Triebe auf aufrecht stehende, zapfenlose Seitentriebe umlenken.

TASMANISCHER EUKALYPTUS *Eucalyptus gunnii*, WHZ 8

Allgemeines: Der Tasmanische Eukalyptus hat in der Jugend rundliches, blaugraues Laub, im Alter breit lanzettliches silbrig grünes. Das trifft auch für die intensiver gefärbte Sorte 'Azurit' zu. Der Wasserbedarf ist hoch, Staunässe ist jedoch zu vermeiden. Die Blüten erscheinen bei älteren Pflanzen an diesjährigen Trieben. Überwinterung bei 0–10 °C. Grundschnitt: Eukalyptus ist gut schnittverträglich, ein Gerüst mit 3 bodennahen Trieben oder nur einem Stamm ist zu empfehlen. Lange Seitentriebe regelmäßig nahe am Gerüst auf einen Seitentrieb umlenken. Zusatzpflege: Überlange Triebe im Sommer um die Hälfte einkürzen oder umlenken.

***Wuchs:** bis 5 m*

***Blütezeit:** Okt. – Jan.*

ENGELSTROMPETE *Datura*-Arten (syn. *Brugmansia*), WHZ 9

Allgemeines: Die Engelstrompete entwickelt große, duftende Blütenglocken. Sie braucht viel Wasser und reichlich Nährstoffe sowie einen vor Mittagssonne geschützten Platz. Die Pflanze braucht – auch im Winterquartier – ausreichend Platz. Die Blüten erscheinen an diesjährigen Seitentrieben, einjährige Langtriebe blühen erst, wenn sie sich verzweigen. Überwinterung bei 5–10 °C. Grundschnitt: Mit 3–5 Bodentrieben als Gerüst erziehen. Seitentriebe auf 5–10 cm lange Zapfen einkürzen. Einjährige Bodentriebe nicht einkürzen. Zusatzpflege: Im Herbst bei Bedarf lange Triebe einkürzen, damit die Pflanze in das Winterquartier passt.

***Wuchs:** 1,5–3 m*

***Blütezeit:** Juli – Okt.*

ROSEN-EIBISCH *Hibiscus rosa-sinensis*, WHZ 9

Allgemeines: Rosen-Eibisch besitzt große Hibiskusblüten, es gibt Sorten mit verschiedenen Blütenfarben. Er mag vollsonnige Standorte, dunkelblütige Sorten verblühen jedoch in der Mittagshitze schneller. Die Blüten stehen in den Blattachseln diesjähriger Triebe. Der Schnitt erfolgt im Frühjahr und gleicht im Prinzip dem des Hibiskus (→ Seite 112). Überwinterung bei 10–15 °C. Grundschnitt: Als Stamm mit Krone oder als Strauch erziehen, mit je fünf Gerüsttrieben, die man jährlich um 10 cm verlängert. Seitentriebe auf 2–5 cm lange Zapfen am Gerüst einkürzen. Zusatzpflege: Bei Bedarf lange Triebe im Frühsommer um die Hälfte einkürzen.

***Wuchs:** 1–2 m*

***Blütezeit:** Juni – Okt.*

ECHTER JASMIN *Jasminum officinale*, WHZ 8

Allgemeines: Der Echte Jasmin bildet schlingende Langtriebe, die eine Rankhilfe brauchen. Blühende Seitentriebe schlingen jedoch nicht. Er verliert sein Laub im Winter und ist in mildem Klima winterhart. Die Blüten erscheinen vor allem aus einjährigen Trieben, wenige aus diesjährigen. Der Schnitt erfolgt im Abblühen bis Anfang August. Überwinterung bei 0–10 °C. Grundschnitt: Geordneter Schnitt einzelner Triebe ist schwierig. Abgeblühte Seitentriebe am Gerüst einkürzen, verkahlende Pflanzen um ein Drittel bis zur Hälfte einkürzen. Dabei eingetrocknete Triebe entfernen. Zusatzpflege: Überlange Triebe im Sommer auf die Hälfte einkürzen.

***Wuchs:** bis 4 m*

***Blütezeit:** Mai – Aug.*

WHZ = Winterhärtezone (→ Karte Seite 334)

Wuchs: *1–3 m*

Blütezeit: *Mai – Juni*

ECHTER LORBEER *Laurus nobilis*, WHZ 8

Allgemeines: Lorbeer wirkt nicht durch seine kleinen gelben Blüten, sondern durch sein ledriges, immergrünes Laub. Der Standort darf sonnig bis halbschattig sein. Der Hauptschnitt erfolgt im Frühjahr. Überwinterung bei 0–5 °C. Grundschnitt: Erziehung mit Stamm, als Strauch oder Formschnitt. Sträucher mit 5–7 Gerüsttrieben erziehen, meist ist nur wenig Schnitt nötig, überlange Triebe im Strauchinnern einkürzen. Bei Formschnitten oder Stämmchen Triebe mit der Handschere ausschneiden, da angeschnittene Blätter verbräunen. Zusatzpflege: Bodenbürtige Jungtriebe im Sommer entfernen und trockene Blätter auszupfen.

Wuchs: *bis 4 m*

Blütezeit: *Mai – Okt.*

DIPLADENIE, BRASILJASMIN *Mandevilla sanderi* × Hybriden, WHZ 10

Allgemeines: Die Dipladenie ist in vielen Sorten erhältlich, als Schlinger braucht sie eine Rankhilfe sowie einen sonnigen Standort, kalkfreies Gießwasser und eine gute Drainage. Sie blüht an diesjährigen Trieben, der Schnitt erfolgt ab März. Überwinterung bei 10–15 °C. Der Chilejasmin (*M. laxa*, WHZ 9) überwintert bei 0–5 °C. Grundschnitt: Im Frühjahr ganze Pflanze auf 20–40 cm über dem Boden einkürzen, schwache Bodentriebe bodeneben auslichten. Auswachsende Jungtriebe an Rankhilfe verteilen, sodass sie nicht ineinander schlingen. Zusatzpflege: Triebe im Sommer in Rankhilfe einflechten, kraftzehrende Fruchtkapseln entfernen.

Wuchs: *0,5–1,5 m*

Blütezeit: *Juli – Okt.*

BRAUT-MYRTE *Myrtus communis*, WHZ 8

Allgemeines: Die Braut-Myrte mit ihren weißen, duftenden Blüten hat eine lange Tradition beim Binden von Brautkränzen. Sie braucht luftige Standorte von Sonne bis Halbschatten. Staunässe verträgt sie schlecht. Die Blüten stehen an diesjährigen Trieben. Der Schnitt erfolgt im Frühjahr. Überwinterung bei 0–8 °C. Grundschnitt: Als Strauch oder als Formschnitt mit etwa 5 Gerüsttrieben, diese verschlankt man, damit die Pflanze nicht verkahlt. Seitentriebe auf gerüstnahe, kurze Triebe umlenken. Formschnitte bis Ende Juli mit der Heckenschere einkürzen. Zusatzpflege: Lange Triebe bis Ende Juli um die Hälfte einkürzen.

Wuchs: *2–4 m*

Blütezeit: *Juli – Okt.*

BLAUE PASSIONSBLUME *Passiflora caerulea*, WHZ 8

Allgemeines: Passionsblumen sind vielgestaltige Kletterer und benötigen eine Rankhilfe. Im Weinbauklima werden sie auch ausgepflanzt. Die Pflanzen frieren dort zwar zurück, treiben aber willig wieder aus, wenn die Wurzel einen Winterschutz bekommt. Der Standort soll sonnig, die Nährstoffversorgung gut sein. Die Blüten stehen an diesjährigen Trieben, der Schnitt erfolgt im Frühjahr. Überwinterung bei 0–5 °C. Grundschnitt: Im Frühjahr komplett auf 20–30 cm über dem Boden einkürzen, schwache Triebe vollständig entfernen, Jungtriebe an die Rankhilfe leiten. Zusatzpflege: Ausgepflanzte Exemplare bilden Ausläufer, diese im Sommer ausreißen.

NEUSEELANDFLACHS *Phormium tenax*, WHZ 8

Allgemeines: Neuseelandflachs ist imposant und leicht zu kultivieren. Der Standort sollte sonnig bis halbschattig sein. Staunässe vermeiden, auf Wollläuse in den Blattachseln an der Basis achten. Blüten erscheinen selten. Vom Kleinen Neuseelandflachs (*P. colensoi*, WHZ 8) gibt es buntlaubige, kleinere Sorten. Schnitt im Frühjahr, Überwinterung hell bei 0–10 °C. Grundschnitt: Im Frühjahr abgestorbene Blätter vorsichtig seitlich ausreißen. Nur Abschneiden hinterlässt eintrocknende Blattstummel. Trockene Blattspitzen schräg abschneiden, sie trocknen jedoch weiter zurück. Zusatzpflege: Übergroße Pflanzen durch Abstechen des Ballens verkleinern.

Wuchs: *bis 2 m*

Blütezeit: *Juli –Sept.*

KAPSTACHELBEERE *Physalis peruviana*, WHZ 8

Allgemeines: Die Kapstachelbeere ist mehrjährig und benötigt einen ganzjährig frostfreien, warmen Standort, nährstoffreiches Substrat und eine gute Drainage. Schnitt ab März, Formierungen im Sommer. Überwinterung bei 5–10 °C. Grundschnitt: Zum Einräumen im Herbst die ganze Pflanze auf ca. 50 cm einkürzen, im Frühjahr noch einmal auf 10 cm. Ziel ist, junge Bodentriebe zu erziehen. Binden Sie 1–2 auf, übrige entfernen Sie. Auswachsende Seitentriebe nach 1–2 Blüten einkürzen. Lange Triebe können ausbrechen. Ende August kürzen Sie auch die Haupttriebspitzen nach einer Blüte ein. Zusatzpflege: Umtopfen beim Ausräumen.

Wuchs: *bis 2 m*

Blütezeit: *Juni – Okt.*

BLEIWURZ *Plumbago auriculata*, WHZ 9

Allgemeines: Die Bleiwurz ist ein Spreizklimmer (→ Seite 23), wird jedoch meist strauchartig erzogen. Sie wächst an vollsonnigen, vor Mittagshitze geschützten Standorten und braucht eine gute Wasserversorgung. Die Blüten sind hellblau, bei ‘Alba’ weiß und erscheinen entlang diesjähriger Triebe. Der Schnitt erfolgt im Frühjahr. Überwinterung bei 0–8 °C. Grundschnitt: Bei Sträuchern und Spalieren ein Gerüst mit etwa 5 Trieben erziehen, das man jährlich um 20 cm verlängert; Seitentriebe jährlich auf 2–5 cm einkürzen. Zusatzpflege: Bei Bedarf beim Einräumen die Triebe bereits ein Stück einkürzen, um Laubfall im Winterquartier zu verhindern.

Wuchs: *1–2,5 m*

Blütezeit: *Juni – Okt.*

GRANATAPFEL *Punica granatum*, WHZ 8

Allgemeines: Der Granatapfel blüht in Orangetönen. Die Zwerg-Sorte ‘Nana’ wird meist nur 0,5 m hoch, ‘Flore Pleno hat gefüllte Blüten und wird 2 m hoch. Granatapfel räumt man im Herbst so spät wie möglich ein, da er einen Kälteimpuls braucht, um in die Winterruhe zu kommen. Die Blüten stehen an Kurztrieben aus einjährigen und diesjährigen Trieben, geschnitten wird im Frühjahr. Überwinterung bei 0–5 °C. Grundschnitt: Mit 5 Gerüsttrieben erziehen, die man jährlich um 15 cm verlängert; lange Seitentriebe auf gerüstnahe Triebe umlenken, schwache auf Zapfen einkürzen. Zusatzpflege: Ab August nicht mehr düngen und kaum noch wässern.

Wuchs: *0,2–2 m*

Blütezeit: *Juni – Aug.*

WHZ = Winterhärtezone (→ Karte Seite 334)

JASMIN-NACHTSCHATTEN *Solanum jasminoides*, WHZ 9

Allgemeines: Der Jasmin-Nachtschatten ist ein Kletterer, der sich teils mit Blattranken verankert, teils seine Triebe wie ein Spreizklimmer verhakt. Meist ist die Sorte 'Album' mit weißen Blüten im Handel. Frisch gekaufte Pflanzen sind meist gestaucht und entwickeln erst nach 1–2 Jahren Langtriebe. Die Blüten stehen an diesjährigen Trieben, der Schnitt erfolgt im Frühjahr. Überwinterung bei 0–8 °C. Grundschnitt: Nur kräftige Bodentriebe stehen lassen und schwache auslichten; im Frühjahr die gesamte Pflanze auf 30–50 cm einkürzen, Seitentriebe auf Zapfen einkürzen. Zusatzpflege: Überlange Triebe bis Ende Juni um die Hälfte einkürzen.

Wuchs: *2–4 m*

Blütezeit: *Juni – Okt.*

PRINZESSINNENSTRAUCH *Tibouchina urvilleana*, WHZ 9

Allgemeines: Der Prinzessinnenstrauch hat große, violettblaue Blüten, die Knospen sind rötlich, die Blätter flaumig silbrig. Der Standort sollte sonnig sein. Neue Pflanzen sind oft mit Stauchmitteln behandelt und deshalb kurztriebig. Die Blüten erscheinen, wenn die Tage kürzer werden, an diesjährigen Trieben. Man schneidet im Frühjahr und Frühsommer. Überwinterung bei 8–10 °C. Grundschnitt: Mit 5 bodennahen Trieben als Gerüst erziehen, diese jährlich um 20 cm verlängern. Im Frühjahr Seitentriebe auf zwei Knospenpaare am Gerüst einkürzen. Zusatzpflege: Bis Ende Juni Langtriebe mindestens zweimal um die Hälfte einkürzen.

Wuchs: *1–2 m*

Blütezeit:
Aug. – Okt. (Dez.)

CHINESISCHER STERNJASMIN *Trachelospermum jasminoides*, WHZ 8

Allgemeines: Sternjasmin will einen Standort ohne Mittagssonne. Staunässe verträgt er nicht. Im Winterquartier nur vorsichtig gießen. Der immergrüne Schlinger benötigt eine Rankhilfe. Den duftenden Blüten folgt im Herbst eine rötliche Laubfärbung. Er blüht an einjährigen Trieben, Schnitt daher direkt nach der Blüte. Einzelne Blüten an diesjährigen Trieben möglich. Überwinterung bei 0–10 °C. Grundschnitt: Nach der Blüte um ein Drittel einkürzen. Einzelne Triebe schneiden ist schwierig, da sie ineinander schlingen. Schwache oder trockene Triebe bodeneben auslichten. Zusatzpflege: Im Sommer überhängende Triebe einflechten oder einkürzen.

Wuchs: *bis 4 m*

Blütezeit: *Mai – Juni*

CHINESISCHE DATTEL *Ziziphus jujuba*, WHZ 8

Allgemeines: Im Kübel sollte die Chinesische Dattel bei 3 m gehalten werden, im Weinbauklima ausgepflanzt wird sie bis zu 8 m hoch. Sie ist trockenheitsverträglich. Die Früchte sind essbar und schmecken nach Datteln. Vorsicht vor Dornen. Die Blüten sitzen an einjährigen Seitentrieben, Schnitt direkt nach der Blüte. Überwinterung bei 0–10 °C. Grundschnitt: Als Strauch mit 3 Gerüsttrieben erziehen. Diese 4–5 Jahre einkürzen und die Neuaustriebe im folgenden Jahr verschlanken (→ Seite 220, Erziehung Apfel). Nach innen oder steil aufrecht wachsende Seitentriebe regelmäßig entfernen. Weitere Pflege wie bei Rundkrone Apfel, aber weniger intensiv.

Wuchs: *bis 3 m*

Blütezeit: *Mai – Juni*

Zimmerpflanzen:
Gäste aus den Tropen

Zimmerpflanzen muntern – besonders während der kalten Monate, wenn draußen alles ruht – als grüne und blühende Begleiter die Stimmung auf. Ein Schnitt ab und zu hält sie in Form und fördert die Blütenbildung.

Wie Kübelpflanzen sind Zimmerpflanzen mehrjährig und vertragen keine Minusgrade. Allerdings wollen die aus den Tropen stammenden Zimmerpflanzen im Winter bei 15 °C oder wärmer stehen. Viele haben deshalb auch keine wirkliche Wachstumspause. Nur der Lichtmangel in unseren Breiten setzt Grenzen. Andere wie Kakteen oder Bogenhanf kommen aus trockenen Savannen. Auch sie wollen warm stehen und brauchen viel Licht.
Manche Zimmerpflanzen bleiben krautig. Der Schnitt beschränkt sich auf das Ausschneiden von Abgeblühtem und unschönen Blättern. Andere gehören zu den Gehölzen und müssen regelmäßig geschnitten werden, um sie zu verkleinern oder um einer Verkahlung vorzubeugen.

Standort

Viele Zimmerpflanzen mögen es hell. Vor einem Südfenster kann die Sonneneinstrahlung jedoch im Sommer zu intensiv sein. Durch Ost- oder Westfenster scheint das Licht moderater, was für viele optimal ist. Kakteen und andere Sukkulenten wünschen hingegen intensive Sonne.

Raumklima

Die meisten Zimmerpflanzen wachsen in der Winterhärtezone 10 und brauchen Temperaturen über 15 °C. Nur wenige wie Drachenbaum (*Dracaena reflexa*, WHZ 9), Pfennigbaum (*Crassula ovata*, WHZ 9) oder Strelitzien (*Strelitzia*-Arten, WHZ 9) kommen auch mit kühleren Temperaturen klar. Je wärmer es ist, umso niedriger ist die Luftfeuchtigkeit, oft liegt sie nur bei 20–30 %. Vor allem Pflanzen mit weichen, hellen Blättern benötigen jedoch über 50 % Luftfeuchte. Diese Pflanzen sollten Sie regelmäßig einsprühen und nicht über der Heizung platzieren. Luftbefeuchter erhöhen die Feuchtigkeit zusätzlich. Doch je höher die Luftfeuchte, umso öfter sollten Sie, vor allem im Winter, lüften (Schimmel!).

Bodenfeuchtigkeit

Tropenpflanzen wünschen gleichmäßig feuchten Boden, Staunässe vertragen sie nicht. Die Erde sollte zwischen den Gießgängen abtrocknen. Steht eine Stunde nach dem Gießen noch Wasser im Untersetzer, gießen Sie es ab. Das Substrat sollte humos und lufthaltig sein. Kakteen und andere Sukkulenten mögen es trockener. Achten Sie auf ein sehr wasserdurchlässiges Substrat und gießen Sie zurückhaltend. Überschüssiges Wasser schon nach einer halben Stunde ausleeren! Kalkfreies Wasser ist für die meisten Zimmerpflanzen optimal.

Krankheiten, Schädlinge

Handeln sie rasch, wenn Krankheiten oder Schädlinge auftreten. Meist stehen biologische Mittel zur Verfügung. Überlegen Sie immer, ob Sie die Standortbedingungen verbessern können, damit die Pflanzen vital bleiben.

Schnitt

Ein Schnitt hält Zimmerpflanzen kompakt und vital, fördert die Blütenbildung oder man entfernt mit ihm Verwelktes. Da sie ganzjährig wachsen, ist der Schnittrhythmus ein anderer als bei Kübelpflanzen. Von September bis Oktober geschnitten, erhält die Pflanze auch auf der lichtabgewandten Seite genug Licht. Gerade Feigen-Arten schattieren sich mit den dem Licht zugewandten Blättern selbst. Die dem Licht abgewandten Triebe trocknen oft ein. Mit einem Schnitt bleiben sie vital. Zusätzlich sollten Sie Ihre Pflanzen regelmäßig um 90 ° drehen. Bei abrupten 180 °-Drehungen werfen zum Beispiel Birkenfeigen gerne Blätter ab.

Im Frühjahr können Sie Zimmerpflanzen auch umtopfen. Viele vertragen es, wenn Sie den Wurzelballen dabei verkleinern. Nur bei Pflanzen mit sehr fleischigen Wurzeln sollten Sie lieber den Topf eine Nummer größer wählen.

Wachsblumen (Hoya-Arten) besitzen intensiv duftende Blüten und attraktive Blätter.

Blattschmuck: Birkenfeige, Palmlilie & Co.

Palmlilien sind sehr robust und vertragen trockene Zimmerluft.

Grüne Zimmerpflanzen wirken durch ihr Blattwerk. Einige bilden Blüten, sie stehen jedoch nicht im Vordergrund. Manche wachsen strauchartig (Benjamin-Feige), andere sind meist mit Stämmchen erzogen (Yucca, Drachenbaum, Glückskastanie). Einige gehören zu den Klettergehölzen (Fensterblatt, Kastanienwein), andere wachsen krautig (Bogenhanf, Pfeilwurz).

Da die Blätter lange an der Pflanze stehen, werden sie staubig. Wischen Sie sie mit einem feuchten Tuch ab oder brausen Sie sie alle paar Wochen unter der Dusche ab. Dabei decken Sie den Topfballen mit einer Plastiktüte ab, damit kein Substrat ausschwemmt. Das Wasser sollte kalkfrei sein, sonst bilden sich Flecken auf den Blättern.

Schnittregeln

Ist eine verholzende Zimmerpflanze vital und passt die Größe, ist kein regelmäßiger Schnitt nötig. Erst wenn sie für den Standort zu groß wird, sollten Sie schneiden. Kalkulieren Sie beim Schnitt den zu erwartenden Zuwachs der nächsten 1–2 Jahre ein. Schneiden Sie deshalb immer weiter zurück als die gewünschte neue Endgröße.

Bei krautigen Grünpflanzen reißen Sie verwelkende oder unschöne Blätter besser aus als sie abzuschneiden. So bleiben keine Stummel stehen, die vertrocknen. Ausreißen funktioniert jedoch nicht bei allen Pflanzen.

Birkenfeige

Birkenfeigen (*Ficus benjamina*, WHZ 10) wachsen meist mehrtriebig und bis zu 3 m hoch. Die Gerüsttriebe stehen aufrecht, die Seitentriebe hängen locker zur Seite über. Buntlaubige, panaschierte Sorten wie 'Gold King' oder 'Starlight' wachsen etwas schwächer. Sie alle wünschen einen hellen Standort bei 15–20 °C, aber keine direkte Mittagssonne. Die Erde gleichmäßig feucht halten und auf Schädlinge wie Läuse oder Spinnmilben achten. Erziehen Sie Birkenfeigen mit drei bis fünf Gerüsttrieben bis zur gewünschten Höhe. Sehr schlaksige Triebe kürzen Sie ein, um sie zu kräftigen. Bei Bedarf verschlanken Sie die Neuaustriebe. Zu lange Seitentriebe oder

ÄHNLICH ZU SCHNEIDEN

Nach denselben Regeln wie die Birkenfeige schneiden Sie: Balsamapfel (*Clusia major*, WHZ 10), Wunderstrauch (*Codiaemum variegatum*, WHZ 10), Zimmeraralie (*Fatsia japonica*, WHZ 10), Schmalblättriger Gummibaum (*Ficus binnendijkii*, WHZ 10), Leier-Gummibaum (*Ficus lyrata*, WHZ 10) und Zimmerlinde (→ Seite 311). Vor allem seitlich überhängende Gummibäume richten sich nach dem Schnitt vital wieder auf.

PALMLILIE VOR SCHNITT *Diese Pflanze ist einige Jahrzehnte alt. Für eine kompakte Krone schneidet man alle 5–6 Jahre. Dabei am besten eine Schutzbrille tragen, um sich nicht an den spitzen Blättern zu verletzen.*

PALMLILIE NACH SCHNITT *Beim Schneiden entfernt man höchstens zwei Drittel der Triebe nahe am Stamm. Stehen an den Zapfen noch Blätter, belässt man sie. Sie verhindern das Eintrocknen und fördern den Neuaustrieb.*

Gerüsttriebspitzen lenken Sie auf tiefer oder weiter innen stehende Seitentriebe um. Bester Schnittzeitraum: zwischen September und Oktober.

Palmlilie

Die Riesen-Palmlilie (*Yucca elephantipes*, WHZ 10) ist ideal für Anfänger. Meist wird sie mit einem Stamm und bis zu 2 m langen Blattschöpfen angeboten. Diese verzweigen sich nicht, neigen sich aber oft zur Seite. Die buntlaubige Sorte 'Marginata' der Schmalblättrigen Palmlilie (*Yucca aloifolia*, WHZ 8) wächst etwas schwächer. Yucca mögen einen sonnigen Standort, stehen sie zu schattig, bleiben die Neutriebe schlaksig. Das Substrat sollte durchlässig sein. Staunässe vermeiden! Bei einem Rückschnitt tasten Sie den Stamm nicht an. Werden Seitentriebe zu lang, kürzen Sie sie am Stamm auf einen 2 cm langen Zapfen ein. Dieser kann noch zurücktrocknen, stammnah bilden sich jedoch junge Triebe. Entfernen Sie höchstens zwei Drittel der Seitentriebe, so bleiben noch genug Blätter für die Fotosynthese. Vorsicht vor den Blattspitzen! Ähnlich zu schneiden ist die Kaktus-Wolfsmilch (*Euphorbia ingens*, WHZ 8). Auch ihr Stamm verzweigt sich eingekürzt gut. Beim Schnitt auf Dornen und den austretenden Milchsaft achten. Letzterer kann phototoxisch wirken.

Pfeilblatt

Das Sanders-Pfeilblatt (*Alocasia sanderiana*, WHZ 10) bildet keine verholzten Triebe, sondern immer wieder neue Blätter aus der Basis aus. Ähnlich wachsen Nestfarn (*Asplenium*-Arten, WHZ 9–10), Korbmarante (*Calathea*-Arten, WHZ 9) und die Schusterpalme (*Aspidistra elatior*, WHZ 8). Das Sanders-Pfeilblatt hat längliche, spitze, dunkelgrüne Blätter mit weißen Blatträndern und -nerven. Es bevorzugt einen luftfeuchten, hellen Standort ohne direkte Sonne bei etwa 20 °C und humose, nährstoffreiche Erde. Kalkhaltiges Wasser verträgt es nicht. Der Schnitt beschränkt sich bei solchen Pflanzen darauf, unschöne Blätter bodeneben zu entfernen. Wird eine Pflanze zu groß, können Sie zu weit außenstehende Blätter entfernen. Während das Pfeilblatt mehrere Wachstumspunkte aus der Erde entwickelt und geteilt werden kann, besitzen viele Farne nur einen Vegetationspunkt. Hier ist Teilen nicht möglich.

Die locker wachsende Birkenfeige ist eine der beliebtesten Zimmerpflanzen.

BIRKENFEIGE *Zu große Pflanzen von Frühjahr bis Sommer schneiden. Überlange Triebe im Innern auf einen nach außen weisenden Seitentrieb umlenken. Bedenken Sie, dass die Pflanze im selben Sommer noch weiter wächst!*

GLÜCKSKASTANIE *Sie wird meist mit mehreren verflochtenen Stämmchen und einer beblätterten Krone erzogen. Zu lange Kronentriebe kürzen Sie auf einen kurzen Zapfen am Stamm ein und lassen dabei zwei Knospen stehen.*

Glückskastanie

Die Glückskastanie, auch Flaschen- oder Rasierpinselbaum (*Pachira aquatica*, WHZ 10), bildet dickbauchige Stämme, die im Alter als Wasserspeicher dienen. Im Handel sind meist mehrere Pflanzen mit ineinander verwobenen Stämmen, die eine Krone mit grünen Trieben bilden. Die Pflanze wünscht einen hellen Standort mit Temperaturen von 15–20 °C. Die Erde sollte humos sowie Wasser speichernd sein und nicht austrocknen. Schneiden Sie zu lange, beblätterte Triebe bis auf zwei Knospen an den Stamm zurück. So fördern Sie Neuaustriebe. Nicht in den Stamm schneiden.

Blüher und Kletterer: Monstera & Co.

Die Paradiesvogelblume besitzt attraktive Blätter und sehr exotische Blüten.

Etliche Zimmerpflanzen überzeugen mit ihren Blüten. Alpenveilchen (*Cyclamen persicum*-Sorten, WHZ 9) oder Amaryllis (*Hippeastrum*-Sorten, WHZ 11) blühen im Winter und Frühjahr. Nach der Blüte brauchen sie eine Ruhephase und treiben im nächsten Herbst wieder aus. Andere blühen vor allem im Sommer, wie Schiefteller (*Streptocarpus*-Hybriden, WHZ 10) und Kranzschlinge (→ Seite 307). Im Winter wirken sie durch ihre Blätter. Manche Arten blühen über Monate, teilweise ganzjährig. Andere sind eher kurzlebig und lassen nach einigen Monaten in ihrer Vitalität nach wie Usambaraveilchen (*Saintpaulia*-Hybriden, WHZ 10) oder die Gloxinie (*Sinningia speciosa*-Hybriden, WHZ 10). Wieder andere bleiben mehrere Jahre vital.

Einige blühende Zimmerpflanzen sind aktive Kletterer, wie Kranzschlinge und Wachsblume (→ Seite 307). Der Kastanienwein (→ Seite 307) mit seinen Sprossranken blüht erst im Alter. Das Fensterblatt hält sich mit Luftwurzeln am Untergrund fest. Allen gemeinsam ist, dass sie an einer Rankhilfe gezogen werden oder selbstständig klettern. Bedenken Sie, dass die Pflanzen ihre Blätter immer zum Licht ausrichten. Steht die Rankhilfe zwischen Wohnraum und Fenster, blicken Sie immer auf die Blattunterseiten.

Flamingoblume

Die Große (*Anthurium andraeanum*, WHZ 10) und die Kleine Flamingoblume (*A. scherzerianum*, WHZ 10) sind krautige Stauden. Beide wünschen einen hellen Standort mit indirektem Licht. Die Große Flamingoblume gedeiht bei 16–20 °C, die Kleine bei 18–20 °C, sie will auch im Winter nicht unter 15 °C stehen. Am optimalen Standort blühen beide fast ganzjährig. Nur bei kühlem Standort oder sehr wenig Licht setzen sie im Winter für einige Wochen aus. Gleiche Bedingungen wünscht das Einblatt (*Spathiphyllum*-Hybriden, WHZ 10). Die Blüten bilden sich bei allen an diesjährigen Trieben, der Schnitt ist ganzjährig möglich. Lichten Sie regelmäßig Verblühtes und unschöne Blätter bodeneben aus. Stummel entfernen Sie nach dem Eintrocknen. Zum Verjüngen teilen Sie die Pflanzen von April bis Juni mit einem scharfen Messer. Schnittstellen mit Holzkohlepulver betupfen, um Fäulnis zu vermeiden.

Strelitzien

Die Pardiesvogelblume (*Strelitzia reginae*, WHZ 9) wird bis zu 2 m hoch, verholzt nicht und benötigt ganzjährig einen hellen Standort. Im Winter sollte sie nicht unter 10 °C stehen. Die Blütezeit variiert zwischen Februar und Juni, sie dauert bis zu 8 Wochen. Dafür sind regelmäßige Düngung während des Wachstums und humose Erde wichtig. Erscheinen die ersten Blütenknospen, den Standort nicht mehr wechseln, damit sie nicht eintrocknen.

FLAMINGOBLUME *Am richtigen Standort ist sie ein Dauerblüher. Lichten Sie regelmäßig Verblühtes und welke Blätter aus. So tief wie möglich schneiden, aber ohne die Pflanze zu verletzen.*

EINBLATT TEILEN *Flamingoblume und Einblatt wachsen krautig und lassen sich nicht durch einen Schnitt verkleinern. Teilen Sie deshalb zu große Pflanzen mit einem Messer.*

Die Baumstrelitzie (*Strelitzia nicolai*, WHZ 9) kann mehrere Meter hoch werden und entwickelt unverholzte Stämme. Ältere Pflanzen bilden große Blüten in Weiß-Blau. Standortbedingungen wie bei der Paradiesvogelblume. Beim Erhaltungsschnitt entfernen Sie unschöne Blätter an der Stielbasis. Dabei bleibt fast immer ein Stummel stehen. Trocknet dieser ein, entfernen Sie ihn. Eine Verjüngung, um die Pflanze zu verkleinern, ist nur möglich, indem Sie die größten Sprosse ganz entfernen. Durchschneiden Sie den Spross am Rhizom und ziehen Sie ihn aus dem Ballen.

Fensterblatt

Das Große Fensterblatt (*Monstera deliciosa*, WHZ 10) wird bis zu 4 m hoch und benötigt mit seinen großen Blättern viel Raum. Die Sorte 'Leichtlinii' (*M. obliqua*, WHZ 10) wächst nur bis zu 2 m, 'Monkey Leaf' und 'Variegata' (beide *M. adansonii*, WHZ 10) werden nur 1 m hoch. Alle halten sich mit ihren Luftwurzeln an der Rankhilfe oder Wand fest. Sie wünschen einen hellen Standort über 18 °C mit indirektem Licht, die Erde sollte humos und gleichmäßig feucht sein. Staunässe und sehr trockene Luft mögen sie nicht. Blüten bilden sich nur selten an älteren Pflanzen. Der Schnitt erfolgt bei hellem Standort im Herbst, bei eher dunklem im Frühjahr. Bei Wärme und viel Licht treibt die Pflanze am schnellsten wieder aus. Überlange Triebe kürzen Sie um die Hälfte bis zu zwei Drittel direkt oberhalb eines Blattes ein. Stehen auf Schnitthöhe keine Blätter mehr, schneiden Sie oberhalb der Kerbe des ehemaligen Blattansatzes. Kürzen Sie nicht alle Triebe auf einmal ein. Neuaustriebe leiten Sie an der Rankhilfe entlang.

Philodendron

Vom Philodendron oder Baumfreund (*Philodendron*-Arten, WHZ 10) gibt es sowohl aufrecht wachsende als auch kletternde Arten und Sorten. Kletternde halten sich mit ihren Luftwurzeln am Untergrund fest und werden an einer Rankhilfe bis zu 3 m hoch. Sie wünschen einen hellen Standort ohne intensive Sonne und über 15 °C. Die humose Erde gleichmäßig feucht halten, der Ballen sollte zwischen den Gießgängen abtrocknen. Kürzen Sie junge Pflanzen nach dem Kauf um ein Drittel ein, so erhalten Sie von Anfang an mehrere Triebe und damit eine größere Fülle. Verkahlende Triebe kürzen Sie bis zu Dreiviertel ein, um beblätterte Jungtriebe anzuregen.

ÄHNLICH ZU SCHNEIDEN

Ähnlich zu schneiden wie Fensterblatt: Zimmerrebe (*Cissus*-Arten, WHZ 10), Efeutute (*Epipremnum*-Arten, WHZ 10), Wachsblume (*Hoya*-Arten, WHZ 10), Mühlenbeckie (*Muehlenbeckia*-Arten, WHZ 7-9), Kranzschlinge (*Stephanotis floribunda*, WHZ 10), Kastanienwein (*Tetrastigma voinierianum*, WHZ 10).

STRELITZIE *Wie bei der Paradiesvogelblume entfernen Sie unschöne Blätter und später eintrocknende Stummel. Zu große Sprosse trennen Sie von der Mutterpflanze und ziehen sie aus dem Wurzelstock.*

PHILODENDRON *Zu lange überhängende oder kletternde Triebe kürzen Sie bei hellem Standort im Herbst, ansonsten besser im Frühjahr ein. Unterhalb der Schnittstelle entwickeln sich mehrere Seitentriebe.*

FENSTERBLATT *Wird ein Fensterblatt zu hoch, kürzt man es großzügig ein. Bedenken Sie bei der Wahl der Schnitthöhe, wie viel es in den nächsten 3 Jahren wachsen wird und schneiden entsprechend tief.*

ELEFANTENFUSS *Beaucarnea recurvata*, WHZ 10

Allgemeines: Beim Elefantenfuß blühen nur ältere Pflanzen und dann auch eher selten. Er hat einen am Fuß flaschenartig verdickten Stamm und wünscht einen ganzjährig hellen Standort, im Winter darf die Temperatur bis 10 °C absinken. Das humose Substrat muss im Sommer feucht sein, im Winter trockener. Zwischen den Gießgängen abtrocknen lassen. Grundschnitt: Regelmäßiger Schnitt nicht nötig. Wird die Pflanze zu groß, kürzen Sie den Blattschopf um drei Viertel ein. Die verbleibenden Blätter belassen, sie fördern den Neuaustrieb. Nicht in den verholzten Stamm schneiden! Bei mehreren Blattschöpfen, höchstens die Hälfte entfernen.

Wuchs: *bis 2 m*

Blütezeit: *Dez. – Jan.*

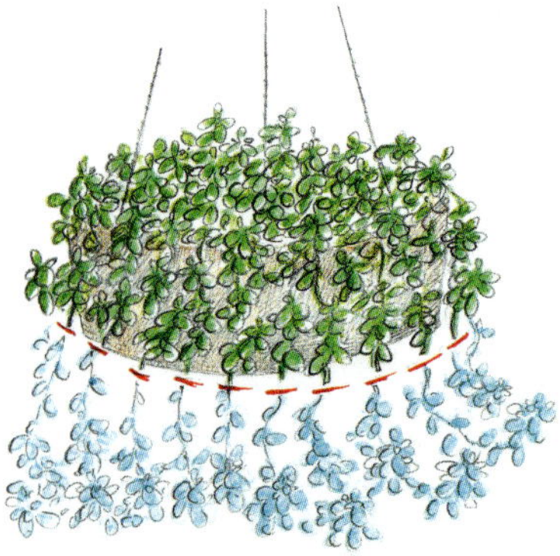

SCHÖNPOLSTER, CALLISIA *Callisia*-Arten, WHZ 9–10

Allgemeines: Schönpolster wachsen bodendeckend, in der Ampel überhängend. Das Kriechende Schönpolster (*C. repens*, WHZ 9) ist eine Futterpflanze für Reptilien. Die krautigen Triebe wachsen bei hohen Temperaturen stark. Buntlaubige Sorten verlieren bei zu hellem Standort ihre Blattzeichnung. Humose, aber durchlässige Erde verwenden. Als Tierfutter Topfpflanzen regelmäßig austauschen oder Triebe geschnitten verfüttern. Grundschnitt: Bei Bedarf Triebe im Frühjahr bis Frühsommer bis zu einem Drittel einkürzen, als Bodendecker im Wintergarten auch mit der Heckenschere. In der Ampel die längsten Triebe einzeln einkürzen.

Wuchs: *bis 0,3 m*

Blütezeit:
April – Juni

LEUCHTERBLUME *Ceropegia*-Arten, WHZ 10

Allgemeines: Die Hängende Leuchterblume (*Ceropegia linearis* ssp. *woodii*) hängt mit kleinen Blüten über, die Kletternde Leuchterblume *(C. sandersonii)* klettert mit ihren größeren Blüten als Schlinger. Beide mögen einen hellen, sonnigen Standort mit humoser, durchlässiger Erde. Im Winter kann die Temperatur auf 10 °C fallen. Grundschnitt: Zu lange Triebe zwischen März und Juni einkürzen. Bei der Hängenden Leuchterblume können Sie überlange Triebe in der Hälfte hochbiegen und ohne Schnitt zusätzlich in den Topf einpflanzen. Die kletternde Art regelmäßig an der Rankhilfe entlangleiten, sonst wickeln sich Triebe ineinander.

Wuchs: *bis 2 m*

Blütezeit: *Juni – Okt.*

KEULENLILIE *Cordyline fruticosa*-Sorten, WHZ 10

Allgemeines: Die Keulenlilie blüht selten und bildet Stämmchen. Meist wird sie mit einem Blattschopf angeboten. 'Kiwi' besitzt grüne, gelb gestreifte Blätter, 'Tango' grün gestreifte auf rotem Grund. Keulenlilien wünschen einen hellen Standort mit Temperaturen auch im Winter über 15 °C. Der humose Boden sollte durchlässig sein. Grundschnitt: Solange die Pflanze nicht zu hoch wird, lediglich die unteren, vertrocknenden Blätter entfernen. Wird sie zu hoch, kürzen Sie sie erst zwischen Anfang Mai und Juni ein. Rechnen Sie zur gewünschten Schnittstelle den Zuwachs der nächsten Jahre hinzu, damit Sie nicht zu bald nachschneiden müssen.

Wuchs: *bis 2 m*

Blütezeit: *Juli – Sept.*

Wuchs: *bis 1 m*

Blütezeit: *Jan. – Juni*

PFENNIGBAUM *Crassula ovata*, WHZ 9

Allgemeines: Der Pfennigbaum zählt zu den Sukkulenten, bei Substrat und Düngung sollten Sie daher Kakteenprodukte verwenden. Die Sorte 'Hobbit' besitzt schmale, wie Löffelchen geformte Blätter, die Triebe sind bei Wind etwas bruchgefährdet. Der Standort sollte ganzjährig hell sein. Staunässe unbedingt vermeiden, bei 10 °C überwintern. Erst ältere Pflanzen blühen. Grundschnitt: Eine Erziehung ist nicht nötig. Ältere Pflanzen werden manchmal zu groß und entwickeln Seitentriebe, die abbrechen können. Lenken Sie solche Verzweigungen oder überlange Triebe auf weiter innen stehende Seitentriebe um. Bei Bedarf verschlanken Sie diese.

Wuchs: *bis 2 m*

Blütezeit: *März – Mai*

DIEFFENBACHIE *Dieffenbachia*-Arten und -Hybriden, WHZ 10

Allgemeines: Die Dieffenbachie wächst, auch wenn sie Stämmchen entwickeln kann, krautig. Es gibt viele Sorten mit unterschiedlichsten Blattmarmorierungen. Sie wünscht humoses, feuchtes Substrat, aber keine Staunässe oder trockene Luft. Auch im Winter bei mindestens 18 °C halten. Ältere Pflanzen blühen selten. Da die Blüte das Wachstum schwächt, sollte man sie entfernen. Grundschnitt: Regelmäßig verwelkte Blätter entfernen. Wird die Pflanze zu hoch und entwickelt ein Stämmchen, im Frühjahr auf halber Höhe einkürzen. Noch vorhandene Blätter belassen. Meist treibt sie wieder aus, manchmal entstehen bodenbürtige Seitentriebe.

Wuchs: *bis 3 m*

Blütezeit: *Mai – Juli*

DRACHENBAUM *Dracaena*-Arten, WHZ 9

Allgemeines: Sorten und Hybriden des Drachenbaums tragen schmale oder breite Blätter mit unterschiedlicher Färbung. Sie bevorzugen einen hellen bis halbschattigen Standort über 15 °C. Nur ältere Pflanzen bilden vereinzelt Blüten. Drachenbäume verholzen, oft werden sie mit Stamm und mehreren Blattschöpfen angeboten. Grundschnitt: Grundsätzlich ähnlich wie Palmlilie (*Yucca*, → Seite 304, 305), zwischen April und Juni. Zu hohe eintriebige Pflanzen kürzen Sie etwa 50 cm unter der gewünschten Endhöhe ein. So kann die Pflanze einige Jahre bis zum erneuten Schnitt ungestört wachsen. Mehrschopfige Bäumchen wie *Yucca* schneiden.

Wuchs: *bis 0,8 m*

Blütezeit: *Nov. – Feb.*

WEIHNACHTSSTERN *Euphorbia pulcherrima*, WHZ 9

Allgemeines: Weihnachtssterne gibt es in vielen Sorten und Farben. Auffallend sind nicht die Blüten, sondern gefärbte Hochblätter. Sie werden angeregt, wenn die Nächte für 8 Wochen länger sind als 12 Stunden. Der Standort sollte hell, über 16 °C und auch im Winter nicht lufttrocken sein. Nach dem »Verblühen« für 4 Wochen kühl und trocken halten. Grundschnitt: Vorsicht, der Milchsaft ist hautreizend! Die bunten Hochblätter stehen endständig an diesjährigen Trieben. Im März kürzen Sie dickere Gerüsttriebe um ein Drittel ein, alle Seitentriebe auf 5–10 cm lange Zapfen am Gerüst. Nach der Ruhephase bilden sich wieder junge Austriebe.

GUMMIBAUM *Ficus elastica*, WHZ 10

Allgemeines: Der Gummibaum ist eine starkwüchsige Grünpflanze, Blüten erscheinen sehr selten an älteren Gehölzen. 'Decora' wächst kompakter als die Art, 'Variegata' besitzt weiß gerandete Blätter. Je heller ein Gummibaum steht, umso kompakter wächst er. Über 15 °C halten. Grundschnitt: Ohne Schnitt verzweigt er sich nur wenig. Der beste Schnittzeitpunkt ist September – Oktober. Zu große Pflanzen kürzen Sie über einem Blatt ein. Kalkulieren Sie den Zuwachs der nächsten 2 Jahre mit ein und schneiden Sie entsprechend tiefer. Vorsicht: Der Milchsaft ist hautreizend, mit einem Feuerzeug können Sie die Wunde abflammen und ihn so stoppen.

Wuchs: *bis 4 m*

Blütezeit: *April – Juni*

KENTIAPALME *Howea*-Arten, WHZ 10

Allgemeines: Die Kentiapalme hat einen Stamm, ihre Blätter hängen über. Im Zimmer blüht sie sehr selten. Bei der Bogigen Kentiapalme (*H. belmoreana,* WHZ 10) stehen die Blattstiele aufrechter, sie wirkt schmaler. Beide benötigen humoses, durchlässiges, stets feuchtes Substrat und über 15 °C. Staunässe vertragen sie nicht. Oft sind mehrere Palmen zusammengepflanzt, um den Eindruck einer mehrtriebigen Pflanze zu vermitteln. Grundschnitt: Entfernen Sie regelmäßig welkende Blätter. Ein Rückschnitt des Stamms ist nicht möglich. Palmen besitzen nur ein Wachstumsherz an der Spitze. Zurückgeschnitten treiben sie nicht mehr aus.

Wuchs: *bis 2 m*

Blütezeit: *Juni – Aug.*

BUNTE PFEILWURZ *Maranta leuconeura*, WHZ 10

Allgemeines: Die Bunte Pfeilwurz hat eine sehr auffällige Blattmarmorierung und ist etwas anspruchsvoll. Sie wünscht einen hellen bis halbschattigen Standort über 16 °C ohne direkte Sonne, gleichmäßige Bodenfeuchtigkeit, kalkfreies Wasser und hohe Luftfeuchtigkeit. Auf einem kalten Fenstersims oder Fußboden legen Sie eine Isolierung unter den Topf. Die Pflanze verholzt nicht, Blüten erscheinen selten. Grundschnitt: Da die Pfeilwurz krautig bleibt, entfernt man nur welkende Blätter. Zu breite Pflanzen teilen Sie. Für das Einwurzeln braucht es aber hohe Temperaturen, daher am besten von Juni bis Juli teilen.

Wuchs: *bis 0,6 m*

Blütezeit: *April – Juni*

BOGENHANF *Sansevieria*-Arten und -Sorten, WHZ 10

Allgemeines: Neben den vielen breitblättrigen Sorten (meist *S. trifasciata*-Sorten) gibt es auch welche mit zylindrischen Blättern (*S. cylindrica* 'Straight') oder schmalen, bogig überhängenden (*S. kirkii* 'Friends'). Auf den ersten Blick erkennt man sie nicht als Sansevierien. Alle mögen einen hellen Standort über 15 °C. Nur wenig gießen, die Erde sollte nach dem Gießen abtrocknen. Die Pflanze bleibt krautig und bildet Rhizome mit neuen Sprossen. Grundschnitt: Nur ganzjährig verwelkende Blätter entfernen. Tief schneiden, sonst entstehen trockene Stummel, diese vorsichtig ausreißen. Zu große Pflanzen teilen Sie am besten zwischen April und Juli.

Wuchs: *bis 1 m*

Blütezeit: *Feb. – April*

Wuchs: *bis 2 m*

Blütezeit: *Juli – Sept.*

STRAHLENARALIE *Schefflera*-Arten, WHZ 10

Allgemeines: *Schefflera* ist in verschiedenen, auch fein- oder buntlaubigen Sorten im Handel. Sie wächst anfangs aufrecht, bildet nach einigen Jahren verholzende Triebe und verzweigt sich. Blüten erscheinen sehr selten an älteren Gehölzen. Sie benötigt halbschattiges, indirektes Licht und gleichmäßig feuchte, humose, aber durchlässige Erde. Sie braucht mindestens 15 °C und hohe Luftfeuchtigkeit. Grundschnitt: Von April bis Juni, bei sehr hellem Standort im September. Zu lange aufrechte Triebe lenken Sie auf tiefer stehende um. Weit nach außen überhängende Triebe auf weiter innen stehende, die nach außen weisen. Nach innen wachsende auslichten.

Wuchs: *bis 3 m*

Blütezeit: *Jan. – April*

ZIMMERLINDE *Sparmannia africana*, WHZ 10

Allgemeines: Die Zimmerlinde ist starkwüchsig und benötigt viel Raum. 'Flore Pleno' hat gefüllte Blüten. Ein heller Standort und ein humoses Substrat sind vorteilhaft. Wasserbedarf im Sommer hoch, im Winter geringer, Überwinterung bei 5–15 °C. Grundschnitt: Die Blüten erscheinen endständig an einjährigen Trieben. Schneiden Sie daher direkt nach der Blüte. Erziehen Sie sie mit Stamm oder bis zu drei Gerüsttrieben. Abgeblühte Seitentriebe kürzen Sie auf 5 cm kurze Zapfen ein. Einige schwächere als Alibitriebe belassen (→ Seite 43). Ist die Form wichtiger als eine maximale Blüte, lenken Sie nur zu lange Seitentriebe auf weiter innen stehende um.

Wuchs: *bis 0,5 m*

Blütezeit: *Feb. – Nov.*

DREIMASTERBLUME *Tradescantia*-Arten, WHZ 8–9

Allgemeines: Dreimasterblumen bleiben krautig und wachsen kriechend oder überhängend. Viele Sorten zeigen unterschiedliche Blattfarben und -marmorierungen. Sie mögen helles, indirektes Licht und durchlässige, aber humose Erde. Gießen Sie mäßig. Die Temperatur sollte über 10 °C liegen. Grundschnitt: Blüten erscheinen an diesjährigen Trieben. Schnitt zwischen April und August. Kürzen Sie regelmäßig überlange Triebe um zwei Drittel ein. So vermeiden Sie, dass die Pflanze verkahlt. Kürzen Sie immer nur die Hälfte der Triebe ein, so bleibt der Schnitt fast unsichtbar. Überalterte Pflanzen durch Stecklinge ersetzen – diese gelingen leicht.

Wuchs: *bis 1 m*

Blütezeit: *Juni – Sept.*

GLÜCKSFEDER *Zamioculcas zamiifolia*, WHZ 10

Allgemeines: Die seltenen Blüten der Glücksfeder sind unscheinbar, den gewünschten Effekt liefern die gefiederten Blätter. Sie kommt mit einem schattigen Standort über 18 °C gut zurecht. Das humose Substrat sollte gleichmäßig feucht bleiben, Staunässe verträgt sie nicht. Zwischen dem Gießen Ballen abtrocknen lassen. Die Pflanze bleibt krautig und bildet mit unterirdischen Rhizomen neue Bodentriebe. Grundschnitt: Nur unschöne Blätter ganzjährig nahe am Boden entfernen. Viele gelbe Blätter gleichzeitig weisen auf Staunässe hin. Zu große Pflanzen im Frühjahr teilen, eine Verkleinerung nur durch Entfernen großer Blätter ist nicht möglich.

Schnittkalender

ZIERGEHÖLZE														
Deutscher Name	**Botanischer Name**	**Jan.**	**Feb.**	**Mrz.**	**Apr.**	**Mai**	**Juni**	**Juli**	**Aug.**	**Sep.**	**Okt.**	**Nov.**	**Dez.**	**auf Seite**
Abelie	*Abelia × grandiflora*													196
Schneeforsythie	*Abeliophyllum distichum*													196
Tanne	*Abies*-Arten													139
Feldahorn	*Acer campestre*													142, 184
Strauchahorn	*Acer palmatum, A. japonicum*													102, 196
Kugelahorn	*Acer platanoides* 'Globosum'													148
Flamingo-Strahlengriffel	*Actinidia kolomikta*													196
Strauchkastanie	*Aesculus parviflora*													197
Schlangenwein	*Akebia quinata*													197
Felsenbirne	*Amelanchier*-Arten													90, 143, 189
Aralie	*Aralia elata*													197
Pfeifenwinde	*Aristolochia macrophylla*													178
Eberraute	*Artemisia abrotanum*													197
Aukube	*Aucuba japonica*													198
Azaleen	*Azalea*-Arten													124, 198
Berberitze, Sauerdorn	*Berberis*-Arten													72, 186, 189
Hängebirke	*Betula pendula* 'Youngii'													148
Rispensommerflieder	*Buddleja alternifolia*													65
Sommerflieder	*Buddleja davidii*													114, 189
Buchs	*Buxus*-Arten													126, 184
Schönfrucht	*Callicarpa bodinieri*													73
Heidekraut, Besenheide	*Calluna vulgaris*													121
Gewürzstrauch	*Calycanthus floridus*													76
Kamelie	*Camellia japonica*-Sorten													198
Trompetenwinde	*Campsis*-Arten													174
Erbsenstrauch	*Caragana arborescens*													148, 198
Hainbuche	*Carpinus betulus*													148, 184
Bartblume	*Caryopteris × clandonensis*													110
Kugel-Trompetenbaum	*Catalpa bignonioides* 'Nana'													148
Säckelblume	*Ceanothus × delilianus*													199
Baumwürger	*Celastrus orbiculatus*													199
Knopfbusch	*Cephalanthus occidentalis*													199
Lebkuchenbaum	*Cercidiphyllum japonicum*													143, 199
Judasbaum	*Cercis siliquastrum*													143, 200
Scheinquitte, Zierquitte	*Chaenomeles*-Arten													66, 189
Scheinzypresse	*Chamaecyparis*-Arten													136, 186
Winterblüte	*Chimonanthus praecox*													200
Clematis, frühsommerblühend	*Clematis*-Sorten													168
Clematis, frühblühend	*Clematis*-Arten und -Sorten													168
Clematis, sommerblühend	*Clematis*-Arten und -Sorten													169
Japanischer Losbaum	*Clerodendrum trichotomum* var. *trichotomum*													200
Erlenblättrige Zimterle	*Clethra alnifolia*													200
Blasenstrauch	*Colutea arborescens*													201

Schnittzeit Kernschnittzeit

ZIERGEHÖLZE														
Deutscher Name	**Botanischer Name**	**Jan.**	**Feb.**	**Mrz.**	**Apr.**	**Mai**	**Juni**	**Juli**	**Aug.**	**Sep.**	**Okt.**	**Nov.**	**Dez.**	**auf Seite**
Hartriegel-Arten, rotrindig	*Cornus alba, C. stolonifera*													44, 189
Pagoden-Hartriegel	*Cornus alternifolia, C. controversa*													89
Blüten-Hartriegel	*Cornus kousa, C. florida*													88
Kornelkirsche	*Cornus mas*													142, 189, 201
Scheinhasel	*Corylopsis*-Arten													101
Haselnuss	*Corylus avellana*													189, 201
Korkenzieherhasel	*Corylus avellana* 'Contorta'													201
Perückenstrauch	*Cotinus coggygria*													44, 202
Zwergmispel	*Cotoneaster*-Arten													130, 202
Weißdorn	*Crataegus*-Arten													142, 202
Elfenbein-Ginster	*Cytisus × praecox*													62
Geißklee	*Cytisus scoparius*													62
Seidelbast	*Daphne*-Arten													202
Deutzie, Maiblumenstrauch	*Deutzia*-Arten													70, 189
Ölweide	*Elaeagnus*-Arten													184, 189, 203
Prachtglocke	*Enkianthus campanulatus*													203
Schneeheide, winterblühend	*Erica carnea*													203
Sommerheide	*Erica vagans, E. cinerea*													121
Spindelstrauch	*Euonymus*-Arten													103
Kriechspindel	*Euonymus fortunei*-Sorten													203
Chinesische Radspiere	*Exochorda racemosa*													204
Buche	*Fagus sylvatica*													148, 184
Schlingknöterich	*Fallopia baldschuanica*													179
Bambus	*Fargesia*-Arten													204
Forsythie, Goldglöckchen	*Forsythia × intermedia*													68
Kugel-Esche	*Fraxinus excelsior* 'Nana'													148
Torfmyrte	*Gaultheria* (syn. *Pernettya*) *mucronata*													204
Scheinbeere	*Gaultheria procumbens*													204
Goldland-Ginster	*Genista lydia*													63
Färber-Ginster	*Genista tinctoria*													63
Fächerblattbaum	*Gingko biloba* Zwergsorten													205
Schneeglöckchenbaum	*Halesia carolina*													205
Zaubernuss	*Hamamelis*-Arten													100
Strauchveronika	*Hebe*-Arten													202
Efeu	*Hedera*-Arten													176, 195
Sieben-Söhne-des Himmels	*Heptacodium miconioides*													205
Hibiskus	*Hibiscus syriacus*													112
Strauch-Kronwicke	*Hippocrepis emurus*													206
Sanddorn	*Hippophae rhamnoides*													189, 206
Kletterhortensie	*Hydrangea anomala* ssp. *petiolaris*													175
Waldhortensie	*Hydrangea arborescens* 'Annabelle'													118

Schnittkalender

ZIERGEHÖLZE														
Deutscher Name	**Botanischer Name**	**Jan.**	**Feb.**	**Mrz.**	**Apr.**	**Mai**	**Juni**	**Juli**	**Aug.**	**Sep.**	**Okt.**	**Nov.**	**Dez.**	**auf Seite**
Samt-, Riesenblatthortensie	*Hydrangea aspera*-Unterarten													86
Ball-, Tellerhortensie	*Hydrangea macrophylla, H. serrata*													74, 117
Rispenhortensie	*Hydrangea paniculata*													118
Eichblatthortensie	*Hydrangea quercifolia*													87
Johanniskraut	*Hypericum*-Arten													206
Stechpalme	*Ilex*-Arten													128
Indigostrauch	*Indigofera*-Arten													117
Rosa Jasmin	*Jasminum beesianum*													181
Winterjasmin	*Jasminum nudiflorum*													181
Wacholder	*Juniperus*-Arten													135
Lorbeerrose	*Kalmia*-Arten													206
Ranunkelstrauch	*Kerria japonica*													58
Blasenbaum	*Koelreuteria paniculata*													143, 149
Kolkwitzie	*Kolkwitzia amabilis*													85, 189
Goldregen	*Laburnum*-Arten													207
Lavendel	*Lavandula*-Arten													106
Schöne Leycesterie	*Leycesteria formosa*													207
Buschklee	*Lespedeza thunbergii*													207
Liguster	*Ligustrum*-Arten													84, 184
Kugel-Amberbaum	*Liquidambar styraciflua* 'Gum Ball'													148
Geißblatt, schlingendes	*Lonicera*-Arten													180
Heckenkirschen	*Lonicera*-Arten													77, 189, 207
Immergrüne Strauch-Heckenkirsche	*Lonicera nitida, L. pileata*													131
Magnolie	*Magnolia*-Arten													208
Mahonie	*Mahonia*-Arten													129
Zierapfel	*Malus*-Arten													98, 142, 189
Himmelsbambus	*Nandina domestica*													208
Scheinbuche	*Nothofagus antarctica*													208
Burkwoods Duftblüte	*Osmanthus × burkwoodii*													208
Ysander	*Pachysandra terminalis*													209
Strauchpfingstrose	*Paeonia suffruticosa*													75
Eisenholzbaum	*Parrotia persica*													143, 209
Wilder Wein	*Parthenocissus*-Arten													177
Silber-Blauraute	*Perovskia atriplicifolia*													209
Pfeifenstrauch	*Philadelphus*-Arten													78, 189
Glanzmispel	*Photinia × fraseri*													209
Blasenspiere	*Physocarpus opulifolius*													83, 189
Fichte	*Picea*-Arten													138
Lavendelheide	*Pieris japonica*-Sorten													210
Kiefer	*Pinus*-Arten													134
Fünffingerstrauch	*Potentilla fruticosa*													210

Schnittzeit — Kernschnittzeit

ZIERGEHÖLZE														
Deutscher Name	**Botanischer Name**	**Jan.**	**Feb.**	**Mrz.**	**Apr.**	**Mai**	**Juni**	**Juli**	**Aug.**	**Sep.**	**Okt.**	**Nov.**	**Dez.**	**auf Seite**
Blutpflaume	*Prunus cerasifera* 'Nigra'													210
Zierkirsche	*Prunus Cerasus* Gruppe													96, 142, 148
Kugel-Steppenkirsche	*Prunus fruticos* 'Globosa'													148
Lorbeerkirsche	*Prunus laurocerasus,* *P. lusitanica*													127
Mandelbäumchen, gefüllt	*Prunus triloba* 'Plena'													64
Feuerdorn	*Pyracantha*-Hybriden													210
Weidenblättrige Birne	*Pyrus salicifolia*													149, 211
Kugel-Sumpfeiche	*Quercus palustris* 'Green Dwarf'													148
Säuleneiche	*Quercus robur* 'Fastigiata Koster'													148
Faulbaum	*Rhamnus frangula*-Sorten													211
Rhododendron	*Rhododendron*-Arten													124
Zwergrhododendron 'Bloombox'	*Rhododendron micranthum* 'Bloombox'													211
Scheinkerrie	*Rhodotypos scandens*													211
Essigbaum	*Rhus*-Arten													212
Alpenjohannisbeere	*Ribes alpinum*													78, 184
Goldjohannisbeere	*Ribes aureum*													79
Blutjohannisbeere	*Ribes sanguineum*													79, 189
Kugel-Scheinakazie	*Robinia pseudoacacia* 'Umbraculifera'													148
Rosen, einmalblühend	*Rosa*-Sorten													150–165
Rosen, öfterblühend	*Rosa*-Sorten													150–163
Wildrosen	*Rosa*-Arten													161
Rosmarin	*Rosmarinus officinalis*													212
Zierhimbeere	*Rubus*-Arten													59
Weinraute	*Ruta graveolens*-Sorten													212
Weide	*Salix*-Arten													148, 212
Gewürzsalbei	*Salvia officinalis*													108
Holunder	*Sambucus*-Arten													94, 189
Heiligenkraut	*Santolina*-Arten													111
Skimmie	*Skimmia japonica*-Sorten													213
Fiederspiere	*Sorbaria sorbifolia*													213
Ebereschen	*Sorbus*-Arten													95, 142, 148
Spiräe, sommerblühend	*Spiraea*-Arten													120
Spiräe, frühjahrsblühend	*Spiraea*-Arten													60, 189
Japanischer Perlschweif	*Stachyurus praecox*													213
Gewöhnliche Pimpernuss	*Staphylea pinnata*													213
Kranzspiere	*Stephanandra incisa*													214
Scheinkamelie	*Stewartia pseudocamellia*													214
Schneebeere	*Symphoricarpos*-Arten													67
Zwerg-Duftflieder	*Syringa meyeri* 'Palibin'													92
Kleinblättriger Herbstflieder	*Syringa microphylla* 'Superba'													92
Bogenflieder	*Syringa reflexa*													92

Schnittkalender

ZIERGEHÖLZE														
Deutscher Name	**Botanischer Name**	**Jan.**	**Feb.**	**Mrz.**	**Apr.**	**Mai**	**Juni**	**Juli**	**Aug.**	**Sep.**	**Okt.**	**Nov.**	**Dez.**	**auf Seite**
Perlenflieder	*Syringa × swegiflexa*													92
Flieder	*Syringa vulgaris*-Sorten													92
Frühlings-Tamariske	*Tamarix parviflora*													214
Sommer-Tamariske	*Tamarix ramosissima*													214
Eibe	*Taxus*-Arten													140, 186, 194
Zwergeibe	*Taxus baccata* 'Renkes Kleiner Grüner'													215
Thuja	*Thuja*-Arten													137, 186
Thymian	*Thymus*-Arten													109
Duft-Schneeball	*Viburnum × burkwoodii, V. carlesii*													80/81
Winter-Schneeball	*Viburnum farreri, V. × bodnantense*													80
Wolliger Schneeball	*Viburnum lantana*													81
Gefüllter Schneeball	*Viburnum opulus* 'Roseum'													82, 189
Etagen-Schneeball	*Viburnum plicatum*-Sorten													81
Mittelmeerschneeball	*Viburnum tinus*													215
Mönchspfeffer	*Vitex agnus-castus*													116
Purpurwein	*Vitis coignetiae*													215
Weigelie	*Weigela*-Arten													71
Blauregen	*Wisteria*-Arten													172
Fädige Palmlilie	*Yucca filamentosa*													215

OBSTGEHÖLZE														
Deutscher Name	**Botanischer Name**	**Jan.**	**Feb.**	**Mrz.**	**Apr.**	**Mai**	**Juni**	**Juli**	**Aug.**	**Sep.**	**Okt.**	**Nov.**	**Dez.**	**auf Seite**
Spalierobst	alle Arten und Sorten													244–249
Ananas-Guave	*Acca sellowiana*													295
Kiwi	*Actinidia deliciosa, A. arguta*-Sorten													266
Felsenbirne	*Amelanchier*-Arten													90, 143, 189
Apfelbeere	*Aronia melanocarpa*													270
Indianerbanane, Papau	*Asimina triloba*													270
Berberitze, Sauerdorn	*Berberis*-Arten													72, 184, 189
Ess-, Edelkastanie	*Castanea sativa*													270
Scheinquitte, Zierquitte	*Chaenomeles*-Arten													66, 189
Zitrus	*Citrus*-Arten													294
Kornelkirsche	*Cornus mas*													143, 189, 202
Haselnuss	*Corylus avellana*-Fruchtsorten													201
Weißdorn	*Crataegus*-Arten													143, 203
Quitte	*Cydonia oblonga*-Sorten													233
Kaki	*Diospyros kaki*													269
Ölweide	*Elaeagnus*-Arten													184, 189, 204
Wollmispel	*Eriobotrya japonica*													295

Schnittzeit   Kernschnittzeit

OBSTGEHÖLZE														
Deutscher Name	**Botanischer Name**	**Jan.**	**Feb.**	**Mrz.**	**Apr.**	**Mai**	**Juni**	**Juli**	**Aug.**	**Sep.**	**Okt.**	**Nov.**	**Dez.**	**auf Seite**
Feige	*Ficus carica*													268
Erdbeere	*Fragaria × ananassa*													263
Sanddorn	*Hippophae rhamnoides*													189, 206
Walnuss	*Juglans regia*-Sorten													232
Maibeere	*Lonicera caerulea* var. *kamtschatica*-Sorten													270
Goji-Beere, Bocksdorn	*Lycium barbarum*													271
Mahonie	*Mahonia*-Arten													127
Zierapfel	*Malus*-Arten													98, 143, 189
Apfel	*Malus domestica*-Sorten													220, 236, 250
Mispel	*Mespilus germanica*													271
Maulbeere, Weiße, Schwarze	*Morus alba, M. nigra*													271
Olive	*Olea europea*													294
Aprikose	*Prunus armeniaca*-Sorten													247, 250
Süßkirsche	*Prunus avium*-Sorten													228, 242, 251
Blutpflaume	*Prunus cerasifera* 'Nigra'													210
Sauerkirsche	*Prunus cerasus*-Sorten													235, 250
Pflaume	*Prunus domestica* ssp. *domestica-Sorten*													230
Zwetschge	*Prunus domestica* ssp. *domestica*-Sorten													230, 242, 250
Reneklode	*Prunus domestica* ssp. *italica*-Sorten													230
Mirabelle	*Prunus domestica* ssp. *syriaca*-Sorten													230
Mandel, Süßmandel	*Prunus dulcis* var. *dulcis*													271
Nektarine	*Prunus persica* var. *nucipersica*-Sorten													234, 250
Pfirsich	*Prunus persica* var. *persica*-Sorten													234, 250
Schlehe	*Prunus spinosa*													272
Granatapfel	*Punica granatum*													300
Birne	*Pyrus communis*-Sorten													220, 236, 250
Nashi	*Pyrus pyrifolia* var. *culta*-Sorten													272
Alpenjohannisbeere	*Ribes alpinum*													79, 184
Schwarze Johannisbeere	*Ribes nigrum*-Sorten													256
Rote/Weiße Johannisbeere	*Ribes rubrum* var. *domesticum*-Sorten													254
Stachelbeere	*Ribes uva-crispa* var. *sativum*-Sorten													254
Jostabeere	*Ribes × nidrigolaria*-Sorten													256
Wildrosen	*Rosa*-Arten													161
Allackerbeere	*Rubus arcticus* var. *stellarcticus*													272
Brombeere	*Rubus fruticosa*-Sorten													261
Taybeere	*Rubus fruticosus × R. idaeus*													272
Himbeere, frühsommertragend	*Rubus idaeus*-Sorten													260

Schnittkalender

OBSTGEHÖLZE														
Deutscher Name	**Botanischer Name**	Jan.	Feb.	Mrz.	Apr.	Mai	Juni	Juli	Aug.	Sep.	Okt.	Nov.	Dez.	**auf Seite**
Himbeere, herbsttragend	*Rubus idaeus*-Sorten													260
Loganbeere	*Rubus loganobaccus*													272
Japanische Weinbeere	*Rubus phoenicolasius*													273
Holunder	*Sambucus*-Arten													94, 189
Spaltkölbchen, Vitalbeere	*Schisandra chinensis*													273
Eberesche	*Sorbus*-Arten													95, 143, 149
Heidelbeere, Gartenform	*Vaccinium corymbosum*-Sorten													262
Heidelbeere, Wildart	*Vaccinium myrtillus*													262
Preiselbeere	*Vaccinium vitis-idaea*													273
Weinrebe, Tafeltraube	*Vitis vinifera* ssp. *sativa*-Sorten													264

STAUDEN														
Deutscher Name	**Botanischer Name**	Jan.	Feb.	Mrz.	Apr.	Mai	Juni	Juli	Aug.	Sep.	Okt.	Nov.	Dez.	**auf Seite**
Schafgarbe	*Achillea*-Hybriden													284
Eisenhut	*Aconitum*-Arten													284
Duftnessel	*Agastache × rugosa*													284
Frauenmanel	*Alchemilla mollis*													279
Zitronenverbene	*Aloysia citriodora*													284
Akelei	*Aquilegia*-Arten													284
Echter Wermut	*Artemisia absinthium*													285
Aster	*Aster*-Arten													279
Bergenie	*Bergenia*													280
Reitgras	*Calamagrostis acutiflora*													282
Segge	*Carex*-Arten													283
Chinesischer Bleiwurz	Ceratostigma plumbaginoides													285
Herbst-Chrysantheme	*Chrysanthemum × grandiflorum*													279
Mädchenauge	*Coreopsis*-Arten													285
Pampasgras	*Cortaderia selloana*													289
Rittersporn	*Delphinium*-Hybriden													278
Fingerhut	*Digitalis purpurea*													278
Goldschuppen-Wurmfarn	*Dryopteris affinis*													288
Rot-Schleierfarn	*Dryopteris erythrosora*													288
Purpur-Sonnenhut	*Echinacea purpurea*-Sorten													286
Elfenblume	*Epimedium*-Arten													280
Wolfsmilch-Arten	*Euphorbia*-Arten													286
Schwingel	*Festuca-Arten*													283
Prachtkerze	*Gaura lindheimeri*													286
Storchschnabel	*Geranium* × 'Rozanne'													278
Christrose	*Helleborus niger*													280
Lenzrose	*Helleborus orientale*													280
Purpurglöckchen	*Heuchera*-Sorten													280

Schnittzeit Kernschnittzeit

STAUDEN														
Deutscher Name	**Botanischer Name**	**Jan.**	**Feb.**	**Mrz.**	**Apr.**	**Mai**	**Juni**	**Juli**	**Aug.**	**Sep.**	**Okt.**	**Nov.**	**Dez.**	**auf Seite**
Hopfen	*Humulus lupulus*													286
Schleifenblume	*Iberis sempervirens*													287
Japan-Blutgras	*Imperata cylindrica*													289
Schwertlilie	*Iris × germanica*													278
Schillergras	*Koeleria glauca*													283
Lilientraube	*Liriope muscari*													280
Chinaschilf	*Miscanthus sinensis*													282
Pfeifengras	*Molinia*-Arten													282
Katzenminze	*Nepeta × faassenii*													272
Pfingstrose (intersektionell)	*Paeonia* × Itoh-Hybriden													287
Rutenhirse	*Panicum virgatum*													281
Lampenputzergras	*Pennisetum alopecuroides*													276
Hirschzungenfarn	*Phyllitis scolopendrium*													288
Schildfarn	*Polystichum*-Arten													275
Herbst-Salbei	*Salvia greggii*													287
Garten-Salbei	*Salvia nemorosa*													278
Fetthenne	*Sedum*-Arten													288
Reiher-Federgras	*Stipa pulcherrima f. nudicostata*													289
Zartes Federgras	*Stipa tenuissima*, syn. 'Nasella'													283
Immergrüner Gamander	*Teucrium × lucidrys*													288
Immergrün	*Vinca*-Arten													281

KÜBELPFLANZEN														
Deutscher Name	**Botanischer Name**	**Jan.**	**Feb.**	**Mrz.**	**Apr.**	**Mai**	**Juni**	**Juli**	**Aug.**	**Sep.**	**Okt.**	**Nov.**	**Dez.**	**auf Seite**
Schönmalve	*Abutilon*-Hybriden													296
Ananas-Guave	*Acca sellowiana*													295
Seidenakazie	*Albizia julibrissin*													292
Erdbeerbaum	*Arbutus unedo*													295
Strauchmargerite	*Argyranthemum frutescens*													292
Bougainvillee	*Bougainvillea spectabilis*													296
Zylinderputzer	*Callistemon citrinus*													296
Gewürzrinde	*Cassia*-Arten (syn. *Senna)*													296
Roter Hammerstrauch	*Cestrum elegans*													292
Orangenblume	*Choysia ternata*													297
Zistrose	*Cistus*-Arten													297
Zitruspflanzen	*Citrus*-Arten													294
Zickzackstrauch	*Corokia cotoneaster*													297
Echte Zypresse	*Cupressus sempervirens*													297
Engelstrompete	*Datura*-Arten (syn. *Brugmansia)*													298
Wollmispel	*Eriobotrya japonica*													295
Korallenstrauch	*Erythrina crista-galli*													292

Schnittkalender

KÜBELPFLANZEN														
Deutscher Name	**Botanischer Name**	Jan.	Feb.	Mrz.	Apr.	Mai	Juni	Juli	Aug.	Sep.	Okt.	Nov.	Dez.	**auf Seite**
Tasmanischer Eukalyptus	*Eucalyptus gunnii*													298
Fuchsie	*Fuchsia*-Hybriden													293
Rosen-Eibisch	*Hibiscus rosa-sinensis*													298
Veilchenstrauch	*Iochroma cyaneum*													292
Echter Jasmin	*Jasminum officinale*													298
Kreppmyrte	*Lagerstroemia indica*													293
Wandelröschen	*Lantana camara*-Hybriden													293
Echter Lorbeer	*Laurus nobilis*													299
Brasiljasmin, Dipladenie	*Mandevilla sanderi* × Hybriden													299
Braut-Myrte	*Myrtus communis*													299
Oleander	*Nerium oleander*													295
Olive	*Olea europea*													295
Laubenwein	*Pandorea jasminoides*													295
Passionsblume	*Passiflora caerulea*													290
Neuseelandflachs	*Phormium tenax*													300
Kapstachelbeere	*Physalis peruviana*													300
Bleiwurz	*Plumbago auriculata*													300
Rosa Trompetenwein	*Podranea ricasoliana*													292
Bitterorange	*Poncirus trifoliata*													295
Granatapfel	*Punica granatum*													301
Jasmin-Nachtschatten	*Solanum jasminoides*													301
Enzianstrauch	*Solanum rantonnetii* (syn. *Lycianthes*)													292
Kap-Geißblatt	*Tecomaria capensis*													292
Prinzessinenstrauch	*Tibouchina urvilleana*													301
Chinesischer Sternjasmin	*Trachelospermum jasminoides*													301
Chinesische Dattel	*Ziziphus jujuba*													301

ZIMMERPFLANZEN														
Deutscher Name	**Botanischer Name**	Jan.	Feb.	Mrz.	Apr.	Mai	Juni	Juli	Aug.	Sep.	Okt.	Nov.	Dez.	**auf Seite**
Sanders-Pfeilblatt	*Alocasia sanderiana*													305
Große Flamingoblume	*Anthurium andraeanum*													306
Kleine Flamingoblume	*Anthurium scherzerianum*													306
Schusterpalme	*Aspidistra elatior*													305
Nestfarn	*Asplenium*-Arten													305
Elefantenfuß	*Beaucarnea recurvata*													308
Korbmarante	*Calathea*-Arten													305
Schönpolster	*Callisia*-Arten													308
Leuchterblume	*Ceropegia*-Arten													308
Zimmerrebe	*Cissus*-Arten													307
Balsamapfel	*Clusia major*													304
Wunderstrauch, Kroton	*Codiaemum variegatum*													304

Schnittzeit — Kernschnittzeit

ZIMMERPFLANZEN														
Deutscher Name	**Botanischer Name**	**Jan.**	**Feb.**	**Mrz.**	**Apr.**	**Mai**	**Juni**	**Juli**	**Aug.**	**Sep.**	**Okt.**	**Nov.**	**Dez.**	**auf Seite**
Keulenlilie	*Cordyline fruticosa*-Sorten													308
Pfennigbaum	*Crassula ovata*													309
Efeutute	*Epipremnum*-Arten													307
Weihnachtsstern	*Euphorbia pulcherrima*-Sorten													309
Dieffenbachie	*Dieffenbachia*-Arten und -Hybriden													309
Drachenbaum	*Dracaena*-Arten													309
Zimmeraralie	*Fatsia japonica*													304
Birkenfeige	*Ficus benjamina*													304
Schmalblättriger Gummibaum	*Ficus binnendijkii*													304
Gummibaum	*Ficus elastica*													310
Leier-Gummibaum	*Ficus lyrata*													304
Kentiapalme	*Howea*-Arten													310
Wachsblume	*Hoya*-Arten													307
Bunte Pfeilwurz	*Maranta leuconeura*													310
Geschlitztes Fensterblatt	*Monstera adansonii*													307
Großes Fensterblatt	*Monstera deliciosa*													307
Löchriges Fensterblatt	*Monstera obliqua*													307
Mühlenbeckie	*Muehlenbeckia*-Arten													307
Glückskastanie	*Pachira aquatica*													305
Philodendron	*Philodendron*-Arten													307
Bogenhanf	*Sansevieria*-Arten und -Sorten													310
Strahlenaralie	*Schefflera*-Arten													311
Zimmerlinde	*Sparmannia africana*													311
Einblatt	*Spathiphyllum*-Hybriden													306
Kranzschlinge	*Stephanotis floribunda*													307
Baumstrelitzie	*Strelitzia nicolai*													307
Pardiesvogelblume	*Strelitzia reginae*													307
Schiefteller	*Streptocarpus*-Hybriden													306
Kastanienwein	*Tetrastigma voinierianum*													307
Dreimasterblume	*Tradescantia*-Arten													311
Schmalblättrige Palmlilie	*Yucca aloifolia*													304
Riesen-Palmlilie	*Yucca elephantipes*													304
Glücksfeder	*Zamioculcas zamiifolia*													311

Kernschnittzeit : In diesen Phasen liegt der Hauptschnitt der jeweiligen Pflanze. Zu diesen Zeiten sollten Sie schneiden, um eine optimale Entwicklung zu erhalten.

Schnittzeit: Je nach Region kann der Schnitt im Weinbauklima bereits vor, in kühlen Lagen durchaus nach der Kernschnittzeit liegen. Zudem sind oft weitere, ergänzende Schnittmaßnahmen förderlich, die aber nicht unbedingt sein müssen.

Glossar: wichtige Fachbegriffe

Ableiten → Umlenken

Abschotten Anlagern von Gerbstoffen im Holz an einer frischen Wunde, um einen Befall mit Pilzen oder Bakterien zu verhindern. Dieser Prozess kann nur zwischen Mai und September erfolgen, daher ist der Sommerschnitt eine verträgliche Schnittmethode.

Alibitriebe Triebe, die bei Blütensträuchern zwar nicht zur Blütenfülle beitragen, aber den Strauch nach dem Schnitt etwas fülliger und natürlicher erscheinen lassen.

Astring Verdickung an der Triebbasis. Wird der Astring beim Schnitt belassen, verheilt eine Wunde zügig.

Auf den Stock setzen Bodenebener Rückschnitt aller Triebe, vor allem bei Wildgehölzen. Diese Schnittmethode ist nur bei extrem vergreisten und dichten Gehölzen oder bei einer sehr extensiven Pflege anzuwenden.

Ausbrechen Abbrechen noch grüner Triebe an der Triebbasis, vor allem von Wildtrieben oder sich bildenden Seitenverzweigungen im Hochsommer bei der Weinrebe oder beim Blauregen.

Ausläufer Jungtriebe aus der Wurzel, die bis zu mehrere Meter von der eigentlichen Pflanze entfernt austreiben können.

Auslichten Entfernen einzelner – meist der ältesten – Triebe bei Sträuchern, um sie zu verjüngen und Licht in das Strauchinnere gelangen zu lassen. Außerdem vollständiges Entfernen von Steiltrieben in Gehölzkronen.

Bastteil Gewebe, das das Kambium nach außen hin zur Rinde bildet. In ihm strömen Reservestoffe von den Blättern in die Wurzel. Später entsteht daraus die Rinde, die Triebe und Stamm schützt.

Besen Starke, oft vergreisende Verzweigungen an den Triebenden. Sie schattieren das Kroneninnere.

Blattknospe Knospe, aus der zuerst Blätter und in der Folge ein Neutrieb entsteht.

Blitzableiter Junge Triebe, die nach einem Schnitt den entstehenden Saftdruck aufnehmen und dadurch übermäßig starkes Wachstum auffangen und ableiten.

Bluten An den Schnittstellen nach dem Frühjahrsschnitt austretender Saft. Erscheinen die ersten Blätter, versiegt dieser Saftstrom.

Blütenknospe Knospe, aus der Blüten und später teilweise Früchte entstehen.

Bodenbürtiger Trieb → Bodentrieb

Bodentrieb Aus der Erde wachsender Jungtrieb bei Sträuchern. Weil er direkt der Wurzel entspringt, eignet er sich sehr gut, um einen Strauch zu verjüngen.

Dickenwachstum Zunahme des Durchmessers von verholzten Trieben von Juli bis September, verursacht durch Zellteilung des Kambiums.

Diesjähriger Trieb Trieb, der sich im Längenwachstum befindet und sein Wachstum noch nicht abgeschlossen hat.

Edelsorte Oberirdischer Teil eines veredelten Gehölzes. Die Edelsorte liefert die gewünschten Blüten oder Früchte.

Einjähriger Trieb Trieb, der nach einem Sommer sein Längenwachstum abgeschlossen hat und verholzt ist.

Einkürzen Zurückschneiden von einjährigen, unverzweigten Trieben auf eine Knospe, um das Wachstum anzuregen.

Endständig Knospen, die an der Spitze eines Triebs sitzen und bei einigen Gehölzarten die Blütenknospen tragen.

Erhaltungsschnitt Der Schnitt, der durchgeführt wird, nachdem das Gehölz seine gewünschte Endgröße erreicht hat. Erhält die Blühwilligkeit oder Fruchtbarkeit und beugt dem natürlichen Alterungsprozess vor.

Erziehungsschnitt Dient dem Aufbau eines Gerüsts, bis das Gehölz seine gewünschte Endgröße erreicht hat.

Falscher Fruchttrieb Kurzer Blütentrieb bei Pfirsich oder Nektarine, der nur eine Blattknospe an der Triebspitze zur Ernährung der Früchte besitzt.

Feuerbrand Gefährliche Bakterienkrankheit, die nur durch das Ausschneiden befallener Triebe bekämpft werden kann. Besonders gefährdet sind Apfel, Birne, Quitte, Mispel, Zwergmispel, Feuerdorn sowie Weißdorn-Arten.

Formschnitt Regelmäßiges Schneiden von Gehölzen mit dem Ziel, architektonische oder fantasievolle Formen zu erhalten. Mehrmaliger, jährlicher Schnitt während der Wachstumsperiode nötig.

Fotosynthese Bildung von Zucker und Stärke in den Blättern mithilfe von Lichtenergie.

Fruchttrieb Seitentrieb, der bei Obstgehölzen zur Gewinnung von Früchten dient und keine Gerüstfunktion hat. Er wird, je nach Obstart, alle paar Jahre erneuert.

Gehölz Mehrjährige, verholzende Pflanze, die ein Gerüst aus Ästen – bei baumartigen Gehölzen auch Stämmen – aufbaut.

Gerüst Der Stamm und die Äste, aus denen sich ein Gehölz oder ein Baum aufbaut. Es trägt die Blüten- beziehungsweise die Fruchttriebe. Bäume und große Sträucher besitzen ein dauerhaftes Gerüst.

Gerüsttriebe Mitteltrieb und mehrere Seitentriebe, die eine Krone bilden. Bei Obstgehölzen werden sie während der Erziehung durch gezieltes Einkürzen gekräftigt, damit sie die Fruchtlast tragen können. Gerüsttriebe werden nicht – wie Fruchttriebe – regelmäßig erneuert.

Halbsträucher Gehölze, die in mediterranen Breiten verholzen, in Mitteleuropa aber oft bis zur Erde zurückfrieren und deswegen ähnlich wie Stauden geschnitten werden.

Hängeform Oft auch Trauerform genannt. Sortenauslesen, die einen überhängenden Wuchs haben und keine aufrechten Gerüsttriebe entwickeln. Meist werden sie auf Stämme der Wildart veredelt.

Hippe Messer mit gebogener Spitze, um Wundränder zu glätten oder Verletzungen auszuschneiden.

Hohlkrone Rundkrone, bei der der Mitteltrieb zugunsten eines besseren Lichteinfalls entfernt wurde. Erziehungsform bei Pfirsich, Nektarine und Aprikose.

Immergrüne Gehölze, die ihre Blätter oder Nadeln entweder das ganze Jahr über oder mehrere Jahre lang behalten.

Kallus Vom Kambium gebildetes Wundgewebe, das von außen nach innen Wunden überwallt und verschließt.

Kambium Dünne Wachstumsschicht zwischen Rinde und Holzteil. Es produziert neues Gewebe und ist für das Dickenwachstum von Trieben und Wurzeln sowie die Bildung von Wundgewebe verantwortlich.

Kappen Einkürzen starker Äste mitten im Astverlauf ohne Rücksicht auf Seitentriebe oder Form. Es entstehen große Wunden, die oft Fäulnis und Pilzbefall zur Folge haben. Die neuen Austriebe sind oft bruchgefährdet.

Kernholz Älterer Holzkern, der ausschließlich eine Gerüstfunktion hat. Im Kernholz lagert das Gehölz Gerbstoffe ein, damit es Pilzen und Schädlingen gegenüber widerstandsfähiger wird. Zwischen Kernholz und Kambium befindet sich → Splintholz.

Knospe Embryonale Sprossanlage, die jeweils in den Blattachseln sitzt. Sie wird in der Regel im Sommer gebildet und überwintert. Bei vielen Blütengehölzen erfolgt die Festlegung in Blüten- oder Triebknospen im Hochsommer.

Kopfbäume Besondere Erziehungsform, bei der Neutriebe jährlich im Frühjahr auf das Astgerüst zurückgeschnitten werden. An den Schnittstellen entstehen wulstartige Verdickungen, die sogenannten Köpfe. Typischer Vertreter dieser Schnittform ist die Kopfweide.

Köpfe → Besen

Konkurrenztrieb Ein oder mehrere Austriebe, die direkt hinter dem sogenannten Spitzentrieb wachsen. Sie sind oft ebenso starkwachsend wie der Spitzentrieb.

Kordon Grundform eines Spaliers mit Gerüsttrieb und durch Sommerschnitt kurz gehaltene seitliche Fruchttriebe. Von der Grundform gibt es verzweigte Varianten.

Krone Oberirdischer Teil bei Sträuchern und Bäumen, die ein mehrjähriges Gerüst ausbilden.

Kübelpflanzen Mehrjährige, jedoch in der Regel in unserem Klima im Freien nicht winterharte Gehölze, die deshalb eine frostfreie Überwinterung benötigen.

Kugelkrone Auslese einer Gehölzart, die eine streng kugelige Gestalt besitzt. Auf Stämme der Wildart veredelt, bilden sie kugelige Kronen, im Alter meist breitovale.

Kurztrieb Kurzer Trieb unter 10 cm Länge, der oft an der Triebspitze eine Blütenknospe besitzt.

Längenwachstum Wachstum eines Triebs vom Knospenaustrieb bis zum Wachstumsende im ersten Jahr. Erfolgt ausschließlich aus Knospen.

Langtrieb Triebe über 20 cm Länge, die bei Frühjahrsblühern und einmalblühenden Rosen oft am reichsten blühen. Bei Bäumen sind sie meist unerwünscht, da sie Konkurrenztriebe zu den Gerüsttrieben bilden.

Mitteltrieb Die Verlängerung des Stamms bei Bäumen oberhalb der ersten Seitentriebe. Der Mitteltrieb ist Bestandteil des Gerüsts.

Pflanzschnitt Schnitt unmittelbar nach der Pflanzung. Er gleicht einerseits den durch das Roden in der Baumschule entstandenen Wurzelverlust aus, andererseits wird die spätere Form des Gehölzes festgelegt.

Photosynthese → Fotosynthese

Ranker Kletterpflanzen, die mihilfe von Kurztrieben oder Blattstielen klettern, die sich um einen Trieb oder Draht wickeln.

Rankhilfe Gerüst aus Draht, Holz oder Metall, das entweder frei steht oder an einer Wand angebracht wird. Es dient dazu, Kletterpflanzen Halt zu geben oder Spaliere aus Gehölzen zu formieren.

Rundkrone Baumform bei Baumobst oder Laubbäumen, bei der neben einem Mitteltrieb mehrere gleichmäßig im Kreis verteilte Seitentriebe das Gerüst bilden und über einem Stamm stehen.

Ruten → Schösslingssträucher

Saftdruck Druck, der im Frühjahr vor dem Austrieb den Saft aus den Wurzeln in die oberirdischen Teile des Gehölzes transportiert. Der Saftdruck strebt in der gesamten Pflanze, aber auch im einzelnen Trieb, immer nach oben.

Säulengehölz Straff aufrecht wachsende Auslese einer Gehölzart, meistens bei Ziergehölzen. Es sind aber auch bei Obstgehölzen Säulensorten erhältlich.

Schlafende Knospe Kaum oder nicht sichtbare Knospen mehrjähriger Triebe, die erst austreiben, wenn z. B. durch Schnitt oder Verletzung an der betreffenden Stelle ein Saftdruck entsteht.

Schlinger Kletterpflanzen, die sich mit ihren Trieben um eine Rankhilfe winden und auf diese Weise in die Höhe wachsen.

Schlitzast Sehr steil wachsender Trieb, der mit dem Haupttrieb nur instabil verwachsen ist und deshalb leicht abbricht.

Schösslingssträucher Sträucher, die jährlich viele, aber meist kurzlebige Triebe aus dem Boden bilden.

Sommergrüne Gehölze, die ihre Blätter im Herbst abwerfen und im folgenden Frühjahr wieder neue Blätter entwickeln.

Sommerschnitt Schnitt im belaubten Zustand bis Anfang September. Dient oft der Beruhigung des Wachstums. Für Gehölze verträglich, da sie die Wunde unverzüglich abschotten können.

Sorte Auslese, die durch Veredeln oder Stecklinge weitervermehrt wird. Die genetischen und äußeren Eigenschaften bleiben dadurch von Pflanze zu Pflanze identisch.

Spalier Flächige Erziehung eines Gehölzes, das normalerweise eine runde Krone bildet, mithilfe eines Draht- oder Lattengerüsts.

Spindel Erziehungsform für niedere Obstbäume, bei denen das Gerüst aus einem Mitteltrieb besteht, von dem flache Fruchttriebe abzweigen. Das Kennzeichen der Spindel ist die Form einer Tanne.

Spitzendürre Pilzkrankheit (Monilia), die verschiedene Gehölze meist während oder nach der Blüte befällt. Die Triebspitzen sterben ab. Bei bereits auftretendem Befall sollten die Triebe ausgeschnitten und entsorgt werden.

Spitzenknospe Knospe am Ende eines Triebs, die ohne Schnitt im folgenden Jahr die natürliche Verlängerung bildet.

Splintholz Holzteil, den das Kambium im Trieb nach innen hin bildet. In ihm werden Nährstoffe und Wasser in der Pflanze von unten nach oben transportiert.

Spreizklimmer Klettergehölz, das sich mit seinen fischgrätartig abstehenden Seitentrieben in der Rankhilfe verhakt und auf diese Weise nach oben klettert.

Stamm Senkrechtes Zwischenstück bei Bäumen zwischen Wurzel und den untersten Ästen.

Stauden Mehrjährige Pflanzen, deren oberirdische Pflanzenteile in der Regel unverholzt bleiben und im Winter absterben.

Strukturgehölz Gehölz, das vor allem durch seine Gestalt oder durch seine Größe wirkt, weniger durch seine Blüten.

Trieb Durch das Längenwachstum aus einer Knospe sich ausbildende junge Zweige.

Überwallen Verschließen einer Wunde durch verstärkte Zellteilung des Kambiums und Überwachsen der Wunde von den Rändern her.

Umlenken Verkleinern langer Triebe, indem auf einen tiefer wachsenden Seitentrieb als neue Fortsetzung zurückgeschnitten wird. Bei älteren Gehölzen die geeignete Möglichkeit, zur Erde hängende Triebe durch schräg nach oben wachsende jüngere und vitalere Triebe zu ersetzen.

Unterlagen Sie bilden den Wurzelstock bei veredelten Pflanzen. Die Edelsorte ist dabei das eigentliche, oberirdische Gehölz. Die Unterlage muss mit der Edelsorte nah verwandt sein, damit beide zusammenwachsen können.

Veredlung Ein Triebstück einer Edelsorte wird auf den Wurzelstock einer Unterlage aufgesetzt. Die beiden Kambien verbinden sich und stabilisieren die Veredlung. Veredeln und Stecklinge sind Vermehrungsmethoden, um die charakteristischen Eigenschaften von Pflanzensorten hundertprozentig zu erhalten.

Vergreisung Während des natürlichen Alterungsprozesses lassen das Wachstum und die Blühwilligkeit von Gehölzen nach. Es bilden sich sehr starke Verzweigungen und nur noch kurze Jungtriebe.

Verjüngung Revitalisiert und kräftigt vergreiste Gehölze und regt zu neuem Wachstum an. Fällt erheblich stärker aus als ein Erhaltungsschnitt. Eine sorgfältige Nachpflege ist in den beiden Folgejahren nötig.

Verkahlen Verzweigen sich in den oberen Gehölzbereichen Triebe mehr und mehr, gelangt kein Licht mehr in das Gehölzinnere. Triebe im inneren und unteren Bereich sterben ab, bei Sträuchern entstehen kaum noch Bodentriebe.

Verschlanken Vereinzeln von Triebspitzen auf die eigentliche Fortsetzung zur Förderung einer ästhetischen Gestalt und des besseren Lichteinfalls in das Gehölzinnere. Moderateste Schnittform, bei der das Wachstum wenig angeregt wird.

Wahrer Fruchttrieb Blütentrieb bei Pfirsich und Nektarine, der an den Knospenstellen zusätzlich zu den Blütenknospen jeweils eine Blattknospe besitzt.

Wintergrüne Gehölze, die ihre Blätter den Winter über behalten und sie erst im Laufe des Frühjahrs während des Austriebs abwerfen.

Winterhärte Temperatur, bei der eine Pflanze bestimmte Temperaturen im Freien schadlos übersteht.

Wildtrieb Bei veredelten Gehölzen Austriebe aus dem Wurzelstock der Unterlage. Wildtriebe sollten immer entfernt werden.

Wurzelstock Unterirdischer Teil einer Pflanze, der sie im Boden verankert und durch den sie Nährstoffe und Wasser aufnimmt.

Zapfen Einkürzen von Trieben auf kurze Stummel, um ein Eintrocknen der Wunde in den verbleibenden Ast zu verhindern und einen Neuaustrieb zu fördern. Eintrocknende Zapfen, vor allem bei Rosen, werden später entfernt.

Register

Halbfette Seitenzahlen verweisen auf Abbildungen.

Abelia × grandiflora 196, **196**, 312
Abelie 196, **196**, 312
Abeliophyllum distichum 196, **196**, 312
Abies 139, **139**, 312
- *alba* 139
- *balsamea* 139
- *balsamea* 'Nana' 139
- *balsamea* 'Piccolo' 139
- *koreana* 139
- *lasiocarpa* 'Compacta' 139
- *nordmanniana* 139
- *procera* 'Glauca' 139
Abutilon 296, **296**, 319
Acca sellowiana 295, 316, 319
Acer 102, **102**
- *campestre* 184, 194, 312
- *campestre* 'Fastigiata' 149
- *campestre* 'Nanum' 148
- *japonicum* 102, 312
- *palmatum* 102, 312
- *palmatum* 'Atropurpureum' 102
- *palmatum* 'Dissectum' 102, 196, **196**
- *palmatum* 'Fireglow' 102
- *palmatum* 'Garnet' 102
- *palmatum* 'Inabeshidare' 102
- *palmatum* 'Ornatum' 102
- *palmatum* 'Osakazuki' 102
- *platanoides* 'Globosum' 148, 312
Achillea 278, 284, **284**, 318
- *filipendulina* 284
- *millefolium* 284
Aconitum 284, **284**, 318
- *carmichaelii* 284
- *napellus* 279
- *napellus* 'Albus' 279
Actinidia arguta 266, 267, 316
- *chinensis* 316
- *deliciosa* 266, 267, 316
- *kolomikta* 196, **196**, 312
ADR-Rosen 151
Aesculus parviflora 197, **197**, 312
Agastache 284, **284**
Agastache × rugosa 284, **284**, 318
Ahorn 9, 34, 39, 43, 102, **102**, 142, 145
–, Fächer- 42, 102, 196
–, Feld- 312
–, Kugel- 312
–, Schlitz- 102, 196, **196**
–, Strauch- 312
Akebia quinnata 197, **197**, 312
Akelei 277, 279, 285, **285**, 318
–, Rocky-Mountains- 285
Albizia julibrissin 292, 319
Alchemilla mollis 279, **279**, 318
Allackerbeere 272, **272**, 317
Alocasia sanderiana 305, 320
Aloysia citriodora 284, **284**, 318
Alpenveilchen 306
Alterungsprozess 14
Amaryllis 306
Amberbaum 148
–, Kugel- 314
Ambossschere 28
Amelanchier 90, **90**, 91, 312, 316
- *arborea* 'Robin Hill' 143
- *laevis* 90
- *lamarckii* 90
- *ovalis* 90
Ananas-Guave 294, 295, 316, 319
Anthurium andraeanum 306, **306**, 320
- *scherzerianum* 306, 320
Apfel 11, 13, 14, 18, 19, **19**, 46, 49, 218, 219, 220, 221, 222, **222**, 223, 224, **224**, 225, 226, 236, 237, 238, **238**, 239, 240, 241, 244, 247, **247**, 250, 317
–, Rundkrone erhalten 222, **222**, 223, **223**
–, Rundkrone erziehen 220, **220**, 221, **221**
–, Rundkrone verjüngen 224, **224**, 225, **225**
–, Rundkrone, Schnittfehler beheben 226, **226**, 227, **227**
–, Spindel erhalten 238, **238**, 239, **239**
–, Spindel erziehen 236, **236**, 237, **237**
–, Spindel verjüngen 240, **240**, 241, **241**
Apfelbeere 189, 270, **270**, 316
Apfeldorn 143, 202, **202**
Apfelkordon **247**
Apfelsäule 250, **250**, 251, **251**
- 'Campanilo' 250
- 'CATS' 250
- 'Goldlane' 250
- 'Maypole' 250, **250**
- 'Rondo' 250
- 'Sonate' 250
- 'Starlight' 250
Aprikose 17, 25, 47, 247, **247**, 251, 317
Aquilegia 277, 284, **284**, 318
- *caerulea* 285
- *vulgaris* 285
Aralia elata 197, **197**, 312
Aralie 197, **197**, 312
Arbutus unedo 295, 319
Argyranthemum frutescens 292, 319
Aristolochia macrophylla 178, **178**, 312
- *moupinensis* 178
Aronia melanocarpa 270, **270**, 316
Artemisia abrotanum 197, **197**, 312
- *absinthium* 285, **285**, 318
- *absinthium* 'Lambrook Silver' 285
Asimina triloba 270, **270**, 316
Aspidistra elatior 305, 320
Asplenium 305, 320
Aster 277, 279, **279**, 318
Aster 277, 279, **279**, 318
Astring 40
Astschere 28, 29, **29**
Aststumpf 41
Aucuba japonica 198, **198**, 312
- *japonica* 'Variegata' 198
Aukube 198, **198**, 312
Auslichten 27, 38, 39, **39**
–, versäumtes 50, **50**
Austrieb 10, 14, 15
Auszugsägen 30
Auszugschere 30
Azalea 198, **198**, 312
Azalee 198, **198**, 312

Balsamapfel 304, 320
Bambus 204, **204**, 313
Bartblume 105, 110, **110**, 312
Bartiris 278
Bast 10, **10**, 11
Bauernhortensie 20
Bäume 22, **22**, 23
–, veredelte 12, **12**
Baumfreund 307, **307**
Baumstrelitzie 307, 321
Baumwürger 199, **199**, 312
Beaucarnea recurvata 308, **308**, 320
Beerenhochstämmchen 258, **259**
Beerenspalier 258
Beerenspindel 258, **259**
Beerensträucher 252–265
–, frei wachsende 253
–, vergreiste 53, **53**
–, Wuchsformen 252, 253
Beetrosen 155, 156, **156**
Berberis 72, **72**, 184, 312, 316
- *buxifolia* 'Nana' 72
- *hookeri* 72
- *julianae* 72
- *stenophylla* 72
- *thunbergii* 72
- *thunbergii* 'Atropurpurea' 72
- *thunbergii* 'Atropurpurea Nana' 72, 194
- *thunbergii* 'Kobold' 72
- *vulgaris* 72
Berberitze 72, **72**, 184, 189, 312
–, Buchsbaumblättrige 72
–, Hookers 72
–, Julianes 72
–, Schmalblättrige 72
–, Thunbergs 72
Bergenia 276, 280, **280**, 318
Bergenie 276, 280, **280**, 318
Besen 14
Besenheide 312
Betula pendula 'Youngii' 148, 312
Birke 43, 143, **143**, 148
–, Hänge- 312
Birkenfeige 304, 305, **305**, 321
Birne 12, 13, 14, 18, 49, 218, 219, 220, 221, 222, 223, **223**, 224, 225, 226, 236, 237, 238, 239, **239**, 240, 241, 244, 247, 250, 272, 317
–, Rundkrone erhalten 222, **222**, 223, **223**
–, Rundkrone erziehen 220, **220**, 221, **221**
–, Rundkrone verjüngen 224, **224**, 225, **225**
–, Rundkrone, Schnittfehler beheben 226, **226**, 227, **227**
–, Spindel erhalten 238, 239, **239**
–, Spindel erziehen 236, **236**, 237, **237**
–, Spindel verjüngen 240, **240**, 241, **241**
–, Weidenblättrige 45, 149, 149, 192, 211, **211**, 315
Birnensäule 250
- 'Condora' 250
- 'Decora' 250
Bitterorange 294, 295, 320
Blasenbaum 143, 149, 314
Blasenspiere 83, **83**, 189, 314
Blasenstrauch 201, **201**, 312
Blattknospen 10, **10**, 17
Blattranken 23, **23**
Blattschmuckpflanzen 304, 305
Blauraute 22, 314
–, Silber- 209, **209**
Blauregen 23, 35, 51, **51**, 167, 172, **172**, 173, **173**, 316
–, Chinesischer 172
–, Japanischer 172
Blauschwingel 277
Bleiwurz 300, **300**, 320
–, Chinesischer 285, **285**, 318
Blutbuche **22**, 192
Blütenbildung 17
Blüten-Hartriegel 313, **313**
Blütenholz 57
Blütenknospen 10, **10**, 11, 17, 57
Blutgras, Japan- 289, **289**, 319
Bluthasel 201
Blutpflaume 34, 210, **210**
Bocksdorn 271, **271**, 317
Bodendecker 122, 123, 130, 131
Bogenhanf 304, 310, **310**, 321
Bougainvillea spectabilis 296, **296**, 319
Bougainvillee 296, **296**, 319
Brasiljasmin 299, **299**, 320
Brautspiere 60
Brombeere 20, 23, 252, 253, 261, **261**, 317
- 'Navaho' 261
- 'Nessy' 261
Brugmansia 298, **298**, 319
Buche 142, 148, 149, 184, 194, 313
–, Blut- 45
Buchs 9, 48, **48**, 126, 183, 184, 185, 189, 190, 191, 192, **192**, 194, 205, 312
–, Triebsterben bei 48, **48**
Buchsbaumzünsler 126
Buchseinfassung 184, 185, **185**
Buchsheckenschere 30
Buddleja alternifolia 65, **65**, 312
- *davidii* 114, 115, 312
- *davidii* 'Butterfly' 115
- *davidii* 'Lochinch' 114
- *davidii* 'Nanho' 115
Bügelsäge 29, **29**, 33
Buschklee 207, **207**, 314
Buxus 312
- *microphylla* 'Faulkner' 126
- *sempervirens* 126, 194
- *sempervirens* 'Arborescens' 126
- *sempervirens* 'Blauer Heinz' 126
- *sempervirens* 'Elegantissima' 126
- *sempervirens* 'Herrenhausen' 184
- *sempervirens* 'Suffruticosa' 126
Bypassschere 28, **28**

Calamagrostis acutiflora 282, 318
Calathea 305, 320
Callicarpa bodinieri 73, **73**, 312
- 'Profusion' 73
Callisia 308, **308**, 320
- *repens* 308
Callistemon citrinus 296, **296**, 319
Calluna vulgaris 121, **121**, 312
Calycanthus floridus 76, **76**, 312
Camellia japonica 198, **198**, 312
Campsis 312
- 'Flamenco' 174
- 'Flava' 174
- *radicans* 174, **174**
- × *tagliabuana* 'Mme Galen' 174
Caragana arborescens 198, **198**, 312
- 'Pendula' 148
Carex 283, 318
Carpinus betulus 184, 194, 312
- 'Fastigiata' 45
- 'Frans Fontaine' 149
Caryopteris × clandonensis 312
- 'Grand Bleu' 110, **110**
- 'Heavenly Blue' 110
- 'Kew Bleu' 110
Cassia corymbosa 296, **296**
- *didymobotrya* 296
Castanea sativa 270, **270**, 316
Catalpa bignonioides 'Nana' 148, 312
Ceanothus × delilianus 199, **199**, 312
Celastrus orbiculatus 199, **199**, 312
Cephalantus occidentalis 199, **199**, 312
Ceratostigma plumbaginoides 285, **285**, 318
Cercidiphyllum japonicum 143, 199, **199**, 312
Cercis siliquastrum 143, 200, **200**, 312
Ceropegia 308, **308**, 320
- *linearis* ssp. *woodii* 308
- *sandersonii* 308
Cestrum elegans 292, 319
Chaenomeles 66, **66**, 312
- *japonica* 66
- *japonica* 'Cido' 66
- *speciosa* 66
- × *superba* 66
Chamaecyparis 136, **136**, 186, 312
- *lawsoniana* 136, 186
- *lawsoniana* 'Ellwoodii' 136
- *lawsoniana* 'Minima Glauca' 136
- *nootkatensis* 136
- *nootkatensis* 'Pendula' 136
- *obtusa* 'Nana Gracilis' 136
- *pisifera* 136
Chimonanthus praecox 200, **200**, 312
Chinaschilf 282, 319
Choysia ternata 297, **297**, 319
- *ternata* 'Aztek Pearl' **297**
Christrose 276, 280, **280**, 318

Chrysantheme, Herbst- 278, 279, 318
Chrysanthemum × *grandiflorum* 278, 279, 318
Cissus 307, 320
Cistus 297, **297**, 319
- *ladanifer* 297
- × *purpureus* 297
Citrus 294, **294**, 319
Clematis 18, 23, 105, 167, 168, 169, **169**, 170, **170**, 312
Clematis 18, 168, 169, **169**, 170, 171, **170**, 312
- 'Alice Fisk' 171
- *alpina* 168
- *armandii* 168
- 'Asao' 171
- *cirrhosa* 168
- 'Dr. Ruppel' 171
- 'Duchess of Edinburgh' 171
-, frühblühende 18, 168, **168**
-, frühsommerblühende 18, 170, **170**, 171, **171**
- 'Fujimusume' 171
- 'Harmony' 171
- 'Katharina' 171
- 'Kathleen Wheeler' 171
- 'Königskind' 171
- *koreana* 168
- 'Lasurstern' 171
- *macropetala* 168
- 'Miss Bateman' 171
- 'Mme Le Coultre' 171
- *montana* 168, **168**
- *montana* 'Pink Perfektion' 168
- *montana* 'Tetrarose' 168
- *montana* 'Wilsonii' 168
- 'Mrs. N. Thompson' 171
- 'Natascha' 171
- 'Nelly Moser' 171
- *orientalis* 169
- 'Pilu' 171
- *sibirica* 168
-, sommerblühende 18, 169, **169**
- *tangutica* 169
- *texensis* 169
- *vitalba* 169
- × 'Gipsy Queen' 169
- × 'Hagley Hybrid' 169
- × 'Huldine' 169
- × 'Jackmanii' 169
- × 'Niobe' 169
- × 'Rouge Cardinal' 169
- × 'Ville de Lyon' 169
- × 'Warszawska Nike' 169
- *viticella* 169
- 'Vyvyan Pennell' 171
Clerodendrum trichotomum var. *trichotomum* 200, **200**, 312
Clethra alnifolia 200, **200**, 312
- *alnifolia* 'Pink Spire' 200
Climber 162, **162**, 163, **163**
- 'New Dawn' 162
Clusia major 304, 320
Codiaemum variegatum 304, 320
Colutea arborescens 201, **201**, 312
Cordyline fruticosa 308, **308**, 321
- *fruticosa* 'Kiwi' 308
- *fruticosa* 'Tango' 308
Coreopsis 278, 285, **285**, 318
- *grandiflora* 285
- × *rosea* 285
- *verticillata* 285
Cornus alba 44, 313
- *alternifolia* 89, 313
- *alternifolia* 'Argentea' 89
- *controversa* 89, **89**, 313
- *controversa* 'Variegata' 89
- *florida* 88, 313
- *kousa* 313
- *kousa* var. *chinensis* 88
- *kousa* var. *kousa* 88, **88**
- *mas* 143, 201, **201**, 313
- *mas* 'Jolico' 201
- *nuttallii* 88
- *nuttallii* 'Venus' 88
- *sericea* ssp. *sericea* 44
- *stolonifera* 313
Corokia cotoneaster 297, **297**, 319
Coronilla emerus 206, **206**
Cortaderia selloana 289, **289**, 318
- 'Pumila' 289
Corylopsis 101, **101**, 313
- *pauciflora* 101
- *spicata* 101
Corylus avellana 201, **201**, 313, 316
- *avellana* 'Contorta' 201, **201**, 313
- *maxima* 'Purpurea' 201
Cotinus coggygria 45, 202, **202**, 313
- 'Golden Spirit' 45, 202
- 'Royal Purple' 45, 202
Cotoneaster 49, 202, **202**, 313
- *bullatus* 202
- 'Coral Beauty' 130
- *dammeri* 130, **130**
- *divaricatus* 202
- 'Frieders Evergreen' 130
- *salicifolius* var. *floccosus* 202
- 'Skogholm' 130
- 'Streibs Findling' 130
Cotoneaster, Strauchiger 202, **202**
Crassula ovata 303, 309, **309**, 321
- *ovata* 'Hobbit' 309
Crataegus 313, 316
- *laevigata* 184
- *laevigata* 'Paul's Scarlet' 202
- × *lavallei* 'Carrierei' 143, 202, **202**
- × *prunifolia* 143, 202
Cupressus sempervirens 319
- *sempervirens* 'Stricta' 45, 297, **297**
Cyclamen persicum 306
Cydonia oblonga 233, **233**, 316
Cylindrocladium 48
Cytisus 62, 63
- × *praecox* 62, **62**, 313
- × *praecox* 'Allgold' 62
- *scoparius* 62, **62**, 313

Daboecia cantabrica 121
Daphne 202, **202**, 313
- × *burkwoodii* 202
- *cneorum* 202
- *mezereum* 202
Dattel, Chinesische 301, **301**, 320
Dattelpflaume, Virginische 269
Datura 298, **298**, 319
Delphinium 276, 278, **278**, 318
Deutzia 70, **70**, 313
- × 'Boule de Neige' 70
- *gracilis* 70
- × *hybrida* 'Mont Rose' 70
- × *magnifica* 70
- *scabra* 70
Deutzie 20, 70, **70**, 189, 313
-, Hohe 70
-, Raue 70
-, Zierliche 70
Dickenwachstum 11
Dieffenbachia 309, **309**, 321
Dieffenbachie 309, **309**, 321
Digitalis purpurea 278, 318
Diospyros kaki 269, **269**, 316
- *kaki* 'Vaniglia' 269
- *virginiana* 269
Dipladenie 299, **299**, 320
Dracaena 309, **309**, 321
- *reflexa* 303
Drachenbaum 303, 304, 309, **309**, 321
Dreimasterblume 311, **311**, 321
Dryopteris affinis 288, 318
- *erythrosora* 288, **288**, 318
Duftblüte, Burkwoods 208, **208**, 314
Duftnessel 284, 318

Eberesche 95, **95**, 318
-, Mährige 95
Eberraute 197, **197**, 312
Echinacea purpurea 286, **286**, 318
Edelrosen 157, **157**
Efeu 10, 23, 166, 167, 176, **176**, 195, **195**, 313
-, Gewöhnlicher 176
-, Irischer 176
-, Kolchischer 176
Efeutute 307, 321
Eibe 9, 10, 12, 45, 128, 132, 133, 140, **140**, 141, 183, 186, 187, 190, 192, **192**, 194, 195, **195**, 316
-, als Hecke 187, **187**
-, Gewöhnliche 140, 186
-, Hybrid- 140
-, Japanische 140
-, Kissen- 140
-, Säulen- 141
-, Zwerg- 215, **215**, 316
Eibisch, Rosen- 112, **112**, 113, 291, 298, **298**, 320
Eiche 149
-, Kugel-Sumpf- 315
-, Säulen- 315
-, Sumpf- 148
Einblatt 306, **306**, 321
Einkürzen 27, 38, 39, **39**
-, zu häufiges 51, **51**
Eisenholzbaum 143, 209, **209**, 314
Eisenhut 279, 284, **284**, 318
-, Berg- 284
-, Herbst- 284
Elaeagnus 203, **203**, 313
- *angustifolia* 203
- × *ebbingei* 184, 203
- *multiflora* 184
- *pungens* 203
Elefantenfuß 308, **308**, 320
Elfenblume 280, 318
Elsbeere 95
Engelshaar 283
Engelstrompete 298, **298**, 319
Enkianthus campanulatus 203, **203**, 313
Enzianstrauch 292, 320
Epimedium 280, 318
Epipremnum 307, 321
Erbsenstrauch 148, 198, **198**, 312
Erdbeerbaum 295, 319
Erdbeere 252, 263, 317
-, einmaltragende 263, **263**
- 'Florika' 263
-, immertragende 263, **263**
-, Kultur- 263, **263**
-, Monats- 'Alexandria' 263
- 'Spadeka' 263
Erdbeerwiese 263, **263**
Erhaltungsschnitt 37, **37**
Erica carnea 203, **203**, 313
- *cinerea* 121, 313
- *darleyensis* 203
- *vagans* 121, 313
Erika 121
Eriobotrya japonica 295, 316, 319
Erythrina crista-galli 292, 319
Erziehungsschnitt 36, **37**
Esche 145, 148, 313
Essigbaum 212, **212**, 315
Esskastanie 19, 270, **270**
Etagenschneeball 38, **38**, 39
Eucalyptus gunnii 298, **298**, 320
- *gunnii* 'Azurit' 298
Eukalyptus, Tasmanischer 298, **298**, 320
Euonymus 313
- *alatus* 103, **103**
- *alatus* 'Compactus' 103
- *europaeus* 103
- *fortunei* 194, 203, **203**, 313
- *fortunei* 'Minimus' 203
- *planipes* 103
Euphorbia 286, **286**, 318
- *amygdaloides* 286
- *characias* 286
- *ingens* 305
- *pulcherrima* 309, **309**, 321
Exochorda × *macrantha* 204
- *racemosa* 204, **204**, 313
Exoten 266–269

Fächerblattbaum 205, 205, 313
Fagus sylvatica 184, 194, 313
- *sylvatica* 'Dawyck' 149
- *sylvatica* 'Purpurea Pendula' 45, 148
Fallopia baldschuanica 179, **179**, 313
Fargesia 204, **204**, 313
Farne 10, 276, 281, **281**
Fatsia japonica 304, 321
Faulbaum 211, **211**, 315
Federgras **282**
-, Reiher- 289, **289**, 319
-, Zartes 283, 319
Feige **25**, 252, 253, 268, **268**, 317
- 'Bayernfeige' 268
- 'Violetta' 268
Feldahorn 148, 149, 184, 192, 194, 312
Felsenbirne 20, **21**, 57, 90, **90**, 91, 103, 189, 312
-, als Solitär 91
-, Gewöhnliche 90
-, Kahle 90
-, Kupfer- 90
-, Schnee- 143
Fensterblatt 304, 306, 307
-, Geschlitztes 307, **307**
-, Großes 307, 321
-, Löchriges 307
Festuca 277, 283, 318
Fetthenne 277, 279, 288, **288**, 319
-, Purpur- 288
-, Schöne 288
Feuerbrand 48, 49
Feuerdorn 210, **210**, 315
Fichte 132, 133, 138, **138**, 314
-, Gewöhnliche 138
-, Serbische 138
-, Zwerghut- 138
Ficus 'Bayernfeige' 268
- *benjamina* 304, 305, **305**, 321
- *benjamina* 'Gold King' 304
- *benjamina* 'Starlight' 304
- *binnendijkii* 304, 321
- *carica* 268, **268**, 317
- *elastica* 310, **310**, 321
- *elastica* 'Decora'310
- *elastica* 'Variegata' 310
- *lyrata* 304, 321
- 'Violetta' 268
Fiederspiere 213, **213**, 315
Fingerhut 278, 318
Flächenrosen 156
Flamingoblume, Große 306, **306**, 320
-, Kleine 306, 320
Flaschenbaum 305, **305**
Flieder 11, 12, 21, 316
-, Bogen- 92, 316
-, Gewöhnlicher 92, **92**, 93, **93**, 114
-, Kleinblättriger Herbst- 92, 316
-, Perlen- 92, 316
-, veredelter 92

–, Zwerg-Duft- 92, 316
Formschnitt 190–195
–, Etagen 194, **195**
–, freier 195, **195**
–, Gerüst begrünen 195, **195**
–, Grundregeln 190
–, Kegel, 191, **191**
–, Kugel 190, **190**, 191, **191**
–, Pyramiden 192, **192**, 193
–, Pyramidenstumpf 193, **193**
–, Quader 193, **193**
–, Säulen 193, **193**
–, Spiralen 194, **194**,
–, Würfel 193, **193**
Formschnittgehölze 9, 182–195
Forsythia × intermedia 68, **68**, 313
– 'Beatrix Farrand' 68
Forsythie 18, 20, 42, 57, 68, **68**, 90, 313
Fragaria × ananassa 263, **263**, 317
– *vesca* var. *hortensis* 263
Frauenmantel 279, **279**, 318
Fraxinus excelsior 'Nana' 148, 313
Frosthärte 25
Fruchtholz 17
–, älteres 19
–, vitales 19
Fruchttriebe 19
Frühjahrsblüher 17, 56, 57, **57**
Fuchsia 38, 290, 291, 292, **292**, 293, 320
Fuchsie 38, 290, 291, 292, **292**, 293, 320
Fünffingerstrauch 105, 210, **210**, 314

Gamander, Edel- 288
–, Immergrüner 288, **288**, 319
Gaultheria mucronata 204, **204**, 313
– *procumbens* 204, **204**, 313
Gaura lindheimeri 286, **286**, 318
– *lindheimeri* 'Papillon' 286
– *lindheimeri* 'Rosy Jane' 286
– *lindheimeri* 'Siskyou Pink' 286
– *lindheimeri* 'Whirling Butterflies' 286
Gehölze 10
– kappen 51, **51**
Geißblatt 23, 180, **180**
–, Echtes 180
–, Immergrünes 180
–, Kap- 292, 320
–, Schlingendes 314
Geißklee 62, 63
Genista 63
– *lydia* 63, 313
– *tinctoria* 63, **63**, 313
Geranium 277, 279, **279**
– × 'Rozanne' 278, 318
Gerüst, langlebiges 57
–, schwaches 20, **21**, 57
–, stabiles 20, **21**, 22, 57
Gerüsttriebe, zu viele 53, **53**
Gewürzrinde 296, **296**, 319
Gewürzsalbei 108, **108**, 315
Gewürzstrauch 312
–, Echter 76, **76**
Gingko biloba 205, **205**, 313
– *biloba* 'Gnome' 205
– *biloba* 'Mariken' 205
– *biloba* 'Troll' 205
Ginster 63
–, Besen- 62, **62**
–, Elfenbein- 62, **62**, 313
–, Färber- 63, **63**, 313
–, Goldland- 63, 313
Glanzmispel 209, **209**, 214, 314
Glockenhasel 101
Gloxinie 306
Glücksfeder 311, **311**, 321
Glückskastanie 304, 305, **305**, 321
Glyzinie 172
Gojibeere 271, **271**, 317
Goldglöckchen 68, **68**, 313
Goldregen 18, 207, **207**, 314
–, Gewöhnlicher 207
Granatapfel 300, **300**, 317, **320**
– 'Flore Pleno' 300
– 'Nana' 300
Gräser 282, **282**, 283, **283**
Grenzabstand 13
Gummibaum 310, **310**, 321
–, Leier- 304, 321
–, Schmalbblättriger 304, 321

Haftscheiben 23, **23**
Haftwurzeln 23, **23**
Hainbuche 149, 185, 192, 194, 312
Hainsimse 277
Halbsträucher 22, 104, 105
Halesia carolina 205, **205**, 313
Hamamelis 100, **100**, 101, 313
– × *intermedia* 100
– × *intermedia* 'Feuerzauber' 100
– × *intermedia* 'Pallida' 100
– × *intermedia* 'Primavera' 100
– *japonica* 100
– *mollis* 100
– *virginiana* 100
Hammerstrauch, Roter 292, 319
Handheckenschere 30
Handschere 28, **28**, **29**
Hängeformen **44**, 45
Hängekätzchenweide 45
Hartriegel 9, 44, **44**, 189, 313
–, Blumen- 88
–, Blüten- 88
–, Chinesischer Blumen- 88
–, Gelbholz- 44
–, Japanischer Blumen- 88, **88**
–, Nuttalls Blüten- 88
–, Pagoden- 89, **89**
–, Tatarischer 44
–, Wechselblättriger 89
Hasel 188, 189
Haselnuss 201, **201**, 313, 316
Hebe 205, **205**, 313
Hecken 182–195, **183**
–, frei wachsende 188, **188**, 189, **189**
Heckenkirsche 180, 189, 314
–, Glänzende 131
–, Immergrüne 131, 194
–, Immergrüne Kriech- 131
–, Kriech- 123
–, Rote 77, **77**
–, Winter-Duft- 207, **207**
Heckenschere 30
Hedera 176, **176**, 313
– *colchica* 176
– *helix* 176
– *helix* 'Arborescens' 176
– *helix* 'Goldherz' 176
– *helix* 'Ivalace' 176
– *hibernica* 176
Heide, Besen- 121, **121**, 312
–, Cornwall- 121
–, Graue 121
–, Irische 121
–, Schnee- 121, 203, **203**, 313
–, Sommer- 121, 313
Heidekraut 312
Heidelbeere 253, 318
–, Garten- 262, **262**
–, Kultur- 262, **262**
–, Wald- 262, **262**
Heiligenkraut 18, **18**, 22, 105, 111, **111**, 194, 315
–, Graues 111
–, Grünes 111
Helleborus 276
– *niger* 280, **280**, 318
– *orientale* 280, 318
Heptacodium miconioides 205, **205**, 313
Heuchera 276, 280, 281, **281**, 318
Hibiscus rosa-sinensis 298, **298**, 320
– *syriacus* 112, **112**, 113, 313
Hibiskus 16, 18, 20, 38, 105, 112, **112**, 113, 298, 313
Himbeere 16, 19, 20, **20**, 252, 253, 260, **260**, 317, 318
– am Pfahl 260, **260**
– 'Autumn Bliss' ('Blissy') 260
–, frühsommertragende 260, **260**
–, herbsttragende 260, **260**
–, Pracht- 59
–, Tangutische 59
–, Tibet- 59, **59**
–, Zier- 315
–, Zimt- 59
Hippe 30, **30**
Himmelsbambus 208, **208**, 314
Hippeastrum 306
Hippocrepis emerus 206, **206**, 313
Hippophae rhamnoides 206, **206**, 313, 317
Hirschzungenfarn 288, **288**, 319
Hochstämmchen 258, **259**
–, veredeltes 12, **12**
Hochstammrosen 155, **155**
Hohlkrone **46**, 47, 234, **234**, 318
Holunder 20, 28, 189, 315
–, Hirsch- 94
–, Roter 94
–, Schwarzer 94, **94**
–, Trauben- 94
Holz 11
–, altes 16, **17**, 18, 57
Hopfen 286, **286**, 319
Hortensie 104
–, Ball- 74, **74**, 314
–, Bauern- 119, **119**
–, Eichblatt- 87, **87**, 314
–, Garten- 119, **119**
–, Kletter- 313
–, Riesenblatt- 86, 314
–, Rispen- 314
–, Samt- 86, **86**, 314
–, sommerblühende 118, 119
–, Teller- 74, 314
–, Wald- 116, 313
Howea 310, **310**, 321
– *belmoreana* 310
Hoya 303, **303**, 307, 321
Humulus lupulus 286, 319
– *lupulus* 'Hallertauer Tradition' 286
– *lupulus* 'Herkules' 286
– *lupulus* 'Perle' 286
Hydrangea anomala ssp. *petiolaris* 175, **175**, 313
– *arborescens* 118
– *arborescens* 'Annabelle' 118, 119, **119**, 313
– *arborescens* 'Grandiflora' 118
– *arborescens* 'Pink Annabelle' 118
– *arborescens* 'Sheep Cloud' 118
– *aspera* 314
– *aspera* ssp. *sargentiana* 86, **86**
– *asperea* ssp. *strigosa* 86
– *macrophylla* 74, **74**, 119, 314
– *macrophylla* 'Double Star' 118
– *macrophylla* 'Endless Summer' 118, 119, **119**
– *macrophylla* 'Everbloom' 118
– *macrophylla* 'Forever & Ever' 118
– *paniculata* 118, 314
– *paniculata* 'Burgundy Lace' 118
– *paniculata* 'Grandiflora' 118
– *paniculata* 'Limelight' 118
– *paniculata* 'Mega Perl' 118
– *paniculata* 'Phantom' 118
– *quercifolia* 87, 314
– *quercifolia* 'Harmony' 87
– *quercifolia* 'Snow Flake' 87
– *quercifolia* 'Snow Queen' 87, **87**
– *serrata* 74, 314
Hypericum 314
– *calycinum* 206, **206**
– *calycinum* 'Hidcote' 206

Iberis sempervirens 287, **287**, 319
– 'Weißer Zwerg' 287
– 'Zwergschneeflocke' 287
Ilex 128, **128**, 314
– *aquifolium* 128
– *aquifolium* 'J. C. van Tol' 128
– *crenata* 128, 194
– *crenata* 'Convexa' 128
– *crenata* 'Fastigiata' 128
– × *meservae* 128
– × *meservae* 'Blue Prince' 128
Immergrüne 122–131
Immergrün 319
–, Großes 281
–, Kleines 281
Imperata cylindrica 289, **289**, 319
– 'Red Baron' 289
Indianerbanane 270, **270**, 316
Indigofera amblyantha 117, **117**, 314
– *heterantha* 117
– *kirilowii* 117
– *tinctoria* 117
Indigostrauch, Chinesischer 117, **117**, 314
–, Färber- 117
–, Himalaya- 117
–, Kirilows 117
Iochroma cyaneum 292, 320
Iris × germanica 278, 319
– 'Lovely Again' 278
– 'Lugano' 278
– 'Violet Music' 278

Jasmin, Bauern- 78
–, Echter 298, 320
–, Falscher 78
–, Rosa 181, 314
–, Winter- 181, **181**, 314
Jasminum beesianum 181, 314
– *nudiflorum* 181, **181**, 314
– *officinale* 298, 320
Johannisbeere 14, 17, 20, 37, 79, 53, 244, 253, 315, 317
–, Alpen- 79, 184, 315
–, Blut- 18, **19**, 79, **79**, 189, 315
–, Gold- 79, 259, 315
–, Rote 18, 254, 255, **255**, 256, 258, 259, 317
–, Schwarze 16, 256, **256**, 257, 259, 317
–, Schwarze 'Ometa' 257
–, Schwarze 'Titania' 257
–, Weiße 317
Johannisbeergallmilbe 257
Johannisbeersäulenrost 257
Johanniskraut, Großblütiges 206, **206**
Josta 256, 257, 258, 317
– 'Jogranda' 257
– 'Jostine' 257
Judasbaum 143, 200, **200**, 312
Juglans regia 232, **232**, 317
– 'Klon Nr. 26' 232
– 'Klon Nr. 139' 232
Jungfernrebe, Chinesische 177
Jungtrieb, eingekürzter 52, **52**
Juniperus 135, **135**, 186, 314
– *communis* 135
– *communis* 'Green Carpet' 135
– *communis* 'Hibernica' 45, 135

- *communis* 'Hornibrookii' 135
- *horizontalis* 135
- *horizontalis* 'Glauca' 135
- *horizontalis* 'Prince of Wales' 135
- Pfitzer-Hybriden 135
- × *pfitzeriana* 135
- *sabina* 135

Kaki 252, 253, 269, **269**, 316
- 'Vaniglia' 269
Kakipflaume 269, **269**
Kalmia 206, **206**, 314
- *angustifolia* 206
- *latifolia* 206
Kambium 10, **10**, 11
Kamelie 24, 198, **198**, 312
Kapstachelbeere 300, **300**, 320
Kastanie 316
Kastanienwein 304, 306, 307, 321
Kätzchenweide 149
Katzenminze 278, 319
-, Blaue 278
Kentiapalme 310, **310**
-, Bogige 310
Kernholz 10, **10**, 11
Kerria japonica 58, 314
Kerrie 20, **20**, 58
- 'Pleniflora' 58
Keulenlilie 308, **308**, 321
Kiefer 132, 133, 134, **134**, 186, 314
-, Berg- 134
-, Blaue Kriech- 134
-, Schwarz- 134
-, Wald- 134
-, Weymouths- 134
Kirsche **10**, **17**
-, Frühjahrs- 96
-, Japanische Blüten- 96
-, Kugel-Steppen- 148, **148**, 315
-, Rotblättrige Nelken- 96
-, Süß- 228, **228**, 242, 250, 317
-, Zier- 96, 315
Kirschlorbeer 127, **127**
Kiwi 23, 35, 52, **52**, 128, 196, 252, 253, 266, **266**, 267, 316
Kleinklima 24, 25
Klettergehölze 23, **23**, 166–181, **167**, **304**
-, Ranker 23, **23**
-, Schlinger 23, **23**
-, Selbsthafter 23, **23**
-, Spreizklimmer 23, **23**
Kletterhortensie 23, 175, **175**
Kletterpflanzen 166–181, 167
Kletterrosen 22, 23, 151, 162, **162**, 163, 164, **164**
-, einmalblühende 164, **164**, 165, **165**
-, öfterblühende 162, **162**, 163, **163**
Klima 24, 25
Klingen 32, **32**
Knopfbusch 199, **199**, 312
Knospen 10
-, schneiden 40, **41**
Knöterich, Schling- 179, **179**
Koeleria glauca 283, 319
Koelreuteria paniculata 143, 314
- *paniculata* 'Fastigiata' 149
Kolkwitzia amabilis 85, **85**, 314
Kolkwitzie 85, **85**, 189, 314
Köpfen 44, 83
Kopfweide 44, **45**
Korallenbeere, Bastard- 67
Korallenstrauch 292, 319
Korbmarante 305, 320
Korbweiden 44
Kordon 248, **249**
Korkenzieherhasel 201, **201**, 313
Korkspindelstrauch 103, **103**
Kornelkirsche 21, 143, 189, 192, 201, **201**, 313, 316
Kranzschlinge 306, 307, 321
Kranzspiere 214, **214**, 315
Kreppmyrte 291, 293, 320
Kriechspindel 194, 203, **203**, 313
Krone 10, 12, 13, **13**, 22, 146
Kronwicke, Strauch- 206, **206**, 313
Kroton 320
Kübelpflanzen 18, 290–301, **291**
-, immergrüne 294, **294**, 295, **295**
-, sommergrüne 292, **292**, 293, **293**
Kurztriebe 16, **16**, 17
-, einjährige 16, **16**

Laburnum 207, **207**, 314
- *anagyroides* 207
- × *watereri* 207
Lagerstroemia indica 293, 320
Lampenputzergras 282, **282**, **283**, 319
Längenwachstum 11
Langtriebe 16, **16**, 17
-, einjährige 16, **16**, 19, 57
Lantana camara 293, **293**, 320
Laub, farbiges **44**, 45, 72, 83
Laubbäume 142–149
-, Erhaltung 146, **146**, 147, **147**
-, Erziehung 144, **144**, 145, **145**
-, gekappte 147, **147**
-, Hängeform 148, **148**
-, Krone zu dicht 146, **146**
-, Kronenform 148, **148**, 149, **149**
-, Kugelkrone 148, **148**
-, Säulenform 149, **149**
-, überzählige Gerüsttriebe 146, **146**
- verkleinern 146, 147
-, zu viele Jungtriebe 146, **147**
Laubenspalier 249, **249**
Laubenwein 295, 320
Laubgehölze, bodendeckende 122, 123, 130, 131
Laubgehölzhecken 184, **184**, 185, **185**
-, verkahlte 51, **51**
Laurus nobilis 299, **299**, 320
Lavandula 314
- *angustifolia* 106, **106**, 107
- *dentata* 106
- 'Hidcote Blue' 106, **106**
- × *intermedia* 106
- *stoechas* 106
Lavendel 15, 18, 22, 24, 25, **25**, 34, **34**, 104, 105, 106, **106**, 314
-, Echter 106, **106**, 107
-, Englischer 106
-, Französischer 106
-, Schopf- 106
Lavendelheide 210, 314
-, Japanische 210, **210**
-, Vielblütige 210
Lebensbaum, Abendländischer 137, 186
-, Riesen- 137, 186
Lebkuchenbaum 143, 199, **199**, 312
Lenzrose 280, 318
Leitern 30, **30**, 31, 33
Lespedeza thunbergii 207, **207**, 314
Leuchterblume 308, **308**, 320
-, Hängende 308
-, Kletternde 308
Leycesteria formosa 207, **207**, 314
Leycesterie, Schöne 207, **207**, 314
Liebesperlenstrauch 73
Liguster 183, 184, 188, 189, 192, 194, 314
-, Gewöhnlicher 84, **84**
-, Gold- 84
-, Kugel- 84
-, Ovalblättriger 84
Ligustrum 184, 194, 314
- *delavayanum* 84
- *ovalifolium* 84
- *ovalifolium* 'Aureum' 84
- *vulgare* 84, **84**
- *vulgare* 'Atrovirens' 84
- *vulgare* 'Lodense' 84, 184
Lilientraube 277, 280, 319
Linden 142
Liquidambar styraciflua 'Gum Ball' 148, 314
Liriope 277
muscari 280, 319
Loganbeere 273, **273**, 318
- 'Thornless Logan' 273
Lonicera 131, 180, **180**, 314
- *acuminata* 180
- *caerulea* var. *kamtschatica* 270, 317
- *caprifolium* 180
- × *heckrottii* 180
- *henryi* 180
- *nitida* 131, 194, 314
- *nitida* 'Elegant' 131
- *nitida* 'Lemon Beauty' 131
- *nitida* 'Maigrün' 131
- *nitida* 'Silver Beauty' 131
- *pileata* 131, 314
- × *purpusii* 207, **207**
- × *tellmanniana* 180
- *xylosteum* 77, **77**
Lorbeer, Echter 294, 299, **299**, 320
Lorbeerkirsche 127, **127**, 185, 315
-, Portugiesische 127
Lorbeerrose 206, **206**, 314
-, Breitblättrige 206
-, Schmalblättrige 206
Losbaum, Japanischer 200, **200**, 312
Luzula 277
- *nivea* 283
Lycianthes rantonnetii 292, 320
Lycium barbarum 271, **271**, 317

Mädchenauge 285, **285**, 318
-, Großblütiges 278, 285
-, Quirlblättriges 278, 285
-, Rosa 285
Magnolia 314
- 'Royal Star' 208
- *stellata* 208, **208**
Magnolie 314
-, Stern- 208, **208**
Mahagonikirsche **42**, 43
Mahonia 129, **129**, 314, 317
- *aquifolium* 129
- *aquifolium* 'Apollo' 129
- *bealei* 129
- × *media* 129
Mahonie 129, **129**, 314, 317
-, Beales 129
-, Gewöhnliche 129
-, Schmuckblatt- 129
Maibeere 270, **270**, 317
Maiblumenstrauch 70, 313
Malus 98, **98**, 99, 143, 314, 317
- 'Butterball' 98
- 'Cardinal' 98
- *domestica* 220, 317
- 'Evereste' 98
- 'Red Sentinel' 98
- 'Rudolph' 98
- 'Street Parade' 98
- 'Wintergold' 98
Mandelbäumchen 16, 17, 57, 64, **64**, 149, 315
Mandevilla sanderi 299, **299**, 320
Maranta leuconeura 310, **310**, 321
Marbel, Schnee- 283
Maulbeere 271, **271**
-, Schwarze 271, 317
-, Weiße 271, 317
Mehlbeere 95, 143
-, Schwedische 95
-, Thüringische 95, 149
Mehltau, Echter 48, **48**, 257
Mespilus germanica 271, **271**, 317
Messer 30, **30**, 32
Minze, Berg- , 284, **284**
Mirabelle 230, 231, 317
Miscanthus sinensis 282, 319
Mispel 271, **271**, 317
Mitteltrieb 22
Molinia 282, 319
Monatserdbeeren 263
Mönchspfeffer 116, **116**, 316
Monilia-Pilz 48, 64
Monstera 307, **307**, 321
- *adansonii* 'Monkey Leaf' 307
- *adansonii* 'Variegata' 307
- *deliciosa* 307, 321
- *obliqua* 'Leichtlinii' 307, 321
Morus 271, **271**
- *alba* 271, 317
- *nigra* 271, 317
Muehlenbeckia 307, 321
Mühlenbeckie 307, 321
Muschelzypresse 136
Myrte, Braut- 299, **299**, 320
Myrtus communis 299, **299**, 320

Nachbarrechtsgesetze 13, 145
Nachtschatten, Jasmin- 181, 301, **301**, 320
Nadelgehölze 132–141
Nadelgehölzhecken 186, **186**, 187, **187**
Nährstoffe 10, 12
Nandina domestica 208, **208**, 314
- *domestica* 'Richmond' 208
Nasella 283, 319
Nashi 272, **272**, 317
Naturschutzgesetze 35
Nektarine 234, 244, 251, 317
Nepeta × *faassenii* 278, 319
Nerium oleander 295, 320
Nestfarn 305, 320
Neuaustrieb 14, **14**
Neuseelandflachs 300, **300**, 320
-, Kleiner 300
Nothofagus antarctica 208, **208**, 314

Obstbäume 218, 219
-, Erziehungsformen 219
Obstgehölze 18, 218–273
-, Kronenform 46, **46**, 47, **47**
-, Unterlagen für 13
-, Wuchsform 46, **46**, 47, **47**
Olea europea 295, **295**, 317, 320
Oleander 295, 320
Olive 291, 294, 295, **295**, 317, 320
Ölweide 189, 203, **203**, 313, 316
-, Dornige 203
-, Schmalblättrige 203
-, Vielblütige 184
-, Wintergrüne 184, 188, 203
Orangenblume 297, **297**, 319
Osmanthus × *burkwoodii* 208, **208**, 314

Pachira aquatica 305, **305**, **305**, 321
Pachysandra terminalis 209, **209**, 314
Paeonia 276
- × Itoh-Hybriden 287, 319
- *suffruticosa* 75, 314
Pagoden-Hartriegel 9, 42, **43**, 89, **89**, 313
Palmlilie 304, **304**, 305
-, Fädige 215, 316
-, Riesen 305, 321
-, Schmalblättrige 305, 321
Pampasgras 289, **289**, 318

Pandorea jasminoides 295, 320
Panicum 282
- *virgatum* 289, **289**, **319**
Papau 270, **270**, 316
Paradiesvogelblume 306, **306**, 307, 321
Parrotia persica 143, 209, **209**, 314
Parrotie 209, **209**
Parthenocissus 177, **177**, 314
- *henryana* 177
- *quinquefolia* 177
- *quinquefolia* 'Engelmannii' 177
- *tricuspidata* 177
- *tricuspidata* 'Veitchii' 177
Passiflora caerulea 299, **299**, 320
Passionsblume 320
–, Blaue 299, **299**
Pennisetum alopecuroides 282, **282**, 319
Perlschweif, Japanischer 213, 315
Perovskia 314
- *atriplicifolia* 209, **209**, **314**
Pernettya mucronata 204, **204**, 313
Perückenstrauch 9, **44**, 45, 202, **202**, 313
Pfaffenhütchen 103
–, Großfrüchtiges 103
Pfeifengras 282, 319
Pfeifenstrauch 57, 78, **78**, 181, 189, 314
–, Virginischer 78
Pfeifenwinde 23, 312
–, Amerikanische 178, **178**
–, Chinesische 178
Pfeilblatt, Sanders- 305, 320
Pfeilwurz 304
–, Bunte 310, **310**, 321
Pfennigbaum 303, 309, **309**, 321
Pfingstrose 276, 278, 287, 319
Pfirsich 16, 17, 19, 25, 35, 47, 53, **53**, 218, 219, 234, **234**, 244, 248, 249, 251, 317
–, Hohlkrone 234, **234**
–, Schnitt versäumt 53, **53**
Pflanzen, zu tiefes 53, **53**
Pflanzengesundheit 48, 49
Pflaume 17, 230, 231, 317
–, Blut- 210, **210**, 315, 317
Philadelphus 78, **78**, 181, 314
- × *lemoinei* 'Dame Blanche' 78
- × *lemoinei* 'Erectus' 78
- × *virginalis* 78
Philodendron 307, **307**, 321
Phormium colensoi 300, 320
- *tenax* 300, **300**
Phlox 276, 279, 287, **287**
–, Sommer- 287
–, Wiesen- 287
Phlox 276, 287, **287**
- *maculata*-Hybriden 287
- *paniculata* 287
Photinia davidiana 214
- × *fraseri* 209, **209**, 314
- × *fraseri* 'Red Robin' 209
Phyllitis scolopendrium 288, **288**, 319
Phyllostachys 204
Physalis peruviana 300, **300**, 320
Physocarpus opulifolius 83, **83**, 314
- *opulifolius* 'Darts Gold' 83
- *opulifolius* 'Diabolo' 83
Picea 138, **138**, 314
- *abies* 'Acrocona' 138
- *abies* 'Echiniformis' 138
- *abies* 'Little Gem' 138
- *abies* 'Nidiformis' 138
- *glauca* 138
- *glauca* 'Conica' 138
- *glauca* 'Glauca Globosa' 138
- *glauca* 'Hoopsii' 138
- *glauca* 'Koster' 138
- *glauca* 'Oldenburg' 138
- *glauca* 'Zuckerhut' 138
- *omorika* 138
Pieris japonica 210, **210**, 314
- 'Mountain Fire' 210
- 'Variegata' 210
Pilzkrankheiten 48, **48**, 49, **49**
Pimpernuss, Gewöhnliche 213, , **213**, 315
Pinus 134, **134**, 186, 314
- *mugo* 134
- *mugo* 'Carsten' 134
- *mugo* 'Mini Mops' 134
- *mugo* 'Mops' 134
- *mugo* ssp. *pumilio* 134
- *nigra* ssp. *nigra* 134
- *pumila* 'Glauca' 134
- *strobus* 134
- *sylvestris* 134
Plumbago auriculata 300, **300**, 320
- *auriculata* 'Alba' 300
Podranea ricasoliana 292, 320
Polsterspiere 120
Polystichum 281, 319
Poncirus trifoliata 295, 320
Potentilla fruticosa 210, **210**, 314
- 'Abbotswood' 210
- 'Goldteppich' 210
- 'Princess' 210
Prachtglocke 203, **203**, 313
Prachtkerze 286, **286**, 318
Preiselbeere 273, **273**, 318
Prinzessinnenstrauch 301, **301**, 320
Prunus 96, **96**, 97, 143
- *armeniaca* 247, **247**, 317
- *avium* 228, **228**, 229, **229**, 317
- *cerasifera* 'Nigra' 210, **210**, 317
- *cerasus* 235, **235**, 317
- *cerasus* 'Beutelspacher' 235
- *cerasus* 'Beutelspacher Rexelle' 235
- *cerasus* 'Gerema' 235
- *cerasus* 'Karneol' 235
- *cerasus* 'Koröser Weichsel' 235
- *cerasus* 'Ludwigs Frühe' 235
- *cerasus* 'Morellenfeuer' 235
- *domestica* ssp. *domestica* 230, **230**, 231, 317
- *domestica* ssp. *italica* 230, 231, 317
- *domestica* ssp. *syriaca* 230, 231, 317
- *dulcis* var. *dulcis* 271, **271**, 317
- *fruticosa* 'Globosa' 148, 315
- *laurocerasus* 127, **127**, 315
- *laurocerasus* 'Mount Vernon' 127
- *laurocerasus* 'Otto Luyken' 127
- *laurocerasus* 'Van Nes' 127
- *laurocerasus* 'Zabeliana' 127
- *lusitanica* 127, 315
- *persica* var. *nucipersica* 234, 317
- *persica* var. *persica* 234, **234**, 317
- *serrulata* 96
- *serrulata* 'Amanogawa' 45, 96, 149
- *serrulata* 'Kanzan' 96
- *serrulata* 'Kiku-shidare-zakura' 96
- *serrulata* 'Royal Burgundy' 96
- *spinosa* 272, **272**, 317
- *subhirtella* 96
- *subhirtella* 'Accolade' 96
- *subhirtella* 'Autumnalis' 96
- *subhirtella* 'Pendula' 45, 96, 148, 149
- *triloba* 64
- *triloba* 'Plena' 64, 315
Punica granatum 300, **300**, 317, 320
- 'Flore Pleno' 300
- 'Nana' 300
Purpurglöckchen 276, 280, 281, **281**, 318
Purpurwein 215, **215**, 316
Pyracantha 210, **210**, 315
Pyrus communis 220, 317
- *pyrifolia* var. *culta* 272, **272**, 317
- *salicifolia* 211, **211**, 315
- *salicifolia* 'Pendula' 45, 149, 211

Quercus palustris 'Green Dwarf' 148, 315
- *robur* 'Fastigiata Koster' 149, 315
Quitte 12, 13, 49, 233, **233**, 316
–, Apfel- 233
–, Birnen- 233

Radspiere, Chinesische 204, **204**, 313
Ramblerrosen 22, 151, **151**, 162, 164, **164**, 165, **165**
- 'Ayrshire Queen' 165
- 'Blush Noisette' 165
- 'Climbing Alberich' 165
- 'Lykkefund' 164
- 'Madame Alfred Carrière' 165
–, öfterblühende 165
- 'Perennial Blue' 165
- 'Super Dorothy' 165
- 'Super Excelsa' 165
Ranker 23, **23**
Ranunkelstrauch 20, **20**, 58, **58**, 314
Rasierpinselbaum 305, **305**
Reblaus 265
Reifweide 44
Reitgras 282, **283**, 318
Renekloden 230, 231, 317
Reservestoffe 10, 12
Rhamnus frangula 211, **211**, 315
- 'Fine Line' 211
Rhododendron 124, **124**, **125**, 198, **198**, 315
–, Zwerg- 211, 315
Rhododendron 124, **124**, **125**, 198, **198**, 315
–, Catawba- 124
- *catawbiense* 124
- *impeditum* 124
–, 'Inkarho'- 124
- *micranthum* 'Bloombux' 211, 315
- Repens-Hybriden 124
–, Veilchenblauer 124
- Williamsanum-Hybriden 124
- Yakushimanum-Hybriden 124
Rhodotypos scandens 211, 315
Rhus 315
- *typhina* 212, **212**
- *typhina* 'Dissecta' 212
Ribes alpinum 79, 184, 315, 317
- *aureum* 79, 259, 315
- × *nidrigolaria* 256, 257, 317
- × *nidrigolaria* 'Jogranda' 257
- × *nidrigolaria* 'Jostine' 257
- *nigrum* 256, **256**, 257, 317
- *nigrum* 'Ometa' 257
- *nigrum* 'Titania' 257
- *rubrum* var. *domesticum* 254, 255, **255**, 317
- *sanguineum* 79, **79**, 315
- *sanguineum* 'Atrorubens' 79
- *sanguineum* 'King Edward VII' 79
- *uva-crispa* 254, 255
- *uva-crispa* var. *sativum* 317
Rinde 10, **10**, 11
–, farbige 44, **44**, **45**
Rispenhortensie 105, 118, **118**, 314
Rispen-Sommerflieder 65, **65**, 312
Rittersporn 276, 278, **278**, 318
Robinia pseudoacacia 'Umbraculifera' 148, 315
Robinie 148
Rosa 150, **150**, 151, **151**, 315, 317
- *canina* 161
- *glauca* 161
- *moyesii* 161
- *moyesii* 'Geranium' 161
- *rugosa* 161
- *sericea* ssp. *omeiensis* f. *pteracantha* 161
- *xanthina* var. *hugonis* 161
Rosen 9, 11, 12, 13, 18, **18**, 22, 24, **48**, 49, 105, 150–165, **150**, **151**, 315, 317
–, Alte 158
–, Beet- 151, 154, 155, 156, **156**, 158
–, Blaue Hecht- 161
–, Bodendecker- 155, 156
–, Bourbon- 158
–, China- 158
–, Edel- 151, 155, 157, **157**
–, einmalblühende 18, 151, 152, **153**
–, einmalblühende Kletter- 164, **164**, 165, **165**
–, einmalblühende Strauch- 160, **160**
–, Englische 158
–, Flächen- 156
–, Goldgelbe 161
–, Hochstamm- 152, 155, **155**
–, Hunds- 161
–, Kartoffel- 161
–, Kletter- 150, 151, 152, 155, 158, 159, 162, **162**, 163, 164, **164**, 165
–, Mandarin- 161
–, Nostalgie- 158, 159
–, öfterblühende 18, **18**, 151
–, öfterblühende Kletter- 162, **162**, 163, **163**
–, öfterblühende Strauch- 158, **158**, 159, **159**
–, Polyantha- 156, **156**
–, Remontant- 158
–, schwachwüchsige 151
–, Stacheldraht- 161
–, starkwüchsige 151
–, Strauch- 151, 152, 156, 158, **158**, 159, 160, **160**
–, Trauer- 155
–, veredelte 151
–, Wild- 152, 156, 161, **161**
–, Zwerg- 154, **154**, 155
Rosenblattrollwespe 49
Rosenbögen 163, **163**, 165
Rosmarin 22, 24, **24**, 212, **212**, 315
Rosmarinus officinalis 212, **212**, 315
Rostpilze 48
Rotdorn 202
Rotschleierfarn 281
Rubus 59, 315, 317
- *arcticus* var. *stellarcticus* 272, **272**, 317
- *cockburnianus* 59
- *fruticosus* 261, **261**, 317
- *fruticosus* × *idaeus* 272, **272**
- *fruticosus* 'Navaho' 261
- *fruticosus* 'Nessy' 261
- *fruticosus* × *Rubus idaeus* 317
- *idaeus* 260, **260**, 317, 318
- *idaeus* 'Autumn Bliss' ('Blissy') 260
- *loganobaccus* 273, **273**, 318
- *loganobaccus* 'Thornless Logan' 273
- *odoratus* 59
- *phoenicolasius* 273, **273**, 318
- *spectabilis* 59
- *thibetanus* 59
Rundkrone 46, **46**, 219
- erhalten 222, **222**, 223, **223**
- erziehen 220, **220**, 221, **221**
- verjüngen 224, **224**, 225, **225**
–, Schnittfehler beheben 226, **226**, 227, **227**
Ruta graveolens 212, **212**, 315
- *graveolens* 'Jackman's Blue' 212
Rutenhirse 282, **283**, 289, **289**, 319

Säckelblume 199, **199**, 312
Saftdruck 14, 15
Saftstau 15
Saftstrom 10, 11
Saintpaulia 306
Salbei 15, 22, 24, 105

–, Garten- 278, **278**, 319
–, Gewürz- 108, **108**, 315
–, Herbst- 287, 319
–, Spanischer 108
Salix 44, 212, **212**, 315
- *alba* 'Tristis' 149
- *caprea* 'Mas' 44
- *caprea* 'Mas Pendula' 45
- *caprea* 'Pendula' 149
- *daphnoides* 'Praecox' 44
Salvia greggii 287, 319
- *lavandulifolia* 108
- *nemorosa* 278, **278**, 319
- *officinalis* 108, **108**, 315
- *officinalis* 'Berggarten' 108
- *officinalis* 'Icterina' 108
- *officinalis* 'Purpurascens' 108
- *officinalis* 'Tricolor' 108
Salweide 44
Sambucus 315, 318
- *nigra* 94, **94**
- *nigra* 'Black Beauty' 94
- *nigra* 'Black Lace' 94, **94**
- *nigra* 'Haschberg' 94
- *nigra* 'Laciniata' 94
- *racemosa* 94
- *racemosa* 'Plumosa Aurea' 94
Sanddorn 128, 189, 206, **206**, 313, 317
Sansevieria 310, **310**, 321
- *cylindrica* 'Straight' 310
- *kirkii* 'Friends' 310
- *trifasciata* 310
Santolina 111, **111**, 194, 315
- *chamaecyparissus* 111
- *chamaecyparissus* 'Nana' 111
- *chamaecyparissus* 'Pretty Coral' 111
- *rosmarinifolia* ssp. *rosmarinifolia* 111
Sauerdorn 72, 312, 316
Sauerkirsche 16, 17, 19, 218, 219, 235, **235**, 244, 248, 251, 317
- 'Beutelspacher Rexelle' 235
- 'Beutelspacher' 235
- 'Gerema' 235
- 'Karneol' 235
- 'Koröser Weichsel' 235
- 'Ludwigs Frühe' 235
- 'Morellenfeuer' 235
Säulenbäume 149, **149**, 219, 250, **250**, 251, **251**
Säulenform 45, **45**
Schafgarbe 278, 284, **284**, 318
–, Gold- 284
–, Wiesen- 284
Schefflera 311, **311**, 321
Scheinakazie, Kugel- 315
Scheinbeere 204, **204**, 313
Scheinbuche 208, **208**, 314
Scheinhasel 101, **101**, 313
–, Ährige 101
–, Armblütige 101
–, Winter- 101
Scheinkamelie 214, **214**, 315
Scheinkerrie 211, 315
Scheinquitte 18, 20, 312, 316
–, Chinesische 66
Scheinzypresse 49, 136, **136**, 186, 187, 312
–, Erbsenfrüchtige 136
–, Lawsons 136, 186
–, Lawsons 'Ellwoodii' 136
–, Lawsons 'Minima Glauca' 136
–, Nutka- 136
–, Nutka- 'Pendula' 136
Schere 28, **28**, 29, 32, **32**
Schiefteller 306, 321
Schildfarn 281, **281**, 319
Schillergras **282**, 283, 319
Schisandra chinensis 273, **273**, 318
Schizophragma hydrangeoides 175
Schlangenwein 23, 197, **197**, 312
Schlehe 272, **272**, 317
Schleierfarn, Rot- 318
Schleifenblume 287, **287**, 319
- 'Weißer Zwerg' 287
- 'Zwergschneeflocke' 287
Schleifstein 32, **32**
Schlinger 23, **23**, 166
Schlingknöterich 23, 105, 179, **179**, 313
Schlitzast 145, **145**
Schmetterlingsstrauch 114
Schneeball 12, **16**, 20, 188, 189
–, Bauern- 82
–, Bodnant- 80
–, Burkwoods 81
–, Duft- 80, 316
–, Etagen- 57, 81, **81**, 316
–, Gefüllter 82, **82**, 316
–, Gewöhnlicher **42**, 43, 82, 83
–, Japanischer Etagen- 81
–, Koreanischer 81
–, Mittelmeer- 215, **215**, 316
–, Winter- 80, **80**, 316
–, Wolliger 81, 316
Schneebeere 67, **67**, 315
–, Gewöhnliche 67
Schneeforsythie 196, **196**, 312
Schneeglöckchenbaum 205, **205**, 313
Schnittfehler bei Obstgehölzen 52, **52**, 53, **53**
- bei Ziergehölzen 50, **50**, 51, **51**
Schnittformen 27, 38, 39, **39**
Schnittstärke 14, **14**, 15, 38
Schnitttechnik 27, 40, **40**, 41, **41**
Schnittzeitpunkt 10, 15, 27, 34, 35
Schnittziel 27, 42, 43
Schönfrucht 73, **73**, 312
- 'Profusion' 73
Schönmalve 291, 296, **296**, 319
Schönpolster 308, **308**, 320
–, Kriechendes 308
Schosse 10, 15
Schösslingssträucher 20, **20**, 252
Schusterpalme 305, 320
Schwarznuss 232
Schwertlilie 319
Schwertsäge 29, **29**
Schwingel 282, 283, 318
Sedum 279, 288, **288**, 319
- *spectabile* 288
- *telephium* ssp. *telephium* 288
Segge 283, 318
Seidelbast 202, **202**, 313
–, Burkwoods 202
–, Gewöhnlicher 202
–, Rosmarin- 202
Seidenakazie 292, 319
Seitengerüsttriebe 22, **22**
Seitentriebe 11
Seitenverzweigungen, einjährige 18
Selbsthafter 23, **23**, 166
Senna corymbosa 296, **296**, 319
Sieben-Söhne-des-Himmels 205, **205**, 313
Silbertanne 139
Sinningia speciosa 306
Skimmia japonica 213, **213**, 315
- 'Rubella' 213
Skimmie 213, **213**, 315
Solanum jasminoides 181, 301, **301**, 320
- 'Album' 301
- *rantonnetii* 292, 320
Sommerblüher 18, 104, 105
Sommerflieder 11, 16, 18, 38, 105, 112, 114, **114**, 189, 312
- 'BUZZ' 115
- 'Butterfly' 115
–, kleinwüchsige Sorten 115
- 'Lochinch' 114
- 'Nanho' 115
–, Rispen- 65, **65**, 312
–, Schmalblättriger 65
Sommerschnitt 34, 35, **35**, 105
Sommerspiere 120
–, Rote 120, **120**
Sonnenhut, Purpur- 286, **286**, 318
Sorbaria sorbifolia 213, **213**, 315
Sorbus 315, 318
- *aria* 95, 143
- *aucuparia* 95, **95**
- aucuparia 'Edulis' 95
- *aucuparia* 'Fastigiata' 95
- *aucuparia* 'Konzentra' 95
- *intermedia* 95
- *thuringiaca* 'Fastigiata' 95, 149
- *torminalis* 95
Spalier **46**, 47, 219, 258, **259**
–, Aprikose 247, **247**
–, Erhaltung 246, **246**, 247, **247**
–, Erziehung 244, **244**, 245, **245**
–, freies 249, **249**
Spalierformen 248, **248**, 249, **249**
–, Kordon 248, **249**
–, Laubenspalier 249, **249**
–, U-Palmette 248, **249**
–, Verrier-Palmette 248, **249**
Spalthortensie 175
Spaltkölbchen 273, **273**, 318
Sparmannia africana 311, **311**, 321
Spathiphyllum 306, **306**, 321
Spiere, Frühlings- 60
–, Weiße Japan- 120
Spierstrauch, Aschgrauer 60
–, Belgischer 60
–, Billards 120
–, Birkenblättriger 60
–, Pflaumen- 60
Spindelbäume 219
Spindeln **46**, 47, 258, **259**
- erhalten 238, **238**, 239, **239**
- erziehen 236, **236**, 237, **237**
- korrigieren 240, **240**, 241, **241**
- verjüngen 240, **240**, 241, **241**
Spindelstrauch 313
–, Flachstieliger 103
Spiräe 14, 16, **16**, 17, 18, **19**, 20, **21**, 37, 42, 57, 60, **60**, 61, **61**, 83, 90, 105, 120, 189, 315
–, frühjahrsblühende 60, **60**, 61
Spiraea 315
- × *arguta* 60
- *betulifolia* 60
- × *billardii* 120
- × *cinerea* 'Grefsheim' 60
- *decumbens* 120
- *japonica* 120, **120**
- *japonica* 'Albiflora' 120
- *japonica* 'Anthony Waterer' 120
- *japonica* 'Little Princess' 120
- *nipponica* 60
- *prunifolia* 60
- *thunbergii* 60
- × *vanhouttet* 60
Spitzahorn 148
Spitzenknospen 14
Splintholz 10, **10**, 11
Spreizklimmer 23, **23**, 162, 166
Stachelbeere 20, 53, 244, 252, 253, **253**, 254, 255, 256, 257, 258, 259, 317
Stachyurus praecox 213, **213**, 315
Stamm 22
Staphylea pinnata 213, **213**, 315
Stauden 276–289, **277**
–, immergrüne 280, **280**, 281, **281**
–, sommergrüne 278, **278**, 279, **279**
–, wintergrüne 280, **280**, 281, **281**
Staunässe 49
Stechfichte 138
Stechpalme 128, **128**, 185, 189, 314
–, Gewöhnliche 128
–, Japanische 128, 192, 194
–, Meserves 128
Steiltriebe, nicht entfernte 53, **53**
Stephanandra incisa 214, **214**, 315
-'Crispa' 214
Stephanotis floribunda 307, 321
Sternjasmin, Chinesischer 301, 320
Stewartia pseudocamellia 214, **214**, 315
Stipa barbata 289, **289**
- *pulcherrima* f. *nudicostata* 289, **289**, 319
- *tenuissima* 283, 319
Storchschnabel 277, 279, **279**, 318
Strahlenaralie 311, **311**, 321
Strahlengriffel, Flamingo- 196, **196**, 266, 312
Stranvaesia davidiana 214, **214**
Stranvaesie 214, **214**
Sträucher 20, 21
–, baumartige 21, **22**
Strauchkastanie 197, **197**, 312
Strauchmargerite 292, 319
Strauchpfingstrose 75, **75**, 314
Strauchrosen, einmalblühende 160, **160**
–, öfterblühende 158, **158**, 159, **159**
Strauchspiere, Japanische 60
Strauchveronika 205, **205**, 313
Strelitzia 303, 306, 307, **307**
- *nicolai* 307, 321
- *reginae* 306, 321
Strelitzie 303, 306, 307, **307**
Streptocarpus 306, 321
Strukturgehölze **9**
Sumach 212, **212**
Süßkirsche 13, 14, 18, 19, 219, 222, 228, **228**, 229, **229**, 235, 244, 250, 317
–, Befruchtersorten 229
–, Spindel 242, **242**, 243, **243**
Süßkirschensäule 250
- 'Campanilo' 250
- 'Claudia' 250
- 'Sara' 250
Süßmandel 271, **271**, **317**
Symphoricarpos 67, **67**, 315
- *albus* var. *albus* 67
- × *chenaultii* 67
- × *chenaultii* 'Hancock' 67
Syringa meyeri 'Palibin' 92, 315
- *microphylla* 'Superba' 92, 315
- *reflexa* 92, 315
- × *swegiflexa* 92, 316
- *vulgaris* 92, **92**, 93, **93**, 316

Tafeltraube 264, 318
Tamariske 214, **214**
–, Frühlings- 214, 316
–, Sommer- 214, 316
Tamarix 214, **214**
- *parviflora* 214, 316
- *ramosissima* 214, 316
Tanne 132, 133, 139, **139**, 312
–, Balsam 139
–, Korea- 139
–, Nordmann- 139
-, Silber- 139
–, Weiß- 139
–, Zwerg-Kork- 139
Taxus 140, **140**, 141, 186, 194, 316
- *baccata* 140, 186
- *baccata* 'Dovastoniana' 140
- *baccata* 'Fastigiata' 45
- *baccata* 'Fastigiata Aureomarginata' 140
- *baccata* 'Fastigiata Robusta' 140
- *baccata* 'Renkes Kleiner Grüner' 215, **215**, 316
- *baccata* 'Repandens' 140
- *cuspidata* 140

- *cuspidata* 'Nana' 140
- × *media* 140
- × *media* 'Hillii' 140
Taybeere 272, **272**, 317
Tecomaria capensis 292, 320
Tetrastigma voinierianum 307, 321
Teucrium chamaedrys 288
- × *lucidrys* 288, **288**, 319
Thuja 12, 49, **49**, 50, **50**, 132, 133, 137, **137**, 183, 186, **186**, 187, 316
–, falsch verjüngt 50, **50**
Thuja 50, **50**, 132, 133, 137, **137**, 186, **186**, 316
- *occidentalis* 137, 186
- *occidentalis* 'Columna' 186
- *occidentalis* 'Danica' 137
- *occidentalis* 'Recurva Nana' 137
- *occidentalis* 'Smaragd' 137, 186
- *occidentalis* 'Sunkist' 137
- *occidentalis* 'Tiny Tim' 137
- *plicata* 137, 186
- *plicata* 'Atrovirens' 137
Thujaprachtkäfer 49, **49**
Thymian 25, 316
–, Echter 109, **109**
–, Kaskaden- 109
–, Orangen- 109
–, Sand- 109
–, Zitronen- 109
Thymus 316
- × *citriodorus* 109
- *longicaulis* 109
- *serpyllum* 109
- *vulgaris* 109, **109**
- *vulgaris* 'Compactus' 109
- *vulgaris* 'Golden Dwarf' 109
- *vulgaris* 'Silver King' 109
- *vulgaris* ssp. *fragrantissimus* 109
Tibouchina urvilleana 301, **301**, 320
Torfmyrte 128, 204, **204**, 313
Trachelospermum jasminoides 301, **301**, 320
Tradescantia 311, **311**, 321
Trauerweide **149**
Triebbohrer 49
Triebe 10
–, ältere 18
–, diesjährige 16, **16**, 17, **18**, 19
–, einjährige 16, **16**, 17, **17**, **18**
- einkürzen 15
–, kurzlebige 57
–, sägen 40, **41**
- schneiden 40, **41**
–, schräg wachsende 14, 15, **15**
–, steil wachsende 14, 15, **15**
–, überhängende 14, 15, **15**
–, ungeschnittene **14**, 15
–, vergreiste **49**
–, zweijährige 16, **17**, 18
Triebformen 16, 17
Triebknospen 11
Triebranken 23, **23**
Triebspitze 14, 15
- verschlanken 39, **39**
Triebsterben bei Buchs 48
Trompetenbaum 148
–, Kugel- 312
Trompetenwein, Rosa 292, 320
Trompetenwinde 105, 167, 174, **174**, 312
- 'Flamenco' 174
- 'Flava' 174
- 'Mme Galen' 174

U-Palmette 248, **249**
Umlenken 27, 38, 39, **39**
–, falsches 52, **52**
Unterlage 12, 13
–, schwach wachsende 13
–, stark wachsende 13
Usambaraveilchen 306

Vaccinium corymbosum 262, **262**, 318
- *myrtillus* 262, 318
- *vitis-idaea* 273, **273**, 318
Veilchenstrauch 292, 320
Veredlung 12, **12**
Veredlungsmesser 30, **30**
Veredlungsstelle 12, **12**
Vergreisen 14
Verjüngung, radikale 51, **51**
Verjüngungschnitt 37, **37**
Veronika, Strauch- 205, **205**, 313
Verrier-Palmette 248, **249**
Viburnum 80, **80**
- × *bodnantense* 80, 316
- × *burkwoodii* 81, 316
- *carlesii* 81, 316
- *farreri* 80, 316
- *lantana* 81, 316
- *opulus* 82
- *opulus* 'Compactum' 82
- *opulus* 'Roseum' 82, 316
- *plicatum* 316
- *plicatum* 'Mariesii' 81
- *plicatum* 'St. Keverne' 81
- *plicatum* 'Watanabe' 81
- *tinus* 215, **215**, 316
Vinca 319
- *major* 281
- *minor* 281
Vitalbeere 273, **273**, 318
Vitex agnus-castus 116, **116**, 316
- *agnus-castus* 'Blue Diddley' 116
- *agnus-castus* 'Blue Puffball' 116
- *agnus-castus* 'Flip Side' 116
Vitis coignetiae 215, **215**, 316
- *vinifera* ssp. *sativa* 318
- *vinifera* ssp. *vinifera* 264, **264**, 265
Vogelbeere 95, **95**
- 'Fastigiata' 95
- 'Konzentra' 95
Volutella 48

Wacholder 45, 49, 135, **135**, 186, 314
–, Gewöhnlicher 135
–, Kriech- 135
–, Sade- 135
Wacholderprachtkäfer 49
Wachsblume 303, **303**, 306, 307, 321
Wachstum, Steuerung des 14, 15
Waldrebe, Alpen- 168
–, Armands- 168
–, Berg- 167, 168, **168**
–, Gewöhnliche 169
–, Gold- 169
–, Großblumige 168
–, Italienische 169
–, Korea- 168
–, Mittelmeer- 168
–, Orientalische 169
–, Sibirische 168
–, Texas- 169
Walnuss 19, 35, 219, 232, **232**, 317
- 'Klon Nr. 139' 232
- 'Klon Nr. 26' 232
Wandelröschen 291, 292, 293, **293**, 320
Wasser 10, 12
Weide 28, 44, **44**, 143, 149, 315
–, Strauchartige 212, **212**
Weigela 71, **71**, 316
- *florida* 71
- *florida* 'Bristol Ruby' 71
- *florida* 'Eva Rathke' 71
- *florida* 'Nana Variegata' 71
- *florida* 'Purpurea' 71
Weigelie 42, 71, **71**, 316
–, Liebliche 71
Weihnachtsstern 309, **309**, 321
Wein, Wilder 23, 166, 167, 177, **177**, 314
- Dreilappiger 177
- Gewöhnlicher 177
Weinbeere, Japanische 273, **273**, 318
Weinraute 212, **212**, 315
Weinrebe 23, 35, 252, 253, 264, **264**, 265, 318
- 'Bianca' 264
- 'Muscat Bleu' 264
- 'Phoenix' 264
- 'Regent' 264
Weißdorn 49, 184, 313, 316
–, Pflaumenblättriger 143, 202
Werkzeug 27, **27**, 28, **28**, 29, **29**, 30, **30**, 31, **31**, 32, **32**, 33, **33**
Werkzeugpflege 32, 33
Wermut, Echter 285, **285**, 318
Wildrosen 161, **161**, 315, 317
Wildtriebe 13
Winterblüte 200, **200**, 312
Winterhärte 24, 25
Winterhärtezonen 24, **24**, **334**, **335**
Winterjasmin 23
Wisteria 172, **172**, 173, **173**, 316
- *floribunda* 172
- *floribunda* 'Alba' 172
- *floribunda* 'Macrobotrys' 172
- *floribunda* 'Rosea' 172, **172**
- *floribunda* 'Shiro-Noda' 172
- *sinensis* 172
Wolfsmilch 286, **286**, 318
–, Kaktus- 305
–, Mandelblättrige 286
–, Palisaden- 286
Wollmispel 295, 316, 319
Wuchsform 12, 20, 21
Wühlmäuse 49
Wunden versorgen 41
Wunderstrauch 304, 320
Wundgewebe 11
Wundheilung 11, **11**, **40**
Wundpflege 40, 41
Wundverschluss 40, 41
Wurmfarn, Goldschuppen- 288, 318
–, Rotschleier- 288, **288**, 318
Wurzel 10, 12, 13, **13**
Wurzelschäden 49

Ysander 209, **209**, 314
Yucca 304, **304**
- *aloifolia* 305, 321
- *elephantipes* 305, 321
- *elephantipes* 'Marginata' 305
- *filamentosa* 215, 316

Zamioculcas zamiifolia 311, **311**, 321
Zapfen schneiden 41, **41**
Zaubernuss **17**, 18, **19**, 21, 42, 57, 100, **100**, 101, 313
–, Chinesische 100
–, Hybrid- 100
–, Japanische 100
–, Virginische 100
Zickzack-Strauch 297, **297**, 319
Zierapfel 12, 14, 18, 21, 37, 43, 98, **98**, 99, 143, 189, 314, 317
–, robuste Sorten 98
Zierhimbeere 59
Zierkirsche 12, 34, 45, 96, **96**, 97, 143, 148, 149, 315
Zierquitte 66, **66**, 189, 316
–, Japanische 66
Zimmeraralie 304, 321
Zimmerlinde 304, 311, **311**, 321
Zimmerpflanzen 302–311
Zimmerrebe 307, 320
Zimterle, Erlenblättrige 200, **200**, 312
Zistrose 291, 297, **297**, 319
–, Lack- 297
–, Purpur- 297
Zitrone 294, **294**
Zitronenverbene 284, **284**, 318
Zitrus 316, 319
Ziziphus jujuba 301, **301**, 320
Zucker 10
Zwergblutberberitze 194
Zwergeibe 215, **215**, 316
Zwergmispel 313
–, Runzlige 202
–, Sparrige 202
–, Teppich- 123, 130, **130**
–, Weidenblättrige 202
Zwergrhododendron 211, **211**, 315
Zwergrosen 154, **154**
Zwergsorten 251
Zwetschge 13, 17, 222, 230, **230**, 231, 242, 243, 250, 317
–, Spindel 242, 243, **243**
–, Verkahlung vorbeugen 230
Zwetschgensäule 250, 251
Zylinderputzer 296, **296**, 319
Zypresse 45
–, Echte 132, 319
–, Säulen- 297, **297**

Adressen

Schnittkurse
Schnittkurse veranstalten Volkshochschulen, Obst- und Gartenbauvereine sowie Kleingartenvereine. Informationen erhalten Sie auch bei Beratungsstellen von Landwirtschaftskammern oder Landratsämtern. In größeren Städten wenden Sie sich an Ihr Umwelt- oder Gartenamt.

Fachverbände Baumschulen
Bund deutscher Baumschulen e.V.
Kleine Präsidentenstr. 1
10178 Berlin
www.gruen-ist-leben.de

JardinSuisse
Bahnhofstr. 94
CH–5000 Aarau
www.jardinsuisse.ch

Bundesverband der Österreichischen Gärtner
Schauflergasse 6
A–1015 Wien
www.gartenbau.or.at

Internet-Adressen

Fachverbände der Staudengärtner:
www.stauden.de
www.jardinsuisse.ch
www.baumschulinfo.at

Fachverbände der Baumpfleger:
www.galabau.de
www.galabau-verband.at (Österreich)

Kleingärtner- und Gartenbauvereine:
www.gartenbauvereine.de
kleingarten-bund.de

Pflanzengesellschaften:
Österreichische Gartenbaugesellschaften mit Untergruppen
www.oegg.or.at

Gesellschaft der Staudenfreunde
www.gds-staudenfreunde.de

Gesellschaft Schweizer Staudenfreunde
www.staudenfreunde.ch

Rosenfreunde
www.rosenfreunde.de

Fuchsiengesellschaft
www.deutsche-fuchsien-ges.de

Bewahrung alter Sorten:
Pomologen-Verein e.V.
Husumer Straße 16, 20251 Hamburg
www.pomologen-verein.de

Literatur

Barlage, A., Goss, B., Schuster, T.: **Quickfinder Gartenjahr.** Gräfe und Unzer Verlag, München

Bärtels, A.: **Gehölze von A–Z.** Verlag Eugen Ulmer, Stuttgart

Bürki, M., Fuchs, M.: **Bildatlas Topfpflanzen.** Verlag Eugen Ulmer, Stuttgart

Fischer, M.: **Farbatlas Obstsorten.** Verlag Eugen Ulmer, Stuttgart

Greiner, K., Weber, A.: **Zimmerpflanzen.** Gräfe und Unzer Verlag, München

Hartmann, W.: **Farbatlas Alte Obstsorten.** Verlag Eugen Ulmer, Stuttgart

Kühn, N.: **Neue Staudenverwendung.** Verlag Eugen Ulmer, Stuttgart

Pirc, H.: **Wildobst und seltene Obstsorten im Hausgarten.** Leopold Stocker Verlag, Graz

Simon, H.: **Gärten gestalten.** Gräfe und Unzer Verlag, München

Bildnachweis

Coverillustration und alle Zeichnungen: **Heidi Janiček**

Alle Fotos von **Hansjörg Haas** mit Ausnahme von:
Adobe Stock Foto: 199-5, 207-5, 208-8, 213-7, 214-4, 285-5, 300-4, 311-7; **Alamy Stock Foto/ agefotostock:** 208-6; **/Florapix:** 200-8, 206-2; **/Maritxu22:** 310-6; **/Panther Media GmbH:** 197-1; **Blickwinkel:** 271-7, 294-1; **Elke Borkowski:** 42-1, 219; **Botanikfoto:** 78-1, 86-1, 88-1, 94-1, 96-1, 100-1, 101-1, 106-1, 130-1, 209-5, 213-1, 218, 211-5; Das **Gartenarchiv:** 233-1, 270-1; **ddp:** 256-1; **dpa Picture Alliance:** 273-7; **Flashmedia:** 289-7; **Flora Press:** 34-1, 95-1, 108-1, 118-1, 119-1, 131-1, 136-1, 137-1, 140, 158-1, 164-1, 168-1, 174-1, 175-1, 178-1, 179-1, 194, 196-4, 196-8, 197-5, 198-4, 200-4, 201-1, 201-7, 202-8, 203-3, 204-2, 204-4, 204-8, 206-4, 210-2, 211-1, 213-3, 214-8, 215-3, 215-5, 244, 261-1, 271-3, 272-4, 272-8, 273-3, 284-6, 287-5, 300-8; **/GAP:** 89-2, 95-1, 126-1, 134-1, 138-1, 196-2, 196-6, 198-2; **/Visions:** 157-1, 302, 303, 309-7; **GAP Photos:** 2-3, 8, 16-1, 16-2, 18-1, 19-1, 19-2, 22-3, 26, 42-2, 42-3, 43-1, 43-2, 43-3, 44-3, 45-2, 72-1, 81-2, 87-1, 103-2, 132, 154-1, 160-1, 181-2, 195-3, 209-3, 290, 297-1; **/Jenny Lilly:** 311-3; **/Matt Anker/Design Jon Sims/Sponsor Jacksons Fencing:** 297-5; **/Mel Watson:** 284-8; **/Nova Photo Graphik:** 286-8, 308-4; **Garden World Images:** 58-1, 62-1, 63-2, 65-1, 68-1, 70-1, 85-2, 90-1, 102-1, 109-1, 112, 119-3, 120-1, 120-2, 123, 127-1, 135-1, 139-1, 152, 169-1, 170-1, 198-6, 198-8, 199-7, 203-5, 206-6, 206-8, 207-3, 208-2, 209-1, 209-7, 210-6, 212-4, 214-2, 253, 262-1, 271-1, 271-5, 273-5, 284-2, 284-4, 285-7, 288-2, 289-1, 289-3, 289-5, 293-1, 296-2, 296-6, 297-3, 297-7, 298-6, 299-5, 299-7, 300-6, 301-1, 301-3; **Gartenfoto.eu:** 176-1; **getty images:** 79-1, 80-1, 111-1, 272-6, 273-1, 298-4; **Green Solutions:** 308-2; **Interfoto:** 266-1; **iStockphoto:** 213-5; **Daniela Laußer:** 12-1; **MMGI/Andrew Larson:** 212-2, 228-1; **/Marianne Majerus:** 4, 5 Design: Marc Schoellen, 6, 9, 11-1, 47-2, 54, 75-1, 104, 105 Design: Lynn Marcus, 110-1, 121-2, 122, 142, 143 Design: Jill Billington, 150 Design: Françoise Maas, 151, 166, 167, 172-1, 183 Design: Tom Stuart Smith, 184 Design: Jacques Wirtz, 190-1 Design: Peter and Margaret Radford, 195-2, 203-1, 214-6, 216 Design: Marc Schoellen, 234-1, 252, 274, 276, 291 Design: Kathy Brown; **mauritius images:** 128-1, 199-1; /Garden World Images/ Botanic Images Inc.: 200-6; **/Garden World Images/Rita Coates:** 306-1; **/imageBROKER/ Frank Sommariva:** 211-7; **/McPhoto/Hans-Roland Müller:** 301-7; **Volker Michael:** 56, 182; **Okapia:** 270-8; **Photolibrary.ae:** 64-1, 73-2, 76-1, 129-1, 133, 177-1, 193-1, 211-3, 212-8; **Photoshot:** 84-1; **Premium:** 17-2, 82-1; **Prisma:** 77-1, 235-1, 269-1, 287-1; **Royal Horticultural Society:** 114-1, 266-2, 280-1, 288-4; **Guido Sachse:** 49-2, 180-1, 277; **Barbara Sester:** 336; **Shutterstock:** 205-3, 215-7; **Friedrich Strauss:** 83-1, 155-1, 156-1, 300-2, 308-8; **Annette Timmermann:** 24-2, 57, 292-1; **Topic Media:** 230, 296-8; **Zoonar:** 199-3, 263-1.

Winterhärtezonenkarten (Seiten 334 und 335) basierend auf Daten von: Verlag Eugen Ulmer, Stuttgart, Entwurf: D. Schreiber.

Syndication:
www.seasons.agency

Winterhärtezonen Mitteleuropa

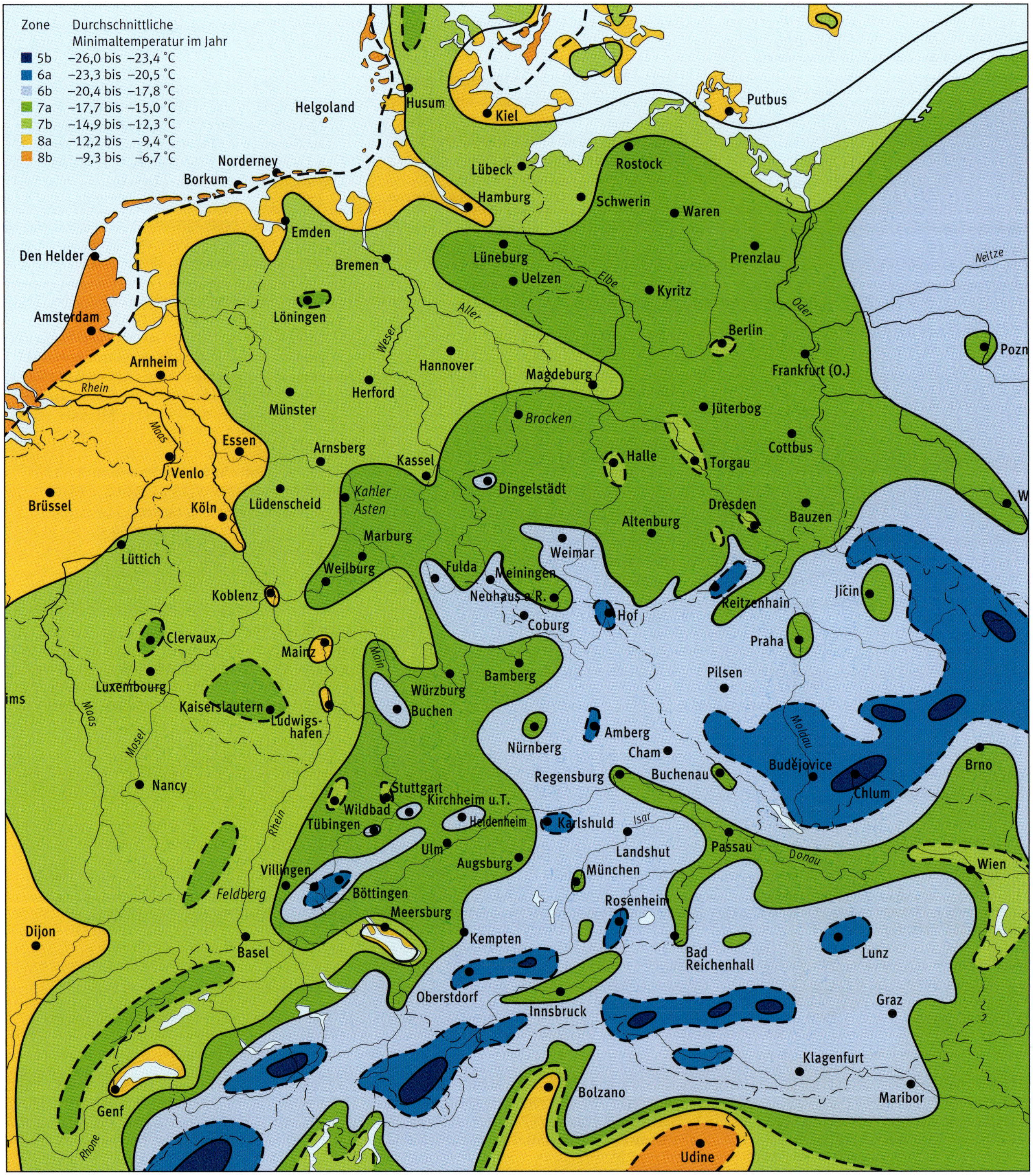

Winterhärtezonen Europa

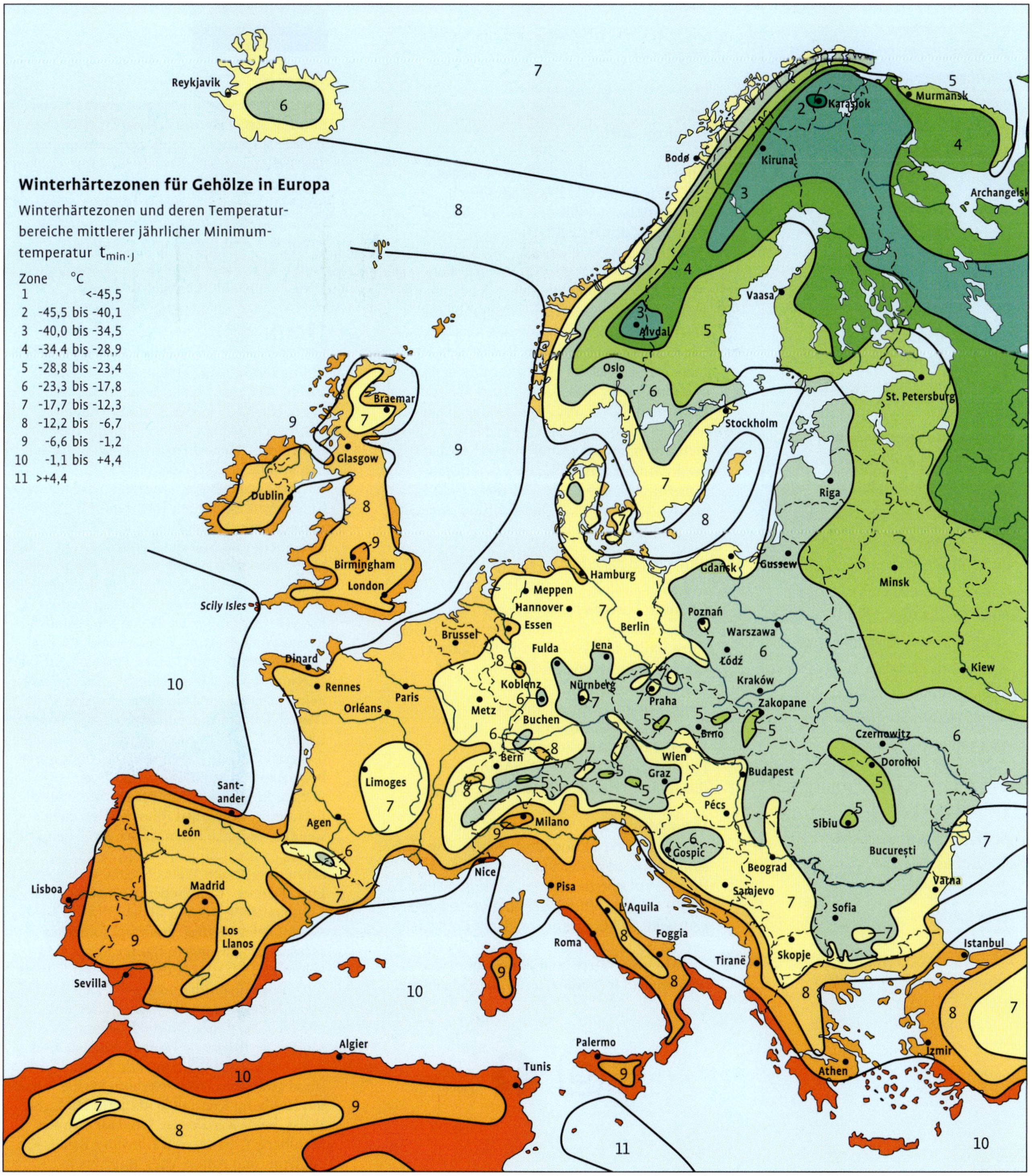

QUALITÄTS GARANTIE

LIEBE LESERINNEN UND LESER,

wir wollen Ihnen mit diesem Buch Informationen und Anregungen geben, um Ihnen das Leben zu erleichtern oder Sie zu inspirieren, Neues auszuprobieren. Wir achten bei der Erstellung unserer Bücher auf Aktualität und stellen höchste Ansprüche an Inhalt und Gestaltung. Alle Anleitungen und Rezepte werden von unseren Autoren, jeweils Experten auf ihren Gebieten, gewissenhaft erstellt und von unseren Redakteur*innen mit größter Sorgfalt ausgewählt und geprüft.

Haben wir Ihre Erwartungen erfüllt? Sind Sie mit diesem Buch und seinen Inhalten zufrieden? Wir freuen uns auf Ihre Rückmeldung. Und wir freuen uns, wenn Sie diesen Titel weiterempfehlen, in Ihrem Freundeskreis oder bei Ihrem Online-Kauf.

Sollten wir Ihre Erwartungen so gar nicht erfüllt haben, tauschen wir Ihnen Ihr Buch jederzeit gegen ein gleichwertiges zum gleichen oder ähnlichen Thema um.

KONTAKT ZUM LESERSERVICE

GRÄFE UND UNZER VERLAG
Grillparzerstraße 8
81675 München
www.gu.de

GU ist eine eingetragene Marke der GRÄFE UND UNZER VERLAG GmbH, www.gu.de

ISBN 978-3-8338-8963-9

4. Auflage 2025

Überarbeitete und erweiterte Neuausgabe von »Das große GU Praxishandbuch Pflanzenschnitt«, GRÄFE UND UNZER VERLAG GmbH, 2012, ISBN 978-3-8338-2536-1

Projektleitung: Cornelia Nunn, Angelika Holdau
Lektorat: Barbara Kiesewetter
Bildredaktion: Esther Herr, Daniela Laußer; Petra Ender und Natascha Klebl (Cover)
Umschlaggestaltung und Layout: ki 36 Editorial Design
Herstellung: Susanne Fuhrmann
Satz: Longo AG, Bozen
Repro: Longo AG, Bozen
Druck: aprinta GmbH, Wemding
Bindung: Conzella, Pfarrkirchen

Umwelthinweis:
Nachhaltigkeit ist uns sehr wichtig. Der Rohstoff Papier ist in der Buchproduktion hierfür von entscheidender Bedeutung. Daher ist dieses Buch auf PEFC-zertifiziertem Papier gedruckt. PEFC garantiert, dass ökologische, soziale und ökonomische Aspekte in der Verarbeitungskette unabhängig überwacht werden und lückenlos nachvollziehbar sind.

Autor

Hansjörg Haas studierte nach seiner Ausbildung zum Gärtner an der TU München-Weihenstephan Gartenbauwissenschaften. Seit 1992 ist er Fachberater für Obst, Gartenbau und Landespflege. Er gibt Praxiskurse und hält Vorträge. Daneben öffnet er seinen Garten, veranstaltet Gartenreisen und ist Autor von mehreren Schnittratgebern. Weitere Informationen: www.herrenmuehle-bleichheim.de

Dank

Ich danke Alois Leute, Basel; Prof. Dr. Norbert Kühn, Berlin; Anne Hahnenstein, Rain a. L.; Ulrich Pfefferer, Harald Jetter, beide Müllheim; Ute und Frieder Strohm, Widdern; Matthias Bernhart, Offenburg und Barbara Ennemoser, Achern, für wertvolle Informationen und fachlichen Austausch.
Ebenso Ewald Hügin, Freiburg; Anke Schwarz, Kehl; Frank Brossmer, Ettenheim; Berthold Springmann, Malterdingen; Erich Kiefer, Ortenberg und Markus Stertz, Endingen. Sie haben mir nicht nur bereitwillig Fachfragen beantwortet, sondern ich durfte auch in ihren Gärtnereien etliche Motive fotografieren.
Ein weiterer großer Dank gilt Monika und Bernd Wacker, Anne, Monika und Michael Schaudt, Anny und Helmut Hohenstein, Walburga und Michael Warrender, alle Herbolzheim; Monika Broeske-Haas und Christian Haas, Ursula und Erwin Hauber, alle Freiamt. Ich durfte nicht nur jederzeit in ihren Gärten fotografieren, sie haben mich darüber hinaus bei vielen Praxisbildern unterstützt.
Für die Produktion von Praxisfotos oder die Erlaubnis, Motive aus ihren Gärten zu verwenden, bedanke ich mich bei: Jan-Theophil Maier, Emmendingen; Nicola und Lena Schneider, Jürgen Weiss, Seelbach; Angelika Linz, Pegnitz; Tom Pieper, Rosenheim; Dr. Thomas Mayr, Bonn; Frieder Olbrich, Kirchzarten; Peter Pfeiffer, Freiburg; Johannes Messmer, Furtwangen; Rainer Kapp, Hannelore und Jürgen Hauß, Ulrike und Hubert God, Roswitha und Ludwig Ette, alle Herbolzheim; Klara und Dieter Selz, Walter Bührer, alle Freiamt; Renée Duille, Wolfgang Ranft, Müllheim; Rosmarie Hauber, Elfriede und Friedhelm Zimmermann, alle Sexau; Gertraud Hermann, Wiesenbronn; Walter Woerter, Hohberg; Kristina Widmann, Hildegard Weiss, beide Kenzingen; Dietmar Kraske, Mahlberg; Christel und Hansjörg Bauer, Kippenheim und Anton Vaas, Bopfingen.